国家出版基金项目

NATIONAL PUBLICATION FOUNDATION

湖北省学术著作出版专项资金

Hubei Special Funds for Academic Publications

国家出版基金资助项目

“十三五”国家重点图书出版规划项目

湖北省学术著作出版专项资金资助项目

智能制造与机器人理论及技术研究丛书

总主编　丁汉　孙容磊

考虑多源不确定性的多学科可靠性设计优化

刘继红　李连升◎著

KAOLÜ DUOYUAN BUQUEDINGXING DE DUOXUEKE KEKAOXING SHEJI YOUHUA

華中科技大學出版社

http://www.hustp.com

中国·武汉

内 容 简 介

本书从复杂产品设计与优化的角度出发，系统阐述了多学科可靠性设计优化的方法和技术，着重介绍了多学科协同优化策略、可靠性分析方法、多源不确定性数学建模理论、单学科统一可靠性分析方法、序列化的多学科可靠性分析方法、考虑多源不确定性的多学科可靠性设计优化建模与求解方法，并结合具体示例介绍了多学科可靠性设计优化方法的应用。

本书集中体现了作者在国家自然科学基金项目和与航天航空行业各研究院所合作项目的研究中取得的研究成果，具有专业性、系统性和实用性，反映了现代产品开发技术的最新进展。

本书可作为广大工程技术人员，特别是产品设计研发技术人员以及高等院校机械类专业研究生的参考书。

图书在版编目(CIP)数据

考虑多源不确定性的多学科可靠性设计优化/刘继红，李连升著. —武汉：华中科技大学出版社，2018.12

（智能制造与机器人理论及技术研究丛书）

ISBN 978-7-5680-3736-5

Ⅰ.①考… Ⅱ.①刘… ②李… Ⅲ.①结构可靠性-结构设计-最优设计-研究
Ⅳ.①TB114.33

中国版本图书馆 CIP 数据核字(2018)第 272069 号

考虑多源不确定性的多学科可靠性设计优化　　刘继红　李连升　著
Kaolü Duoyuan Buquedingxing de Duoxueke Kekaoxing
Sheji Youhua

策划编辑：万亚军
责任编辑：姚同梅
封面设计：原色设计
责任校对：刘　竣
责任监印：周治超
出版发行：华中科技大学出版社(中国·武汉)　电话：(027)81321913
武汉市东湖新技术开发区华工科技园　邮编：430223
录　　排：武汉三月禾文化传播有限公司
印　　刷：湖北新华印务有限公司
开　　本：710mm×1000mm　1/16
印　　张：27.5
字　　数：492 千字
版　　次：2018 年 12 月第 1 版第 1 次印刷
定　　价：168.00 元

智能制造与机器人理论及技术研究丛书

专家委员会

主任委员　熊有伦（华中科技大学）

委　　员　（按姓氏笔画排序）

卢秉恒（西安交通大学）　朱　荻（南京航空航天大学）　阮雪榆（上海交通大学）
杨华勇（浙江大学）　张建伟（德国汉堡大学）　邵新宇（华中科技大学）
林忠钦（上海交通大学）　蒋庄德（西安交通大学）　谭建荣（浙江大学）

顾问委员会

主任委员　李国民（佐治亚理工学院）

委　　员　（按姓氏笔画排序）

于海斌（中国科学院沈阳自动化研究所）　王飞跃（中国科学院自动化研究所）
王田苗（北京航空航天大学）　尹周平（华中科技大学）
甘中学（宁波市智能制造产业研究院）　史铁林（华中科技大学）
朱向阳（上海交通大学）　刘　宏（哈尔滨工业大学）
孙立宁（苏州大学）　李　斌（华中科技大学）
杨桂林（中国科学院宁波材料技术与工程研究所）　张　丹（北京交通大学）
孟　光（上海航天技术研究院）　姜钟平（美国纽约大学）
黄　田（天津大学）　黄明辉（中南大学）

编写委员会

主任委员　丁　汉（华中科技大学）　孙容磊（华中科技大学）

委　　员　（按姓氏笔画排序）

王成恩（上海交通大学）　方勇纯（南开大学）　史玉升（华中科技大学）
乔　红（中国科学院自动化研究所）　孙树栋（西北工业大学）　杜志江（哈尔滨工业大学）
张定华（西北工业大学）　张宪民（华南理工大学）　范大鹏（国防科技大学）
顾新建（浙江大学）　陶　波（华中科技大学）　韩建达（南开大学）
蔺永诚（中南大学）　熊　刚（中国科学院自动化研究所）　熊振华（上海交通大学）

作者简介

刘继红　北京航空航天大学机械工程及自动化学院教授，博士生导师，日本东京都立大学工学博士，科技部“十二五”制造业信息化总体专家组成员，中国机械工程学会机械工业自动化分会第九届委员会副主任委员，中国机械工程学会成组与智能集成技术分会第四届委员会常务委员，全国知识管理标准化技术委员会委员。主要从事复杂产品数字化设计、制造与管理，设计理论与方法，知识管理与知识工程，制造业信息化战略等方向的研究、教学与服务工作。主持国家863计划项目、国家科技支撑计划项目、国家自然科学基金项目、国防基础科研计划项目等国家级科研项目20余项。发表论文150余篇，其中SCI/EI收录120余篇；出版专著1部，译著4部；获得国家发明专利授权4项，获颁计算机软件著作权登记证书15项。获省部级科技进步二等奖1次、中航工业集团科学技术一等奖1次。

李连升　工学博士，高级工程师，现任北京控制工程研究所光电技术事业部研发部副主任，主要从事航天复杂系统多学科优化、空间光电产品研制与工程应用研究。主持和参加了国家自然科学基金项目、国家重点研发项目、军委科技委基础加强计划项目等10多个项目的研究与开发工作。参与研制我国首颗X射线脉冲星导航试验卫星（XPNAV-1）的主载荷——聚焦型X射线脉冲星望远镜，圆满完成工程与科学探测任务，填补了国内空白。在复杂航天系统不确定性设计优化与空间光电产品研制方面具有深厚的理论基础和应用开发能力，已发表SCI、EI检索高水平论文20余篇，获得国家发明专利授权5项。

总序

近年来,"智能制造+共融机器人"特别引人瞩目,呈现出"万物感知、万物互联、万物智能"的时代特征。智能制造与共融机器人产业将成为优先发展的战略性新兴产业,也是中国制造2049创新驱动发展的巨大引擎。值得注意的是,智能汽车与无人机、水下机器人等一起所形成的规模宏大的共融机器人产业,将是今后30年各国争夺的战略高地,并将对世界经济发展、社会进步、战争形态产生重大影响。与之相关的制造科学和机器人学属于综合性学科,是联系和涵盖物质科学、信息科学、生命科学的大科学。与其他工程科学、技术科学一样,制造科学和机器人学也是将认识世界和改造世界融合为一体的大科学。20世纪中叶,*Cybernetics* 与 *Engineering Cybernetics* 等专著的发表开创了工程科学的新纪元。21世纪以来,制造科学、机器人学和人工智能等异常活跃,影响深远,是"智能制造+共融机器人"原始创新的源泉。

华中科技大学出版社紧跟时代潮流,瞄准智能制造和机器人的科技前沿,组织策划了本套"智能制造与机器人理论及技术研究丛书"。丛书涉及的内容十分广泛。热烈欢迎专家、教授从不同的视野、不同的角度、不同的领域著书立说。选题要点包括但不限于:智能制造的各个环节,如研究、开发、设计、加工、成形和装配等;智能制造的各个学科领域,如智能控制、智能感知、智能装备、智能系统、智能物流和智能自动化等;各类机器人,如工业机器人、服务机器人、极端机器人、海陆空机器人、仿生/类生/拟人机器人、软体机器人和微纳机器人等的发展和应用;与机器人学有关的机构学与力学、机动性与操作性、运动规划与运动控制、智能驾驶与智能网联、人机交互与人机共融等;人工智能、认知科学、大数据、云制造、物联网和互联网等。

本套丛书将成为有关领域专家、学者学术交流与合作的平台,青年科学家茁壮成长的园地,科学家展示研究成果的国际舞台。华中科技大学出版社将与施普林格(Springer)出版集团等国际学术出版机构一起,针对本套丛书进行全球联合出版发行,同时该社也与有关国际学术会议、国际学术期刊建立了密切联系,为提升本套丛书的学术水平和实用价值,扩大丛书的国际影响营造了良好的学术生态环境。

近年来,高校师生、各领域专家和科技工作者等各界人士对智能制造和机器人的热情与日俱增。这套丛书将成为有关领域专家学者、高校师生与工程技术人员之间的纽带,增强作者与读者之间的联系,加快发现知识、传授知识、增长知识和更新知识的进程,为经济建设、社会进步、科技发展做出贡献。

最后,衷心感谢为本套丛书做出贡献的作者和读者,感谢他们为创新驱动发展增添正能量、聚集正能量、发挥正能量。感谢华中科技大学出版社相关人员在组织、策划过程中的辛勤劳动。

华中科技大学教授

中国科学院院士

熊有伦

2017 年 9 月

前言

随着科学技术的不断进步与发展以及人类需求的不断变化，工程系统的复杂程度日益提高。20 世纪 80 年代发展起来的多学科设计优化理论是一套解决复杂工程系统优化问题的方法论。多学科设计优化方法力求充分考虑工程系统各门学科间的相互影响和耦合作用，采用有效的优化策略，灵活组织和管理整个系统的设计过程，通过充分利用各学科之间相互作用所产生的协同效应，来获得系统的整体最优解，从而达到提高复杂工程系统性能、降低设计成本并缩短研发周期的目的。

复杂工程系统的设计与开发不仅涉及多个耦合学科，而且包含多源多类不确定性。从人类认知能力的角度，不确定性可分为随机不确定性和认知不确定性两类。为获得高可靠性和高安全性的工程系统，考虑不确定性的设计优化已成为复杂工程系统设计的焦点之一。目前，对于设计参变量含有随机不确定性的情况，基于可靠性的多学科设计优化得到了广泛关注，人们在这一研究领域已取得丰硕成果。然而，考虑多源不确定性(随机和认知不确定性)的多学科设计优化相关理论与方法仍有待深入研究。

本书结合笔者近十年来完成国家自然科学基金项目以及与企业合作研究开发项目所取得的研究成果，介绍了多源不确定性条件下的多学科可靠性设计优化相关理论与方法。本书主要内容如下。

第 1 章绪论，介绍了多学科可靠性设计优化方法提出的背景和意义，归纳总结了国内外相关研究现状与发展趋势。

第 2 章多学科可靠性设计优化理论基础，主要介绍了多学科设计优化的基础理论和关键技术，以及基于可靠性的设计优化基础理论。

第 3 章改进的协同优化算法，重点介绍了基于智能优化算法的自适应协同优化策略和基于线性近似过滤的联合线性近似协同优化策略。

第 4 章基于近似技术的可靠性分析方法，重点介绍了基于逆可靠性原理抽样的响应面法和基于样本点全插值的响应面法及其在可靠性分析中的应用。

第 5 章多源不确定性数学建模，主要介绍了随机不确定性、模糊不确定性和区间不确定性的数学建模理论，提出了基于证据理论的多源不确定性统一表达方法。

第 6 章单学科统一可靠性分析方法，主要介绍了几种考虑多源不确定性的可靠性分析求解方法，包括基于证据理论的统一可靠性分析方法，基于概率论、可能性理论、证据理论的统一可靠性分析方法以及基于插值的统一可靠性分析方法。

第 7 章序列化的多学科统一可靠性分析方法，重点介绍了随机不确定性条件下序列化的多学科统一可靠性分析方法(SMRA)、同时处理随机和认知不确定性的序列化多学科可靠性分析方法(MU-SMRA)和一种基于插值的序列多学科逆可靠性分析方法(IS-MDPMA)。

第 8 章考虑多源不确定性的多学科可靠性设计优化建模，主要介绍了随机不确定性下的RBMDO建模、基于概率论和凸集模型的 RBMDO 建模及考虑随机-模糊-区间混合不确定性的 RBMDO 建模方法。

第 9 章多源不确定性条件下的多学科可靠性设计优化，重点介绍了混合层次多学科可靠性设计优化策略 HSORA 及其求解流程，通过工程算例对所提方法进行应用验证。

第 10 章 RBMDO 发展展望，论述相关研究方向的未来发展。

本书反映了笔者以及笔者所领导的研究团队近年来的研究成果。本书的主要内容来源于笔者指导的博士生、硕士生的研究工作以及学位论文和发表的学术论文。这些学生一部分已经走上工作岗位，或者在高等院校继续从事科研教学工作，或者任职于制造企业从事产品开发与生产工作。在此列出为本书内容做出直接贡献的人员的名字：中国航天科工集团朱玉明博士、刘少华硕士、谢琦硕士，河北工程大学孟欣佳博士，科诺世(上海)汽车科技有限公司安向男硕士，在读的博士研究生付超、周建慧及硕士研究生李新光、杨国辉。同时，向没有列出名字但在本书形成过程中给予了各方面帮助和支持的同事、学生表示感谢。

与中国航天科工集团开展的合作研究中，陈建江博士给予了大力支持，特此致谢。

本书得以出版，要特别感谢国家自然科学基金委员会的大力支持，感谢国家自然科学基金(项目编号 51175019)以及国家出版基金、湖北省学术著作出版专项资金的资助，感谢华中科技大学出版社的支持和帮助。

作为研究成果，本书不可避免存在不完善的地方或者见解，书中内容的表述也会存在不妥当的地方，衷心希望各位专家和广大读者不吝批评和指正。

刘继红

2018 年 3 月

于北京航空航天大学

目录

第 1 章
绪论

1.1 多学科可靠性设计优化的提出

随着科学技术的发展与人类需求的提高，工程产品和系统越来越复杂，研制开发难度日益增大。为适应日趋激烈的市场竞争，企业不断加大新技术的研发力度，以提高产品质量、缩短研制周期、降低研制成本。20 世纪 80 年代，美国航空航天界提出了解决复杂工程系统大规模、多耦合问题的多学科设计优化(multidisciplinary design optimization，MDO)方法，得到了广泛关注。多学科设计优化通过充分探索和利用系统中相互作用的协同机制来设计复杂系统和子系统，从系统全局的角度进行设计优化，从而达到提高产品性能和缩短设计周期的目的。多学科设计优化被认为是解决复杂产品设计优化问题的有效方法[1]，已经在航空航天、汽车、船舶等领域得到了应用，并产生了显著的技术与经济效益。

作为影响产品质量的关键性指标，可靠性已得到越来越多的重视，以可靠性为主体的相关设计理论与技术已成为提升企业核心竞争力的关键。产品的可靠性是指产品在规定的使用条件下、规定的时间内完成规定功能的能力[2]。许多著名的国际大型企业和科研机构，如美国国家航空航天局(NASA)、波音公司、福特汽车公司等始终把产品的可靠性要求贯穿在产品的分析和设计中，不仅节约了大量的产品维护费用，而且显著地提高了产品的核心竞争力。

目前，我国以航空航天装备为代表的复杂工程系统与大型装备的可靠性设计水平与国际先进水平相比还有较大的差距，这已成为制约我国现代工业迅速崛起的瓶颈，造成企业开发的产品质量的先天不足，使“质量第一”“以质取胜”的经济战略方针在复杂工程系统中难以充分体现。因此，如何迅速提高我国企业的市场快速反应能力并创造出高质量、高可靠性的产品，赢得国际市场上的主动权与核心地位，是一个必须正面回答的问题。21 世纪以来，我国军工领域在科研基地建设、科研立项、制定标准及型号研制等方面都非常重视可靠性工作。国家自然科学基金委员会也在多个学科支持了可靠性理论与方法研究的课题。科学技术部在“十一五”期间，在“863 计划”先进制造技术领域设立了可靠性专题项目“重大产品和重大设施寿命预测技术研究”。这些举措对鼓励和支持可靠性理论和应用研究，以及提高“中国制造”产品的可靠性起到了推动作用。同时，越来越多的科研院所和企业认识到在复杂工程系统与大型装备研发过程中实施可靠性工程以及多学科设计优化的重要性与紧迫性。

然而，早期的多学科设计优化并未考虑设计不确定性因素的影响，一般仅考虑确定性情况下的设计方案优化。确定性优化将设计结果推向了性能约束的边缘，为实际工程中无法回避的不确定性留下的空间很小，甚至可以说没留任何空间[3]。换言之，如果实际工程中含有不确定性量，直接采用确定性优化结果作为设计方案，则极有可能会因不确定性量的波动而导致产品失败或失效。事实上，由于工程材料特性的离散性以及测量、加工、制造和安装误差等因素的影响，工程产品的系统参数具有固有的不确定性，同时具有由试验条件、研制周期、设计成本以及人类认知能力等因素所限而产生的认知不确定性。正是因为确定性的多学科设计优化忽略了实际工程中广泛存在的各类不确定性影响，其工程实用性受到了限制。

复杂工程系统与大型装备产品造价高昂，并且多处在恶劣的工作环境中，必须在设计过程中充分考虑各种不确定性带来的影响，这样才能保证复杂工程系统与大型装备安全可靠地工作。20 世纪 90 年代末，以提高复杂工程系统设计质量、考虑不确定性影响为目的的多学科可靠性设计优化（reliability-based multidisciplinary design optimization，RBMDO）成为多学科设计优化领域新的研究与应用热点。多学科可靠性优化设计充分考虑设计中存在的各种不确定性，将可靠性分析与多学科设计优化有机结合，使得复杂产品的设计在满足可靠性要求的同时可获得最优设计结果[4]。

经过十余年的发展，目前，多学科可靠性优化设计的研究仍处在不断探索阶段。在这方面存在的主要问题有：

(1) 尚未全面地考虑实际工程设计中存在的多种多源不确定性因素，往往只是单一地描述与量化不确定性，或者只考虑某两种不确定性。

(2) 可靠性评价指标与体系无法针对复杂工程系统的多学科可靠性设计结果进行评估。传统的基于概率论、模糊理论或凸集理论的可靠性评价都是针对特定、单一不确定性的，在处理存在多种不确定性的可靠性设计问题时则变得“束手无策”。

(3) 基于概率论、模糊理论、区间分析或凸集理论的多学科可靠性分析方法虽都已得到不同程度的发展与完善，但依然无法解决复杂工程系统在多源不确定性下的多学科可靠性分析问题。在实际可靠性分析中，人们往往是随意选取自认为合适的分析方法进行多学科可靠性分析，显然，这样分析得到的结果也是不可靠的。

(4) 计算复杂性没有得到有效解决。在仅考虑单一不确定性的多学科可靠性设计优化过程中，涉及确定性多学科设计优化、可靠性分析以及多学科分析等环节，且这些环节耦合形成了三层嵌套循环，使得计算十分复杂。更进一步，考虑混合不确定性将导致 RBMDO 从三层嵌套循环变成更多层嵌套循环，因此可计算性问题更为突出。

总之，工程系统复杂程度日益提高，设计过程中的不确定性来源及种类也随之增多，而且不确定性之间存在不同程度的冲突或相关性。现有的多学科可靠性设计优化理论与方法在解决复杂工程系统设计问题时能力受限。因此，需要充分考虑设计过程中多种不确定因素的影响，探索相适应的多学科可靠性设计优化理论与方法。该方面的研究对于提高复杂工程系统的质量及设计效率具有重要理论意义和现实价值。

1.2 多学科可靠性设计优化研究现状

多学科可靠性设计优化大致经历了考虑单一不确定性的单学科可靠性设计优化、考虑多源不确定性的单学科可靠性设计优化、考虑单一不确定性的多学科可靠性设计优化和考虑多源不确定性的多学科可靠性设计优化四个阶段。本章分别从确定性多学科设计优化研究、不确定性量化理论、多学科可靠性评价方法、单学科可靠性分析方法、多学科可靠性分析方法和多学科可靠性设计优化策略六个方面对国内外多学科可靠性设计优化研究现状及发展动态进行综述。

1.2.1 确定性多学科设计优化研究

美籍波兰学者 Sobieszczanski-Sobieski 在 1982 年研究大型结构优化问题求解时，首次提出了多学科设计优化的设想[5]，随后对多学科设计优化问题进行了进一步阐释[6,7]。在多学科设计优化概念提出四年后，美国航空航天学会（AIAA）、美国国家航空航天局（NASA）、美国空军（USAF）等机构联合召开了第一届“多学科分析与优化”专题讨论会。1991 年，AIAA 成立了专门的多学科设计优化技术委员会（Multidisciplinary Design Optimization Technical Committee，MDOTC），就优化技术的研究现状和多学科设计优化研究发表了白皮书。该白皮书深刻分析了多学科设计优化的必要性和迫切性，明确了多学科设计优化的定义、多学科设计优化的研究内容以及发展方向，这标志着多学科设计优化成为了一个新的研究领域。1994 年 8 月，NASA 在其下设的兰利研究中心正式成立了多学科设计优化分部，其主要任务是将多学科设计优化技术推广至工业界，研究对象主要包括航空器、卫星、可重复使用运载器以及旋翼飞行器等。

美国许多高等院校对多学科设计优化开展了深入的研究，且研究主要集中在多学科设计优化关键技术方向。多学科设计优化在工业部门尤其是航空航天领域得到了广泛的应用，美国许多大企业如波音公司、洛克希德马丁公司、通用电气公司等都积极开展了多学科设计优化应用研究，有许多成功的应用案例。例如：波音公司对旋翼飞行器的旋翼进行了设计与优化；洛克希德马丁公司进行了 F-16“战隼”飞机多学科设计与优化和 F-22“猛禽”飞机的结构/气动一体化设计；通用电气公司对 GE90 发动机进行了原型设计和优化，将发动机从 7 级减到 6 级，减少了重量，降低了发动机的生产成本。

在我国，多学科设计优化研究开始较晚，但是近年来也得到了国家和企业的大力支持，2010 年至今，有关多学科设计优化的国家自然科学基金项目多达二十余项，也有很多企业跟高校合作开展有关多学科设计优化应用的研究。

经过 30 多年的发展，多学科设计优化已经形成了一些比较成熟的计算框架（又称优化策略）。确定性多学科设计优化算法大致可以分为两大类：整体式架构类和分布式架构类[8]。单级优化策略属于整体式架构类，直接将多学科分析与优化器集成在一起，主要包括：同时分析优化（AAO）方法、单学科可行（individual disciplinary feasible，IDF）方法和多学科可行（multidisciplinary feasible，MDF）方法。AAO 方法将系统中的所有耦合变量、耦合变量副本、设计变量、状态变量、一致性约束以及残余方程等集成在优化表达式中，直接进行优化求解。由于优化过程涉及大量变量和方程，大大增加了求解的复杂度和难度，因此该方法的实用性并不强[9]。IDF 方法通过引入辅助变量，对各学科独立地进行分析，从而可避免学科间的直接耦合，能在一定程度上提高计算效率[10]。MDF 方法将各学科集成在一起，寻优过程只用到耦合变量信息，以完成多学科系统分析，虽然该方法能够找到最优解，但所需计算量较大[11]。

与整体式架构类多学科设计优化算法相比，分布式架构类多学科设计优化算法可以自主对各学科进行设计[12]，因此在实际中更为常用。多级优化策略都是分布式架构类，主要包括协同优化（collaborative optimization，CO）算法、两级一体化合成（bilevel integrated system synthesis，BLISS）算法、并行子空间优化（concurrent subspace optimization，CSSO）算法、目标级联（analytical target cascading，ATC）算法等。这类多学科设计优化算法将整体的设计优化问题分解成一系列的子优化问题来求解。分布式架构类多学科设计优化算法的子系统可以自主选择计算平台和优化器，各子系统的优化结果在系统级得到协调。这些分布式架构类多学科设计优化算法的主要区别在于各有不同的系统级协调策略[13]。

CSSO 算法是一种二级多学科优化算法，它将系统的设计变量和状态变量分配到各子空间，各子空间独立优化一组互不相交的设计变量。涉及某子空间状态变量的计算，用该子空间所属的学科分析方法进行分析，而其他状态变量和约束则采用近似方法计算，各子空间的设计优化结果联合组成 CSSO 算法的一个新设计方案[14]。BLISS 算法同样属于两级优化算法，是一种基于梯度方向搜索的算法。BLISS 算法将原始优化问题分解为拥有少量设计变量的系统级优化问题和拥有大量局部设计变量的子系统级优化问题，子系统级优化各自独立，且子系统级优化和系统级优化交替进行，通过最优敏感性分析数据相互联系[15]。CO 算法是一种典型的两层架构类多学科设计优化算法，它把原始的设计优化问题分解成包含系统级和子系统级的两层优化问题，每一个子系统都是一个独立的优化问题，这些独立的优化问题被并行执行。系统级执行整体目标的寻优，并通过一致性约束条件对各子系统优化的结果进行协调[16]。ATC 算法是一种按目标分解系统的多层分级优化算法[17]。ATC 算法将系统分为多个层级，每一层被视为一个子系统，这些子系统仅可以有一个父系统，每个子系统以父系统分配下来的目标值为优化目标，通过自己的分析模型获得变量响应信息，从而实现子系统级优化，这些子系统层层相连，由上到下再由下到上反复执行优化迭代过程直至收敛。ATC 算法具有不受级数限制和严格收敛的特点[18]。上述几种分布式架构类多学科设计优化算法经历了不断的发展，在航空航天、武器装备、船舶、汽车、机器人等复杂产品设计领域有着广泛的应用[19-22]。

随着分布式架构类多学科设计优化算法在各工程领域的大规模应用，该类算法的一些不足之处也逐渐显露，如无法找到全局最优点、计算效率低等。为了进一步提高分布式架构类多学科设计优化算法的计算效率与实用性，学者们对这些算法进行了改进。孙丕忠等[23]将遗传算法引入 CSSO 算法，提出了基于进化搜索策略的 CSSO 算法，增强了 CSSO 算法求解全局最优解的能力。欧阳琦等[24]提出了邻域加强的 CSSO 算法，改善了 CSSO 算法的优化效率。赵勇等[25]提出了一种混合的 BLISS 算法，提高了 BLISS 算法的学科自治性和收敛性。Tao 等[26]通过改进优化中灵敏度计算效率，提高了 CSSO 算法和 BLISS 算法的计算效率。Zhao 和 Cui[27]结合 BLISS 算法和 CO 算法的优点提出了高效的 BLISCO 算法。Roth 和 Kroo[28]提出了一种改进的协同优化算法 ECO，提高了 CO 算法的计算效率。李响等[29]基于几何分析提出了一种联合线性近似协同优化(collaborative optimization combined with linear approximations, CLA-CO)算法，该算法在较大程度上提高了 CO 算法的计算效率，在一些非凸约束的优化问题中有着很好的应用效果。Lin 等[30]将基于梯度的转化方法应用到 ATC 算法中，在考虑不确定性的条件下研究多学科设计优化方法，既降低了计算成本，又在确保产品满足可靠性要求的前提下获得了最优设计结果。Yao 等[31]充分利用 MDF 和 CSSO 算法的优点，将二者有机结合，提出了高效的 MDF-CSSO 算法，用于提高 RBMDO 的计算效率。

综合上述分析可以看出，确定性多学科设计优化算法的计算效率和实用性一直是人们所关注的焦点，也是多学科设计优化算法研究的难点。虽然目前已经发展了一些有效的多学科设计优化算法来提高其计算效率，但是随着产品复杂程度的增加，如何更好地将这些优化算法融入考虑不确定性时的 RBMDO 产品设计，使产品在满足可靠性要求的前提下获得最优设计，同时又缩短产品的设计周期，成为目前多学科设计优化算法应用于工程实际的关键。

1.2.2 不确定性量化理论

不确定性量化研究始于人工智能与信息处理领域。在 20 世纪 60 年代之前，人们一直认为现实中只存在随机不确定性。实际上，复杂工程系统中的不确定性从不同的角度具有不同的分类。例如，根据不确定性的具体表现形式，可将其分为随机不确定性[32]、模糊不确定性[33]和区间不确定性[34]三种。目前国际上最为流行的是从人类认知能力的角度将不确定性分为随机不确定性(aleatory uncertainty, AU)和认知不确定性(epistemic uncertainty, EU)两类[35,36]。随机不确定性又称为偶然不确定性、不可简约不确定性、固有不确定性，描述了物理系统内部的变化，具有充足的试验数据和完善的信息。而认知不确定性是由于受人的注意力、试验条件或其他认知能力所限而产生的知识缺乏、信息不完善等现象，故又称为可简约不确定性、主观不确定性等。

在很长一段时间内，概率论成为处理不确定性的最为普遍的方法。后来，人们相继提出数学理论以对认知不确定性进行量化。例如，1965年Zadeh[37]提出模糊理论，1978年Zadeh提出可能性理论[38]，1967年Shafer[39]提出证据理论，为不确定性的量化提供了新方法新途径，丰富了不确定性量化理论。20世纪90年代初期，Ben-Haim等[40,41]提出采用凸集理论及区间分析法对区间不确定性进行量化。2002年，美国NASA开展了认知不确定性量化的专题研究，并取得了一定成果。2012年初，我国机械领域顶级期刊——《机械工程学报》编辑部与哈尔滨理工大学传感器与可靠性工程研究所联合组织了关于“加强理论与应用研究——推进可靠性工程快速发展”的专栏，旨在把握可靠性工程的最新学术及科研动态，推动我国可靠性事业的发展与进步。此外，极具国际声望的英国国际数学科学中心(International Centre for Mathematical Sciences)联合诺丁汉大学、伦敦数学学会、美国科学基金会、美国空军研究室于2010年5月举办了不确定性量化专题会议。研究重点是对认知不确定性的表达与量化，并试图寻找替代概率论的不确定性量化理论，然而并未找到适合统一量化认知和随机不确定性的方法。

在可靠性设计优化中的认知和随机不确定性量化研究方面人们也做出了较多努力。Wu等人[42]于1990年采用概率论对单学科设计中的不确定性因素进行了描述与量化。Mourelatos等人[43]针对模糊不确定性提出了基于可能性理论的量化理论与方法。郭惠昕等人[44]采用证据理论对随机变量进行了量化研究。曹鸿钧等人[45]采用凸集理论对区间不确定性进行了表达与量化。西北工业大学的吕震宙等人[46]基于模糊截集理论研究了同时考虑基本变量和失效域模糊性的广义可靠性问题以及模糊可靠性向随机可靠性的转换问题。南京航空航天大学的张磊等人[47]基于区间数学对区间不确定性进行了量化。这些研究均是单一不确定性量化研究。针对复杂工程系统设计中存在大量、多类不确定性的问题，一些学者逐渐开始考虑多种不确定性对设计的影响，采用不同的方法同时对其进行量化。Du等人[48]基于可能性理论对随机和模糊不确定性进行了量化，并将其结果应用于结构设计优化。Zhou等人[49]为寻求能替代概率论的不确定性量化方法，基于证据理论同时对随机和模糊不确定性进行了量化研究。大连理工大学的Kang等人[50]采用概率论描述随机不确定性，基于凸集理论描述区间不确定性，提出了结构可靠性设计优化的混合可靠性模型。Agarwal 等人[51]采用证据理论对多学科设计优化中的区间不确定性进行了量化，采用近似技术对优化目标函数和极限状态函数进行逼近，将其转换成连续函数进行了分析优化。电子科技大学的 Zhang 等人[52]针对多学科设计过程中存在的随机和模糊不确定性，基于概率论和可能性理论提出了随机和模糊不确定性混合量化方法。Guo 等人[53]基于概率论与区间分析法对工程设计中的随机和区间不确定性进行了量化，并基于此开展了多学科可靠性分析研究。Helton 等人[54]采用证据理论和抽样方法对模型预测中存在的认知不确定性进行了量化。

上述研究表明，不确定性量化理论已从单学科可靠性设计优化发展到了多学科可靠性设计优化，从单一不确定性量化发展到了多源不确定性量化的阶段。不确定性量化理论虽然在单学科可靠性设计优化中已得到了很大的发展并取得了丰硕成果，但是仍存在如下问题：

(1) 多学科可靠性设计优化大多还仅考虑单一不确定性，或者仅考虑随机和模糊不确定性或随机和区间不确定性等量化研究。

(2) 大多研究简单地采用概率进行量化，忽略了设计中存在的大量认知不确定性。虽然也有将概率论与模糊理论、区间分析结合的研究，但模糊不确定性的隶属度函数的构建以及区间分析的扩张问题给本就复杂的不确定性量化带来了新的挑战。因此，将多种不确定性量化理论进行有机集成，构建具有严格数学意义的不确定性统一量化理论已成为多学科可靠性设计优化的基础与前提。

1.2.3 多学科可靠性评价方法

多学科可靠性设计优化要对复杂产品系统的可靠性进行评价。传统的方法是 Hasofer[55]提出的利用概率可靠度指标 β 进行评价的方法，但该法只适合处理仅含有随机不确定性的情况。为满足实际工程需求，以色列学者 Ben-Haim 于 1995 年首次提出了基于凸集模型的非概率可靠性概念[41]，认为若系统能允许不确定变量在一定范围内波动，则系统可靠。1995 年，Ben-Haim 进一步提出以系统所允许不确定性的最大程度度量可靠性，实质是对不确定性的稳健性度量。王晓军等人[56]针对 Ben-Haim 鲁棒可靠性准则的不足，利用凸集的偏序关系，提出了一种新的结构可靠性分析的非概率集合模型，用结构安全域的体积与基本区间变量域的总体积之比作为结构非概率集合可靠性的度量，相对于其他研究具有更为明确的意义。郭书祥等人[57]借鉴概率可靠性度量指标的数学意义,通过对区间变量的处理建立了非概率可靠性度量指标,即认为从坐标原点到失效面的最短距离(用无穷范数定义)为可靠度评价指标。Mourelatos 等人[43]针对工程设计中存在的区间不确定性,采用证据理论的似真度函数作为衡量设计可靠性的指标。Du 等人[58]在传统的概率可靠性评价体系下提出采用无穷范数对模糊不确定性进行评价。张磊等人[47]将结构非概率可靠性度量方法推广到多学科可靠性设计优化中,但仅考虑了区间不确定性因素。此外,吕震宙[59]等基于模糊隶属函数及概率可靠性思想,提出了一种混合可靠性模型。该模型将不确定性参数看作其区间上的均匀分布函数,通过此函数与隶属函数乘积在不确定域上的积分来确定结构系统可靠性指标。何俐萍[60]基于可能性理论开展了随机和模糊不确定性条件下的大型起重机械装备的可靠性度量问题研究,建立了基于可能性理论的可靠性评价指标。洪东跑等人[61]基于容差分析研究了考虑区间不确定性的结构非概率可靠性评价方法。此外,曹鸿钧等人[62]基于凸集模型提出了一种可用于超椭球凸集模型与区间变量共存情况下的结构可靠性评价指标。王新刚等人[63]研究了区间非概率可靠性评价指标与凸集非概率可靠性评价指标的异同,指出它们具有一致性。易平[64]对区间不确定性条件下的三种可靠性评价指标进行了深入研究,并指出基于区间模型的可靠性评价指标过于保守,而基于概率论中的熵的可靠性评价指标对参数分布尾部较为敏感,主观假设又会造成较大计算误差,而基于凸集模型的非概率可靠性评价指标忽略工程实际中发生概率较小的边缘事件,避免了区间模型过于保守的缺点,采用该指标可以得到更为符合工程实际的结果。

综上所述,目前的多学科可靠性设计评价指标还是基于概率论的可靠性评价指标,虽也有基于其他数学理论(如凸集理论、可能性理论、证据理论、区间分析理论等)建立的非概率可靠性评价指标,但其应用还仅局限于处理含有特定不确定性情况下的可靠性评价问题,不能真正反映实际工程设计的情况。针对多源不确定性共存的问题,利用这些评价指标并不能客观地对其进行评价。为此,需要研究考虑认知和随机不确定性的多学科可靠性综合评价指标。

1.2.4 单学科可靠性分析方法

1.2.4.1 单一不确定性下的可靠性分析

单一不确定性下的可靠性分析是针对不同种类的不确定性,分别采用不同理论进行处理的方法。对随机不确定性一般采用概率论进行处理,而对认知不确定性(包含模糊和区间不确定性)常采用非概率凸集模型理论、可能性理论和证据理论进行处理。

1. 基于概率论的可靠性分析

20世纪40年代开始,工程技术人员开始运用概率论和数理统计方法对影响产品可靠性和产品质量特性的不确定性的量化进行研究。1947年,Freudenthal采用全概率分析方法,研究了传统安全系数和结构破坏概率之间的内在关系,建立了初始损伤条件下的结构系统可靠性分析的数学模型,为结构的可靠性分析奠定了理论基础[65]。根据Freudenthal的基本思想,Ang和Tang于1984年提出了广义可靠度理论[66]。

基于概率的可靠性分析模型用于在已知随机变量联合概率分布密度函数时,求解联合概率分布密度函数在结构安全域上的多重积分。然而,由于表示实际结构性能的函数通常是一个高次非线性函数,采用解析法直接求解几乎不可能。为了降低多重积分计算可靠度的难度,学者们提出了各种替代计算方法。一次二阶矩法、蒙特卡罗仿真(Monte Carlo simulation,MCS)分析方法和响应面法(response surface method,RSM)是工程设计和优化领域最为常用的三类替代计算方法。

一次二阶矩法的计算基础是1969年Cornell提出的直接与结构失效概率相关的可靠度指标法。由于Cornell提出的可靠度指标法在计算可靠度时存在明显的缺陷,为此Hasofer和Lind提出了最有可能失效点的概念,更加科学地定义了可靠度指标β,使得二阶矩模式有了进一步发展。随后,Rackwitz和Fessler又提出了当量正态化的方法,即为工程界所熟知的JC法。采用一次二阶矩法计算结构可靠度,可以在保证一定精度的前提下获得较高的计算效率,因此,一次二阶矩法目前仍然是结构可靠性分析和基于可靠性的设计优化中应用最为广泛的方法。

MCS方法又称为随机抽样法或概率模拟法,通过随机抽取样本进行模拟,并统计试验结果来进行结构可靠性分析。MCS方法原理简单,结果可靠,工程中一般将采用该方法所获得的结果作为标准来验证其他方法的效果。然而,当系统可靠度接近1或者失效率接近0时,MCS方法需要进行大量的抽样才能得到收敛结果,造成其计算效率非常低。围绕减轻MCS抽样的计算量问题,研究人员提出了一系列的有效方法,包括重要抽样法、多模式自适应重要抽样法、截断抽样法等[67,68]。

在工程应用中,产品的显式功能函数表达式通常是不存在的。针对功能函数为隐式时的可靠性分析问题，学者们提出了可靠性计算的响应面法，即采用近似方法求解函数的极限状态方程，然后利用获得的极限状态方程进行可靠性分析。早在 20 世纪 90 年代，Bucher 等[69]就提出了采用二次多项式近似极限状态方程的可靠性分析的响应面法。随后该方法得到不断的改进，主要包括针对样本点选取方式的改进方法，如梯度投影响应面法[70]、自适应响应面法[71]、连续插值抽样响应面法[72]、样本点全插值响应面法[73]等；对选取的近似多项式的改进方法，如吕震宙等[74]提出的隐式极限状态方程可靠性分析的神经网络方法，李洪双等[75]提出的基于加权线性的支持向量机可靠性分析方法。此外，还有 Lee 等[76]计算陆军地面车辆组件的可靠性所采用的动态 Kriging 方法。

2. 基于凸集模型的可靠性分析

Ben-Haim 于 1994 年提出了基于凸集模型的非概率可靠性的概念，指出可用信息量非常有限时，可以采用非概率凸集来描述不确定性。基于凸集模型的可靠性评价指标，用凸域来处理不确定变量，凸域形状反映变量信息的已知程度，而凸域大小则反映不确定变量的波动幅度[77]。目前，基于凸集模型的非概率可靠性理论主要有区间法和凸方法两种[63]，人们还提出了一系列非概率可靠性方法，主要有非概率可靠性指标法[78]、基于椭球凸集的结构非概率可靠性分析法[79]、考虑相关性的凸集模型非概率可靠性分析法[80]等。

3. 基于可能性理论的可靠性分析

1978 年，Zadeh 发表了论文 *Fuzzy Sets as a Basis for a Theory of Possibility*，给出了可能性概念的模糊集合解释。此后，学者们将可能性理论引入结构可靠性领域，以处理模糊不确定性问题。可能性理论采用可能性测度和必要性测度来刻画事件的不确定性[81]。在基于可能性的可靠性分析中，结构是否安全可靠不再以一个确定的概率值作为标准，而取决于结构失效事件发生的可能性。针对基于可能性的可靠性分析，Cremona 提出了模糊能度可靠性度量方法[82]；Savoi 采用可能性理论和模糊数进行了结构可靠性分析[83]；郭书祥等基于可能性理论和模糊区间分析建立了模糊结构可靠性模型[84]。

4. 基于证据理论的可靠性分析

证据理论的基本框架由 Desmpster 于 1967 年建立。Dempster 提出了两个空间之间双值不确定映射——上下界不确定性度量的数学基础，并采用贝叶斯规则处理概率函数的机制来处理置信函数[85]。Shafer 在 1976 年出版了 *A Mathematical Theory of Evidence* 一书，这标志着证据理论的诞生。证据理论中的置信函数和似真函数，在信息的非精确和狭义不确定性认知等的表示、度量和处理方面比概率论更加灵活、有效。随后，证据理论被应用到结构可靠性问题中。Bae 等通过研究指出，由于证据理论不需要概率分布信息，因此可在不确定信息很少的条件下评估结构的可靠性[86]。Oberkampf 和 Helton 采用证据理论量化不确定性，并比较了证据理论与概率论在处理不确定性时的优缺点[87]。Du 采用概率模型和证据理论进行不确定性分析，指出置信度和似真度可以分别作为真实概率的下界和上界[88]。Alyanak 等提出了在基于证据理论的可靠性设计中采用梯度信息降低计算成本的方法[89]。Bai 等人研究了认知不确定性下的结构动静态可靠性分析[90]。

1.2.4.2 混合不确定性下的可靠性分析

混合不确定性下的可靠性研究主要包括三种情况：随机-模糊不确定性下的可靠性研究、随机-区间不确定性下的可靠性研究和随机-模糊-区间不确定性下的可靠性研究。本书将混合不确定性下的可靠性分析分为“转化类型”和“分析类型”两大类。

“转化类型”是指将不同的不确定性变量根据一定的原理转化为相同的不确定性变量，再利用单一不确定性下的可靠性分析方法进行分析。Haldar 等[91]采用最大熵原理将模糊变量转化为随机变量。LIV 等人[92]根据概率-可能性一致性的原则和最保守的条件，将随机变量转化为模糊变量。郭惠昕等人[93]把每个随机变量等分成有限个子区间，通过确定每个子区间的基本概率分配(basic probability assignment，BPA)，利用证据理论计算失效概率。Shah 等[94]利用证据理论和随机扩张方法对隐式状态下的随机变量和区间变量同时存在时的不确定性进行了研究。李贵杰[95]利用概率转换模型建立了基于概率视角的模糊随机混合可靠性分析模型。李少宏等[96]以随机概率可靠性模型为基准，将模糊变量用广义密度函数法转化为等效随机变量，然后利用 3σ 准则对随机与区间参数进行相互转化，并利用转化后的模型进行可靠性预测。

“分析类型”是指对混合不确定性不进行任何转化处理，通过各种不确定性理论的分析和集成而完成的可靠性分析。针对随机-模糊不确定性的情况，Mourelatos 和 Zhou[43]提出了一种处理随机和模糊变量的全局优化方法；Du[88]、Huang 等[97]基于概率/可能性理论建立了失效的条件可能性模型，并基于 α 截集的原理进行了可靠性分析；Li 等分别提出了基于鞍点近似的线抽样方法[98]和基于区间优化的线抽样方法[99]，在每个 α 截集下利用抽样的方法进行可靠性分析。针对随机-区间不确定性的情况，Du[100]基于一次二阶矩法和非线性优化的方法提出了一种统一可靠性分析方法；Jiang 等[101]针对随机变量含有区间不确定性参数的混合不确定性情况，提出了一种基于概率和区间分析的混合可靠性分析方法；Xiao 等[102]针对随机变量较多而区间变量较少的情况，提出了一种基于最大熵的分析方法；姜潮等[103]基于概率论和凸集理论，提出了一种考虑相关性的随机-区间不确定性模型及可靠性分析方法。

综上所述，混合不确定性下的可靠性分析方法研究正在由仅含两类不确定性情况向着含有三类不确定性的情况发展。然而，含有三类不确定性情况下的可靠性分析尚处于初步的探索阶段，仅限于基于凸集模型的方法。虽然在采用凸集模型方法的研究方面已取得了一定的成就，但仍存在如下问题：

(1) 在含有三类不确定性的情况下，采用凸集模型的计算结果偏于保守，且在凸集模型条件下采用一次二阶矩法求解时可能会存在一些悖论。

(2) 凸集模型仅是区间不确定性建模的一种方式，还存在通过多个子区间基本概率分配对区间不确定性进行建模的方式。因此，需要进一步发展能够同时处理随机、模糊和区间三类不确定性的可靠性分析方法。

1.2.5 多学科可靠性分析方法

多学科可靠性分析是多学科可靠性设计优化的重要组成部分，也是难以解决的问题之一，其分析计算的效率直接影响着整个多学科可靠性设计优化的计算效率。相比于单学科可靠性分析，多学科可靠性分析要考虑复杂的多学科环境，其分析对象为存在耦合的多学科系统。为此，长期以来，人们对多学科可靠性分析的研究主要集中在提高可靠性设计优化的计算效率上。

多学科可靠性分析方法主要有解析法、近似解析法和模拟法[104,105]。其中，解析法只能在积分区域非常规则的情况下才能获得正确的分析结果，而且只适用于处理简单的可靠性约束的情况，因而其应用受到很大限制。模拟法可以通过大量的抽样模拟得到最为精确的分析结果，算法也较易实现，然而大量的抽样试验直接造成其效率低下，在实际工程中也不能得到较好的应用，只能用于衡量或验证其他多学科可靠性分析方法获得结果的精度。而近似解析法因其在计算精度和效率方面具有较好的平衡性得到了广泛应用。

基于近似解析法的可靠性分析方法根据其泰勒级数展开的阶次又分为一阶可靠性分析法(FORM)和二阶可靠性分析法(SORM)。一阶可靠性分析法不仅能获得工程设计满意解，也具有较高的计算效率，因而在实际工程设计中应用较广。二阶可靠性分析法虽计算效率低于一阶可靠性分析法，但其计算精度较高。一阶可靠性分析法又包括可靠性指数法(reliability index approach,

RIA)和功能测度法(performance measure approach,PMA)。目前研究大多基于可靠性指数法。一些学者将传统的可靠性分析方法与多学科设计优化策略进行集成,开展了多学科可靠性分析研究。Padmanabhan 等人[106]基于 CSSO 算法提出了 MPP-CSSO 算法,计算 RBMDO 中的所有概率约束条件,提高了计算效率。Ahn 等人[107]基于 BLISS 提出了一种序列化的多学科可靠性分析方法,将可靠性分析和系统分析分解,采用先进的一阶可靠性分析法(advanced first order reliability method,AFORM)进行可靠性分析,提高了可靠性分析效率。黄洪钟等人[108]在序列优化与可靠性评估(sequential optimization and reliability assessment,SORA)框架下提出了基于 IDF 方法的多学科可靠性分析方法。上述多学科可靠性分析方法研究均基于可靠性指数法,在处理复杂或特殊的极限状态函数时,该方法的稳定性和效率尚需改进。

相比于 RIA,PMA 具有计算效率高、稳定性好和适用范围广的优点。PMA 方法以指定的可靠度指标 β 为半径的超球面作为搜索区域,以搜索到的极值点处的功能函数值来判断对象系统是否可靠[109]。由于 PMA 方法的求解公式和求解过程在形式上刚好与 RIA 方法相反,因此常把基于 PMA 的可靠性分析称为逆可靠性分析。将 PMA 与 MDO 优化策略集成可以进一步提高多学科可靠性分析的计算效率。目前,基于 PMA 的多学科可靠性的研究相对较少,Du 等[110]采用了两种多学科可靠性分析方法,即基于 PMA 的 MDF 和基于 PMA 的 IDF 方法,但是这两种多学科可靠性分析方法因可靠性分析和系统分析严重耦合,计算效率较低。刘少华等人[111]提出了一种基于 PMA 和 CSSO 的序列化多学科可靠性分析方法,对系统分析、灵敏度分析、可靠性分析进行解耦,并将这三种分析方法以一种序列化的方式组合在一起进行多学科可靠性分析。在实际的多学科可靠性设计优化中,认知不确定性和随机不确定性变量往往同时存在,为了处理这种情况,Huang 等人[97]提出了一种能同时处理随机和模糊变量的可靠性分析方法。为了处理含有随机变量和区间变量的多学科可靠性分析问题,Guo 等人[53]提出了一种能同时处理随机和区间不确定性的统一的多学科可靠性分析优化策略。Yi 等[112]将 PMA 和序列近似规划(sequential approximate programming,SAP)算法相结合,提出了一种高效的应用于概率结构设计优化的可靠性分析方法,但该方法仅能用于结构(单学科)可靠性设计优化。此外,也有学者开展了二阶可靠性分析法在单学科可靠性分析中的应用,但构造二次近似超曲面计算复杂,对分析效率影响较大,因此二阶可靠性分析法通常只用于一些重要的并且对可靠性精度要求较高的场合。

上述的多学科可靠性研究均针对随机不确定性，而实际工程中通常是多种不确定性同时存在，对复杂的多学科系统而言，存在混合不确定性的现象更为明显和普遍。随着单学科混合不确定性下可靠性分析方法的发展，学者们将这些方法与 MDO 优化策略集成，形成了混合不确定性下的多学科可靠性分析方法。Guo 等人[53]针对同时含有随机-区间不确定性的多学科可靠性问题，结合单学科下混合可靠性分析的 FORM-URA（统一可靠性）方法和多学科设计优化策略 MDF，提出了三种高效的随机-区间不确定性下的多学科可靠性分析方法，并给出了三种方法的适用情况。基于随机-模糊不确定性下的单学科可靠性分析方法，Zhang 和 Huang[52]发展了一种多学科逆可靠性分析方法，并将其应用于多学科可靠性设计优化中。刘成武等[113]针对随机-区间不确定性下的多学科可靠性分析，提出了基于近似灵敏度技术的序列化多学科可靠性分析方法，提高了分析效率，并将其应用于多学科可靠性设计优化中。王若冰等[114]为了减少随机-区间不确定性下多学科可靠性分析的计算量，提出了分层序列化的多学科可靠性分析方法。

综上分析，多学科可靠性分析方法研究主要是通过将 RIA 或 PMA 与多学科设计优化方法相结合而展开的。混合不确定性下的多学科可靠性分析，由于涉及多个学科和多种不确定性的耦合，其计算效率较低。因此，对于混合不确定性下的多学科可靠性分析方法的研究，如何提高计算效率一直是主要问题。目前对于随机-模糊和随机-区间不确定性下的多学科可靠性分析，已经发展了一些有效的方法。但是纳入考虑的不确定性种类的增加，给多学科可靠性分析方法的研究带来了新的挑战。

1.2.6 多学科可靠性设计优化

产品的可靠性设计优化是以产品的可靠性作为目标或约束条件，运用恰当的优化方法得到概率意义下最佳设计的计算方法。RBMDO 综合考虑系统中的各种不稳定性因素，合理评估这些因素对多学科系统输出功能函数产生的影响，以确保多学科设计优化的设计结果能够具有一定的可靠性。依据处理的不确定性类型的不同，目前的 RBMDO 大致可以分为三类。第一类是基于概率的多学科可靠性设计优化（probability-based multidisciplinary design optimization，PrBMDO）。PrBMDO 是一种仅考虑随机不确定性的多学科设计优化方法[115]。第二类是基于可能性的多学科可靠性设计优化（possibility-based multidisciplinary design optimization，PoBMDO）。PoBMDO 是一种既可以仅考虑模糊不确定性，也可以同时考虑随机和模糊不确定性的多学科设计优化方法[116]。第三类是基于似真度的多学科可靠性设计优化(plausibility-based multidisciplinary design optimization，PlBMDO)，它是一种同时考虑随机和区间不确定性的多学科设计优化方法[117]。

PrBMDO、PoBMDO和PlBMDO三类方法虽然有着不同的不确定性处理能力，但三类方法都面临着共同的技术难点，即在优化过程中都会涉及确定性多学科设计优化、多学科可靠性分析和多学科分析等环节。传统的RBMDO优化过程是一个典型的三层嵌套循环优化过程：第一层是在确定性空间中的多学科设计优化循环，第二层是在概率空间中的多学科可靠性分析，第三层是处于最内层的多学科分析。

从20世纪90年代中期开始，一些学者逐步进行了多学科可靠性设计优化研究。2000年美国ARA公司的Sues等人[118]将随机可靠性理论与多学科设计优化理论相结合，研究了随机不确定性因素对多学科设计优化的影响。随后，又提出了RBMDO策略，直接将多学科设计优化方法和概率设计方法集成，进行多学科可靠性设计优化。美国易擎软件公司(Engineous Software Inc.)的Koch等人[4]提出了一种支持多级并行执行的概率设计优化方法，将已有的可靠性分析方法直接集成到多学科设计优化框架中，从而使得多学科概率设计过程实行起来更加直观和方便。

研究表明，上述直接将可靠性设计与多学科设计优化集成的RBMDO方法的计算效率非常低，严重阻碍了RBMDO方法的工程应用。为此，研究学者主要从以下两方面开展了相关研究工作。

(1) 优化流程的解耦。Du等人[110]为了提高计算效率，基于序列化思想提出了SORA策略，将确定性多学科设计优化(deterministic multidisciplinary design optimization，DMDO)与多学科可靠性分析进行解耦，将典型的三层嵌套循环转换为单层序列优化，避免了每次做可靠性分析时都需对整个优化模型进行调用与计算。为了考虑更多不确定性，Huang等人[97]基于概率论和可能性理论提出了混合多学科可靠性设计优化模型，并采用SORA方法和功能测度法对复杂产品进行了优化与可靠性分析。Cho等人[119]基于移动渐近线(methods of moving asymptotes，MMA)法对SORA方法进行了改进。

(2) 概率约束条件的等效替代。Agarwal等人[120]采用KKT(Karush-Kuhn-Tucker)条件替代概率约束条件，提出了单级多学科可靠性设计优化框架。该框架下处于内层的多学科可靠性分析循环被外层的一致性约束所替代，消除了计算费用昂贵的可靠性分析，进而形成了一个类似确定性多学科设计优化的 RBMDO 问题。但是该转换方法额外增加的设计变量的个数对计算效率有较大的影响，当设计变量和设计约束大量存在时这种影响尤为明显。

如图 1.1 所示，迄今为止，工程设计优化有两个趋势：一是由只考虑结构等单一学科的优化设计发展成为考虑结构、热、气动等多个学科耦合的综合优化设计；一是由确定性设计优化，发展成为考虑随机不确定性、区间不确定性以及模糊不确定性的不确定性多学科设计优化。通过上述分析可知，RBMDO 的研究虽然已经从简单的处理单一不确定性向处理混合不确定性转变，但仅限于随机-模糊和随机-区间两类综合不确定性的情况。混合不确定性下的 RBMDO 中，无论是两类还是更多类不确定性同时存在的情况，都存在着严重的耦合问题，导致需进行两层、三层，甚至是更多层的嵌套求解，计算效率较低。目前混合不确定性下的 RBMDO 研究方法尚不能很好地处理以上问题。

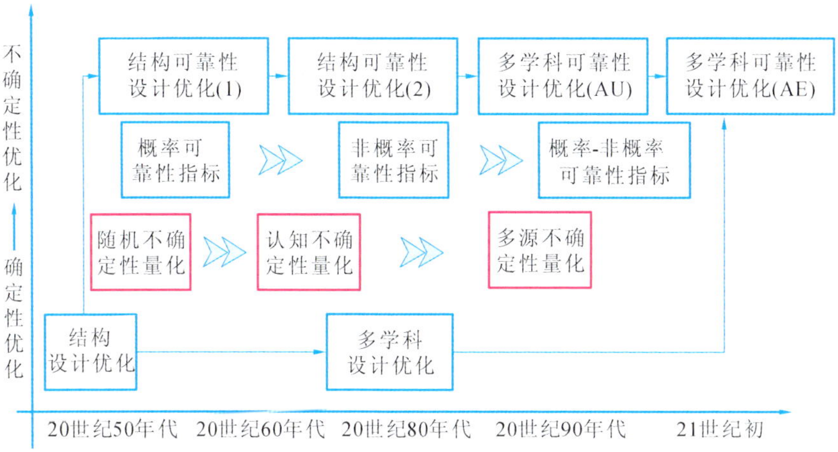

图 1.1　多学科设计优化发展趋势

1.3　本书主要内容

本书主要介绍多学科可靠性设计优化的基础理论和应用，具体如下。

(1) 多学科可靠性设计优化理论基础。包括多学科设计优化的基础理论和关键技术以及基于可靠性的设计优化基础理论。如多学科设计优化的定义、数学模型等基础概念，以及多学科设计优化中的灵敏度分析、优化算法、优化策略、多目标优化等关键技术。基于可靠性的设计优化基础理论包括可靠性设计优化模型、可靠性分析方法、可靠性设计优化流程及求解策略。

（2）改进的多学科协同优化策略。分析了协同优化策略的技术特点和不足，并针对协同优化策略在收敛性能和计算效率方面存在的问题提出了两种改进策略。一种是基于智能算法的自适应协同优化策略，另一种是基于线性近似过滤的联合线性近似协同优化策略。两种策略分别从不同的角度对协同优化策略的收敛性能和计算效率进行了改进和优化。

（3）基于近似技术的可靠性分析方法。概述了多学科设计优化中的近似技术和试验设计方法，在此基础上介绍了两种基于响应面法的可靠性分析方法，即基于逆可靠性原理抽样的响应面法和基于样本插值的响应面法。

（4）多源不确定性数学建模理论。分析总结了工程实际中的不确定性来源及分类，分别介绍了随机不确定性、模糊不确定性和区间不确定性的数学建模理论，并介绍了一种基于证据理论的随机-模糊-区间不确定性统一表达方法以及不确定性在多学科系统中的传播问题。

（5）单学科统一可靠性分析方法。介绍了可靠度的基本概念，并对常用的可靠度求解方法进行了总结。介绍了三种考虑多源不确定性的可靠性分析方法，包括基于证据理论的统一可靠性分析方法，基于概率论、可能性理论、证据理论的统一可靠性分析方法，以及基于插值的统一可靠性分析方法。

（6）序列化的多学科可靠性分析方法。介绍了多学科可靠性分析的基本概念，并基于并行子空间优化策略和功能测度法提出了随机不确定性条件下的序列化多学科可靠性分析方法（sequential multidisciplinary reliability analysis，SMRA）。在此基础上，集成凸集模型分析技术提出了能同时处理随机和认知不确定性的序列化多学科可靠性分析方法（MU-SMRA）。对于同时存在随机、模糊和区间不确定性的情况，提出了一种基于插值的序列多学科逆可靠性分析方法（interpolation-based sequential multidisciplinary PMA，IS-MDPMA）。

（7）考虑多源不确定性的多学科可靠性设计优化建模。介绍了复杂产品常用的建模方法以及随机不确定性下的 RBMDO 模型；针对随机和区间混合不确定性模型，介绍了基于概率论和凸集模型的 RBMDO 建模，涉及不确定性的数学建模流程、随机-区间不确定性下的可靠性综合评价指标和建立的 RBMDO 优化模型。最后针对随机、模糊、区间不确定性同时存在的情况，介绍了一种基于概率论、可能性理论和证据理论的 RBMDO 模型。

（8）多源不确定性条件下的多学科可靠性设计优化求解。介绍了 SORA 策略及其应用；基于解耦理论、层次化思想及凸线性化近似对 SORA 策略进行改进，提出了一种混合层次多学科可靠性设计优化策略——序列优化与可靠性评估

(hybrid hierarchical sequential optimization and reliability assessment，HSORA)，进而介绍了基于 HSORA 的 RBMDO 和随机和认知不确定性下的多学科设计优化(AEMDO)方法，并分别给出了采用的策略、执行步骤及优化分析过程中的数学模型。

(9) RBMDO 发展展望。包括对 RBMDO 技术的相关展望、对多学科设计优化建模方向的展望、对多学科设计优化环境的展望、对多学科设计优化与先进技术的结合方向的展望。

参考文献

[1] SU R Y，GUI L J，FAN I J. Multi-objective collaborative optimization based on evolutionary algorithms[J]. Journal of Mechanical Design，2011，133(10)：104502-104507.

[2] KLIR G，WIERMAN M. Uncertainty-based information：elements of generalized information theory[M]. New York：Springer Science & Business Media，1999.

[3] CHOI K K，LEE I，ZHAO L，et al. Sampling-based RBDO using stochastic sensitivity and dynamic kriging for broader army applications[R]. WARREN MI：Army Tank Automotive Research Development and Engineering Center ，2011.

[4] KOCH P，WUJEK B，GOLOVIDOV O. A multi-stage，parallel implementation of probabilistic design optimization in an MDO framework[DB/OL]. [2017-01-12]. https：//doi. org/10. 251416. 2000-4085.

[5] SOBIESZCZANSKI-SOBIESKI J. A linear decomposition method for large optimization problems. Blueprint for development[R]. Washington，D. C. ：NASA Langley Research Center，1982.

[6] SOBIESZCZANSKI-SOBIESKI J. Optimization by decomposition：a step from hierarchic to non-hierarchic systems [DB/OL]. [2016-12-20]. https：//ntrs. nasa. gov/archive/nasa/casi. ntrs. nasa. gov/19890004052. pdf.

[7] SOBIESZCZANSKI-SOBIESKI J. Sensitivity of complex，internally coupled systems[J]. AIAA Journal，2012，28(1)：153-160.

[8] MARTINS J R R A，LAMBE A B. Multidisciplinary design optimization：a

Survey of architectures[J]. AIAA Journal,2013,51(9):2049-2075.
[9] YI S I, SHIN J K, PARK G J. Comparison of MDO methods with mathematical examples[J]. Structural and Multidisciplinary Optimization, 2008,35(5):391-402.
[10] 赫显姆. 多学科设计优化中智能算法与近似模型研究[D]. 武汉:华中科技大学,2011.
[11] ALEXANDROV N M, LEWIS R M. Analytical and computational aspects of collaborative optimization[R]. Washington, D. C. :NASA Langley Research Center,2000:301-309.
[12] BUDIANTO I A, OLDS J R. Design and deployment of a satellite constellation using collaborative optimization[J]. Journal of Spacecraft and Rockets,2004,41(6):956-963.
[13] DE WIT A J, VAN KEULEN F. Numerical comparison of multi-level optimization techniques[DB/OL]. [2017-01-12]. https://doi. org/10. 2514/6:2007-1895.
[14] 孙奕捷,申功璋. 飞机多学科设计优化中的并行多目标子空间优化框架[J]. 航空学报,2009,30(8):1421-1428.
[15] 刘成武,靳晓雄,刘云平,等. 集成 BLISCO 和 iPMA 的多学科可靠性设计优化[J]. 航空学报,2014,35(11):3054-3063.
[16] 陶冶. 多学科模糊满意协同优化方法及其应用[D]. 大连:大连理工大学,2013.
[17] 吴蓓蓓,黄海,吴文瑞. ATC 与 CO 算法对比及其在卫星设计问题中的应用[J]. 计算机工程与设计,2012,33(6):2455-2460.
[18] 张小玲. 复杂系统的目标层解分析法及时变可靠性优化设计研究[D]. 成都:电子科技大学,2012.
[19] HWANG J T, LEE D Y, CUTLER J W, et al. Large-scale MDO of a small satellite using a novel framework for the solution of coupled systems and their derivatives[DB/OL]. [2017-01-12]. https://doi. org/10. 2514/6. 2013-1599.
[20] ALONSO J J, COLONNO M R. Multidisciplinary optimization with applications to sonic-boom minimization[J]. Annual Review of Fluid Mechanics,2012,44(1):505-526.

[21] ZEESHAN Q, DONG Y F, Rafique A F, et al. Multidisciplinary robust design and optimization of multistage boost phase interceptor[DB/OL]. [2017-01-12]. https://doi. org/10. 2514/6. 2013-1599.

[22] CAI G B, FANG J, ZHENG Y T, et al. Optimization of system parameters for liquid rocket engines with gas-generator cycles[J]. Journal of Propulsion and Power, 2010, 1(26): 113-119.

[23] 孙丕忠,夏智勋,赵建民. 基于进化搜索策略的并行子空间设计算法[J]. 国防科技大学学报,2004,26(3):74-77.

[24] 欧阳琦,陈小前,黄奕勇. 邻域加强的并行子空间优化过程[J]. 国防科技大学学报,2011,35(5):22-25.

[25] 赵勇,杨维维,黄奕勇,等. 一种改进的混合 BLISS 多学科设计优化方法[J]. 国防科技大学学报,2011,35(5):17-21.

[26] TAO Y R, HAN X, JIANG C, et al. A method to improve computational efficiency for CSSO and BLISS[J]. Structural and Multidisciplinary Optimization, 2011, 44(1): 39-43.

[27] ZHAO M, CUI W. On the development of bi-level integrated system collaborative optimization[J]. Structural and Multidisciplinary Optimization, 2011, 43(1): 73-84.

[28] ROTH B, KROO I. Enhanced collaborative optimization: application to an analytic test problem and aircraft design[DB/OL]. [2017-01-12]. https://doi. org/10. 2514/6. 2008-5841.

[29] 李响,李为吉,柳长安. 一种基于几何分析的协同优化方法[J]. 机械工程学报,2010,46(7):142-147.

[30] LIN P T, GEA H C. Reliability-based multidisciplinary design optimization using probabilistic gradient-based transformation method[J]. Journal of Mechanical Design, 2013, 135(2): 137-145.

[31] YAO W, CHEN X, OUYANG Q, et al. A surrogate based multistage-multilevel optimization procedure for multidisciplinary design optimization[J]. Structural and Multidisciplinary Optimization, 2011, 45(4): 559-574.

[32] 张义民. 机械可靠性设计的内涵与递进[J]. 机械工程学报,2010,46(14):167-188.

[33] 黄洪钟.模糊机械科学与技术——21世纪机械科学的重要发展方向[J].机械工程学报,1996(3):5-9.

[34] JIANG C,HAN X,LIU G R. Optimization of structures with uncertain constraints based on convex model and satisfaction degree of interval[J]. Computer Methods in Applied Mechanics and Engineering,2007,196(49-52):4791-4800.

[35] OBERKAMPF W,HELTON J,SENTZ K. Mathematical Representation of Uncertainty[DB/OL].[2017-01-12]. https://doi.org/10.2514/6.2001-1645.

[36] 袁亚辉,黄洪钟,张小玲.一种新的多学科系统不确定性分析方法——协同不确定性分析法[J].机械工程学报,2009,45(7):174-182.

[37] ZADEH L. Fuzzy sets[J]. Information and Control,1965,8(3):338-353.

[38] ZADEH L. Fuzzy sets as a basis for a theory of possibility[J]. Fuzzy Sets and Systems,1978,1(1):3-28.

[39] SHAFER G. A mathematical theory of evidence[J]. Technometrics,1976,20(1):242.

[40] BEN-HAIM Y,ELISHAKOFF I. Convex models of uncertainty in applied mechanics[M]. Amsterdam:Elsevier Science Publisher,1990.

[41] BEN-HAIM Y,ELESHAKOFF I. Discussion on:A non-probabilistic concept of reliability[J]. Structural Safety,1995,17(3):195-199.

[42] WU Y T,MILLWATER H R,CRUSE T A. Advanced probabilistic structural analysis method for implicit performance functions[J]. AIAA Journal,1990,28(9):1663-1669.

[43] MOURELATOS Z P,ZHOU J. Reliability estimation and design with insufficient data based on possibility theory[J]. AIAA Journal,2005,43(8):1696-1705.

[44] 郭惠昕,刘德顺,胡冠昱,等.证据理论和区间分析相结合的可靠性优化设计方法[J].机械工程学报,2008,44(12):35-41.

[45] 曹鸿钧,段宝岩.多学科系统非概率可靠性分析研究[J].机械科学与技术,2005,24(6):646-649.

[46] 吕震宙,冯蕴雯,岳珠峰.改进的区间截断法及基于区间分析的非概率可靠性分析方法[J].计算力学学报,2002,19(3):260-264.

[47] 张磊,邱志平.基于协同优化方法的多学科非概率可靠性优化设计[J].南

京航空航天大学学报,2010,42(3):267-271.
[48] DU L,CHOI K K,YOUN B D,et al. Possibility-based design optimization method for design problems with both statistical and fuzzy input data [J]. Journal of Mechanical Design,2006,128(4):928-935.
[49] ZHOU M J. A design optimization method using evidence theory[J]. Journal of Mechanical Design,2006,128(4):1153-1161.
[50] KANG Z,LUO Y. Reliability-based structural optimization with probability and convex set hybrid models[J]. Structural and Multidisciplinary Optimization,2010,42(1):89-102.
[51] AGARWAL H,RENAUD J E,PRESTON E L,et al. Uncertainty quantification using evidence theory in multidisciplinary design optimization [J]. Reliability Engineering & System Safety,2004,85(1):281-294.
[52] ZHANG X D,HUANG H Z. Sequential optimization and reliability assessment for multidisciplinary design optimization under aleatory and epistemic uncertainties[J]. Structural and Multidisciplinary Optimization, 2009,40(1):165-175.
[53] GUO J,DU X. Reliability analysis for multidisciplinary systems with random and interval variables[J]. AIAA Journal,2010,48(1):82-91.
[54] HELTON J C,JOHNSON J D,OBERKAMPF W L,et al. A sampling-based computational strategy for the representation of epistemic uncertainty in model predictions with evidence theory[J]. Computer Methods in Applied Mechanics and Engineering,2007,196(37-40):3980-3998.
[55] HASOFER A M. Exact and invariant second-moment code format[J]. Journal of the Engineering Mechanics Division,1974,100:111-121.
[56] 王晓军,邱志平,武哲. 结构非概率集合可靠性模型[J]. 力学学报,2007,39(5):641-646.
[57] 郭书祥,吕震宙,冯元生. 基于区间分析的结构非概率可靠性模型[J]. 计算力学学报,2001,18(1):56-60.
[58] DU L,CHOI K K. An inverse analysis method for design optimization with both statistical and fuzzy uncertainties[J]. Structural & Multidisciplinary Optimization,2006,37(2):107-119.
[59] 吕震宙,孙颉. 同时考虑基本变量和失效域模糊性的广义失效概率数字计

算方法[J]. 航空学报,2006,27(4):605-609.
[60] 何俐萍. 基于可能性度量的机械系统可靠性分析和评价[D]. 大连:大连理工大学,2010.
[61] 洪东跑,马小兵,赵宇,等. 基于容差分析的结构非概率可靠性模型[J]. 机械工程学报,2010,46(4):157-162.
[62] 曹鸿钧,段宝岩. 基于凸集合模型的非概率可靠性研究[J]. 计算力学学报,2005,22(5):546-549.
[63] 王新刚,张义民,王宝艳,等. 凸方法和区间法在可靠性设计中的对比分析[J]. 东北大学学报(自然科学版),2008,29(10):1467-1469.
[64] 易平. 对区间不确定性问题的可靠性度量的探讨[J]. 计算力学学报,2006,23(2):152-156.
[65] FREUDENTHAL A M. The safety of structures[J]. Transactions of the American Society of Civil Engineers,1947,112(1):125-180.
[66] ANG A H S,TANG W H. Probability concepts in engineering planning and design[M]. New York:John Wiley & Sons,1984.
[67] GROOTEMAN F. Adaptive radial-based importance sampling method for structural reliability[J]. Structural Safety. 2008,30(6):533-542.
[68] 吕震宙,刘成立,傅霖. 多模式自适应重要抽样法及其应用[J]. 力学学报,2006,38(5):705-711.
[69] BUCHER C G,BOURGUND U. A fast and efficient response surface approach for structural reliability problems[J]. Structural Safety,1990,7(1):57-66.
[70] KIM S H,NA S W. Response surface method using vector projected sampling points[J]. Structural Safety,1997,19(1):3-19.
[71] LIU J,LI Y. An improved adaptive response surface method for structural reliability analysis[J]. Journal of Central South University,2012,19(4):1148-1154.
[72] NU Z Z,ZHAO J,YUE Z F. Advanced response surface method for mechanical reliability analysis[J]. Applied Mathematics and Mechanics(English Edition),2007,28(1):19-26.
[73] MENG X J,JING S K,ZHANG L X,et al. A new sampling approach for response surface method based reliability analysis and its application[J].

Advances in Mechanical Engineering,2014,7(1):305473.

[74] 吕震宙,杨子政,赵洁.基于加权线性响应面法的神经网络可靠性分析方法[J].航空学报,2006,27(6):1063-1067.

[75] 李洪双,吕震宙,赵洁.基于加权线性响应面法的支持向量机可靠性分析方法[J].工程力学,2007,24(5):67-71.

[76] LEE I,CHOI K K,ZHAO L. Sampling-based RBDO using the stochastic sensitivity analysis and dynamic Kriging method[J]. Structural and Multidisciplinary Optimization,2011,44(3):299-317.

[77] BEN-HAIM Y. A non-probabilistic concept of reliability[J]. Structural Safety,1994,14(4):227-245.

[78] 郭书祥,张陵,李颖.结构非概率可靠性指标的求解方法[J].计算力学学报,2005,22(2):227-231.

[79] 乔心州,仇原鹰,孔宪光.一种基于椭球凸集的结构非概率可靠性模型[J].工程力学,2009,26(11):203-208.

[80] JIANG C,HAN X,LU G Y,et al. Correlation analysis of non-probabilistic convex model and corresponding structural reliability technique[J]. Computer Methods in Applied Mechanics and Engineering, 2011, 200(33):2528-2546.

[81] HUANG H Z,HE L,LIU Y,et al. Possibility and evidence-based reliability analysis and design optimization[J]. American Journal of Applied Sciences,2013,6(1):95-136.

[82] CREMONA C,GAO Y. The possibilistic reliability theory:theoretical aspects and applications[J]. Structural Safety,1997,19(2):173-201.

[83] SAVOI M. Structural reliability analysis through fuzzy number approach,with application to stability[J]. Computers & Structures,2002,80(12):1087-1102.

[84] 郭书祥,吕震宙,冯立富.基于可能性理论的结构模糊可靠性方法[J].计算力学学报,2002,19(1):89-93.

[85] DEMPSTER A P. Upper and lower probabilities induced by a multi-valued mapping[J]. Annals of Mathematical Statistics, 1967, 38(2):325-339.

[86] BAE H R,GRANDHI R,CANFIELD R. Uncertainty quantification of structural response using evidence theory[J]. AIAA Journal, 2006, 41

(10):2062-2068.

[87] OBERKAMPF W L,HELTON J C. Investigation of evidence theory for engineering applications[DB/OL]. [2017-01-13]. https://doi_org/10.2514/6.2002-1569.

[88] DU X P. Uncertainty analysis with probability and evidence theories [C]//Anon. ASME 2006 International Design Engineering Technical Conferences and Computers and Information in Engineering Conference, Philadelphia, Pennsylvania, USA, 2006, September 10-13. New York: ASME,1025-1038.

[89] ALYANAK E,GRANDHI R,BAE H. Gradient projection for reliability-based design optimization using evidence theory[J]. Engineering Optimization,2008,40(10):923-935.

[90] BAI Y C,JIANG C,HAN X,et al. Evidence-theory-based structural static and dynamic response analysis under epistemic uncertainties[J]. Finite Elements in Analysis and Design,2013,68(3):52-62.

[91] HALDAR A,REDDY R K. A random-fuzzy analysis of existing structures[J]. Fuzzy Sets and Systems,1992,48(2):201-210.

[92] LIU D,CHOI K K,YOUN B D. Inverse possibility analysis method for possibility-based design optimization[J]. AIAA Journal,2012,44(11):2682-2690.

[93] 郭惠昕,胡冠昱,谈锋.基于证据推理的可靠度近似计算方法[J].农业机械学报,2008,39(5):128-132.

[94] SHAH H,HOSDER S,WINTER T. Quantification of margins and mixed uncertainties using evidence theory and stochastic expansions[J]. Reliability Engineering & System Safety,2015,138:59-72.

[95] 李贵杰.主客观不确定性结构可靠性分析方法研究[D].西安:西北工业大学,2015.

[96] 李少宏,陈建军,曹鸿钧.随机区间模糊混合参数结构可靠性分析[J].振动与冲击,2013,32(18):70-74.

[97] HUANG H Z,ZHANG X. Design optimization with discrete and continuous variables of aleatory and epistemic uncertainties[J]. Journal of Mechanical Design,2009,131(3):31006-31013.

[98] LI L Y,LU Z Z,SONG S F. Saddlepoint approximation based line sampling method for uncertainty propagation in fuzzy and random reliability analysis[J]. Science China Technological Sciences,2010,53(8):2252-2260.

[99] LI L,LU Z. Interval optimization based line sampling method for fuzzy and random reliability analysis[J]. Applied Mathematical Modelling,2014,38(13):3124-3135.

[100] DU X. Unified uncertainty analysis by the first order reliability method [J]. Journal of Mechanical Design,2008,130(9):1404-1413.

[101] JIANG C,LI W X,HAN X,et al. Structural reliability analysis based on random distributions with interval parameters[J]. Computers & Structures,2011,89(23-24):2292-2302.

[102] XIAO N C,HUANG H Z,LI Y F,et al. Unified uncertainty analysis using the maximum entropy approach and simulation[C]//IEEE. 2012 Annual Reliability and Maintainability Symposium(RAMS). Piscataway:IEEE,2012:1-8.

[103] 姜潮,郑静,韩旭,等.一种考虑相关性的概率-区间混合不确定模型及结构可靠性分析[J].力学学报,2014,46(4):591-600.

[104] HELTON J C,JOHNSON J D,SALLABERRY C J,et al. Survey of sampling-based methods for uncertainty and sensitivity analysis[J]. Reliability Engineering & System Safety,2006,91(10-11):1175-1209.

[105] O'CONNOR P D T.实用可靠性工程[M].李莉,王胜开,陆汝玉,等译.北京:电子工业出版社,2005.

[106] PADMANABHAN D,BATILL S. Decomposition strategies for reliability based optimization in multidisciplinary system design[DB/OL]. [2017-01-14]. https://doi. org/10. 2514/6. 2002-5471.

[107] AHN J,KWON J H. An efficient strategy for reliability-based multidisciplinary design optimization using BLISS[J]. Structural and Multidisciplinary Optimization,2006,31(5):363-372.

[108] 黄洪钟,余辉,袁亚辉,等.基于单学科可行法的多学科可靠性设计优化[J].航空学报,2009,30(10):1871-1876.

[109] 易平.概率结构优化设计的高效算法研究[D].大连:大连理工大

学,2007.
[110] DU X,GUO J,BEERAM H. Sequential optimization and reliability assessment for multidisciplinary systems design[J]. Structural and Multidisciplinary Optimization,2008,35(2):117-130.
[111] 刘少华,李连升,刘继红. 基于性能测量法的序列化多学科可靠性分析[J]. 计算机集成制造系统,2010,16(11):2399-2404.
[112] YI P,CHENG G. Further study on efficiency of sequential approximate programming for probabilistic structural design optimization[J]. Structural and Multidisciplinary Optimization,2008,35(6):509-522.
[113] 刘成武,李连升,钱林方. 随机与区间不确定下基于近似灵敏度的序列多学科可靠性设计优化[J]. 机械工程学报,2015,51(21):174-184.
[114] 王若冰,谷良贤,龚春林. 随机-区间混合不确定性分层序列化多学科可靠性分析方法[J]. 西北工业大学学报,2016(1):139-146.
[115] KOCH P N,WUJEK B,GOLOVIDOV O,et al. Facilitating probabilistic multidisciplinary design optimization using kriging approximation models[DB/OL]. [2017-02-02]. https://doi. org/10. 2514/6. 2002-5415.
[116] ZHANG X,HUANG H Z,ZENG S,et al. Possibility-based multidisciplinary design optimization in the framework of sequential optimization and reliability assessment[J]. International Journal of Innovative Computing Information and Control,2009,3(11):745-750.
[117] 陈小前,姚雯,欧阳琦. 飞行器不确定性多学科设计优化理论与应用[M]. 北京:科学出版社,2013.
[118] SUES R,CESARE M. An innovative framework for reliability-based MDO[DB/OL]. [2017-01-16]. https://doi. org/10. 2514/6. 2000-1509.
[119] CHO T M,LEE B C. Reliability-based design optimization using a family of methods of moving asymptotes[J]. Structural and Multidisciplinary Optimization,2010,42(2):255-268.
[120] AGARWAL H,RENAUD J,LEE J. A unilevel method for reliability based design optimization[DB/OL]. [2017-01-16]. https://doi. org/10. 2514/6. 2004-2029.

第2章 多学科可靠性设计优化理论基础

本章介绍多学科设计优化和可靠性设计优化相关知识，为研究多源不确定性条件下的多学科可靠性设计优化奠定理论基础。

2.1 多学科设计优化理论

多学科设计优化方法与传统意义上的寻优方法不同。传统寻优方法属于优化理论的研究领域，而多学科设计优化方法是从设计问题本身入手，从设计计算结构、信息组织的角度来研究问题，是在具体寻优方法的基础上提出的一整套设计计算框架。该计算框架将设计对象各学科的知识与具体的寻优算法集成起来，形成了一套有效的复杂对象优化求解方法。多学科设计优化的研究内容包括：①面向设计的各门学科分析方法和软件集成；②有效的多学科设计优化方法探索，以实现多学科（子系统）并行设计，获得系统整体最优解；③多学科设计优化分布式计算机网络环境。其中，多学科设计优化方法是多学科设计优化研究领域内最为重要的研究课题。多学科设计优化方法有时也称为多学科设计优化策略，主要关注如何将复杂的多学科设计优化问题分解为若干个较为简单的各学科（或各子系统）设计优化问题，如何协调各学科的设计进程，以及如何综合各学科的设计结果。

多学科设计优化的优点在于可以通过实现各学科的模块化并行设计来缩短研制周期，通过考虑学科之间的相互耦合来挖掘设计潜力，通过系统的综合分析来进行方案的选择和评估，通过系统的高度集成来实现复杂产品的自动化设计，通过学科的综合考虑来提高可靠性，通过门类齐全的多学科综合设计来降低研制费用[1]。

RBMDO 是多学科设计优化技术的发展与延伸，因此研究、了解多学科设计优化的相关理论是进行 RBMDO 的基础。下面主要介绍多学科设计优化的定义、数学模型、灵敏度分析技术、优化算法、多学科多目标优化以及常见的多学科设计优化软件等。

2.1.1 多学科设计优化定义

多学科设计优化已发展近40年，然而，国际上对多学科设计优化的定义尚未有统一认识。美国航空航天学会的多学科设计优化技术委员会给出了以下三种定义[2]。

定义1：多学科设计优化是一种通过充分探索和利用系统中相互作用的协同机制来设计复杂系统和子系统的方法论。

定义2：多学科设计优化是指在复杂工程系统的设计中，必须对学科（或子系统）间的相互作用进行分析，并且充分利用这些相互作用进行系统优化合成的设计优化方法。

定义3：当设计中每个因素都影响另外的所有因素时，确定该改变哪个因素以及改变到什么程度的一种设计方法。

虽然以上定义侧重点各不相同，但可总结得出多学科设计优化具备以下特点：①从理论体系角度而言，多学科设计优化是一种设计方法论；②其研究对象是复杂产品设计过程，直接服务于复杂产品设计；③适用于整个产品设计生命周期；④其基本思想是利用多学科之间的协同作用，实现产品整体性能最优[3]。

总之，多学科设计优化是一种解决复杂工程系统设计的综合方法，通过充分探索和利用工程系统中相互作用的协同机制，考虑各学科间的相互作用，从系统的角度优化设计复杂工程系统，以达到提高产品性能、降低成本和缩短设计周期的目的[4]。

如图2.1所示，以一个包含三学科的非层次系统为例，介绍多学科设计优化常用术语。

(1) 学科(discipline)：系统中相对独立、相互间又有数据交换关系的基本模块。多学科设计优化中的学科又称子系统(subsystem)或子空间(subspace)，是一个抽象的概念。以飞行器为例，学科既可以指气动、结构、控制等通常所说的学科，也可以指系统的实际物理部件或分系统，如有效载荷、姿态确定与控制、电源、热控等分系统。

(2) 设计变量(design variable)：优化中待设计的量。设计变量不受其他任何变量的影响，彼此相互独立。设计变量可以分为系统设计变量(system design variable)和局部设计变量(local design variable)。系统设计变量又称共享

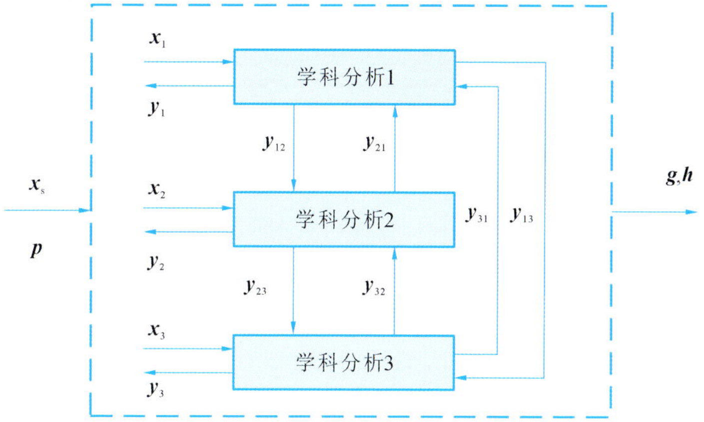

图 2.1　包含三学科的非层次系统

设计变量(sharing deterministic variables),在整个系统范围内起作用,例如,图 2.1 中的 $\boldsymbol{x}_s$;而局部设计变量只在某一学科范围内起作用,如图 2.1 中的 $\boldsymbol{x}_1$、$\boldsymbol{x}_2$、$\boldsymbol{x}_3$;局部设计变量有时也称为学科变量(discipline variable)或子空间设计变量(subspace design variable)。

(3) 状态变量(state variable):设计变量的函数,既可以是实际设计中的物理量,也可以是优化模型中的目标函数和约束函数等。状态变量可以分为学科状态变量(discipline state variable)和耦合状态变量(coupled state variable)。其中学科状态变量是指属于某一学科的状态变量,如图 2.1 中 $\boldsymbol{y}_1$、$\boldsymbol{y}_2$ 和 $\boldsymbol{y}_3$;耦合状态变量是指对某一学科进行分析时,需使用到的其他学科的状态变量,并且是当前所分析学科的输入量。耦合变量可用 $\boldsymbol{y}_{ij}$ 表示,即学科 i 对学科 j 输入的状态变量,如图 2.1 中的 $\boldsymbol{y}_{12}$、$\boldsymbol{y}_{21}$ 等。

(4) 约束条件(constraint):系统在设计过程中必须满足的条件。约束条件分为等式约束和不等式约束,在图 2.1 中分别用 $\boldsymbol{h}$ 和 $\boldsymbol{g}$ 表示。

(5) 系统参数(system parameter):用于描述多学科系统的特征、在设计过程中保持不变的一组参数,如图 2.1 中的 $\boldsymbol{p}$。

(6) 学科分析(contributing analysis,CA):也称为子系统分析(subsystem analysis)或子空间分析(subspace analysis),以某一学科设计变量、其他学科对该学科的耦合状态变量及系统参数为输入,根据该学科满足的物理规律确定该学科物理特性的过程。学科分析可用求解状态方程的方式来表示,学科 i 的状态方程如下:

$$\boldsymbol{y}_i = \mathrm{CA}(\boldsymbol{x}_s, \boldsymbol{p}, \boldsymbol{x}_i, \boldsymbol{y}_{ji}), j \neq i \tag{2.1}$$

式中：$\boldsymbol{y}_{ji}$ 表示其他学科到学科 i 的耦合状态变量。

（7）系统分析（system analysis）：对于整个系统，给定一组设计变量 $\boldsymbol{x}$，通过求解系统状态方程得到系统状态变量的过程。以图 2.1 所示的耦合系统为例，其系统分析过程可通过下式表示：

$$\begin{cases} \mathrm{CA}_1((\boldsymbol{x}_s, \boldsymbol{x}_1, \boldsymbol{y}_{21}, \boldsymbol{y}_{31}), \boldsymbol{y}_1) = 0 \\ \mathrm{CA}_2((\boldsymbol{x}_s, \boldsymbol{x}_2, \boldsymbol{y}_{12}, \boldsymbol{y}_{32}), \boldsymbol{y}_2) = 0 \\ \mathrm{CA}_3((\boldsymbol{x}_s, \boldsymbol{x}_3, \boldsymbol{y}_{13}, \boldsymbol{y}_{23}), \boldsymbol{y}_3) = 0 \end{cases} \tag{2.2}$$

对于复杂工程系统，系统分析涉及多个学科，由于耦合效应，系统分析过程需要多次循环迭代才能完成。

2.1.2 多学科设计优化数学模型

确定性多学科设计优化（DMDO）数学模型可描述为

$$\begin{cases} \min\limits_{(DV = \boldsymbol{d}_s, \boldsymbol{d})} f(\boldsymbol{d}_s, \boldsymbol{d}, \boldsymbol{y}) \\ \text{s.t.} \quad g_i(\boldsymbol{d}_s, \boldsymbol{d}_i, \boldsymbol{y}_{\cdot i}) \leqslant 0 \\ \qquad h_i(\boldsymbol{d}_s, \boldsymbol{d}_i, \boldsymbol{y}_{\cdot i}) = 0 \\ \qquad \boldsymbol{d}_s^{\mathrm{L}} \leqslant \boldsymbol{d}_s \leqslant \boldsymbol{d}_s^{\mathrm{U}}, \boldsymbol{d}_i^{\mathrm{L}} \leqslant \boldsymbol{d}_i \leqslant \boldsymbol{d}_i^{\mathrm{U}} \\ \qquad i = 1, 2, \cdots, n \end{cases} \tag{2.3}$$

式（2.3）中的确定性设计变量为 $\boldsymbol{d}_s$、$\boldsymbol{d}$，其中：$\boldsymbol{d}_s$ 是共享确定性设计变量；$\boldsymbol{d}$ 由所有学科的局部设计变量组成；$\boldsymbol{d}_i$ 是学科 i 中的确定性局部设计变量。所谓共享设计变量，是指所有学科所共有的设计变量，而局部设计变量是指某一学科的设计变量。$\boldsymbol{d}_s^{\mathrm{U}}$ 和 $\boldsymbol{d}_s^{\mathrm{L}}$ 分别为 $\boldsymbol{d}_s$ 的上下限，$\boldsymbol{d}_i^{\mathrm{U}}$ 和 $\boldsymbol{d}_i^{\mathrm{L}}$ 分别为 $\boldsymbol{d}_i$ 的上下限。$f(\cdot)$ 为确定性多学科设计优化的优化目标，g_i、h_i 分别为学科 i 中的不等式约束和等式约束，$i=1\sim n$，n 为复杂工程系统包含的所有学科总数目。$\boldsymbol{y}=\{\boldsymbol{y}_{1\cdot}, \boldsymbol{y}_{2\cdot}, \cdots, \boldsymbol{y}_{n\cdot}\}$ 是学科 i 输出到其他学科的耦合变量，为多学科设计优化问题的所有耦合状态变量（coupled state variables）的集合，$\boldsymbol{y}_{i\cdot}=\{\boldsymbol{y}_{ij}, j=1\sim n, j\neq i\}$，$\boldsymbol{y}_{ij}$ 为学科 i 输出到学科 j 的耦合状态变量。同样，$\boldsymbol{y}_{\cdot i}$ 是其他所有学科输入到学科 i 的耦合状态变量。实际上，学科间的耦合状态变量、共享设计变量和局部设计变量关系如下：

$$\begin{cases} \boldsymbol{y}_{i\cdot} = \boldsymbol{y}_{i\cdot}(\boldsymbol{d}_s, \boldsymbol{d}_i, \boldsymbol{y}_{i\cdot}) \\ \boldsymbol{y}_{i\cdot} = \{\boldsymbol{y}_{ij}, j = 1, 2, \cdots, n, j \neq i\} \\ i = 1, 2, \cdots, n \end{cases} \tag{2.4}$$

为阐述方便，这里以图 2.1 为例对式（2.4）进行说明。对学科 1 而言，其设计变量包括共享设计变量 $\boldsymbol{d}_s$ 和局部变量 $\boldsymbol{d}_1$，其经学科分析后向学科 2 输出耦合变量 $\boldsymbol{y}_{12}$ 的值、向学科 3 输出耦合变量 $\boldsymbol{y}_{13}$ 的值（$\boldsymbol{y}_{1\cdot}=\{\boldsymbol{y}_{12},\boldsymbol{y}_{13}\}$），以便于对学科 2 和学科 3 进行多学科分析。对学科 1 进行学科分析前，耦合变量 $\boldsymbol{y}_{21}$ 和 $\boldsymbol{y}_{31}$（$\boldsymbol{y}_{\cdot 1}=\{\boldsymbol{y}_{21},\boldsymbol{y}_{31}\}$）的数值必须已知，而获得耦合变量 $\boldsymbol{y}_{21}$ 和 $\boldsymbol{y}_{31}$ 值需以耦合变量 $\boldsymbol{y}_{12}$ 和 $\boldsymbol{y}_{13}$ 的值已知为前提，这充分反映了多学科间的耦合关系。图 2.1 中虚框所示的多学科分析的目的是获得满足学科间一致性要求的各耦合变量值，即满足下式所示的耦合变量值：

$$\begin{cases}\boldsymbol{y}_{12}=\boldsymbol{y}_{12}(\boldsymbol{d}_s,\boldsymbol{d}_1,\boldsymbol{y}_{21},\boldsymbol{y}_{31})\\ \boldsymbol{y}_{13}=\boldsymbol{y}_{13}(\boldsymbol{d}_s,\boldsymbol{d}_1,\boldsymbol{y}_{21},\boldsymbol{y}_{31})\\ \boldsymbol{y}_{21}=\boldsymbol{y}_{21}(\boldsymbol{d}_s,\boldsymbol{d}_1,\boldsymbol{y}_{12},\boldsymbol{y}_{13})\\ \boldsymbol{y}_{23}=\boldsymbol{y}_{23}(\boldsymbol{d}_s,\boldsymbol{d}_1,\boldsymbol{y}_{12},\boldsymbol{y}_{13})\\ \boldsymbol{y}_{31}=\boldsymbol{y}_{31}(\boldsymbol{d}_s,\boldsymbol{d}_1,\boldsymbol{y}_{13},\boldsymbol{y}_{23})\\ \boldsymbol{y}_{32}=\boldsymbol{y}_{32}(\boldsymbol{d}_s,\boldsymbol{d}_1,\boldsymbol{y}_{13},\boldsymbol{y}_{23})\end{cases} \tag{2.5}$$

2.1.3 灵敏度分析技术

灵敏度分析（sensitivity analysis，SA）从数学上来说就是求取函数的导数信息。复杂产品设计中的灵敏度分析就是分析设计变量或参数的变化对产品性能函数产生的影响。目前已经根据不同的计算方法形成了多种灵敏度分析技术。多学科设计优化中的灵敏度求解技术往往与近似和寻优搜索技术相结合，以解决多学科设计优化中的各种困难，如计算复杂性、组织复杂性、模型复杂性以及信息交换复杂性。复杂产品多学科设计优化中的灵敏度分析技术可以分为学科灵敏度分析技术和多学科灵敏度分析技术。其中多学科灵敏度分析技术是学科灵敏度分析技术在多学科优化系统中的延伸和发展。

2.1.3.1 单学科灵敏度分析

单学科灵敏度分析主要针对独立学科或者独立系统。以基于梯度的优化为例，灵敏度分析主要是求解学科的目标函数和性能函数对设计变量的导数信息，即优化设计变量改变对目标函数和性能函数的影响。通过灵敏度分析可以获得各个设计变量对学科性能的影响程度，从而可以协助设计人员确定设计优化中的关键变量。尤其是在复杂程度较高的产品设计过程中，由于设计变量太多会造成优化求解困难，可以通过灵敏度分析技术来控制和减少设计变量的个数，从而优化多学科设计过程。

一个简单的数学优化模型可表示如下：

$$\begin{aligned} &\min\ f(\boldsymbol{x}) \\ &\text{s. t.}\ \ g_i(\boldsymbol{x}) \geqslant 0 \end{aligned} \tag{2.6}$$

式中：$\boldsymbol{x}$ 是设计变量；$g_i(\boldsymbol{x})$是约束函数；f 为目标函数。f 对第 i 个设计变量的灵敏度可以按下式计算：

$$f'(\boldsymbol{x}_i) = \frac{\mathrm{d}f}{\mathrm{d}\boldsymbol{x}_i} \tag{2.7}$$

约束函数向量对第 i 个设计变量的灵敏度则为

$$g'_i(\boldsymbol{x}_i) = \frac{\mathrm{d}g_i}{\mathrm{d}\boldsymbol{x}_i} \tag{2.8}$$

常用的学科灵敏度求解方法有：手工求导法（manual derivation method，MDM）、符号微分法（symbolic differential method，SDM）、有限差分法（finite difference method，FDM）、自动微分法（automatic differentiation method，ADM）、复变量法（complex variable method，CVM）等。这些学科灵敏度求解方法各有优缺点，没有可适用于所有情况的灵敏度分析方法。

手工求导法是源于微分学的一种较为精确的求导方法，但由于自动化程度低，不易控制；符号微分法的求导过程可以自动进行，但是该方法不能处理隐函数。这两种方法很难应用于多学科设计优化。有限差分法是目前应用于计算机自动求导的最为成熟的数值方法。应用有限差分法进行灵敏度分析简单易行，而且可以处理隐函数的求导问题，因此在多学科设计优化中应用广泛。有限差分法的缺点是精度不高，效率较低。自动微分法是一种基于计算机程序中微分链式规则的求导方法，具有较高的效率和精度。它是一种在计算机程序中增加导数计算程序的技术，其工作目标是以合理的代价分析与求解函数梯度、雅可比矩阵以及更高阶导数等。复变量法也是一种高效的灵敏度分析方法，其不仅具有有限差分法、自动微分法的优点，而且计算精度更高。

除以上方法外，解析法和半解析法是目前最精确和最有效的灵敏度分析方法。但是解析法由于涉及有关控制方程和求解这些方程的算法知识，较其他灵敏度分析方法难实现。解析法包括直接方法和伴随方法。半解析法是为了解决解析法实现困难的问题而发展出来的一种灵敏度分析方法，也称为局部差分法。半解析法的效率与解析法大体相同，是 FDM 和解析法中的直接方法的结合。

2.1.3.2　多学科灵敏度分析

多学科灵敏度分析又称系统灵敏度分析（system sensitivity analysis，

SSA),是一种处理大系统问题的方法,考虑各子系统之间的耦合影响,研究系统设计变量或参数的变化对系统的影响程度,以实现对整个系统设计过程的有效控制。对大型系统工程来说,多学科灵敏度分析所需的数据远比单学科灵敏度分析复杂得多,即存在"维数灾难",而且多学科灵敏度分析在多学科设计优化中更多地用于衡量学科(子系统)之间及学科与系统之间的相互影响。针对大型系统工程问题,有效的解决办法是将含有多个学科的整个复杂产品系统按不同的分解策略分解为若干较小的子系统(学科),对各子系统分别进行学科灵敏度分析,然后对整个复杂产品系统再进行多学科灵敏度分析。

多学科灵敏度分析的分解策略分别为:层次分解、非层次分解(网状分解、耦合分解)和混合分解。目前多学科灵敏度分析技术主要是最优灵敏度分析(optimum sensitivity analysis,OSA)和全局灵敏度分析(global sensitivity analysis,GSA)。最优灵敏度分析可用于层次系统的灵敏度分析;全局灵敏度分析可用于耦合系统灵敏度分析;最优灵敏度分析与全局灵敏度方程结合可用于混合灵敏度分析。多学科灵敏度分析非常复杂,同时也是目前的一个研究难点。下面主要介绍最优灵敏度分析和全局灵敏度分析这两种多学科灵敏度分析方法。

1. 最优灵敏度分析

最优灵敏度分析方法研究问题的目标函数和设计变量的最优值相对问题参数变化的灵敏程度。最优灵敏度分析中的灵敏程度通常是目标函数和设计变量的最优值对参数的导数,称为最优灵敏度导数信息。最优灵敏度分析方法用途广泛,在层次和非层次系统的优化过程中,通过灵敏度分析将各层联系起来,求出低层子系统目标函数的最优值对高层子系统设计变量和输出变量的偏导数,并基于这些偏导数来构造低层子系统目标函数最优值随高层子系统设计变量和输出变量变化的线性近似式。当高层子系统的设计变量和输出变量在优化过程中发生改变时,不必对低层子系统重新进行优化,可大大减少计算量。最优灵敏度分析也可以用于单学科设计优化,只需将单一学科看作顶级子系统,对其进行层次分解即可。目前,最优灵敏度分析方法已经广泛用于递阶优化过程及结构整体优化设计等领域。

2. 全局灵敏度分析

Sobieszczanski-Sobieski 于 1998 年提出的全局灵敏度方程(global sensitivity equation,GSE)是将灵敏度分析应用于多学科设计优化研究的重大进展。GSE 是一组可以联立求解的线性代数方程组,通过 GSE 可将子系统的灵敏度分析与全局系统的灵敏度分析联系在一起，从而得到系统的灵敏度，最终解决耦合系统灵敏度分析和多学科设计优化问题。通过 GSE 可以预测一个子系统的输出对另一个子系统输出的影响，还可以确定该输出对特定设计变量的导数。全局灵敏度分析方法利用局部灵敏度反映整个系统的响应，求解 GSE 所得的全导数反映系统中各子系统之间的耦合。

在多学科设计优化过程中，利用 GSE 可以精确地描述学科之间耦合特性[5]。不仅能够由 GSE 计算得到的灵敏度全面地分析学科子系统间的耦合情况，而且可以利用这些灵敏度对整个多学科系统进行分解。假设将一个复杂的系统分解为三个子系统（学科），分别用 Sub1、Sub2、Sub3 表示。其子系统之间的耦合关系如图 2.2 所示。

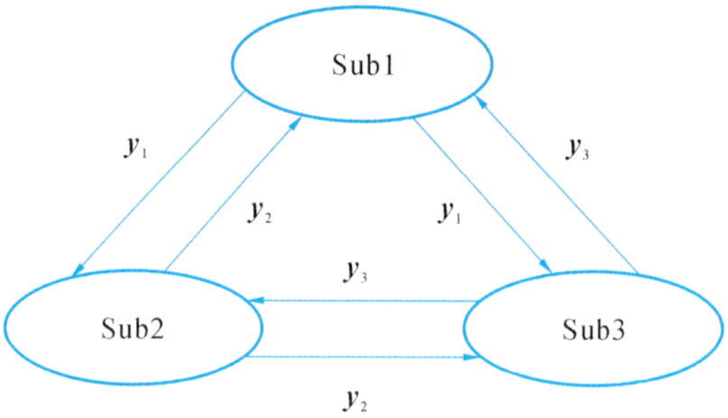

图 2.2　多学科系统耦合图

图中 $\boldsymbol{y}_i$ 是第 $i(i=1,2,3)$ 个子系统的输出变量，可以表示为设计变量 $\boldsymbol{x}$ 和其他子系统输出变量的函数，即

$$\boldsymbol{y}_1 = f_1(\boldsymbol{x},\boldsymbol{y}_2,\boldsymbol{y}_3) = \boldsymbol{y}_1(\boldsymbol{x},\boldsymbol{y}_2,\boldsymbol{y}_3) \tag{2.9a}$$

$$\boldsymbol{y}_2 = f_2(\boldsymbol{x},\boldsymbol{y}_1,\boldsymbol{y}_3) = \boldsymbol{y}_2(\boldsymbol{x},\boldsymbol{y}_1,\boldsymbol{y}_3) \tag{2.9b}$$

$$\boldsymbol{y}_3 = f_3(\boldsymbol{x},\boldsymbol{y}_1,\boldsymbol{y}_2) = \boldsymbol{y}_3(\boldsymbol{x},\boldsymbol{y}_1,\boldsymbol{y}_2) \tag{2.9c}$$

各学科分别运用微分求导的链式规则，对第 k 个设计变量 $\boldsymbol{x}_k$ 求导，则全导数为

$$\frac{\mathrm{d}\boldsymbol{y}_1}{\mathrm{d}\boldsymbol{x}_k} = \frac{\partial \boldsymbol{y}_1}{\partial \boldsymbol{y}_2}\frac{\mathrm{d}\boldsymbol{y}_2}{\mathrm{d}\boldsymbol{x}_k} + \frac{\partial \boldsymbol{y}_1}{\partial \boldsymbol{y}_3}\frac{\mathrm{d}\boldsymbol{y}_3}{\mathrm{d}\boldsymbol{x}_k} + \frac{\partial \boldsymbol{y}_1}{\partial \boldsymbol{x}_k} \tag{2.10a}$$

$$\frac{\mathrm{d}\boldsymbol{y}_2}{\mathrm{d}\boldsymbol{x}_k} = \frac{\partial \boldsymbol{y}_2}{\partial \boldsymbol{y}_1}\frac{\mathrm{d}\boldsymbol{y}_1}{\mathrm{d}\boldsymbol{x}_k} + \frac{\partial \boldsymbol{y}_2}{\partial \boldsymbol{y}_3}\frac{\mathrm{d}\boldsymbol{y}_3}{\mathrm{d}\boldsymbol{x}_k} + \frac{\partial \boldsymbol{y}_2}{\partial \boldsymbol{x}_k} \tag{2.10b}$$

$$\frac{\mathrm{d}\boldsymbol{y}_3}{\mathrm{d}\boldsymbol{x}_k} = \frac{\partial \boldsymbol{y}_3}{\partial \boldsymbol{y}_1}\frac{\mathrm{d}\boldsymbol{y}_1}{\mathrm{d}\boldsymbol{x}_k} + \frac{\partial \boldsymbol{y}_3}{\partial \boldsymbol{y}_2}\frac{\mathrm{d}\boldsymbol{y}_2}{\mathrm{d}\boldsymbol{x}_k} + \frac{\partial \boldsymbol{y}_3}{\partial \boldsymbol{x}_k} \tag{2.10c}$$

对式(2.10)进行转化处理，得到 GSE 耦合矩阵方程，即

$$\begin{pmatrix} \boldsymbol{I} & -\dfrac{\partial \boldsymbol{y}_1}{\partial \boldsymbol{y}_2} & -\dfrac{\partial \boldsymbol{y}_1}{\partial \boldsymbol{y}_3} \\ -\dfrac{\partial \boldsymbol{y}_2}{\partial \boldsymbol{y}_1} & \boldsymbol{I} & -\dfrac{\partial \boldsymbol{y}_2}{\partial \boldsymbol{y}_3} \\ -\dfrac{\partial \boldsymbol{y}_3}{\partial \boldsymbol{y}_1} & -\dfrac{\partial \boldsymbol{y}_3}{\partial \boldsymbol{y}_2} & \boldsymbol{I} \end{pmatrix} \begin{pmatrix} \dfrac{\mathrm{d}\boldsymbol{y}_1}{\mathrm{d}\boldsymbol{x}_k} \\ \dfrac{\mathrm{d}\boldsymbol{y}_2}{\mathrm{d}\boldsymbol{x}_k} \\ \dfrac{\mathrm{d}\boldsymbol{y}_3}{\mathrm{d}\boldsymbol{x}_k} \end{pmatrix} = \begin{pmatrix} \dfrac{\partial \boldsymbol{y}_1}{\partial \boldsymbol{x}_k} \\ \dfrac{\partial \boldsymbol{y}_2}{\partial \boldsymbol{x}_k} \\ \dfrac{\partial \boldsymbol{y}_3}{\partial \boldsymbol{x}_k} \end{pmatrix} \tag{2.11}$$

式(2.11)等号左边的系数矩阵称为全局灵敏度矩阵,系数矩阵中的偏导数为学科状态变量对其他学科状态变量的偏导数,代表各个学科之间的耦合关系。等号右边的向量为局部灵敏度信息,它是学科的状态变量对输入变量的偏导数信息。等号左边的向量代表学科状态变量对输入变量的全导数,是系统灵敏度信息。系统灵敏度信息考虑了学科之间的耦合性并量化学科之间耦合性的大小。系统灵敏度信息可以通过求解线性方程(2.11)得到。

在求解某一设计点 $\boldsymbol{x}^0$ 的 GSE 时,必须先通过多学科分析计算出对应的学科状态变量 $\boldsymbol{y}^0$,即

$$\boldsymbol{y}^0 = (\boldsymbol{y}_1 \quad \boldsymbol{y}_2 \quad \boldsymbol{y}_3)^{\mathrm{T}} \tag{2.12}$$

一个典型的基于 GSE 的系统设计优化过程可以分为以下步骤[1]。

步骤 1:对于给定的设计变量 $\boldsymbol{x}$,通过多学科分析计算出对应的学科状态变量 $\boldsymbol{y}$。

步骤 2:对于给定的 $\boldsymbol{x}$ 和求得的 $\boldsymbol{y}$,分别求出各个学科状态变量的偏导数。

步骤 3:根据式(2.11),求解系统灵敏度信息。

步骤 4:利用系统灵敏度信息,选择新的设计变量 $\boldsymbol{x}$。

步骤 5:判断是否满足设计要求,满足就结束计算,否则转步骤 1。

2.1.4 多学科设计优化算法

本质上,多学科设计优化方法是从总体角度对设计优化问题做出说明和定义的,它将复杂的设计优化问题分成几个子学科,把每个设计变量分配到不同的子学科中去,各个子学科结合约束,经过多次迭代计算,获得一个最终的优化结果。深入到每个子学科的内部,在变量约束的条件下,怎样运算得到满意的结果,则是优化算法需要解决的问题。

优化算法是多学科设计优化理论研究中的一个重要内容。在传统的单学科优化问题中,针对具体问题选择合适的优化算法是比较成熟的技术,但在多学科设计优化问题中,由于计算复杂性、信息交换复杂性和组织复杂性等,直接应用传统的优化算法不太合适,一般采取与试验设计技术、近似方法等结合一

起进行多学科设计优化问题求解的方法。多学科设计优化中常用的几类优化算法包括:确定性优化算法、随机性优化算法和混合优化算法。

2.1.4.1 确定性优化算法

确定性优化算法是一种局部优化算法,有成熟的理论基础,若所研究问题的多学科设计优化模型表示为凸函数且规模不是特别大,则适合采用确定性优化算法。确定性优化算法包括不使用梯度信息的直接优化算法和使用梯度信息的间接优化算法。

1. 直接优化算法

当目标函数不可微,或者目标函数的梯度存在但是难以计算时,可以采用直接优化方法进行求解。这类方法仅通过比较目标函数值的大小来移动迭代点,它只假定目标函数连续,因而应用范围广、可靠性好。比较有代表性的直接方法有步长加速法、旋转方向法、单纯形方法和方向加速法等。目前在多学科设计优化中应用效果较好的有属于单纯形方法的可变容差多面体法[6]和属于方向加速法的基于增广拉格朗日乘子法的 Powell 方法[7]。

2. 间接优化算法

当目标函数可微并且梯度可以通过某种方法求得时,利用梯度信息可以建立更为有效的最优化方法,这类方法称为间接优化算法或者微分法。有代表性的包括共轭梯度法、广义简约梯度法、牛顿法、罚函数法、信赖域法和序列二次规划法等。

2.1.4.2 随机性优化算法

随机性优化算法包括模拟退火算法、禁忌搜索算法、遗传算法、神经网络算法等。这类方法涉及人工智能、生物进化、组合优化、数学和物理科学、统计学等概念,都是借助一定的直观基础构造的,称为启发式算法或智能优化算法。随机性优化算法不需要梯度信息,可以处理离散变量优化问题,并且具有较强的全局搜索能力。若所研究问题的多学科设计优化模型表示为非凸函数并且存在离散设计变量,则适合采用随机性优化算法进行优化。常用的随机性优化算法有模拟退火算法[8]、禁忌搜索算法[9]、遗传算法[10]和粒子群算法[11]。这几种随机性优化算法将在第 3 章详细阐释,这里不赘述。

2.1.4.3 混合优化算法

复杂产品多学科设计优化中的许多优化问题存在大规模、高维、非线性、非凸、离散与连续设计变量混合等复杂特性,而且存在大量的局部极值点。在求解这类问题时,许多确定性优化算法易陷入局部极值;随机性优化算法虽有较强的全局搜索能力,但对同一优化问题比确定性优化算法所需的时间要多。实践证明，任何一种单一功能的算法都不可能适合于所有的模型，所以混合优化算法的思想应运而生。混合优化算法利用各种单一优化算法的不同优化特性来提高优化性能，实现单一算法之间的取长补短，从而产生更高的优化效率，例如某些局部搜索算法与遗传算法的组合、神经网络与模拟退火算法的混合等即为混合优化算法。这一思想对于实时性和优化性同样重要的工程领域，具有很强的吸引力。

实际上由于每种智能算法各自不同的特点以及设计变量空间的复杂性，一种智能优化算法不可能在所有设计优化问题求解中都表现出良好的效果。同时，智能优化算法本身也存在不足，如遗传算法的编码方式较适合于多向量的问题，但也常出现早熟收敛的情况，而模拟退火算法需要增加补充搜索功能以避免状态的迂回搜索。因此，目前关于在多学科设计优化中应用智能优化算法的研究，主要集中在以下两个方面。

(1) 研究各个智能优化算法的特征，以适应不同多学科设计优化问题的需要。对于一个具体问题，最重要的是如何选择一个最适合该问题的优化算法，如在最短时间内得到最优解或满足一定精度要求的解等。建立一个能够适应不同多学科设计优化问题设计优化条件的智能优化算法库，可以更好地支持多学科设计优化工作。

(2) 针对多学科设计优化问题的特点，结合算法的基础理论，对智能优化算法本身存在的缺陷做出改进，以改善算法的寻优效率，加速逼近收敛点。

2.1.5 多学科设计优化策略

多学科设计优化策略也称多学科设计优化方法、多学科设计优化计算框架，是多学科设计优化问题的数学表述及在计算环境中实现这种表述的过程组织，主要关注：①如何将复杂的多学科设计优化问题分解为若干较为简单的学科（子系统）设计优化问题；②如何协调各学科的设计进程；③如何综合考虑各学科的设计结果。

如图 2.3 所示，总体上，多学科设计优化策略可以分为单级优化策略（整体式架构）和多级优化策略（分布式架构）两种。单级优化策略是多学科设计优化中最原始也是最简单直接的多学科组织策略，主要有同时分析优化（AAO）方法、单学科可行（IDF）方法和多学科可行（MDF）方法三种。多学科多级优化策略是运用分布式的思想，在单级优化策略基础上改进而得来的策略，主要有两级一体化合成（BLISS）、并行子空间优化（CSSO）和协同优化（CO）、目标级联（ATC）、基于独立子空间的多学科设计优化（MDO of independent subspaces，MDOIS）、多学科交互变量清除(discipline interaction variable elimination, DIVE)等算法。其中 CSSO、BLISS 等算法是由 MDF 方法发展而来的, CO、ATC、DIVE、MDOIS 等算法是由 IDF 方法发展而来的。下面介绍几种常见的多学科设计优化策略。

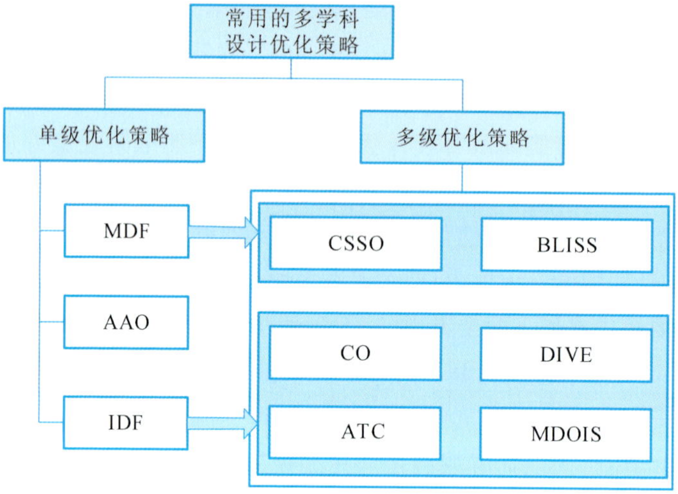

图 2.3　多学科设计优化策略分类

2.1.5.1　单级优化策略

1. AAO 方法

AAO 是最基本的多学科设计优化策略。其优化结构如图 2.4 所示。

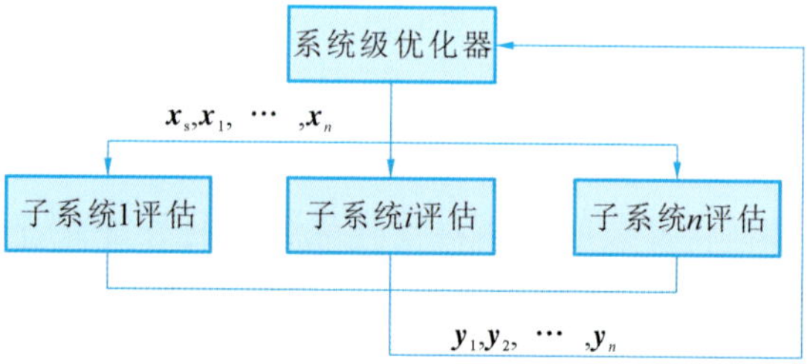

图 2.4　AAO 方法优化结构

该方法使用学科评估代替学科分析,将系统的所有变量同时进行优化。每次优化直接进行学科评估,但不保证学科可行,直到优化结束时才能保证学科和系统同时可行。该方法调用子系统评估进行系统级优化,目的是优化全局目标。由于 AAO 方法只调用学科计算,不能应用成熟的学科分析代码,而且将耦合变量和状态变量都进行优化,增大了优化问题的规模,所以 AAO 方法不适用于具有众多子系统和设计变量的复杂系统。

以含有两个学科的系统为例，AAO 方法引入两个新的设计变量 $\boldsymbol{y}_A$ 和 $\boldsymbol{y}_B$ 来表征学科和系统间的通信，通过引入系统分析方程作为等式约束，以避免学科间的耦合分析，引入的设计变量由系统分析方程来约束，即

$$\begin{cases}\boldsymbol{y}_A-\boldsymbol{y}_A(\boldsymbol{x}_A,\boldsymbol{y}_B)=\boldsymbol{0}\\ \boldsymbol{y}_B-\boldsymbol{y}_B(\boldsymbol{x}_B,\boldsymbol{y}_A)=\boldsymbol{0}\end{cases}\tag{2.13}$$

AAO 方法的数学模型可表示为

$$\begin{cases}\min\ f(\boldsymbol{x}_{\text{sys}},\boldsymbol{y}_A,\boldsymbol{y}_B)\\ \text{s. t.}\quad g_{A1}(\boldsymbol{x}_{\text{sys}},\boldsymbol{y}_B)\leqslant 0\\ \qquad g_{A2}(\boldsymbol{x}_{\text{sys}},\boldsymbol{y}_B)\leqslant 0\\ \qquad g_{B1}(\boldsymbol{x}_{\text{sys}},\boldsymbol{y}_A)\leqslant 0\\ \qquad g_{B2}(\boldsymbol{x}_{\text{sys}},\boldsymbol{y}_A)\leqslant 0\\ \qquad \boldsymbol{y}_A-\boldsymbol{y}_A(\boldsymbol{x}_A,\boldsymbol{y}_B)=\boldsymbol{0}\\ \qquad \boldsymbol{y}_B-\boldsymbol{y}_B(\boldsymbol{x}_B,\boldsymbol{y}_A)=\boldsymbol{0}\\ \qquad \boldsymbol{x}_{\text{sys}},\boldsymbol{y}_A,\boldsymbol{y}_B\in S\end{cases}\tag{2.14}$$

式中：$\boldsymbol{x}_{\text{sys}}$ 表示系统级设计变量；$\boldsymbol{y}_A$、$\boldsymbol{y}_B$ 表示状态变量。

系统分析方程只在优化结束时可行。因此 AAO 方法与 MDF 方法不同，不需要完整的多学科分析，这个特性有助于提高 AAO 方法的计算效率。但是增加的设计变量和约束往往使优化问题变得异常复杂。而且，非凸、不收敛等问题导致优化中途终止时产生的设计结果将完全没用。

2. MDF 方法

MDF[12]是多学科设计优化中最简单也最基本的一种多学科设计优化策略。其优化结构如图 2.5 所示。

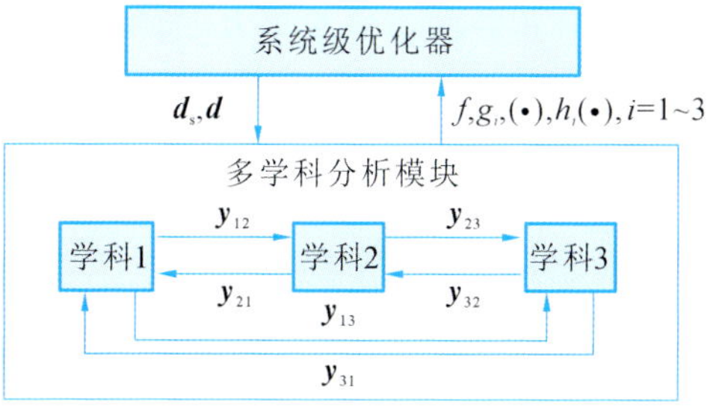

图 2.5　MDF 方法优化结构

由图 2.5 可见，在每次优化迭代过程中，系统级优化器首先为每个学科提供一组设计变量的初始值，然后多学科分析模块在满足各学科一致性的要求

下，对各个学科进行多学科分析，为系统级优化器返回优化目标函数值、等式和不等式约束的函数值。基于 MDF 的多学科设计优化模型可表示为

$$\begin{cases} \min\limits_{DV} f(\boldsymbol{d}_s, \boldsymbol{d}, \boldsymbol{y}) \\ \text{s. t.} \quad g_i(\boldsymbol{d}_s, \boldsymbol{d}_i, \boldsymbol{y}_{\cdot i}) \leqslant 0 \\ \qquad h_i(\boldsymbol{d}_s, \boldsymbol{d}_i, \boldsymbol{y}_{\cdot i}) = 0 \\ \qquad i = 1, 2, \cdots, n \end{cases} \tag{2.15}$$

其中，多学科分析模块的任务是对式(2.5)进行求解，使其满足一致性要求，同时获得所有耦合状态变量的值。

3. IDF 方法

IDF[13] 方法的优化结构如图 2.6 所示。

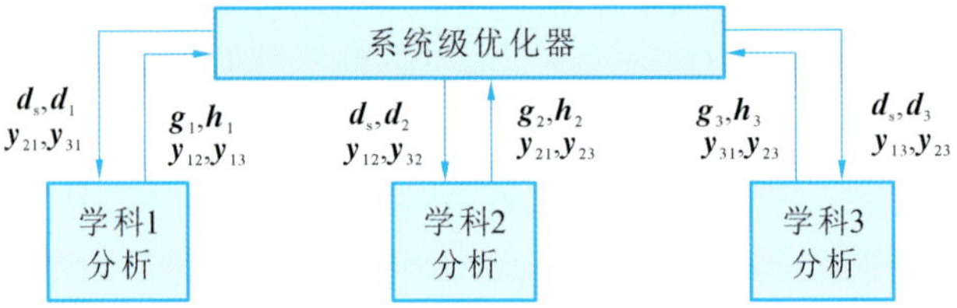

图 2.6　IDF 方法的优化结构

IDF 方法中，设计变量由两部分组成，一是多学科设计优化问题原有的设计变量，二是额外的耦合状态变量。系统级优化器为各学科设计优化问题提供原设计变量及其相应耦合状态变量的值，各学科并行执行，在各自的学科内进行独立的学科分析。各学科向系统级返回本学科设计约束及输出耦合状态变量的值。在 IDF 优化模型中，为了实现学科一致性并增强各学科的自治性，将学科一致性要求作为额外的设计约束，即每次迭代时系统级优化器提供的耦合状态变量值必须等于学科分析后的值。基于 IDF 的多学科设计优化模型可表示为

$$\begin{cases} \min\limits_{(\boldsymbol{d}_s, \boldsymbol{d}, \boldsymbol{y})} f(\boldsymbol{d}_s, \boldsymbol{d}, \boldsymbol{y}) \\ \text{s. t.} \quad g_i(\boldsymbol{d}_s, \boldsymbol{d}_i, \boldsymbol{y}_{\cdot i}) \leqslant 0 \\ \qquad h_i(\boldsymbol{d}_s, \boldsymbol{d}_i, \boldsymbol{y}_{\cdot i}) = 0 \\ \qquad \boldsymbol{y}_{i\cdot} - \boldsymbol{y}_{i\cdot}(\boldsymbol{d}_s, \boldsymbol{d}_i, \boldsymbol{y}_{\cdot i}) = \boldsymbol{0} \\ \qquad i = 1, 2, \cdots, n \end{cases} \tag{2.16}$$

针对上述单级优化策略，文献[14]～[16]进行了较为全面的综述，其主要结论如表 2.1 所示。简单总结如下：

表 2.1 单级优化策略比较

优化策略	AAO	IDF	MDF
能否集成传统分析工具	不可以	可以	可以
单学科解决方案可行	只在收敛处可行	每次循环都可行	每次循环都可行
多学科解决方案可行	只在收敛处可行	只在收敛处可行	每次循环都可行
优化器的决策变量	$\{z, x, y\}$	$\{z, y\}$	$\{z\}$
收敛速度	快	快	慢
支持并发过程解耦	是	是	否
支持学科自治	否	是	否

注：z 表示系统级优化变量，x 表示学科优化变量，y 表示耦合变量。

(1) 当学科间耦合较弱并且学科分析计算代价较低时，MDF 是一种令人满意的方法；MDF 方法的设计变量较 IDF 方法少；由于是在优化中进行多学科分析，即使在优化过程中计算中断，当前设计点仍满足一致性要求。但是，MDF 方法在处理大规模或强耦合的多学科设计优化问题时，其计算费用昂贵且并不能保证其收敛；MDF 策略的稳健性较差，当 MDF 方法在当前设计点不收敛时，将导致求解失败；MDF 方法的优化结构不是并行结构，这也直接导致其效率低。

(2) IDF 方法中增加了额外的设计变量——耦合状态变量，将一致性要求作为额外的设计约束，可以并行地进行多学科分析。在每一迭代点，每学科只进行一次学科分析，学科一致性要求在优化收敛时自动满足。与 MDF 相比，IDF 的缺点在于：采用该方法时，在优化过程中，如果中断计算，当前的设计点可能不满足一致性要求；由于设计变量包括耦合变量，其求解规模较 MDF 大；由于以一致性要求作为额外的等式约束，当耦合状态变量较多时，将可能造成求解困难。

(3) 从计算效率和稳健性来看，IDF 均优于 MDF；而 MDF 实现相对容易。

2.1.5.2 多级优化策略

1. CO 算法

CO 算法由斯坦福大学的 Kroo 教授于 1994 年提出[17]。在该策略下，多学科设计优化问题被分解为一个系统级和多个学科级的优化问题。CO 算法定义了系统级与子系统级两级优化模型，通过将所有的耦合状态变量转换为设计变量来解除学科间的耦合关系。在分层结构下，系统级和子系统级优化的目标函数、设计变量和约束都不同。系统级的目标函数就是设计优化问题的目标函数;系统级向子系统级传递优化参数,子系统再把优化后的结果传回给系统级,进而使得多个子系统级实现独立并行分析与优化。CO 算法通过系统级优化和子系统级优化之间的多次迭代,最终得到一个符合学科间一致性要求的系统最优设计方案。

CO 算法的系统级优化模型要求在满足一致性约束的前提下,最小化目标函数,如下:

$$\begin{cases} \min\ f(\boldsymbol{z}) \\ \text{s.t.}\ \ J_i^*(\boldsymbol{z})=0 \quad (i=1,2,\cdots,n) \\ \qquad \boldsymbol{z}^{\mathrm{L}} \leqslant \boldsymbol{z}_i \leqslant \boldsymbol{z}^{\mathrm{U}} \end{cases} \tag{2.17}$$

式中:$f(\boldsymbol{z})$是原优化问题的目标函数,即系统级的优化对象;$\boldsymbol{z}$ 是系统级的设计变量;J_i^* 是系统级的一致性约束,实际上是 n 个子系统级的最优解集合。

在 CO 算法的优化过程中,通过系统级优化过程来协调各个不一致的子系统级设计优化结果,两者之间的变量传递关系如图 2.7 所示。

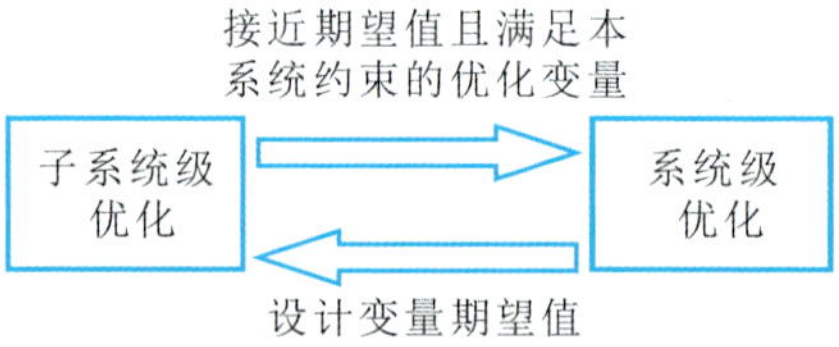

图 2.7　CO 算法中子系统级与系统级信息关系协调图

CO 算法的子系统级优化模型为

$$\begin{cases} \min\ J_i = \sum_{i=1}^{n} |\boldsymbol{x}_i - \boldsymbol{z}_i|^2 \\ \text{s.t.}\ \ g_u(\boldsymbol{x}) \leqslant 0 \quad (u=1,2,\cdots,l) \\ \qquad h_v(\boldsymbol{x}) \leqslant \varepsilon_v \quad (v=1,2,\cdots,p) \\ \qquad \varepsilon_v \geqslant 0 \quad (v=1,2,\cdots,p) \end{cases} \tag{2.18}$$

式中:J_i 是子系统目标函数;$\boldsymbol{x}$ 是子系统级的设计变量;$\boldsymbol{z}$ 是系统级向子系统级传递过来的变量。

在优化时,CO 算法的每个子系统可以暂时不考虑其他子系统或者系统级的影响,只需要满足自身内部的约束;子系统优化的目标是使子系统设计优化方案与系统级优化提供的优化变量期望值的差异达到最小。

CO 算法的优化结构如图 2.8 所示。CO 算法具有以下特点:

(1) 辅助变量的引入使得 CO 算法不需学科间解耦迭代,各个子系统并行

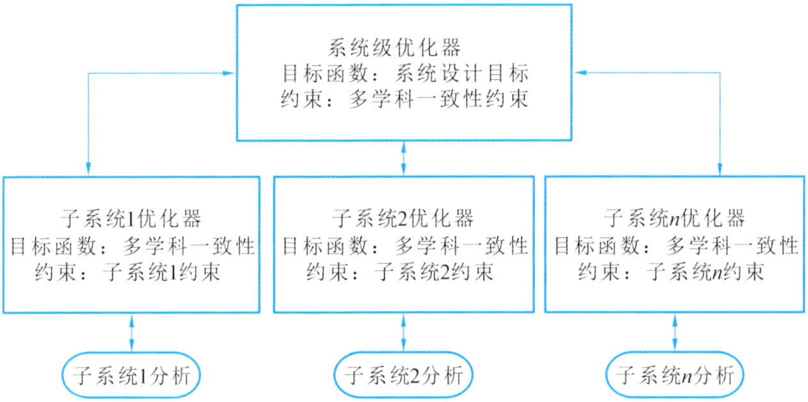

图 2.8 CO 算法的优化结构

执行分析与优化过程，能够显著缩短设计问题的优化周期。CO 是 MDO 优化策略中学科间独立性最强的一种策略。

（2）优化结构与现有工程设计分工的组织形式相一致，各子系统级优化问题代表了实际设计过程中的某一学科领域，具有模块化设计的特点，对应计算结构清晰明了，易于组织管理。

（3）每个学科已有的优化代码能够便捷地集成到对应子系统的分析设计过程中，不需要做复杂的改动，有利于设计分析工具的继承。

但是 CO 算法特有的多级分层优化结构在带来以上优点的同时，也产生了相应的其他问题。

一是计算上的困难。对于 CO 算法，在系统级优化中，一个系统级设计变量要对应协调多个子系统的优化结果，这将增加变量空间的维数和优化算法寻优搜索的难度；同时，系统级一般具有非线性的不平滑变量空间，存在不可导的情况，采用传统数值算法求解，需要大量计算获取梯度信息，优化常常只得到局部最优解，或者意外终止；处理优化问题时不可避免会引入辅助变量，从而导致变量空间急剧膨胀，优化所消耗的时间和资源增大，效率低下。

二是收敛上的困难。CO 算法只有当系统级中所有的等式约束条件均得到满足时，才会停止优化，表明已经找到一个可行的优化解。但在实际工程优化问题中，子系统级优化结果与系统级期望值之间一般存在差值，难以满足等式约束条件，CO 算法会因某几项约束条件不满足，陷入重复迭代的困境，出现无法收敛的情况；另外，以二次项形式描述的 CO 算法系统级优化模型，可能使目标函数最优点处的雅可比矩阵不连续，进而导致 KKT 条件中的拉格朗日乘子不存在，破坏求解有约束非线性规划问题的稳态条件。

2. CSSO 算法

CSSO 算法[18]由 Sobieszczaski-Sobieski 于 1988 年提出。在 CSSO 算法中,每个子空间独立优化一组互不相交的设计变量。在各子系统的优化过程中,涉及该子空间的状态变量的计算,用该子空间所属的学科分析方法进行分析,而其他状态变量和约束则采用基于 GSE 的近似计算。各子空间的设计优化结果联合组成 CSSO 算法的一个新设计方案,该方案又被作为 CSSO 算法迭代过程的下一个初始值。Renaud 和 Gabriele[19]采用近似策略对系统进行近似构造,改进了系统的协调优化方法,简化了 CSSO 算法的优化过程。Sellar 等人[20]充分利用已经获得的设计信息,采用响应面法进行系统近似构造,使 CSSO 算法能够解决连续/离散变量的问题,收敛速度也大为提高。Chi 等人[21]对能处理连续/离散变量的 CSSO 算法做了进一步的改进。总的看来,CSSO 算法可分为两类,一类是基于 GSE 的 CSSO 算法,一类是基于响应面的CSSO算法,它们具有相同的并行子空间优化设计思想。

1) 基于 GSE 的 CSSO 算法

基于 GSE 的 CSSO 算法的流程如图 2.9 所示,该算法分为四个模块:系统分析、系统灵敏度分析、子空间并行优化、系统级协调优化。使用该算法时,首先执行系统分析,获得初始设计点,然后采用 GSE 求解设计点处的灵敏度信息;之后并行地执行并行子空间优化,获得优化设计点。对于各学科的数学优化模型,本学科状态变量采用精确分析模型求解,所需其他学科信息通过线性近似模型得到,各学科优化各自的设计向量,其他学科设计向量值保持不变;最后进行系统级协调优化,在规定的移动限制内执行基于梯度的最优化计算,获得一组新的优化设计点,更新设计变量作为下一次迭代的起始点。如此反复迭代,直至收敛。

基于 GSE 的 CSSO 算法将优化过程与设计分析过程相分离,降低了优化难度,减少了系统分析次数。采用该方法,各学科专家可根据本学科的实际情况选择专业的方法进行灵敏度分析和子空间优化,设计自由度高,人工干预性强。CSSO 算法的学科划分与设计部门划分一致,便于组织协调。并且,系统迭代收敛前的设计点也是可用的较优点。该方法的主要缺点是:优化过程需要系统灵敏度信息;只能处理连续变量问题。此外,为保证 GSE 的近似精度,需采用移动限制的策略,这都增大了 CSSO 算法在应用中的难度。

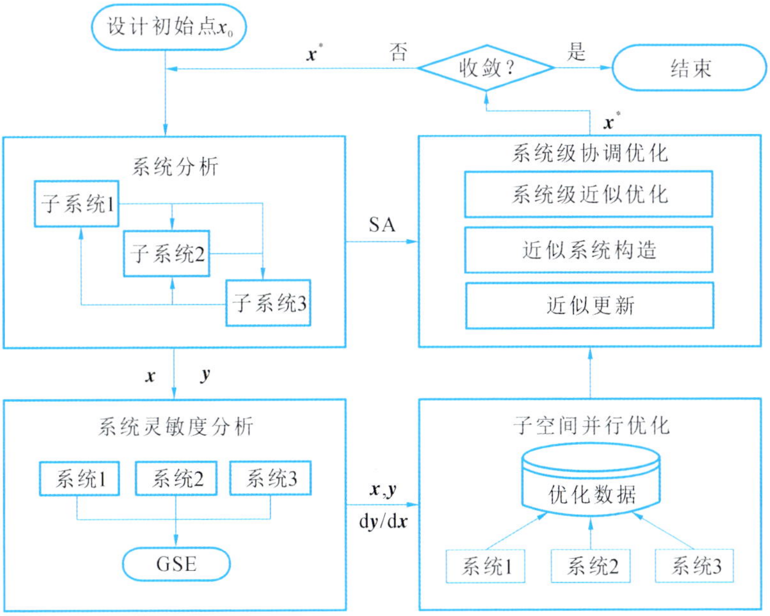

图 2.9　基于 GSE 的 CSSO 算法流程

2）基于响应面的 CSSO 算法

图 2.10 给出了基于响应面的 CSSO 算法的流程。该流程与基于 GSE 的 CSSO 流程相比突出了响应面近似的地位，并且，整个优化过程不再需要进行系统灵敏度分析。使用基于响应面的 CSSO 算法时，需要首先给出几组设计变量值作为初始信息，对它们进行系统分析，求出对应的状态变量值，并将这些信息存入响应面的数据库，以此构造响应面，作为状态变量的近似分析模型。系统分析之后，进行子空间优化，各个学科的专家采用合适的分析方法或者根据设计经验自由地进行优化设计，涉及其他学科的状态变量信息可通过响应面来获取。子空间并行优化结束后，利用优化结果再次进行系统分析，并把相应的设计变量和状态变量值补充到数据库中，更新响应面，使构造出的响应面越来越精确。最后进行系统级优化。在系统级优化中，所有的状态变量信息均由响应面来获取，因此系统级优化计算成本较低。系统级优化结束后，再次对系统级设计变量最优解进行系统分析并更新响应面，随着这个优化迭代循环不断进行，响应面越来越精确，最终收敛到一个最优解。

该算法与基于 GSE 的 CSSO 算法相同，实现了系统分析与优化的分离，可进行并行优化，各学科优化设计自由度高，学科划分与设计部门划分一致，便于组织协调，系统迭代收敛前的设计点也是可用的较优点。不仅能够处理连续设

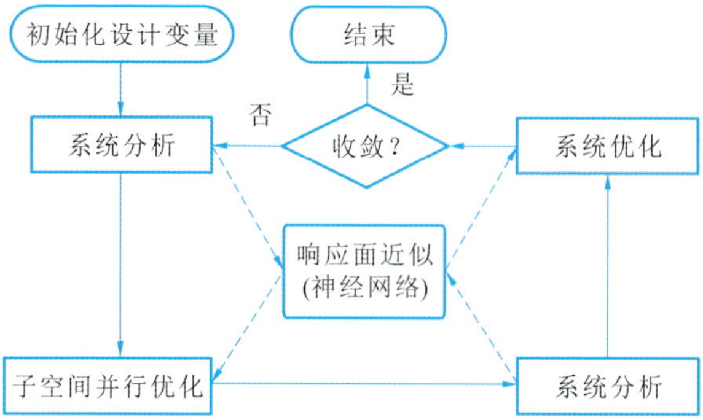

图 2.10　基于响应面的 CSSO 算法流程

计变量问题，也可以处理离散设计变量问题。这种方法能更加充分地利用设计循环过程中的数据，所有迭代循环产生的数据都将在数据库中积累下来，各子空间的设计优化结果可作为进一步构造响应面的设计点，这样能够提高响应面精度，并加快设计收敛的速度。其缺点在于：获得最优设计所需的学科分析以及系统分析的工作量比较大，特别当问题很复杂时，该算法的收敛速度还是有限的。

3. BLISS 算法

为克服现有多学科设计优化算法的不足，Sobieszczanski-Sobieski 等[22]于 1998 年提出了最初的基于 GSE 的两级系统综合方法 BLISS。其优化结构流程如图 2.11 所示。

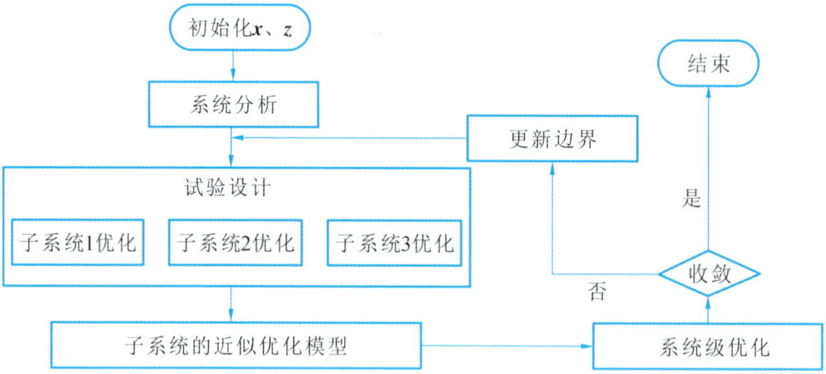

图 2.11　BLISS 优化流程

BLISS 算法的主要思想[23]是在子系统优化目标中考虑子系统设计变量对系统级目标函数的综合影响，而不是以某一单独的子系统输出响应作为子系统的目标函数进行局部优化。BLISS 算法将系统级优化和子系统优化相分离，两者交替进行，通过灵敏度数据连接两者，子系统可并行地在学科内部进行独立分析和优化。实际上，BLISS 算法将设计变量细分为系统级和子系统级设计变量，系统级设计变量在子系统优化过程中保持不变，子系统优化只考虑局部设计变量，不必考虑学科之间的相互影响，并且学科设计专家可自主选择适合本学科的分析工具和优化算法。BLISS 算法允许设计人员根据经验参与优化过程，比如设计优化问题的修改与增减等。可见，BLISS 算法具有充分的灵活性和自主性。

然而，对于大规模、多耦合的多学科设计优化问题，BLISS 算法在每次迭代过程中的系统分析次数和灵敏度计算上均会耗费大量的计算资源和时间，使问题的复杂度增加。实际上，BLISS 算法采取的是将非线性问题线性化的方法，因此，该算法的有效性严重依赖于多学科间的非线性程度。此外，Sobieszczanski-Sobieski 还指出：对于非凸的情况，该算法的有效性依赖于起始点的选取，并将严重依赖于求解空间的范围。为此，一些学者对该策略进行了改进，其中最具代表性的是Sobieszczanski-Sobieski 等[24]提出的 BLISS-2000。

BLISS-2000 算法通过响应面和权重系数建立系统级和子系统级的联系，确保系统级优化与子系统级优化目标一致，因此，BLISS-2000 适合于解决复杂系统的优化问题，被认为是到目前为止最具发展潜力的多学科设计优化策略。BLISS-2000 算法通过添加加权因子 W 来构建学科输出的集合$\{o_i\}$。每个子系统的目标是最大限度地减少它们输出的加权总和，把全局变量、耦合变量和权重当作常数。在 BLISS-2000 算法中，局部优化被响应面集所取代，其可以利用通用优化程序所给的输入值来近似估计出优化输出结果。在优化过程中，可以通过添加和舍弃一些点来改善响应面。

BLISS 和 BLISS-2000 算法与所有的基于梯度的迭代算法一样，需要对优化变量的移动范围予以限制。如果搜索空间过大或定义不清，这些方法将无法收敛。像所有使用近似模型的流程一样，BLISS-2000 算法的效率高度依赖于响应面质量，而通过响应面可以近似估计优化子问题的解决方案（见图 2.12）。然而，专家可以离线造出这些模型，这使得他们能够令参数的变化更加稳定。BLISS 算法倾向于处理少量的全局设计变量并能良好地分解问题。

4. ATC 算法

ATC 算法是针对多级层次系统的优化提出来的一种优化算法[25]。其结构如图 2.13所示，其中 i 表示系统的层次，j 表示子系统序数。

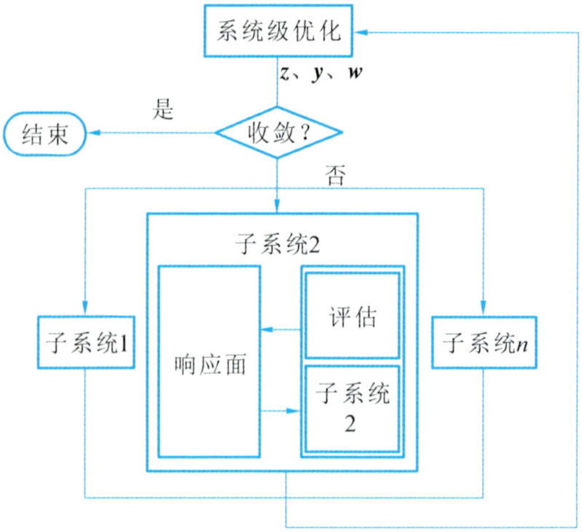

图 2.12　BLISS-2000 算法流程

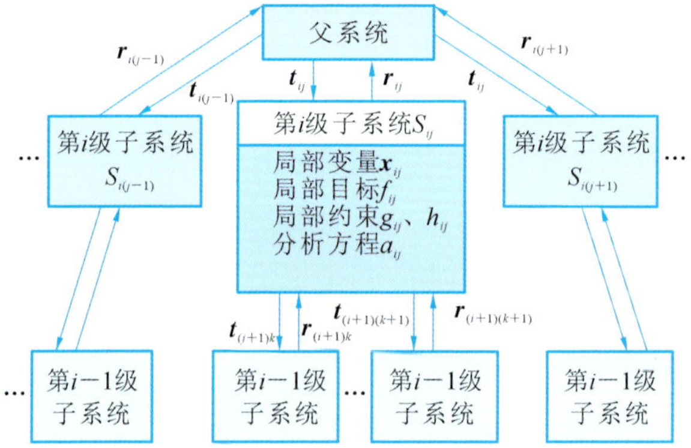

图 2.13　ATC 算法结构

一个系统与其子系统通过连接变量(包括设计目标 t_{ij} 和分析响应 r_{ij})耦合在一起。父系统为子系统设置目标并将这些目标赋给它的下一级子系统,可以有多个层级,同时子系统都有一个独立的分析模块为分解的子系统计算响应。二者的协调策略就是父系统为子系统提供级联的目标时,子系统尽可能针对这些目标提供相近的响应。ATC 算法一致性约束的思想与 CO 算法一样,是通过最小化父、子系统之间的偏差来实现的。不同的是目标级联法可以分解成多个层级以提高设计优化的效率,这对于大规模、具有层次结构的系统的设计优化十分有益。典型的 ATC 子问题表示如图 2.13 所示。

ATC 问题的数学模型可以表示如下:

$$\begin{cases} \min\limits_{\bar{x}_{11},\cdots,\bar{x}_{NM}} \sum\limits_{i=1}^{N} \sum\limits_{j\in\varepsilon_i} f_{ij}(\bar{\boldsymbol{x}}_{ij}) \\ \text{s.t.}\ \ g_{ij}(\bar{x}_{ij}) \leqslant 0, h_{ij}(\bar{x}_{ij}) = 0 \\ \qquad \bar{\boldsymbol{x}}_{ij} = [\boldsymbol{x}_{ij}, \boldsymbol{r}_{(i+1)k}], \forall k \in C_{ij} \\ \qquad \boldsymbol{r}_{ij} = a_{ij}(\bar{\boldsymbol{x}}_{ij}), \forall j \in \varepsilon_i \quad (i=1,2,\cdots,N) \end{cases} \tag{2.19}$$

式中：N 和 M 分别表示层级和元素的个数；f_{ij}、g_{ij}、h_{ij} 分别表示第 i 层子系统的第 j 个元素的目标函数、不等式约束和等式约束；C_{ij} 表示第 i 层子系统的第 j 个元素的子系统集。

5. MDOIS 算法

MDOIS 算法是针对优化系统可以严格进行学科划分，也就是由系统分解出的各个学科之间只具有学科局部变量而没有共享变量情况的一种改进算法[26]。其优化结构如图 2.14 所示。

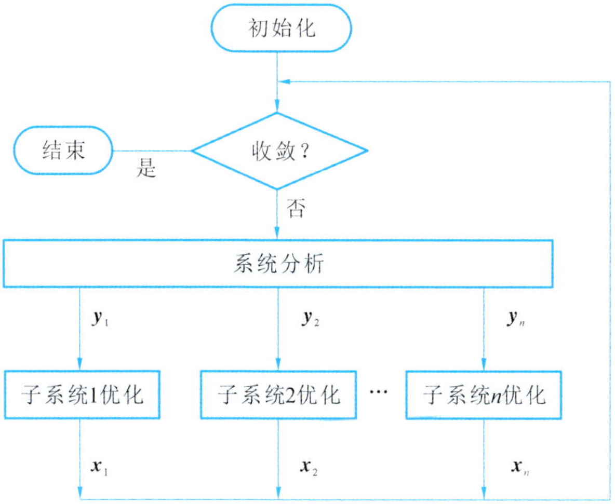

图 2.14 MDOIS **算法的优化结构**

MDOIS 算法应用的前提是假设系统的任意级子系统的目标函数和设计变量都独立，且其下一级子系统的设计变量总和等于父级系统的设计变量，下一级子系统的目标函数总和等于父级系统的目标函数。假设 f^k 和 g^k 分别为 k 阶子系统的目标函数和约束函数，上标 k 表示 k 阶子系统，则有 $\boldsymbol{x}^k \in \mathbf{R}^{n^k}$ 是设计变量并且满足 $\sum\limits_{i=1}^{w} n^i = n$。类似地，$\boldsymbol{y}^k \in \mathbf{R}^{m^k}$ 是耦合变量并且满足 $\sum\limits_{i=1}^{w} m^i = m$。

MDOIS 求解步骤如下。

首先，整个系统被分解成多个子系统。

其次，对耦合变量进行评估，并将求得的耦合变量值分配到各个子系统中。每个子系统都有一个独立的优化公式，k 阶子系统的优化公式为

$$\begin{cases}\min\ f^k(\boldsymbol{x}^k)\\ \text{s.t.}\ \ g_j^k(\boldsymbol{x}^k)\leqslant 0\quad (j=1,2,\cdots,p_k)\end{cases}\tag{2.20}$$

式中：$\boldsymbol{x}^k$ 是设计变量；$f^k(\boldsymbol{x}^k)$是 k 阶子系统的目标函数。

最后，每个子系统通过优化得到的变量又传递到系统分析模型中，通过系统分析影响其他子系统。如果所有的设计变量在子空间优化中都保持不变，则该过程终止。

6. DIVE 算法

DIVE 算法[27]由 BLISS-2000 算法改进而来，目的是通过求解全局、局部和耦合变量来简化优化问题。该算法的主要特征是利用元模型来简化优化问题。如图 2.15 所示，DIVE 算法的求解步骤如下。

首先，求解局部变量 $\boldsymbol{z}_i$。通过优化每个学科的局部变量实现对该学科的优化，并且每个学科都受到自身的局部约束 g_i 和 h_i 的限制。

$$\begin{cases}\min\ f_i(\boldsymbol{y}_i,\bar{\boldsymbol{z}}_i,\boldsymbol{z}_{\text{sh}})\\ \text{s.t.}\ \ g_i(\boldsymbol{y}_i,\boldsymbol{z}_{\text{sh}},\bar{\boldsymbol{z}}_i)\leqslant 0\\ \qquad h_i(\boldsymbol{y}_i,\boldsymbol{z}_{\text{sh}},\bar{\boldsymbol{z}}_i)=0\end{cases}\tag{2.21}$$

这些局部变量由局部优化器计算，并不在主优化流程中使用。

其次，通过以下函数的最小化对耦合变量 $\boldsymbol{y}$ 进行求解：

$$\min\|C_i(\boldsymbol{y}_i,\boldsymbol{z}_{\text{sh}})-\boldsymbol{y}_i\|^2\tag{2.22}$$

因为耦合问题采用二次型表示，保证耦合问题的处理具有良好的收敛特性和有效性。最后，在满足全局约束条件 g 和 h 的情况下，利用系统级优化器求解全局变量 $\boldsymbol{z}_{\text{sh}}$。子系统利用元模型计算局部函数，并对计算结果进行评价，确定可行性量化指标 a_i 的值。该指标 a_i 被返回到全局优化器，元模型在 i 点的正确性只在关系式 $a_i<0$ 成立时是确定的。如果该关系式不成立，则该点需要被重新评估。

系统级问题可以总结如下：

$$\begin{cases}\min\ f(\boldsymbol{z}_{\text{sh}})\\ \text{s.t.}\ \ \boldsymbol{g}(\boldsymbol{z}_{\text{sh}})\leqslant\boldsymbol{0}\\ \qquad \boldsymbol{h}(\boldsymbol{z}_{\text{sh}})=\boldsymbol{0}\\ \qquad \boldsymbol{a}(\boldsymbol{z}_{\text{sh}})\leqslant\boldsymbol{0}\end{cases}\tag{2.23}$$

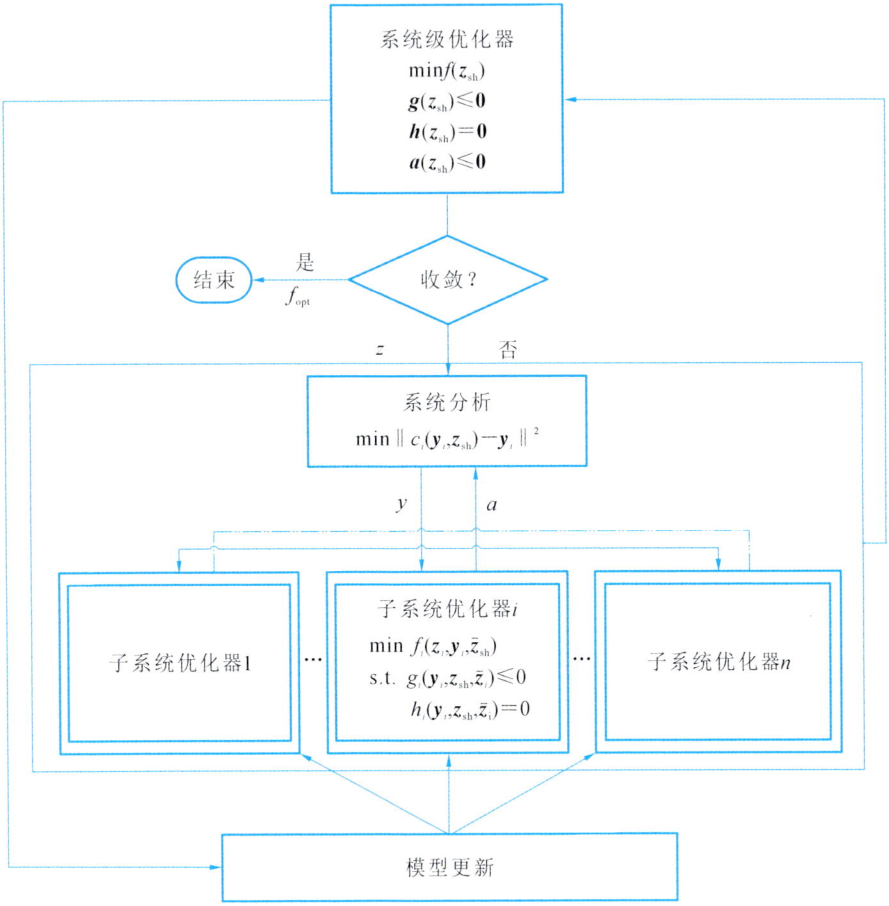

图 2.15　DIVE 算法流程

2.1.5.3　优化策略比较分析

各种多学科设计优化算法各具特点，方法的改进基于对各种方法的对比分析。

在 BLISS 算法中每一次循环之后，系统分析、灵敏度分析、子系统优化和系统级优化等模块的所有输入、输出和灵敏度都需要更新，然后重复这一过程。由此可见，每一次循环都需要耗费大量的计算资源。这种方法的效率依赖于问题的非线性程度。如果是非凸优化问题，则算法还会随起始点的不同，收敛到不同的局部最优解。

CSSO 算法的局限性在于：设计变量变化范围有限且各子空间中变量不能重叠交换，割裂了子系统之间的耦合关系；CSSO 引入了共享设计变量，人为地割裂了子空间;设计空间的划分依赖于设计人员的经验,对最后的设计优化结果造成的影响难以预料。由于 CSSO 基于全局灵敏度方程,一般只适用于连续设计变量的多学科设计优化。同时,CSSO 算法在优化过程中需要的信息也最多,如方程约束、系统分析信息等,这在一定程度上也加剧了计算资源的消耗。

CO 算法虽然消除了复杂的系统分析,但子系统优化目标不直接涉及整个系统的目标值,这可能会使子系统分析次数大大增加,因此总的计算量很有可能并不减少。另外,该方法只有当系统级的所有等式约束满足时,才能找到一个可行的优化解。在需要处理的设计优化变量数目很多时,有可能经过多次迭代计算也无法收敛。CO 算法的收敛性并没有经过严格的理论证明,一般只用算例来检验其收敛性和寻找全局最优解的能力。

应用响应面是一种有效提高多学科设计优化算法计算效率的办法。在 BLISS 的系统级优化中使用响应面,可以消除系统级优化对灵敏度和拉格朗日乘子的依赖,还可以通过平滑数值噪声提高优化收敛速度。由此出发,相继出现了各类基于响应面的 BLISS 算法,如 BLISS/RS1 和 BLISS/RS2 以及 BLISS-2000 等。这种思路也被借鉴到了 CSSO 和 CO 算法的改进中去,从而出现了 CSSO-RS 和 CO-RS 算法。

2.1.6 多学科设计优化中的多目标问题

复杂产品的设计优化问题不仅涉及多个学科且各学科相互耦合严重,还具有多个优化目标且各目标相互冲突,是典型的多学科多目标设计优化问题。

2.1.6.1 多目标优化基本概念

多目标优化问题(multi-objective optimization problem,MOP)可以归结为一些具有多重目标的问题,理想的优化结果是获得使所有目标函数都达到最小值的解,但实际上这种解往往并不存在。多目标优化的解通常是一个集合,而不是一个独立的解,这个集合被称为帕累托最优解集,它涵盖了设计问题的所有可能的最优解中的最优方案。多目标优化求解的关键在于如何关联各个目标函数。多目标函数之间的冲突等造成多目标优化问题的求解具有一定的挑战性[28]。

多目标优化问题的数学表达式为

$$
\begin{cases}
\min \boldsymbol{F}(\boldsymbol{x}) = (f_1(\boldsymbol{x}), f_2(\boldsymbol{x}), \cdots, f_M(\boldsymbol{x})) \\
\text{s. t. } a_i \leqslant x_i \leqslant b_i \quad (i = 0,1,\cdots,n) \\
\qquad h_j(\boldsymbol{x}) = 0 \quad (j = 0,1,\cdots,p) \\
\qquad g_k(\boldsymbol{x}) \leqslant 0 \quad (k = 0,1,\cdots,l)
\end{cases}
\tag{2.24}
$$

式中：$\boldsymbol{x}=(x_1, x_2, \cdots, x_n)^{\mathrm{T}}$ 为设计变量；a_i、b_i 为第 i 个设计变量 x_i 的上限和下限；n 为设计变量的个数；p、l 为等式约束和不等式约束的个数。

如上所述，帕累托最优概念的提出就是为了解决多目标优化问题的解是一个集合，而不是特定解的问题。$\boldsymbol{x}^*$ 记为多目标优化的一个可行解，如果满足条件 $\boldsymbol{x}^*$ 是帕累托最优，当且仅当没有其他可行解使得所有的目标函数 $F_i(\boldsymbol{x}) \leqslant F_i(\boldsymbol{x}^*)$，并且至少有一个目标函数使得 $F_i(\boldsymbol{x}) < F_i(\boldsymbol{x}^*)$ 时，这个解被定义为帕累托最优。

2.1.6.2　多目标优化求解方法

1. 按照优化过程和决策过程的先后顺序分类

按照优化过程和决策过程的先后顺序可以将多目标优化问题的求解方法分为三类[29]，如图 2.16 所示。

(1) 先验优先权方法　先验优先权方法是用决策器事先设置各目标的优先权值，把多目标优化问题转化为单目标优化问题的方法。主要有统一目标法、目标规划法、字典序法等。其优点是决策过程隐含在标量化的总效用函数中，对总效用函数的优化过程也是对相应多目标问题的优化过程。缺点是难以获得各目标精确的先验优先权值，非劣解集的搜索空间受到限制。

(2) 交互式方法　交互式方法是通过变化的优先权产生变化的非劣解的方法，决策器从优化器的搜索过程中提取有利于精炼优先权设置的信息，而优先权的设置则有利于优化器搜索到决策人感兴趣的区域。主要有逐步法、移动理想点法等。其优点是只搜索决策人关心的区域，具有计算量小、决策相对简单、效率高的特点。缺点是偏好信息有效表达、有效提炼较困难。

(3) 后验优先权方法　后验优先权方法就是先找出问题的全部非劣解，供不同的决策者根据自己的需要进行选择的方法，可以得到全部非劣解。近年来发展起来的多目标演化算法大多属于这种方法。但对于规模庞大的优化问题，决策者需要反复设置，计算量很大，而且决策者很难从大量的非劣解中选取自己偏好的解。

2. 按照适应度和选择方式进行分类

2002 年 Erickson 等人[30]按适应度和选择方式的不同，将多目标优化方法

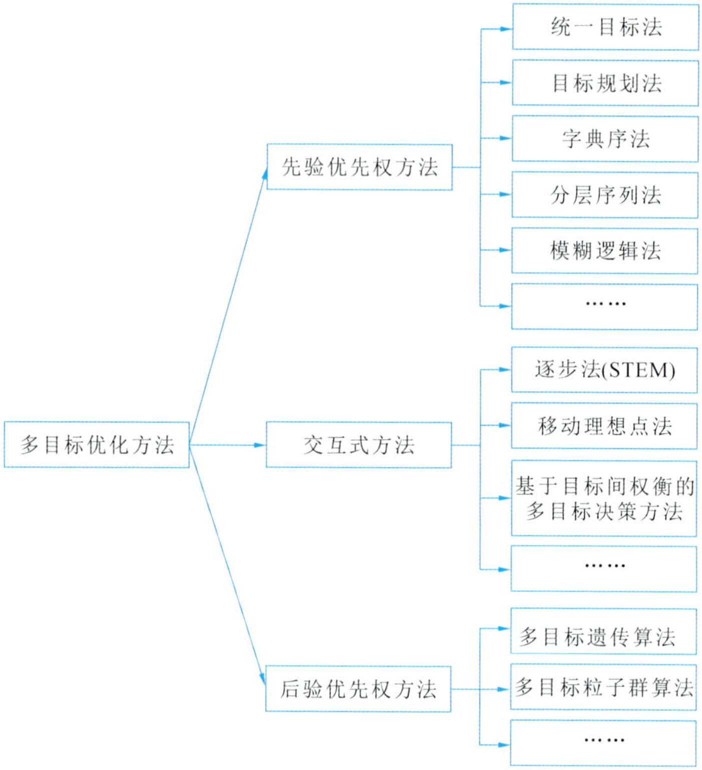

图 2.16　按照寻优和决策先后顺序的多目标优化方法分类

分为以下三类。

(1) 基于聚合选择(aggregation selection)的优化方法　这类方法首先将多目标转化成单目标,利用传统的单目标优化方法进行求解。这种基于偏好的经典方法是处理多目标优化问题最简单、直接的方法,但不符合多目标优化问题自身的特点。优化人员将多目标优化问题转化为单目标优化问题时带有一定的主观性,当优化人员对优化对象认识的经验不足时很难实现这种转化。

(2) 基于准则选择(criterion selection)的优化方法　该类方法处理多目标优化问题的方式就是依次按照不同的准则进行选择、交叉以及变异。这种将所有个体混合起来的做法等价于将适应度函数线性求和,只不过权重取决于当前代的种群,缺乏处理非凸集问题的能力。

(3) 基于帕累托选择(Pareto selection)的优化方法　这类方法通常将多个目标值直接映射到一种基于秩的适应度函数中,符合多目标问题本身的特点。

多目标演化算法大多都是基于帕累托选择的多目标演化算法，如多目标遗传算法、非劣分层遗传算法、小组决胜遗传算法、多目标粒子群算法等。这种方法单次优化就能获得具有不同偏好的帕累托最优解集，且能有效处理具有不连续、不可微特点的高度非线性问题。

2.1.6.3 基于物理规划的多学科多目标优化求解

随着产品复杂程度的提高，有必要研究既能获得多目标优化问题的非劣解又能提高多学科设计优化效率的方法。由上文分析可知，传统的多目标优化方法中基于权重的方法虽然反映了各个目标函数的重要性，但正确选择权重系数十分困难，需要反复迭代，计算量大。基于目标规划的方法需要决策者确定每一个目标函数所要达到的值，作为额外的约束条件引入到问题中去，如果安全域很难接近，该法的效率将会变得很低。基于帕累托的非劣解的方法用大量的计算得到所有的解，再由设计者做决策，比较麻烦，并且计算量非常大，尤其是当问题较为复杂时该法的缺陷将更加突出。物理规划（physical programming，PP）[31]是美国 Messac 教授提出的一种新的处理多目标优化设计问题的方法。该法通过建立反映设计者偏好的综合偏好函数进行优化设计，可以获得反映设计者偏好的非劣解。与传统方法相比，不需反复设置权重系数和每个目标函数所要达到的值，计算量小，已在多个领域[32,33]得到了应用。

这里详细介绍物理规划方法，并提出一种将物理规划与基于遗传算法改进的协同优化策略集成的多学科多目标优化方法，研究如何将多学科多目标优化问题转换为能反映设计者偏好的综合目标优化问题，然后采用改进的多学科设计优化策略建立多层次优化模型进行优化求解[34]。

1. 物理规划方法

1）物理规划的思路与偏好函数的建立

物理规划是一种处理多目标设计优化的方法，该方法能根据设计者的实际工程经验，构建反映设计者偏好程度的偏好函数，将不同物理意义的设计目标转换为具有相同数量级的无量纲的满意度目标，通过求各偏好函数均值的常用对数构造综合偏好函数，采用优化方法求解。

偏好函数是设计指标的函数，记第 i 个设计、指标 g_i 的偏好函数为 $f(g_i)$。偏好函数值越小表示对设计指标越满意。物理规划将设计指标的偏好类型分为越小越好、越大越好、趋于某值最好和在某取值范围最好四种，而每种偏好又分为软、硬两种设计偏好，故偏好函数有八种类型。软型偏好函数一般对应设计目标，反映了对不同设计指标的满意程度；而硬型偏好函数对应约束条件，在设计指标的安全域内取函数的最小值，即设计指标可行即可。软型偏好函数的设计目标分为很期望、期望、可容忍、不期望、很不期望和不可接受六级，图 2.17 为越小越好软型偏好类型(Class 1-S)的偏好函数区间划分图。

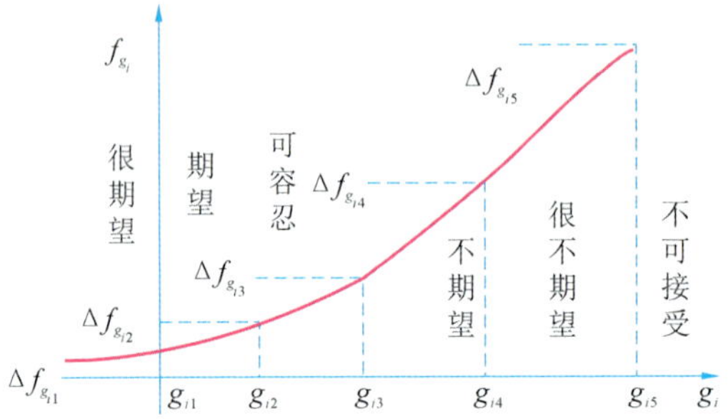

图 2.17 Class 1-S 型偏好函数的区间划分

鉴于其自身的特性，一般通过分段函数来表达偏好函数。设 $g_i \leqslant g_{i1}$ 为区间 1(记为 $k=1$)，对于区间 2、3、4 和 5($k=2、3、4、5$)顺次标记。对于区间 1，偏好函数可用衰变指数函数表达：

$$f_i = f_{i1} \mid \exp[(S_{i1}/f_{i1})(g_i - g_{i1})] \tag{2.25}$$

对于区间 2～5，可构建分段样条函数进行逼近：

$$f_{ik} = \lambda_{ik}^4\left[\frac{a}{12}\xi_{ik}^4 + \frac{b}{12}(\xi_{ik}-1)^4\right] + c\lambda_{ik}\xi_{ik} + d \tag{2.26}$$

由区间端点的偏好函数值 $f_{i(k-1)}$、$f_{i(k)}$ 及其斜率 $S_{i(k-1)}$、$S_{i(k)}$，可以求出 a、b、c、d 的表达式。

2) 物理规划问题的优化模型

综合各个设计目标的偏好函数，一般选取各设计目标的偏好函数平均值的常用对数作为物理规划优化模型的目标函数 $F(X)$，物理规划问题的优化模型为

$$\begin{cases} \min F(X) = \lg\left[\dfrac{1}{n_{sc}}\sum\limits_{i=1}^{n_{sc}} f_i(g_i(\boldsymbol{x}))\right] \\ \text{s.t.}\ \ g_i < g_{i5}, g_i > g_{i5}, g_{i5L} < g_i < g_{iR} \\ \qquad g_i < g_{iM}, g_i > g_{iM}, g_{im} < g_i < g_{iM} \end{cases} \tag{2.27}$$

式中：n_{sc}表示优化目标数目；$\boldsymbol{x}$ 为工程优化设计问题的设计变量；$g_i(\boldsymbol{x})$是约束条件；g_{i5}、g_{i5L}、g_{i5R}、g_{im}、g_{iM}分别对应各类准则不可接受区间的边界值。

2. 基于物理规划与 CO 的多学科多目标优化方法

1）基本思路与步骤

以设计人员提供的信息为基础，物理规划方法将设计问题描述成一个能够反映设计者对设计目标偏好程度的函数，通过分段样条曲线拟合，得到符合物理规划要求的能定量描述偏好程度的偏好函数，然后将各个设计目标的偏好函数进行综合，得到物理规划的优化目标函数，最后与改进的 CO 算法进行集成，建立多层次的多学科设计优化模型。采用反映设计者偏好的综合函数作为 CO 算法系统级的优化目标函数，然后根据学科划分分别建立各学科优化模型进行并行优化，进而获得反映设计者偏好的非劣解。

基于物理规划与 CO 的多学科多目标设计优化方法的一般步骤如下。

步骤 1：多目标优化问题描述。确定优化问题的优化目标，给出各个目标的约束条件，根据已有工程经验或者单目标函数优化结果确定每个优化目标的偏好结构。

步骤 2：综合目标偏好函数的建立。基于步骤 1 的目标描述及已建立的偏好结构，采用 B 样条拟合建立各偏好函数，然后取所有偏好函数均值的对数作为整体优化目标函数，建立多目标优化问题的综合偏好函数。

步骤 3：多层次优化模型的建立。采用基于遗传算法改进的 CO 算法作为多目标优化问题的求解方案，将步骤 2 中已建立的综合目标偏好函数作为 CO 算法的系统级优化目标函数。约束条件由两部分组成，一部分是由偏好函数构建整体优化目标函数时需要满足的设计指标的约束条件，另一部分是进行子系统划分时所需满足的学科一致性约束条件。最后，对该多目标优化问题进行学科划分，以便于优化问题的并行计算，提高优化效率。

步骤 4：设计变量初始值的确定。给定学科级优化的设计变量初始值，各学科并行执行优化计算，获得各学科的优化结果。为提高系统级优化计算效率，构建系统级近似优化模型进行优化分析。

步骤 5：系统级收敛性验证。即验证系统级的各一致性约束是否满足要求，满足则停止优化，得到非劣解，否则返回至学科级进行重新优化分析，重复步骤 4 和步骤 5 直至算法收敛为止。

2）设计优化流程

基于物理规划与 CO 的多学科多目标设计优化流程如图 2.18 所示。

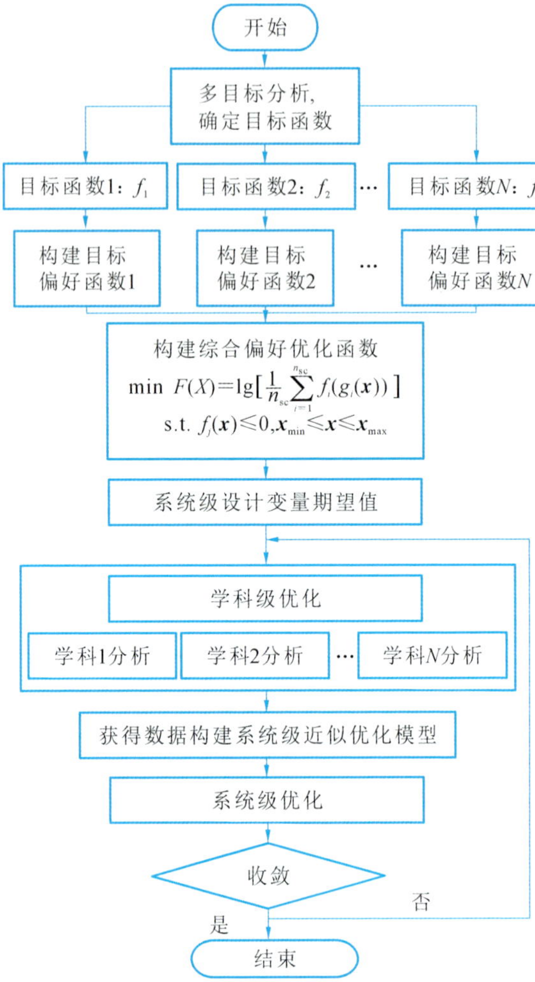

图 2.18　基于物理规划与 CO 的多学科多目标设计优化流程

2.1.7　多学科设计优化环境

目前，在国际上应用广泛且评价较高的多学科设计优化集成设计框架有 DAKOTA、VisualDOC、Model Center、ISIGHT、AML 和 Optimus 等。下面对多学科设计优化需要的运行环境进行总结，并对常见的多学科设计优化集成软件进行简要介绍。

2.1.7.1　多学科设计优化的运行环境

多学科设计优化过程需要综合考虑各个学科（子系统），如气动、结构、运动仿真、造型、流体、电磁场等，目前这些学科都已经发展出了比较专业的学科分析软件。不考虑多学科设计优化的传统设计过程，这些专业的学科分析软件能够很好地辅助设计人员完成任务。但是在多学科设计优化环境中，这些专业软件作为子学科的分析工具，用于解决一个多学科优化问题时，需要协调各学科的专业知识与设计进程，综合各学科的设计结果，得到最后整个多学科设计优化问题的设计优化结果。因此一个好的多学科设计优化环境需要提供开放的接口，便于集成各种已有的专业学科分析软件。

集成各个学科的分析模型，在多学科设计优化过程中应用成熟的学科分析软件，主要有两种技术路线：一种是应用分布式技术，一种是应用商用的集成软件。分布式技术主要是 Java 和 CORBA（公共对象请求代理结构）技术。Java 是一个应用程序开发平台，提供面向对象的编程语言和运行环境，其本质就是利用分布在网络中的各类对象共同完成相应的任务。Java 中远程方法是调用 RMI(remote method innovation)接口使分布于网络不同地址上的两个构件之间实现互操作。美国斯坦福大学飞行器设计研究小组基于 CO 算法，应用 Java 技术，搭建了一个初步的飞行器总体多学科设计优化环境。CORBA 是一个面向对象的分布式平台，它允许不同的程序之间透明地进行互操作，建立异构分布应用系统。欧洲开发的 CDE 系统和美国 NASA 的高速民机总体多学科设计优化系统就采用了 CORBA 技术。

除了能集成各学科的程序和专业学科软件以外，多学科设计优化环境还应该界面友好，具备稳定性、有效性、可重构性、开放性，支持模块化设计、交互设计，支持多种数据源，支持以多种方式加入到设计空间，支持优化算法交叉使用，支持设计结果的可视化，支持定义输出格式，支持产生数据转换成预设计模型和代码等。

2.1.7.2 常用的多学科设计优化集成软件

1. ISIGHT 软件

ISIGHT 由美国 Engineous Software 公司开发，是一个通过协同来驱动产品设计优化的软件，相当于一个产品设计空间的搜索引擎，它内置多种设计搜索工具，如优化器、试验设计、质量工程方法和逼近模型等，可以对设计空间进行有效的搜索。另外，它采用 CORBA 代理(agent)机制，可以集成运行在网络上不同平台的用不同语言实现的仿真程序。其突出优点：具有很好的集成遗留程序的能力，可在异构计算机环境下实现分布式算法，有丰富的优化算法库和多种代理模型，良好的 CAD/CAE 商用软件接口，可提供较好的基于稳健性和可靠性的优化设计功能。

2. Model Center 软件

Model Center 软件由核心程序 Model Center 和辅助程序 Analysis Server 构成，可以用于分布式建模与分析。Model Center 和 Analysis Server 提供了客户/服务环境。Model Center 软件采用独特的框架体系来封装和集成仿真程序、数据和几何特性，提供了过程集成建模功能，可利用综合研究工具进行设计分析，并且界面友好，操作方便，集成能力与设计优化能力强。

3. Optimus 软件

Optimus 是由美国 LMS 数值技术公司开发的过程集成和多学科多目标设计优化的平台。在数值模拟过程中，Optimus 能自动获取过程信息，自动进行过程模拟，可以非常快速地进行重复分析；具有强大的设计空间开发工具，能通过设计试验确定哪些参数对产品性能起关键作用，最后通过响应面模型使结果可视化，使理解问题变得更加容易；采用先进的概率统计软件考虑产品可靠性的易变性和不确定性，比如 6σ 设计方法；提供了序列二次规划等局部最优搜索算法和遗传算法等全局优化搜索算法，以确保从多种方案中获取最佳设计方案；可以与任何类型的仿真软件联合使用，比如 NASTRAN、LS-DYNA、HYPERMESH、FLUENT、MATLAB 等，甚至可以是用 FORTRAN、C 语言等编写的程序。

4. DAKOTA 软件

DAKOTA 是 Design Analysis Kit for Optimization and Terascale Application 的缩写，是美国 Sandia 国家实验室开发的、基于 UNIX 平台的、面向工作站和高性能计算机的通用设计优化框架。其主要特点是：可以提供丰富的优化算法库，具有很强的代理模型生成功能，可用于基于不确定性的优化设计，支持高性能计算机的并行计算功能，提供对遗留程序的集成功能；对优化设计过程具有一定的可视化功能。由于 DAKOTA 并不是一个商用软件，其用户界面不太理想，而且 DAKOTA 目前还不能实现多机分布式计算，没有针对其他 CAD/CAE 商用软件提供接口。

2.2 基于可靠性的设计优化

2.2.1 不确定设计优化

在传统的工程设计中，一般将不确定量假定为确定性量，本质上是用该变量的均值来表征该变量。这是一种简化和简单处理，有时会引起矛盾和造成错误。

考虑事物的不确定性，可使人们对这些量的认知更为科学。明确随机量分布律、模糊量隶属函数和未确知量的可能范围，都比将其假定为某一确定值精细得多。忽略系统本身固有的不确定性因素，设计优化所追求的最优解仅存在于非常狭小的范围内，而在错综复杂的现实世界中并不存在真正意义上的最优解。这首先是因为评定方案优劣的标准具有模糊性和主观性，以及随时间和条件而变的随机性，其次是由于作为寻优基础的各种信息和模型具有不确定性[35]。基于不确定性的设计优化问题主要分为两类：稳健性设计优化（robust design optimization）和基于可靠性的设计优化（RBDO）问题。

2.2.1.1　稳健性设计

稳健性设计侧重于保证性能，寻找的是对不确定性变量变动相对不敏感的设计方案。稳健性优化的目的是使得设计变量发生变差时，其设计解是稳健的，即一方面要求质量特性对这些变差的灵敏度低，另一方面要求设计结果是最优可行解[36]。如图 2.19 所示，设 A 点和 B 点分别为确定性优化的最优点和稳健性优化的最优点。当设计变量发生变化时，设计点 A 引起的输出变化大于设计点 B 引起的输出变化，所以目标函数对设计点 B 灵敏度较低。

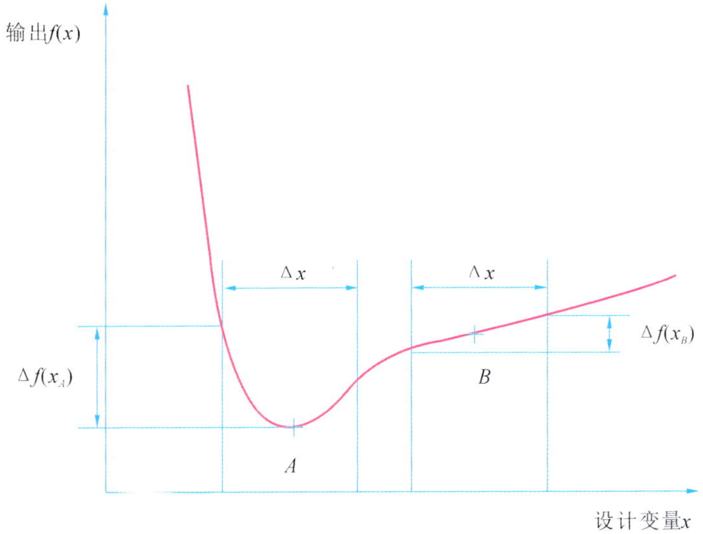

图 2.19　稳健性设计

目前稳健性设计方法可分为两类：一类以经验和半经验设计为基础，如田口方法、响应面法、双响应面法和广义模型法，属传统的稳健性设计方法；另一类是以工程模型为基础并与优化技术相结合的方法，主要有容差模型法、容差多面体法、随机模型法、灵敏度法和基于成本-质量模型的混合稳健性设计方法等，称为工程稳健优化设计方法。

将稳健性设计与多学科设计优化设计相结合，避免了实际实施和生产过程中的误差造成根据多学科设计优化得到的最优结果所设计的产品性能不稳定，同时可以改进稳健性设计结果中的最优结果，提高设计的经济性和安全性。

2.2.1.2 基于可靠性的设计优化

基于可靠性的设计优化(RBDO)侧重于系统失效的可能性，主要是要获得满足给定的可靠度的设计。如图 2.20 所示，设计 A 是传统的确定性优化设计结果，虽然结果是最优的，但是大部分设计会失效。而基于可靠性的设计 B，虽然设计结果是次优的，但是几乎没有失效。

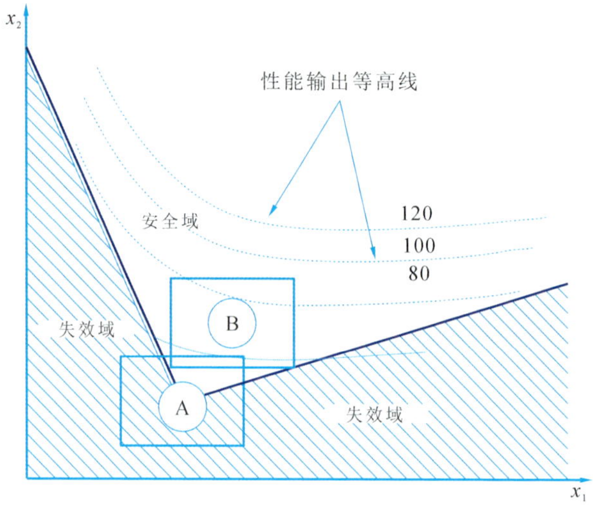

图 2.20 可靠性设计

RBDO 在工程领域已经过几十年的应用与发展。大部分基于可靠性的设计只是应用在相对简单的系统中，并且这些系统一般只包含一个学科。由于大部分的工程应用中不确定性都是用概率论描述的，在处理 RBDO 问题时，首先要确定主要的不确定设计变量及其概率分布，建立失效模式，用概率约束代替原来确定性设计优化中某一(几)个约束。在优化时，需要计算概率约束的可靠度，这个计算过程称为可靠性分析。在可靠性分析结束后，再进行优化求解。目前标准的可靠性分析方法主要有三种：一阶可靠性分析法(FORM)、二阶可靠性分析法(SORM)和蒙特卡罗仿真(MCS)分析方法。

而在基于可靠性的多学科设计优化(RBMDO)中，由于系统的复杂性和耦合性，优化计算更加复杂。一般的方法是在优化的过程中进行可靠性分析，而在可靠性分析中又需要进行多学科分析。为了提高 RBMDO 的计算效率，并且保证复杂系统设计具有较高可靠性，近些年人们在可靠性分析技术和多学科设计优化框架下的 RBDO 研究方面做出了很多努力，并取得了很大的进展[18]。提高处理 RBMDO 问题时的计算效率是目前研究的一个主要方向。下面详细介绍基于可靠性的设计优化相关理论。

2.2.2 RBDO 数学模型

与传统的确定性设计优化[37]不同，在基于可靠性的优化设计中，连续设计变量与设计参数被认为具有随机不确定性。设计约束由确定性约束和概率可靠性约束组成，其优化模型[38]可表示为

$$\begin{cases} \min\limits_{(DV=\boldsymbol{d},\boldsymbol{x}_{\mathrm{r}})} f(\boldsymbol{d},\boldsymbol{x}_{\mathrm{r}},\boldsymbol{p}_{\mathrm{r}}) \\ \text{s.t.}\ \Pr(g_i(\boldsymbol{d},\boldsymbol{x}_{\mathrm{r}},\boldsymbol{p}_{\mathrm{r}})>0)\leqslant \Phi(-\beta_{\mathrm{t}}) \\ \quad g_j(\boldsymbol{d},\boldsymbol{x}_{\mathrm{r}},\boldsymbol{p}_{\mathrm{r}})\leqslant 0 \\ \quad \boldsymbol{d}^{\mathrm{L}}\leqslant \boldsymbol{d}\leqslant \boldsymbol{d}^{\mathrm{U}},\boldsymbol{x}_{\mathrm{r}}^{\mathrm{L}}\leqslant \boldsymbol{x}_{\mathrm{r}}\leqslant \boldsymbol{x}_{\mathrm{r}}^{\mathrm{U}} \\ \quad i=1,2,\cdots,n;j=1,2,\cdots,m \end{cases} \tag{2.28}$$

式中：$\boldsymbol{d}$ 为确定性设计变量；$\boldsymbol{x}_{\mathrm{r}}$ 是连续型随机设计变量；$\boldsymbol{p}_{\mathrm{r}}$ 是连续型设计参数；$\Pr(g_i(\boldsymbol{d},\boldsymbol{x}_{\mathrm{r}},\boldsymbol{p}_{\mathrm{r}})>0)\leqslant\Phi(-\beta_{\mathrm{t}})$ 为概率可靠性约束；$g_i(\boldsymbol{d},\boldsymbol{x}_{\mathrm{r}},\boldsymbol{p}_{\mathrm{r}})$ 是该优化问题的极限状态函数，其对应的失效模式为 $g_i(\boldsymbol{d},\boldsymbol{x}_{\mathrm{r}},\boldsymbol{p}_{\mathrm{r}})>0$；$\Phi(-\beta_{\mathrm{t}})$ 为极限状态函数允许的失效概率；β_{t} 为目标可靠度指标（target reliability index），一般取 $\beta_{\mathrm{t}}=3.0$，$\Phi(-\beta_{\mathrm{t}})=0.0013$（$\Phi$ 为标准正态变量的累积分布函数）；$g_j(\boldsymbol{d},\boldsymbol{x}_{\mathrm{r}},\boldsymbol{p}_{\mathrm{r}})\leqslant 0$ 为确定性设计约束，n 和 m 分别表示概率可靠性约束和确定性设计约束的数量；上标 U 和 L 分别表示设计变量的上、下界。

说明：随机设计变量是指在设计优化的过程中以其均值表征的变量，随着优化的进程其均值是变化的；随机设计参数在优化的过程中也是以其均值表征的，但其均值是一个固定值。两者的方差均为已知定值。

2.2.3 RBDO 流程

RBDO 流程是一个典型的双层嵌套循环优化流程[39]，如图 2.21 所示。外层为确定性设计优化循环，负责处理所有设计变量均以其均值表征的确定性设计优化，即利用优化算法对其确定性设计空间进行搜索，找出符合约束条件和设计要求的优化点。而在优化过程中，因为其约束条件为概率可靠性约束条

件，设计变量为随机变量，故在每次确定性循环优化的过程中均需对概率可靠性约束进行可靠性分析，这就需要调用内循环——可靠性分析。内循环负责对所有概率可靠性约束条件进行可靠性分析，即采用特定的可靠性分析方法（本研究采用 PMA 方法）搜索出每一个可靠性约束的最可能失效点（MPP），进而求出对应的极限状态函数的函数值，使其满足设计要求。

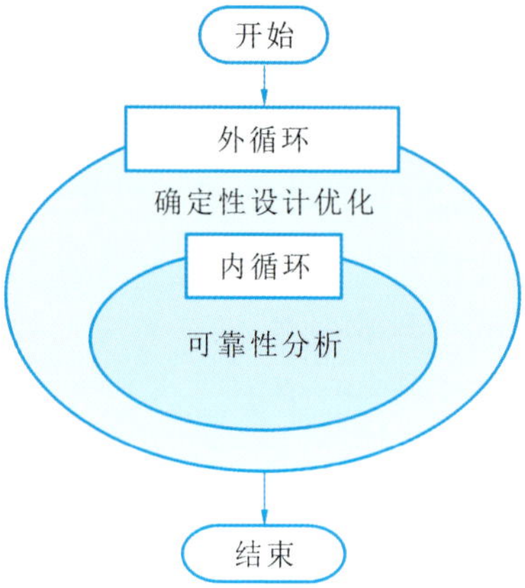

图 2.21 RBDO 流程

2.2.4 RBDO 求解策略

由图 2.21 可知，RBDO 结构为典型的双层嵌套循环结构，计算费用高，特别是在处理大规模问题时更是如此。为此，许多近似求解优化策略得以发展。这些策略可归纳为两类：一是"单层"策略（mono-level strategy）[40,41]，该策略采用 KKT 条件取代内循环的可靠性分析，形成一个诸如确定性设计优化的单层循环优化流程，主要包括 SLSV（single-loop single-variable）和 SLA（single-loop-approach）等。二是"解耦"策略[42,43]，包括以下两种情况：①基于序列化思想将 RBDO 流程解耦，形成一系列序列化的确定性设计优化和可靠性分析评估循环优化流程的策略，主要包括 SORA 方法和 SFA 方法（safety-factor approach）；②基于序列近似规划（SAP）算法[44]，将 RBDO 问题近似为一系列目标函数近似、各约束函数近似的子问题，迭代求解这一系列近似规划问题以获得原问题的解的策略。

研究表明[45]，"单层"策略由于基于 KKT 条件法，会额外增加辅助设计变量和等式约束，因此往往造成整个流程的稳定性差、效率低，虽然改进的 SLA 法在这方面有所改善，但其在处理非线性极限状态函数时效率较低，特别是在处理具有高度不确定性约束时效率低下问题尤为突出。此外，由于采用近似技术，该策略在处理高度非线性的概率可靠性约束时会引发精度问题。相比于“单层”策略，“解耦”策略效率较高且可以处理复杂结构的可靠性设计优化问题。然而，其中的 SAP 算法因为采用了泰勒一阶展开的近似方法而且是在当前设计点处展开，在稳健性和精度方面存在问题。此外，SAP 算法的收敛性依赖于起始点的选择。而 SORA 方法在稳健性和计算精度方面具有一定优势，且适合处理多学科可靠性设计优化问题。SORA 流程如图 2.22 所示。

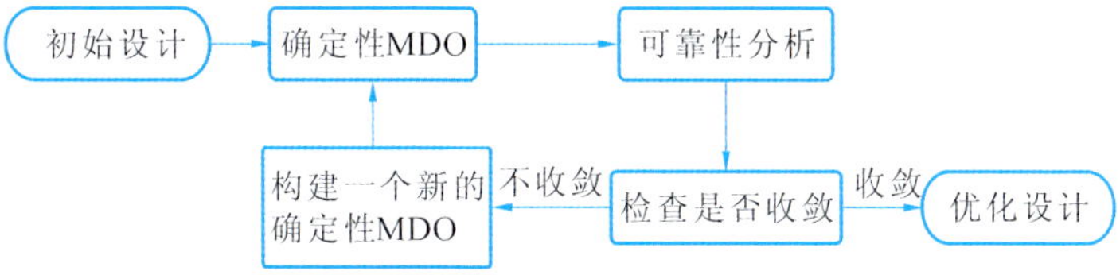

图 2.22　SORA 流程

2.3　本章小结

本章首先介绍了确定性多学科设计优化的基础理论，包括多学科设计优化的定义、多学科设计优化的数学模型、灵敏度分析技术、多学科设计优化优化算法和优化策略，以及多学科设计优化中的多目标优化和多学科设计优化环境；其次，对基于可靠性的设计优化进行了总结分析，包括不确定性设计优化的概念和分类、RBDO 的数学模型、优化流程和求解策略等基础理论。本章相关理论为开展多源不确定性条件下的多学科可靠性设计优化的研究提供了理论依据和方法支持。

参考文献

[1] 王振国. 飞行器多学科设计优化理论与应用研究[M]. 北京：国防工业出版社，2006.

[2] SOBIESZCZANSKI-SOBIESKI J, HAFTKA R T. Multidisciplinary aerospace design optimization: survey of recent developments[J]. Structural and Multidisciplinary Optimization, 2013, 14(1): 1-23.

[3] ALEXANDROV N M, HUSSAINI M Y, CENTERL. Multidisciplinary

design optimization:State of the art[J]. SIAM Journal on Control and Optimization,1997,1(12):941-946.

[4] 张旭东. 不确定性下的多学科设计优化研究[D]. 成都:电子科技大学,2011.

[5] HAJELA P,BLOEBAUM C L,SOBIESZCZANSKI-SOBIESKI J. Application of global sensitivity equations in multidisciplinary aircraft synthesis[J]. Journal of Aircraft,1990,27(12):1002-1010.

[6] 郁永熙,周忠荣. 介绍一种新的优化方法——正多面体法[J]. 上海交通大学学报,1983,1(1):120-129.

[7] OKAMOTO M,NONAKA T,OCHIAI S,et al. Nonlinear numerical optimization with use of a hybrid genetic algorithm incorporating the modified Powell method[J]. Applied Mathematics and Computation,1998,91(1):63-72.

[8] LAARHOVEN P J M,AARTS E H L. Simulated annealing[M]//LAARHOVEN P J M,AARTS E H L. Simulated Annealing:Theory and Applications. Boston:Kluwer Academic Publishers,1987:7-15.

[9] CVIJOVIC D,KLINOWSKI J. Taboo search:an approach to the multiple minima problem[J]. Science,1995,267(5198):664-666.

[10] WHITLEY D. A genetic algorithm tutorial[J]. Statistics and computing,1994,4(2):65-85.

[11] KENNEDY J. Particle swarm optimization[M]//SAMM U T C,WEBB G I. Encyclopedia of machine learning. New York:Springer US,2011:760-766.

[12] CRAMER E J ,FRANK P D,SHUBIN G R,et al. On alternative problem formulations for multidisciplinary design optimization[DB/OL]. [2017-02-15]. https://doi. org/10. 2514/6. 1992-4752.

[13] KASAREKAR N,ENGLISH K. Development of a hybrid MDF/IDF multidisciplinary optimization solution method with coupling suspension[DB/OL]. [2017-02-15]. https://doi. org/10. 2514/6. 2004-4467.

[14] ALLISON J T. Complex system optimization:A review of analytical target cascading,collaborative optimization,and other formulations[D]. Ann Arbon:The University of Michigan,2004.

[15] ALLISON J T,KOKKOLARAS M,PAPALAMBROS P Y. On selecting single-level formulations for complex system design optimization[J]. Journal of Mechanical Design,2007,129(9):898-906.

[16] TEDFORD N. Comparison of MDO architectures within a universal framework[D]. Toronto:University of Toronto,2006.

[17] KROO I, ALTUS S, BRAUN R, et al. Multidisciplinary optimization methods for aircraft preliminary design[DB/OL]. [2017-02-15]. https://doi. org/10. 2514/6. 1994-4325.

[18] SOBIESZCZANSKI-SOBIESKI J. Optimization by decomposition:A step from hierarchic to non-hierarchic systems[DB/OL]. [2017-12-15]. https://ntrs. nasa. gov/arci. ntrs. nasa. gov/19890004052. pdf.

[19] RENAUD J,GABRIELE G. Improved coordination in non-hierarchic system optimization[J]. AIAA Journal. 2013,31(12):2367-2373.

[20] SELLAR R,BATILL S,RENAUD J. Response surface based,concurrent subspace optimization for multidisciplinary system design[DB/OL]. [2017-02-05]. https://doi. org/10. 2514/6. 1996-714.

[21] CHI W,BLOEBAUM C L. Concurrent subspace optimization of mixed-variable coupled engineering systems[DB/OL]. [2017-02-06]. https://doi. org/10. 2514/6. 1996-4020.

[22] SOBIESZCZANSKI-SOBIESKI J,AGTE L S,SANDUSKY J R R. Bi-level integrated system synthesis[R]. Langley: NASA Langley Research Center,1998.

[23] PAL N R. On quantification of different facets of uncertainty[J]. Fuzzy Sets and Systems,1999,107(1):81-91.

[24] SOBIESZCZANSKI-SOBIESKI J,EMILEY M,AGTE J,et al. Advancement of bi-level integrated system synthesis[DB/OL]. [2017-02-15]. https://doi. org/10. 2514/6. 2000-421.

[25] MICHALEK J J,PAPALAMBROS P Y. An efficient weighting update method to achieve acceptable consistency deviation in analytical target cascading[C]//Anon. ASME 2004 International Design Engineering Technical Conferences and Computers and Information in Engineering Conference. New York:American Society of Mechanical Engineers,2004:

159-168.

[26] SHIN J K, PARK G J. Multidisciplinary design optimization based on independent subspaces with common design variables[J]. Transactions of the Korean Society of Mechanical Engineers A, 2007, 31(3): 355-364.

[27] MASMOUDI M, PARTE Y S. Disciplinary interaction variable elimination(DIVE) approach for MDO[DB/OL]. [2017-01-22]. https://www.researchgate.net/publication/228787323_Disciplinary_Interaction_Variable_Elimination_DIVE_Approach_for_MDO.

[28] SALAZAR-LECHUGA M, ROWE J E. Particle swarm optimization and fitness sharing to solve multi-objective optimization problems[C]// IEEE. 2005 IEEE Congress on Evolutionary Computation. Piscataway: IEEE, 2005, 2: 1204-1211.

[29] SMITH A E. Multi-objective optimization using evolutionary algorithms [J]. IEEE Transactions on Evolutionary Computation, 2002, 6(5): 526.

[30] ERICKSON M, MAYER A, HORN J. Multi-objective optimal design of groundwater remediation systems: application of the niched Pareto genetic algorithm(NPGA)[J]. Advances in Water Resources, 2002, 25(1): 51-65.

[31] MESSAC A, GUPTA S M, AKBULUT B. Linear physical programming: a new approach to multiple objective optimization[J]. Transactions on Operational Research, 1996, 8(2): 39-59.

[32] MESSAC A, DESSEL S V, MULLUR A A, et al. Optimization of large-scale rigidified inflatable structures for housing using physical programming[J]. Structural and Multidisciplinary Optimization, 2004, 26(1-2): 139-151.

[33] MESSAC A, ISMAIL-YAHAYA A. Multiobjective robust design using physical programming[J]. Structural and Multidisciplinary Optimization, 2002, 23(5): 357-371.

[34] 李连升，刘继红，谢琦，等. 基于物理规划的多学科多目标设计优化[J]. 计算机集成制造系统，2010，16(11)：2392-2398.

[35] 张为华，李晓斌. 飞行器多学科不确定性设计理论概述[J]. 宇航学报，2004，25(6)：702-706.

[36] 陈建江.面向飞航导弹的多学科稳健优化设计方法及应用[D].武汉:华中科技大学,2004.
[37] KIM J R,CHOI D H. Enhanced two-point diagonal quadratic approximation methods for design optimization[J]. Computer Methods in Applied Mechanics and Engineering,2008,197(6):846-856.
[38] KAYMAZ I, MARTI K. Reliability-based design optimization for elastoplastic mechanical structures[J]. Computers & Structures,2007,85(10):615-625.
[39] WU Y T,SHIN Y,SUES R,et al. Safety-factor based approach for probability-based design optimization[DB/OL]. [2017-02-05]. https://doi.org/10.2514/6.2001-1522.
[40] LIANG J,MOURELATOS Z P,NIKOLAIDIS E,et al. A single loop approach for system reliability-based design optimization[J]. Journal of Mechanical Design,2007,129(12):1093-1104.
[41] KUSCHEL N,RACKWITZ R. Two basic problems in reliability-based structural optimization[J]. Mathematical Methods of Operations Research,1997,46(3):309-333.
[42] PADMANABHAN D,BATILL S. Decomposition strategies for reliability based optimization in multidisciplinary system design[DB/OL]. [2017-02-05]. https://doi.org/10.2514/6.2002-5471.
[43] DU X, CHEN W. Sequential optimization and reliability assessment method for efficient probabilistic design[J]. Journal of Mechanical Design,2004,126(2):871-880.
[44] CHENG G, XU L, JIANG L. A sequential approximate programming strategy for reliability-based structural optimization[J]. Computers & Structures,2006,84(21):1353-1367.
[45] AOUES Y,CHATEAUNEUF A. Benchmark study of numerical methods for reliability-based design optimization[J]. Structural and Multidisciplinary Optimization,2010,41(2):277-294.

第3章 改进的协同优化算法

确定性的多学科设计优化是多学科可靠性设计优化的重要组成环节。多学科设计优化策略就是在多学科设计优化过程中组织学科分析模型、近似模型、优化软件等，保证优化过程与优化问题定义保持一致，以获得整体最优解。与整体式架构类多学科设计优化策略相比，分布式架构类多学科设计优化策略可以自主对各学科进行设计，因此在实际工程中更加常用。本章主要对协同优化(CO)算法[1]进行研究，因为CO算法具有独特的高度学科自治、多级优化和分布式计算等特点，非常适合用于航空航天等领域中大型复杂产品的设计优化和以团队为导向的设计优化问题。但是，CO算法依然存在收敛困难和计算效率低两个问题。本章介绍两种改进的CO算法，从不同的方面改善CO策略的收敛性能和计算效率，以提高其实用性。

3.1 协同优化算法改进综述

CO算法特有的表达形式，会导致其计算效率不高或难以收敛。具体原因可以归纳为：①系统级约束的雅可比矩阵在最优解处不存在；②子系统的拉格朗日乘子是零或者接近于零；③系统级的约束是非平滑函数。造成这些情况的原因是CO算法在系统级优化中采用了平方和形式的等式一致性约束，而且这些约束又是子系统中优化的目标。

3.1.1 改进协同优化算法的收敛性能

为了改进CO算法的收敛性能，研究者们提出了一系列方法和技术，如约束松弛法[2]、罚函数法[3]、近似技术[4]等。其中，罚函数法与松弛约束法不会额外增加子系统级和系统级间的数据传输量，具有比较可靠的收敛性。所以，本节重点讨论罚函数法与约束松弛法。

罚函数法是一种约束优化方法，又称为序贯无约束极小化方法，其思想就是把约束问题转化为一个或者一系列无约束优化问题来求解。构造罚函数的方法主要有外点法和内点法[5,6]。外点法对应的无约束极小点一般可以从安全域之外逐步逼近安全域上原约束问题的极小点，其中惩罚因子 $\mu>0$。在迭代过程中，μ 随着迭代次数增大而单调增大。外点法构造罚函数的一种方式如下：

$$
\begin{cases}
\min f(\boldsymbol{x}) \\
\text{s.t.}\ \ g_i(\boldsymbol{x}) \leqslant 0 \quad (i=1,2,\cdots,m) \\
\qquad h_j(\boldsymbol{x}) = 0 \quad (j=1,2,\cdots,l) \\
\qquad F(\boldsymbol{x},\mu) = f(\boldsymbol{x}) + \mu\sum_{i=1}^{m}[\max(0,g_i(\boldsymbol{x}))]^2 + \mu\sum_{j=1}^{l}h_j^{\ 2}(\boldsymbol{x})
\end{cases}
\tag{3.1}
$$

随着迭代的进行，外点法罚函数中的惩罚因子 μ 会越来越大。

内点法也称障碍法，它始终是在安全域的内部进行最优搜索，此时惩罚因子 $\gamma<0$。内点法构造罚函数的一种方式如下：

$$
\begin{cases}
\min f(\boldsymbol{x}) \\
\text{s.t.}\ \ g_i(\boldsymbol{x}) \leqslant 0 \quad (i=1,2,\cdots,m) \\
\qquad I(\boldsymbol{x},\gamma) = f(\boldsymbol{x}) + \gamma\sum_{i=1}^{m}\ln\left(\dfrac{-1}{g_i(\boldsymbol{x})}\right)
\end{cases}
\tag{3.2}
$$

随着迭代的进行，内点法罚函数中的惩罚因子 γ 将会渐渐减小。

分析 CO 算法的系统级构造可以发现，如果依赖于 KKT 条件中的拉格朗日乘子，以保证系统级约束变量满足一致性等式约束，系统级优化器就有可能得不到优化解而无法收敛。要避免这个情况，就要避免采用拉格朗日乘子。采用罚函数法，就是将系统级中的等式约束条件通过一个惩罚因子添加到系统的目标函数中去，这样可以消除系统级由一致性等式约束所造成的计算困难。因此，Lin 引入了罚函数法来改造 CO 算法的系统级[3]。

罚函数多采用外点法来定义。这是由于 CO 算法在设计的初期，需要设计人员提供一个迭代的初始设计点。而任意提供的起始点，很难保证是安全域的内点，这就不满足内点法的要求；同时，内点法也不能处理包含等式约束的问题。在这两方面，外点法都不会发生问题。罚函数法在处理约束问题时，其性能在很大程度上取决于惩罚因子的选择。所以，在早期使用罚函数来改善 CO 算法系统级收敛问题的研究中一般采取固定惩罚因子的做法，即在整个迭代过程中，机械地运用一个固定的惩罚因子。但是，惩罚因子太大会产生误差导致错误，太小又会起不到惩罚的作用，惩罚因子的确定在很大程度上依赖于设计人员的经验。

综上所述，外点法构造的罚函数已经开始运用于改善CO算法的系统级的收敛表现。但是，外点法所构造的罚函数在可行边界上常常是不可微分的，函数性质也不如内点法所构造的好。为了综合内点法和外点法的优点，从数学的角度，可以构造混合罚函数，即对不等式约束采用内点法，对等式约束采用外点法来构造惩罚项：

$$\begin{cases} \min f(\boldsymbol{x}) \\ \text{s. t. } g_i(\boldsymbol{x}) \leqslant 0 \quad (i=1,2,\cdots,m) \\ \qquad h_j(\boldsymbol{x})=0 \quad (j=1,2,\cdots,l) \\ \qquad G(\boldsymbol{x},\mu,r)=f(\boldsymbol{x})-r_k\sum_{i=1}^{m}\ln[-g_i(\boldsymbol{x})]+\mu\sum_{j=p+1}^{m}h_j^2(\boldsymbol{x}) \end{cases} \tag{3.3}$$

混合罚函数既能处理等式约束也能处理不等式约束，对起始点也没有严格的要求，将是未来一个研究的热点。

处理CO算法系统级的收敛问题，除了上述罚函数法以外，还可采用松弛因子法。和惩罚因子所面临的问题类似，任意选取的松弛因子，有些对于系统级是可行的，有些并不可行，要经过多次的试凑。而选定的某一个松弛因子，在迭代过程中保持不变，可能适合这一次的计算，却不适合下一次的计算。因此，李响等引入了动态松弛因子的概念以解决这一问题[7]，但是，动态松弛因子只考虑了学科之间的不一致信息，并没有很好地反映出系统级的约束特征。从系统级优化的观点来看，松弛因子更应该深入考虑学科和系统级优化点之间的差异信息。

3.1.2 提高协同优化算法的计算效率

1. 寻优算法的改进

为了满足约束条件，系统级需要在扩大的解空间中进行寻优，而寻优所需要的时间决定了全体优化消耗的时间。因此，为了提高CO算法整体的计算速度，需要探讨系统级优化采用各类智能算法寻优的可行性，目前已有这方面的研究。

在众多智能优化方法中，遗传算法应用最为广泛。遗传算法(genetic algorithm，GA)是模仿生物自然选择和遗传机制的随机搜索算法，它将问题的可能解构造成种群，将每一个可能的解看作种群的个体，从一组随机给定的初始种群开始，持续在整个种群空间内随机搜索，按照一定的评估策略即适应度函数对每一个个体进行评价，不断通过复制、交叉、变异遗传算子等的作用，使种群在适应度函数的约束下不断进化，算法终止时得到最优/次优的问题解。

模拟退火算法(simulated annealing,SA)的思想最早由 Metropolis 等于 1953 年提出,1983 年 Kirkpatrick 等将其用于组合优化。模拟退火算法是基于蒙特卡罗迭代求解策略的一种随机优化算法,其原理基于物理中固体物质的退火过程与一般组合优化问题之间具备的某种相似性。模拟退火算法能在某一个"初温"下,伴随温度参数的不断下降,结合概率突跳特性(即在局部最优解处能以一定概率跳出并最终趋于全局最优的特性)[8]在解空间中随机寻找目标函数的全局最优解。

粒子群优化(particle swarm optimization,PSO)算法是一种群智能算法,简称粒子群算法,由 Eberhart 博士和 Kennedy 博士于 1995 年提出。粒子群算法是受鸟群群体运动行为方式启发而提出的一种具有代表性的集群智能方法。鸟群在飞行过程中经常会突然改变方向、散开、聚集,其行为通常不可预测,但其整体总能保持一致性,个体与个体间也可保持最适宜的距离。通过对类似生物群体的行为的研究,发现生物群体中存在着一种社会信息共享机制,它为群体的进化提供了一种优势。生物群体中信息共享会产生进化优势,这正是粒子群算法的基本思想[9]。

遗传算法、模拟退火算法和粒子群算法都是适合于大规模并行计算且具有智能特征的现代算法。从本质上说,智能优化算法都是利用启发式信息来搜索最优解的。但是,由于每种智能算法各自不同的特点以及系统级的设计空间的复杂性,一种智能优化算法无论采用多有效的改进措施,也不可能在所有情况下都表现出良好的效果。因此,在今后的研究中:一方面可以考虑多学科优化问题的特点,结合算法的基础理论研究改进智能优化算法;另一方面,可以将各具优势的智能算法综合起来考虑,利用建立的算法库来处理优化问题。

2. 其他改进方法

为了提高 CO 算法的计算效率,除了从寻优算法着手对 CO 算法进行改进,学者们还从其他角度提出了各种改进措施。Braun 等[10]采用非等式约束取代系统级的等式约束,避免了系统级约束的雅可比矩阵在最优处不存在的难题。Sobieski和 Kroo[4]采用子系统优化的响应面近似来取代系统级的约束,以实现系统级约束平滑。Roth 和 Kroo[11]提出了一种改进的协同优化(enhanced collaborative optimization,ECO)算法,相比于 CO,ECO 在表达形式上有了较大变化。Li 等人[12]提出了一种新的改进形式的 CO 算法,称为联合线性近似协同优化(collaborative optimization combined with linear approximation,CLA-CO)算法。在 CLA-CO 算法中系统级的等式约束被累积的子系统目标函数的线性近似所替代，因而系统级的约束不再是非平滑函数，并且通过这些累积的线性近似，系统级优化被还原为原始的优化，因此 CLA-CO 算法有着较高的计算效率。

一些不含有非凸约束的工程实例已经被用来验证 CLA-CO 算法的高效性。但是当存在非凸约束时，由于冲突线性近似被添加到系统级优化中，CLA-CO 算法无法找到最优解甚至无法收敛。

基于以上分析，这里提出两种改进的 CO 算法。

(1) 基于智能算法的自适应 CO 算法　该算法是从两个方面来改善 CO 算法的计算效率和收敛性能的。①在 CO 算法的系统级采用智能优化算法，解决优化效率低的问题。②采用自适应机制改进智能优化算法的种群操作，增加系统级的寻优效率，并结合自适应机制基于系统不一致信息构造自适应罚函数，转化系统级约束条件来解决由于 CO 算法内部定义缺陷而造成的收敛困难问题。

(2) 基于线性近似过滤的 CLA-CO 算法　该算法通过引入线性近似过滤策略来降低 CO 算法在解决非凸约束问题时的难度。线性近似过滤策略通过判断是否形成安全域来识别冲突的线性近似，将违反约束较严重的线性近似过滤，用违反约束最轻微的线性近似替代，从而实现冲突线性近似的协调。

3.2　基于智能优化算法的协同优化算法

通过深入研究发现，CO 算法计算效率低是系统级采用常规数值优化算法所致，而其收敛困难是由于其系统级数学定义机制存在缺陷。

这里主要从两方面下手对 CO 算法进行改进，以提高其处理大规模多学科设计优化问题的计算效率和收敛性能：① 研究智能优化算法与 CO 算法的集成机制，采用自适应机制改进智能优化算法的种群操作，形成自适应遗传算法(AGA)、自适应模拟退火算法(ASA)、自适应遗传-模拟退火(GASA)混合算法等，提出基于智能优化算法的自适应 CO 算法，进而提高 CO 算法解决多学科设计优化问题的计算效率；② 分析系统级优化点与约束条件的几何位置关系，基于系统不一致信息构造自适应罚函数，转化系统级约束条件，重新构建 CO 算法系统级优化模型，以提高其收敛性能[13]。

3.2.1　面向多学科设计优化的智能优化算法库

智能优化算法作为多层优化策略的系统级优化工具，可以较好地避免常规数值优化方法容易产生的陷入局部最优或者意外终止等难题。但由于各种智能优化算法的局限性和目标函数的复杂性，任何一种算法都不可能适用于所有情况。因此，有必要开发支持设计人员根据目标函数类型选择合适算法的智能优化算法库，并方便设计人员快速准确地确定算法参数。

3.2.1.1 算法库组成

作为系统级优化工具的智能优化算法库，包括自适应遗传算法、自适应模拟退火算法、自适应粒子群算法、自适应遗传-模拟退火（GASA）混合算法等智能优化算法。图 3.1 为智能优化算法库的结构图。

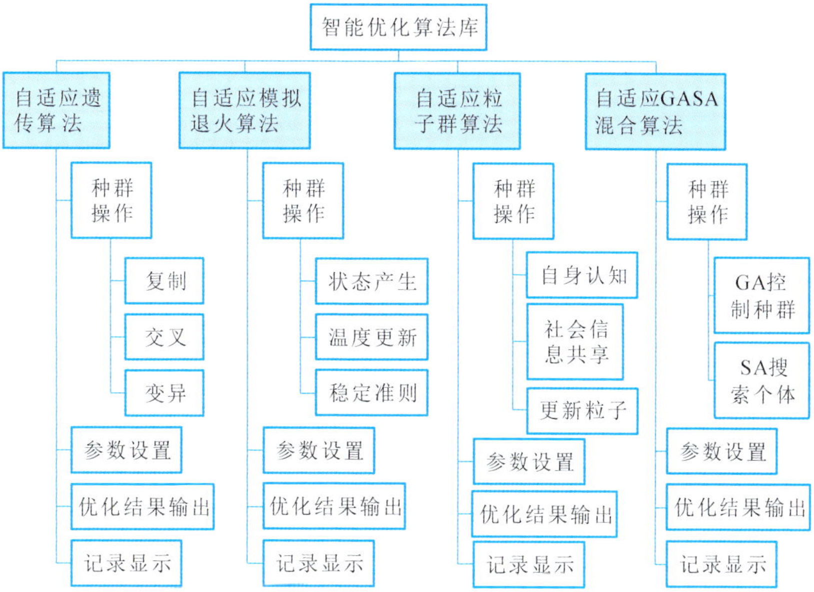

图 3.1　智能优化算法库结构

算法库的核心是四个智能优化算法，辅以算法指南和参数指南。算法指南以算法可量化性能为主要参考指标，从设计人员对需要求解问题的描述开始，考虑目标函数的表达形式等特征，兼顾设计人员对算法的倾向程度，全面均衡，根据经验数据确定出算法库中每个算法对当前优化问题的匹配程度，最后向设计人员推荐最合适的算法，克服设计人员偏好可能带来的不利影响。确定 CO 算法系统级所采用的算法之后，设计人员可根据参数指南提供的建议合理确定不同优化算法的参数，完成优化计算。CO 算法系统级使用算法库流程如图3.2所示。

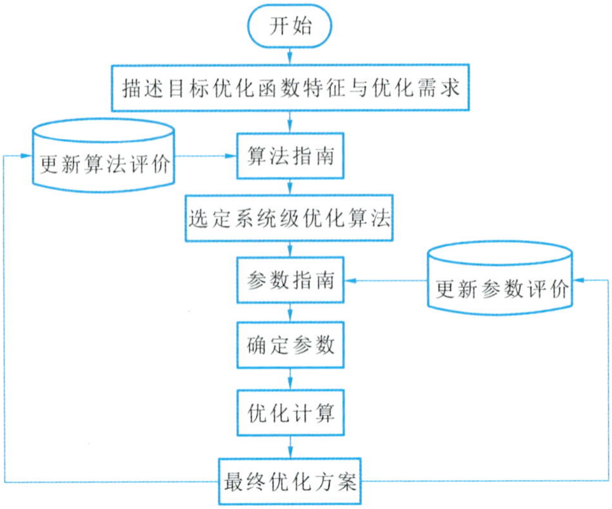

图 3.2　CO 算法系统级使用算法库流程

3.2.1.2　算法库应用流程

智能优化算法库的应用流程如图 3.3 所示，包括算法选择、优化计算、算法比较评价、优化结果输出等主要步骤。

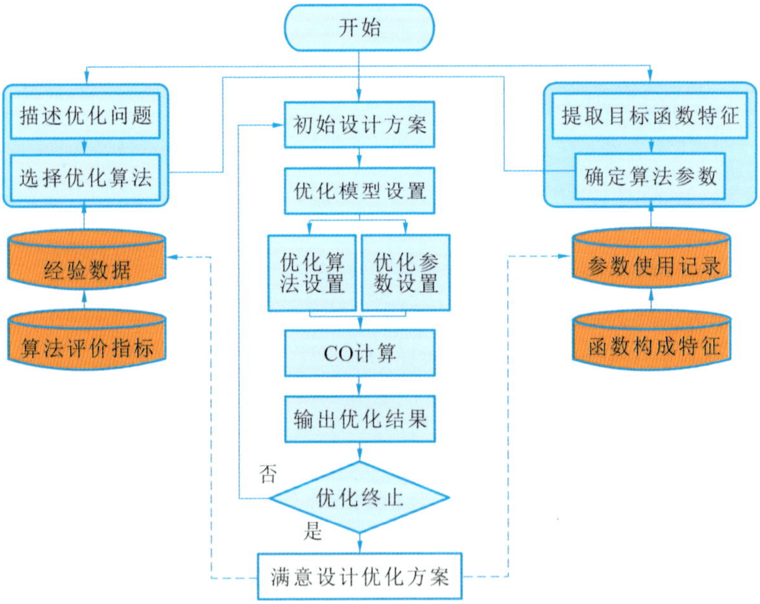

图 3.3　算法库应用流程

1.描述问题

设计人员提出明确的优化需求，输入相关信息，包括CO算法系统级目标函数的特征，以及设计人员倾向选择的算法。

2.推荐算法

算法库中的算法指南模块分析设计人员提供的信息，与先前的经验数据和参数记录进行对比，推荐匹配优化需求的智能优化算法。

3.优化计算

算法指南模块推荐出匹配需求的算法之后，设计人员为CO算法系统级确定一个合适的智能优化算法，然后运行CO算法处理优化问题，最后得到满意的设计优化方案。

4.更新经验数据、记录参数

优化结束后，智能优化算法库将记录所采用的算法作为CO算法系统级优化工具时的优化性能，对应算法评价指标更新算法评价的经验数据，对应目标函数的特征更新算法的参数使用记录。该部分功能主要是为算法指南和参数指南功能服务，内嵌于系统中，作为经验数据用于指导算法选择。

5.优化结果输出

最后由系统输出最终满意的设计优化方案，以及相应的附属信息。前者是提供给设计人员的最终结果，可以作为历史数据保存；后者包括目标函数特征及优化需求、算法选择方案、CO算法迭代次数等，可用于算法比较和监视算法的计算过程。

3.2.1.3 算法指南

算法指南主要包括优化问题描述和算法评价指标等内容。前者是对CO算法待处理问题的描述，后者是评价算法的标准。算法指南模块通过两者的配合推荐匹配当前设计优化问题的合适算法，以满足CO算法系统级的优化需求。

1.问题描述

在算法指南中，问题描述主要包括以下三方面的内容。

1）目标函数特征要求

CO算法处理的设计优化问题，其目标函数一般具备高维、多峰、连续、确定等特征，目标函数中变量维度不同、函数表达形式不同，设计优化问题的复杂程度也不尽相同。对复杂层次不同的设计优化问题，尽管多数智能优化算法都能够解决，但它们求得的结果有明显的质量差异。另外，在处理不同类型的目标函数时，算法的适用性也各不相同，如以三角函数形式表达的函数和以多项式相乘形式表达的函数，所适用的算法就不同。

2）算法性能要求

在利用算法处理问题的不同阶段，使用者对算法的效能要求可能不同。如在处理问题的初始阶段，为了更快地解决问题，设计人员可能更倾向于选择参数设置较为简单且效率高的算法；而在后期的实际处理阶段，设计人员就需要在参数复杂性与算法效率和质量之间做一个权衡，以找到解决问题的最合适的算法。

3）设计人员经验需求

例如，对一个首次采用智能优化算法来处理设计优化问题的设计人员而言，在直觉上他可能倾向于选择之前听说过并对其良好性能有深刻印象的某种智能优化算法。智能优化算法库最终落脚点还是由设计人员使用，因此要照顾到设计人员的经验需求。

表 3.1 给出了关于上述三方面要求的详细条目，智能优化算法库根据这些条目，可以判定当前优化问题的特点和设计人员对算法的使用需求等信息，从而给出合理的算法选择建议。其中的设计人员需求描述，即设计人员经验需求描述，划分为用户常用算法、指定算法、倾向算法三个条目。

表 3.1　待求解问题描述分类表

描述分类	详细条目
目标函数特征要求描述	n 项和/积
	三角函数
	高次项
	多项式积
	指数＋ n 项和/积
算法性能要求描述	变量稳定性优先
	质量优先
	效率优先
设计人员经验需求描述	用户常用算法
	用户指定算法
	用户倾向算法

2. 函数特征描述

在 CO 设计中，目标函数一般以不同的方式构造。因此，有必要以一系列 Benchmark 函数，区分出优化算法在求解不同类型函数时所体现出的性能。

1）Kowalik 函数

$$f = \sum_{i=1}^{11}\left[a_i - \frac{x_1(b_i^2 + b_i x_2)}{b_i^2 + b_i x_3 + x_4}\right]^2 \quad (|x_i| \leqslant 5) \tag{3.4}$$

式中：
$$(a_i) = (0.1957, 0.1947, 0.1735, 0.16, 0.0844, 0.0627, 0.0456, 0.0342, 0.0323, 0.0235, 0.0246)$$

$$(b_i) = \left(4, 2, 1, \frac{1}{2}, \frac{1}{4}, \frac{1}{8}, \frac{1}{10}, \frac{1}{12}, \frac{1}{14}, \frac{1}{16}\right)$$

优化该函数的目的是验证智能优化算法处理以 n 项和为主要特征的函数时的优化性能，函数理论最优状态是(0.1928,0.1908,0.1231,0.1358)。

2）Six-Hump Camel-Back 函数

$$f = 4x_1^2 - 2.1x_1^4 + \frac{x_1^6}{3} + x_1x_2 - 4x_2^2 + 4x_2^4 \quad (|x_i| \leqslant 5) \tag{3.5}$$

该函数的维度较低，但是运算的幂次较高。求解该函数的目的是验证智能优化算法处理以变量高次项为主要特征的函数时的优化性能，函数理论最优状态是(0.08983,−0.7126)或(−0.08983,0.7126)。

3）Branin 函数

$$f = \left(x_2 - \frac{5.1}{4\pi^2}x_1^2 + \frac{5}{\pi}x_1 - 6\right)^2 + 10\left(1 - \frac{1}{8\pi}\right)\cos x_1 + 10 \tag{3.6}$$

式中：$-5 \leqslant x_1 \leqslant 10, 0 \leqslant x_2 \leqslant 15$。

该函数在包含较高幂次的同时，还包含三角函数。求解该函数的目的是验证智能优化算法在优化同时包含高幂次运算与三角函数的函数时的优化性能，函数理论最优状态是(−3.142,2.275)或(3.142,2.275)或(9.425,2.425)。

4）Goldstein-Price 函数

$$f = [1 + (x_1 + x_2 + 1)^2(19 - 14x_1 + 3x_1^2 - 14x_2 + 6x_1x_2 + 3x_2^2)] \times [30 + (2x_1 - 3x_2)^2(18 - 32x_1 + 12x_1^2 + 48x_2 - 36x_1x_2 + 27x_2^2)] \tag{3.7}$$

式中：$|x_i| \leqslant 2$。

该函数的主要特征是多项式相乘形式。求解该函数的目的是验证智能优化算法在处理以多项式相乘为主要表达形式的函数时的优化性能，理论最优状态是(0,−1)。

5）Hartman 函数

$$f=-\sum_{i=1}^{4}c_i\exp\left[-\sum_{j=1}^{6}a_{ij}(x_j-p_{ij})^2\right]\quad(0\leqslant x_j\leqslant 1)\tag{3.8}$$

式中：$$(p_{ij})=\begin{pmatrix}0.1312 & 0.1696 & 0.5569 & 0.0124 & 0.8283 & 0.5886\\ 0.2329 & 0.4135 & 0.8307 & 0.3736 & 0.1004 & 0.9991\\ 0.2348 & 0.1415 & 0.3522 & 0.2883 & 0.3047 & 0.6650\\ 0.4047 & 0.8828 & 0.8732 & 0.5743 & 0.1091 & 0.0381\end{pmatrix}$$

$$(a_{ij})=\begin{pmatrix}10 & 3 & 17 & 3.5 & 1.7 & 8\\ 0.05 & 10 & 17 & 0.1 & 8 & 14\\ 3 & 3.5 & 1.7 & 10 & 17 & 8\\ 17 & 8 & 0.05 & 10 & 0.1 & 14\end{pmatrix}$$

$$(c_i)=(1\quad 1.2\quad 3\quad 3.2)$$

该函数的变量维度较高，两次出现了 n 项和的运算形式，不仅包含指数运算，而且函数中的辅助参数也呈现多维的特点，函数理论最优状态是(0.201，0.15，0.477，0.275，0.311，0.657)。

3. 算法评价指标

为 CO 算法的系统级选择合适的智能优化算法，还需要对智能优化算法的性能做出较为准确的量化评价。这里针对各种智能优化算法求解上述 Benchmark 函数得到的优化结果，提出算法变量稳定性、算法质量和算法优化效率三方面评价指标，以量化智能优化算法在解决优化问题时的性能。

1）算法变量稳定性评价指标

由于 CO 设计问题的目标函数一般比较复杂，在变量空间中大部分呈现出多维分布的状态，从提高算法可靠性的角度考虑，智能优化算法不仅要在全局环境中能很好地逼近最优解，具体到变量的每个维度，也需要很好地收敛。以下三个用于评价算法稳定性的指标，其值越小，表示对于某类函数，算法的性能越好。

（1）函数值波动程度　它是指算法多次运算后的平均优化解，相对于 Benchmark 函数理论最优解的波动程度。该指标用于衡量算法求解能力的均衡程度。其定义式为

$$F_{\text{mean}}=\frac{|f_{\text{mean}}-f_0|}{f_0}\times 100\%\tag{3.9}$$

式中：f_0 为理论最优解；f_{mean} 为平均优化解。

（2）最小相对误差　该指标以智能优化算法求出的函数最优值衡量算法的

最佳优化能力。其定义式为

$$F_{\text{best}}=\frac{|f_{\text{best}}-f_0|}{f_0}\times 100\% \tag{3.10}$$

式中：f_0 为理论最优解；f_{best} 为本轮运算最优优化解。

(3) 学科分量误差　在CO算法中，每个设计变量都代表着某个学科的设计解，该指标衡量智能优化算法在变量空间中逼近每个方向上变量的能力。其定义式为

$$X_{\text{best}}=\frac{1}{m}\times\sum_{j=1}^{m}\left(\frac{|x_j-x_{j0}|}{x_{j0}}\times 100\%\right) \tag{3.11}$$

式中：x_{j0} 是第 j 个学科分量的理论最优解；x_j 是本轮优化求出的优化解。

2) 算法质量评价指标

变量稳定性指标衡量的是智能优化算法逼近各个方向上变量的能力。由于最优化问题一般转化为求原问题的最大/最小值，因此，提出算法质量评价指标，评判CO算法系统级采用智能优化算法获取目标函数极值的能力。

(1) 平均优化解　采用本指标表示多次求解同一个Benchmark函数时，智能优化算法求得最优值的平均结果。其定义式为

$$f_{\text{mean}}=\frac{1}{n}\times\sum_{i=1}^{n}f_i \tag{3.12}$$

式中：f_i 是每次求出的最优值；f_{mean} 是平均优化解。

(2) 单次运算最优优化解　智能优化算法在多次求解同一个Benchmark函数时，挑选出优化结果最接近理论最优解的一次，作为最优优化解。其定义式为

$$f_{\text{best}}=\min\{f_i\}\quad (i=1,2,\cdots,n) \tag{3.13}$$

当测试用的一系列Benchmark函数都是求最小值时，选取最小的一个优化解为最优优化解；当优化求最大值的Benchmark函数时，式(3.13)将有所不同。

3) 算法效率评价指标

CO算法在优化时涉及多个学科，每个学科都需要独立进行分析优化。另外，目标函数的变量空间范围较大，即使以智能优化算法搜索，也不可能无限制不计成本地投入计算资源。因此要在计算资源和优化效果之间取得平衡。在获得满意优化结果的同时，可以采用时间来衡量CO算法对计算资源的消耗程度。因此提出以下效率评价指标。

(1) 平均求解时间　智能优化算法的构造以及运算方式不同，求解时间也会不同。该指标以智能优化算法每次求解所花费的时间 T_i 为基础，计算优化

同一个 Benchmark 函数的平均求解时间 T_{mean}，即

$$T_{\text{mean}} = \frac{1}{n} \times \sum_{i=1}^{n} T_i \tag{3.14}$$

其值越小越好。

(2) 最快求解时间　每个智能优化算法在多次求解同一个 Benchmark 函数时，选出求解最快的一次所花费的时间作为最快求解时间 T_{best}。其定义为

$$T_{\text{best}} = \min\{T_i\} \quad (i = 1,2,\cdots,n) \tag{3.15}$$

其值越小越好。

针对每一个 Benchmark 函数，都采用智能优化算法分别进行优化，记录每个算法对应的各个评价指标的结果。设计人员使用智能优化算法库时，需要先确定目标函数的特征，以及优化过程中所关心的算法性能指标，向算法库输入特征与指标后，算法指南以算法库中已归纳记录的算法评价指标为主要参考依据，同时考虑设计人员对算法的熟悉程度等因素，给出用于优化当前 CO 算法系统级目标函数的智能优化算法匹配度排序，以指导设计人员选择合适的算法。

3.2.1.4　参数指南

智能优化算法在实际应用中的一个突出问题就是算法参数设置复杂，设计人员面对种类繁多、意义不同的算法参数常常感到无从下手。表 3.2 给出了相关智能优化算法的重要参数。

表 3.2　智能优化算法的参数表

算法名称	算法参数
遗传算法	种群规模、繁衍代数、交叉概率、变异概率
模拟退火算法	起始接收概率、终止温度阈值、马尔科夫链长
粒子群算法	种群规模、迭代次数、惯性权重、学习因子

合理设置算法的参数会对算法的优化性能产生重要的影响。参数指南会对算法运行中使用到的参数做一个比较详细的说明，力求降低设计人员在 CO 算法系统级采用智能优化算法求解的困难程度。

3.2.2　自适应智能优化算法

本节在介绍智能优化算法(包括遗传算法、模拟退火算法和 GASA 混合智能算法)基本原理与流程的基础上，提出面向 CO 算法的自适应 GASA 智能优

化算法。

3.2.2.1 自适应遗传算法

1. 遗传算法原理与基本流程

遗传算法[14]是 Holland 于 1975 年受生物进化论的启发而提出的一种智能算法。图 3.4 是 CO 算法系统级采用遗传算法的流程图。

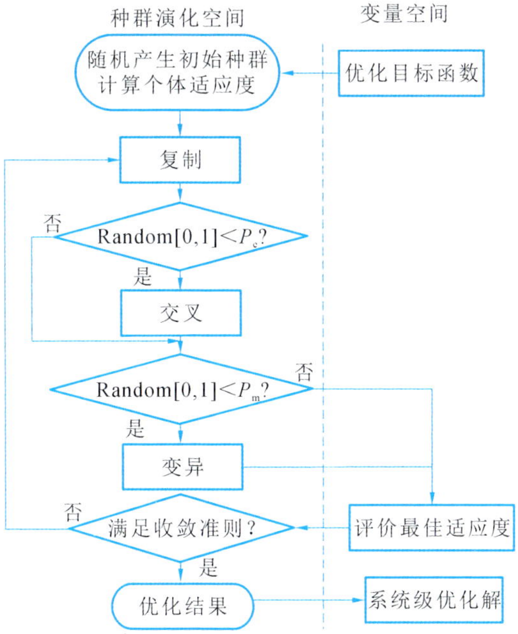

图 3.4 CO 算法系统级采用遗传算法流程

遗传算法随机产生的带有特征的个体集合，称为种群。在种群中，每一个个体都对应着优化问题的一个解，即染色体。在算法中，染色体是一串符号的编码，可以是二进制或其他形式的编码。这些当代的染色体通过交叉、变异等遗传操作可以产生后代个体，在交叉操作使后代的个体保留双亲的部分特性的基础上，以变异操作使后代个体产生新的性状。为了促进个体向优化目标进化，这些个体以“优胜劣汰”的选择标准进行自然进化。为了便于选择，采用适应度来取舍个体。适应度一方面代表了问题的优化目标，另一方面也代表了个体在生存环境中的适应程度。以上过程循环执行若干代后，算法即可收敛到最好的染色体，对应着问题的最优或次优解。

遗传算法的优越性主要表现在：①算法在整个变量空间进行并行搜索，优化效率高，跳出局部极小解的能力较强；②算法的种群演化过程取决于染色体是否满足适应度函数，不受优化问题约束条件的限制，也不需要如导数信息等其他信息，从而拓宽了算法的适用范围；③算法具有处理大量数据的种群并行遗传模式，适合搜索多学科设计优化问题中常见的大范围变量空间。因此，遗传算法作为 CO 算法系统级优化算法，能够有效避免优化意外终止的问题。

2. 面向 CO 算法的自适应遗传算法

遗传算法在演化中完全依赖适应度函数评价个体，指导种群的演化。适应度函数的构造对算法的收敛速度以及最后能否顺利找到优化解，有着直接且重要的影响。如果直接以待求解目标函数作为适应度函数，算法常用的轮盘赌选择模式中对概率非负的要求就可能得不到满足，还可能导致函数值分布过广，不利于体现种群的平均性能，影响算法性能。王小平等人[15]提出对适应度函数进行尺度变换，这里进一步研究合理确定尺度变换中的线性系数，以提高优化解的质量。变换后的适应度函数为

$$f' = \alpha \cdot f + \beta \tag{3.16}$$

式中：f 是原适应度函数，且 $\alpha=\ln\left(\frac{f_{\mathrm{mean}}}{f_{\max}-f_{\mathrm{mean}}}\right)$，$\beta=\ln\left(\frac{-f_{\min}f_{\mathrm{mean}}}{f_{\max}-f_{\mathrm{mean}}}\right)$，其中 $f_{\max}$、$f_{\min}$ 与 f_{mean} 分别是最大、最小以及平均适应度。线性变换可缩小适应度之间的差距，减少异常波动并保持种群的多样性，能很好地反映适应度变化的情况，利于种群的演化。

遗传算法的交叉、变异等种群操作对算法效率与性能具有重要影响，是遗传算法的关键操作设计。因此，本节从 CO 算法的优化过程出发，综合讨论交叉概率 P_c 与变异概率 P_m，改进遗传算法以满足多学科设计优化问题的实际优化需求。

交叉概率 P_c 用于控制染色体交叉重组的概率，变异概率 P_m 主导变异操作的概率，两者都是加大种群多样性的重要因素。采用遗传算法作为 CO 算法系统级的优化工具时，算法的交叉概率 P_c 与变异概率 P_m 对种群演化有重要影响。P_c 变大，种群产生新个体的速度加快，可以加快 CO 算法的搜索速度。但是 P_c 过大会破坏具有高适应度的个体，破坏优化解的多样性；P_c 过小则会减缓搜索过程，降低搜索效率，导致 CO 算法优化停滞。P_m 体现了染色体基因突变的思想，过大会破坏后期形成的优良个体，使 CO 算法只能进行随机寻优；P_m 过小则难以突变生成新个体，降低了遗传算法的搜索效率，无法使 CO 算法迅速逼近最优解。为解决该问题，本节研究借助 CO 算法的优化过程变化信息，采用自适应机制，使遗传算法随着 CO 算法的优化过程自动调整交叉概率和变异概率。

CO算法的优化过程是逐步缩小变量空间搜索范围,并使各方向上的子系统优化点逐渐逼近系统级优化点的过程。与之相对应,遗传算法在提高种群平均适应度的基础上,提高每个个体的适应度。为了体现种群与个体之间的变化关系,应能自适应地调整交叉概率与变异概率。种群平均适应度与个体适应度之间的关系为

$$I=\frac{\ln(f_0-f_{\text{mean}})}{f_{\max}-f_{\text{mean}}} \tag{3.17}$$

式中:f_0 是待演化个体的适应度;f_{mean}与 $f_{\max}$分别是种群的平均与最大适应度。I 增大,表示个体适应度接近了种群最大适应度,这时应该减小个体的交叉概率和变异概率,避免遗传算法陷入局部最优解。文献[16]结合CO算法的优化过程与遗传算法的种群演化特性,自适应地调整遗传算法的交叉概率与变异概率。其中交叉概率与变异概率的计算式分别为

$$P_c=\begin{cases}P_{\text{cini}}-(P_{\text{cmax}}-P_{\text{cmin}})\cdot I_c & (f_{\text{big}}>f_{\text{mean}})\\ P_{\text{cini}} & (f_{\text{big}}\leqslant f_{\text{mean}})\end{cases} \tag{3.18}$$

$$P_m=\begin{cases}P_{\text{mini}}-(P_{\text{mmax}}-P_{\text{mmin}})\cdot I_m & (f_w>f_{\text{mean}})\\ P_{\text{mini}} & (f_w\leqslant f_{\text{mean}})\end{cases} \tag{3.19}$$

式中:P_{cini}是初始交叉概率;P_{mini}是初始变异概率;P_{cmax}和 P_{cmin}分别表示交叉概率取值的上下限;P_{mmax}和 P_{mmin}分别表示变异概率的上下限;f_{big}表示两个待交叉个体中较大的适应度;I_c 与 I_m 表示调整交叉概率与变异概率所需要的关系信息量,

$$I_c=\frac{\ln(f_{\text{big}}-f_{\text{mean}})}{f_{\max}-f_{\text{mean}}} \tag{3.20}$$

$$I_m=\frac{\ln(f_w-f_{\text{mean}})}{f_{\max}-f_{\text{mean}}} \tag{3.21}$$

其中 $f_{\max}$为当前种群中的最大的适应度,f_{mean}是当前种群的平均适应度,f_w 表示待变异个体的适应度。

基于上述自适应策略,使适应度低于平均适应度的个体拥有较高的 P_c 和 P_m,能够在较大范围内进行交叉和变异,以便淘汰旧个体,产生新个体,进而增强CO算法的全局搜索能力。适应度高于平均适应度的个体对应较低的 P_c 与 P_m,在上一代个体的附近执行小范围交叉和变异,保护个体进入下一代,加快CO算法的收敛速度。自适应机制使遗传算法在保持群体多样性的同时,算法收敛性改善,并且局部搜索能力在一定程度上提高。

面向CO算法的自适应遗传算法的输入、输出如下。

输入:初始群体以及种群规模 pop、选择比例、交叉概率 P_c、变异概率 P_m、种群迭代次数 maxgen、个体适应度(包含了优化参数的 CO 算法系统级目标函数)。

输出:CO 算法优化结果。

在每一轮 CO 算法系统级的优化过程中,作为优化工具的自适应遗传算法进行一次完整的种群演化,产生本轮优化结果。步骤如下。

步骤 1:随机产生初始种群,计算个体的适应度,找出当前最佳个体。

步骤 2:若当前最佳个体满足收敛条件,则终止优化;否则,继续步骤 3。

步骤 3:设置当前迭代次数 gen=1。

步骤 4:当 gen<maxgen 时,执行步骤 5 至步骤 8,否则执行步骤 9。

步骤 5:基于轮盘赌选择方法,挑选出符合选择比例的个体。

步骤 6:依据式(3.18)更新自适应交叉概率 P_c,交叉生成新个体。

步骤 7:依据式(3.19)更新自适应变异概率 P_m,变异生成新个体。

步骤 8:更新种群,设置 gen=gen+1。

步骤 9:输出优化结果。

3.2.2.2 自适应模拟退火算法

1. 自适应模拟退火算法的原理与基本流程

模拟退火算法的思想最早由 Metropolis 等(1953)提出,1983 年 Kirkpatrick 等将其用于组合优化问题。图 3.5 是 CO 算法系统级采用模拟退火算法的流程图。

2. 面向 CO 算法的自适应模拟退火算法

模拟退火算法在较高初温与较长抽样步数时,具有很强的局部搜索能力,但对 CO 算法系统级变量空间的整体分析不足,难以进入最为可靠的搜索区域,搜索效率低。下面从满足多学科设计优化要求的角度来讨论算法关键参数的设置,对模拟退火算法做出改进。

模拟退火算法的状态产生函数(邻域函数)的设计原则是尽可能产生均匀分布在整个变量空间的候选解。状态产生函数由产生候选解的方式与候选解产生的概率分布两部分组成。在函数优化中常用下式来产生候选解:

$$\boldsymbol{x}_{k+1} = \boldsymbol{x}_k + \eta\xi \tag{3.22}$$

式中:$\boldsymbol{x}_k$ 和 $\boldsymbol{x}_{k+1}$ 分别是当前解和新解;η 是扰动幅度参数;ξ 是随机扰动变量。随机扰动变量可以采用不同的分布函数,较为常用的是柯西分布,其趋零速度较为缓慢,容易产生大步长扰动,有利于提高算法全局优化度。全局优化度计

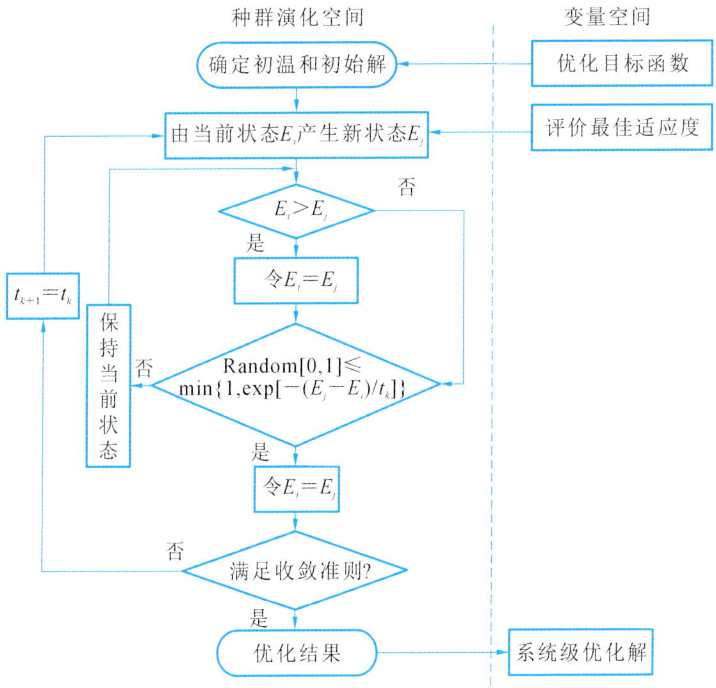

图 3.5　CO 算法系统级采用模拟退火算法流程

算式为

$$f(\xi) = \frac{1}{\pi} \times \frac{\alpha}{\alpha^2 + \xi^2} \quad (-\infty < \xi < \infty) \tag{3.23}$$

式中:α 是尺度参数。已知 ξ 时,α 决定了概率密度函数的分布。为了提高模拟退火算法的优化性能,引入自适应概念,借鉴并进一步发展文献[17]、[18]提出的理论,以最大不一致信息来构造尺度参数 α,即

$$\alpha = \max L_i^{\min}(Z_i, J_j) \quad (i = 1,2,\cdots,n; j = 1,2,\cdots,m) \tag{3.24}$$

式中:$L_i^{\min}(Z_i, J_j)$表示 Z_i 到 J_j 的最短距离;n 为优化点个数;m 为约束个数。

式(3.24)表示以系统不一致信息中最大的一项构造自适应尺度参数 α。α 的几何意义如图 3.6 所示,在 CO 算法系统级的设计变量空间中,系统级优化协调 3 个子系统优化点,持续逼近最优点 $\boldsymbol{Z}_1$,在 $\boldsymbol{Z}_1$ 的搜索空间中,$\boldsymbol{x}_2$ 距离 $\boldsymbol{Z}_1$ 最远,两点间不一致信息最大。以 $\boldsymbol{Z}_1$ 为圆心、两点间距离为半径构造圆,将所有子系统优化点包含在内,圆的半

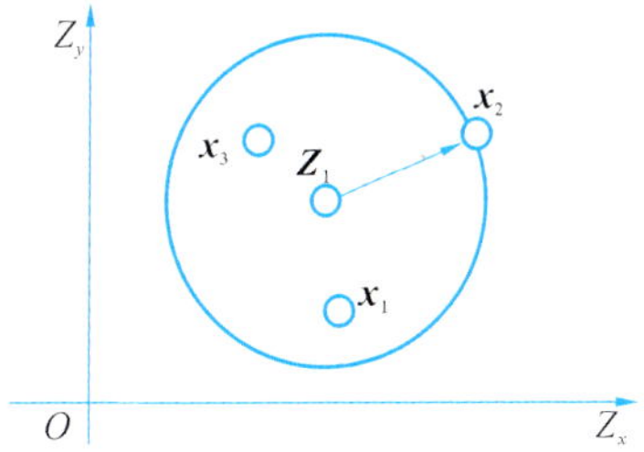

图 3.6　自适应尺度参数构造图

径代表尺度参数 α。

在优化初期，子系统优化点与系统级最优点差距较明显，增大 α 使算法以大步长搜索，避免 CO 算法优化陷入局部极小点。优化后期，子系统优化点已经逼近最优点，不一致信息已经减小，模拟退火算法应该自适应调整优化速度，以小范围搜索保证 CO 算法系统级收敛。此时减小 α，以微小扰动生成新个体，避免 CO 算法振荡偏离最优点。α 使圆上以及圆内各点都逼近圆心，增强了模拟退火算法跳出局部最优解的能力。

温度更新函数也对模拟退火算法的性能有影响。本节采用以下温度更新函数：

$$\begin{cases} t_k = \dfrac{\left(\dfrac{-\Delta_{\max}}{\ln P_r}\right)}{\ln(k+k_0)} \\ t_{k+1} = \lambda t_k \end{cases} \tag{3.25}$$

式(3.25)同时说明了如何确定算法的初温。以随机产生的一组状态，选出两状态间最大差值 $|\Delta_{\max}|$，结合初始接受概率 P_r，可确定函数初温；最后在控制降温速度的同时，保证算法以合适的速度收敛到全局最优解。若效果不明显，可考虑采用指数退温。

面向 CO 算法的自适应模拟退火算法的输入和输出如下。

输入：包括优化参数的 CO 算法系统级目标函数、马尔科夫链长 Markov、初始接受概率 P_r、外循环迭代次数 $k_{\max}$、终止温度阈值 t_e、概率密度参数 ξ、状态接受函数。

输出：系统级优化结果。

在每一次 CO 算法系统级优化过程中，作为优化工具的自适应模拟退火算法进行一次完整的优化搜索，产生本轮优化结果。步骤如下。

步骤 1：给定初温 $t=t_0$、随机参数初始状态。

步骤 2：当 $t>t_e$（或 $k<k_{\max}$）时，执行步骤 3 至步骤 8。

步骤 3：设定 $n=1$，当 $n<$Markov 时，执行步骤 4 至步骤 6。

步骤 4：根据当前 CO 算法优化的信息，依据式(3.22)自适应产生新个体，对应新状态 E_j。

步骤 5：如果 $E_j<E_i$，接受新状态 E_j。

步骤 6：当 $E_j>E_i$ 时，如果 $\text{Random}[0,1]\leqslant\min\{1,\exp[-(E_j-E_i)/t_k]\}$，也接受当前新状态 E_j。

步骤 7：依据式(3.25)更新温度。

步骤 8:更新,$n=n+1$。

步骤 9:输出优化结果。

3.2.2.3 自适应 GASA 混合算法

文献[14]结合遗传算法(GA)的并行搜索结构和模拟退火算法(SA)的概率突跳特性,提出了一种高效的 GASA 混合算法,图 3.7 是 CO 算法系统级采用 GASA 混合算法的流程图。

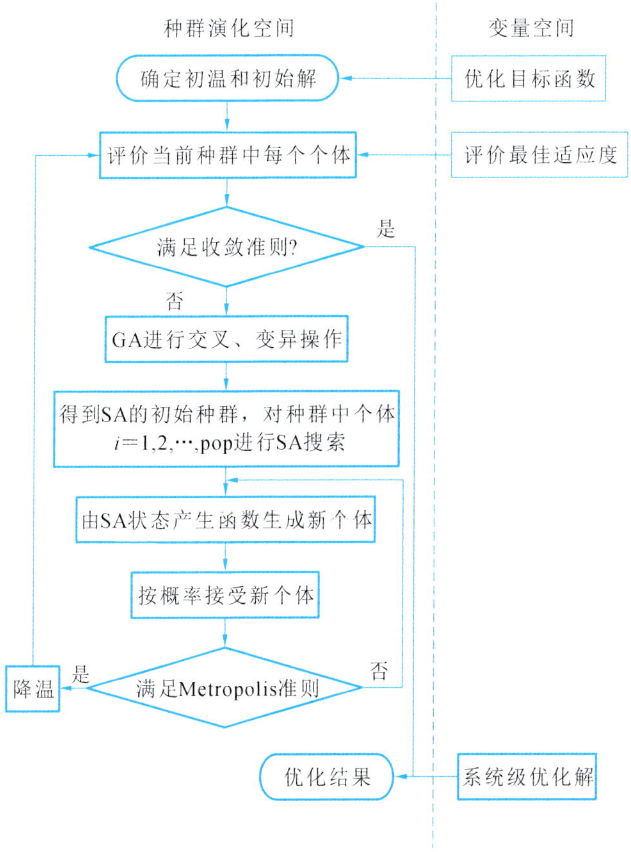

图 3.7 CO 算法系统级采用 GASA 混合算法流程图

GASA 混合算法首先以遗传算法的并行搜索,通过概率意义下基于“优胜劣汰”思想的群体遗传操作进行优化,再以模拟退火算法的串行结构,结合概率突跳特性进行搜索,最终趋于全局最优解。遗传算法的交叉有利于后代继承父代的优良信息,变异能够加强种群中个体的多样性,模拟退火算法从高温下降到低温,使种群从大范围的全局跳跃演化为小范围的局部移动。GASA 混合算法融合了两种算法的优化机制，使二者的优化行为与结构互补，减轻了参数设置可能对优化结果的不利影响，通过丰富种群演化过程中的搜索行为，增强了整体和局部变量空间的搜索能力。

3.2.2.4 面向 CO 算法的自适应 GASA 混合算法

GASA 混合算法在集成上述两种算法优点的同时，也不可避免地引入了两种智能算法的缺陷：遗传算法的交叉、变异等操作有可能遗失最优个体，模拟退火算法达到全局收敛的时间较长。GASA 混合算法中遗传算法与模拟退火算法两部分对种群的操作，都会对 CO 算法优化解的质量产生影响。因此，本节结合 CO 算法的优化过程，采用自适应机制改进 GASA 混合算法，以提高 CO 算法的优化效率。

在 GASA 混合算法中，种群完成初始化后，首先以遗传算法的结构进行优化。在此过程中，同样需要考虑交叉操作与变异操作对种群演化产生的影响。实质问题就是希望交叉概率 P_c 与变异概率 P_m 能够随着优化的进行自动调整取值。首先按照式(3.17)来构造信息量 I，提取种群演化过程的变化信息，即

$$I = \frac{\ln(f_0 - f_{\text{mean}})}{f_{\max} - f_{\text{mean}}}$$

式中：$f_{\max}$ 与 f_{mean} 分别是种群的最大与平均适应度；f_0 是待演化个体的适应度。

信息量 I 增大，表示个体适应度接近种群最大适应度，这时应该减小个体的交叉概率和变异概率，使遗传算法跳出局部极小解。结合 CO 算法系统级的优化过程，分别构造交叉信息量 I_c 与变异信息量 I_m，使系统级采用的 GASA 混合算法可以自适应地调整种群演化时的交叉与变异操作。

交叉概率和变异概率的表达式分别同式(3.18)和式(3.19)，即

$$P_c = \begin{cases} P_{\text{cini}} - (P_{\text{cmax}} - P_{\text{cmin}}) \cdot I_c (f_{\text{big}} > f_{\text{mean}}) \\ P_{\text{cini}} (f_{\text{big}} \leqslant f_{\text{mean}}) \end{cases}$$

$$P_m = \begin{cases} P_{\text{mini}} - (P_{\text{mmax}} - P_{\text{mmin}}) \cdot I_m (f_w > f_{\text{mean}}) \\ P_{\text{mini}} (f_w \leqslant f_{\text{mean}}) \end{cases}$$

式中：f_{mean} 是当前种群的平均适应度；$f_{\max}$ 为当前种群的最大适应度；P_{cini} 是初始交叉概率；P_{mini} 是初始变异概率；P_{cmax} 和 P_{cmin} 分别表示交叉概率取值的上下限；P_{mmax} 和 P_{mmin} 分别表示变异概率的上下限；f_{big} 表示两个待交叉个体中较大的适应度；f_w 表示待变异个体的适应度。

I_c 与 I_m 的表达式分别同式(3.20)和式(3.21)，即

$$I_c = \frac{\ln(f_{\text{big}} - f_{\text{mean}})}{f_{\max} - f_{\text{mean}}}$$

$$I_m = \frac{\ln(f_w - f_{mean})}{f_{max} - f_{mean}}$$

遗传算法的交叉和变异操作比较容易产生新个体，增加种群的多样性。但是对 CO 算法系统级所要搜索的大范围变量空间而言，GASA 混合算法还应该拥有从父代种群演化空间迅速跳跃到子代种群演化空间的能力，以避免 GASA 混合算法长时间徘徊在若干原状态上，导致 CO 算法出现早熟收敛的现象。

因此，在 GASA 混合算法中，作为对遗传算法种群操作的一种有效补充，模拟退火算法对种群做后续演化操作，在各个温度赋予种群可控的概率突跳特性。在高温时 GASA 混合算法迁移的步长较大，能有效避免 CO 算法陷入局部极小解，并缓解算法由于遗传操作而过分依赖于算法参数设定的状况；在温度较低时，模拟退火操作对应的马尔科夫链使 GASA 混合算法以接近于 1 的概率收敛到全局最优解，Metropolis 抽样过程将对 CO 算法的变量空间实现细致的局部搜索，增强 GASA 混合算法的搜索能力，提高 CO 算法的优化效率。

从上述分析可知，模拟退火算法操作设计的好坏对最后优化个体的质量有重要影响。

CO 算法优化的目标函数一般属于求极值的函数范畴。常采用以下定义：

$$f' = f, \quad f' = -f \tag{3.26}$$

上述定义简单易行，但是由于 GASA 混合算法的种群要经过遗传算法和模拟退火算法的演化操作，当优化结果散布在变量空间时，种群的平均适应度可能不利于体现种群的分布状况，难以控制优化的进行。为此，可采用以下定义对其进行处理：

$$f' = \begin{cases} \dfrac{1}{1 - f + c} & (f - c \leqslant 0) \\ \dfrac{1}{1 + f + c} & (c \geqslant 0, \quad f + c \geqslant 0) \end{cases} \tag{3.27}$$

式中：c 是 f 的估计值。

面向 CO 算法的自适应 GASA 混合算法的输入和输出如下。

输入：初始群体以及种群规模 pop，选择比例，交叉概率 P_c，变异概率 P_m，种群迭代次数 maxgen，马尔科夫链长 Markov，初始接受概率 P_r，外循环迭代次数 k_{max}，终止温度阈值 t_e，概率密度参数 ξ，状态接受函数，个体适应度（包含优化参数的 CO 算法系统级目标函数）。

输出：CO 算法优化结果。

在每一次 CO 算法系统级优化过程中，作为优化工具的自适应 GASA 混合算法进行一次完整的种群演化，产生本轮优化结果。步骤如下。

步骤 1：随机产生初始种群，计算个体的适应度，找出当前最佳个体。

步骤 2：若当前最佳个体满足收敛条件，则终止优化；否则，继续步骤 3。

步骤 3：设置当前迭代次数 gen=1。

步骤 4：当 gen<maxgen 时，执行步骤 5；否则，执行步骤 18。

步骤 5：基于轮盘赌选择方法，挑选出符合比例的个体。

步骤 6：依据式(3.18)更新自适应交叉概率 P_c，交叉生成新个体。

步骤 7：依据式(3.19)更新自适应变异概率 P_m，变异生成新个体。

步骤 8：更新种群，设置 gen=gen+1。

步骤 9：给定初温 $t=t_0$，随机模拟退火算法相关参数初始状态。

步骤 10：当 $t>t_e$（或 $k<k_{max}$）时，执行步骤 11 至步骤 14；否则执行步骤 15。

步骤 11：设定初始值 $n=1$，执行 $n<$Markov。

步骤 12：根据当前 CO 算法的优化信息，依据式(3.26)自适应产生新个体，对应新状态 E_j。

步骤 13：如果 $E_j<E_i$，接受新状态 E_j。

步骤 14：当 $E_j>E_i$ 时，若 $\text{Random}[0,1]\leqslant\min\{1,\exp[-(E_j-E_i)/t_k]\}$，也接受当前新状态 E_j。

步骤 15：依据式(3.25)更新温度。

步骤 16：更新，$n=n+1$。

步骤 17：返回步骤 4。

步骤 18：输出优化结果。

3.2.3 自适应协同优化策略

3.2.3.1 数学原理

CO 算法计算上的困难，在其系统级采用智能优化算法可以较好地解决。针对其收敛性问题，本节结合自适应机制与混合罚函数法，深入研究 CO 算法系统级优化模型建模机制，重构 CO 模型以解决 CO 算法收敛困难的问题。

目前，改善 CO 算法收敛性能的通常做法包括采用松弛系统级约束，以及响应面法、罚函数法等方法重构 CO 算法系统级的优化模型。其中，松弛系统级约束是将 CO 算法一致性等式约束转化为松弛的不等式约束。该法的重点与难点在于确定一个合理的松弛量。松弛量过小，约束限制依旧严格，起不到松弛的作用，仍然会破坏求解有约束非线性规划问题的稳态条件，导致CO算法收敛困难。而当松弛量较大时，系统级约束完全失去对优化目标函数变量空间的限制，各个子系统之间的一致性约束不再存在，CO算法难以得到优化问题真正的最优解。关于如何选取一个合适的松弛量的问题，到目前为止还没有一个令人满意的答案。可见，松弛等式约束的方法也并不适合用于重新定义CO算法系统级优化模型。松弛后的CO算法系统级优化模型为

$$\begin{cases} \min\ f(\boldsymbol{z}) \\ \text{s.t.}\ \ J_i^*(\boldsymbol{z}) \leqslant \varepsilon_i \quad (i=1,2,\cdots,n) \\ \qquad g_j(\boldsymbol{z}) \leqslant 0 \quad (j=1,2,\cdots,m) \\ \qquad \boldsymbol{z}=(\boldsymbol{d},\boldsymbol{x}_{\mathrm{s}}^{\mathrm{M}},\boldsymbol{y},\boldsymbol{p}) \\ \qquad \boldsymbol{d}^{\mathrm{L}} \leqslant \boldsymbol{d} \leqslant \boldsymbol{d}^{\mathrm{U}},\boldsymbol{x}_{\mathrm{s}}^{\mathrm{L}} \leqslant \boldsymbol{x}_{\mathrm{s}} \leqslant \boldsymbol{x}_{\mathrm{s}}^{\mathrm{U}} \end{cases} \tag{3.28}$$

式中：ε_i 是不等式的松弛量。

响应面用于CO算法时，首先将各个子系统级得到的优化解作为采样点，构造出一个响应面来替代实际的复杂模型，通过响应面平滑变量空间中的凸峰与凹谷，消除各个子系统之间的不一致性对优化过程的不利影响。近似之后，CO算法并非直接优化原来的目标函数，而是以原优化对象的近似响应面作为优化目标，经过分离处理以便得到最终优化解。但是现实中的问题是：若希望响应面的优化结果质量等同于原优化问题的优化结果质量，就需要高精度的近似模型。而这将严重增加CO算法的计算负担，特别是处理高度非线性函数时该问题尤为突出。若不提高近似精度，则会导致近似模型失真，得不到具有实际意义的解，从而失去优化的意义。相对而言，罚函数法不会增加系统级与子系统级间的数据传输量，计算量要小于响应面法，不需要引入复杂的计算过程，具有可靠、稳健的收敛性。另外，其在优化过程中也体现出比松弛约束更好的可控性。

因此，本节所提的自适应协同优化(adaptive collaborative optimization, ACO)算法具有如下特征：①基于自适应机制与罚函数法，紧密结合CO算法的优化过程，提取优化过程的关键信息，重构CO系统级优化模型，提高了收敛性能。②基于GASA混合算法求解重构后的多学科设计优化系统级优化问题，提高了计算效率。因此，所提ACO算法又称为基于GASA的自适应协同优化(GASA-ACO)算法。

3.2.3.2 优化模型

基于罚函数法重新定义CO系统级优化模型，即通过惩罚因子将CO系统

级的等式约束条件转换到目标函数中，解决由一致性等式约束所造成的CO算法收敛困难的问题。同时，采用提出的GASA混合算法求解重构后的无约束目标函数。采用外点罚函数法构造模型：

$$\begin{cases}\min f(\boldsymbol{z},\gamma)=f(\boldsymbol{z})+\gamma\times\sum_{i=1}^{m}\left|J_i^*(\boldsymbol{z})\right| \\ \text{s.t. } g_j(\boldsymbol{z})\leqslant 0\ (j=1,2,\cdots,m) \\ \qquad \boldsymbol{z}=(\boldsymbol{d},\boldsymbol{x}_s^{\mathrm{M}},\boldsymbol{y},\boldsymbol{p}) \\ \qquad \boldsymbol{d}^{\mathrm{L}}\leqslant\boldsymbol{d}\leqslant\boldsymbol{d}^{\mathrm{U}},\boldsymbol{x}_s^{\mathrm{L}}\leqslant\boldsymbol{x}_s\leqslant\boldsymbol{x}_s^{\mathrm{U}}\end{cases} \tag{3.29}$$

但是随着优化的进行，函数的海塞矩阵会逐渐恶化，问题求解会变得困难。外点罚函数在安全域边界上通常是不可微的，在求解时严重依赖于起始点的选取，采用无约束优化方法会受到一定的限制，并且最后得到的优化点可能不满足实际情况。没有结合变量范围，无法保证目标函数始终在安全域内优化。为避免该问题，本节在研究罚函数优化模型的基础上，采用结合了外点法与内点法优点的混合罚函数，重新定义CO算法的系统级优化模型，改善CO算法的收敛性能。具体模型为

$$\begin{cases}\min f(\boldsymbol{z},\mu,\gamma)=f(\boldsymbol{z})-\mu\sum_{i=1}^{n}\ln[-g_i(\boldsymbol{z})]+\gamma\sum_{i=1}^{m}\left|J_i^*(\boldsymbol{z})\right| \\ \text{s.t. } \boldsymbol{z}=(\boldsymbol{d},\boldsymbol{x}_s^{\mathrm{M}},\boldsymbol{y},\boldsymbol{p}) \\ \qquad \boldsymbol{d}^{\mathrm{L}}\leqslant\boldsymbol{d}\leqslant\boldsymbol{d}^{\mathrm{U}},\boldsymbol{x}_s^{\mathrm{L}}\leqslant\boldsymbol{x}_s\leqslant\boldsymbol{x}_s^{\mathrm{U}} \\ \qquad \mu\times\gamma=1\end{cases} \tag{3.30}$$

式中：$f(\boldsymbol{z})$是原目标函数；$f(\boldsymbol{z},\mu,\gamma)$是应用混合罚函数转化后的目标函数；$m$、$n$分别是CO算法系统级设计变量自身约束数量与子系统目标函数总数目。设计变量自身的约束$g_i(\boldsymbol{z})$与子系统目标函数$J_i^*(\boldsymbol{z})$，分别采用内、外点法转化为惩罚项，前者保证各变量一直受到边界约束，目标函数始终在安全域内搜索，后者使设计人员可以任意选取优化起始点。在优化过程中，外惩罚因子γ逐渐增大，内惩罚因子μ逐渐减小，可以将两者定义为倒数关系，故有$\mu\times\gamma=1$。

当系统级优化点与子系统优化点之间的差值较大时，惩罚力度必须加大，使系统的不一致信息趋于减小；随着优化进行，目标函数逐步逼近优化点，应该减小惩罚项在目标函数中的权重，使CO算法收敛到优化点。惩罚因子μ与γ确保目标函数逐步逼近优化点，对CO算法的优化性质起着重要影响。惩罚因子若固定，则难以满足上述要求，必须定义能够随着CO算法系统级优化过程自适应调整的惩罚因子。

依据 CO 算法系统级优化点及其约束与子系统级优化点的几何位置关系，分别考虑两种不同情况。这里以二维空间为例(其原理可以扩展到三维或高维空间)，如图 3.8 所示。以被约束曲线和坐标轴为边界所包围的部分表示 CO 算法的变量空间，系统级优化点 Z_{01} 不满足所有的约束，其中其距离约束 J_1 最远。

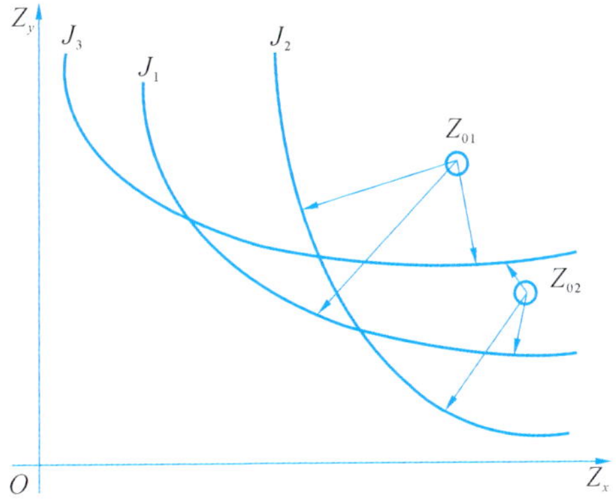

图 3.8　系统级优化点与约束相对位置示意图

此时，惩罚因子应该控制 Z_{01} 向距离最远的约束移动，沿着系统不一致信息即向量 $\boldsymbol{N}_{Z_{01},J_1}$(经过 Z_{01} 点的 J_1 的法向量)的方向移动。随着优化进行，Z_{01} 经过移动进入满足局部约束的空间位置 Z_{02}。此时，惩罚因子也应该控制 Z_{02} 向距离最远的约束移动，即沿着向量 $\boldsymbol{N}_{Z_{02},J_2}$(经过 Z_{02} 点的 J_2 的法向量)的方向移动。当 CO 算法优化到后期时，系统级优化点 Z_0 进入满足全部约束的区域，此时要防止 Z_0 反向跳出。可以设定一个阈值，当向量小于阈值时，表示 Z_0 位于满足全部约束的区域内，在此区域内任意位置都满足约束要求，得到的优化解具有实际意义。

综上，定义

$$\gamma = \max L_i^{\min}(Z_i, J_j), \mu = \frac{1}{\gamma} \quad (i = 1, 2, \cdots, n; j = 1, 2, \cdots, m) \tag{3.31}$$

优化初期，各子系统级优化点与系统级优化点间的距离较大，选取最大距离构造 γ，对不一致程度最严重的子系统优化点进行惩罚，使其逐步靠近系统级优化点；随着优化进行，不一致信息减少即半径 γ 减小，表示子系统优化点已经逼近系统级优化点，可以减小对惩罚项的惩罚，保证 CO 算法收敛于系统级优化点。γ 使目标函数沿着不一致信息最小的方向移动，自适应收敛到最优点，可避免重复计算；混合罚函数转换所有约束条件，使系统级目标函数满足 KKT 条件，可降低收敛难度，满足复杂工程系统设计优化问题约束多样化的需求，避免松弛所有系统级约束可能带来的优化结果可靠性降低的风险，同时增大目标函数收敛的概率，改善 CO 算法的优化性能，这对于在工程实践中应用 CO 算法，具有重要意义。

3.2.3.3　优化流程与步骤

GASA-ACO 流程如图 3.9 所示。

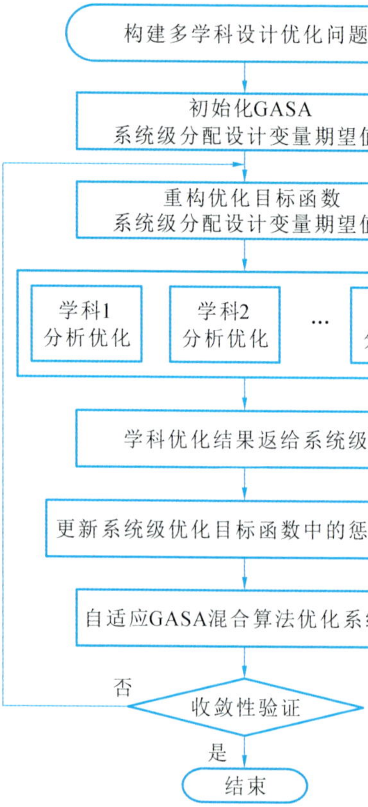

图 3.9　GASA-ACO **流程**

GASA-ACO 流程的基本步骤如下。

步骤 1:设计人员根据设计要求构建多学科设计优化问题。

步骤 2:设计人员确定 GASA 混合算法的参数,并随机初始化 GASA 的计算参数。

步骤 3:基于罚函数法转化优化目标函数,重构 CO 级优化数学模型,初始化系统设计变量 z_0。

步骤 4:系统级向子系统级分配设计变量 z_0 初值,子学科依据系统级指定的设计变量 z_0 采用常规数值算法优化,得到本学科的优化解 $\boldsymbol{x}_{\text{subsys}}^{k}$,并返回系统级。

步骤 5:比较学科解 $\boldsymbol{x}_{\mathrm{subsys}}^{k}$ 和系统级分配的变量值 $\boldsymbol{z}_{\mathrm{sys}}^{k-1}$,构建/更新系统级目标函数中的惩罚因子。

步骤 6:系统级优化目标采用 GASA 混合算法进行优化,得到本轮优化结果 $\boldsymbol{z}_{\mathrm{sys}}^{k}$。

步骤 7:收敛性的验证。如果满足收敛条件($|f(k)-f(k-1)|\leqslant\varepsilon_1$ 且 $|\boldsymbol{z}_{\mathrm{sys}}^{k}-\boldsymbol{x}_{\mathrm{subsys}}^{k}|\leqslant\varepsilon_2$,$\varepsilon_1$ 和 ε_2 均为任意小正数),则终止优化,否则转入步骤 4 继续下一轮优化。

步骤 8:结束。

3.2.3.4 实例验证

1. 算例 1

航空齿轮传动系统是美国国家航空航天局提出的评估多学科优化设计方法性能的经典测试算例之一[18]。作为安装在小型飞机螺旋桨与活塞发动机之间的常见机构,航空齿轮传动系统传递两者之间的转动,输出合适的转动速度,以获得最大输出功率。对航空齿轮传动系统进行多学科设计优化的目标,是在满足传动机构中齿轮和转轴大量约束的同时,得到最小的航空齿轮传动系统体积(制造材料密度一定时,质量最小)。该优化问题包含七个设计变量:齿面宽度 x_1,齿轮模数 x_2,小齿轮齿数 x_3,轴承间距 x_4 与 x_5,大、小齿轮轴的直径 x_7 与 x_6。各个变量的空间关系如图 3.10 所示[19]。

图 3.10　航空齿轮传动系统设计变量空间关系示意图

优化问题的目标函数如下:

$$\min f(x)=0.7854x_1x_2^2+(3.3333x_3^2+14.9334x_3-43.0934)-1.508x_1(x_6^2+x_7^2)+7.477(x_6^3+x_7^3)+0.7854(x_4x_6^2+x_5x_7^2) \tag{3.32}$$

函数优化时需要考虑的约束条件如表 3.3 所示。表 3.3 中,齿轮的最

大弯曲应力 g_1 不能超过规定值；齿轮最大接触应力 g_2 需符合设计值；齿轮大小满足 g_3、g_4 与 g_5 等尺寸和空间限制约束；g_6 和 g_7 分别是小齿轮轴和大齿轮轴的最大横向挠度，不能超过规定值；g_8 与 g_9 分别是小齿轮轴和大齿轮轴的最大内应力，要满足强度要求；g_{10} 与 g_{11} 是齿轮轴尺寸计算经验公式。另外，每个变量还要受到上下界限约束。

表 3.3　航空齿轮传动系统设计约束条件

约束	约束说明	表达式
g_1	轮齿弯曲应力约束	$(x_1x_2^2x_3)/27.0-1.0\geqslant 0$
g_2	轮齿接触应力约束	$(x_1x_2^2x_3^2)/397.5-1.0\geqslant 0$
g_3	基于空间与经验的尺寸约束	$x_1/(5.0x_2)-1.0\geqslant 0$
g_4	基于空间与经验的尺寸约束	$12.0x_2/x_1-1.0\geqslant 0$
g_5	基于空间与经验的尺寸约束	$40.0/(x_2x_3)-1.0\geqslant 0$
g_6	小齿轮轴横向位移约束	$x_2x_3x_6^4/(1.925x_4^3)-1.0\geqslant 0$
g_7	大齿轮轴横向位移约束	$x_2x_3x_7^4/(1.925x_5^3)-1.0\geqslant 0$
g_8	小齿轮轴应力约束	$110x_6^3\Big/\sqrt{\left(\dfrac{745x_4}{x_2x_3}\right)^2+1.691\times 10^7}-1.0\geqslant 0$
g_9	大齿轮轴应力约束	$85x_7^3\Big/\sqrt{\left(\dfrac{745x_5}{x_2x_3}\right)^2+1.575\times 10^8}-1.0\geqslant 0$
g_{10}	基于空间与经验的尺寸约束	$x_4/(1.5x_6+1.9)-1.0\geqslant 0$
g_{11}	基于空间与经验的尺寸约束	$x_5/(1.1x_7+1.9)-1.0\geqslant 0$

GASA-ACO 算法将航空齿轮传动系统设计优化问题划分成三个子系统和一个系统级优化问题。系统级优化采用 GASA 混合算法，参数设置为：种群规模＝50，繁衍次数＝1000，交叉率＝0.8，变异率＝0.15，初始温度＝200，初始扰动变量＝0.2，降温系数＝0.95。基于 GASA-ACO 的航空齿轮传动系统设计优化的模型如图 3.11 所示。

其中，$z_1\sim z_7$ 是系统级设计变量，$x_{11}\sim x_{13}$、x_{15} 和 x_{17} 是子系统 1 的优化变量，$x_{21}\sim x_{24}$ 和 x_{26} 是子系统 2 的优化变量，$x_{31}\sim x_{33}$ 是子系统 3 的优化变量，γ 是利用差异信息构造的惩罚因子。三个子系统的优化模型分别如下：

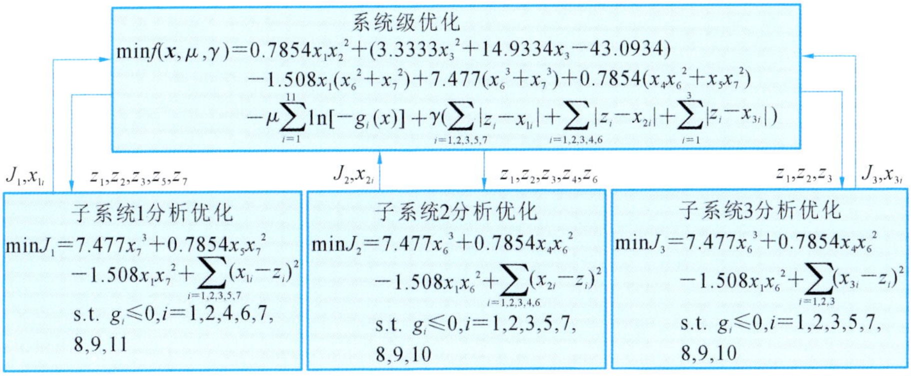

图 3.11　航空齿轮传动系统设计优化模型图

$$
\begin{cases}
\min J_1=(x_{11}-z_1)^2+(x_{12}-z_2)^2+(x_{13}-z_3)^2+(x_{15}-z_5)^2+(x_{17}-z_7)^2 \\
\text{s.t.}\ \ g_1=27/(x_{11}x_{12}^2x_{13})-1.0\leqslant 0 \\
\qquad g_2=397.5/(x_{11}x_{12}^2x_{13}^2)-1.0\leqslant 0 \\
\qquad g_4=12.0x_{12}/x_{11}-1.0\geqslant 0 \\
\qquad g_6=x_{12}x_{13}x_6^4/(1.925x_4^3)-1.0\geqslant 0 \\
\qquad g_7=x_{12}x_{13}x_{17}^4/(1.925x_{15}^3)-1.0\geqslant 0 \\
\qquad g_8=110x_6^3\Big/\sqrt{(\dfrac{745x_4}{x_{12}x_{13}})^2+1.691\times 10^7}-1.0\geqslant 0 \\
\qquad g_9=85x_{17}^3\Big/\sqrt{(\dfrac{745x_{15}}{x_{12}x_{13}})^2+1.575\times 10^8}-1.0\geqslant 0 \\
\qquad g_{11}=x_{15}/(1.1x_{17}+1.9)-1.0\geqslant 0
\end{cases}
\tag{3.33}
$$

$$
\begin{cases}
\min J_2=(x_{21}-z_1)^2+(x_{22}-z_2)^2+(x_{23}-z_3)^2+(x_{24}-z_4)^2+(x_{26}-z_6)^2 \\
\text{s.t.}\ \ g_1=27/(x_{21}x_{22}^2x_{23})-1.0\leqslant 0 \\
\qquad g_2=397.5/(x_{21}x_{22}^2x_{23}^2)-1.0\leqslant 0 \\
\qquad g_3=x_{21}/(5.0x_{22})-1.0\geqslant 0 \\
\qquad g_5=40.0/(x_{22}x_{23})-1.0\geqslant 0 \\
\qquad g_7=x_{22}x_{23}x_{17}^4/(1.925x_5^3)\geqslant 0 \\
\qquad g_8=110x_{26}^3\Big/\sqrt{(\dfrac{745x_{24}}{x_{22}x_{23}})^2+1.691\times 10^7}-1.0\geqslant 0 \\
\qquad g_9=85x_7^3\Big/\sqrt{(\dfrac{745x_5}{x_{22}x_{23}})^2+1.575\times 10^8}-1.0\geqslant 0 \\
\qquad g_{10}=x_{24}/(1.5x_{26}+1.9)-1.0\geqslant 0
\end{cases}
\tag{3.34}
$$

$$\begin{cases}\min J_3=(x_{31}-z_1)^2+(x_{32}-z_2)^2+(x_{33}-z_3)^2 \\ \text{s. t. } g_1=27/(x_{31}x_{32}^2x_{33})-1.0\leqslant 0 \\ \qquad g_2=397.5/(x_{31}x_{32}^2x_{33}^2)-1.0\leqslant 0 \\ \qquad g_7=x_{32}x_{33}x_7^4/(1.925x_5^3)-1.0\geqslant 0 \\ \qquad g_8=110x_6^3\Big/\sqrt{\left(\frac{745x_4}{x_{32}x_{33}}\right)^2+1.691\times 10^7}-1.0\geqslant 0 \\ \qquad g_9=85x_7^3\Big/\sqrt{\left(\frac{745x_5}{x_{32}x_{33}}\right)^2+1.575\times 10^8}-1.0\geqslant 0\end{cases} \tag{3.35}$$

结合该优化实例验证本节提出的GASA-ACO算法的有效性与高效性。分别采用传统的CO(conventional collaborative optimization,CCO)、基于遗传算法(GA)的CO(GA-ACO)、基于模拟退火算法(SA)的CO(SA-ACO)和基于GASA的CO(GASA-ACO)等算法对航空齿轮传动系统进行多学科设计优化。系统级分别采用序列二次规划(sequential quadratic program,SQP)算法、GA算法、SA算法和GASA混合算法,子系统级均采用SQP算法,起始点相同,为$\boldsymbol{x}=(3.5,0.7,17.0,7.30,7.715,3.35,5.287)$。基于上述四种优化算法的计算结果如表3.4所示。图3.12为四种优化算法系统级优化目标的函数迭代过程,图3.13为该多学科设计优化问题在三种自适应协同优化(ACO)算法下学科间差异信息的迭代过程。其中:图3.13(a)所示为GA-ACO算法下的学科间差异信息迭代过程,图3.13(b)所示为SA-ACO算法下的学科间差异信息迭代过程,图3.13(c)所示为GASA-ACO算法下的学科间差异信息迭代过程。图3.13中横坐标为优化迭代次数,纵坐标为在每次迭代过程中学科间差异信息的归一化处理结果。

表3.4 航空齿轮传动系统确定性多学科设计优化结果

优化方法	优化结果								函数调用次数
	x_1/cm	x_2/cm	x_3/cm	x_4/cm	x_5/cm	x_6/cm	x_7/cm	f/cm^3	
CCO	3.512	0.700	17.000	7.300	7.715	3.351	5.287	2993.5	288
GA-ACO	3.564	0.746	17.033	7.997	7.850	2.971	5.024	2992.9	216
SA-ACO	3.513	0.707	17.050	7.430	7.953	3.202	5.267	2997.8	180
GASA-ACO	3.509	0.737	17.110	7.428	8.109	3.110	5.035	2990.5	126

从表3.4中的优化结果可以看出:首先,在CO算法系统级分别采用GA算法、SA算法以及GASA混合算法替代传统的数值优化算法进行设计优化时,优化结果均收敛到理论最优解附近,获得了较为理想的最优解。这说明在CO

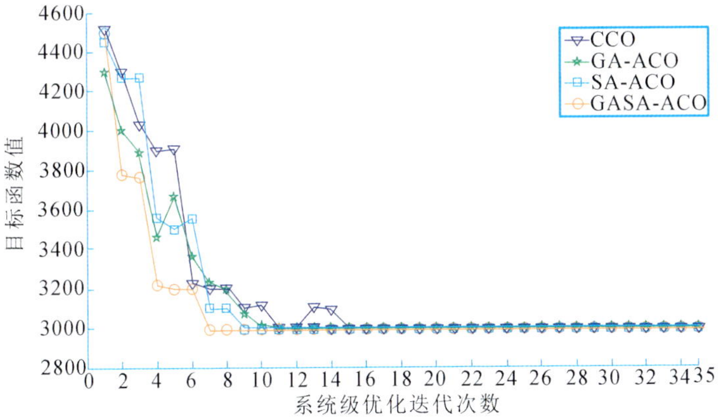

图 3.12　系统级优化目标函数迭代过程

算法系统级采用智能算法替代数值优化方法解决多学科设计优化问题是可行的，验证了所提出的基于混合算法的 ACO 策略的有效性。其次，从求解过程中的函数调用次数(包括系统级迭代次数和各子系统级分析优化迭代次数)来看，传统的采用数值优化算法的 CCO 算法的函数调用次数最多，达 288 次；而基于智能算法的三种优化算法 GA-ACO、SA-ACO 和 GASA-ACO 的迭代次数分别为 216、180 和 126，三者的计算效率依次递增，其中 GASA-ACO 算法的计算效率最高。这主要是 GASA 混合算法集成了 GA 算法的全局、并行搜索和 SA 算法的概率突跳特性等优点。

图 3.12 中的迭代曲线表明：在优化初始阶段 GA-ACO 和 SA-ACO 两种算法在优化初期下降较为明显，但随后不仅收敛速度明显放慢而且还出现了振荡。这主要是由于 GA 的全局、大范围搜索以及 SA 容易陷入局部最优解等缺陷所致，同时，也是由于受到了学科间动态不一致信息的影响。根据式(3.31)可知，在优化初期，学科间不一致信息较大，使得惩罚因子 γ 能以较大幅度增加，从而加快收敛速度。随着优化的进行，各学科逐步趋于一致，惩罚因子 γ 的增加速度减慢，因此收敛速度也明显变慢。而 GASA-ACO 算法的迭代过程更为高效与稳定，并没有出现波动与振荡。这一方面是因为该算法集成了 GA 的并行搜索和 SA 的概率突跳等优良特性，从而使其在实现并行搜索的过程中可以较快地跳出局部最优解，迅速靠近理论最优解的附近区域。另一方面，基于学科间差异信息的自适应惩罚因子能确保其朝着可行方向移动，加快了收敛速度。从图 3.13 中也可看出，在 GA-ACO 中第六次优化迭代时学科间不一致信息的增加，在 SA-ACO 和 GASA-ACO 中第四次优化迭代时学科间不一致信息的增加都明显加快了目标函数的收敛速度。

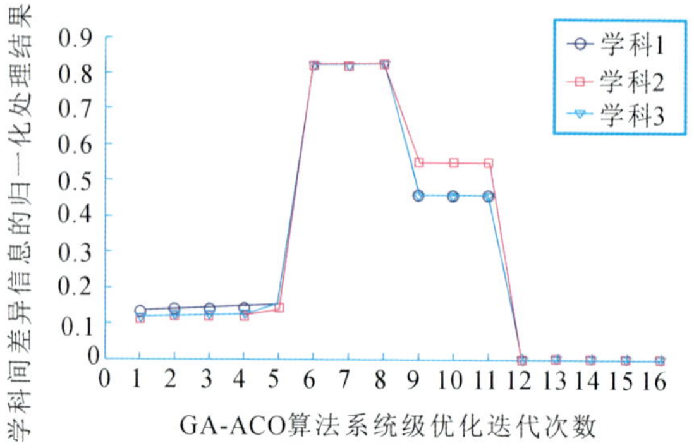

(a)

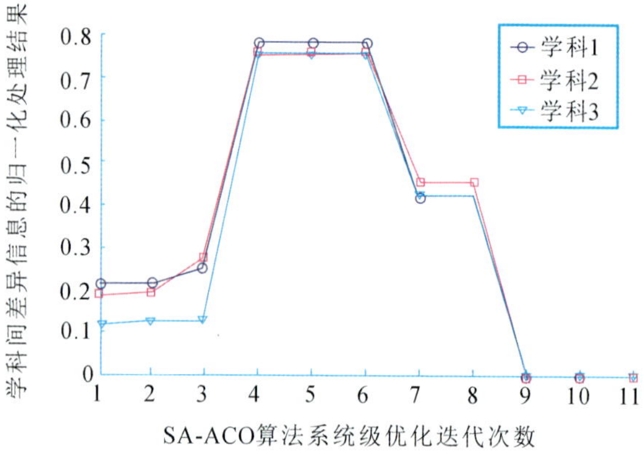

(b)

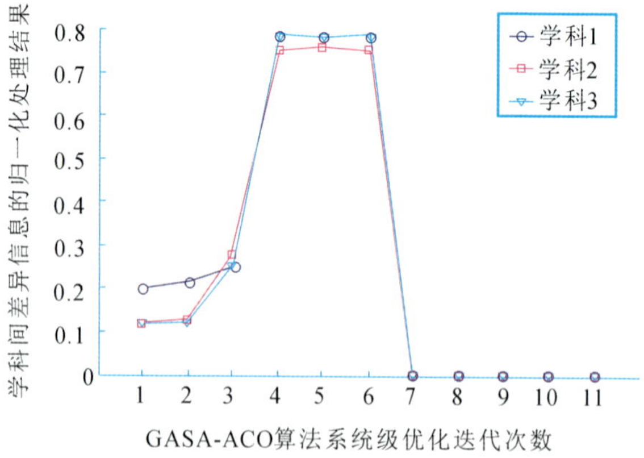

(c)

图 3.13 三种 ACO 算法下学科间差异信息迭代过程

优化结果还表明,GASA-ACO 算法的数值稳定性和计算效率较高,不仅收敛到了最优解附近,而且优化过程中学科间不一致信息逐步降低,当目标函数最终收敛时,各学科也基本达成一致。可见,提出的 GASA-ACO 算法具有较好的优化效果,能满足多学科设计优化问题的实际需求。

2. 算例 2

油-气缓冲器是大多数现代飞机起落架中的通用部件,其在着陆过程中变形做功,吸收机体的撞击能量。缓冲器的设计要求是:①能吸收完强度规范确定的着陆功量;②不产生超过强度允许值的撞击载荷;③着陆过程中缓冲器压缩行程在允许范围内。合理优化油-气缓冲器各项参数,对缓冲性能及其冲击载荷起着重要影响。油-气缓冲器参数的优化涉及材料学、热学、流体力学等多个学科,是一个典型的多学科设计优化问题。目前油-气缓冲器的设计大多采用"试凑"的方法,没有考虑学科间关系,割裂了学科间相互影响,增加了试验经费,延长了产品开发周期[20]。油-气缓冲器优化设计的主要目标是提高起落架的减震效率,目标函数为

$$\eta = \frac{\int_0^t F \cdot v_{ya}\,\mathrm{d}t}{F_{max} \times S_{max}} \tag{3.36}$$

式中:v_{ya}是飞机着陆速度;F 是缓冲器轴向承载力;F_{max}是正行程内轴向载荷最大值;S_{max}是最大行程。F 的组成如下:

$$F = F_{air} + F_{oil} + F_{m} + F_{stru} \tag{3.37}$$

其中

$$F_{air} = A_{air}\left[p_0\left(\frac{V_0}{V_0 - A_{air}S}\right)^{\gamma} - p_{atm}\right] \tag{3.38}$$

$$F_{oil} = \frac{\rho A_{oil}^3 \dot{S}^2}{2(C_h A_h)^2} + \frac{\rho A_{oilL}^3 \dot{S}^2}{2(C_{hL} A_{hL})^2} \tag{3.39}$$

$$F_m = K_m \cdot p$$

$$F_{stru} = \begin{cases} K_{stru}(-S) & (S < 0) \\ 0 & (0 \leqslant S \leqslant S_{max}) \\ K_{stru}(S - S_{max}) & (S > S_{max}) \end{cases}$$

式中:A_{air}是空气腔压气面积;p_0 为空气腔初始压强;V_0 为空气腔初始体积;γ 是气体多方指数;p_{atm}为标准大气压;ρ 是油液密度;$\dot{S}$是缓冲支柱压缩速度;A_{oil}是主油腔压油面积;A_h 是主油孔面积;C_d 是主油孔流量系数;A_{oilL}是回油腔横截面积;A_{hL}是回油孔面积;C_{dL}是回油孔流量系数;K_m 为支柱摩擦因数,受活塞直径与高度,以及缓冲支柱行程的综合影响;p 是空气腔压强;K_{stru}是结构间隙

系数；S 是缓冲支柱压缩行程；S_{max} 是缓冲支柱最大行程。

油-气缓冲器模型如图 3.14 所示。

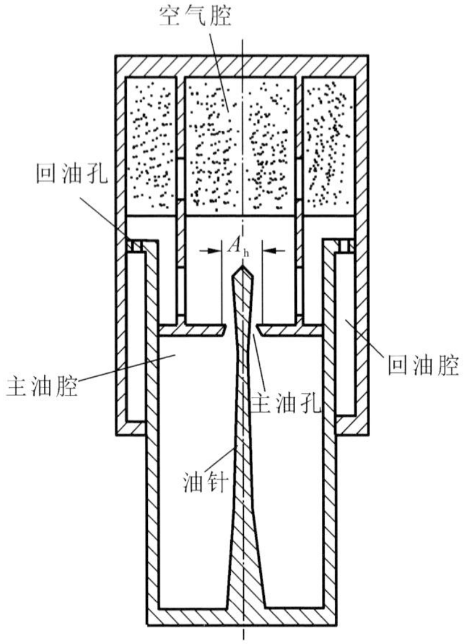

图 3.14　油-气缓冲器模型图

由式(3.37)可见，F 由空气弹簧力 F_{air}、油液阻尼力 F_{oil}、缓冲支柱摩擦力 F_m、结构限制力 F_{stru} 四部分组成。在优化中，限定缓冲支柱在行程内工作，因此 F_{stru} 可以取 0。同时，缓冲器在设计优化过程中要综合考虑多个学科的影响。在着陆过程中，缓冲器支柱的强度要经受住 F 的冲击，还要在绝热条件下压缩油液以吸收撞击能量。

优化问题划分为三个子系统，包括结构学、热学、流体力学子系统。设计优化问题具有 8 个变量：空气腔直径 d_{air}，主油孔直径 d_h，主油腔压油面积 A_{oil}，主油孔面积 A_h，空气腔压强 p，空气腔体积 V，飞机着陆速度 v_{ya}，缓冲支柱压缩行程 S。主油孔面积、空气腔压气面积、空气腔体积与压强对缓冲性能有直接影响。缓冲器设计问题的优化结构如图 3.15 所示，Z 是系统级设计变量，X_i 是子系统 i 的设计变量，J_i 是子系统 i 的约束。

缓冲器参数初值为：飞机着陆速度 $v_{ya}=3.0$ m/s，空气腔初始压强 $p_0=2.4$ MPa，空气腔初始体积 $V_0=4618$ cm^3，空气腔压气面积 $A_{air}=122.7$ cm^2，缓冲支柱压缩行程 $S=0.3$ m，气体多方指数 $\gamma=1.1$，标准大气压 $p_{atm}=1.1$ MPa，油液密度 $\rho=850$ kg/m^3，主油腔压油面积 $A_{oil}=95$ cm^2，缓冲支柱最大压缩速度 $\dot{S}_{max}=0.8v_{ya}$，油液压缩系数 $C_h=0.8$，主油孔面积 $A_h=6.16$ cm^2，支柱摩擦因数 $K_m=$

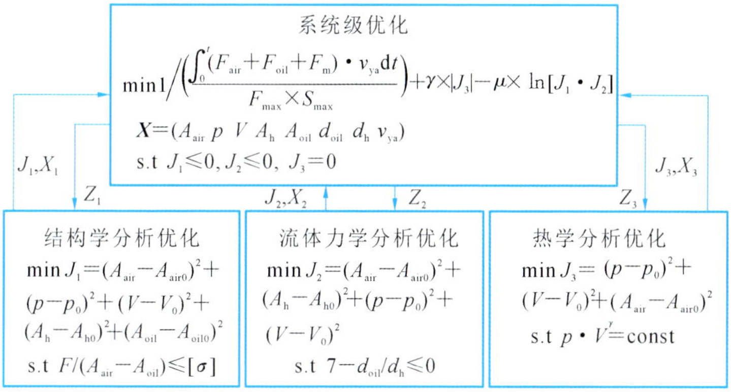

图 3.15　油-气缓冲器减震效率问题优化结构图

0.1。初态机轮半径 $R=0.455$ m，单个起落架缓冲质量 $m_{js}=10600$ kg，起落架非弹簧支承质量 $m_u=194.77$ kg，缓冲器轴线与机身纵平面之间的夹角 $\beta=1.5°$。

缓冲支柱的原始设计方案中，减震效率是 59%。经过优化之后，效率依次提高为 70.5%、65.2%、69.1%、77.4%。CO 算法在系统级使用不同的优化算法，处理优化问题都取得了较为满意的效果。图 3.16 至图 3.19 依次是经四种算法优化后的起落架缓冲支柱冲击载荷与功量图。在冲击载荷与功量图中，缓冲支柱受到的冲击力分别随着时间与位移变化。对比分析各图可以得出以下结论。

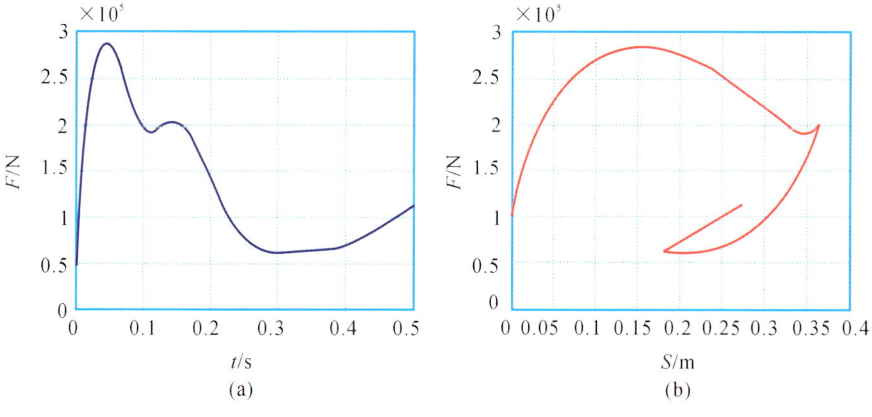

图 3.16　采用基于 GA-ACO 算法优化的缓冲支柱冲击载荷与功量图

(a) 冲击载荷图　(b) 功量图

(1) 如图 3.17 所示，起落架缓冲支柱采用 PSO-ACO 算法优化后，在冲击载荷图中，冲击力曲线的起伏程度较大，表示缓冲支柱在压缩后期，反向冲击的幅度较大，容易造成机体颠簸，对机上人员的乘坐舒适性带来不利影响；在功量图中，冲击力曲线也略显陡峭，降落过程不如采用基于其他几种算法的自适应 CO 算法优化的设计方案平稳。

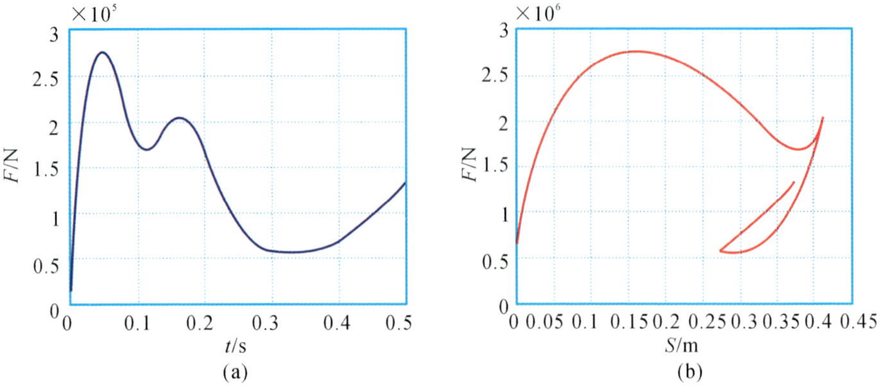

图 3.17　采用基于 PSO-ACO 算法优化的缓冲支柱冲击载荷与功量图

(a) 冲击载荷图　(b) 功量图

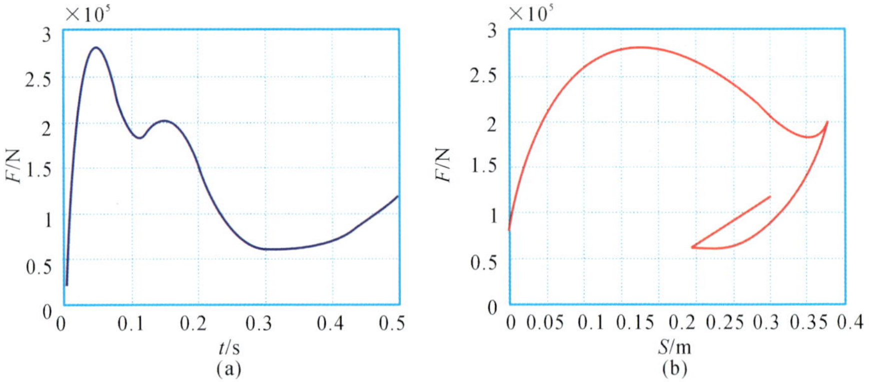

图 3.18　采用基于 SA-ACO 算法优化的缓冲支柱冲击载荷与功量图

(a) 冲击载荷图　(b) 功量图

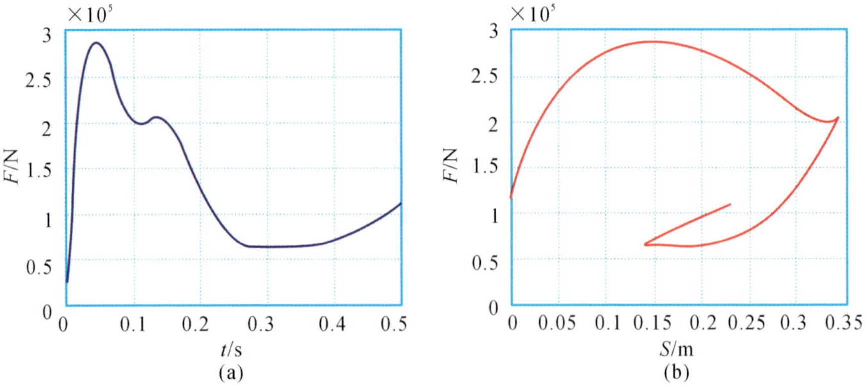

图 3.19　采用基于 GASA-ACO 算法优化的缓冲支柱冲击载荷与功量图

(a) 冲击载荷图　(b) 功量图

(2) 如图 3.19 所示,缓冲器优化支柱采用 GASA-ACO 算法优化之后,缓冲性能得到了明显提高。冲击载荷图中的冲击力在末期反弹上升的幅度最小;在功量图中,冲击力曲线也更为圆润饱满,这表明经过优化的起落架缓冲支柱,压缩时可以确保整个降落过程比较平稳,在降落后期,缓冲支柱能够较好地吸收冲击能量,避免出现剧烈反弹。GASA-ACO 算法能取得良好的优化效果,与系统级所采用的 GASA 混合算法的结构有关,在变量空间中,CO 算法通过 GA 的全局并行搜索以 SA 趋于全局最优,因此能够高效地收敛到最优点。

对比四个功量图中的时间轴可知,采用 PSO-ACO 算法优化设计的缓冲支柱做功时间最长;采用 GASA-ACO 算法优化设计的缓冲支柱做功时间最短;采用 GA-ACO 或 SA-ACO 算法优化设计的缓冲支柱,做功时间居中。虽然优化方案效果不同,但就总体而言,采用 ACO 算法对缓冲支柱进行优化,都取得了较为理想的优化结果,相比原始设计方案提高了减震效率。

经过优化设计的缓冲器,在着陆初期能控制载荷缓慢增长,避免载荷在极短时间内剧烈增加,从而可减小对机体与乘客的冲击;随着缓冲支柱的压缩,在着陆后期,下降速度减小,载荷缓慢增加,在行程后端形成最大载荷,使冲击功量得到有效吸收,可避免缓冲器工作时显得过于刚硬,能提高减震效率。优化后的缓冲器在工作时体现出良好的减震效果,能吸收额外功量,具有较强的适应性。

3.3 基于线性近似过滤的联合线性近似协同优化策略

除了基于智能算法的 ACO 算法,本节针对联合线性近似协同优化(collaborative optimization combined with linear approximation,CLA-CO)算法在非凸约束优化中应用困难的问题,分析了导致求解困难的两种典型线性近似冲突情况;为了能够有效处理线性近似冲突,提出了一种基于线性近似过滤(linear approximation filter,LAF)策略的 CLA-CO 算法,LAF 策略通过线性近似冲突的有效识别、违反约束的测度和线性近似过滤结构对 CLA-CO 过程中的线性近似冲突进行协调,从而解决了 CLA-CO 算法的非凸约束应用难题,并通过算例验证了所提 LAF 策略的有效性[21,22]。

3.3.1 协同优化算法的迭代过程

简单优化问题的 CO 算法的迭代过程如图 3.20 所示。在第一次迭代中,初始设计点作为系统级的目标点被分配到各子系统中。随后,各子系统在各自约束条件下独立地执行优化问题求解。由于子系统级的目标函数是平方和形式的，因此子系统目标函数的等值线是一组同心圆，如图 3.20 所示。当子系统级的优化完成时，子系统的最优值作为子系统级的响应被传递到系统级。然而由于 CO 算法特有的表达形式，传递到系统级的响应只有各子系统级的最优值。通过利用从子系统传递过来的最优值，系统级在一致性约束条件下开始执行系统级优化。系统级的任务是找到全局最优值，同时保证子系统级的最优值完全收敛于或近似收敛于相同的值。这是由于 $\hat{\boldsymbol{x}}_{s1}$、$\hat{\boldsymbol{x}}_{s2}$ 和 $\boldsymbol{x}_s$ 是原始优化问题中同一变量的不同表达形式。由于系统级约束表达式是等式，因此，系统级优化很难找到一个合理解来满足任务要求。对于一些具有很好稳健性的求解器，通常可以获得一个次优解。

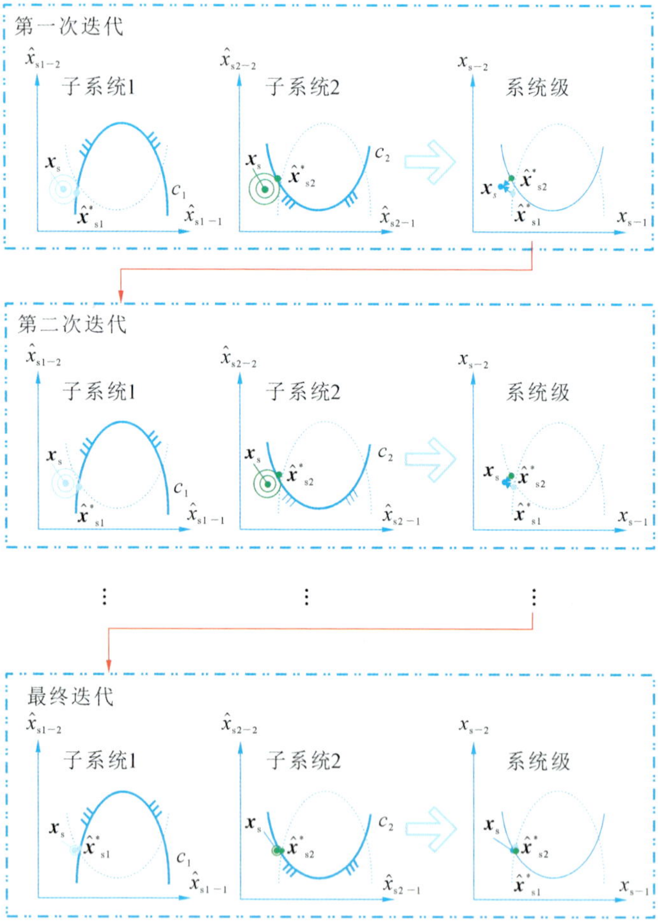

图 3.20　简单优化问题的 CO 算法的迭代过程

当第一次迭代的系统级优化完成时，其优化结果作为新的系统级目标点被分配到各个子系统中，开始第二次迭代。随着迭代过程的不断进行，子系统级优化和系统级优化相互交替执行，直至系统级的优化要求得到满足，整个优化过程结束。

根据上述对简单问题 CO 迭代过程分析可知，CO 迭代过程可以解释为一个包含了子系统自主优化和基于各子系统级响应进行系统级优化的过程。在未达到收敛之前，对于不同的子系统，相同的设计变量可能会有不同的最优值，随着迭代过程的进行，这些最优值会不断地互相接近，以及不断地朝着满足对方所在子系统的约束条件的方向前进。

3.3.2 联合线性近似协同优化

3.3.2.1 对应于子系统级响应的线性近似

为了更加清晰地理解和展示对应于子系统级响应的线性近似，同样取简单优化问题为例，并取 CLA-CO 过程的首次迭代为例进行介绍。依据对简单问题的 CO 迭代过程分析和 CLA-CO 算法的基本原理，CLA-CO 算法的首次迭代如图 3.21 所示。

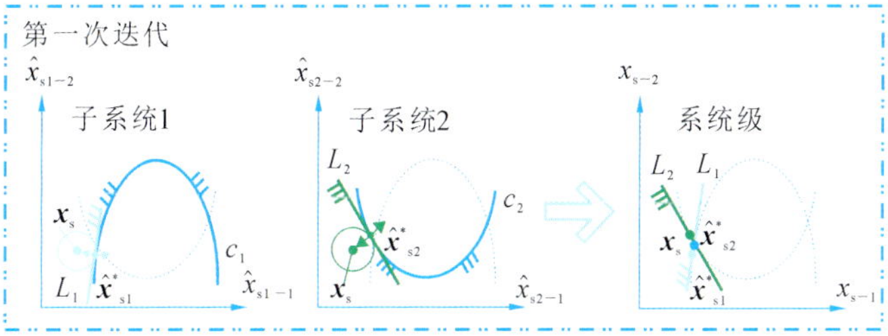

图 3.21 CLA-CO 算法的首次迭代

对于图 3.21 中的每一个子系统，在最优点处，目标函数 J_i 和约束函数 c_i 共享同一相切线 L_i，该直线即是约束函数 c_i 的线性近似。根据优化基本知识，约束条件和目标函数在最优点处应满足 KKT 条件，即

$$\nabla J_i + \mu \nabla c_i = \mathbf{0} \tag{3.40}$$

式中：∇J_i 是子系统 i 目标函数 J_i 的梯度；∇c_i 是子系统 i 约束函数 c_i 的梯度；μ 为一个实数，它代表了两个梯度模之间的关系。

在子系统的最优点处，约束函数 c_i 的线性近似可以通过一阶泰勒展开的方式获得，即

$$L_i(\boldsymbol{x}_s) = c_i(\hat{\boldsymbol{x}}^*_{si}) + \nabla^{\mathrm{T}} c_i(\boldsymbol{x}_s - \hat{\boldsymbol{x}}^*_{si}) \tag{3.41}$$

式中：$\hat{\boldsymbol{x}}_{si}^{*}$ 是子系统级优化中子系统 i 的共享设计变量的最优解；上角标 T 表示转置运算。

在最优点处，如图 3.21 中所示，约束函数的值 $c_i(\hat{\boldsymbol{x}}_{si}^{*})$ 等于 0。因此，式(3.41)所描述的线性近似可以写为

$$L_i(\boldsymbol{x}_s) = \boldsymbol{\nabla}^{\mathrm{T}} c_i \times (\boldsymbol{x}_s - \hat{\boldsymbol{x}}_{si}^{*}) = \frac{1}{\mu} \boldsymbol{\nabla}^{\mathrm{T}} J_i \times (\hat{\boldsymbol{x}}_{si}^{*} - \boldsymbol{x}_s) \tag{3.42}$$

依据上述分析，对应于子系统级响应的线性近似可以作为一致性约束的替代被添加到系统级优化中，作为系统级优化的约束条件。线性近似约束条件可表示为

$$L_i(\boldsymbol{x}_s) = \frac{1}{\mu} \boldsymbol{\nabla}^{\mathrm{T}} J_i \times (\hat{\boldsymbol{x}}_{si}^{*} - \boldsymbol{x}_s) \leqslant 0 \tag{3.43}$$

由于 μ 是一个正数，因此在计算过程中，式(3.43)中的 μ 可以被删除掉，即

$$L_i(\boldsymbol{x}_s) = \boldsymbol{\nabla}^{\mathrm{T}} J_i \times (\hat{\boldsymbol{x}}_{si}^{*} - \boldsymbol{x}_s) \leqslant 0 \tag{3.44}$$

式(3.44)即为采用 CLA-CO 算法计算简单优化问题时的线性近似约束条件，然而对更一般的情况而言，子系统中除了含有共享设计变量外，还会含有独立的子系统级变量 $\boldsymbol{x}_i$，为此对于更一般的情况，对应于子系统级响应的线性近似为

$$L_i(\boldsymbol{x}_s, \hat{\boldsymbol{x}}_i) = \boldsymbol{\nabla}^{\mathrm{T}} J_{i \mid \hat{x}_{si}} \times (\hat{\boldsymbol{x}}_{si}^{*} - \boldsymbol{x}_s) + \boldsymbol{\nabla}^{\mathrm{T}} J_{i \mid x_i} \times (\boldsymbol{x}_i^{*} - \hat{\boldsymbol{x}}_i) \tag{3.45}$$

由于子系统级目标函数特有的表达形式，即平方和形式，子系统级目标函数的梯度 $\boldsymbol{\nabla} J_{i \mid \hat{x}_{si}}$ 和 $\boldsymbol{\nabla} J_{i \mid x_i}$ 可以分别通过以下两式方便地计算获得：

$$\boldsymbol{\nabla} J_{i \mid \hat{x}_{si}} = \frac{\partial J_i}{\partial \hat{\boldsymbol{x}}_{si}} = 2(\hat{\boldsymbol{x}}_{si} - \boldsymbol{x}_s^{\#}) \tag{3.46}$$

$$\boldsymbol{\nabla} J_{i \mid x_i} = \frac{\partial J_i}{\partial \boldsymbol{x}_i} = 2(\boldsymbol{x}_i - \hat{\boldsymbol{x}}_i^{\#}) \tag{3.47}$$

式中：$\hat{\boldsymbol{x}}_{si}$ 表示子系统 i 的共享设计变量；$\boldsymbol{x}_s^{\#}$ 和 $\hat{\boldsymbol{x}}_i^{\#}$ 分别表示由系统级分配给子系统 i 的共享设计变量和局部设计变量。

3.3.2.2 CLA-CO 的表达式

根据 Li 等人[12]提出的 CLA-CO 算法原理，随着优化迭代过程的进行，对应于子系统级响应的线性近似作为一致性约束的替代被不断地添加到系统级优化中，这些累积的线性近似成为系统级优化的约束条件，因此，CLA-CO 算法的系统级优化模型为

$$\begin{cases} \min f(\boldsymbol{x}_s, \hat{\boldsymbol{x}}_1, \hat{\boldsymbol{x}}_2, \cdots, \hat{\boldsymbol{x}}_N) \\ \text{s.t.} \bigcup\limits_{i=1}^{n} [L_i^{(1)}(\boldsymbol{x}_s, \hat{\boldsymbol{x}}_i) \leqslant 0, \cdots, L_i^{(k)}(\boldsymbol{x}_s, \hat{\boldsymbol{x}}_i) \leqslant 0] \end{cases} \tag{3.48}$$

式中：f 是全局的优化目标函数；$\boldsymbol{x}_{\mathrm{s}}$ 是共享设计变量；$\hat{\boldsymbol{x}}_i$ 是第 i 个子系统局部变量在系统级的副本形式；n 和 k 分别代表子系统个数和迭代次数；$L_i^{(k)}$ 表示第 i 个子系统在第 k 次迭代的线性近似。

子系统级优化模型为

$$\begin{cases}\min\ J_i = \|\hat{\boldsymbol{x}}_{\mathrm{s}i} - \boldsymbol{x}_{\mathrm{s}}\|^2 + \|\boldsymbol{x}_i - \hat{\boldsymbol{x}}_i\|^2 \\ \mathrm{s.t.}\ \ \boldsymbol{c}_i(\hat{\boldsymbol{x}}_{\mathrm{s}i}, \boldsymbol{x}_i) \leqslant 0\end{cases} \tag{3.49}$$

式中：$\boldsymbol{c}_i(\hat{\boldsymbol{x}}_{\mathrm{s}i}, \boldsymbol{x}_i)$是第 i 个子系统约束函数的向量表达形式。

3.3.3 联合线性近似协同优化过程中的线性近似冲突

采用 CLA-CO 算法求解多学科优化问题，当优化问题含有非凸约束时，线性近似间可能会出现冲突。这里的冲突是指添加到 CLA-CO 系统级优化中的线性近似无法形成有效的安全域。为了能够清楚地了解CLA-CO算法中可能存在的线性近似冲突，用一个含有两个共享变量和两个约束(其中一个约束为凸约束，另一个约束为非凸约束)的优化问题来研究存在的冲突。该优化问题描述如下：

$$\begin{cases}\min\ f(\boldsymbol{x}) = x_1 \\ \mathrm{s.t.}\ \ c_1 = x_2 - 100\sin(0.1x_1 - 0.5) \leqslant 0 \\ \qquad c_2 = 0.1(1.5x_1 - 20)^2 - 70 - 1.5x_2 \leqslant 0 \\ \qquad 0 \leqslant x_1 \leqslant 100, -100 \leqslant x_2 \leqslant 100\end{cases} \tag{3.50}$$

按照 CLA-CO 算法的计算原理，式(3.50)描述的优化问题可以被分解为两个子系统来求解。由于该优化问题对应的 CLA-CO 算法优化模型可以参照式(3.48)和式(3.49)获得，因此这里不再提供其模型。

为了清晰阐明线性近似间出现的冲突，以下将以两种典型情况来进行说明。

3.3.3.1 起始点处的线性近似冲突

在该典型情况中，冲突的线性近似出现在第一次迭代过程中。为了清晰地展示该情况下的线性近似冲突，取式(3.50)描述的优化问题的 CLA-CO 第一次迭代，并选取起始点为(70,55)为例来进行研究。约束条件 c_1 和 c_2 对应的线性近似 $L_1^{(1)}$ 和 $L_2^{(1)}$ 如图 3.22 所示。

从图 3.22 可以看出，起始点选择在非凸约束 c_1 附近，距离安全域较远。依据 3.3.1 小节中的 CO 算法迭代过程可知，优值点 $\hat{\boldsymbol{x}}_{\mathrm{s}1}^{(1)*}$ 位于起始点同心圆与约束 c_1 边界线的相切点处，优值点 $\hat{\boldsymbol{x}}_{\mathrm{s}2}^{(1)*}$ 与优值点 $\hat{\boldsymbol{x}}_{\mathrm{s}1}^{(1)*}$ 相类似，位于起始点同心圆与约束 c_2 边界线的相切点处。在 CLA-CO 的系统级层中，线性近似 $L_1^{(1)}$ 和 $L_2^{(1)}$ 共同作为系统级优化的约束条件。然而，在给定的变量变化范围内，$L_1^{(1)}$ 的

安全域位于 $L_2^{(1)}$ 的失效域中，而 $L_2^{(1)}$ 的安全域却位于 $L_1^{(1)}$ 的失效域中，因此 $L_1^{(1)}$ 和 $L_2^{(1)}$ 在变量变化范围内是不存在安全域的，换言之，线性近似 $L_1^{(1)}$ 和 $L_2^{(1)}$ 在给定的变量变化范围内是冲突的。

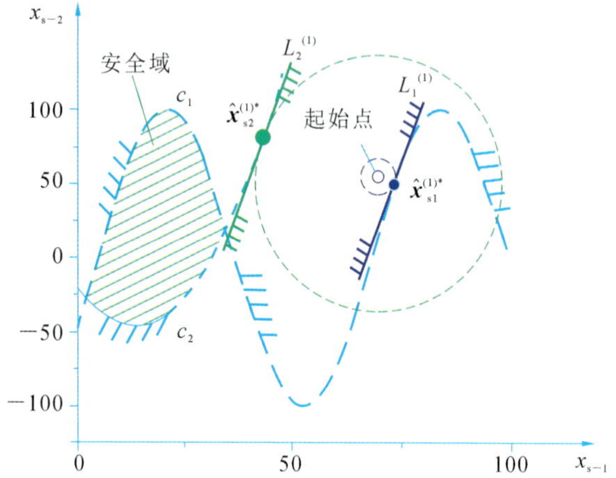

图 3.22　起始点处的线性近似冲突

由于 CLA-CO 的线性近似累积特性，起始点处的冲突会一直存在于整个迭代过程中。因此，含有起始点处线性近似冲突的 CLA-CO 算法无法找到正确解或无法收敛。

3.3.3.2　过程中的线性近似冲突

过程中的线性近似冲突是指在线性近似累积的过程中新添加的线性近似与已经存在的线性近似无法形成安全域。为了更好地理解该典型情况的冲突，取式(3.50)描述的优化问题的 CLA-CO 前三次迭代，并选取起始点(80,97)为例来进行研究。形成的累积线性近似如图 3.23 所示。

在图 3.23 中，起始点处的线性近似不存在冲突，线性近似 $L_1^{(1)}$ 和 $L_2^{(1)}$ 形成了安全域，如图中黑色斜线填充的区域所示。由于在第二次迭代和第三次迭代时，子系统 1 的目标函数梯度不存在，为此线性近似 $L_1^{(2)}$ 和 $L_1^{(3)}$ 是不存在的，因此无法在图 3.23 中看到。

第二次迭代过程中，在添加了新的线性近似 $L_2^{(2)}$ 后，先前由线性近似形成的安全域被新添加的线性近似截断了一部分，$L_1^{(2)}$、$L_2^{(3)}$ 和 $L_2^{(2)}$ 形成了一个新的安全域，如图 3.23 中蓝色阴影部分所示。此外，从图中可以明显看出前两次迭代形成的安全域小于第一次迭代形成的安全域。

第三次迭代过程中，当新的线性近似 $L_2^{(3)}$ 被添加后，由前两次迭代形成的安全域已经位于 $L_2^{(3)}$ 的失效域，因此，由前三次迭代形成的安全域是一个空的

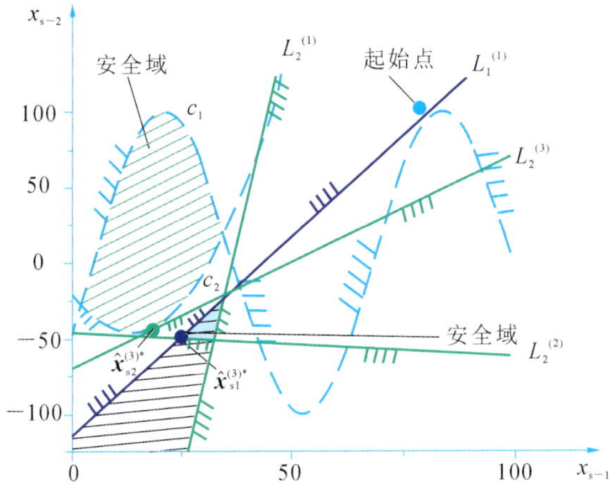

图 3.23　过程中的线性近似冲突

区域,即 $L_1^{(2)}$、$L_1^{(3)}$、$L_2^{(2)}$ 和 $L_2^{(3)}$ 无法形成安全域。

与起始点处线性近似冲突的情况类似,含有过程中线性近似冲突的 CLA-CO 算法同样无法找到正确解或无法收敛。

总之,无论是含有哪种典型情况的线性近似冲突,CLA-CO 算法都会变得无效。然而,对于其他不同的起始点,可能既不会出现起始点处线性近似冲突,也不会出现过程中线性近似冲突,此时 CLA-CO 则是一种高效的优化方法。这也就是说,对于含有非凸约束的优化问题,CLA-CO 算法并不能一直保证其有效性。为此,要解决 CLA-CO 算法的非凸约束应用难题,首要的便是有效地处理这些线性近似冲突。

3.3.4　线性近似过滤策略

为了能够有效地处理 CLA-CO 算法在迭代过程中可能出现的线性近似冲突,本节提出线性近似过滤策略,该策略的核心思想是首先对迭代过程中是否存在线性近似冲突进行判断,然后通过过滤掉违反约束程度较重的线性近似来协调冲突,随后将违反约束程度最轻的线性近似传递到系统级,替代其他累积的线性近似作为约束条件。该策略包括了线性近似冲突的有效识别、违反约束的测度和线性近似过滤的结构。线性近似冲突的有效识别是对 CLA-CO 迭代过程中是否存在冲突的有效判断,违反约束的测度是对子系统的最优点违反约束程度的测量,而线性近似过滤的结构则用来执行对违反约束线性近似的过滤。此外,为了说明所提出策略的有效性,本节还对该策略的合理性进行了分析。

3.3.4.1 线性近似冲突的有效识别

在处理冲突的线性近似前首先需要对存在的线性近似冲突进行有效的识别。如 3.3.3 节中提到的，在 CLA-CO 迭代过程中，起始点处和过程中的线性近似冲突都有可能出现。为此，对每一次迭代过程中的线性近似是否存在冲突都应该进行判断。

一方面，冲突的线性近似无法形成安全域，因此判断是否存在线性近似冲突等同于判断这些线性近似是否可以形成安全域，另一方面，系统级目标函数的类型（线性或非线性目标函数）对线性近似是否可以形成安全域并无任何影响，因此，可以选择系统级目标函数为一线性函数。此时判断线性近似是否可以形成安全域的问题便转换为了线性规划（linear programming，LP）是否存在安全域的问题。

对于 LP 问题，一阶段法（phase-1 approach）[23]是用来判断是否存在安全域的常用方法。因此，基于前述对线性近似冲突识别问题的分析，为了有效地识别线性近似中存在的冲突，采用一阶段法执行线性近似冲突的判断。

采用一阶段法判断线性近似冲突的流程如图 3.24 所示。

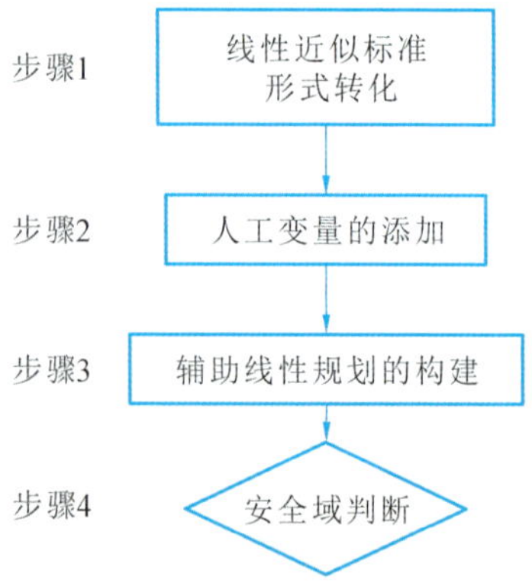

图 3.24 判断线性近似冲突的流程

其具体执行流程总结如下。

初始设定：初始设定设计变量的取值上下限均为大于或等于 0 的值。

步骤 1：线性近似标准形式转化。将线性近似转换成 LP 问题标准形式的等式约束，其转换方法如下。

步骤 1.1：将受限变量转换为不等式约束形式，转换公式为

$$x_j \leqslant x_j^{\mathrm{U}} \tag{3.51}$$

$$x_j \geqslant x_j^{\mathrm{L}} \tag{3.52}$$

式中：x_j 表示受限变量 j；x_j^{U} 是 x_j 的上限值；x_j^{L} 是 x_j 的下限值。值得注意的是 x_j^{L} 是一个大于零的数，且依据 LP 问题的标准形式可知，若 x_j^{L} 等于 0，则不需要用到转换公式(3.52)。

步骤 1.2：将线性近似 L_i 转换为 $\boldsymbol{A}\boldsymbol{x}\geqslant b$ 或 $\boldsymbol{A}\boldsymbol{x}\leqslant b$ 的形式，其中 b 为一个正数。首先，线性近似表达式(3.45)被转换为如下的形式：

$$\nabla^{\mathrm{T}} J_{i|\hat{x}_{si}} \times \boldsymbol{x}_{s} + \nabla^{\mathrm{T}} J_{i|x_i} \times \hat{\boldsymbol{x}}_i \geqslant \nabla^{\mathrm{T}} J_{i|\hat{x}_{si}} \times \hat{\boldsymbol{x}}_{si}^{*} + \nabla^{\mathrm{T}} J_{i|x_i} \times \boldsymbol{x}_i^{*} \tag{3.53}$$

然后，如果常数项 $\nabla^{\mathrm{T}} J_{i|\hat{x}_{si}} \times \hat{\boldsymbol{x}}_{si}^{*} + \nabla^{\mathrm{T}} J_{i|x_i} \times \boldsymbol{x}_i^{*}$，即式(3.53)的右端是一个负

值，则将不等式约束式(3.53)转换为

$$-(\boldsymbol{\nabla}^{\mathrm{T}}J_{i\mid\hat{x}_{si}}\times\boldsymbol{x}_{\mathrm{s}}+\boldsymbol{\nabla}^{\mathrm{T}}J_{i\mid\boldsymbol{x}_i}\times\hat{\boldsymbol{x}}_i)\leqslant-(\boldsymbol{\nabla}^{\mathrm{T}}J_{i\mid\hat{x}_{si}}\times\hat{\boldsymbol{x}}_{si}^{*}+\boldsymbol{\nabla}^{\mathrm{T}}J_{i\mid\boldsymbol{x}_i}\times\boldsymbol{x}_i^{*})\tag{3.54}$$

否则，保持式(3.53)不变。

通过添加松弛变量和剩余变量，将不等式约束转换为等式约束。添加变量的准则是：如果 $\boldsymbol{Ax}\leqslant b$，则添加松弛变量；如果 $\boldsymbol{Ax}\geqslant b$，则添加剩余变量。

根据上述添加准则，不等式约束(3.51)、式(3.52)转换为等式约束：

$$\begin{cases}x_j+x_j^{\mathrm{U\text{-}sla}}=x_j^{\mathrm{U}}\\x_j-x_j^{\mathrm{L\text{-}sur}}=x_j^{\mathrm{L}}\end{cases}\tag{3.55}$$

如果不等式约束(3.53)存在，则其被转换为

$$\boldsymbol{\nabla}^{\mathrm{T}}J_{i\mid\hat{x}_{si}}\times\boldsymbol{x}_{\mathrm{s}}+\boldsymbol{\nabla}^{\mathrm{T}}J_{i\mid\boldsymbol{x}_i}\times\hat{\boldsymbol{x}}_i-x_i^{L_i\text{-sur}}=\boldsymbol{\nabla}^{\mathrm{T}}J_{i\mid\hat{x}_{si}}\times\hat{\boldsymbol{x}}_{si}^{*}+\boldsymbol{\nabla}^{\mathrm{T}}J_{i\mid\boldsymbol{x}_i}\times\boldsymbol{x}_i^{*}$$
$$(j=1,2,\cdots,z;i=1,2,\cdots,n)\tag{3.56}$$

如果不等式约束(3.54)存在，则其被转换为

$$-(\boldsymbol{\nabla}^{\mathrm{T}}J_{i\mid\hat{x}_{si}}\times\boldsymbol{x}_{\mathrm{s}}+\boldsymbol{\nabla}^{\mathrm{T}}J_{i\mid\boldsymbol{x}_i}\times\hat{\boldsymbol{x}}_i)+x_i^{L_i\text{-sla}}=-(\boldsymbol{\nabla}^{\mathrm{T}}J_{i\mid\hat{x}_{si}}\times\hat{\boldsymbol{x}}_{si}^{*}+\boldsymbol{\nabla}^{\mathrm{T}}J_{i\mid\boldsymbol{x}_i}\times\boldsymbol{x}_i^{*})$$
$$(j=1,2,\cdots,z;i=1,2,\cdots,n)\tag{3.57}$$

式中：$x_j^{\mathrm{U\text{-}sla}}$ 表示添加到不等式约束式(3.51)中的松弛变量；$x_j^{\mathrm{L\text{-}sur}}$ 表示添加到不等式约束式(3.52)中的剩余变量；z 为受限变量的个数；$x_i^{L_i\text{-sur}}$ 表示添加到不等式约束式(3.53)中的剩余变量；$x_i^{L_i\text{-sla}}$ 表示添加到不等式约束式(3.54)中的松弛变量。特别是，对于给定的线性近似 L_i，只存在一种形式的不等式约束转换，即式(3.53)或者式(3.54)，因此，实际上 L_i 的等式转换形式也仅有一种。

步骤 2：添加人工变量。对每一个含有剩余变量的等式约束添加一个人工变量。随后这些等式约束变为

$$\begin{cases}x_j-x_j^{\mathrm{L\text{-}sur}}+x_j^{\mathrm{L\text{-}art}}=x_j^{\mathrm{L}}\\\boldsymbol{\nabla}^{\mathrm{T}}J_{i\mid\hat{x}_{si}}\times\boldsymbol{x}_{\mathrm{s}}+\boldsymbol{\nabla}^{\mathrm{T}}J_{i\mid\boldsymbol{x}_i}\times\hat{\boldsymbol{x}}_i-x_i^{L_i\text{-sur}}+x_i^{L_i\text{-art}}=\boldsymbol{\nabla}^{\mathrm{T}}J_{i\mid\hat{x}_{si}}\times\hat{\boldsymbol{x}}_{si}^{*}+\boldsymbol{\nabla}^{\mathrm{T}}J_{i\mid\boldsymbol{x}_i}\times\boldsymbol{x}_i^{*}\\\qquad(j=1,2,\cdots,z;\ i=1,2,\cdots,n)\end{cases}\tag{3.58}$$

式中：上角标 art 代表人工变量。

步骤 3：辅助线性规划(auxiliary linear program，ALP)的构建。基于步骤 1 和步骤 2 获得的等式约束，构建 ALP 问题如下。

$$\begin{cases}\min\ f(x_j^{\text{L-art}},x_i^{L_i\text{-art}}) = \sum_{j=1}^{z} x_j^{\text{L-art}} + \sum_{i=1}^{n} x_i^{L_i\text{-art}} \\ \text{s.t.}\ \ x_j + x_j^{\text{U-sla}} = x_j^{\text{U}} \\ \qquad x_j - x_j^{\text{L-sur}} + x_j^{\text{L-art}} = x_j^{\text{L}} \\ \qquad \boldsymbol{\nabla}^{\text{T}} J_{i|\hat{x}_{si}} \times \boldsymbol{x}_{\text{s}} + \boldsymbol{\nabla}^{\text{T}} J_{i|\boldsymbol{x}_i} \times \hat{\boldsymbol{x}}_i - x_i^{L_i\text{-sur}} + x_i^{L_i\text{-art}} = \boldsymbol{\nabla}^{\text{T}} J_{i|\hat{x}_{si}} \times \hat{\boldsymbol{x}}_{si}^{*} + \boldsymbol{\nabla}^{\text{T}} J_{i|\boldsymbol{x}_i} \times \boldsymbol{x}_i^{*} \\ \qquad -(\boldsymbol{\nabla}^{\text{T}} J_{i|\hat{x}_{si}} \times \boldsymbol{x}_{\text{s}} + \boldsymbol{\nabla}^{\text{T}} J_{i|\boldsymbol{x}_i} \times \hat{\boldsymbol{x}}_i) + x_i^{L_i\text{-sla}} = -(\boldsymbol{\nabla}^{\text{T}} J_{i|\hat{x}_{si}} \times \hat{\boldsymbol{x}}_{si}^{*} + \boldsymbol{\nabla}^{\text{T}} J_{i|\boldsymbol{x}_i} \times \boldsymbol{x}_i^{*}) \\ \qquad x_j \geqslant 0, x_j^{\text{U-sla}} \geqslant 0, x_j^{\text{L-sur}} \geqslant 0, x_j^{\text{L-art}} \geqslant 0 \\ \qquad x_i^{L_i\text{-sur}} \geqslant 0, x_i^{L_i\text{-art}} \geqslant 0, x_i^{L_i\text{-sla}} \geqslant 0, \boldsymbol{x}_{\text{s}} \geqslant \boldsymbol{0} \\ \qquad \hat{\boldsymbol{x}}_i \geqslant \boldsymbol{0} \\ \qquad j = 1,2,\cdots,z; i = 1,2,\cdots,n \end{cases} \tag{3.59}$$

步骤 4:判断是否存在安全域。式(3.59)所表示的 ALP 问题可以采用单纯形法进行求解。随后,基于求解的结果,可以通过以下准则判断是否存在安全域:如果 $f(x_j^{\text{L-art}},x_i^{L_i\text{-art}})=0$,则存在安全域;如果 $f(x_j^{\text{L-art}},x_i^{L_i\text{-art}})\neq 0$,则不存在安全域。

受限变量上下限取值存在小于 0 的情况有两种:① 变量的上下限值均小于 0。此时,令 $x_j=-x_j$,并将 $-x_j$ 代入上述判断流程中,即可实现对是否存在安全域的判断。② 变量的上限值大于 0,下限值小于 0。此时,将 x_j 的取值范围划分为两个部分,[负数,0)和[0,正数],然后对两个部分分别执行上述的判断流程,即可实现对是否存在安全域的判断。

3.3.4.2 违反约束的测度

在本章中违反约束是指线性近似的展开点(子系统最优点)违反了约束,也就是说,每次迭代中子系统的最优点不能满足约束条件。基于此定义,违反约束的测度实质就是对展开点的约束不可行程度进行测量。

依据 3.3.2.1 小节中对 CLA-CO 迭代过程的分析可知,子系统的最优点 $\hat{\boldsymbol{x}}_{s1}^{*}$ 和 $\hat{\boldsymbol{x}}_{s2}^{*}$ 应该完全或近似收敛于同一个值,也就是说,最后整体系统的最优点应该满足每一个子系统级的约束条件。因此,在 CO 迭代过程中,子系统级的最优点也构成了一个过程,即这些点是不断地接近对方,满足彼此的约束。本小节接下来的部分将基于上述分析介绍本节所提出的违反约束的测度。

以 CO 迭代过程的第一次迭代为例进行说明。假设经过该次迭代,就达到了系统的最优,实现了收敛,有 $\hat{\boldsymbol{x}}_{s1}^{*}=\hat{\boldsymbol{x}}_{s2}^{*}$。此时,对于子系统 1,由于 $\hat{\boldsymbol{x}}_{s1}^{*}=\hat{\boldsymbol{x}}_{s2}^{*}$,$\hat{\boldsymbol{x}}_{s1}^{*}$

可以被认为是整体系统的最优点，$\hat{\boldsymbol{x}}_{s1}^*$ 将同时满足约束条件 c_1 和 c_2。现将前提假设条件去掉，$\hat{\boldsymbol{x}}_{s1}^*$ 能够保证满足约束条件 c_1，因为 $\hat{\boldsymbol{x}}_{s1}^*$ 是在约束 c_1 下获得的。然而，$\hat{\boldsymbol{x}}_{s1}^*$ 却不能保证满足约束条件 c_2。因此，考虑到最终的系统最优点要满足每一个子系统的约束条件，$\hat{\boldsymbol{x}}_{s1}^*$ 的约束不可行测度可以采用 $\max[0, c_2(\hat{\boldsymbol{x}}_{s1}^*)]$。对于子系统 2 的最优点 $\hat{\boldsymbol{x}}_{s2}^*$，可以得出类似的结论。

对于更一般的情况，如($\hat{\boldsymbol{x}}_{si}^*$，$\boldsymbol{x}_i^*$)相对于子系统 j 的约束不可行测度，$\hat{\boldsymbol{x}}_{si}^*$ 将被直接代入约束 c_j 中，然而考虑到 $\boldsymbol{x}_i$ 和 $\boldsymbol{x}_j$ 是互补相关、互不影响的独立变量，系统级分配到子系统 j 的 $\boldsymbol{x}_j^\#$ 将被代入约束 c_j 中。为此，对于任意最优点($\hat{\boldsymbol{x}}_{si}^*$，$\boldsymbol{x}_i^*$)相对于子系统 $j(j\neq i)$的约束不可行测度为

$$H_{ij} = \| c_j^+(\hat{\boldsymbol{x}}_{si}^*, \boldsymbol{x}_j^\#) \|_p \tag{3.60}$$

式中：$c_j^+=\{\max(0,c_{j-1}),\max(0,c_{j-2}),\cdots,\max(0,c_{j-m})\}$；$\|\cdot\|_p$ 代表 p 范数，在本节中采用的是无穷范数，$p=\infty$。

3.3.4.3　线性近似过滤的结构

当存在线性近似冲突时，线性近似过滤结构被用来过滤掉当前子系统中违反约束程度较重的线性近似，并将违反约束程度最轻的线性近似传递到系统级，从而替代系统级其他累积的线性特性作为系统级优化的约束。为了清晰地分析 LAF 结构，以一个含有系统级和子系统级的两层框架结构系统来说明。该结构中含有 n 个子系统，每个子系统含有 m 个约束，如图 3.25所示。

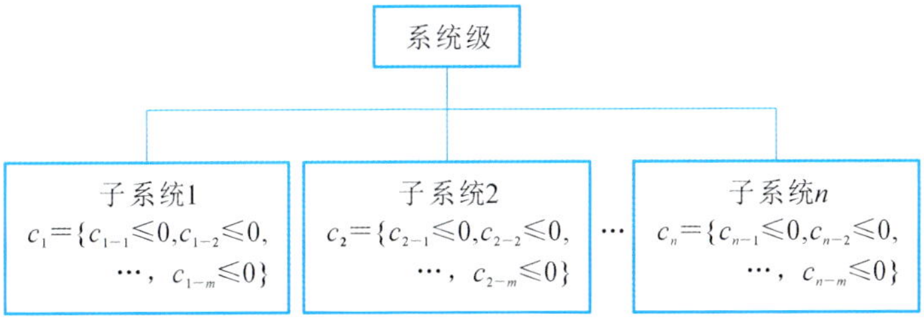

图 3.25　含有 n 个子系统的两层框架结构系统

LAF 结构包含两个阶段，如图 3.26 所示。

第一阶段主要是对各子系统当前优值点约束不可行程度进行评估。基于约束不可行测度公式(3.60)，可得最优点($\hat{\boldsymbol{x}}_{si}^*$，$\boldsymbol{x}_i^*$)的约束违反度为

$$H_i = \| H_{i1}, H_{i2}, \cdots, H_{i(i-1)}, H_{i(i+1)}, \cdots, H_{in} \|_p \tag{3.61}$$

式中：$p=\infty$。

在计算完各子系统当前优值点的约束违反后，约束违反度 $H=\{H_1, H_2, \cdots, H_n\}$将被传递到第二阶段。

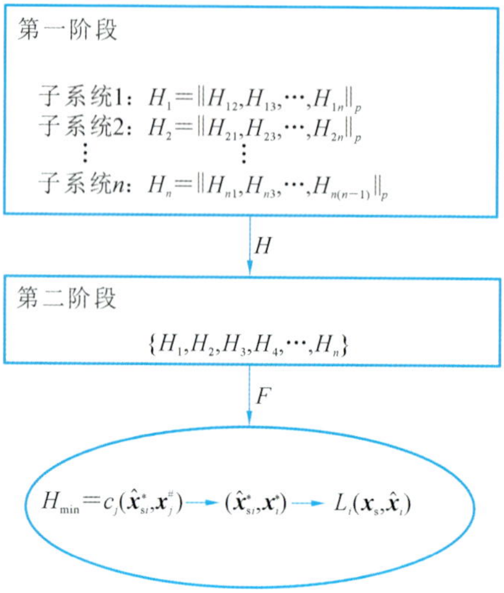

图 3.26　LAF 的结构

在第二阶段，可以通过下式获得最小的约束违反度：

$$F=\min\{H_1,H_2,\cdots,H_n\} \tag{3.62}$$

在获得最小的约束违反度 $c_j(\hat{\boldsymbol{x}}^*_{si},\boldsymbol{x}^\#_j)$后，可以找出该最小值对应的优值点$(\hat{\boldsymbol{x}}^*_{si},\boldsymbol{x}^*_i)$，从而找出在该点处展开的线性近似 L_i。随后 L_i 被传递到系统级优化，替代系统级其他累积的线性近似作为系统级优化的约束。需特别指出的是，当子系统目标函数在优值点处的梯度不存在时，该点处的线性近似也是不存在的，因此对于这种情况，传递到系统级优化的是空集，系统级的优化是无约束优化。

3.3.4.4　线性近似过滤策略合理性分析

通过前述对 LAF 策略的介绍不难看出，当不存在冲突的线性近似时，LAF 策略不会改变 CLA-CO 的特性。为此，对 LAF 策略而言首先就是要有效地识别线性冲突。Phase-1 法的推论[24]有：如果通过求解 ALP 问题获得的人工变量不等于 0，则原问题的安全域为空集。因此，这里通过将安全域识别问题转换为判断 LP 问题是否存在安全域问题，来实现对线性近似冲突的识别的方法是有效的。

当冲突的线性近似被识别出来时，LAF 结构将开始处理冲突的线性近似。在接下来的部分，为了说明 LAF 策略能够有效地处理冲突的线性近似，对以下两种典型情况下的线性近似冲突进行详细阐述。

1. 起始点处的线性近似冲突

图 3.22 所示的起始点处的线性近似冲突可用来说明 LAF 策略的有效

性。在图 3.22 中，线性近似 $L_1^{(1)}$ 和 $L_2^{(1)}$ 在给定点处是冲突的线性近似。基于约束不可行测度公式(3.60)，$L_1^{(1)}$ 和 $L_2^{(1)}$ 的约束违反度可分别由以下两式获得：

$$H_{12}^{(1)} = \| c_2^{+}(\hat{\boldsymbol{x}}_{s1}^{(1)*}) \|_{\infty} = \| c_2^{+}(73.6, 54.6) \|_{\infty} \tag{3.63}$$

$$H_{21}^{(1)} = \| c_1^{+}(\hat{\boldsymbol{x}}_{s2}^{(1)*}) \|_{\infty} = \| c_1^{+}(39.8, 58.8) \|_{\infty} \tag{3.64}$$

约束违反度 $H_{12}^{(1)}$(665.3)大于约束违反度 $H_{21}^{(1)}$(52.7)。对子系统的优值点而言，最小的约束违反度代表着这个点距离安全域最近。如图 3.22 所示，相比于优值点 $\hat{\boldsymbol{x}}_{s1}^{(1)*}$，优值点 $\hat{\boldsymbol{x}}_{s2}^{(1)*}$ 距离原始问题(见式(3.50))的安全域更近。因此可以看出，测度优值点约束违反度实质上等同于测量优值点至原始问题安全域的距离。

依据 LAF 策略的原理，违反约束程度较重的线性近似 $L_1^{(1)}$ 应被消除。经过消除后，子系统级优化将产生两个显著的变化。第一个变化是 $L_1^{(1)}$ 和 $L_2^{(1)}$ 之间的冲突消失，这也就是说接下来的系统级优化会具有一个可行的求解域。第二个变化是优值点 $\hat{\boldsymbol{x}}_{s1}^{(1)*}$ 消失，但从 CLA-CO 原理的角度上看，这种消失是合理的。其合理性证明过程如下。

作为 CO 算法的一种改进形式，CLA-CO 算法保留了以下两个 CO 算法的特点。

(1) 当达到收敛时，共享设计变量和它们的副本，如 $\boldsymbol{x}_s$、$\hat{\boldsymbol{x}}_{s1}$ 和 $\hat{\boldsymbol{x}}_{s2}$，必须为相同值或近似为相同值；

(2) 在达到收敛之前，随着迭代过程的进行，共享设计变量的副本不断地相互接近，且不断朝着满足彼此约束的方向前进。

3.3.3 小节中指出了必须对冲突的线性近似进行处理，否则 CLA-CO 算法将无法再保留上述两个特点。

前面所述的优值点 $\hat{\boldsymbol{x}}_{s1}^{(1)*}$ 的消失可以视为由一个新的起始点所导致，这个新的起始点替代了原始的起始点。相比于原始的起始点，这个新的起始点要更接近于原始问题的安全域，因为在采用该起始点的子系统级优化中获得的优值点具有最小的约束违反度，这也就意味着共享设计变量的副本在朝着相互接近和相互满足彼此约束的方向前进。

因此，在删除违反约束程度较重的线性近似后，CLA-CO 又能重新满足两个特点，并且继续朝着收敛的方向进行迭代。综上，优值点消失的合理性得以证明。

上述分析表明，LAF 策略具有处理起始点处线性近似冲突的能力。

2. 过程中的线性近似冲突

图 3.23 所示过程中的线性近似冲突也可用来说明 LAF 策略的有效性。在

图 3.23 中，线性近似的冲突发生在第三次迭代中。依据 CLA-CO 的两个特点，在 LAF 策略中仅需要对子系统当前形成的线性近似 $H_{12}^{(3)}$ 和 $H_{21}^{(3)}$ 进行约束违反测度。基于约束不可行测度公式(3.60)，可得 $H_{12}^{(3)}=30.8$、$H_{21}^{(3)}=0$，进而可知优值点 $\hat{\boldsymbol{x}}_{s2}^{(3)*}$ 更接近原始问题的安全域，这一点在图3.23中也可明显地观察到。

对于过程中的线性近似冲突，违反约束程度最轻的线性近似将取代其他已经累积的线性近似。类似于起始点处的线性近似冲突的情况，通过这种取代，CLA-CO 将会继续保留满足 CO 算法的两个特点。因此，不难看出 CLA-CO 算法同样可以有效地处理过程中的线性近似冲突。

上述分析清晰地表明，对于含有非凸约束的优化问题，采用本节提出的 LAF 策略，CAL-CO 能够保留 CO 算法的两个特性，并不断地朝着收敛的方向迭代。因此，CLA-CO 的非凸约束应用困难也就得到了解决。

3.3.5 基于 LAF 策略的 CLA-CO 计算流程

基于 LAF 策略的 CLA-CO 整体计算流程如图 3.27 所示。

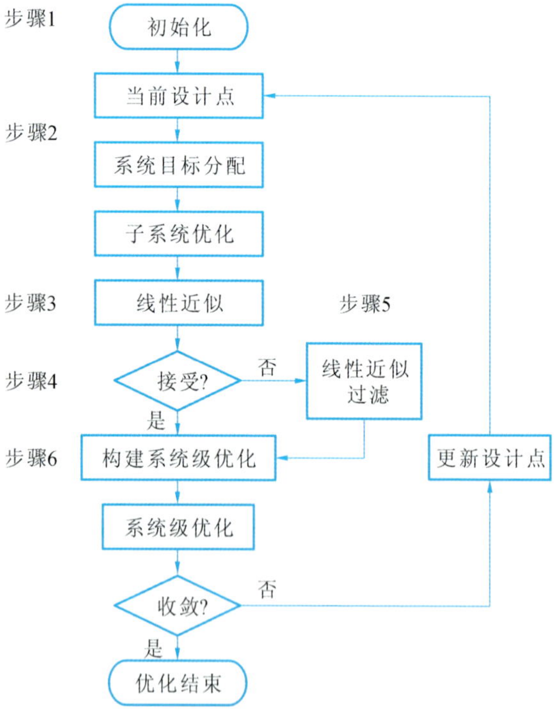

图 3.27 基于 LAF 策略的 CLA-CO 整体计算流程

其具体计算步骤如下。

步骤 1:初始化。

设置循环次数 $k=0$,并设置设计变量的初始值,包括 $\boldsymbol{x}_s,\hat{\boldsymbol{x}}_1,\hat{\boldsymbol{x}}_2,\cdots,\hat{\boldsymbol{x}}_n$。

步骤 2:子系统级优化。

系统级优化获得的设计变量值 $\boldsymbol{x}_s^{\#}$ 和 $\hat{\boldsymbol{x}}_i^{\#}$ 被分配到各子系统中,对于第一次迭代,设计变量的初始值作为系统级目标被分配到各子系统中。结合系统级分配下来的目标值,采用式(3.49)求解子系统级优化问题。在该步骤中,各子系统级的优化是并行执行的。

步骤 3:线性近似。

在步骤 2 中获得的子系统的优值点处,采用式(3.45)来获得对应于子系统级响应的线性近似。

步骤 4:判断线性近似是否被接受。

应用 3.3.4.1 节中提出的线性近似冲突判断流程对线性近似是否形成了安全域进行判断。这些线性近似既包括当前循环中步骤 3 获得的线性近似,也包括前面循环已经累积的线性近似。如果形成了安全域,当前的线性近似将被接受,并被添加到系统级;否则当前的线性近似将不被接受,并被送到 LAF 结构。

步骤 5:线性近似过滤。

采用 3.3.4.3 节中所提出的 LAF 结构可以从不被接受的线性近似中获得违反约束程度最轻的线性近似。其后,违反约束程度最轻的线性近似将取代其他累积的线性近似作为系统级优化新的约束条件。

步骤 6:系统级优化。

利用已经构建的线性近似约束,系统级可以快速地执行优化问题的求解。当系统级优化满足收敛条件时,整个优化过程结束。基于 LAF 策略的CLA-CO 的收敛条件为

$$\left|\frac{f^{(k)}-f^{(k-1)}}{f^{(k)}}\right| \leqslant \varepsilon \tag{3.65}$$

式中:ε 是一个预先给定的很小的正实参数。

3.3.6 算例验证

为了进一步验证基于 LAF 策略的 CLA-CO 算法解决非凸约束优化问题的有效性,本小节分别采用数值优化问题、典型齿轮减速箱设计问题和复合缸设计问题对所提策略进行测试。

3.3.6.1 数值优化问题

本算例源于文献[13]，其描述的优化问题表达式如下：

$$\begin{cases} \min f(\boldsymbol{x}) = x_1 \\ \text{s.t. } c_1 = x_2 - 100\sin(0.1x_1 - 0.5) \leqslant 0 \\ \quad c_2 = 0.1(1.5x_1 - 20)^2 - 70 - 1.5x_2 \leqslant 0 \\ \quad c_3 = \dfrac{50}{x_1 + 0.1} - 40 - x_2 \leqslant 0 \\ \quad 0 \leqslant x_1 \leqslant 100, -100 \leqslant x_2 \leqslant 100 \end{cases} \tag{3.66}$$

该算例中的约束 c_2 和 c_3 属于凸约束，而约束 c_1 属于非凸约束。该问题的最优点为(2.7409，−22.3997)，最优点对应的目标函数值为 2.7409。

依据 CLA-CO 算法的计算原理，该数值算例被分解为两个子系统，c_1 被分配到子系统 1，c_2 和 c_3 被分配到子系统 2。两个设计变量 x_1 和 x_2 均为共享设计变量。该优化问题对应的 CLA-CO 算法优化模型可以参照 CLA-CO 模型十分容易地获得，为此这里不再提供。

为了验证所提方法的有效性，分别采用基于 LAF 策略的 CLA-CO 算法和 CLA-CO 算法求解该数值算例，且选取四组不同的起始点。系统级优化和子系统优化的执行选用的是 MATLAB 软件的“fmincon”功能中的 SQP 算法。不同算法的优化结果如表 3.5 所示，同时，为了直观地观察所提方法的收敛性，绘制基于 LAF 策略的 CLA-CO 算法求解的系统级优化迭代曲线，如图 3.28 所示。

表 3.5 数值优化问题四个不同起始点的优化结果

起始点	基于 LAF 策略的 CLA-CO					CLA-CO			
	优化点	目标值	N	MVLA	时间/s	优化点	目标值	N	时间/s
Ⅰ(70,55)	(2.7412,−22.4016)	2.7412	5	$L_2^{(1)}$	12.5	fail	fail		
Ⅱ(80,97)	(2.7485,−22.4471)	2.7485	7	$L_2^{(3)}$	13.7	fail	fail		
Ⅲ(55,−85)	(2.7409,−22.3998)	2.7409	8	$L_2^{(2)}$	14.3	fail	fail		
Ⅳ(25,65)	(2.7409,−22.3997)	2.7409	5	None	11.2	(2.7409,−22.3997)	2.7409	5	5.9

注：N 表示迭代次数；MVLA 表示违反约束程度最轻的线性近似。

从表 3.5 可以看出，对于前三个起始点Ⅰ、Ⅱ、Ⅲ，基于 LAF 策略的 CLA-CO 算法成功地求解了该数值算例，而由于冲突线性近似的存在，CLA-CO 算法未能成功求解该数值算例。采用 LAF 策略后，对于前三个起始点，冲突的线性近似分别被发现在起始点Ⅰ的第一次迭代、起始点Ⅱ的第三次迭代，以及起始

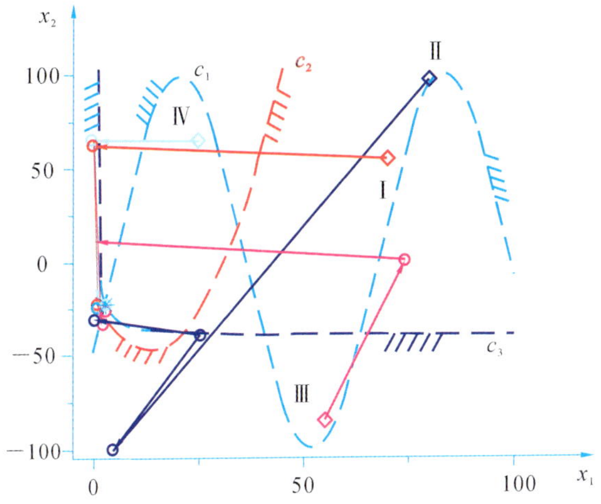

图 3.28 基于 LAF 策略的 CLA-CO 算法求解的系统级优化迭代曲线

点Ⅲ的第二次迭代中，且依据 LAF 策略原理，对应于前三个起始点的违反约束程度最轻的线性近似 $L_2^{(1)}$、$L_2^{(3)}$ 和 $L_2^{(2)}$ 被传递到了系统级中。对其他不同起始点的测试表明，采用基于 LAF 策略的 CLA-CO 算法求解式(3.66)所表示的优化问题不存在任何困难。

对于起始点Ⅳ，所采用的两种优化算法均能获得最优解，然而在相同的 MATLAB 求解环境下，其所需的求解时间却不相同。基于 LAF 策略的 CLA-CO 算法所需时间为 11.2 s，而 CLA-CO 算法所需时间为 5.9 s。这是因为基于 LAF 策略的 CLA-CO 算法增加了线性近似冲突识别的步骤，进而增加了计算时间花费，而且当优化问题中含有的线性近似数量增加时，计算时间的花费会进一步增大。

3.3.6.2 典型齿轮减速箱设计问题

在本小节中，将采用经典的齿轮减速箱设计问题对 LAF 策略进行测试验证。典型齿轮减速箱设计问题是一个被广泛采用的标准多学科设计优化算法测试问题[25,26]。该齿轮减速箱的设计简图如图 3.29 所示。

该齿轮减速箱的设计目标是，在满足传动机构中齿轮的弯曲和接触应力要求、各轴的应力和变形要求、安装的尺寸要求等条件下，使得减速箱的体积尽量小。该齿轮减速箱的优化问题包含七个设计变量，分别为齿面宽度 x_1、齿轮模数 x_2、小齿轮的齿数 x_3、小齿轮轴(轴 1)两端轴承的距离 x_4、大齿轮轴(轴 2)两端轴承的距离 x_5、小齿轮轴的直径 x_6 和大齿轮轴的直径 x_7。

该齿轮减速箱的优化问题模型描述如下：

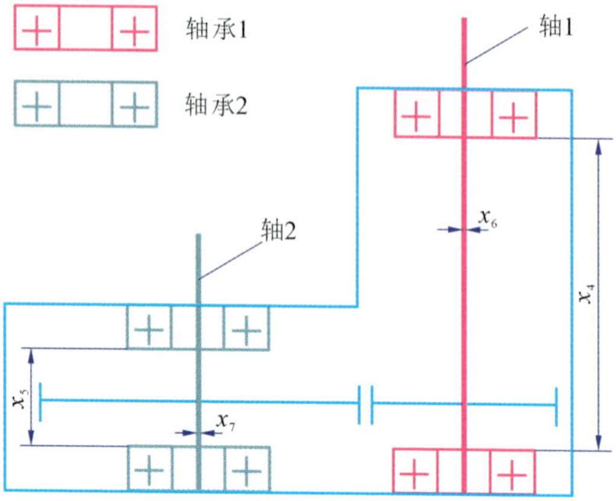

图 3.29　经典的齿轮减速箱设计简图

$$
\begin{cases}
\min\ f(x)=0.7854x_1x_2^2(3.3333x_3^2+14.9334x_3-43.0934) \\
\qquad -1.508x_1(x_6^2+x_7^2)+7.477(x_6^3+x_7^3)+0.7854(x_4x_6^2+x_5x_7^2) \\
\text{s. t.}\ \ g_1:27/(x_1x_2^2x_3)-1\leqslant 0 \\
\qquad g_2:397.5/(x_1x_2^2x_3^2)-1\leqslant 0 \\
\qquad g_3:5-x_1/x_2\leqslant 0 \\
\qquad g_4:x_1/x_2-12\leqslant 0 \\
\qquad g_5:x_2x_3-40\leqslant 0 \\
\qquad g_6:1.925x_4^3/(x_2x_3x_6^4)-1\leqslant 0 \\
\qquad g_7:1.925x_5^3/(x_2x_3x_7^4)-1\leqslant 0 \\
\qquad g_8:A_1/B_1-1100\leqslant 0 \\
\qquad g_9:A_2/B_2-850\leqslant 0 \\
\qquad g_{10}:(1.5x_6+1.9)/x_4-1\leqslant 0 \\
\qquad g_{11}:(1.1x_7+1.9)/x_5-1\leqslant 0 \\
\qquad A_1=\left[\left(\frac{a_1x_4}{x_2x_3}\right)^2+a_2\times 10^6\right]^{0.5},B_1=a_3x_6^3 \\
\qquad A_2=\left[\left(\frac{a_1x_5}{x_2x_3}\right)^2+a_4\times 10^6\right]^{0.5},B_2=a_3x_7^3 \\
\qquad a_1=745,a_2=16.91,a_3=0.1,a_4=157.5 \\
\qquad 2.6\leqslant x_1\leqslant 3.6,0.7\leqslant x_2\leqslant 0.8,17\leqslant x_3\leqslant 28,7.3\leqslant x_4\leqslant 8.3 \\
\qquad 7.3\leqslant x_5\leqslant 8.3,2.9\leqslant x_6\leqslant 3.9,5.0\leqslant x_7\leqslant 5.5
\end{cases}
\tag{3.67}
$$

式中：g_1 为轮齿弯曲应力约束；g_2 为轮齿接触应力约束；g_3、g_4、g_5、g_{10}、g_{11} 为基

于空间与经验的尺寸约束；g_6 为小齿轮轴的横向位移约束；g_7 为大齿轮轴的横向位移约束；g_8 为小齿轮轴的应力约束；g_9 为大齿轮轴的应力约束。

文献[19]提供了该问题的解，即

$$\boldsymbol{x}^* = (3.5 \quad 0.7 \quad 17 \quad 7.3 \quad 7.71 \quad 3.35 \quad 5.29),\ f^* = 2994$$

依据 CLA-CO 算法的计算原理，该数值算例被分解为两个子系统。第一个子系统包含 g_1、g_2、g_3、g_4 和 g_5 五个约束条件，构成了齿轮的系统级优化；而第二个子系统包含 g_6、g_7、g_8、g_9、g_{10} 和 g_{11} 六个约束条件，构成了轴的系统级优化。该优化问题对应的 CLA-CO 算法优化模型可以参照式(3.48)和式(3.49)十分容易地获得，这里不再提供。

文献[12]中提到，式(3.68)所表示的优化问题在给定的变量范围内是一个非凸约束问题。为了进一步测试所提出的 LAF 策略，同时进一步考虑到，对于状态函数和变量的显式表达式不存在的工程问题，高次的近似响应面经常被采用，为此在该算例中，采用 Kriging 近似模型[27,28]对子系统 1 中的所有约束进行近似替代。由于高精度的近似模型(如 Kriging 近似模型)有着很好的近似效果，为此这种基于 Kriging 近似的替代不会改变初始问题，这种替代是合理的。所采用的 Kriging 近似模型为

$$\widetilde{g}(\boldsymbol{x}) = F(\boldsymbol{x})\boldsymbol{\beta}^{\mathrm{T}} + Z(\boldsymbol{\theta},\boldsymbol{x}) \tag{3.68}$$

式中：$F(\boldsymbol{x})$是组成回归函数向量的趋势函数；$\boldsymbol{\beta}$ 是向量形式的回归系数；$Z(\boldsymbol{\theta},\boldsymbol{x})$ 是一个高斯随机函数，其均值为 0，方差为 σ^2；$\boldsymbol{\theta}$ 是向量形式的相关参数，它表示了样本点间的相互关系。在本算例中，具有交叉项的三次基函数，被用来作为 Kriging 近似模型的趋势函数，该三次基函数为

$$\begin{aligned} F(\boldsymbol{x}) = (1 \quad & x_1 \quad \cdots \quad x_n \quad x_1^2 \quad \cdots \quad x_n^2 \quad x_1^3 \quad \cdots \quad x_n^3 \\ & x_1x_2 \quad \cdots \quad x_{n-1}x_n \quad x_1x_2x_3 \quad \cdots \quad x_{n-2}x_{n-1}x_n) \end{aligned} \tag{3.69}$$

在获得子系统 1 所有约束的 Kriging 近似表达式后，可采用基于 LAF 策略的 CLA-CO 算法求解该优化问题。对于四个不同的起始点，采用基于 LAF 策略的 CLA-CO 算法的求解结果如表 3.6 所示。

表 3.6　齿轮减速箱设计问题的基于 LAF 策略的 CLA-CO 算法求解结果

起始点	优值点	目标值	N	MVLA
Ⅰ(3.3,0.7,25,7.54,8.23,3.25,5.2)	(3.4994,0.7,17,7.3,7.7139,3.3484,5.2867)	2.9937×10^3	4	$L_2^{(1)}$
Ⅱ(3.5,0.75,27,7.3,8.2,3.3,5)	(3.4994,0.7,17,7.3,7.7153,3.3502,5.2867)	2.9941×10^3	6	$L_2^{(2)}$
Ⅲ(3,0.7,26,7.3,8,3,5)	(3.4994,0.7,17,7.3,7.7153,3.3502,5.2867)	2.9941×10^3	8	$L_2^{(3)}$，$L_2^{(5)}$
Ⅳ(2.6,0.7,17,7.3,7.3,2.9,5)	(3.4994,0.7,17,7.3,7.7153,3.3502,5.2867)	2.9941×10^3	5	None

表 3.6 所示的结果表明,对于四个不同的起始点,基于 LAF 策略的 CLA-CO 算法均能成功地收敛于最优值。以点Ⅰ为起始点,在求解过程中,存在一次冲突的线性近似情况,且发生在第一次迭代中;以点Ⅱ为起始点,在求解过程中,存在一次冲突的线性近似情况,且发生在第二次迭代中;以点Ⅲ为起始点,在求解过程中,存在两次冲突的线性近似情况,且发生在第三、第五次迭代中;以Ⅳ为起始点,求解过程中不存在冲突的线性近似。在这些迭代过程中,冲突的线性近似均能被 LAF 策略识别出来,并被合理地处理。

作为比较,同样选取上述四个起始点,分别采用 CLA-CO 算法和 CO 算法求解该问题。表 3.7 给出了三种不同算法的求解结果。

表 3.7 齿轮减速箱设计问题的不同算法求解结果

起始点	最优目标值			系统级优化迭代次数			子系统级优化迭代次数		
	基于 LAF 策略的 CLA-CO	CLA-CO	CO	基于 LAF 策略的 CLA-CO	CLA-CO	CO	基于 LAF 策略的 CLA-CO	CLA-CO	CO
Ⅰ	2.9937×10^3	fail	3.0904×10^3	4	—	35	8	—	700
Ⅱ	2.9941×10^3	fail	fail	6	—	—	12	—	—
Ⅲ	2.9941×10^3	fail	5.3585×10^3	8	—	39	16	—	780
Ⅳ	2.9941×10^3	2.9941×10^3	3.0009×10^3	5	5	21	10	10	420

如表 3.7 所示,当存在冲突的线性近似时,CLA-CO 算法将无法求解该优化问题。当采用 CO 算法求解该问题时,其求解的结果是变动的,即以点Ⅰ和点Ⅳ为起始点可以收敛于最优值,而以点Ⅱ为起始点无法收敛,以点Ⅲ为起始点虽然收敛但所得到的却非最优值。这是因为在采用 CO 算法求解非凸可行性问题时,经常出现无法收敛于最优值的现象[29]。

在以点Ⅰ和点Ⅳ为起始点的优化中,CO 算法和基于 LAF 策略的 CLA-CO 算法均能找到最优值,但两者所需的系统级优化和子系统级的迭代次数却截然不同,CO 算法的迭代次数明显要高于基于 LAF 策略的 CLA-CO 算法。尽管基于 LAF 策略的 CLA-CO 算法由于在系统级优化中多了冲突线性近似识别过程,计算时间会增加,但这些增加的时间花费要远远小于 CO 算法中大量子系统级迭代所需的时间花费。

3.3.6.3 复合缸设计问题

为了进一步说明所提方法的有效性,本小节采用复合缸的工程算例对基于 LAF 策略的 CLA-CO 算法进行验证。该复合缸设计问题源于文献[30]。该复合缸由内缸和外缸两部分组成。内缸的内部半径为 a,外部半径为 b。外缸的

内部半径为 b，外部半径为 c。复合缸的高度为 h，缸体的内部受到大小为 p_0 的压力作用。该复合缸的结构如图 3.30 所示。

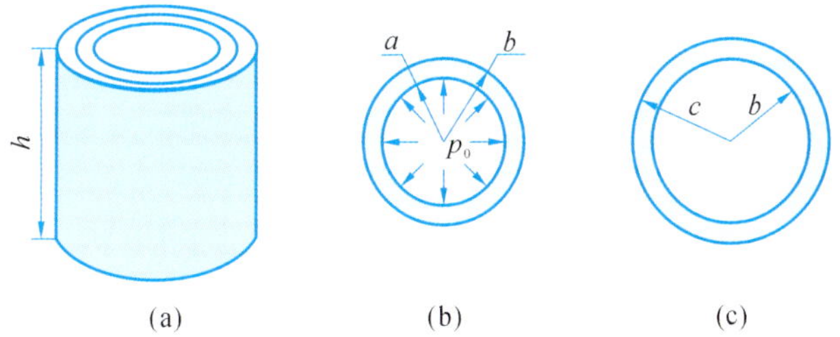

图 3.30 复合缸的设计草图

(a) 复合缸 (b) 内缸 (c) 外缸

该复合缸设计的目标是，在分别满足内外缸允许等效应力和允许切向应力的同时，使得复合缸的体积尽量小。该设计优化问题包含了 x_1、x_2 和 x_3 三个设计变量，$g_1 \sim g_8$ 八个约束条件。在这八个约束条件中，等效应力和切向应力的计算表达式均为隐式表达式，其响应值需要通过有限元分析获得。该复合缸设计的优化问题模型如下：

$$\begin{cases} \text{find } \boldsymbol{x} = (x_1, x_2, x_3) = (a, b, c) \\ \max f(\boldsymbol{x}) = \pi h a^2 \\ \text{s.t. } g_1: S_1 - S \leqslant 0 \\ \qquad g_2: \tau_1^a - \tau \leqslant 0 \\ \qquad g_3: \tau_1^b - \tau \leqslant 0 \\ \qquad g_4: 1.2a - b \leqslant 0 \\ \qquad g_5: S_2 - S \leqslant 0 \\ \qquad g_6: \tau_2^b - \tau \leqslant 0 \\ \qquad g_7: \tau_2^c - \tau \leqslant 0 \\ \qquad g_8: 1.2b - c \leqslant 0 \\ \qquad 6.2 \leqslant a \leqslant 8, 7.5 \leqslant b \leqslant 10, 10.6 \leqslant c \leqslant 12 \end{cases} \tag{3.70}$$

式中：S_1 表示内缸的最大等效应力；τ_1^a 和 τ_1^b 分别表示内缸内部半径 a 和外部半径 b 上的最大切向应力；S_2 表示外缸的最大等效应力；τ_2^b 和 τ_2^c 分别表示外缸内部半径 b 和外部半径 c 上的最大切向应力；S 和 τ 分别代表允许的等效应力和切向应力；g_1 为内缸等效应力约束条件；g_2 为内缸内表面的切应力约束条件；g_3 为内缸外表面的切应力约束条件；g_4 为内缸的几何约束条件；g_5 为外缸等效应力约束条件；g_6 为外缸内表面的切应力约束条件；g_7 为外缸外表面的切应力

约束条件；g_8 为外缸的几何约束条件。

该多学科设计优化问题由内缸和外缸两个子系统组成。子系统 1 由约束条件 $g_i(i=1,2,3,4)$组成，子系统 2 由约束条件 $g_i(i=5,6,7,8)$组成。在该算例中，等效应力和切向应力的计算表达式由多项式近似获得。为了进一步测试所提算法对不同近似表达式的有效性，在该算例中采用带有交叉项的三次多项式来近似等效应力和切向应力的计算表达式，其形式为

$$\widetilde{F}(\boldsymbol{x}) = a_0 + \sum_{i=1}^{n} b_i x_i + \sum_{i=1}^{n} d_i x_i^2 + \sum_{i=1}^{n} e_i x_i^3 + \sum_{i=1}^{n-1}\sum_{j=i+1}^{n} d_{ij} x_i x_j + \sum_{i=1}^{n-2}\sum_{j=i+1}^{n-1}\sum_{k=j+1}^{n} d_{ijk} x_i x_j x_k \qquad (3.71)$$

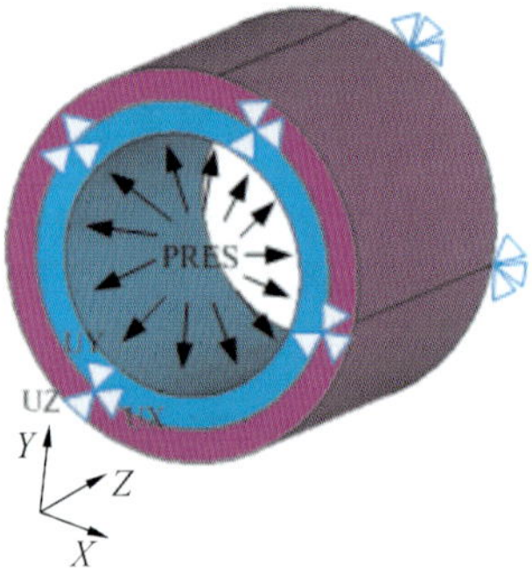

图 3.31　复合缸的有限元分析模型

在求解式(3.71)中的系数时，采用拉丁超立方（latin hypercube sampling，LHS）[31]方法进行试验设计，并采用 ANSYS 软件求解样本点对应的响应值。

该复合缸的有限元分析模型如图 3.31 所示。在复合缸的圆柱端面上分别施加 X、Y、Z 方向上的位移约束 UX、UY、UZ；在内缸的内圆柱面上施加应力载荷 PRES；内外缸的接触由 CONTA 174 和 TARGE 170 单元来定义。复合缸的相关参数如表 3.8 所示。

表 3.8　复合缸相关参数

名　　称	符　　号	数　　值
弹性模量/psi	E	3.0×10^7
泊松比	ρ	0.3
内压强/psi	p_0	2.0×10^4
许用应力/psi	S	8.7×10^4
许用切应力/psi	τ	3.5×10^4
复合缸高度/in	h	20

注：1 in=2.54 mm；1psi=6.985 kPa。

在获得约束函数之后，采用 MATLAB 完成复合缸的设计优化。该复合缸的实际优化结果：优化点为(7.3626,8.8351,12)，优化目标值为 3406。取三个不同的起始点来对本章所提方法进行验证分析，其计算结果如表 3.9 所示。

表 3.9　复合缸三个不同起始点的优化结果

起　始　点	基于 LAF 策略的 CLA-CO				CLA-CO		
	优化点	目标值	N	MVLA	优化点	目标值	N
Ⅰ(6.95,8,10.6)	(7.3322, 8.8833, 12)	3378	6	$L_1^{(3)}$	fail	fail	—
Ⅱ(8,10,12)	(7.362, 8.8344, 12)	3405	4	$L_1^{(1)}$	fail	fail	—
Ⅲ(6.2,10,10.8)	(7.3488, 8.8185, 12)	3393	4	None	(7.3488, 8.8185, 12)	3393	4

由表 3.9 可知，对于三个不同的起始点，采用本节所提出的带有 LAF 策略的 CLA-CO 算法都可有效地获得优化结果。但是，采用 CLA-CO 算法却不能实现前两组起始点的优化。起始点Ⅱ的最终优化结果最接近真实解，取此组数据时复合缸的应力云图如图 3.32 所示。

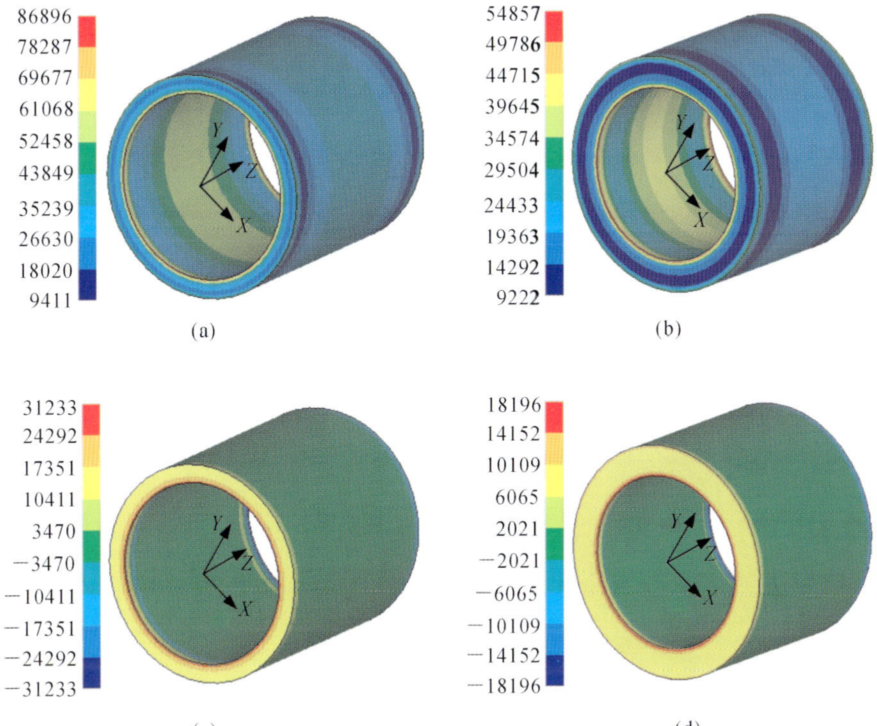

(a)　(b)　(c)　(d)

图 3.32　复合缸相对于起始点Ⅱ的应力云图

(a) 内缸等效应力云图 $S_1=86896$ psi　(b) 外缸等效应力云图 $S_2=54857$ psi

(c) 内缸切应力云图 $\tau_1^a=31233$ psi，$\tau_1^b=15695$ psi　(d) 外缸切应力云图 $\tau_2^b=18196$ psi，$\tau_2^c=12173$ psi

由图 3.32 可以看出，复合缸内外缸的最大等效应力分别为 $S_1=86896$ psi、$S_2=54857$ psi，均小于许用应力 S，且 S_1 与许用应力 S 非常接近。内外缸内外表面的切应力 τ_1^a、τ_1^b、τ_2^b、τ_2^c 分别为 31233 psi、15695 psi、18196 psi、12173 psi，均小于许用切应力 τ，且 τ_1^a 与许用切应力 τ 非常接近。通过上述分析可知，由所提方法获得的优化值满足复合缸设计优化的所有约束。

3.4 本章小结

本章在深入研究 CO 算法的基础上，指出其存在的两大缺陷：计算困难和收敛困难。为此，本章提出了两种改进的 CO 算法，以改善 CO 算法本身存在的缺陷。第一种方法是基于智能算法的 ACO 算法。针对 CO 算法计算困难问题，这种方法在系统级采用智能优化算法替代传统的数值优化算法。本章主要研究了基于遗传算法、模拟退火算法的 ACO 算法。在此基础上，集成遗传算法和模拟退火算法的优点提出了一种改进的遗传-模拟退火（GASA）混合算法，并提出了基于 GASA 的自适应协同优化（GASA-ACO）算法。针对 CO 算法收敛困难问题，采用混合罚函数法对 CO 算法系统级数学模型进行重新构造，使其具备数学意义上的求解稳态条件，并符合智能优化算法的计算要求，提高了 CO 算法的收敛性能。

第二种方法是基于线性近似过滤（LAF）策略的 CLA-CO 算法，该算法是针对多学科协同优化 CLA-CO 算法求解非凸约束优化时无法收敛或无法找到最优解的问题而提出的。该算法中的 LAF 策略包括线性近似冲突的有效识别、违反约束的测度和线性近似过滤的结构，具有以下两个优点：①不改变 CLA-CO 算法在凸约束优化问题中的应用属性。②对非凸约束优化问题中的起始点不敏感。采用基于 LAF 策略的 CLA-CO 算法可以有效地去除累积添加的冲突约束，成功地实现非凸约束的优化。算例表明所提方法可以有效改善 CO 算法的计算困难和收敛困难问题。本章的研究为后续混合不确定性下的多学科可靠性设计优化奠定了基础。

参考文献

[1] KROO I, ALTUS S, BRAUN R, et al. Multidisciplinary optimization methods for aircraft preliminary design[DB/OL]. [2017-01-25]. https://doi.

org/10.2514/6.1994-4325.
[2] ALEXANDREW N M,LEWIS R M. Analytical and computational aspects of collaborative optimization[R]. Washington,D. C.:NASA Langley Research Center,2000:301-309.
[3] LIN J G G. Analysis and enhancement of collaborative optimization for multidisciplinary design[J]. AIAA Journal,2004,42(2):348-360.
[4] SOBIESKI I P,KROO I M. Collaborative optimization using response surface estimation[J]. AIAA Journal,2000,38(10):1931-1938.
[5] 唐焕文,秦学志. 实用最优化方法[M]. 大连:大连理工大学出版社,2004.
[6] 万仲平. 优化理论与方法[M]. 武汉:武汉大学出版社,2004.
[7] 李响,李为吉. 飞行器多学科设计优化的三种基本类型及协同设计方法[J]. 宇航学报,2005,26(6):693-697.
[8] INGBER L. Simulated annealing:practice versus theory[J]. Mathematical and Computer Modelling,2002,18(11):29-57.
[9] KENNEDY J,EBERHART R. Particle swarm optimization[M]. New York:Springer US,2011.
[10] BRAUN R,GAGE P,KROO I,et al. Implementation and performance issues in collaborative optimization[DB/OL]. [2017-02-01]. https://doi.org/10.2514/6.1996-4017.
[11] ROTH B,KROO I. Enhanced collaborative optimization:application to an analytic test problem and aircraft design[DB/OL]. [2017-01-25]. https://doi.org/10.2514/6.2008-5841.
[12] LI X,LIU C,LI W,et al. An alternative formulation of collaborative optimization based on geometric analysis[J]. Journal of Mechanical Design,2011,133(5):623-635.
[13] 谢琦,李连升,刘继红. 基于 GASA 优化算法的自适应协同优化方法[J]. 计算机集成制造系统,2010,(11):2410-2415.
[14] 王凌. 智能优化算法及其应用[M]. 北京:清华大学出版社,2001.
[15] 王小平,曹立明. 遗传算法——理论、应用与软件实现[M]. 西安:西安交通大学出版社,2002.
[16] 彭勇刚,罗小平,韦巍. 一种新的模糊自适应模拟退火遗传算法[J]. 控制与决策,2009,24(6):843-848.

[17] 冯向军，戴金海. 基于学科间差异信息的协同优化改进算法[J]. 国防科技大学学报，2008，30(2)：132-138.

[18] 李响，李为吉. 利用协同优化方法实现复杂系统分解并行设计优化[J]. 宇航学报，2004，25(3)：300-304.

[19] 韩明红，邓家禔. 协同优化算法的改进[J]. 机械工程学报，2006，42(11)：34-38.

[20] 李霞. 现代飞机起落架缓冲性能分析、优化设计一体化技术[D]. 西安：西北工业大学，2004.

[21] MENG X J，JING S K，ZHANG L X，et al. Linear approximation filter strategy for collaborative optimization with combination of linear approximations[J]. Structural and Multidisciplinary Optimization，2015，53(1)：1-18.

[22] MENG X J，JING S K，WANG Y D，et al. Multidisciplinary inverse reliability analysis based on collaborative optimization with combination of linear approximations[J]. Mathematical Problems in Engineering，2015(8)：1-11.

[23] PAN P Q，PAN Y. A phase-1 approach for the generalized simplex algorithm[J]. Computers & Mathematics with Applications，2001，42(10)：1455-1464.

[24] 黄红选，韩继业. 数学规划[M]. 北京：清华大学出版社，2006.

[25] CHARLES Y. Evaluation of methods for multidisciplinary design optimization(MDO)，part II[R]. Washington，D. C.：NASA Langley Research Center，1998.

[26] 孙建勋，张立强，陈建江，等. 集成协同优化策略与性能测量法的多学科可靠性设计优化[J]. 计算机辅助设计与图形学学报，2011，23(8)：1373-1379.

[27] CHEN Z，QIU H，GAO L，et al. A local adaptive sampling method for reliability-based design optimization using Kriging model[J]. Structural and Multidisciplinary Optimization，2014，49(3)：401-416.

[28] 苏子健. 多学科设计优化的分解、协同及不确定性研究[D]. 武汉：华中科技大学，2008.

[29] SOBIESZCZAN-SKISOBIESKI J. Sensitivity of complex，internally cou-

pled systems[J]. AIAA Journal,2012,28(1):153-160.

[30] UGURAL A C,FENSTER S K. Advanced strength and applied elasticity [M]. New York:Pearson Education,2003.

[31] GOEL T,HAFTKA R T,SHYY W S,et al. Pitfalls of using a single criterion for selecting experimental designs[J]. International Journal for Numerical Methods in Engineering,2008,75(2):127-155.

第 4 章 基于近似技术的可靠性分析方法

由于学科耦合，实际上多学科设计优化的计算成本远高于各个学科计算成本之和，传统单学科设计优化中使用的高精度分析软件在多学科设计优化中直接使用并不可行。因此研究可以显著提高计算效率的近似模型是十分必要的。近似方法计算成本低廉，而且，响应面模型等可以消除性能函数或目标函数的噪声，从而提高整个设计策略的稳健性。本章在对近似技术和试验设计技术进行总结回顾的基础上，介绍两种基于近似技术的可靠性分析方法：①基于逆可靠性原理抽样的响应面法；②基于样本点全插值的响应面法（包括其在可靠性分析中的应用）。

4.1 近似技术与试验设计概述

多学科设计优化一般都涉及多个子系统的分析，如航空航天系统中的优化设计涉及气动、弹道、结构、控制等多个子系统分析。各子系统分析的计算量较大，使得整个问题的优化过程十分耗时，甚至无法实现。而且，许多多学科设计优化问题的目标函数和约束函数对于设计变量经常是不光滑的或者具有复杂的非线性。在设计优化过程中，用近似模型来替代原有的高精度分析模型，能够很好地克服计算量过大的问题。而试验设计（design of experiments，DOE）是研究如何制定适当试验方案以便对试验数据进行有效的统计分析的数学理论与方法。在多学科设计优化中，试验设计和近似模型紧密相连。

4.1.1 多学科设计优化中的近似技术

优化设计问题可以简单表述为

$$\begin{cases} \min\ f(x) \\ \text{s. t. } g_j(x) \leqslant 0 \quad (j=1,2,\cdots,J) \\ \qquad h_k(x)=0 \quad (k=1,2,\cdots,K) \\ \qquad x_i^{\mathrm{L}} \leqslant x_i \leqslant x_i^{\mathrm{U}} \quad (i=1,2,\cdots,n) \end{cases} \tag{4.1}$$

式中：$f(x)$是目标函数，$x\in \mathbf{R}^n$ 定义了设计空间中的一个点；$g_j(x)$和 $h_k(x)$分别是不等式约束和等式约束；x_i^{L} 和 x_i^{U} 分别称为设计变量的下限和上限，也称边界条件，定义了可行设计区域。

近似方法用一系列近似问题替代上式描述的优化问题，每求一次近似问题的解称为一次循环，每一次循环中近似优化问题可以表述为

$$\begin{cases} \min\ f^p(x),\ x\in \mathbf{R}^n \\ \text{s. t. } g_j^p(x) \leqslant 0 \quad (j=1,2,\cdots,J) \\ \qquad h_k^p(x)=0 \quad (k=1,2,\cdots,K) \\ \qquad x_i^{p\mathrm{L}} \leqslant x_i^p \leqslant x_i^{p\mathrm{U}} \quad (i=1,2,\cdots,n) \end{cases} \tag{4.2}$$

式中：p 为循环次数；$f^p(x)$、$g_j^p(x)$、$h_k^p(x)$分别为目标函数及不等式约束、等式约束的近似函数形式。

按照近似函数所模拟设计空间的大小，将近似方法分为局部近似、中等范围近似和全局近似方法。局部近似和中等范围近似在结构设计优化中应用广泛，全局近似则能够很好地适应解决多学科设计优化问题的需要。因此在这里主要介绍全局近似方法。

1. 响应面法

在多学科设计优化问题中，应用最为广泛的全局近似方法是响应面法。响应面法用一个简单的函数近似替代实际的复杂仿真模型，因此可以方便地进行分析计算和优化设计。响应面法的原理是当某点周围一定数量点的实际函数值已知时，通过某种方式建立一个超曲面。在充分靠近这个点的区域内，可用这个曲面代替实际函数进行复杂计算。

设 $\boldsymbol{X}=(x_1, x_2, \cdots, x_n)$是 n 维的输入变量，$\boldsymbol{y}$ 为输出变量。对于 m 个试验数据$(X_1, X_2, \cdots, X_m)$，输出变量和输入变量之间存在函数关系 $y_i=y(X_i)$ $(i=1,2,\cdots,m)$，该函数称为响应逼近函数。各种响应面建模方法具体介绍如下[1]。

1）多项式回归法

根据 Weierstress 多项式最佳逼近定理，任何类型的函数都可用多项式逼近，因此在实际问题中，总可用多项式回归模型进行分析、计算。多项式回归模型的一般表达为

$$y=f'(x)\beta=\beta_1 f_1(x)+\beta_2 f_2(x)+\cdots+\beta_k f_k(x) \tag{4.3}$$

待估参数 β 的最小二乘估计为

$$\beta=(F'(x)F(x))^{-1}F'(x)y \tag{4.4}$$

在多项式回归法中，待估参数个数随多项式阶数呈指数规律增加，而待估参数个数会直接影响参数估计效率，因此在实际应用中通常采用二阶多项式进行拟合。

2）人工神经网络法

人工神经网络(artificial neural network，ANN)是由大量简单的处理单元互相连接而形成的复杂并行网络结构，虽然各单元只完成简单的计算功能，但整个网络可以构成高度复杂的非线性系统。通过对 Kolmogrov 多层网络映射存在定理的研究，在三层前馈神经网络中，只要隐层采用非线性递增函数，输入和输出层采用线性函数，即可对任意连续函数进行逼近，其网络拓扑结构如图 4.1 所示。

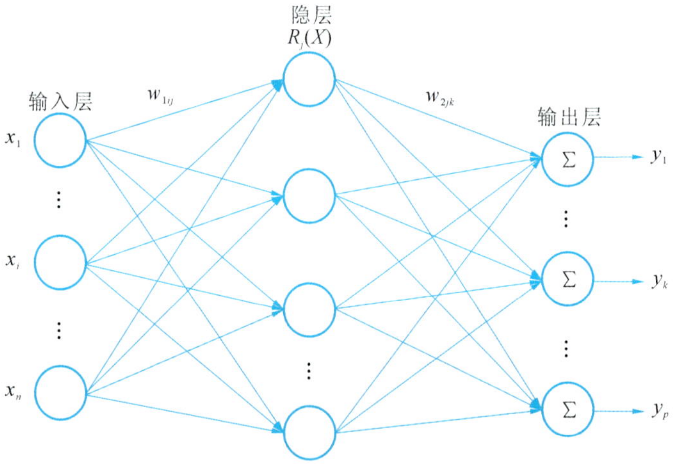

图 4.1　三层前馈神经网络拓扑结构图

图中 w_{1ij}、w_{2jk} 为待估参数。人工神经网络算法由于具有良好的容错性和自组织、自适应能力等，已成功应用于响应面建模领域。人工神经网络的最佳权值 w_{1ij}、w_{2jk} 是通过样本学习获得的，样本学习的目的是要找出使实际计算输出与样本期望输出之间误差最小的权值。目前应用较多的人工神经网络算法都存在学习速度缓慢、容易陷入局部最优解以及因存在振荡而难以收敛等缺陷。近年来，很多学者对该算法进行了改进，包括引入遗传算法进行学习优化、确定网络结构、动态改变学习速度和引入动量项等，但仍不能从根本上改变上述问题。

3）Kriging 函数法

Kriging 函数法采用均值为零的平稳随机过程描述复杂仿真分析模型的真实响应关系，以随机过程的相关函数计算权值对距离进行加权插值。Kriging 函数模型如下：

$$y = y(x) = \sum_{i=1}^{p} \beta_i f_i(x) + z(x) \tag{4.5}$$

式中：$f_i(x) = \{f_1(x), f_2(x), \cdots, f_p(x)\}$ 是回归函数（一般采用低阶多项式）；$\beta_i = \{\beta_1, \beta_2, \cdots, \beta_p\}$ 是 $f'(x)$ 的回归系数；$z(x)$ 是均值为 0 的随机过程，其协方差矩阵如下：

$$\begin{cases} \mathrm{Cov}[z(x^i), z(x^j)] = \sigma^2 \cdot [R(x^i, x^j)] \quad (i, j = 1, 2, \cdots, m) \\ R(x^i, x^j) = \prod_{k=1}^{n} R_k(d_k, \theta_k), d_k = x_k^i - x_k^j, \theta_k > 0 \quad (k \in [1, n]) \end{cases} \tag{4.6}$$

式中：$R_k(d_k, \theta_k)$ 为协方差函数（或相关函数）；d_k 为距离参数；θ_k 为相关参数，$\boldsymbol{\theta} = (\theta_1, \theta_2, \cdots, \theta_n)$ 为向量形式的相关参数。

Kriging 模型具有良好的适应性，可广泛用于拟合低阶或高阶非线性模型。但 Kriging 模型的相关参数 $\boldsymbol{\theta} = (\theta_1, \theta_2, \cdots, \theta_n)$ 需通过极大似然估计获得，因此参数估计计算复杂。尤其当输入变量的维数较高时，$\boldsymbol{\theta} = (\theta_1, \theta_2, \cdots, \theta_n)$ 的参数估计变得更为复杂，甚至难以实现。

4）径向基函数法

径向基函数（radial basis function，RBF）法最初是 R. L. Hardy 提出的一种根据地理数据拟合不规则地形等高线的方法。径向基函数法的基本思想是对欧氏距离基函数加权插值，径向基函数的解析表达式为

$$y = y(\boldsymbol{x}) = \sum_{i=1}^{p} \beta_i f_i(\boldsymbol{x}) + \sum_{i=1}^{m} \lambda_i \phi(\| \boldsymbol{x} - \boldsymbol{x}^i \|) \tag{4.7}$$

式中：$f_i(\boldsymbol{x}) = \{f_1(\boldsymbol{x}), f_2(\boldsymbol{x}), \cdots, f_p(\boldsymbol{x})\}$ 是回归函数（一般采用低阶多项式）；$\beta_i = \{\beta_1, \beta_2, \cdots, \beta_p\}$ 是 $f'(\boldsymbol{x})$ 的回归系数；$\phi(\cdot)$ 为基函数，$\|\cdot\|$ 为欧氏范数，$\lambda_i = \{\lambda_1, \lambda_2, \cdots, \lambda_m\}$ 为欧氏原点 X_0 与采样点的距离基函数 $\phi(\| \boldsymbol{x} - \boldsymbol{x}^i \|)$ 的加权系数。

径向基函数法基本原理与 Kriging 函数法相同，都是基于距离的加权插值，因此径向基函数模型也具有良好的适应性，可广泛用于拟合低阶或高阶非线性模型。径向基函数的参数估计采用最小二乘法，通过求解线性方程获得。

5）响应面法的比较

影响响应面拟合精度和拟合效率的主要因素是变量个数和非线性特性。

为更好地支持对多学科设计优化问题的设计优化，就需要对比研究各种响应面建模方法的适用性。

选择两变量多峰函数(代表少变量高阶非线性问题)、两变量二次函数(代表少变量低阶非线性问题)、十变量多峰函数(代表多变量高阶非线性问题)、十变量二次函数(代表多变量低阶非线性问题)进行研究。根据响应面建模流程，首先采用均匀试验设计方法在设计空间内生成 m 个样本点 $X_i(i=1,2,\cdots,m)$，调用上述函数得到样本的真实响应输出，然后分别采用多项式回归法、人工神经网络法、Kriging 函数法、径向基函数法建立响应面模型，从拟合精度和拟合效率两方面进行比较。

(1) 拟合精度　响应面模型拟合精度检验的常用准则为相对均方根误差(root mean squared error，RMSE)，其定义式为

$$\mathrm{RMSE}=\frac{1}{n_{\mathrm{e}}\bar{y}}\sqrt{\sum_{i=1}^{n_{\mathrm{e}}}(y_i-\hat{y}_i)^2} \tag{4.8}$$

式中：n_{e} 为模型验证的样本量；y_i 为真实响应值；$\hat{y}_i$ 为由响应面模型得到的观测值；$\bar{y}$ 为真实响应值的均值。相对均方根误差 RMSE 反映了响应面与真实响应值之间的差异程度，差值越小表示响应面的拟合精度越高。

最后的拟合数据表明，人工神经网络法、Kriging 函数法和径向基函数法对四种函数都具有很好的拟合精度，而多项式回归法仅对低阶非线性问题具有较好的拟合精度，对高阶非线性问题存在较大的拟合误差。

(2) 拟合效率　统计模型拟合所需要的时间，经比较后可以看出，多项式回归法和径向基函数法具有较高的拟合效率，这是由于最小二乘法只需求解线性方程即可得到参数估计；人工神经网络法和 Kriging 函数法的拟合效率较低，对多变量问题尤其如此，这是由于人工神经网络法的反向传播(BP)学习算法学习速度缓慢，而 Kriging 函数法在参数估计中需通过多维搜索算法求解极大似然函数。

在模型参数拟合过程中，用二阶多项式拟合多变量问题时很容易出现系数矩阵行列式等于零的特殊情况，从而导致参数估计结果方差较大；人工神经网络和 Kriging 函数模型拟合则具有容易陷入局部最优解、因存在振荡而难以收敛等缺陷；而径向基函数的取值具有随着与中心点距离的增加而单调减小或增大的特征，这保证了系数矩阵的非奇异性，进而保证了参数估计结果具有较小的方差。

2. 响应面法在多学科设计优化中的应用及研究方向

响应面法已经在多学科设计优化的研究中得到了应用。龚春林等将响应

面法应用于飞行器的气动分析模型分析中，建立了差值和比值校准响应面，基于低精度分析数据和校准模型形成了气动数据库，初步解决了飞行器多学科设计优化中的气动分析问题[2]。姚雯等集成 CSSO 算法和响应面法，构造 CSSO-RS，用经典函数和飞机设计优化两个实例进行了测试，结果表明，应用了响应面法的 CSSO 算法优化效率高，优化结果好[3]。罗世彬等首先通过多机并行计算完成了高超声速巡航飞行器性能分析。根据分析结果构造了响应面近似模型，并通过响应面近似模型的优化，完成了高超声速巡航飞行器的多学科设计优化。计算表明，基于试验设计的多学科设计优化方法可以用于高超声速巡航飞行器的优化设计[4]。

在多学科设计优化问题中应用近似技术，需要解决的一个重要问题就是如何提高近似函数的近似性能，即近似精度。随着样本容量增大，若不能够对计算结果的残差进行处理，充分利用进行曲面拟合时的有用信息，近似模型的近似精度就无法有效提高。同时，还要提升建立近似模型的效率。另外，需要对上述几种常见的响应面建模方法进行比较分析，做出区分，针对不同多学科设计优化问题的设计优化选择合适的近似方法，以减少不必要的消耗。需要从各个近似方法的结构入手，深入研究每个近似方法采用不同方式构造时所产生的效果。如人工神经网络法构造响应面耗费时间较长，可以从替换网络结构入手，例如引入动量项、动态改变学习速度、确定网络结构和引入遗传算法进行学习优化等，提高人工神经网络响应的效率。

4.1.2 多学科设计优化中的试验设计方法

1. *在多学科设计优化中应用试验设计方法的必要性*

响应面法的一般过程是：当某点周围一定数量点的实际函数值已知时，通过某种方法建立一个超曲面。在充分靠近这个点的区域内，可用这个曲面代替实际函数进行复杂计算。这里所说的“某种方法”，就是试验设计（DOE）。在多学科设计优化中，需要通过试验设计来选取合适的样本点，这些样本点必须可以代表整个设计空间中的数据点，然后以这些点为基础，拟合出一个函数曲面。该曲面能够代替某个子学科或子系统中复杂的实际函数，在保证精确度的同时，能大大减少计算量。

试验设计理论是统计学的一个分支。无论经典试验设计方法还是现代试验设计方法，都是要通过尽可能少的试验次数获取尽可能多的设计空间知识信息。

通常情况下，不同的设计变量组合之间会存在交互作用，从而影响试验设计的效果。为了避免这种不可预知的交互作用，常常采用正交化序列取样的方法。在正交化的设计中，因素之间的影响可以完全被分离开，同时可以从相互独立的设计变量中获取最大化的设计空间信息。试验设计的另一个要求是试验点应取为整个设计空间中的超立方体的典型子集，因此试验点在设计空间中的分布应具有良好的均匀性。因此，正交性和均匀性是试验设计最重要的两个属性[5]。

如果试验安排合理，试验次数不多就能得到满意的近似模型。倘若试验安排不合理，试验次数虽多，结果也往往不尽如人意。一般试验设计要求试验次数尽可能少，尽可能全面反映设计空间特性。在试验设计理论中，设计变量被称为因素，每个因素在设计范围内的可能取值称为水平[6]。

2. 试验设计方法的种类

目前常见的试验设计方法包括完全析因试验设计、正交试验设计、均匀试验设计、D-Optimal 设计、Taguchi 设计和拉丁超立方设计等[7]。

1）完全析因试验设计

完全析因（full factorial）试验设计是最基础的试验设计方法，其将所有因素的所有种组合在所有水平上都进行评估，共需要进行 $n_1 \cdot n_2 \cdot \cdots \cdot n_i$ 次评估（i 为因素的个数，n_i 为因素的水平个数）。这种方法为精确评估各因素及其交互作用的影响提供了大量的信息。但是，因为需要的分析次数过多，该方法时间消耗大、效率低下。

2）正交试验设计

使用正交矩阵（orthogonal array）可以用分式析因试验替代费时费力的完全析因试验。分式析因试验是要试验完全析因组的一个指定的分式子集（1/2、1/4、1/8 等）。其选择标准是要保持各个不同因素和某些相互作用之间的正交性（独立性）。正是这种正交性使得在整个试验结果中，要对各因素和相互作用进行独立评估。虽然在分式析因试验设计中使用正交矩阵会使结果分析的精确度降低，但只要一些相互作用的影响能被假定为可以忽略不计，那么所需试验次数的减少便可弥补精确度上的损失。

3）均匀试验设计

均匀试验设计是一种部分因子试验设计，因将试验点均匀分布于试验设计域而得名。和正交试验设计相比，均匀试验设计给试验者更多的选择，从而有可能用较少的试验次数获得期望的结果。正交试验设计只适用于水平数不多的试验，若一项试验中有 s 个因素，其各有 p 个水平，采用正交试验设计，至少需要做 p^2 次试验，当 p 较大时，p^2 会很大。对这一类试验，均匀试验设计是非常有用的。均匀试验设计的优点在于能够以较少的试验获得较好的试验效果，特别是在水平比较多的情况下。与正交试验设计相似，均匀试验设计也可通过一套精心设计的表完成。

4）D-Optimal 设计

D-Optimal 设计是按 D-最优设计准则选择试验点的方法。D-最优设计准则要求所取试验点能使信息矩阵的行列式最大。D-Optimal 设计是使响应方程估计系数的方差和协方差最小的试验设计。D-Optimal 设计本质上是一个优化问题，但随着变量的增加，计算量增加很快。同时，目标函数可能存在多个极值点，这也会增加优化的难度。当变量数目不大时，可以采用遗传算法选取 D-Optimal 设计点。

5）Taguchi 设计

Taguchi 设计是日本学者 G. Taguchi 创立的一种提高和改进产品质量的设计方法，它所依赖的两个基本工具是正交试验设计和信噪比方法。正交试验设计采用正交表（正交表可从试验设计参考书中获得），通过对试验因子水平的安排和试验来确定参数值的最佳组合。信噪比方法是将损失模型转化为信噪比指标并将该指标作为衡量产品质量的特性值。一般情况下，Taguchi 设计只适用于设计变量不多于 8～10 个的试验设计问题。

6）拉丁超立方设计

拉丁超立方（Latin hypercube）设计是一种可以有效进行大型设计空间采样的试验设计方法。这种方法将每个因素的设计区间都均匀地划分开，所有因素都以同样数目进行分区，然后，随机地组合这些水平，确定定义设计矩阵的 n 个点。使用拉丁超立方与使用正交矩阵相比，一个主要优点就是对每个因素而言，可以研究更多的点和更多的组合。拉丁超立方设计方法可以使设计者不必选择很多的设计次数，只要设计次数比因素数多就行。

7）中心复合设计

中心复合设计（center composite design）是一种基于统计学的方法，在该方法中，一个两水平的完全析因试验设计空间被扩大了，其方法就是给每个因素增加 1 个中心点和 2 个附加点。因此，需要为每个因素指定 5 个水平。同时，使用中心复合设计方法来研究 n 个因素要进行 2^n+2n+1 个设计点的评估。虽然该方法需要评估大量设计点，但是因为扩展了隐藏的设计空间，并且能得到高阶信息，所以它是一种为响应面模型提供数据的常用方法。

3. 试验设计方法在多学科设计优化中的应用及研究方向

总体上，在应用中可按照需要选择合适的试验设计方法。由于因素选取的简单性和易操作性,中心复合设计曾被广泛采用,但随着设计变量数的增多,中心复合设计所需试验点数急剧增加,因此很难用于多个变量的设计优化问题。对于多变量设计问题,D-最优设计法应用较广。对于确定性模型,试验点应该是布满整个试验空间的而不是仅分布于边界处。中心复合设计和 D-最优设计虽然对于随机模型可以得到很好的结果,但对于确定性模型有可能是无效的。相比之下,拉丁超立方设计由于其空间填满性,可提供足够的设计空间的有用信息,尤其适用于确定性的计算机试验拟合[8]。

4.1.3 基于近似技术的多学科设计优化应用实例

这里使用 Isight 软件,结合一个简化的功能梯度蜂窝(材料为聚乳酸,即 PLA)的设计优化模型的优化过程,阐述工程实际中多学科设计优化的基本处理步骤以及近似技术在多学科设计优化中的具体应用方式。

4.1.3.1 建立优化模型

对于一个功能梯度蜂窝,希望其使用材料尽可能少,且抗弯刚度尽可能大。材料用量体现为结构的实际体积。抗弯刚度用在一定载荷下的变形量大小来等效表示,即最大位移尽可能小。然而,这两个目标显然是不可能同时达到最优的,因为体积减小也就是指材料用量的减少,这会导致结构的抗弯刚度变小。

工程问题不同以及设计者期望不同,体积和抗弯刚度两个目标被赋予的重要度也就不同。因此,考虑其综合性能,问题模型可以写为

$$f = W_v \times V + W_a \times \Delta y \tag{4.9}$$

式中:W_v 和 W_a 分别为体积 V 和变形量 Δy 的权重值,$0 \leqslant W_v \leqslant 1$,$0 \leqslant W_a \leqslant 1$,并且满足

$$W_v + W_a = 1 \tag{4.10}$$

权重值越大,说明对应参数越重要。如果 $W_v = W_a$,说明体积与抗弯刚度有同等的重要度。极端情况下,如果 $W_v = 1$,$W_a = 0$,说明要使体积尽可能小而忽略抗弯刚度,反之则指要使变形量最小(即抗弯刚度最大)而不考虑体积的大小。f 为目标函数值,我们希望使其最小,以使结构综合性能最好。

该问题实际上可以分为结构和力学两个学科。在结构学科,希望功能梯度蜂窝的体积尽可能小,而体积与蜂窝的结构参数有直接的关系。当设计区域大小确定时,影响体积的主要参数就是孔壁长度 l_i 和孔壁厚度 t_i。其中孔壁长度 l_i 与蜂窝的基圆半径 r 的大小有关系。孔壁厚度 t_i 与权重因子 k 有关。同样,在力学学科,基圆半径 r 的变化以及权重因子 k 的变化都会使最终功能梯度蜂

窝的拓扑结构发生变化，从而影响其抗弯刚度。体积和抗弯刚度的变化又会影响到目标函数值。

该问题简化后的学科耦合关系(参数流)如图 4.2 所示。

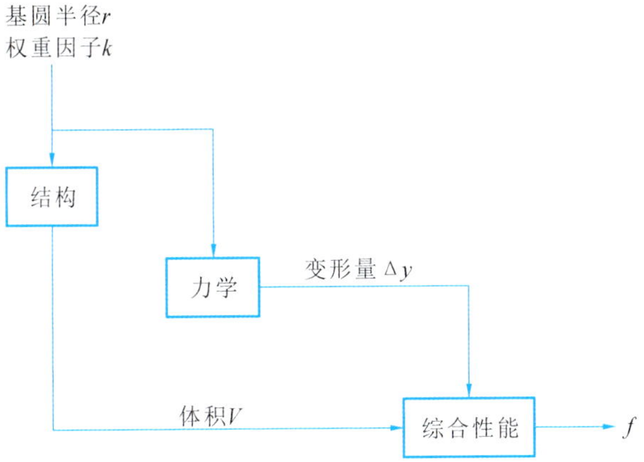

图 4.2　学科耦合关系

根据 CO 算法，针对该问题搭建计算框架，如图 4.3 所示。其中 f_1 表示 V 与 r、k 的关系，f_2 表示 Δy 与 r、k 的关系。

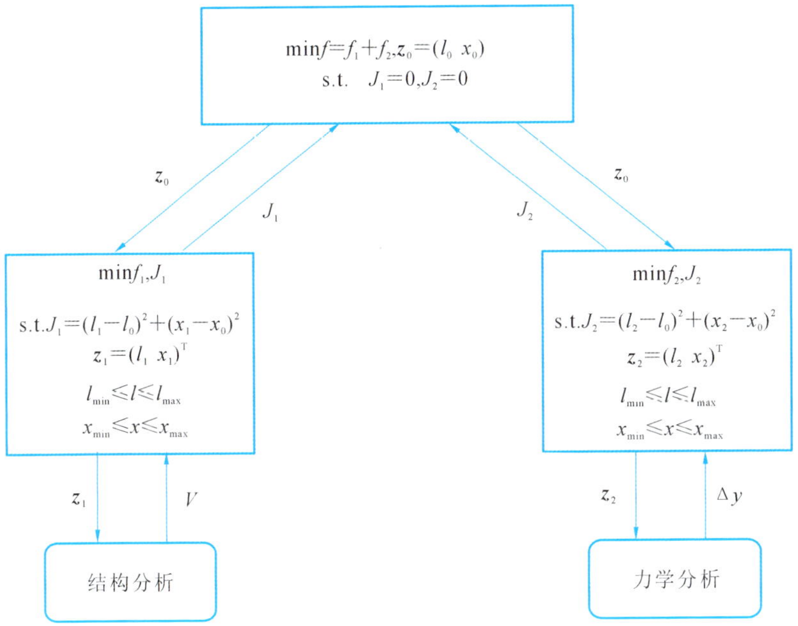

图 4.3　CO 框架

4.1.3.2 基于近似技术的优化模型求解

这里使用响应面模型近似得出关系式 f_1 与 f_2，即建立结构特性和力学特性的近似函数，简化优化模型，然后进行优化求解。在 Isight 近似模型方法中，响应面函数可以是一阶、二阶、三阶或四阶多项式。这里采用二阶多项式，可表示为

$$y = \beta_0 + \beta_1 X_1 + \beta_2 X_2 + \cdots + \beta_M X_M + \beta_{M+1} X_1^2 + \beta_{M+2} X_2^2 + \cdots + \beta_{2M} X_{2M}^2 + \sum_{i \neq j} \beta_{ij} X_i X_j \tag{4.11}$$

式中：y 为因变量；X_M 为自变量；β_M 为待定系数。

1. 确定参数设计空间

对于公式 $w(r_{ij}) = \mathrm{e}^{-kr_{ij}}$，不同的权重因子 k 下的距离权重变化如图 4.4 所示。

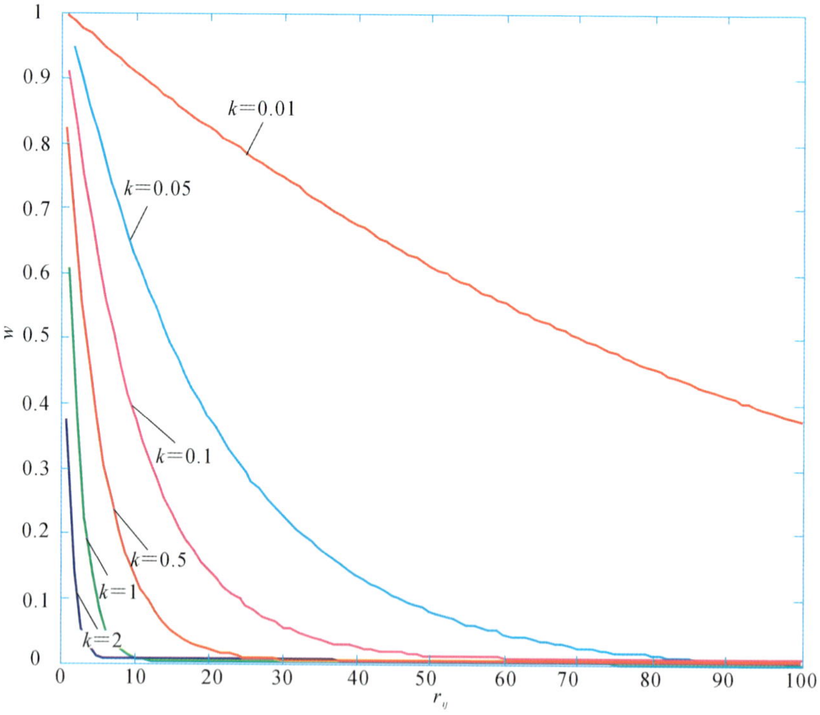

图 4.4 权重因子 k 对距离权重的影响(k=0.01,0.05,0.1,0.5,1,2)

由图 4.4 可以看出，k 越大，对距离的惩罚越严重。当 k 大于 1 时，会过度忽略距离较大的拓扑单元，因此这里选择 k 的取值范围为 0～0.5。对于基圆半径 r 的取值范围，则需要根据实际的设计区域大小和拓扑单元大小来确定。设计区域大小为 150 mm×50 mm，拓扑单元大小为 5 mm×5 mm，据此取 r 的优

化范围为 2～5 mm。

2. 试验设计

为了得到在参数设计空间内合理分布的样本点以用于后续的有限元分析，采用试验设计方法获得仿真所需要的数据点的分布。应用试验设计方法得到不同的 r、k 值，根据这些不同的 r、k 值，分别应用相对密度映射法，生成 n 组功能梯度蜂窝结构模型，这里取 $n=25$。

已知基圆半径 2 mm$\leqslant r \leqslant$5 mm，权重因子 $0 \leqslant k \leqslant 0.5$，取 r 分别为 2.5 mm、3 mm、3.5 mm、4 mm、4.5 mm，k 分别为 0.06、0.1、0.14、0.2、0.4，两两组合生成 25 组数据，并利用第 2 章所介绍的方法生成相应的 25 组模型。图 4.5 所示是当 $r=4.5$ mm、k 取不同的值时生成的 5 组功能梯度蜂窝模型。

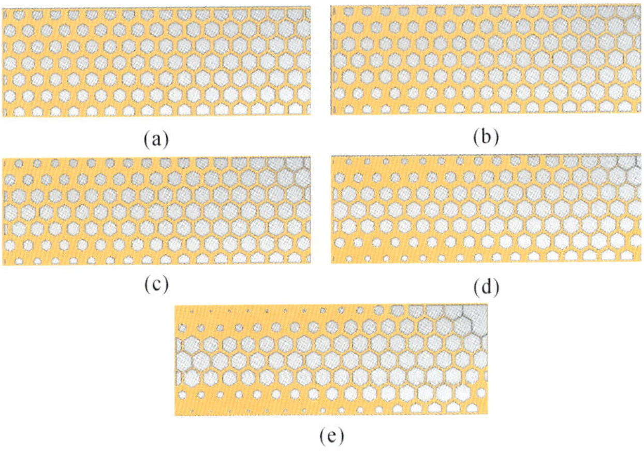

图 4.5　5 组功能梯度蜂窝模型($r=4.5$ mm)

(a) $r=4.5$ mm, $k=0.06$　(b) $r=4.5$ mm, $k=0.1$　(c) $r=4.5$ mm, $k=0.14$
(d) $r=4.5$ mm, $k=0.2$　(e) $r=4.5$ mm, $k=0.4$

3. 有限元分析

利用 UG 软件分析得到每个功能梯度蜂窝模型的体积。利用 ANSYS Workbench 软件对 25 组功能梯度蜂窝模型分别进行有限元分析，如图 4.6 所示，按照聚乳酸(PLA)材料参数，设置材料的弹性模量为 3500 MPa，泊松比为 0.36，密度为 1.2515 g/cm^3，使模型左端固定，在右端施加垂直向下的力 $F=5000$ N，得到在相同约束和外力条件下结构的最大变形量。

利用上述方法，最终得到 25 组包含设计变量(基圆半径 r 和权重因子 k)和目标函数(最大位移和结构体积)的仿真数据表(见图 4.7)。

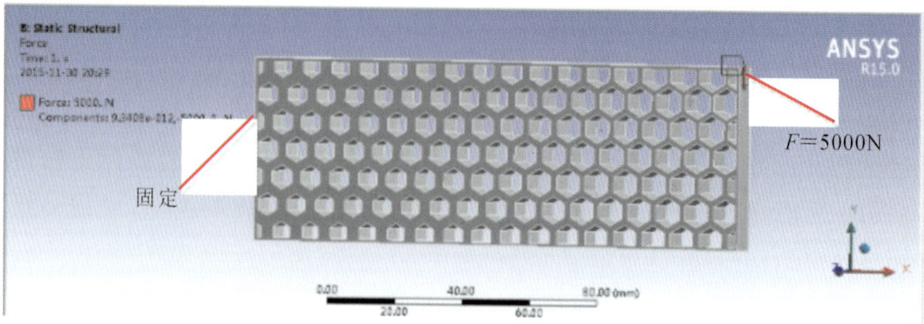

(a)

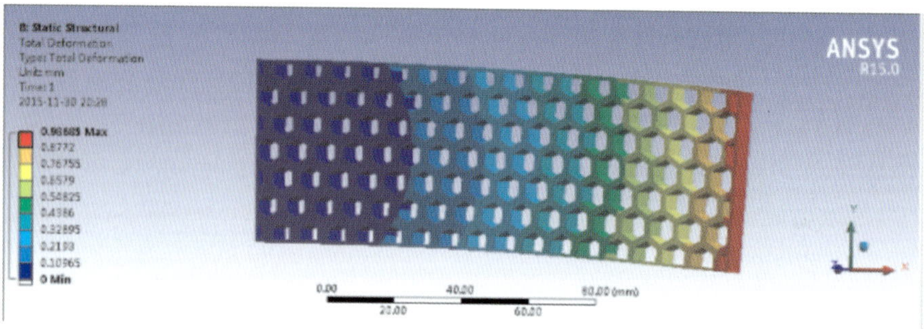

(b)

图 4.6　功能梯度蜂窝的有限元分析

(a) 边界条件　(b) 分析结果

序号	模型编号	半径r（mm）	权重因子k	最大位移Δy（mm）	体积V（mm^3）
1	_modelBEAM450006	4.5	0.06	0.98685	39069.10207
2	_modelBEAM450010	4.5	0.1	0.98872	38929.85888
3	_modelBEAM450014	4.5	0.14	0.8751	39286.1687
4	_modelBEAM450020	4.5	0.2	0.89321	39991.4911
5	_modelBEAM450040	4.5	0.4	0.82692	40972.05813
6	_modelBEAM400006	4	0.06	0.79432	40867.17122
7	_modelBEAM400010	4	0.1	0.79379	40605.09833
8	_modelBEAM400014	4	0.14	0.7917	40762.25274
9	_modelBEAM400020	4	0.2	0.78983	41066.99552
10	_modelBEAM400040	4	0.4	0.81163	41385.73714
11	_modelBEAM350006	3.5	0.06	0.91203	39657.04225
12	_modelBEAM350010	3.5	0.1	0.88649	39523.88134
13	_modelBEAM350014	3.5	0.14	0.85357	39808.98724
14	_modelBEAM350020	3.5	0.2	0.84033	40287.06533
15	_modelBEAM350040	3.5	0.4	0.82736	41139.5809
16	_modelBEAM300006	3	0.06	0.75877	40685.69064
17	_modelBEAM300010	3	0.1	0.73567	40569.59295
18	_modelBEAM300014	3	0.14	0.7729	40834.18223
19	_modelBEAM300020	3	0.2	0.69335	41209.41319
20	_modelBEAM300040	3	0.4	0.70203	41694.09236
21	_modelBEAM250006	2.5	0.06	0.8123	40748.46862
22	_modelBEAM250010	2.5	0.1	0.79495	40547.34918
23	_modelBEAM250014	2.5	0.14	0.7869	40799.03426
24	_modelBEAM250020	2.5	0.2	0.78214	41123.19082
25	_modelBEAM250040	2.5	0.4	0.71931	41511.70913

图 4.7　仿真数据表

4. 归一化处理

由于体积和最大变形量两个指标具有不同的量纲和量纲单位，数据分析的结果会受到影响。为了消除指标之间的量纲影响，需要对数据进行标准化处理，以实现数据指标之间的可比性。原始数据经过数据标准化处理后，各指标处于同一数量级，可以进行综合对比评价。

本节采用 Min-Max 标准化(Min-Max normalization)处理方法(也称为离差标准化方法)，对原始数据进行线性变换，使结果映射到[0,1]之间。转换函数为

$$x^{*} = \frac{x - \min}{\max - \min} \tag{4.12}$$

式中：max 为样本数据的最大值；min 为样本数据的最小值。可以求出：体积 V 的最大值 $V_{\max} = 41694.09236\ \text{mm}^3$，最小值 $V_{\min} = 38929.85888\ \text{mm}^3$；变形量 Δy 的最大值 $\Delta y_{\max} = 0.98872\ \text{mm}$，$\Delta y_{\min} = 0.69335\ \text{mm}$。将以上各值代入式(4.12)，求得归一化处理结果，如图 4.8 所示。

序号	模型编号	半径r (mm)	权重因子k	最大位移Δy (mm)	体积V (mm^3)
1	_modelBEAM450006	4.5	0.06	0.993668958	0.050373166
2	_modelBEAM450010	4.5	0.1	1	0
3	_modelBEAM450014	4.5	0.14	0.615329925	0.128900046
4	_modelBEAM450020	4.5	0.2	0.676642855	0.384060255
5	_modelBEAM450040	4.5	0.4	0.452212479	0.738794052
6	_modelBEAM400006	4	0.06	0.341842435	0.700849749
7	_modelBEAM400010	4	0.1	0.340048075	0.606041228
8	_modelBEAM400014	4	0.14	0.332972204	0.662894026
9	_modelBEAM400020	4	0.2	0.326641162	0.773138976
10	_modelBEAM400040	4	0.4	0.400446897	0.8884482
11	_modelBEAM350006	3.5	0.06	0.740359549	0.263068724
12	_modelBEAM350010	3.5	0.1	0.653891729	0.214895908
13	_modelBEAM350014	3.5	0.14	0.542438298	0.31803694
14	_modelBEAM350020	3.5	0.2	0.497613163	0.490988357
15	_modelBEAM350040	3.5	0.4	0.453702136	0.799397749
16	_modelBEAM300006	3	0.06	0.221484917	0.635196618
17	_modelBEAM300010	3	0.1	0.143277923	0.59319666
18	_modelBEAM300014	3	0.14	0.269323222	0.688915523
19	_modelBEAM300020	3	0.2	0	0.824660553
20	_modelBEAM300040	3	0.4	0.029386871	1.000000001
21	_modelBEAM250006	2.5	0.06	0.402715239	0.657907429
22	_modelBEAM250010	2.5	0.1	0.343975353	0.585149668
23	_modelBEAM250014	2.5	0.14	0.3167214	0.676200253
24	_modelBEAM250020	2.5	0.2	0.30060602	0.793468409
25	_modelBEAM250040	2.5	0.4	0.087889765	0.934020325

图 4.8　归一化处理结果

根据图 4.8 中的仿真结果，利用 Isight 响应面模型(见图 4.9)，求得 V 与 k、r 的关系，以及 Δy 与 k、r 的关系，从而得到 f_1 和 f_2：

$$f_1 = 0.1632 + 0.3928r - 0.0488k - 0.0942r^2 - 0.0591k^2 + 0.4143kr \tag{4.13}$$

$$f_2 = 1.265 - 0.6209r - 1.7459k + 0.1236r^2 + 2.7816k^2 - 0.0894kr \tag{4.14}$$

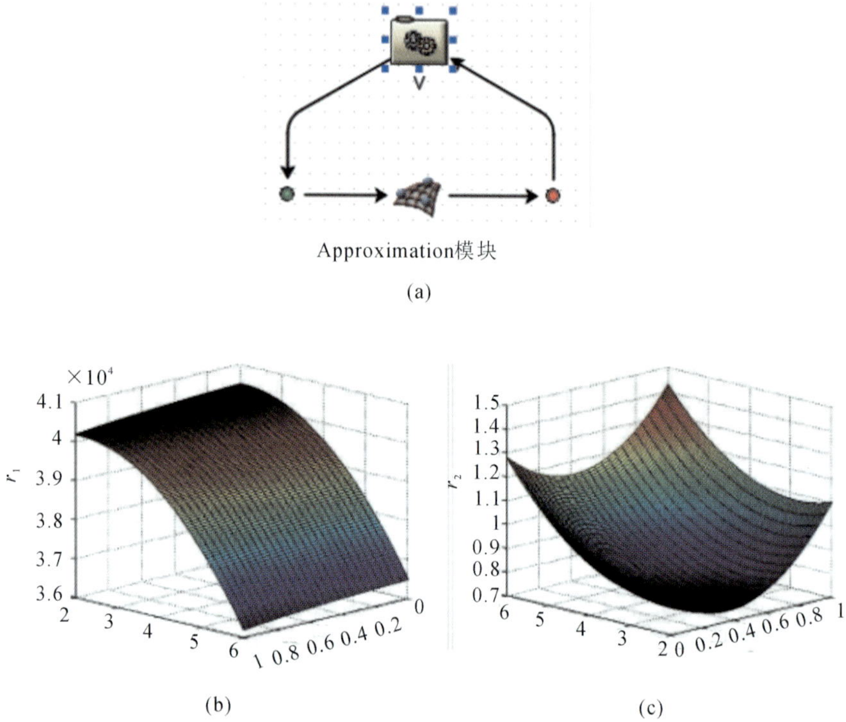

图 4.9　近似模型与响应面模型

(a) Isight 近似模型　(b) f_1 响应面模型　(c) f_2 响应面模型

4.1.3.3　模型求解

得到 f_1 与 f_2 的关系后，在 Isight 中搭建相应的 CO 框架(见图 4.10)。

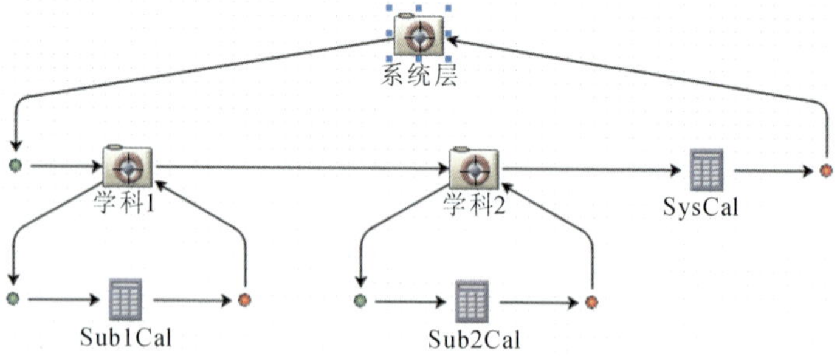

图 4.10　Isight 中的 CO 框架

学科 1 和学科 2 分别表示结构学科和力学学科，松弛因子为 0.03。初始解 $x=4.5$ mm，$y=0.06$。优化过程与结果分别如图 4.11 和图 4.12 所示。

Run Path			Parameters for all Iterations (Done)				
✓			x	y	J1	J2	S
✓	1	38	3.043252925	0.135619615	0.02806933965	0.02856849785	0.6136148672
✓	1	39	3.050107027	0.1396054491	0.0293066377	0.02771091369	0.6122765238
✓	1	40	3.061197198	0.1460546642	**0.03137807166**	0.02635999808	0.6101203059
✓	1	41	3.053870712	0.1417941272	0.03000000052	0.02724736868	0.6115434814
✓	1	42	3.080608097	0.1396054491	0.02994325077	0.02816046586	0.6077729457
✓	1	43	3.050107027	0.1410015036	0.0296983803	0.02738017607	0.6121621712
✓	1	44	3.058270147	0.1389982681	0.02930588746	0.02797355618	0.6111241968
✓	1	45	3.071478352	0.1380158285	0.02930927935	0.028403387	0.609255441
✓	1	46	3.092849676	0.1364262079	0.02932682792	0.02911160819	0.6062205985
✓	1	47	3.127429206	0.1338541477	0.02938680632	**0.03029088865**	0.6012809658
✓	1	48	3.119010934	0.1344803072	0.02936860874	0.03	0.6024868224
✓	1	49	3.123778173	0.1364262079	**0.03000103244**	0.02960304762	0.6016106517
✓	1	50	3.092849676	0.13779047	0.02970093133	0.028782354	0.6061069405
✓	1	51	3.101012796	0.1409889026	**0.03076852875**	0.028144952	0.6046294722
✓	1	52	3.096679024	0.1385665841	0.0299977711	0.02865531222	0.6054735039
✓	1	53	3.096692143	0.1385739165	0.03000008588	0.02865375767	0.6054709466
✓	1	54	3.155015955	0.1364262079	**0.030702949**	**0.0301238215**	0.596922694
✓	1	55	3.123778173	0.13779047	**0.03037513585**	0.02927286079	0.6014968291
✓	1	56	3.123752627	0.1364245362	0.03000001091	0.02960303762	0.6016146123
✓	1	57	3.123711292	0.1364218313	0.02999835808	0.02960302149	0.6016210206
✓	1	58	3.123777902	0.136422465	0.03000000521	0.02960395188	0.6016110054
✓	1	59	3.123777464	0.1364164089	0.02999834318	0.029605415	0.6016115778
✓	1	60	3.123777902	0.1364224651	0.03000000521	0.02960395187	0.6016110055
✓	1	61	3.123777463	0.136416409	0.02999834318	0.029605415	0.6016115779
✓	1	62	3.123777902	0.136422465	0.03000000521	0.02960395188	0.6016110054

图 4.11　多学科设计优化过程

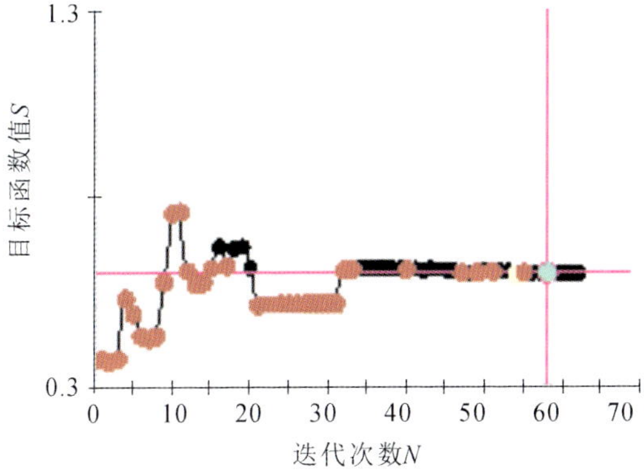

图 4.12　目标函数的迭代曲线

经过 62 次迭代之后，目标趋于稳定，得到最优结果，即图 4.11 中的倒数第 5 行标注数据。也就是说，当 $x=3.123777902$ mm、$y=0.136422465$ 时，目标函数有最优解。根据最优解，生成相应的功能梯度蜂窝模型，测得其体积为 40712.827 mm^3。

4.1.3.4　有限元分析验证

利用 3D 打印制造出由上述方法得到的最优功能梯度蜂窝结构模型，如图 4.13所示。为了比较轻量化效果，可考虑两种主要方法：一是保证重量和受力条件相等，比较变形量；另一种方法是保证变形量和受力条件相等，比较重量。本节采用第一种比较方法，即使均匀结构蜂窝和功能梯度蜂窝有相等的材料用量，比较二者在相同约束和等值载荷下的最大位移量。

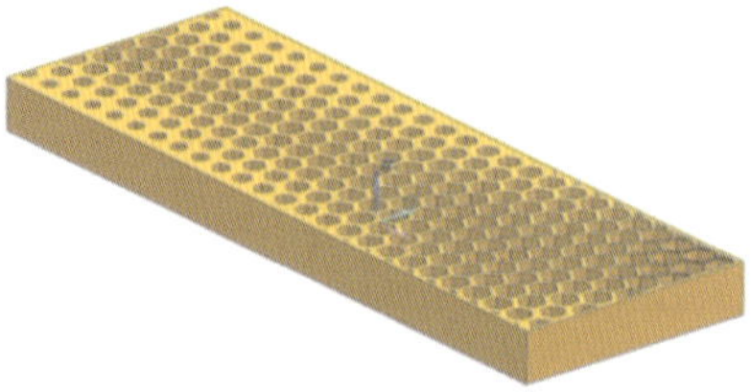

(a)

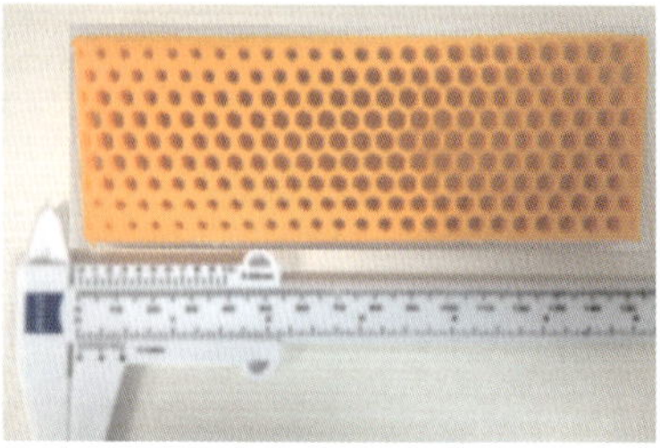

(b)

图 4.13　最优功能梯度蜂窝的 UG 模型和实体模型

(a) UG 模型　(b) 实体模型

已知最优功能梯度蜂窝（材料为 PLA）的各相关参数如表 4.1 所示。

表 4.1　最优功能梯度蜂窝相关参数

参　数	值	参　数	值
长/mm	150	孔壁长度/mm	3.607
宽/mm	50	蜂窝单元个数	252
高/mm	10	材料体积/mm^3	40712.827
基圆半径/mm	3.124	质量/g	50.952

令均匀结构蜂窝的基圆半径与最优功能梯度蜂窝的基圆半径相等，即 $r_2=3.124$ mm，则由蜂窝的结构特点可知，设计区域内均匀结构蜂窝的单元个数与最优功能梯度蜂窝单元个数相等。每个蜂窝单元的体积为 $V_s=40712.827/252=161.56$ mm^3，其中 252 是蜂窝单元个数，它是根据设计区域和蜂窝单元的大小得到的估计值。根据

$$V_s=\left[\frac{3}{2}\sqrt{3}l_2^2-\frac{3}{2}\sqrt{3}\left(\frac{\sqrt{3}}{3}a_2\right)^2\right]l_x=\left(\frac{3}{2}\sqrt{3}l_2^2-\frac{\sqrt{3}}{2}a_2^2\right)l_x \tag{4.15}$$

可以求出蜂窝单元的孔径 $a_2=4.51$ mm（均匀蜂窝单元的边长 $l_2=3.607$ mm，蜂窝结构的拉伸高度 $l_x=10$ mm）。

再由

$$a_2=\sqrt{3}l_2-2t_2 \tag{4.16}$$

求得均匀结构蜂窝单元的厚度 t_2 大约为 0.87 mm。

根据以上得到的参数，便可以生成均匀蜂窝模型。均匀结构蜂窝的 UG 模型和 3D 打印出的实体模型如图 4.14 所示，在 UG 中测得实际的均匀结构蜂窝

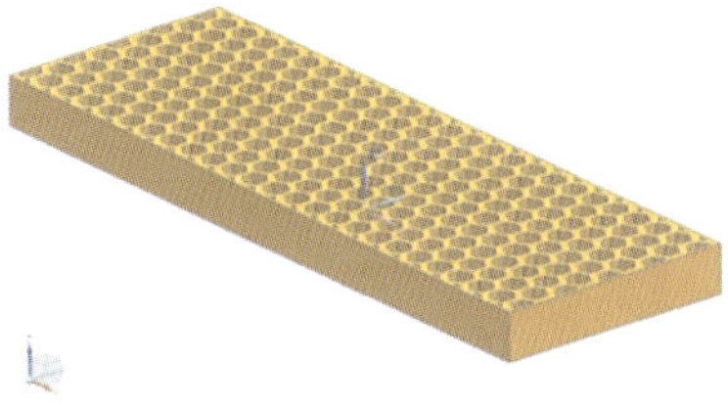

(a)

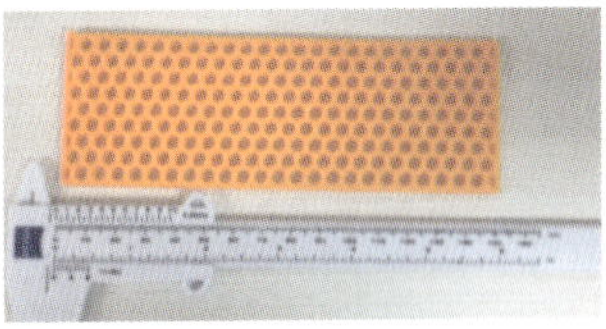

(b)

图 4.14　均匀结构蜂窝的 UG 模型和实体模型

(a) UG 模型　(b) 实体模型

体积为 40763.061 mm^3。

如图 4.15 所示，在软件 ANSYS Workbench 中，将两种蜂窝结构左端固定，右端施加竖直向下的力，划分网格后进行有限元分析。分析得到两种蜂窝的载荷-位移曲线如图 4.16 所示，力的变化范围为 0～5000 N。载荷-位移曲线不仅能够比较两种结构在 5000 N 载荷下的最大变形量，同时也能够展现出在载荷由大到小逐渐施加的过程中，两种结构各自的变形趋势。

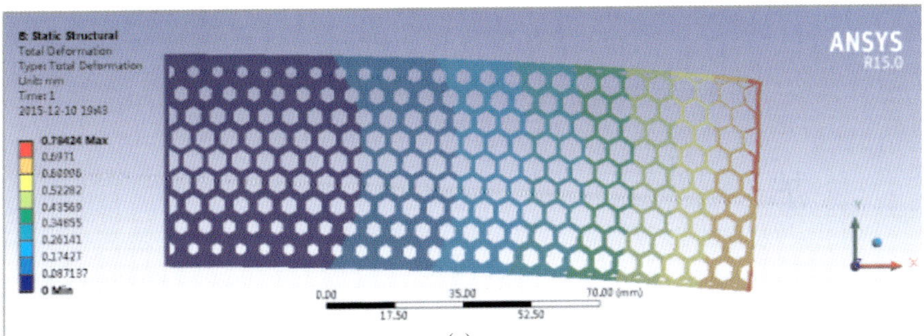

(a)

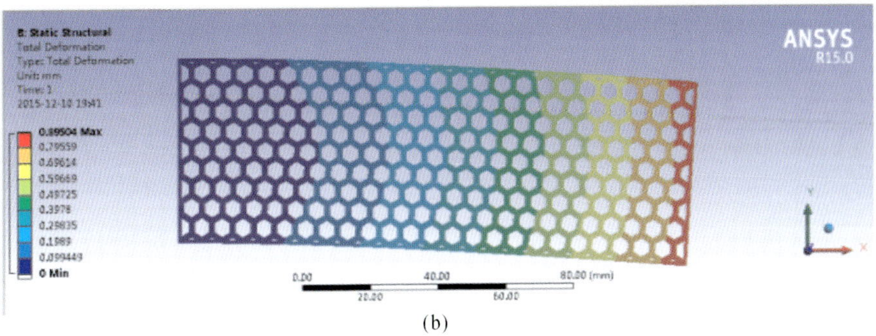

(b)

图 4.15　最优功能梯度蜂窝与均匀结构蜂窝的 FEA 模型

(a) 最优功能梯度蜂窝　(b) 均匀结构蜂窝

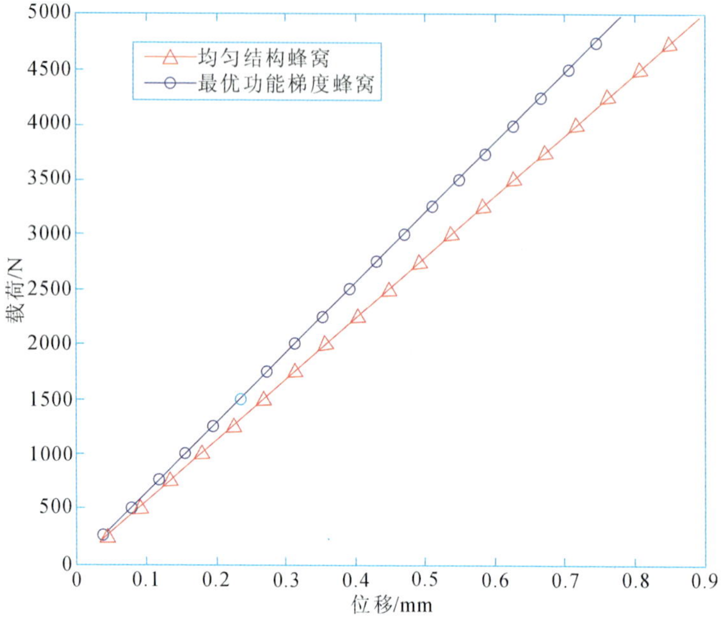

图 4.16　最优功能梯度蜂窝与均匀结构蜂窝的载荷-位移曲线

由图 4.16 可以看出，在载荷由大到小逐渐施加的过程中，同等大小的一定载荷下，最优功能梯度蜂窝始终比均匀结构蜂窝的最大变形量要小，而且一定载荷的值越大，两种结构的变形量相差也越明显。在载荷达到 5000 N 时，均匀结构蜂窝的变形量达到了 0.8950 mm，而最优功能梯度蜂窝的变形量仅为 0.7842 mm，即变形量约降低了 12.4%。整体来看，在 5000 N 的最大载荷范围内，最优功能梯度蜂窝与均匀结构蜂窝的位移基本上都与载荷呈线性关系，并且可以计算出，均匀结构蜂窝的平均抗弯刚度为 5586.3 N/mm，而最优功能梯度蜂窝的平均抗弯刚度为 6375.6 N/mm，平均抗弯刚度约提高了 14.1%。各参数的对比如表 4.2 所示。

表 4.2　均匀结构蜂窝与最优功能梯度蜂窝参数对比

参数名称	均匀结构蜂窝	最优功能梯度蜂窝	相差(%)
体积/mm^3	40763.061	40712.827	0.12
5000 N 载荷下的最大变形量/mm	0.89504	0.78424	12.4
平均抗弯刚度/(N/mm)	5586.3	6375.6	14.1

表 4.3 列出了分别利用本节所得出的响应面近似公式(式(4.13)和式(4.14))和由 CAD 分析所得出的最优功能梯度蜂窝的体积和 5000 N 载荷下

的最大变形量。由此可以看出，所得响应面近似公式具有较高的准确度，因此将其用在优化模型中在一定程度上是合理可靠的。

表 4.3 由响应面近似公式计算所得结果与由 CAD 分析所得结果对比

方　　法	体积/mm^3	最大变形量/mm
近似公式	40696.937	0.78420
CAD 分析	40712.827	0.78424
相差	15.89	0.00004

4.2 基于逆可靠性原理抽样的响应面法

本节介绍针对状态函数未知的逆可靠性分析问题所提出的一种基于逆可靠性原理抽样的响应面法。该方法首先基于逆可靠性原理，在标准正态空间中，在以坐标原点为圆心、以指定的可靠度指标为半径的圆或超圆面上进行抽样，再将选取的样本点转换回原始设计空间，完成样本点的选取，然后采用 Kriging 近似方法对隐式状态函数进行近似，并利用近似得到的状态函数进行逆可靠性分析。

4.2.1 逆可靠性分析的响应面法

对于隐式状态函数，逆可靠性分析的响应面法流程如图 4.17 所示。

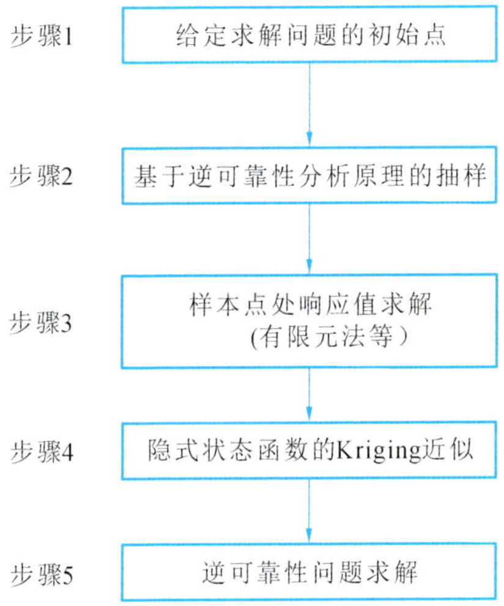

图 4.17 逆可靠性分析的响应面法流程

其主要步骤如下。

步骤 1:逆可靠性求解问题初始化。确定逆可靠性求解问题的设计变量及设计变量的初始值。

步骤 2:基于逆可靠性分析原理的抽样。根据逆可靠性分析问题的基本原理进行样本点的选取(具体选取方式参见 4.2.2 节)。

步骤 3:样本点处响应值求解。根据所选取的样本点,进行相应的数值模拟(如有限元方法),获得选取样本点处的响应值。

步骤 4:隐式状态函数的 Kriging 近似。利用抽取的样本点和样本点处的响应值,采用 Kriging 近似模型对未知的状态函数进行近似。

步骤 5:逆可靠性问题求解。利用通过近似手段获得的显式表达式代替隐式表达式进行逆可靠性问题的求解。

4.2.2 基于逆可靠性分析原理的抽样方法

4.2.2.1 逆可靠性分析原理

对于二维变量问题,一般基于解析法的可靠性分析原理可用图 4.18 表示。

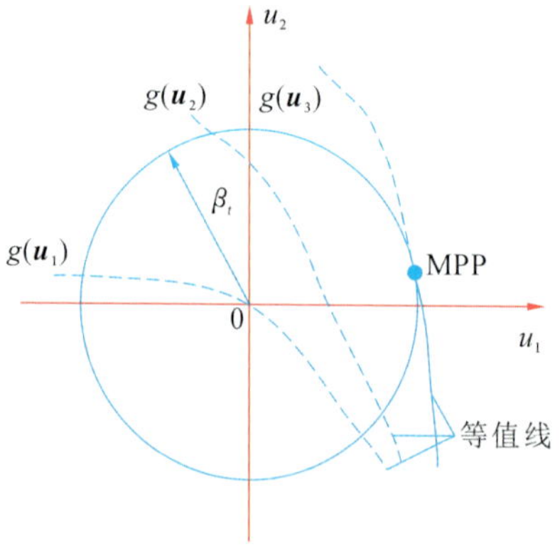

图 4.18 标准正态空间逆可靠性分析原理

从图中可以看出,标准正态空间中逆可靠性分析求解的 MPP 点,实质上就是指定圆与状态函数等值线中与指定圆相交且状态函数值最小的那条曲线的交点。从图中可以看出与指定圆相交且状态函数值最小的那条曲线为与指定圆相切的那条曲线。采用最速下降法原理[7]求解图 4.18 所示的问题,其求解过程如图 4.19 所示。

约束优化问题须满足 KKT 条件,即目标函数最优解的梯度负方向与约束的梯度方向一致。因此对基于解析法的可靠性分析问题而言,目标函数的最优

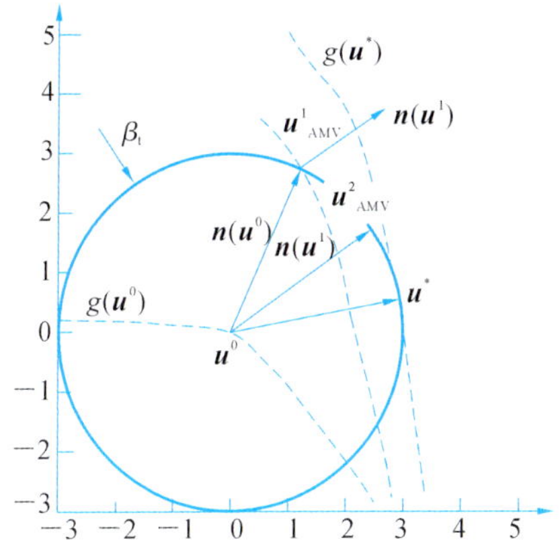

图 4.19　标准正态空间逆可靠性分析求解过程

解的梯度方向的单位向量 $\frac{-\nabla g(\boldsymbol{u})}{|\nabla g(\boldsymbol{u})|}$ 与给定可靠度指标 β 之积等于向量 $\boldsymbol{u}$，用公式表示为

$$\boldsymbol{u}+\beta\frac{\nabla g(\boldsymbol{u})}{|\nabla g(\boldsymbol{u})|}=\boldsymbol{0} \tag{4.17}$$

或

$$\boldsymbol{u}=\beta\frac{-\nabla g(\boldsymbol{u})}{|\nabla g(\boldsymbol{u})|}$$

图 4.19 中的方向矢量 $\boldsymbol{n}(\boldsymbol{u})$ 为在对应迭代点处求得的单位梯度向量。

4.2.2.2　基于逆可靠性分析原理的抽样

由于采用近似技术获得的显式的状态函数具有越靠近选取的样本点计算精度越高的特点，同时结合 4.2.2.1 节中的分析可知，对逆可靠性分析而言，最后求解的 MPP 点一定落在标准正态空间中以给定可靠度指标 β 为半径的圆或者超圆面上，所以这里提出的样本点选取方式的基本思想是将抽样点尽量选择在这个圆上，以使选取样本点能够尽量接近真实的 MPP 点。

基于逆可靠性分析原理的抽样方法的流程如图 4.20 所示。

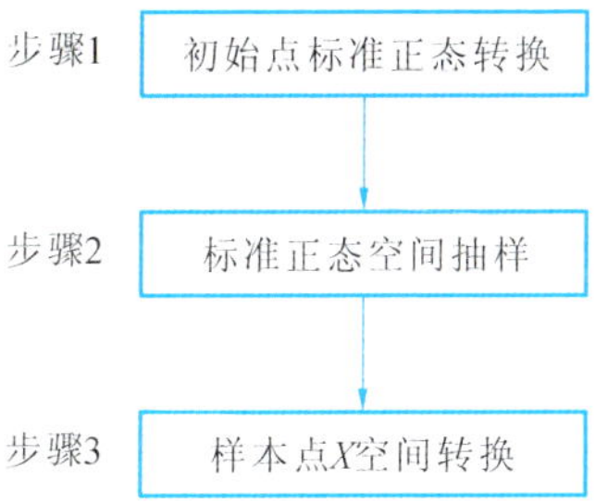

图 4.20　基于逆可靠性分析原理的抽样方法流程

步骤 1：起始点标准正态转换。将已确定的原始设计空间即 X 空间中设计变量的起始点转换到标准正态 U 空间中。转换公式为

$$u_{\text{var}}=\frac{x_{\text{var}}-\mu_{\text{var}}}{\sigma_{\text{var}}} \tag{4.18}$$

式中：u_{var} 代表标准正态 U 空间中的变量；x_{var} 代表 X 空间中的变量；μ_{var}、σ_{var} 分别代表变量

对应的均值与均方差。

步骤 2:标准正态空间抽样。为了保证逆可靠性问题求解的精确性,需要将样本点选取在半径为 β 的圆上。为了保证后续步骤中采用的近似方法能有足够的样本点进行近似,这里采用坐标点组合的方式来获得所需的样本点。

由于二维变量情况可以通过图形进行展示,所以,本节首先以二维变量情况为例介绍所提出的抽样方法,随后由低维扩展到高维。

对于二维变量情况,选取样本点如图 4.21 所示。

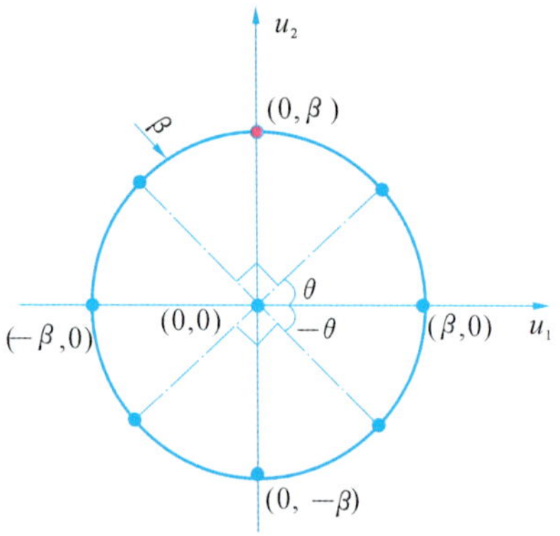

图 4.21　二维变量标准空间样本点选取

为了保持所选取样本点的对称性,取 $\theta=45^\circ$。因此,图 4.21 中所选取的样本点可以写成二维样本点矩阵形式:

$$\begin{bmatrix} 0,0 \\ \left[\begin{array}{cc:cc} \beta, & 0 & -\beta, & 0 \\ \hdashline 0, & \beta & 0, & -\beta \\ \hdashline \frac{\sqrt{2}}{2}\beta, & \frac{\sqrt{2}}{2}\beta & -\frac{\sqrt{2}}{2}\beta, & -\frac{\sqrt{2}}{2}\beta \\ \hdashline \frac{\sqrt{2}}{2}\beta, & -\frac{\sqrt{2}}{2}\beta & -\frac{\sqrt{2}}{2}\beta, & \frac{\sqrt{2}}{2}\beta \end{array}\right] \end{bmatrix} \tag{4.19}$$

样本点矩阵最顶端为 U 空间的原点,下面的矩阵被虚线划分成了 8 个部分,每个部分代表 1 个样本点,即有 8 个样本点。这 8 个样本点均在指定的圆上,即满足

$$\sqrt{u_{\mathrm{var1}}^2+u_{\mathrm{var2}}^2}=\beta \tag{4.20}$$

样本点矩阵下方部分的方框代表着不同取值的坐标点的组合。例如左上角第一个方框表示坐标值 $u_{\mathrm{var}}\in[0,\beta]$的组合,组合的原则是满足式(4.20)。

依据上述二维变量情况下样本点产生方式,可以将样本点矩阵推广到更高维的情况。一般的样本点矩阵可以写成以下形式:

$$
\begin{bmatrix}
\multicolumn{2}{c}{0,0} \\
\underbrace{\begin{matrix} \beta & , & 0 \\ & \ddots & \\ 0, & , & \beta \end{matrix}}_{C_N^1} & \underbrace{\begin{matrix} -\beta & , & 0 \\ & \ddots & \\ 0 & , & -\beta \end{matrix}}_{C_N^1} \\
\hline
\underbrace{\begin{matrix} \frac{\sqrt{2}}{2}\beta, & \frac{\sqrt{2}}{2}\beta, & 0, & \cdots, & 0 \\ & \ddots & & \ddots & \\ 0, & \cdots, & 0, & \frac{\sqrt{2}}{2}\beta, & \frac{\sqrt{2}}{2}\beta \end{matrix}}_{C_N^2} & \underbrace{\begin{matrix} \frac{\sqrt{2}}{2}\beta, & -\frac{\sqrt{2}}{2}\beta, & 0, & \cdots, & 0 \\ & \ddots & & \ddots & \\ 0, & \cdots, & 0, & -\frac{\sqrt{2}}{2}\beta, & -\frac{\sqrt{2}}{2}\beta \end{matrix}}_{C_N^2} \\
\hline
\underbrace{\begin{matrix} \frac{\sqrt{2}}{2}\beta, & -\frac{\sqrt{2}}{2}\beta, & 0, & \cdots, & 0 \\ & \ddots & & \ddots & \\ 0, & \cdots, & 0, & \frac{\sqrt{2}}{2}\beta, & -\frac{\sqrt{2}}{2}\beta \end{matrix}}_{C_N^2} & \underbrace{\begin{matrix} -\frac{\sqrt{2}}{2}\beta, & \frac{\sqrt{2}}{2}\beta, & 0, & \cdots, & 0 \\ & \ddots & & \ddots & \\ 0, & \cdots, & 0, & -\frac{\sqrt{2}}{2}\beta, & \frac{\sqrt{2}}{2}\beta \end{matrix}}_{C_N^2}
\end{bmatrix}
\tag{4.21}
$$

每个方框代表样本点坐标取不同值的组合，C_N^n 表示该处方框所含有的样本点个数，C_N^n 中的下角标 N 代表了样本点的维数，上角标 n 代表了取值的个数。

当坐标点取值为 β 或 $-\beta$ 时，每个样本点有且只有一个坐标点可以取 β 或 $-\beta$ 值，所以在这两种情况下获得的样本点个数均为 C_N^1。

当坐标点同时取 $\left[\frac{\sqrt{2}}{2}\beta,\frac{\sqrt{2}}{2}\beta\right]$ 或 $\left[-\frac{\sqrt{2}}{2}\beta,-\frac{\sqrt{2}}{2}\beta\right]$ 时，每个样本点中需要有两个坐标点同时取值 $\left[\frac{\sqrt{2}}{2}\beta,\frac{\sqrt{2}}{2}\beta\right]$ 或 $\left[-\frac{\sqrt{2}}{2}\beta,-\frac{\sqrt{2}}{2}\beta\right]$，所以根据排列组合原理知该种情况下获得的样本点个数为 C_N^2。

而当坐标点同时取 $\left[\frac{\sqrt{2}}{2}\beta,-\frac{\sqrt{2}}{2}\beta\right]$ 或 $\left[-\frac{\sqrt{2}}{2}\beta,\frac{\sqrt{2}}{2}\beta\right]$ 时，每个样本点中需要有两个坐标点同时取值 $\left[\frac{\sqrt{2}}{2}\beta,-\frac{\sqrt{2}}{2}\beta\right]$ 或 $\left[-\frac{\sqrt{2}}{2}\beta,\frac{\sqrt{2}}{2}\beta\right]$。值得注意的是取值为 $\left[\frac{\sqrt{2}}{2}\beta,-\frac{\sqrt{2}}{2}\beta\right]$ 与取值为 $\left[-\frac{\sqrt{2}}{2}\beta,\frac{\sqrt{2}}{2}\beta\right]$ 不同，如取值为 $\left[\frac{\sqrt{2}}{2}\beta,-\frac{\sqrt{2}}{2}\beta\right]$ 表示样本点矩

阵在方框内形成的样本点采用的是始终保证$\frac{\sqrt{2}}{2}\beta$在$-\frac{\sqrt{2}}{2}\beta$之前的组合方式。根据排列组合原理知该种情况下获得的样本点个数为C_N^2。

步骤 3：样本点 X 空间转换。通过步骤 2 获得的样本点为标准正态 U 空间中的坐标值，为了能够计算样本点对应的响应值，需要将在 U 空间获得的样本点向 X 空间进行转换，转换公式为

$$X_{\text{var}} = U_{\text{var}}\sigma_{\text{var}} + \mu_{\text{var}} \tag{4.22}$$

与其他近似方法如最小二乘法、支持向量机方法等相比，Kriging 近似能够获得更好的全局近似效果。文中提出的抽样方法获得样本点虽能很好地向逆可靠性分析的 MPP 点靠近，但存在样本点选取差异较大的情形，为此建议采用 Kriging 近似方法以获得较高的计算精度。

4.2.3 算例验证

4.2.3.1 算例 1

为了验证响应面法采用 Kriging 近似的合理性，分别采用基于多项式的近似方法和基于 Kriging 近似的方法对算例进行求解计算。

已知随机变量 x_1、x_2，且 $x_1, x_2 \sim N(6.0, 0.8^2)$，给定的可靠度指标$\beta=3.0$，关于变量 x_1、x_2 的真实的状态函数表达式为

$$G(x_1, x_2) = -\mathrm{e}^{x_1-7} - x_2 + 10 \tag{4.23}$$

计算当前设计点处逆可靠性分析的 MPP 点。式(4.23)称为真实状态方程。

根据计算流程图 4.20，应用响应面法对算例进行求解。

该算例的初始条件为 $x_1, x_2 \sim N(6.0, 0.8^2)$，$\beta=3.0$。

采用文中提出的方法选取试验样本点，如表 4.4、表 4.5 所示。表 4.4 所示为 U 空间的样本点，表 4.5 所示为 U 空间对应的 X 空间的样本点及其对应的响应值。

表 4.4 算例 1 标准正态空间样本点

样本点序号	$u_{\text{var}x_1}$	$u_{\text{var}x_2}$
1	0	0
2	3	0
3	0	3
4	−3	0
5	0	−3
6	2.121	2.121

续表

样本点序号	$u_{\mathrm{var}x_1}$	$u_{\mathrm{var}x_2}$
7	−2.121	−2.121
8	2.121	−2.121
9	−2.121	2.121

表 4.5 算例 1 原始设计空间样本点及对应响应值

样本点序号	x_1	x_2	$G(x_1,x_2)$
1	6	6	3.632
2	8.4	6	−0.055
3	6	8.4	1.232
5	6	3.6	6.032
6	7.697	7.697	0.295
7	4.303	4.303	3.689
8	7.697	4.303	5.630
9	4.303	7.697	2.235

（1）当基于多项式对目标函数进行近似时，采用工程中常用的不含交叉项的二次形式，即

$$\tilde{g}(\boldsymbol{x}) = a_0 + a_1 x_1 + a_2 x_2 + a_3 x_1^2 + a_4 x_2^2 \tag{4.24}$$

应用最小二乘法，求得系数矩阵为

$$\boldsymbol{A} = (4.436 \quad 2.612 \quad -0.276 \quad -1.176 \quad 0.015)^{\mathrm{T}} \tag{4.25}$$

（2）当采用 Kriging 近似方法对目标函数进行近似时，以不含交叉项的二次基函数作为确定项的基函数向量，即

$$F(\boldsymbol{x}) = (1 \quad x_1 \quad x_2 \quad x_1^2 \quad x_2^2) \tag{4.26}$$

采用高斯函数作为相关函数：

$$R(\boldsymbol{x}_d, \boldsymbol{x}_d^i) = \exp\left[-\sum_{d=1}^{p} \theta_d \left| \boldsymbol{x}_d - \boldsymbol{x}_d^i \right|^2\right] \tag{4.27}$$

式中：$\boldsymbol{x}_d$ 为待测点在第 d 个方向的坐标；x_d^i 为第 i 个样本点在第 d 个方向的坐标；p 为总的方向个数即变量的维数；θ_d 为该方向的相关参数，通过极大似然法获得。

根据 Kriging 近似的原理，计算得到该算例的 Kriging 模型为

$$\hat{\boldsymbol{y}}(\boldsymbol{x}) = (1 \quad x_1 \quad x_2 \quad x_1^2 \quad x_2^2)\hat{\boldsymbol{\beta}} + \boldsymbol{r}(\boldsymbol{x})^{\mathrm{T}}\hat{\boldsymbol{\gamma}} \tag{4.28}$$

经计算解得相关参量，如表 4.6 所示。

表 4.6　算例 1 的 Kriging 模型相关参量

参量名	参量值
$\boldsymbol{\theta}$	(0.001,0.002)
$\hat{\boldsymbol{\beta}}$	$(2.612,-1.176,-0.276,0.015)^{\mathrm{T}}$
$\hat{\boldsymbol{\gamma}}$	$10^8\times(0.000,-1.174,-1.161,-1.148,-1.161,1.170,1.152,1.170,1.152)^{\mathrm{T}}$

分别采用上述两种近似显式表达式进行算例的逆可靠性分析，计算结果如表 4.7 所示。

表 4.7　算例 1 逆可靠性分析结果对比

计算方法	MPP	E_{MPP}	$G(X)$
真实状态方程	(8.317,6.625)	(0,0)	−0.358
多项式近似	(8.134,7.099)	(2.20%,7.15%)	−0.207
Kriging 近似	(8.312,6.644)	(0.06%,0.29%)	−0.357

从表 4.7 可以看出，本书提出的抽样方法结合 Kriging 近似模型能够获得很好的逆可靠性分析结果，相比于基于多项式的近似，采用 Kriging 近似更具合理性。

4.2.3.2　算例 2

为了验证本节提出的抽样方法的优越性，在近似环节均采用 Kriging 近似的基础上，选取两个随机变量，并分别采用本节提出的抽样方法和正交设计试验方法对算例进行逆可靠性问题的求解计算。本算例选取的数学问题与算例 1 一致，计算当前设计点处逆可靠性分析的 MPP 点。

(1) 当采用完全析因试验设计方法进行样本点选取时，对于各因素均取水平数为 3。根据完全析因试验设计样本点计算公式 $N=3^k$（k 表示试验的因素值），在本算例因素水平数为 3 情况下所生成的样本点的个数为 $N=3^2=9$ 个，其具体值如表 4.8 所示。

表 4.8　算例 2 完全析因试验设计样本点

样本点序号	x_1	x_2
1	5.2	5.2
2	5.2	6.0
3	5.2	6.8
4	6.0	5.2

续表

样本点序号	x_1	x_2
5	6.0	6.0
6	6.0	6.8
7	6.8	5.2
8	6.8	6.0
9	6.8	6.8

(2) 采用中心复合设计方法进行抽样。中心复合设计方法所需样本点个数计算公式为 $N=2^k+2k+1$(k 表示试验的因素个数),为此该算例采用中心复合设计方法的样本点个数为 9 个,样本点数值如表 4.9 所示。

表 4.9 算例 2 中心复合设计样本点

样本点序号	x_1	x_2
1	6.0	6.0
2	5.2	5.2
3	5.2	6.8
4	6.8	5.2
5	6.8	6.8
6	4.65	6.0
7	7.35	6.0
8	6.0	4.65
9	6.0	7.35

(3) 当采用本节提出的样本点选取方式进行抽样时,由于选取的算例与 4.2.3.1节算例一致,因此样本点的取值如表 4.5 所示。

分别采用完全析因试验设计、中心复合设计方法和本节提出的方法对算例 2 进行计算,将计算结果与真实状态方程的求解结果做对比,如表 4.10所示。

表 4.10 算例 2 逆可靠性分析结果对比

计算方法	MPP	E_{MPP}	$G(X)$
真实状态方程	(8.317,6.625)	(0,0)	−0.358
完全析因试验设计方法	(8.323,6.647)	(0.07%,0.33%)	−0.401
中心复合设计方法	(8.308,6.651)	(0.11%,0.39%)	−0.349
所提方法	(8.312,6.644)	(0.06%,0.29%)	−0.357

从表 4.10 可以看出，采用三种方法求解该算例都得到了较好的计算精度。相比而言，三种方法产生的样本点个数均为 9，而本节提出的设计方法得到的计算精度要稍好一些。

4.3 基于样本点全插值的响应面法及其应用

响应面法的核心工作包括响应函数形式的选取、试验样本点抽取方式的选择和响应函数的拟合方法的选用。试验样本点的抽取是响应面法每次迭代中的首要步骤，样本点的抽取方式和样本点的多少将直接影响响应面法整个拟合过程。对于响应面法的抽样方式，国内外学者做了多种不同尝试，提出了著名的经典 Bucher 设计试验方法、中心复合设计方法、梯度投影法和用于高精度响应面的连续线性插值法[7,8]。无论是用于高精度响应面法的连续线性插值法还是梯度投影法，都是要将试验点尽量选在极限状态方程曲线上。验证算例[9]表明，试验点越靠近真实极限状态方程曲线，则越容易以很快的速度和较好的精度拟合出近似表达式。

对于传统的经典响应面法，新样本点产生的方式为：通过对首次选取的中心点与每次迭代产生的设计点进行线性插值，得到本次样本的中心点，然后通过围绕中心点偏移 $\pm f\delta$ 距离的方式产生 $2n$ 个样本点[10]。该方法可使得中心点不断向真实的极限状态方程曲线靠近，但并不能保证其余样本点向真实极限状态方程曲线靠近。用于高精度响应面的连续线性插值法，通过将每次产生的样本点与首次选取的中心点再进行一次插值的方式逼近真实极限状态方程曲线，并反复筛选以得到合理的样本点。该方法可使得样本点不断向真实的极限状态方程曲线靠近，但反复筛选过程会带来大量的计算工作。

为了使中心样本点以外的样本点同样能够向真实极限状态方程曲线靠近，本节提出了一种新的样本点产生方式：在中心样本点以外的样本点产生上采取类似中心点获得的方式，即将第一次利用 Bucher 设计试验方法产生的全部样本点分别与每次迭代产生的设计验算点进行线性插值，得到下一次迭代的样本点。由于新样本点的产生是通过首次产生的全部样本点插值得到的，因此称该方法为样本点全插值。同时，针对新产生的样本点过密而导致的拟合方程病态问题，提出了通过控制产生的样本点与样本中心点间的距离进行解决，并给出对产生的样本点组成的待求解拟合方程组条件数进行判断的依据。若样本点与样本中心点间的距离过小，即拟合方程组条件数小于 1，则将进行插值的设计验算点沿拟合的极限状态方程曲线移动一定距离，然后重新进行插值。重复该过程直至满足判据要求,在重复过程中中心点始终不变[11]。该方法在保证一定精度的前提下可使所有样本点快速地向真实极限状态方程曲线靠近,对于工程中参数众多的问题具有明显优势。

4.3.1 样本点全插值法

4.3.1.1 具体步骤

如前文所述,样本点全插值法通过对首次产生的样本点与每次迭代的设计验算点进行插值来获得新的样本点,具体步骤如下。

(1) 第一次选取产生的拟合起始点即样本中心点为 $\boldsymbol{X}_m=(x_{1m},x_{2m},\cdots,x_{nm})$,利用 Bucher 设计试验方法得到 $2n$ 个样本点 $\boldsymbol{X}_j=(X_2,X_3,\cdots,X_{2n+1})$,它们对应的响应值分别为 $\boldsymbol{g}(x_m,x_j)=(\boldsymbol{g}(X_2),\boldsymbol{g}(X_3),\cdots,\boldsymbol{g}(X_{2n+1}))$。

(2) 第 $k+1$ 次迭代样本中心点的生成方式:设第 k 次迭代的设计验算点为 $\boldsymbol{X}^k$,其对应的响应值为 $\boldsymbol{g}(\boldsymbol{X}^k)$。利用$(\boldsymbol{X}_m,\boldsymbol{g}(\boldsymbol{X}_m))$和$(\boldsymbol{X}^k,\boldsymbol{g}(\boldsymbol{X}^k))$进行线性插值,并求解使得 $\boldsymbol{g}(\boldsymbol{X}_m^{k+1})=\boldsymbol{0}$ 的 $\boldsymbol{X}_m^{k+1}$ 值。其表达式如下:

$$\boldsymbol{X}_m^{k+1}=\boldsymbol{X}_m^k+(\boldsymbol{X}^k-\boldsymbol{X}_m^k)\frac{\boldsymbol{g}(\boldsymbol{X}_m^k)}{\boldsymbol{g}(\boldsymbol{X}_m^k)-\boldsymbol{g}(\boldsymbol{X}^k)} \tag{4.29}$$

第 $k+1$ 次迭代其余样本点生成方式:将首次产生的样本点$(\boldsymbol{X}_j,\boldsymbol{g}(\boldsymbol{X}_j))$分别与第 k 次迭代的设计点$(\boldsymbol{X}_D^k,\boldsymbol{g}(\boldsymbol{X}_D^k))$进行线性插值,并求解使得 $\boldsymbol{g}(\boldsymbol{X}_j^{k+1})=\boldsymbol{0}$ 的 $\boldsymbol{X}_j^{k+1}$ 值。具体表达式如下:

$$\boldsymbol{X}_j^{k+1}=\boldsymbol{X}_j+(\boldsymbol{X}_D^k-\boldsymbol{X}_j)\frac{\boldsymbol{g}(\boldsymbol{X}_j)}{\boldsymbol{g}(\boldsymbol{X}_j)-\boldsymbol{g}(\boldsymbol{X}_D^k)} \tag{4.30}$$

(3) 对 $k+1$ 次迭代生成的样本点进行相应的判断、筛选后,将生成的样本点代入整体求解循环中。其具体筛选方式依据 4.3.1.2 节所述方法。

4.3.1.2 新样本点筛选

采用样本点全插值的方式产生新的样本点保证了各样本点向真实极限状态方程靠近,但同时也造成了样本点的集中。为避免新样本点过于密集而导致的求解方程病态,需要对产生的样本点进行判断、筛选处理。

依据方程组的条件数判断方法[12],对每次产生的新样本点进行判断。如果新样本点所组成的方程组的条件数小于 1,表明待求解方程组为良态方程组,因此判定产生的新样本点有效。否则,判定产生的新样本点无效,需移动设计点重新插值。上述判断过程可用数学表达式表示为

$$\mathrm{Cond}(\boldsymbol{A})=\|\boldsymbol{A}\|\,\|\boldsymbol{A}^{-1}\|<1 \tag{4.31}$$

式中：Cond($\boldsymbol{A}$)为由样本点组成的待求解方程组的条件数，$\boldsymbol{A}$ 为待求解方程组的系数矩阵。

当式(4.31)成立时，新样本点有效。若

$$\mathrm{Cond}(\boldsymbol{A}) = \|\boldsymbol{A}\| \|\boldsymbol{A}^{-1}\| \geqslant 1 \tag{4.32}$$

则新样本点无效，需重新生成样本点。具体步骤如下。

(1) 初始设计验算点 $\boldsymbol{X}_D=(x_{1D},x_{2D},\cdots,x_{nD})$，对应的可靠度为 β_D，通过移动设计验算点得到的第 k 次插值点为 $\boldsymbol{X}_k=(x_{1k},x_{2k},\cdots,x_{nk})$，对应的可靠度为 β_k。

(2) 计算系数 α_k：

$$\alpha_k = \frac{\left.\dfrac{-\partial f}{\partial x_{ik}}\right|_p \sigma_{ik}}{\left[\displaystyle\sum_{i=1}^{n}\left(\left.\dfrac{-\partial f}{\partial x_{ik}}\right|_p \sigma_{ik}\right)^2\right]^{1/2}} \tag{4.33}$$

式中：f 为本次迭代拟合的多项式；σ_{ik} 为第 i 个变量的均方差；p 为当前点处的数值。

(3) 计算新的插值点：

$$x_i^{k+1} = x_k - \lambda\beta_k\alpha\sigma_{xi} \tag{4.34}$$

式中：x_i^{k+1} 为第 $k+1$ 次的插值点；x_k 为第 k 次的插值点；λ 为控制系数。

用新的插值点对首次产生 Bucher 设计试验样本点(除中心点外)进行线性插值，并判断新的插值点是否满足式(4.31)的判断准则，不满足则以新的插值点为新的起始点，继续重复上述迭代，直至满足要求为止。

4.3.2 应用样本点全插值的响应面法

采用样本点全插值的响应面法在收敛准则[13,14]上遵循经典响应面法，相对经典响应面法主要在样本点的产生方式上进行了改进。其主要步骤如下。

步骤 1：对预先选好的作为响应的显式函数的高次多项式进行初始样本点选取。对于首次迭代，选取均值点作为拟合的起始点，对于实际工程问题一般可按经验选取设计点为起始点。

步骤 2：以 Bucher 设计试验方式产生第一次样本点。以步骤 1 中产生的初始样本点为中心点，围绕每个设计变量的中心点偏离 $\pm f\delta$ 的距离产生 $2n$ 个样本点，加上中心点，在首次迭代过程中会产生 $2n+1$ 个样本点。

步骤 3：待拟合多项式系数求解。利用产生的 $2n+1$ 个样本点及样本点对应的响应值求解待拟合多项式系数，进行多项式拟合。

步骤 4：计算步骤 3 中拟合多项式的可靠度指标 β 和设计验算点。

步骤 5:进行迭代次数判断。如果是首次迭代即 $k=1$,则直接跳转到步骤 7;否则继续向下执行步骤 6。

步骤 6:将本次迭代求解的 β^k 值与上次迭代产生的 β^{k-1} 值做比较,若达到迭代精度则停止迭代,可输出求解结果;否则继续执行步骤 7。

步骤 7:k 值加 1 以进入下一次迭代。

步骤 8:采用样本点全插值的样本点生成方式产生新的样本点。其具体实现可采用 4.3.1.1 节中介绍的方法。产生新的样本点后,计算流程返回到步骤 3,进行第 $k+1$ 次迭代。

该方法的计算流程如图 4.22 所示。

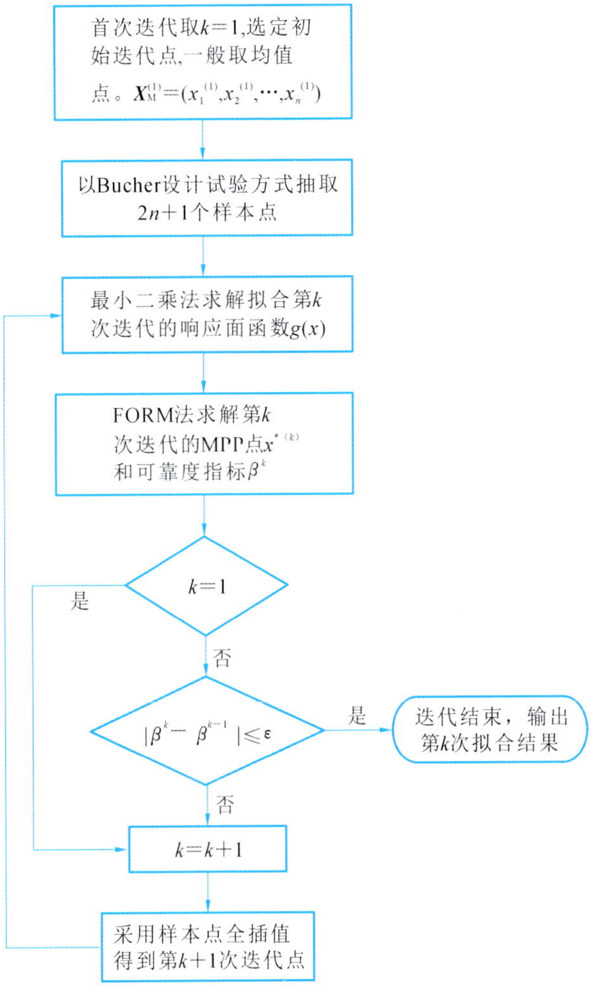

图 4.22　应用样本点全插值的响应面法流程

4.3.3 算例验证

4.3.3.1 数值算例

设真实极限状态方程为 $g(x)=x_1-4p/(\pi x_2^2)$，其中变量 x_1 的均值为 $\mu_{x_1}=290$，变量 x_2 的均值为 $\mu_{x_2}=30$，变量 x_1 的标准差为 $\sigma_{x_1}=25$，变量 x_1 的标准差为 $\sigma_{x_2}=3$，$p=10^5$，插值系数 $f=3$。分别用经典响应面法和样本点全插值的响应面法对该数值算例进行计算，其迭代过程分别如表 4.11、表 4.12 所示。

表 4.11 经典响应面法计算结果

循环一	循环二	循环三	循环四	循环五	循环六	循环七
3.50825	2.81375	2.83324	2.82879	2.82725	2.82661	2.82632
2.80553	2.81379	2.81685	2.81449	2.81364	2.81328	2.81312
2.80134		2.81205	2.81047	2.80988	2.80963	2.80951
2.80132		2.81062	2.80931	2.80882	2.80860	2.80850
		2.81020	2.80898	2.80852	2.80831	2.80822
		2.81007	2.80889	2.80843	2.80823	2.80814
		2.81003				

表 4.12 样本点全插值的响应面法计算结果

循环一	循环二	循环三	循环四	循环五
3.50825	2.81216	2.84407	2.85534	2.85719
2.80553	2.80734	2.81861	2.82671	2.82808
2.80134	2.80623	2.80830	2.81330	2.81417
2.80132	2.80595	2.80417	2.80706	2.80759
	2.80588	2.80253	2.80417	2.80449
		2.80188	2.80284	2.80304
		2.80162	2.80223	2.80235
		2.80152	2.80195	2.80204
		2.80148	2.80182	2.80189
			2.80176	2.80182

采用经典响应面法得到最终可靠度指标为 2.80814，对应的可靠度值为 0.99748，此时得到的拟合极限状态方程为

$$g(x_1,x_2)=x_1+102.73x_2-2.75\times10^{-18}x_1^2-1.77x_2^2-1666.67 \tag{4.35}$$

采用样本点全插值的响应面法得到最终可靠度指标为 2.80182，对应的可靠度值为 0.99742，此时得到的拟合极限状态方程为

$$g(x_1, x_2) = 9.05x_1 + 99.4x_2 - 0.014x_1^2 - 1.39x_2^2 - 2957.57 \quad (4.36)$$

从得到的拟合公式形式可以看出，采用样本点全插值的响应面法拟合出的极限状态方程各系数数量级相差不大，更具合理性。

对于该算例，采用计算可靠度的验算点法求解真实极限状态方程的可靠度指标，所得值为 2.872，对应的可靠度值为 0.99792。若以此为准，可以看出采用经典响应面法和样本点全插值的响应面法求解的可靠度值的误差分别为 0.044%、0.05%，而两者间的误差仅为 0.006%，相差不大。而从表 4.11、表 4.12中可知两种方法循环迭代的次数分别为 7 次和 5 次，样本点全插值的响应面法明显要优于经典响应面法。对于参数众多的工程问题，每减少一次迭代就意味着减少一次模拟分析，这对提高设计效率来说至关重要。

4.3.3.2 工程应用实例

锻造设备中的工作液压缸是锻造液压机的最终执行元件，其可靠性直接影响着工作的安全性能。选取 22MN 锻造液压机的工作液压缸作为工程实例[15]，应用样本点全插值的响应面法，对该工作液压缸的响应函数进行近似，并求解可靠度。

依据设计经验对工作液压缸选取待拟合参数，并确定各参数的设计点(均值点)、标准差。选取工作液压缸各设计参数及其分布如表 4.13 所示。

表 4.13 工作液压缸设计参数及其分布

名称	分布类型	参数 1	参数 2
D_2	GAUS	1230	4
D_3	GAUS	1200	4
D_4	GAUS	1210	4
D_5	GAUS	1200	4
D_6	GAUS	256	3
D_7	GAUS	240	3
D_8	GAUS	820	3
L_2	GAUS	500	3
L_3	GAUS	1680	4
L_4	GAUS	400	3
L_5	GAUS	300	3
L_6	GAUS	10	2
p	GAUS	60	12
S	GAUS	300	22

注：当各设计参数符合 GAUS 分布时，也符合正态分布，参数 1 为均值，参数 2 为标准差。

选定设计参数后，根据如图 4.23 所示的工作液压缸零件图，利用 ANSYS/APDL 参数化设计语言建立液压缸的参数化模型[15]，并通过 MATLAB 调用 ANSYS 的语句 system 和 load 实现程序中调用有限元分析的结果。

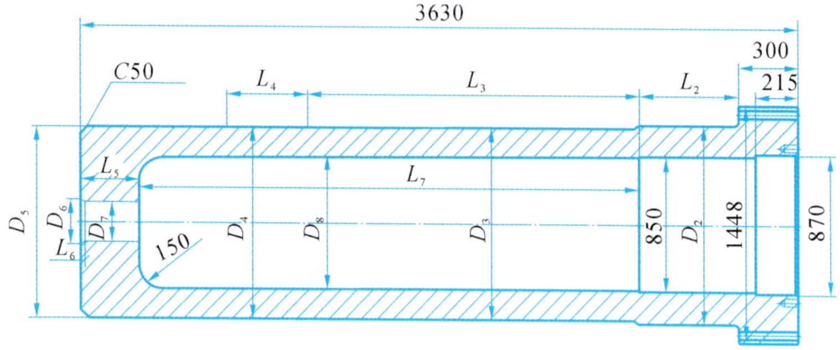

图 4.23　工作液压缸结构图

最后计算得到可靠度指标 $\beta=1.684$，查正态分布表可得对应的可靠度为 0.9549，此时得到的拟合方程为

$$\begin{aligned} g = {} & 196.36D_2^2 - 4.83\times10^5 D_2 + 197.53D_3^2 - 4.74\times10^5 D_3 + 1149.12D_4^2 \\ & - 2.78\times10^6 D_4 + 251.18D_5^2 - 6.03\times10^5 D_5 + 697.60D_6^2 \\ & - 3.57\times10^5 D_6 + 570.40D_7^2 - 2.74\times10^5 D_7 - 780.95\times D_8^2 \\ & + 1.28\times10^6 D_8 - 1598.02L_2^2 + 1.60\times10^6 L_2 + 324.65L_3^2 \\ & - 1.09\times10^6 L_3 + 248.69L_4^2 - 1.99\times10^5 L_4 - 932.03L_5^2 \\ & + 5.59\times10^5 L_5 + 366.12L_6^2 - 7.33\times10^3 L_6 + 6.74\times10^4 p^2 \\ & - 1.05\times10^7 p - 5.10\times10^3 S^2 + 2.89\times10^6 S + 2.65\times10^9 \end{aligned} \tag{4.37}$$

采用 ANSYS 中的 MCS 方法对本实例进行可靠性分析，进行 1500 次抽样仿真后得到的可靠度指标为 0.9774，可见采用样本点全插值的响应面法得到的可靠度指标与 MCS 方法所得值仅相差 0.0225。其次得到的拟合方程中压力 p 和屈服强度 S 的系数较大，这说明两者对设计的影响较大，这与实际情况是相符的。

4.4　本章小结

基于响应面法的可靠性分析方法在工程中应用广泛。本章从两个方面对基于响应面法的可靠性分析方法进行了改进，以提高其计算效率与分析精度。第一，提出了一种基于逆可靠性原理抽样的响应面法。在考虑逆可靠性分析求解基本原理的基础上，提出了一种新的抽样方法，并将该抽样方法同 Kriging 近似方法相结合，利用拟合出的极限状态函数进行逆可靠性分析。算例表明了所提方法的有效性。第二，提出了一种基于样本点全插值的响应面法。该方法首先利用 Bucher 设计试验方法获得第一次迭代的样本点，然后通过该组样本点对每一次迭代产生的验算点进行线性插值，从而获得下一次迭代的样本点，同时针对新产生的样本点过密导致拟合方程出现病态的问题进行分析，通过移动验算点再进行线性插值来控制新生成的样本点与样本中心点间的距离。同时，还给出了判断样本点是否有效的依据。

参考文献

[1] 窦毅芳，刘飞，张为华. 响应面建模方法的比较分析[J]. 工程设计学报，2007，14(5)：359-363.

[2] 龚春林，袁建平，谷良贤，等. 基于响应面的变复杂度气动分析模型[J]. 西北工业大学学报，2006，24(4)：532-535.

[3] 姚雯，陈小前，杨维维，等. 基于加速响应面逼近的改进 CSSO 优化过程研究[J]. 航空计算技术，2006，36(6)：5-8.

[4] 罗世彬，罗文彩，王振国. 基于试验设计和响应面近似的高超声速巡航飞行器多学科设计优化[J]. 导弹与航天运载技术，2003(6)：2-9.

[5] 邓文剑，楚武利，吴艳辉，等. 基于试验设计近似模型优化方法及其在离心泵上的应用[J]. 西北工业大学学报，2008，26(6)：707-711.

[6] 马英，何麟书，段勇. 基于现代实验设计技术的巡航导弹概念设计[J]. 北京航空航天大学学报，2008，34(10)：1121-1125.

[7] LI H. An inverse reliability method and its applications in engineering design[D]. Vancouver：University of British Columbia，2009.

[8] YOUN B D，CHOI K K，DU L. Enriched performance measure approach for reliability-based design optimization[J]. AIAA Journal，2005，43(4)：874-884.

[9] MARTINS J R R A，HWANG J T. Review and unification of methods for computing derivatives of multidisciplinary computational models [J]. AIAA Journal，2013，51(11)：2582-2599.

[10] 龚春林. 多学科设计优化技术研究[D]. 西安：西北工业大学，2004.

[11] PELLISSETTI M F, SCHUËLLER G I. Scalable uncertainty and reliability analysis by integration of advanced Monte Carlo simulation and generic finite element solvers[J]. Computers & Structures, 2009, 87(13-14): 930-947.

[12] 朱扬明,王志中. 病态矩阵判别的一种新方法[J]. 上海交通大学学报,1992(3):110-112.

[13] DAS P K, ZHENG Y. Cumulative formation of response surface and its use in reliability analysis[J]. Probabilistic Engineering Mechanics, 2000, 15(4):309-315.

[14] 李松超. 基于改进响应面法的飞机结构可靠性分析[D]. 沈阳:沈阳航空航天大学,2012.

[15] 孟欣佳. 快锻液压机的工作过程数值仿真与液压控制策略研究[D]. 秦皇岛:燕山大学,2009.

第5章 多源不确定性数学建模

实际工程中存在大量不确定性因素，为了确保产品能够在这些不确定性因素的影响下安全可靠，需要对这些不确定因素进行研究。正因为此，处理不确定性因素的RBMDO方法近年来成为研究热点。复杂工程系统的不确定性从人类认知的角度出发，分为随机不确定性和认知不确定性两大类。随机不确定性是事物本身的固有属性，无法随着认知水平提高或试验数据增多而消除，描述了物理系统内部的变化，具有充足的试验数据和完善的信息[1]。对随机不确定性一般采用概率方法进行处理和度量。认知不确定性则是由于疏忽，以及受试验条件或其他认知能力所限，存在知识缺乏、信息不完善等情况而形成的。认知不确定性的工程常见典型形式主要有两种：一是由于事物本身的复杂性，难以获得充足的数据信息以对其进行精确描述的模糊不确定性；二是由于在实际工程中受试验条件和成本的限制，不易得到足够的信息对不确定量进行描述，而利用有限的数据只能获得其变化幅度或界限的区间不确定性[2]。模糊不确定性一般采用模糊集、可能性理论等进行处理和度量，而区间不确定性通常采用凸集理论、证据理论以及区间分析理论等进行处理和度量。

工程应用中，多种不确定性往往是同时存在的，需要充分考虑这些不确定性的影响并加以合理量化，为复杂产品能够以高可靠性、高稳健性完成任务提供必要的保证。不确定性的量化是确定输入不确定性对感兴趣的输出响应影响程度的过程，主要包括不确定性数学建模、不确定性分析模型构建、分析模型求解三个主要环节。本章主要介绍多源不确定性的数学建模理论，主要内容有：①不确定性的来源及分类；②不确定性数学建模理论，分别列举了对三种不确定性进行数学描述的不同方法；③在不确定性数学建模基础上，分析了不确定性在多学科系统中的传播理论。

5.1 不确定性来源与分类

多源不确定性中的“多源”具有三方面的含义：一是不确定性的来源多(不确定性产生的渠道多)，比如产品的尺寸误差、材料特性、装配误差、应力载荷等会造成各种不确定性；二是设计过程中存在多种形式的不确定性，如设计参变量的不确定性、耦合状态变量的不确定性、模型的不确定性等；三是对同一设计参变量具有多种不同的认知，比如不同的设计人员或专家对某一关键设计参数的取值范围或服从的概率分布具有不同的认知。本书主要考虑设计参变量和耦合极限状态变量由于外界变化、自身特性或人为因素而造成的多源不确定性。

研究表明，复杂工程系统设计中的不确定性主要包括以下三种[3]。

(1) 设计参变量不确定性：主要由物体的材料特性、载荷变化、加工制造误差、装配误差、测量误差和安装误差等引起的设计变量和设计参数的不确定性。该类不确定性可能是随机不确定性也可能是认知不确定性。例如：一些材料的特性本身服从某种概率分布；一些构件的加工尺寸，由于加工机床的规律运动会服从某种概率分布；装配误差和测量误差也都服从概率分布。这些设计参变量具有充足的信息、完备的数据，因此，可以采用概率论对其进行表达与量化。而某些设计参变量，例如，飞机起落架减震器的流量孔直径是影响起落架减震性能的关键参数。由于无法对其做大量的实验，只能根据经验确定其变化区间，即该参数的不确定性为认知不确定性。大量这样的参数，都由于试验条件特殊性，如经济条件、试验设备条件、研制周期限制或政策性影响等而存在试验样本有限的问题，进而造成信息和数据残缺。该类不确定性为认知不确定性，目前大多采用诸如证据理论、凸集理论、可能性理论及区间分析方法等进行表达与量化。

(2) 模型不确定性[4-7]：具体包括由实际工程模型到数学模型的转换和由数学模型到计算机模型的转换引起的认知不确定性。首先，在由实际工程系统的物理模型转换为数学模型的过程中，物理模型中的所有非线性关系并不能精确地转换为数学方程；其次，在由数学模型到计算机模型的转换过程中，采用多种保真度不同的模型进行计算分析，计算出的结果会存在差异。

(3) 数值不确定性(误差)[8,9]：该不确定性与建模和仿真的数值模型相关。具体包括耦合系统分析收敛中的容差、舍入误差、截断误差，与普通微分方程和偏微分方程的解相关的误差等。

因此，实际工程设计中的不确定性来源可用图 5.1 表示。

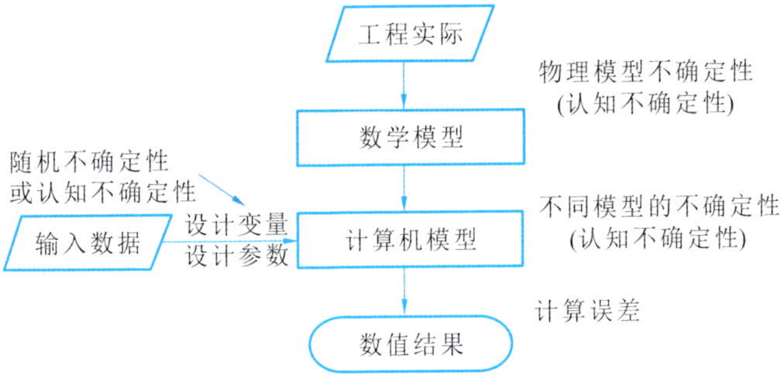

图 5.1　不确定性来源

实际上，不确定性还有多种分类方法，目前国际上比较认可的分类方法是根据不确定性的特征和表现形式将其分为随机不确定性和认知不确定性。如前文所述，将不确定性分为随机不确定性和认知不确定性（见图 5.2）是从人类认知的角度（即根据已知信息量的情况）来分类的。

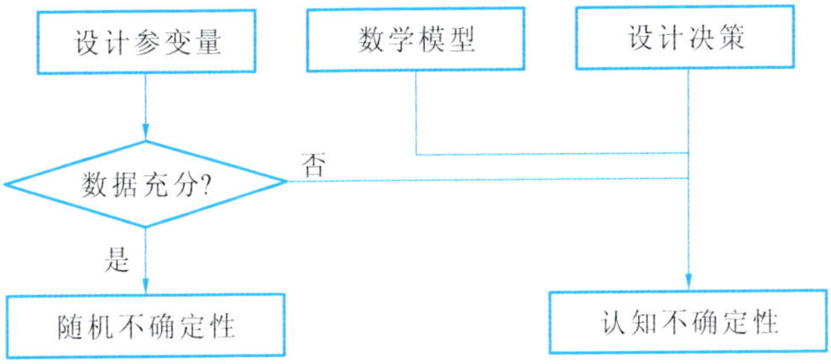

图 5.2　不确定性分类

(1) 随机不确定性[10]：它描述了物理系统最本质的自然属性，又称为偶然不确定性、不可简约不确定性、固有不确定性。这种不确定性通常是由输入数据的随机性引起的，概率论是描述该类不确定性的最理想方法。

(2) 认知不确定性[11]：由于疏忽、知识残缺或信息不完备等原因而产生，是可以消除的，又称为可简约不确定性、主观不确定性、模型形式不确定性或简单不确定性。根据实际情况，认知不确定性又可以分为模糊不确定性和区间不确定性两种。

随机、模糊和区间不确定性的认知不确定程度是逐渐降低的。但从数据的充分程度这一角度看，随机不确定性应该是对应数据充足并且具有明显的分布特征的情况的，而模糊不确定性对应数据不够充分、不足以应用统计学的规律获得相应统计概率分布特征的情况。区间不确定性是有效数据只能获得参数或者变量的取值范围的不确定性。

目前常用的几种不确定性建模理论是：概率论、模糊理论、凸集理论、可能性理论、证据理论。概率论是最常用也是最成熟的不确定性建模工具。但是使用概率论进行不确定性建模时需要大量的统计信息来构建精度高的统计模型。凸集理论已经被用于构建具有较少统计信息的不确定性模型。其他的非概率理论，包括可能性理论和证据理论也已经被用于构建拥有较少信息的不确定性模型，其中模糊理论被用于与构建和决策问题有关的不确定性模型。

5.2 不确定性的数学建模理论

不确定性数学建模的主要任务是对复杂设计过程中各种类型的不确定性（随机、模糊和区间不确定性）输入量进行数学描述，将含有的多种不确定性输入量描述为合理的数学变量或参量的形式，为后续混合不确定性的量化奠定基础。

5.2.1 随机不确定性的数学建模

随机不确定性一般采用概率方法进行描述和处理，其核心内容包括概率分布函数的选取、分布函数中的参数估计和分布函数合理性验证。当极限状态函数 $g(x)=0$ 时，结构处于失效与安全的临界状态，方程 $g(x)=0$ 被称为结构的极限状态方程。

5.2.1.1 概率方法基本理论

如果不确定性变量能够用概率测度空间进行测度，那么这些不确定性变量就可以描述成随机变量的形式。概率论是工程中最为常用的也是发展相对成熟的不确定性量化理论。一个完整的概率测度空间（简称概率空间）可以用（Ω，F，Pr）三元组来表示[12,13]。

样本空间 Ω 是一个非空集合，是给定试验的所有可能结果构成的集合，也就是所有样本点（一次观察试验可能出现的结果）组成的集合。

事件是样本点的某个集合。

设 F 是由 Ω 的某些子集所构成的一个 sigma 代数，如果满足以下条件，则称（Ω，F）为可测空间。

（1）$\Omega \in F$；

（2）若事件 $A \in F$，则 A 的补集 $A^c \in F$；

(3) 若 $A_n \in F, n=1,2,\cdots$,则 $\bigcup_{n=1}^{\infty} A_n \in F$ 。

概率 Pr 是定义在 F 上的函数,即它是一个从 F 到[0,1]的映射,即 $\mathrm{Pr}: F \to [0,1]$,且它满足:

(1) $\forall A \in F, \mathrm{Pr}(A) \geqslant 0$;

(2) $\mathrm{Pr}(\Omega)=1$;

(3) 若 $A_n \in F, n=1,2,\cdots$,且 A_n 互不相交,则

$$\mathrm{Pr}\left(\bigcup_{n=1}^{\infty} A_n\right)=\sum_{n=1}^{\infty} \mathrm{Pr}(A_n) \tag{5.1}$$

式中:Pr 为可测空间(Ω, F)上的一个概率测度(简称概率);(Ω, F, Pr)为概率空间。

设(Ω, F, Pr)是一个概率空间,$X(\omega)$为定义在 Ω 上的实值函数,如果对任意实数 x,都有$\{\omega \mid X(\omega) \leqslant x\} \in F$,则称 $X(\omega)$是(Ω, F, Pr)上的一个随机变量。即,随机变量是从概率空间到实数域 **R** 的可测映射[14]。

(1) 概率分布函数:设 $X(\omega)$是概率空间(Ω, F, Pr)上的一个随机变量,则称函数 $F(x)=\mathrm{Pr}(X \leqslant x)=\mathrm{Pr}(\{\omega \mid X(\omega) \leqslant x\} -\infty<x<+\infty)$为 $X(\omega)$的概率分布函数。

(2) 连续型随机变量:对于随机变量 X,如果存在可积函数 $f(x)$,使得

$$F(x)=\mathrm{Pr}(X \leqslant x)=\int_{-\infty}^{x} f(t) \mathrm{d} t \tag{5.2}$$

则称 X 为连续型随机变量,$F(x)$为 X 的概率密度函数。

(3) 随机向量:称概率空间(Ω, F, Pr)上 n 个随机变量 $X_1, X_2, \cdots, X_n$ 的整体 $\boldsymbol{X}=(X_1, X_2, \cdots, X_n)$为 n 维随机向量。

(4) 连续型随机向量:称 n 维随机向量 $\boldsymbol{X}=(X_1, X_2, \cdots, X_n)$是连续的,如果存在非负函数 $f(x_1, x_2, \cdots, x_n)$,使得对于任意的 $x_1, x_2, \cdots, x_n$,都有

$$F(x_1, x_2, \cdots, x_n)=\int \cdots \int_D f(t_1, t_2, \cdots, t_n) \mathrm{d} t_1 \mathrm{d} t_2 \cdots \mathrm{d} t_n \tag{5.3}$$

则称 $f(x_1, x_2, \cdots, x_n)$为 $X_1, X_2, \cdots, X_n$ 的联合密度函数。式中 $D=\{(t_1, t_2, \cdots, t_n) \mid t_1 \leqslant x_1, t_2 \leqslant x_2, \cdots, t_n \leqslant x_n\}$。

设 $x_1, x_2, \cdots, x_n$ 为概率空间(Ω, F, Pr)上的 n 个随机变量,且这 n 个随机变量是相互独立的,则对于任意 n 个实数 $x_1, x_2, \cdots, x_n$ 都有

$$\mathrm{Pr}(X_1 \leqslant x_1, X_2 \leqslant x_2, \cdots, X_n \leqslant x_n)=\mathrm{Pr}(X_1) \mathrm{Pr}(X_2) \cdots \mathrm{Pr}(X_n) \tag{5.4}$$

5.2.1.2 随机不确定性数学建模过程

对于拥有充足数据的不确定输入量,可以通过数理统计的相关方法,将其

建模成随机变量的形式。具体操作流程如图 5.3 所示。

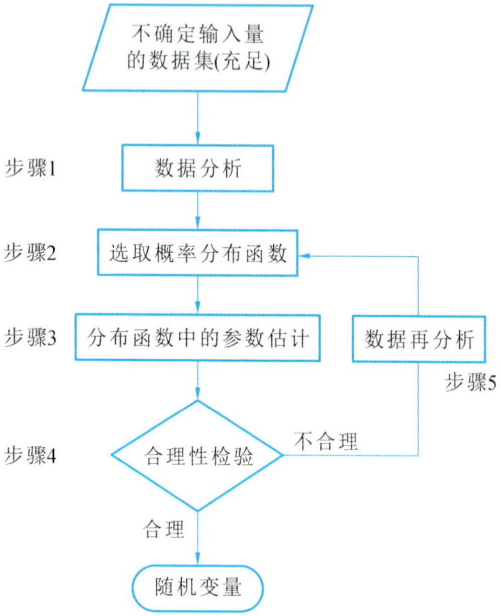

图 5.3　随机不确定性的数学建模

步骤 1:数据处理分析。对研究样本的原始数据进行加工、提炼,将样本中有关的信息集中,构造样本的统计量,分析样本的特性。

步骤 2:选取概率分布函数。依据步骤 1 的结果,为研究对象选取合理的概率分布函数。

步骤 3:分布函数参数估计。对步骤 2 中选取的概率分布函数中的参数进行估计,常用的参数估计方法有矩估计法[15]和极大似然估计法[16]。

步骤 4:合理性检验。检验选取的概率分布函数,以及获得的估计参数是否合理。假设检验常采用的方法为参数假设检验和非参数假设检验。

步骤 5:数据再分析。若假设检验的结果不合理,则需要对数据重新进行分析,然后返回步骤 2,再次进行概率分布函数选取和估计、检验。

步骤 6:获得合理的随机变量 X 及其对应的分布参数。

概率模型是在已知不确定性概率密度函数的前提下建立起来的,而概率密度函数一般需要根据大量的统计数据,运用数理统计的相关理论来近似获得。在实际工程中,获得统计数据往往需要耗费很多的时间和资金。模型参数的小误差可以导致可靠性计算出现较大的误差,尤其是概率密度函数尾部的误差,而这种尾部的误差在试验中较难发现。

5.2.2 模糊不确定性的数学建模

模糊不确定性不同于随机不确定性,它是事物因差异不显著而表现出的亦此亦彼的性质。模糊不确定性同样广泛存在于工程中,例如设备精度会导致模糊的测量误差,往往使得真正的测量数据不准确。当输入的不确定性变量具有模糊不确定性时,应采用模糊数学的方法建模。

5.2.2.1 基于模糊集理论的模糊不确定性数学建模

模糊集的概念由 L. A. Zadeh[17] 在 1965 提出,已被广泛应用于许多领域。模糊集理论是集合理论的一个分支,用以表示不精确的知识类型。基于模糊集理论和模糊逻辑学的模糊模型是一种常用的不确定性量化模型,用以处理工程设计中的模糊不确定性信息。模糊模型采用模糊集合来描述这种不确定性。模糊集合是具有模糊边界的集合,每个模糊集合对应一个在[0,1]之间分布的隶属度函数(fuzzy membership function,FMF),以表征某一元素属于该集合的程度。

建立模糊模型的关键是确定隶属度函数。确定隶属度函数的方法有经验直觉法和模糊统计法。

1. 经验直觉法

该方法利用经验建立隶属度函数。例如可变模糊温度的隶属度函数可以选择三角形函数,如图 5.4 所示。这些曲线可以给人们提供一些参考信息以便进行分析。

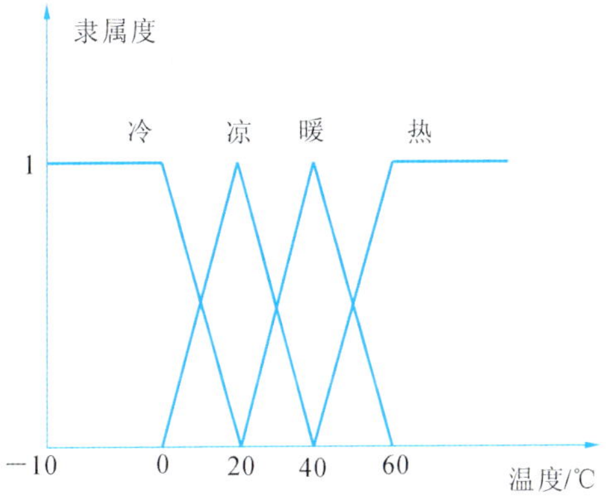

图 5.4 可变模糊温度的隶属度函数

2. 模糊统计法

模糊统计法的基本思想是利用足够多的随机实验,对要确定的模糊概念在论域中逐一写出定量范围，再进行统计处理，以确定能被大多数人认可的隶属度函数。具体步骤如下。

步骤 1：选取一个论域 U。

步骤 2：选择一个固定的元素 $u_0\in U$。

步骤 3：考虑 U 的一个边界可变化的经典集合 A^*，A^* 与一个模糊集合相关联（某个模糊集合的外延）。

步骤 4：进行试验计算。A^* 的隶属度为

$$A^*(u_0)=\lim_{n\to\infty}\frac{u_0\in A^*}{n} \tag{5.5}$$

随着 n 的增加，$A^*(u_0)$ 会趋向[0,1]闭区间上的一个固定值，这便是 A^* 的隶属度。

步骤 5：选取不同的元素 $u_0\in U$，按式(5.5)计算所有元素的隶属度的集合。根据集合画出隶属度函数曲线。

由于模糊模型在确定隶属度函数时不可避免地带有主观色彩，在对设计中的模糊信息缺乏足够的认识时，所确定的隶属度函数只能大致反映设计中的模糊性，往往带来较大的误差。

表 5.1 描述了不同隶属度函数的表达式及参数并给出了简单的示意图。由表可以看出，三角形和钟形分布函数由三个参数确定，矩形分布函数、高斯分布函数和西格玛型分布函数由两个参数确定，而梯形分布函数由四个参数确定。这些参数控制了隶属度函数的函数值及其精确形状。通过适当地选择这些参数就可以获得所要建立的隶属度函数。

表 5.1 模糊集理论的隶属度函数

<table>
<tr><th>分布类型</th><th>分布函数</th><th>函数图形</th></tr>
<tr><td>矩形分布</td><td>$f(x,a,b)=\begin{cases}0 & (x\leqslant a-b)\\ 1 & (a-b<x\leqslant a+b)\\ 0 & (x>a+b)\end{cases}$</td><td>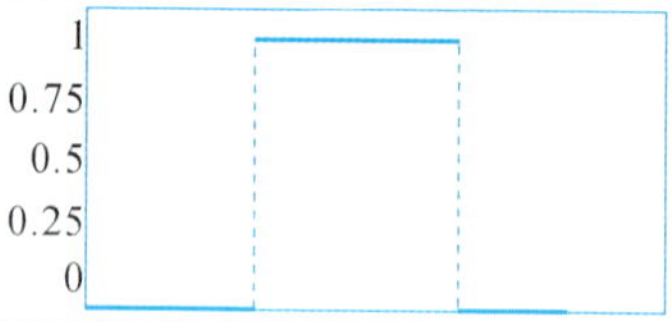
</td></tr>
<tr><td>三角形分布</td><td>$f(x,a,b,c)=\begin{cases}0 & (x\leqslant a)\\ \dfrac{x-a}{b-a} & (a<x\leqslant b)\\ \dfrac{c-x}{c-b} & (b<x\leqslant c)\\ 0 & (c<x)\end{cases}$</td><td>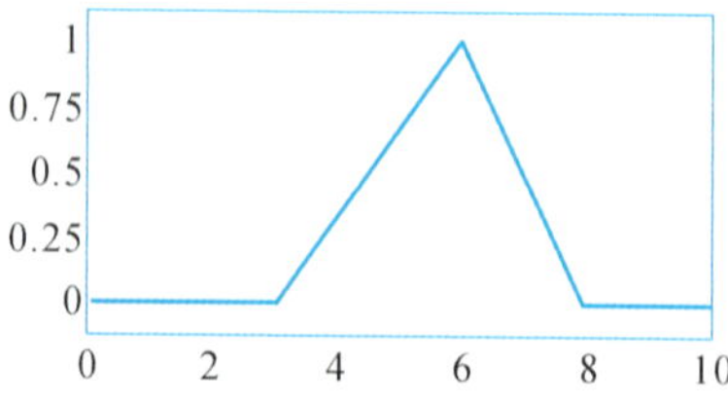
</td></tr>
</table>

续表

分布类型	分布函数	函数图形
梯形分布	$f(x,a,b,c,d)=\begin{cases}0 & (x\leqslant a)\\ \dfrac{x-a}{b-a} & (a<x\leqslant b)\\ 1 & (b<x\leqslant c)\\ \dfrac{c-x}{c-b} & (c<x\leqslant d)\\ 0 & (d<x)\end{cases}$	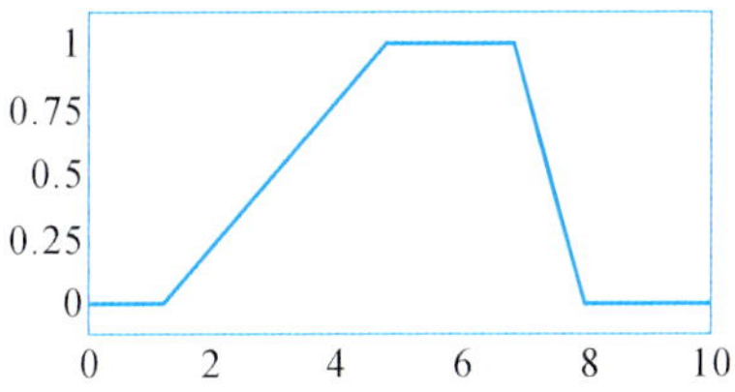
钟形分布	$f(x,a,b,c)=\dfrac{1}{1+\left\lvert\dfrac{x-c}{a}\right\rvert^{2b}}$	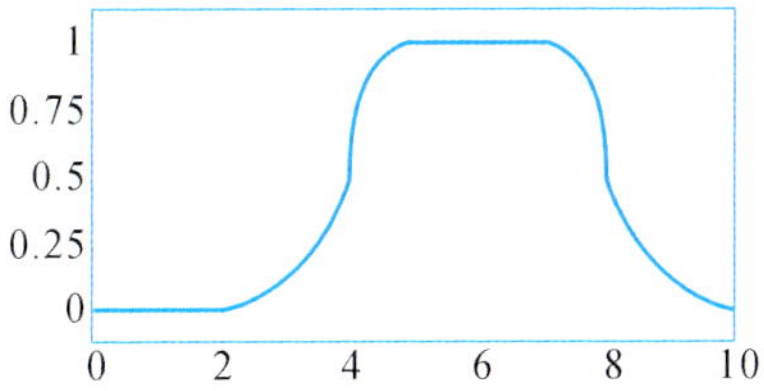
高斯分布	$f(x,m,\delta)=\exp\left[-\dfrac{(x-m)^2}{\delta^2}\right]$	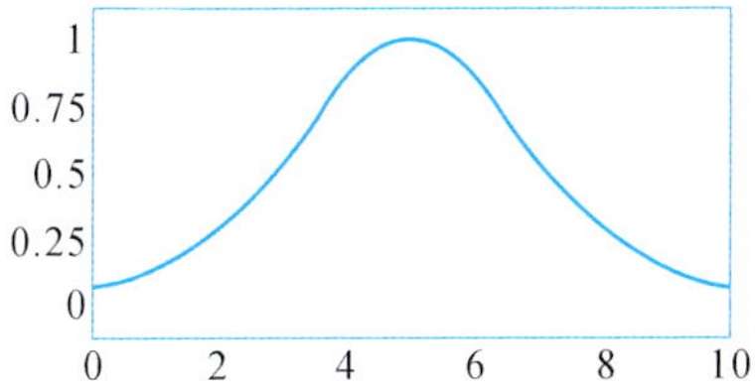
西格玛分布	$f(x,a,c)=\dfrac{1}{1+\exp[-a(x-c)]}$	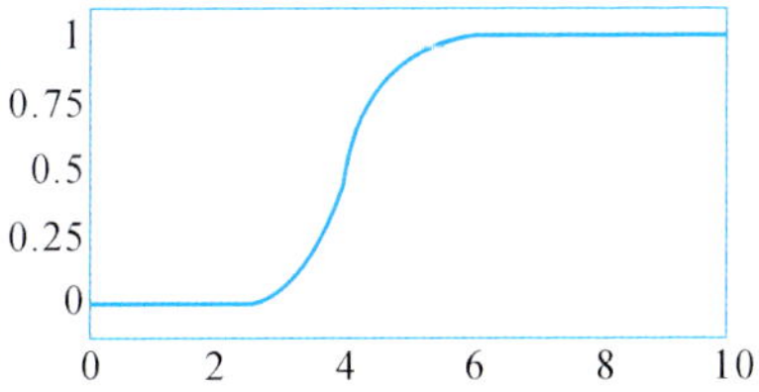

5.2.2.2 基于可能性理论的模糊不确定性数学建模

可能性理论是 Zadeh 在模糊集的基础上提出的处理模糊命题的理论，是处理不完全信息的有效数学工具[18]。可能性理论的基础是可能性测度空间。一个完整的可能性测度空间可以用(Ω,Γ,Π)三元组来表示，其中Ω是样本空间，Γ是 Ample 域，Π则是定义在Γ上的可能性测度。实际上，可能性理论采用可能性测度Π和必要性测度N来刻画不确定性。

一个事件的可能性测度Π和必要性测度N满足：

$$\begin{cases} N(A) = 1 - \Pi(\overline{A}) \\ N(A) + N(\overline{A}) \leqslant 1 \\ \Pi(A) + \Pi(\overline{A}) \geqslant 1 \end{cases} \tag{5.6}$$

对于事件 A 和 B，可能性测度 Π 和必要性测度 N 满足：

$$\begin{cases} \Pi(A \cup B) = \Pi(A) \vee \Pi(B) = \max\{\Pi(A), \Pi(B)\} \\ N(A \cap B) = \Pi(A) \wedge \Pi(B) = \min\{\Pi(A), \Pi(B)\} \end{cases} \tag{5.7}$$

模糊变量 X 是从可能性测度空间(Ω, Γ, Π)到实数域的可测函数[19]，通过不同点对应的隶属度函数 $\mu_X(x)$表征，且这些不同的点属于实数域 $\mathbf{R}$。

当输入不确定性变量的数据量是小子样时，尤其是在以下两种情况下[20]，需要将这些不确定性变量构建成模糊变量：

(1) 输入的不确定性变量具有随机的性质，且具有典型的试验分布类型，但是用来描述这些试验分布类型的数据并非完全可信。

(2) 输入的不确定性变量具有随机的性质，虽有一定量的数据但数据量并非十分充足，不足以为基本事件分配合理的概率。

采用模糊理论将输入变量构建成模糊变量时，最关键的工作是利用已有的数据确定模糊变量的隶属度函数。隶属度函数的确定已经有相关研究[21-23]，考虑到具有正规性属性隶属度函数的模糊变量具有较强的实用性，这里采用文献[20]中介绍的隶属度函数的确定方法建立模糊不确定性变量的隶属度函数，建立的隶属度函数具有正规、连续和有界的属性。

首先，依据已有数据的形式，即数据形式属于情况(1)还是情况(2)，分别采用参数法[24]或非参数法[25]建立一个临时的概率密度函数(probability distribution function, PDF)，然后，采用式(5.8)获得隶属度函数：

$$\mu_X(x) = 1 - |2F(x) - 1| = \begin{cases} 2F(x) & (x \in \{x: F(x) \leqslant 0.5\}) \\ 2 - 2F(x) & (x \in \{x: F(x) > 0.5\}) \end{cases} \tag{5.8}$$

式中：$F(x)$是临时概率累计分布函数(cumulative distribution function, CDF)。值得注意的是，利用式(5.8)获得的隶属度函数是关于临时概率累计分布函数对称的，且满足概率-可能性一致性原则和最保守原则。

通过上述方法获得模糊变量的隶属度函数后，模糊不确定性被构建成模糊变量，记为 x_f，对应的隶属度函数为 μ_{x_f}。

5.2.3 区间不确定性的数学建模

5.2.3.1 基于证据理论的区间不确定性建模

受试验条件和成本所限，有的设计参数会因样本缺少，而无法获得概率分布函数或隶属度函数。例如，设计某施工机械的曲柄滑块机构，由于建筑工地恶劣的环境以及设计成本的限制，滑块部分与地面接触的摩擦因数 μ 无法通过大量试验获得。此时，往往凭借专家经验或有限的数据，将其表达成几个可能的区间以及与这些区间对应的概率值形式，即以证据理论形式来进行不确定性表达。

证据理论建立在证据测度空间 $(2^{\Theta},\Psi,m)$ 的基础上，其中，Θ 是识别框架，2^{Θ} 是识别框架的幂集，Ψ 是 2^{Θ} 上的所有元素的集合，m 是基本概率分配。在应用证据理论建模不确定性时，可以依据经验给出各焦元所占有的基本概率分配值。

证据理论采用信任度 Bel 和似真度 Pl 对不确定性进行度量，二者的表达式分别为

$$\mathrm{Bel}(A)=\sum_{A\subseteq B}m(B) \tag{5.9}$$

$$\mathrm{Pl}(A)=\sum_{A\cap B\neq\varnothing}m(B) \tag{5.10}$$

式中：$m(B)$ 表示对子集 B 赋予的基本概率，当 $m(B)>0$ 时，称 B 是置信函数或似真函数的焦元。

当涉及多个区间不确定性变量时，需要求解这些区间变量的联合基本概率分配值。假设有两个区间变量 x_1 和 x_2，且这两个变量相互独立，其各自的区间划分为 $\alpha_i=[a_i^1,b_i^1]$ 和 $\beta_j=[a_j^2,b_j^2]$，对应的基本概率分配为 m_i^1 和 m_j^2。如图 5.5 所示，其联合区间划分为 $\{\alpha_i,\beta_j\}$，对应的联合基本概率分配为

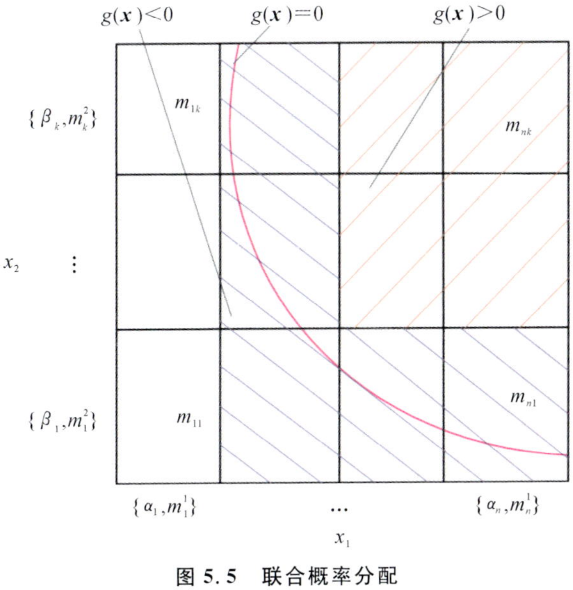

图 5.5 联合概率分配

$$m_{ij} = m_i^1 m_j^2 \tag{5.11}$$

当两个变量的区间没有交集的时候，联合基本概率分配为0。

不同于概率论和可能性理论，对于事件 A，证据理论的信任度 Bel 和似真度 Pl 满足公式

$$\begin{cases} \mathrm{Pl}(A) = 1 - \mathrm{Bel}(\overline{A}) \\ \mathrm{Bel}(A) + \mathrm{Bel}(\overline{A}) \leqslant 1 \\ \mathrm{Pl}(A) + \mathrm{Pl}(\overline{A}) \geqslant 1 \end{cases} \tag{5.12}$$

对于事件 A 和 B，信任度 Bel 和似真度 Pl 满足公式：

$$\begin{cases} \mathrm{Bel}(A \cup B) \geqslant \mathrm{Bel}(A) + \mathrm{Bel}(B) - \mathrm{Bel}(A \cap B) \\ \mathrm{Pl}(A \cap B) \leqslant \mathrm{Pl}(A) + \mathrm{Pl}(B) - \mathrm{Pl}(A \cup B) \end{cases} \tag{5.13}$$

5.2.3.2 基于区间分析的区间不确定性建模

1966 年，Moore[26]将参与运算的参量采用区间数的形式表示，提出了区间分析方法，该方法可基于区间算数规则得到需要计算参量的区间表示。区间分析方法在处理不确定性时并不需要考虑变量分布形式，因此建模时不需要大量的统计数据信息，并且其计算简便，因此得到了广泛的应用[27]。

当统计数据信息缺乏以至于不能建立变量的概率模型时，可以将不确定参量描述为区间变量，采用区间分析方法获得需要计算参量的区间上下界限。

在实数域 $\mathbf{R}$ 上的有界闭区间可表示为

$$Y^{\mathrm{I}} = [Y^{\mathrm{L}}, Y^{\mathrm{U}}] = \{Y \in \mathbf{R}: Y^{\mathrm{L}} < Y < Y^{\mathrm{U}}\} \tag{5.14}$$

式中：Y 为区间变量；Y^{L} 和 Y^{U} 分别为区间的上下界限。

区间数 Y^{I} 的均值和离差分别为

$$\overline{Y} = \frac{Y^{\mathrm{L}} + Y^{\mathrm{U}}}{2}, \quad Y^{\mathrm{r}} = \frac{Y^{\mathrm{U}} - Y^{\mathrm{L}}}{2} \tag{5.15}$$

引入标准化区间 $\delta^{\mathrm{I}} = [-1,1]$ 及标准化区间变量 $\delta \in [-1,1]$，则区间 Y^{I} 和区间变量 Y 可分别表示为

$$Y^{\mathrm{I}} = \overline{Y} + Y^{\mathrm{r}}\delta^{\mathrm{I}}, \quad Y = \overline{Y} + Y^{\mathrm{r}}\delta \tag{5.16}$$

对于任意两个区间 Y_1^{I} 和 Y_2^{I}，存在区间的基本运算法则，例如加法规律、减法规律、乘法规律和除法规律，即[28]

$$\begin{gathered} Y_1^{\mathrm{I}} + Y_2^{\mathrm{I}} = [Y_1^{\mathrm{L}} + Y_2^{\mathrm{L}}, Y_1^{\mathrm{U}} + Y_2^{\mathrm{U}}] \\ Y_1^{\mathrm{I}} - Y_2^{\mathrm{I}} = [Y_1^{\mathrm{L}} - Y_2^{\mathrm{U}}, Y_1^{\mathrm{U}} - Y_2^{\mathrm{L}}] \\ Y_1^{\mathrm{I}} \cdot Y_2^{\mathrm{I}} = [\min(Y_1^{\mathrm{L}}Y_2^{\mathrm{L}}, Y_1^{\mathrm{L}}Y_2^{\mathrm{U}}, Y_1^{\mathrm{U}}Y_2^{\mathrm{L}}, Y_1^{\mathrm{U}}Y_2^{\mathrm{U}}), \max(Y_1^{\mathrm{L}}Y_2^{\mathrm{L}}, Y_1^{\mathrm{L}}Y_2^{\mathrm{U}}, Y_1^{\mathrm{U}}Y_2^{\mathrm{L}}, Y_1^{\mathrm{U}}Y_2^{\mathrm{U}})] \\ Y_1^{\mathrm{I}} / Y_2^{\mathrm{I}} = [(Y_1^{\mathrm{L}}, Y_1^{\mathrm{U}}) \cdot (1/Y_2^{\mathrm{U}}, 1/Y_2^{\mathrm{L}}) (0 \notin Y_2^{\mathrm{I}})] \end{gathered} \tag{5.17}$$

设函数 g 为实数域 $\mathbf{R}$ 上的实值连续函数，当函数中的相关参数为区间变量时，根据区间运算规则，g 也是一个区间，则

$$g(Y_1^{\mathrm{I}},Y_2^{\mathrm{I}},\cdots,Y_n^{\mathrm{I}}) = [\min(g(Y_1,Y_2,\cdots,Y_n):Y_i \in Y_i^{\mathrm{I}}), \max(g(Y_1,Y_2,\cdots,Y_n):Y_i \in Y_i^{\mathrm{I}})] \tag{5.18}$$

5.2.3.3 基于凸集模型的区间不确定性建模

通常情况下，往往采用概率论对不确定性进行量化，但是，概率论方法的应用基于两个假设[29]。①二值状态假设：系统只有两种状态，要么完全正常，要么完全失效，但这并不符合实际情况，因为大部分系统都处于模糊状态或者某个变化范围之间。②概率假设：系统可靠性行为完全可以用概率来描述，但概率并不是可靠性的唯一度量方法，所以可靠性在概念上并不完全等同于可靠度。

此外，使用概率方法处理实际可靠性问题还必须满足四个前提条件：①对事件明确加以定义；②存在大量样本；③样本具有概率重复性；④系统可靠性不受人为因素影响。显然，在实际工程中，这四个条件是无法同时得到满足的，尤其是在航空、航天及船舶等复杂工程系统领域，一般不存在大样本。

近年来，非概率集合理论特别是凸集理论越来越受到重视，其有效性已在许多科学与工程领域的成功应用中得到证实。不确定性的集合描述方法早在 1968 年就由 Schweppe 等[30]提出，将其用于控制论中以分析不确定地震载荷的最大响应问题。此后，凸集理论逐渐被应用于力学领域如结构的疲劳寿命、薄壳的屈曲、细杆的失稳及地震响应和振动测量等问题的研究中。

1994 年 Ben-Haim[31]首次提出了基于凸集模型的非概率可靠性的概念，认为若系统能允许不确定参量在一定范围内波动，则系统是可靠的。此后，Ben-Haim 对凸集模型理论进行了完善，提出了结构稳健可靠性理论。Givoli 和 Elishakoff[32]用凸集理论研究了具有几何不确定空洞的应力集中问题。Qiu[33]用凸集模型研究了不确定但有界的参数对复合材料的响应问题。Luo 等[34]基于凸集模型对不确定但有界的设计参变量进行描述，研究了结构可靠性设计优化问题。

当不确定性量用某些特定的集合表示时，可以避免概率模型中关于概率密度函数等精确信息的要求。在不确定性的集合论描述方法中，凸集描述因具有诸多良好的性质而被广泛采用。这种凸集描述方法称为不确定性的凸集模型。

1. 凸集模型定义

定义 5.1 若不确定性量 $\boldsymbol{u}$ 在一个凸集 Ω 中取值，即 $\boldsymbol{u}\in\Omega$，这里的 $\boldsymbol{u}$ 可以是数值向量，也可以是函数向量，这时称 Ω 为不确定量的凸集模型。

早在20世纪90年代，人们就已在凸集模型理论及其应用方面开展了较多研究，并取得了较多的成果。目前，应用于工程领域的主要凸集模型有[35-37]：①一致界限凸集模型；②椭球界限凸集模型（简称椭球凸集模型）；③包线界限凸集模型；④瞬时能量界限凸集模型；⑤累积能量界限凸集模型。这里主要介绍在可靠性设计优化领域应用最广泛的椭球凸集模型。

2. 凸集模型表达

椭球凸集模型（ellipsoidal convex model，ELP）[38,39]表示为

$$\Omega_{\mathrm{ELP}}=\{\boldsymbol{\alpha}(t)\in\mathbf{R}:\boldsymbol{\alpha}^{\mathrm{T}}\boldsymbol{W}\boldsymbol{\alpha}\leqslant\theta^2\}=\left\{\boldsymbol{\alpha}:\sum_{i=1}^{m}\frac{(\boldsymbol{\alpha}_i-\boldsymbol{\alpha}_i^0)^2}{e_i^2}\leqslant\theta^2\right\}\tag{5.19}$$

式中：$\boldsymbol{\alpha}$ 是要描述的不确定性参数；$\boldsymbol{W}$ 是加权矩阵；e_i 为椭球的半轴，$i=1,2,\cdots,m$；θ 为椭球的半径。e_i 和 θ 共同表示不确定性参数的不确定程度。如果不确定性量 $\boldsymbol{\alpha}$ 有一个非零主值（或均值）$\bar{\boldsymbol{\alpha}}$，那么不确定性量凸集可用下面的偏移椭球模型描述：

$$\Omega_{\mathrm{SELP}}=\{\boldsymbol{\alpha}(t)\in\mathbf{R}:[\boldsymbol{\alpha}-\bar{\boldsymbol{\alpha}}]^{\mathrm{T}}\boldsymbol{W}[\boldsymbol{\alpha}-\bar{\boldsymbol{\alpha}}]\leqslant\theta^2\}\tag{5.20}$$

如果 $\boldsymbol{\alpha}$ 是随时间变化的不确定性量，那么均值加权的偏移椭球模型与瞬时能量界限凸集模型是一致的。

在实际工程设计中常用的有椭球凸集模型和超椭球凸集模型。椭球凸集模型假设系统中所有不确定性设计参变量具有相同属性而且相互独立，这并不完全符合实际工程。为此，本节采用超椭球凸集模型对大量的认知不确定性设计参变量进行量化。超椭球凸集模型主要根据认知不确定性的种类或相关性，将认知不确定性设计参变量分为若干组，每个组内的认知不确定性设计参变量存在某种关系，而组与组之间的变量则完全相互独立。显然，在只含有一个认知不确定性时，凸集模型将变成区间模型。在实际的复杂大规模多耦合系统中，存在大量的具有相同属性而又相互独立的认知不确定性设计参变量。图5.6所示为包含三个不确定性设计参变量的凸集模型特例。

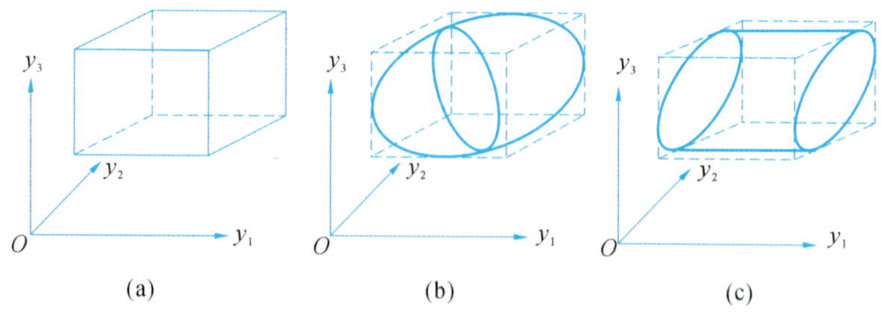

图5.6　包含三个不确定性设计参变量的凸集模型特例

研究表明[40]，凸集模型方法并不排斥用概率模型处理不确定性问题，集成

概率论与凸集模型方法必将成为处理多源不确定性问题的重要手段。凸集模型方法的主要优点如下：

(1) 与概率论方法不同，不需要知道不确定性变量的概率分布密度，只需知道不确定性变量所在的范围。分布范围要比概率分布密度更容易确定。

(2) 凸集模型方法可以给出复杂工程系统响应所在的范围或鲁棒裕度。

当然，任何事物都有其两面性，凸集模型也有其自身的缺点：一是它只适合于处理凸区域变化范围小的情况；二是它不适合于处理非凸区域的情况。但是，对于以上两个问题，可通过结合长方体分割法将凸集模型的应用扩展到大变化范围凸区域和非凸区域，具体操作方法如下。

1) 对于大变化范围的凸区域

假设工程结构未确定性变量变化范围在二维情况下为图 5.7(a)所示的矩形，即

$$A = \{(E_1, E_2): \underline{E}_1 \leqslant E_1 \leqslant \overline{E}_1, \underline{E}_2 \leqslant E_2 \leqslant \overline{E}_2\} \tag{5.21}$$

当矩形的边长 $\Delta E_1 = \overline{E}_1 - \underline{E}_1$、$\Delta E_2 = \overline{E}_2 - \underline{E}_2$ 均很小时，运用小范围集合理论凸集模型的泰勒级数方法可以很精确地对此问题进行求解。当 ΔE_1、ΔE_2 很大，以致不符合泰勒式精度范围时，可采用图 5.7 所示的分割方法解决。

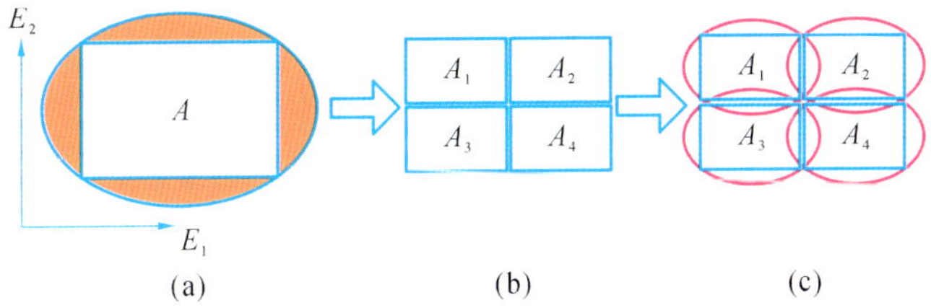

图 5.7　大范围凸区域

2) 对于非凸区域

对于图 5.8(a)所示的非凸区域(可大可小)，亦可采用上述分割法进行同样的处理。先进行矩形单元划分，如图 5.8(b)所示，然后利用基于组合的集合理论凸集模型进行求解，如图 5.8(c)所示。

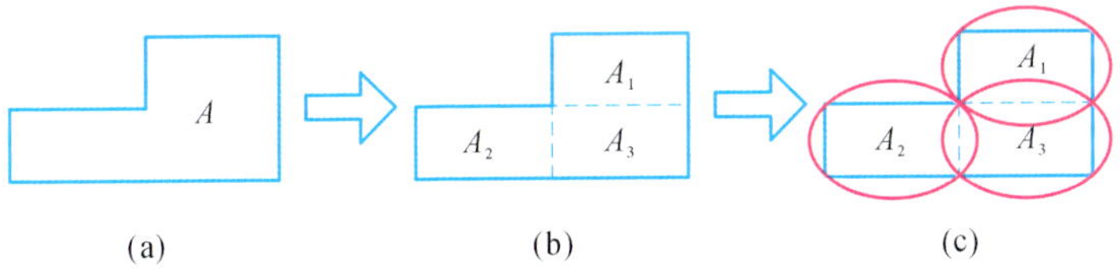

图 5.8　非凸区域

5.2.4 基于证据理论的随机-模糊-区间不确定性统一表达

目前针对随机-模糊-区间不确定性的统一表达方法主要有基于证据理论和基于随机集的两种方法，这里提出一种基于证据理论的随机-模糊-区间不确定性统一表达方法。该方法主要是利用信息熵转化法，将模糊变量的隶属度函数转化为等效随机变量的概率密度函数，然后基于随机变量的区间化方法，将每个变量离散成有限个小区间，根据变量的概率密度函数求解各个小区间的基本概率分配，从而对随机不确定性、模糊不确定性、区间不确定性三种不确定性使用证据理论统一表达。

5.2.4.1 模糊变量的随机化

模糊变量向等效随机变量转化的方法主要为信息熵转换法[41,42]。熵是不确定性的度量，对随机变量不确定性的度量称为概率熵，对模糊变量不确定性的度量称为模糊熵。信息熵转换法即是通过模糊熵与等效概率熵的等值关系进行求解。

随机变量的概率熵为

$$H_x = -\int_x f(x)\ln f(x)\mathrm{d}x \tag{5.22}$$

式中：$f(x)$为随机变量的概率密度函数。

模糊变量的模糊熵为

$$G_y = -\int_y \mu'(y)\ln\mu'(y)\mathrm{d}y \tag{5.23}$$

式中：$\mu(y)$为模糊变量的隶属度函数；$\mu'(y)=\dfrac{\mu(y)}{\int_y \mu(y)\mathrm{d}y}$。

当模糊变量向正态分布转化时，由 $H_x = G_y$ 可得，模糊变量转化为等效正态分布随机变量的等效方差为

$$\sigma_{\mathrm{eq}} = \frac{1}{\sqrt{2\pi}}\exp(G_y - 0.5) \tag{5.24}$$

通常把模糊变量的均值，即隶属度为 1 时的变量值，作为模糊变量转化为等效正态分布随机变量时的等效均值[43]。针对非对称隶属度函数，给出了模糊变量转化为等效正态分布随机变量时的等效均值的计算公式，即

$$\mu_{\mathrm{eq}} = \frac{1}{\int_y \mu(y)\mathrm{d}y}\int_y y\mu(y)\mathrm{d}y \tag{5.25}$$

模糊变量转化为等效正态分布随机变量的概率密度函数为

$$f(y)=\frac{1}{\sqrt{2\pi}\sigma_{eq}}\exp\left[-\frac{1}{2}\left(\frac{y-\mu_{eq}}{\sigma_{eq}}\right)\right] \tag{5.26}$$

5.2.4.2 随机变量的区间化

当采用证据理论对含有随机变量的结构进行可靠性分析时,可将各随机变量离散成连续的子区间,并确定各随机变量每个区间的基本概率分配,然后求解随机变量的联合概率分配。

1. 在标准正态空间对随机变量进行区间划分

在对随机变量进行区间划分时,首先要确立变量的上下界。根据标准正态分布的特点可知,当变量 U_{var} 取值在[−3.9,3.9]区间内时,其累积分布值接近于 1。因此,本节中,在标准正态空间内对随机变量进行区间划分时,取变量的上下界分别为 3.9 和−3.9。划分方法如图 5.9 所示。

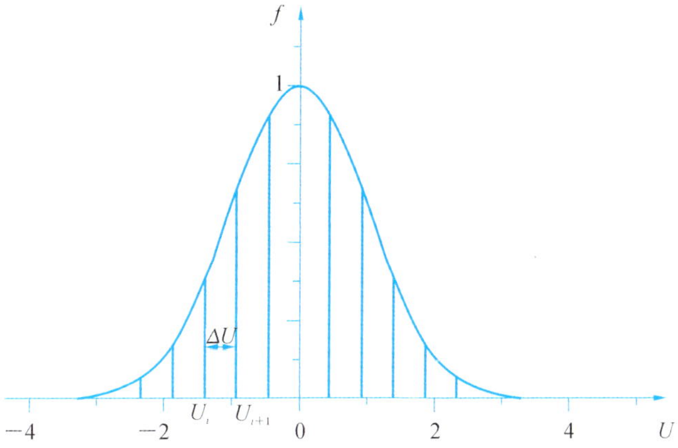

图 5.9 标准正态空间中随机变量区间划分

如图 5.9 所示,在标准正态空间中,以均值 0 作为分界线,分别向 U 轴的正向和负向进行划分。设总划分区间个数为 n_1,则沿 U 轴的正向和负向各划分 $n_1/2$个区间。设第 i 个小区间的范围为$[U_i,U_{i+1}]$,第 i 个区间对应的基本概率分配为

$$m_i=\int_{U_i}^{U_{i+1}}f(U)\mathrm{d}U=\Phi(U_{i+1})-\Phi(U_i) \tag{5.27}$$

式中:$f(U)$为标准正态分布的概率密度函数;$\Phi(\cdot)$为标准正态分布函数。

为保证求解后基本概率分配之和为 1,对其进行归一化处理,即

$$m'_i=\frac{m_i}{\sum_{i=1}^{n_1}m_i} \tag{5.28}$$

2. 将划分好的区间由 U 空间向 X 空间转化

$$X_{\text{var}} = U_{\text{var}}\sigma_{\text{var}} + \mu_{\text{var}} \tag{5.29}$$

式中：U_{var} 代表标准正态 U 空间中的变量；X_{var} 代表 X 空间中的变量；μ_{var}、σ_{var} 分别代表基本随机变量对应的均值与均方差。

对每个划分的区间进行基本概率的分配后即可使用证据理论表示。

5.3 不确定性在多学科系统中的传播

多学科设计问题涉及多个不同的学科，由于各学科的设计情况不同，以及执行各学科设计的专家背景知识和偏好不同，各学科输入的不确定性不尽相同。这些由不同学科输入的不确定性，通过学科间的耦合传播，使得整个多学科系统中含有混合的不确定性。不难看出，对耦合的多学科系统而言，各学科输入的不确定性直接决定着整个系统含有的不确定性。

耦合多学科系统中各学科可能的输入不确定性情况，大致可分为三种：①各学科均含有一种不确定性；②各学科含有两种不同的不确定性（随机与模糊、随机与区间）；③各学科含有三种不同的不确定性。目前对前两种情况的多学科可靠性设计优化[44-46]已经有了较为深入的研究，为此本小节重点分析第三种情况，以明确该情况下输入不确定性对系统输出性能的影响。

5.3.1 单学科不确定性传播

传统的单学科不确定性传播结构如图 5.10 所示。不确定输入量 x 对输出量的影响通过一个计算传播分析函数 $y = f(x)$ 来量化。f 代表分析函数，而 x 表示不确定的输入参数。如果输出量确定，且相关的不确定输入量也确定，则可以很容易地使用统计和概率方法量化输入不确定性因素对输出的影响。图 5.10 中的 $F_i(x_i)$ 曲线显示了不确定性输入量的概率密度函数，$F_i(y_i)$ 曲线代表概率传播结构，也就是输出量的概率分布。计算单学科的不确定性传播的概率方法一般包括以下步骤。

步骤 1：将每个不确定的输入量表达成一个随机变量的概率分布 $p(x)$。

步骤 2：用响应面法近似计算输出量与不确定输入量的函数关系 $f(x)$。

步骤 3：利用传统的蒙特卡罗仿真分析方法近似量化不确定性输入对输出的影响，一般是求得输出量的联合概率密度函数。

概率不确定性的传播就是已知系统输入 x 精确的概率分布表达式，求解 x

的不确定性对系统输出的影响。由于知道了 x 的概率分布表达式，因此可以使用统计学理论和系统分析相结合的方式获得系统的不确定性输出。

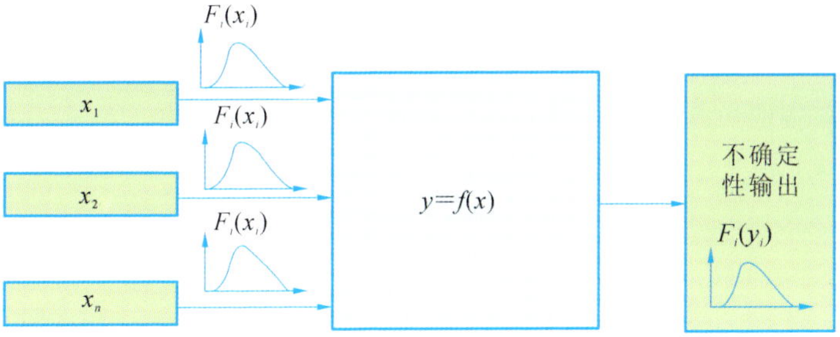

图 5.10 传统的单学科不确定性传播结构

5.3.2 多学科系统中的混合不确定性传播

各学科含有三种不同的不确定性的情况，依据各学科输入的不确定性类型不同，又可以分为多种。以下将以典型的含有三个学科的耦合系统为例，对几种典型的多学科输入情况进行介绍。

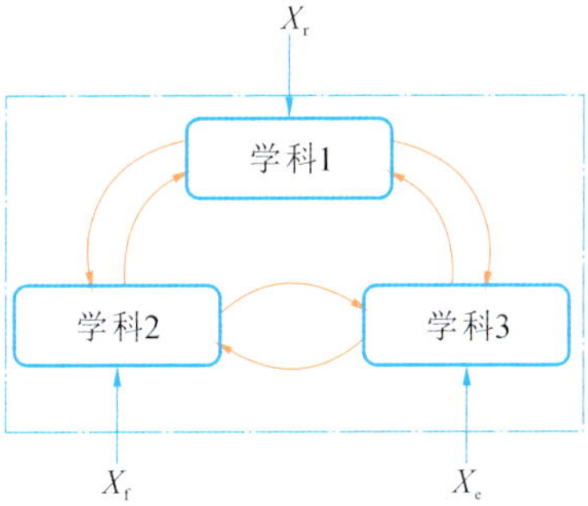

图 5.11 各学科含有互不相同的一种不确定性

(1) 各学科均含有一种不同的不确定性。该情况的特点是各学科都只含有某一种不确定性，且各学科含有的不确定性均不相同。这些不确定性由不同学科输入总系统，如图 5.11 所示。

(2) 各学科同时含有两种类型的不确定性。该情况的特点是各学科都只含有两种不确定性，且至少有两个学科含有的两种不确定性的类型是不同的。这些不确定性由不同学科输入总系统，如图 5.12 所示。

(3) 各学科同时含有三种类型的不确定性。该情况的特点是各学科同时含有随机不确定性、模糊不确定性和区间不确定性三种类型的不确定性，这些不确定性变量由不同学科输入总系统，如图 5.13 所示。

(4) 单一、两种和三种不确定性的组合。该情况是指各学科含有的不确定性可能是一种、两种或三种，各学科之间含有的不确定性又各不相同。各学科的不确定性组合在一起输入到总系统，如图 5.14(a)、(b)展示了两种组合情况。

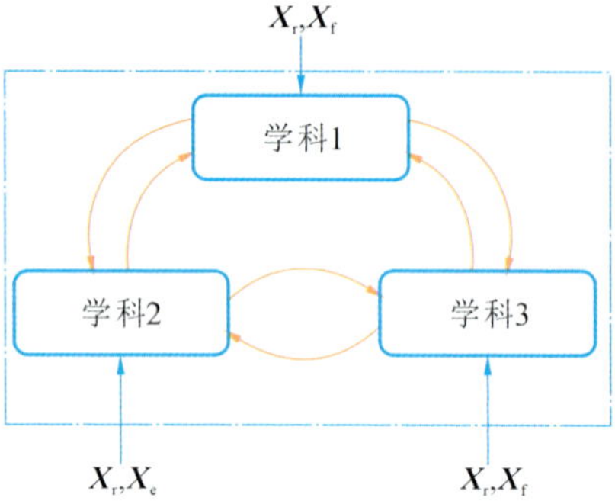

图 5.12　各学科同时含有两种类型的不确定性

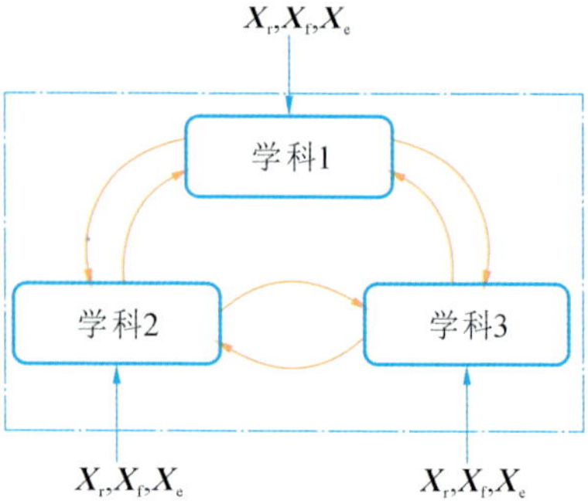

图 5.13　各学科同时含有三种类型的不确定性

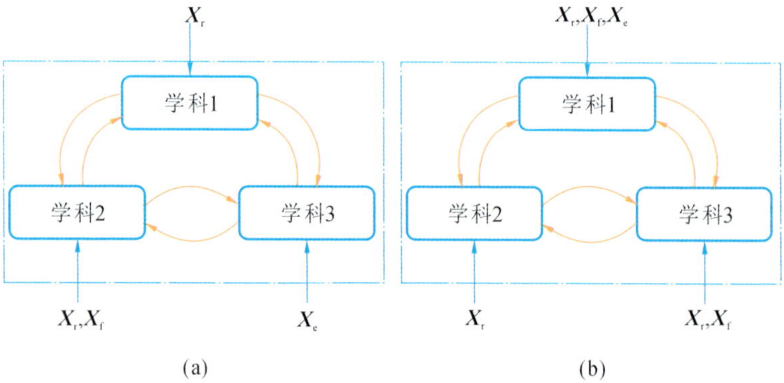

图 5.14　单一、两种和三种不确定性的组合情况

上面介绍的四种典型多学科输入情况中的不确定性均是输入学科中含有的不确定性，而这些输入究竟会使得整个系统含有何种不确定性，对多学科系统的输出性能函数影响又如何，需要通过进一步对这些情况输入的不确定性在系统中的传播进行分析而获得。

考虑到当各学科同时含有三种类型不确定性的情况最为复杂，首先对该情况下的不确定性传播进行分析。为简单和一致起见，选取典型的三个学科的耦合系统为例来说明。当各学科同时含有三种类型不确定性时，其不确定性传播如图 5.15 所示。

在这个系统中，$\boldsymbol{X}_{ri}(i=1,2,3)$表示学科 i 的随机不确定性变量；$\boldsymbol{X}_{fi}(i=1,2,3)$表示学科 i 的模糊不确定性变量；$\boldsymbol{X}_{ei}(i=1,2,3)$表示学科 i 的证据不确定性参数；$\boldsymbol{y}=(\boldsymbol{y}_{21},\boldsymbol{y}_{31},\boldsymbol{y}_{12},\boldsymbol{y}_{32},\boldsymbol{y}_{13},\boldsymbol{y}_{23})$是学科间的耦合变量，其中符号 $\boldsymbol{y}_{ij}$ 是耦合变量的一般表示形式，下角标中的 i 表示该耦合变量的产生来源，下角标中的 j

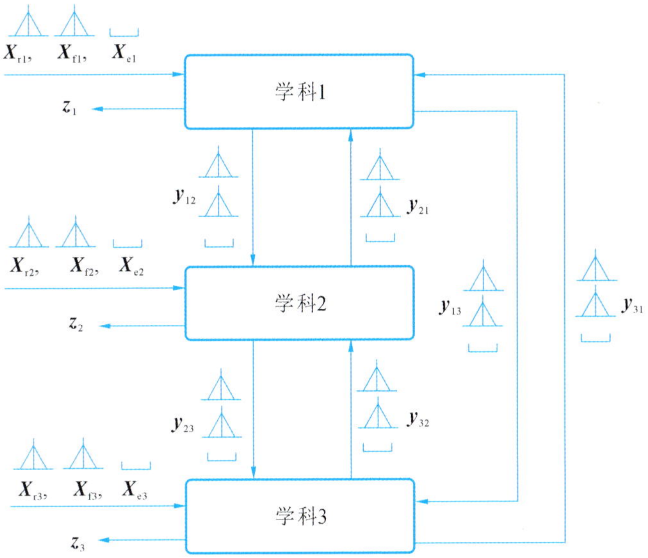

图 5.15　各学科同时含有三种类型不确定性的传播

表示该耦合变量要输往的学科分析，即 $\boldsymbol{y}_{ij}$ 表示由学科 i 输给学科 j 的耦合变量；z_i 表示学科 i 的性能输出，矩形方框表示各学科的学科分析。

从图 5.15 可以看出，该系统的各学科输入均含有随机不确定性变量、模糊不确定性变量和证据不确定性变量三种不确定性变量。受这些不确定性变量的影响，耦合变量 $\boldsymbol{y}_{ij}$ 也不再是一具有确定性的量，而具有随机、模糊和区间不确定性的特点。耦合变量的求解是通过多学科分析实现的，图 5.15 中的耦合变量是通过求解以下方程组获得的：

$$\begin{cases} \boldsymbol{y}_{12} = \boldsymbol{y}_{12}(\boldsymbol{X}_{r1}, \boldsymbol{X}_{f1}, \boldsymbol{X}_{e1}, \boldsymbol{y}_{21}, \boldsymbol{y}_{31}) \\ \boldsymbol{y}_{13} = \boldsymbol{y}_{13}(\boldsymbol{X}_{r1}, \boldsymbol{X}_{f1}, \boldsymbol{X}_{e1}, \boldsymbol{y}_{21}, \boldsymbol{y}_{31}) \\ \boldsymbol{y}_{21} = \boldsymbol{y}_{21}(\boldsymbol{X}_{r2}, \boldsymbol{X}_{f2}, \boldsymbol{X}_{e2}, \boldsymbol{y}_{12}, \boldsymbol{y}_{32}) \\ \boldsymbol{y}_{23} = \boldsymbol{y}_{23}(\boldsymbol{X}_{r2}, \boldsymbol{X}_{f2}, \boldsymbol{X}_{e2}, \boldsymbol{y}_{12}, \boldsymbol{y}_{32}) \\ \boldsymbol{y}_{31} = \boldsymbol{y}_{31}(\boldsymbol{X}_{r3}, \boldsymbol{X}_{f3}, \boldsymbol{X}_{e3}, \boldsymbol{y}_{13}, \boldsymbol{y}_{23}) \\ \boldsymbol{y}_{32} = \boldsymbol{y}_{32}(\boldsymbol{X}_{r3}, \boldsymbol{X}_{f3}, \boldsymbol{X}_{e3}, \boldsymbol{y}_{13}, \boldsymbol{y}_{23}) \end{cases} \tag{5.30}$$

学科性能输出 z_i 是关于学科 i 输入和耦合变量的函数，其隐式表达式为

$$z_i = z_i(\boldsymbol{X}_{ri}, \boldsymbol{X}_{fi}, \boldsymbol{X}_{ei}, \boldsymbol{y}_{\cdot i}, \boldsymbol{y}_{i\cdot}) \tag{5.31}$$

从式(5.31)可以看出，学科性能输出 z_i 也是一个具有不确定性的量，由第 2 章分析可知，z_i 具有混合不确定性的特点，其失效概率 $\Pr\{z_i(\boldsymbol{X}_{ri}, \boldsymbol{X}_{fi}, \boldsymbol{X}_{ei}, \boldsymbol{y}_{\cdot i}, \boldsymbol{y}_{i\cdot}) < \boldsymbol{0}\}$ 体现为具有隶属度形式的似真函数和置信函数。

综上可知,各学科同时含有三种类型不确定性时的传播过程为,随机、模糊和区间不确定性通过学科变量进入学科分析模块,然后通过学科分析中的耦合关系传递给耦合变量,最后这些不确定性被传递到学科的性能输出,因此耦合变量、性能输出量均具备随机、模糊和区间不确定性。

从对同时含有三种类型不确定性时的传播分析可以看出,由于耦合变量的存在,无论各学科是何种输入情况,只要输入时各学科含有三种不确定性,则必然导致最终系统耦合变量和输出中同时含有三种不确定性。以下选取各学科同时含有两种类型的不确定性情况为例进行说明,其他情况可通过类似的方式获得。

同时含有两种类型的不确定性的传播如图 5.16 所示。

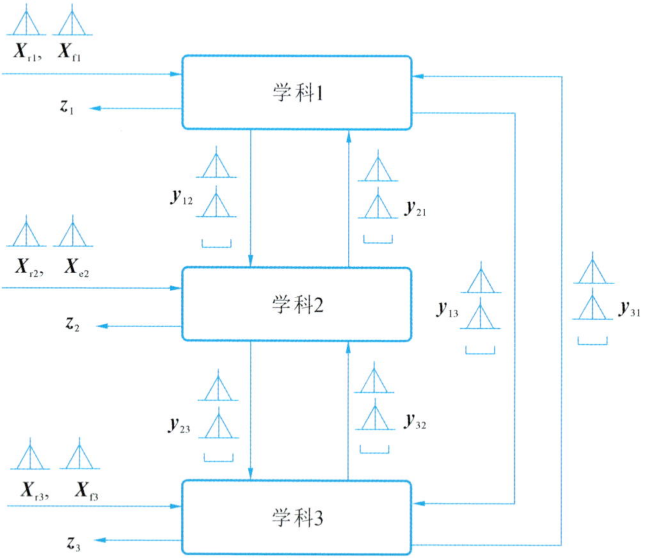

图 5.16　同时含有两种类型的不确定性的传播

由于同时含有两种类型的不确定性变量,因此其耦合变量的求解方程组为

$$\begin{cases} \boldsymbol{y}_{12} = \boldsymbol{y}_{12}(\boldsymbol{X}_{r1}, \boldsymbol{X}_{f1}, \boldsymbol{y}_{21}, \boldsymbol{y}_{31}) \\ \boldsymbol{y}_{13} = \boldsymbol{y}_{13}(\boldsymbol{X}_{r1}, \boldsymbol{X}_{f1}, \boldsymbol{y}_{21}, \boldsymbol{y}_{31}) \\ \boldsymbol{y}_{21} = \boldsymbol{y}_{21}(\boldsymbol{X}_{r2}, \boldsymbol{X}_{e2}, \boldsymbol{y}_{12}, \boldsymbol{y}_{32}) \\ \boldsymbol{y}_{23} = \boldsymbol{y}_{23}(\boldsymbol{X}_{r2}, \boldsymbol{X}_{e2}, \boldsymbol{y}_{12}, \boldsymbol{y}_{32}) \\ \boldsymbol{y}_{31} = \boldsymbol{y}_{31}(\boldsymbol{X}_{r3}, \boldsymbol{X}_{f3}, \boldsymbol{y}_{13}, \boldsymbol{y}_{23}) \\ \boldsymbol{y}_{32} = \boldsymbol{y}_{32}(\boldsymbol{X}_{r3}, \boldsymbol{X}_{f3}, \boldsymbol{y}_{13}, \boldsymbol{y}_{23}) \end{cases} \tag{5.32}$$

虽然各学科的输入不确定性仅含有两种,但耦合变量却具有随机、模糊和区间不确定性,证明如下。

证明:对于方程组(5.32)中的第一个方程 $\boldsymbol{y}_{12}=\boldsymbol{y}_{12}(\boldsymbol{X}_{r1},\boldsymbol{X}_{f1},\boldsymbol{y}_{21},\boldsymbol{y}_{31})$,首先固定耦合变量 $\boldsymbol{y}_{21}$ 和 $\boldsymbol{y}_{31}$ 的值,则由于随机变量 $\boldsymbol{X}_{r1}$ 和模糊变量 $\boldsymbol{X}_{f1}$ 的影响,$\boldsymbol{y}_{12}$ 具有随机和模糊不确定性;对于第四个方程 $\boldsymbol{y}_{23}=\boldsymbol{y}_{23}(\boldsymbol{X}_{r2},\boldsymbol{X}_{e2},\boldsymbol{y}_{12},\boldsymbol{y}_{32})$,由于随机变量 $\boldsymbol{X}_{r2}$、证据变量 $\boldsymbol{X}_{e2}$,以及同时具有随机和模糊不确定特性的耦合变量 $\boldsymbol{y}_{12}$ 的影响,$\boldsymbol{y}_{23}$ 具有随机、模糊和区间不确定性,因此,耦合变量 $\boldsymbol{y}_{23}$ 的不确定性特性得以证明。

同理可证明其他耦合变量均具有随机、模糊和区间不确定性。

对于学科系统的性能输出函数,由于各学科的输入不确定性变量不同,因此其计算表达式也不同,例如图 5.16 中学科 1 的输出函数为 $\boldsymbol{z}_1=\boldsymbol{z}_1(\boldsymbol{X}_{r1},\boldsymbol{X}_{f1},\boldsymbol{y}_{\cdot 1},\boldsymbol{y}_{1\cdot})$,而学科 2 的输出函数为 $\boldsymbol{z}_2=\boldsymbol{z}_2(\boldsymbol{X}_{r2},\boldsymbol{X}_{e2},\boldsymbol{y}_{\cdot 2},\boldsymbol{y}_{2\cdot})$。但是由于各学科性能输出函数表达式中含有耦合变量,所以各学科的性能输出量也具备随机、模糊和区间不确定性。

综上可知,只要输入时各学科已含有三种不确定性,则最终系统耦合变量和输出必然同时含有三种不确定性。

5.4 本章小结

随着现代工程系统复杂程度的不断提高,其设计过程中涉及的不确定性的种类和来源日益增多,不仅存在能用概率论量化的随机不确定性,而且存在大量因试验条件、研发周期、设计成本或认知能力等因素所限而产生的认知不确定性。传统的基于概率论的不确定性量化方法已不能满足设计要求。开展同时考虑随机和认知不确定性的量化理论研究是进行多学科可靠性设计优化的前提和基础。为此,本章在对复杂产品设计中的不确定性来源进行分析的基础上,对设计参变量、数学模型及设计决策等多种形式的不确定性进行了总结与归类,对随机不确定性、模糊不确定性和区间不确定性的数学建模方法分别进行了阐述,并在此基础上提出了基于证据理论的随机-模糊-区间不确定性统一表达方法。最后讨论了这些不确定性在单学科系统和多学科系统中的传播问题。

参考文献

[1] RENEKE J A, WIECEK M M, FADEL G M, et al. Design under uncertainty: balancing expected performance and risk[J]. Journal of Mechanical Design, 2010, 132(11): 111009.

[2] 姜潮，黄新萍，韩旭，等. 含区间不确定性的结构时变可靠度分析方法[J]. 机械工程学报，2013，49(10)：186-193.
[3] KIUREGHIAN A D，DITLEVSEN O. Aleatory or epistemic? Does it matter? [J]. Structural Safety，2009，31(2)：105-112.
[4] PAL N R. On quantification of different facets of uncertainty[J]. Fuzzy Sets and Systems，1999，107(1)：81-91.
[5] KLIR G J. Principles of uncertainty：What are they? Why do we need them? [J]. Fuzzy Sets & Systems，1995，74(1)：15-31.
[6] RILEY M E，GRANDHI R V. Quantification of model-form and predictive uncertainty for multi-physics simulation[J]. Computers & Structures，2011，89(11-12)：1206-1213.
[7] LIU Y，CHEN W，ARENDT P，et al. Toward a better understanding of model validation metrics[J]. Journal of Mechanical Design，2011，133(7)：071005.
[8] 韩明红，邓家禔. 多学科设计优化中的不确定性建模[J]. 北京航空航天大学学报，2007，33(1)：115-118.
[9] 袁亚辉，黄洪钟，张小玲. 一种新的多学科系统不确定性分析方法——协同不确定性分析法[J]. 机械工程学报，2009，45(7)：174-182.
[10] NOH Y，CHOI K K，LEE I，et al. Reliability-based design optimization with confidence level under input model uncertainty due to limited test data[J]. Structural and Multidisciplinary Optimization，2011，43(4)：443-458.
[11] PARK I，AMARCHINTA H K，GRANDHI R V. A Bayesian approach for quantification of model uncertainty[J]. Reliability Engineering & System Safety，2010，95(7)：777-785.
[12] 张旭东. 不确定性下的多学科设计优化研究[D]. 成都：电子科技大学，2011.
[13] 郭民之. 概率论与数理统计[M]. 北京：科学出版社，2012.
[14] 庄楚强，何春雄. 应用数理统计基础[M]. 4 版. 广州：华南理工大学出版社，2013.
[15] 盛骤. 概率论与数理统计[M]. 3 版. 北京：高等教育出版社，2001.
[16] 张发荣，冯德成. 极大似然估计法在不同概率问题中的具体应用[J]. 数学

教学研究,2008,27(4):52.
[17] ZADEH L A. Fuzzy sets[J]. Information and Control, 1965, 8(3): 338-353.
[18] ZADEH L A. Fuzzy sets as a basis for a theory of possibility[J]. Fuzzy Sets and Systems,1978,1(1):3-28.
[19] 胡宝清.模糊理论基础[M].武汉:武汉大学出版社,2010.
[20] LIU D,CHOI K K,YOUN B D,et al. Possibility-based design optimization method for design problems with both statistical and fuzzy input data[J]. Journal of Mechanical Design,2006,128(4):928-935.
[21] MEDAGLIA A L,FANG S C,NUTTLE H L W,et al. An efficient and flexible mechanism for constructing membership functions[J]. European Journal of Operational Research,2002,139(1):84-95.
[22] HSU Y L,LEE C H,KRENG V B. The application of Fuzzy Delphi Method and Fuzzy AHP in lubricant regenerative technology selection [J]. Expert Systems with Applications,2010,37(1):419-425.
[23] 刘立柱.概率与模糊信息论及其应用[M].北京:国防工业出版社,2004.
[24] HOEL P G. Introduction to mathematical statistics[M]. 3rd ed. [s. l. :s. n.],1962.
[25] WAND M P,JONES M C. Kernel smoothing[M]. London:Chapman & Hall,1994.
[26] MOORE B R E. Interval analysis[M]. Englewood Cliffs: Prentice-Hall,2010.
[27] GANZERLI S,PANTELIDES C P. Load and resistance convex models for optimum design[J]. Structural and Multidisciplinary Optimization, 1999,17(4):259-268.
[28] SUN H L,YAO W X. The basic properties of some typical systems' reliability in interval form[J]. Structural Safety,2008,30(4):364-373.
[29] 何俐萍.基于可能性度量的机械系统可靠性分析和评价[D].大连:大连理工大学,2010.
[30] SCHWEPPE F C. Recursive state estimation:unknown but bounded errors and system inputs[J]. IEEE Transactions on Automatic Control , 1968,13(1):22-28.

[31] BEN-HAIM Y, ELISHAKOFF I. Convex models of vehicle response to unknown but bounded terrain[J]. Journal of Applied Mechanics, 1991, 58(2):354-361.
[32] GIVOLI D, ELISHAKOFF I. Stress concentration at a nearly circular hole with uncertain irregularities[J]. Journal of Applied Mechanics, 1992, 59(2S):29-36.
[33] QIU Z. Convex models and interval analysis method to predict the effect of uncertain-but-bounded parameters on the buckling of composite structures[J]. Computer Methods in Applied Mechanics and Engineering, 2005, 194(18-20):2175-2189.
[34] LUO Y, KANG Z, LI A. Structural reliability assessment based on probability and convex set mixed model[J]. Computers and Structures, 2009, 87(21-22):1408-1415.
[35] 郭克尖. 不确定性振动控制的凸集模型理论[D]. 长春:吉林大学, 2004.
[36] 郭书祥. 非随机不确定结构的可靠性方法和优化设计研究[D]. 西安:西北工业大学, 2002.
[37] 曹鸿钧. 基于凸集模型的结构和多学科系统不确定性分析与设计[D]. 西安:西安电子科技大学, 2005.
[38] HU J, QIU Z. Non-probabilistic convex models and interval analysis method for dynamic response of a beam with bounded uncertainty[J]. Applied Mathematical Modelling, 2010, 34(3):725-734.
[39] 罗阳军, 亢战, 吴子燕. 考虑不确定性的柔性机构拓扑优化设计[J]. 机械工程学报, 2011, 47(1):1-7.
[40] 邱志平. 非概率集合理论凸方法及其应用[M]. 北京:国防工业出版社, 2005.
[41] LI S H, CHEN J J, CAO H J. Reliability analysis of structures with random-interval-fuzzy hybrid parameters[J]. Journal of Vibration and Shock, 2013, 32(18):70-74.
[42] HALDAR A, REDDY R K. A random-fuzzy analysis of existing structures[J]. Fuzzy Sets and Systems, 1992, 48(2):201-210.
[43] 沙丽荣. 基于正交基神经网络的结构可靠性分析[D]. 长春:吉林大学, 2011.

[44] YAO W, CHEN X, OUYANG Q, et al. A reliability-based multidisciplinary design optimization procedure based on combined probability and evidence theory[J]. Structural and Multidisciplinary Optimization, 2013, 48(2): 339-354.
[45] ZHANG X, HUANG H Z. Sequential optimization and reliability assessment for multidisciplinary design optimization under aleatory and epistemic uncertainties[J]. Structural and Multidisciplinary Optimization, 2009, 40(1): 165-175.
[46] DU X, GUO J, BEERAM H. Sequential optimization and reliability assessment for multidisciplinary systems design[J]. Structural and Multidisciplinary Optimization, 2008, 35(2): 117-130.

第 6 章 单学科统一可靠性分析方法

可靠性分析是基于可靠性的多学科设计优化的重要组成部分。可靠性分析过程的复杂程度、计算结果的真实性以及算法的适用范围都直接或间接地影响 RBMDO 的计算效率、计算精度及其工程可用性。本章阐述可靠性分析方法的理论基础，并介绍几种多源不确定性下的统一可靠性分析方法（本书中将多源不确定性下的可靠性分析都称为统一可靠性分析方法）。

6.1 可靠性分析概述

6.1.1 可靠度概念

可靠度是随机变量 $\boldsymbol{x}=(x_1,x_2,\cdots,x_n)$ 在安全域内，即极限状态函数 $g(\boldsymbol{x})\geqslant 0$ 的概率，可表示为 $\Pr\{g(\boldsymbol{x})\geqslant 0\}$。因此，可靠度可通过对极限状态函数的联合概率密度函数 $f_x(\boldsymbol{x})$ 在安全域（$g(\boldsymbol{x})\geqslant 0$）进行积分而得到：

$$R=\Pr\{g(\boldsymbol{x})\geqslant 0\}=\int_{g(\boldsymbol{x})\geqslant 0} f_x(\boldsymbol{x})\mathrm{d}\boldsymbol{x} \tag{6.1}$$

式(6.1)的求解过程即为可靠性分析。当 R 大于许用可靠度时，$g(\boldsymbol{x})\geqslant 0$ 满足可靠度的要求。研究表明，对于高维或高度非线性的性能函数，采用式(6.1)求解可靠度是非常困难的。为解决上述问题，人们提出了很多近似法。其中，一阶可靠性分析法(FORM)和二阶可靠性分析法(SORM)是两种最常见的可靠度分析方法。其基本思路都是简化联合概率密度函数 $f_x(\boldsymbol{x})$ 和近似极限状态函数 $g(\boldsymbol{x})$。FORM 和 SORM 最大的不同点是前者在 MPP 点处进行一阶泰勒近似展开，而后者在 MPP 点处进行二阶泰勒近似展开，故 SORM 的计算精度高于 FORM。但是构造二次近似超曲面计算复杂，对设计优化效率影响较大，对于特别重要的而且对可靠性精度要求较高的概率约束条件，可采用 SORM 进行计算。

6.1.2 可靠度指标

传统的可靠度指标是基于概率论思想提出的，Cornell[1] 于 1968 年提出在结构可靠度分析中应用直接与失效概率相联系的指标 β 来衡量结构可靠度，并将 β 定义为结构极限状态函数的均值(μ)与标准差(σ)之比(μ/σ)。对于非线性极限状态函数方程以及多变量的情况，该方法可将极限状态函数在各随机变量的均值处进行泰勒展开，并根据展开式的线性项近似计算非线性极限状态函数的均值和方差。然而，研究表明，对于具有相同失效面而数学形式不同的极限状态函数，结果不具有唯一性。为此，Hasofer 和 Lind[2] 从更为明确的几何意义角度对可靠度重新进行了定义，提出了基于欧氏距离的可靠度求解方法。该方法采用空间转换方式，将 X 空间的随机变量转换为 U 空间中的服从标准正态分布函数的随机变量，极限状态函数亦可转换为标准随机向量的形式，然后在 U 空间中对可靠度进行定义。在 U 空间中，可靠度指标(Hasofer 和 Lind 定义的可靠度指标，也称为 HL 可靠度指标)β_{HL} 被定义为从空间坐标原点到极限状态面(失效面)的最短距离，极限状态面由 $g(\boldsymbol{u})=0$ 表示。可靠度指标的几何意义如图 6.1 所示。

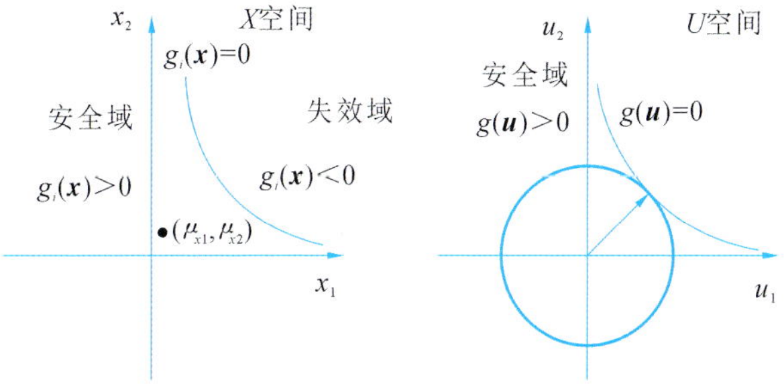

图 6.1 极限状态函数失效面从 X 空间到 U 空间的映射关系

可靠度的求解过程即在极限状态面上搜索距离原点最近的点，其约束条件为极限状态函数 $g(\boldsymbol{u})=0$。因此，可靠度的求解优化模型可表示为

$$\beta = \min_{\boldsymbol{u}\in g(\boldsymbol{u})=0} \sqrt{(\boldsymbol{u}^{\mathrm{T}}\,\boldsymbol{u})}$$

$$\beta_{HL} = \begin{cases} +\ \|\boldsymbol{u}\|\ (g(\boldsymbol{u})>0) \\ -\ \|\boldsymbol{u}\|\ (g(\boldsymbol{u})<0) \end{cases} \tag{6.2}$$

式(6.2)为计算可靠度的优化模型，其最优解 $\boldsymbol{u}^*$ 即 MPP 点，也称为验算点。

应用式(6.2)求解可靠度的方法通常被称为改进的一次二阶矩方法，MPP 点的搜索是概率可靠度分析的核心。如果极限状态函数是标准变量的线性函数，则利用式(6.2)可以直接计算出 HL 可靠度指标。而对于非正态分布的随机变量，需首先采用 Rackwitz-Fiessler 变换将非正态变量进行当量正态化，得到等效正态分布的均值和标准差，然后按照 $u_i=(x_i-\mu_i)/\sigma_i$ 进行标准正态化处理，求解式(6.2)即可得到可靠度指标。

6.1.3 可靠性评价

产品可靠性评价具有多种不同形式[3]，其中可靠度，即运用概率方法计算的不发生失效的概率，是产品设计中最为普遍采用的指标。基于概率的可靠性评价考虑设计中的各种随机不确定性，采用概率论方法计算由这些不确定性引起失效的概率，根据计算值的大小来评价安全的程度。

可靠度 R 与失效概率 F 是可靠性评价的一对相对指标，对于同一事件的概率问题，两者具有如下关系：

$$R(g)=1-F(g) \tag{6.3}$$

失效概率计算公式为

$$F(g)=\Pr\{g(\boldsymbol{x}_{\mathrm{r}})<0\}=\int_{g(\boldsymbol{x}_{\mathrm{r}})<0} f_{\boldsymbol{x}_{\mathrm{r}}}(\boldsymbol{x}_{\mathrm{r}})\mathrm{d}\,\boldsymbol{x}_{\mathrm{r}} \tag{6.4}$$

由于实际工程问题的积分域十分复杂，式(6.3)和式(6.4)几乎无法求解。为此，形式简单且易于求解的可靠度指标 β 常被用于近似求解可靠性，使用 β 求解可靠性的计算公式为

$$F(g)=\Phi(-\beta) \tag{6.5}$$

式(6.5)采用的计算方法又被称为可靠度指标法(reliability index approach, RIA)[4]，通过求解 β 的值来获得失效概率的大小，从而对产品是否可靠做出评判。

为进一步提高采用可靠度指标评估可靠性的效率与准确性，Tu 等人[5]提出了可靠性评估的功能测度法(PMA)。与可靠性指数法(RIA)不同，PMA 是直接对当前设计点在指定可靠度指标 β 下是否安全可靠做出评估，其计算公式为

$$g^{*}=F^{-1}(\Phi(-\beta)) \tag{6.6}$$

式中：g^{*} 称为目标概率百分比性能；上角标 -1 代表逆运算。

图 6.2 为 PMA 评估可靠性的示意图。

从图中可以看出，如果 $g^{*}\geqslant 0$，则表明设计点在当前 β_{t} 下是满足可靠性要求的，反之，则不满足可靠性要求。从 PMA 的计算公式和其对可靠性评估的方式可以看出，PMA 与 RIA 在形式上刚好相反，为此常把采用 RIA 直接求解可靠度的分析方法称为正可靠性分析，而把采用 PMA 进行可靠度分析的方称为逆可靠性分析。

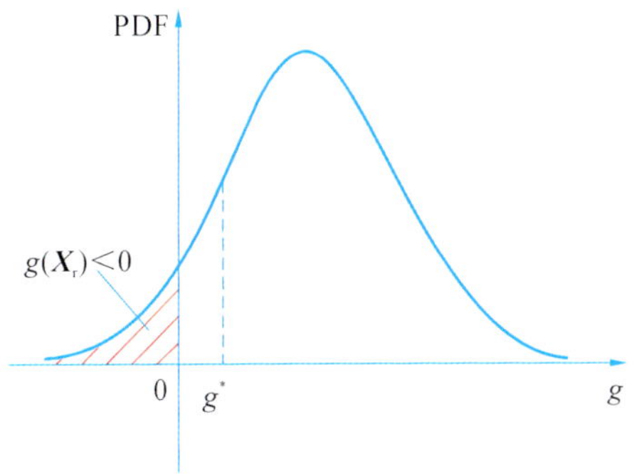

图 6.2　可靠度评估的百分比性能

6.2　常用的可靠性分析方法

式(6.1)的求解方法包括解析法、模拟法和近似数值法。只有当积分域非常规则且被积函数比较简单时才可能由解析法得到准确的失效概率值。因此，一般情况下直接利用数值积分的办法需要花费大量的计算时间,有时候其应用范围也非常有限。模拟法主要指的是蒙特卡罗仿真分析法,其最大缺点是效率比较低,为了获得一定精度的结果通常需要进行大量抽样,特别当概率约束条件的可靠度较高时,计算量大的问题尤为突出。研究表明[6,7],对于高维或高度非线性的性能函数,采用式(6.1)求解可靠度是非常困难的,甚至根本不可能。为解决上述问题,研究学者提出了近似可靠性分析方法。

下面对几种常见的可靠性分析方法进行介绍。

6.2.1　蒙特卡罗仿真分析方法

蒙特卡罗仿真分析方法(MCS 法)又称为随机抽样法、概率模拟法或统计试验法。该方法以概率论或数理统计为基础,通过随机模拟或统计试验来进行结构可靠性分析。其基本思想源于概率论中的大数定律,即根据样本来推断母体的某些统计规律,当样本足够大时,母体的统计规律可以由样本来代替。MCS 法是最简单、最直观、最精确的方法,但其仿真效率太低,而且当结构的可靠度很高(接近于 1)时,该方法往往无法计算出结果。MCS 法求解可靠度的基本原理为:由基本随机变量的联合概率密度函数产生 N 组基本变量的随机样本 $\boldsymbol{x}_j(j=1,2,\cdots,N)$,将这 N 个随机样本代入功能函数 $g(\boldsymbol{x})$中,统计落入安全域($g(\boldsymbol{x})\geqslant 0$)的样本个数 N_R,用落入安全域的样本概率 N_R/N 近似代替可靠

度 R[8]。

MCS 法的计算流程如图 6.3 所示。

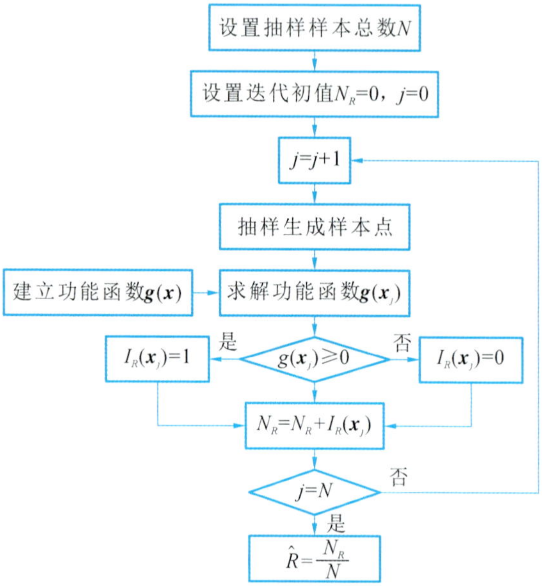

图 6.3 MCS 法可靠性分析流程

MCS 法求解可靠度的过程主要包括基本变量的抽样和可靠度的近似估计。基本变量的抽样是指根据随机抽样原理构建基本变量的样本点，常用的抽样方式有直接抽样法和拉丁超立方抽样(Latin hypercube sampling，LHS)。LHS 抽样法由于具有抽样“记忆”功能，可以避免直接抽样法数据点集中而导致的仿真循环重复问题；通过统计分析，近似估计结构的可靠度。

由概率知识可知，可靠度的表达式为

$$R = \int_{g(\boldsymbol{x})\geqslant 0} I_R[g(\boldsymbol{x})] f_{\boldsymbol{x}}(\boldsymbol{x})\mathrm{d}\boldsymbol{x} = E(I_R[\boldsymbol{g}(\boldsymbol{x})]) \tag{6.7}$$

式中：$I_R[g(\boldsymbol{x})]$为示性函数，其取值为

$$I_R[g(\boldsymbol{x})] = \begin{cases} 1 & (g(\boldsymbol{x}) \geqslant 0) \\ 0 & (g(\boldsymbol{x}) < 0) \end{cases} \tag{6.8}$$

由式(6.7)求解的可靠度可以等效地转化为可靠度的近似估计值：

$$\hat{R} = \frac{1}{N}\sum_{i=1}^{N} I_R[g(\boldsymbol{x}_i)] = \frac{N_R}{N} \tag{6.9}$$

6.2.2 响应面法

响应面法的基本原理是选择一个已知的函数形式，通过一系列确定性试验

拟合一个显式响应函数，用来近似地代替未知的隐式状态函数。目前应用最为广泛的用响应面计算产品可靠度的方法是 Bucher 和 Bourgund[9] 提出，经 Rajashekhar 和 Ellingwood 推广后能够自适应迭代的基于二次多项式的经典响应面法[10]。该方法建模简单、收敛性好、计算效率高，为此得到了广泛的应用。经典响应面法求解可靠度的计算流程如图 6.4 所示。

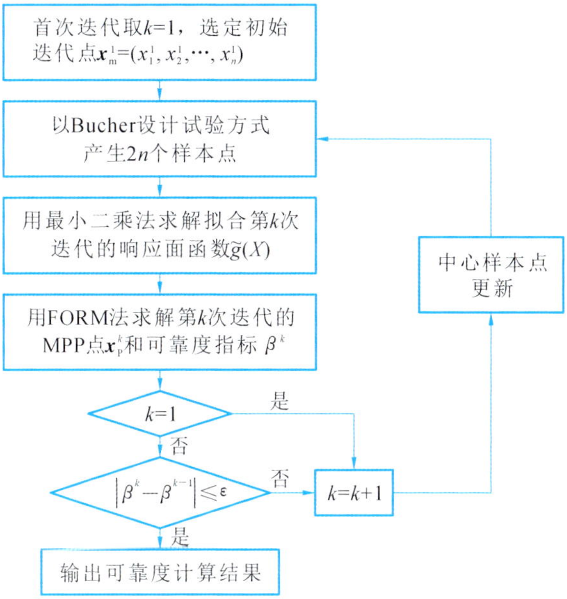

图 6.4　经典响应面可靠性计算流程图

其主要步骤如下。

步骤 1：选取响应函数和初始样本点。通常选取不含交叉项的二次多项式作为响应函数，即

$$\hat{g}(\boldsymbol{x}) = a + \sum_{i=1}^{n} b_i x_i + \sum_{i=1}^{n} c_i x_i^2 \tag{6.10}$$

对于首次迭代通常选取均值点作为拟合的起始点，对于实际工程问题一般按经验选取设计点为起始点。

步骤 2：以 Bucher 设计试验的方式产生第一次试验点，即围绕原有的每个设计变量中心点左右偏离 $\pm f\sigma$ 的距离再产生 $2n$ 个样本点。f 表示插值系数，一般取 1～3，且有 $f^k=(f^{k-1})^{0.5}$；σ 表示试验点的标准均方差。

步骤 3：利用产生的 $2n+1$ 个新样本点及样本点对应的响应值求解待拟合多项式系数，进行多项式拟合。

步骤 4:采用一阶可靠性分析方法对步骤 3 中拟合得到的多项式进行可靠度计算,计算可靠度指标 β^k 的值。

步骤 5:对迭代次数 k 进行判断。如果是首次迭代,则直接跳转到步骤 7;否则继续向下执行步骤 6。

步骤 6:对本次迭代求解的 β^k 值与上次迭代产生的 β^{k-1} 值进行比较,若达到迭代精度则停止迭代,输出求解结果;否则继续执行步骤 7。

步骤 7:k 值加 1,进入下一次迭代。

步骤 8:采用线性插值的方式产生下一次迭代的中心样本点。其计算公式为

$$\boldsymbol{x}_{\mathrm{m}}^{k+1} = \boldsymbol{x}_{\mathrm{m}}^{1} + (\boldsymbol{x}_{\mathrm{MPP}}^{k} - \boldsymbol{x}_{\mathrm{m}}^{1}) \frac{g(\boldsymbol{x}_{\mathrm{m}}^{1})}{g(\boldsymbol{x}_{\mathrm{m}}^{1}) - g(\boldsymbol{x}_{\mathrm{MPP}}^{k})} \tag{6.11}$$

式中:$\boldsymbol{x}_{\mathrm{m}}^{k+1}$ 代表第 $k+1$ 次迭代的设计中心点;$\boldsymbol{x}_{\mathrm{m}}^{1}$ 代表首次迭代的设计中心点;$\boldsymbol{x}_{\mathrm{MPP}}^{k}$代表第 k 次迭代的设计验算点(MPP 点);$g(\boldsymbol{x}_{\mathrm{m}}^{1})$、$g(\boldsymbol{x}_{\mathrm{MPP}}^{k})$分别代表首次迭代的设计中心点和第 k 次迭代的设计验算点对应的响应值。本章统一用下角标 m 表示样本中心点,下角标 MPP 表示验算点。

6.2.3 一阶可靠性分析方法

在实际工程设计中,一阶可靠性分析方法因为计算简便,在大多数情况下计算精度能满足工程应用要求而为工程界所接受。

使用一阶可靠性分析方法计算可靠度的过程[11,12]主要包括以下两步。

步骤 1:坐标空间转换。

把服从各种概率分布的随机变量从原始设计空间(X 空间)转换到标准正态分布的新空间(U 空间)。即,把随机变量 $\boldsymbol{x}=(x_1,x_2,\cdots,x_n)$利用 Rosenblatt 转换方法[13]从 X 空间转化成独立的服从标准正态分布的随机变量 $\boldsymbol{u}=(u_1,u_2,\cdots,u_n)$。例如随机变量 $\boldsymbol{x}\sim(\boldsymbol{\mu}_x,\boldsymbol{\sigma}_x)$,即 $\boldsymbol{x}$ 服从均值为 $\boldsymbol{\mu}_x$、方差为 $\boldsymbol{\sigma}_x$ 的正态分布,通过下式转化成 U 空间中独立的服从标准正态分布的随机变量:

$$\boldsymbol{u} = \frac{\boldsymbol{x} - \boldsymbol{\mu}_x}{\boldsymbol{\sigma}_x} \tag{6.12}$$

原来的可靠度求解公式等价变化为

$$F_{X_i}(x_i) = \Phi(u_i)$$

或

$$u_i = \Phi^{-1}[F_{X_i}(x_i)] \tag{6.13}$$

式中:$\Phi(\cdot)$表示服从正态分布的累积分布函数。

表 6.1 所示为常见的概率分布及其 X-U 空间的转换。

表 6.1　常见的概率分布及其 X-U 空间的转换

	均值、方差	PDF	转换公式
正态分布	μ=均值 σ=标准方差	$f(x)=\frac{1}{\sqrt{2\pi}\sigma}\cdot\exp\left[-0.5\left(\frac{x-\mu}{\sigma}\right)^2\right]$	$X=\mu+\sigma U$
对数正态分布	$\bar{\sigma}^2=\ln[1+(\frac{\sigma}{\mu})^2]$, $\bar{\mu}=\ln(\mu)-0.5\bar{\sigma}^2$	$f(x)=\frac{1}{\sqrt{2\pi x}\bar{\sigma}}\cdot\exp\left[-0.5\left(\frac{\ln x-\bar{\mu}}{\bar{\sigma}}\right)^2\right]$	$X=\exp(\bar{\mu}+\bar{\sigma}U)$
威布尔分布	$\mu=v\Gamma(1+\frac{1}{k})$, $\sigma=\frac{1}{\sqrt{2\pi x}\bar{\sigma}}\cdot\exp\left[-0.5\left(\frac{\ln x-\bar{\mu}}{\bar{\sigma}}\right)^2\right]$	$f(x)=\frac{k}{v}\left(\frac{x}{v}\right)^{k-1}\cdot\exp\left[-\left(\frac{x}{v}\right)^k\right]$	$X=v[-\ln(\Phi(-U))]^{\frac{1}{k}}$
耿贝尔分布	$\mu=v+\frac{0.577}{\alpha}$, $\sigma=\frac{\pi}{\sqrt{6}\alpha}$	$f(x)=\alpha\cdot\exp\{-\alpha(x-v)-\exp[-\alpha(x-v)]\}$	$X=v-\frac{1}{\alpha}\ln[-\ln(\Phi(U))]$
均匀分布	$\mu=\frac{a+b}{2}$, $\sigma=\frac{b-a}{\sqrt{12}}$	$f(x)=\frac{1}{b-a}, a\leqslant x\leqslant b$	$X=a+(b-a)\Phi(U)$

注：$\Phi(U)=\frac{1}{\sqrt{2\pi}}\int_{-\infty}^{U}\exp(-\frac{u^2}{2})\mathrm{d}u$。

步骤 2:积分边界近似。

一阶可靠性分析的主要思路是对积分边界 $g(\boldsymbol{u})=0$ 进行一阶泰勒展开近似,其目的就是使式(6.4)的积分计算更容易。

$$g(\boldsymbol{u})\approx L(\boldsymbol{u})=g(\boldsymbol{u}^*)+\nabla g(\boldsymbol{u}^*)(\boldsymbol{u}-\boldsymbol{u}^*)^{\mathrm{T}} \tag{6.14}$$

式中:$L(\boldsymbol{u})$表示在 U 空间内线性化后的极限状态函数;$\boldsymbol{u}^*=(u_1^*,u_2^*,\cdots,u_n^*)$表示展开点;$\nabla g(\boldsymbol{u}^*)$表示极限状态函数 $g(\boldsymbol{u})$在展开点 $\boldsymbol{u}^*$ 的梯度。

$$\nabla g(\boldsymbol{u}^*)=\left(\frac{\partial g(\boldsymbol{u})}{\partial u_1},\frac{\partial g(\boldsymbol{u})}{\partial u_2},\cdots,\frac{\partial g(\boldsymbol{u})}{\partial u_n}\right)\bigg|_{\boldsymbol{u}^*} \tag{6.15}$$

为减小极限状态函数进行一阶泰勒线性展开而造成的精度损失,在基本边界 $g(\boldsymbol{u})=0$ 上的 MPP 点进行展开,因为此时的展开点具有最高的概率密度。进行 MPP 点搜索,即在积分边界 $g(\boldsymbol{u})=0$ 上去搜索满足概率最低要求的点,使得联合概率密度 $\Phi_{\boldsymbol{u}}(\boldsymbol{u})$最大:

$$\begin{cases}\max\limits_{\boldsymbol{u}}\prod\limits_{i=1}^{n}\frac{1}{\sqrt{2\pi}}\exp\left(-\frac{1}{2}u_i^2\right)\\ \text{s.t.}\ \ g(\boldsymbol{u})=0\end{cases} \tag{6.16}$$

因为

$$\prod_{i=1}^{n}\frac{1}{\sqrt{2\pi}}\exp\left(-\frac{1}{2}u_i^2\right)=\frac{1}{\sqrt{2\pi}}\exp\left(-\frac{1}{2}\sum_{i=1}^{n}u_i^2\right)$$

所以最大化 $\prod_{i=1}^{n}\frac{1}{\sqrt{2\pi}}\exp\left(-\frac{1}{2}u_i^2\right)$等价于最小化$\sum_{i=1}^{n}u_i^2$，因此 MPP 搜索模型可简化为

$$\begin{cases}\min\limits_{\boldsymbol{u}} \ \|\boldsymbol{u}\| \\ \text{s. t.} \ \ g(\boldsymbol{u})=0\end{cases} \tag{6.17}$$

式中：$\|\boldsymbol{u}\|$ 表示向量 $\boldsymbol{u}$ 的模，即有 $\|\boldsymbol{u}\|=\sqrt{u_1^2+u_2^2+\cdots+u_n^2}=\sum_{i=1}^{n}u_i^2$。通过式(6.17)计算出的点即为 MPP 点 $\boldsymbol{u}^*=(u_1^2+u_2^2+\cdots+u_n^2)$。从几何意义上来讲，MPP 点表示在 U 空间内极限状态函数 $g(\boldsymbol{u})=0$ 的曲面上到 U 空间内原点的距离最短的那一点。图 6.5 所示为极限状态函数 MPP 点的几何表示，可知，搜寻的 MPP 点 $\boldsymbol{u}^*$ 是极限状态函数 $g(\boldsymbol{u})=0$ 与以原点为圆心、以 β 为半径的圆相切的点，记 $\beta=\|\boldsymbol{u}^*\|$。由文献[11]可知，可靠度的计算式可表示为

$$R\approx\Pr\{L(\boldsymbol{u})\geqslant 0\}=\Phi(-\boldsymbol{\alpha}\boldsymbol{u}^{*\mathrm{T}})=\Phi(\beta\boldsymbol{\alpha}\boldsymbol{\alpha}^{\mathrm{T}})=\Phi(\beta)$$

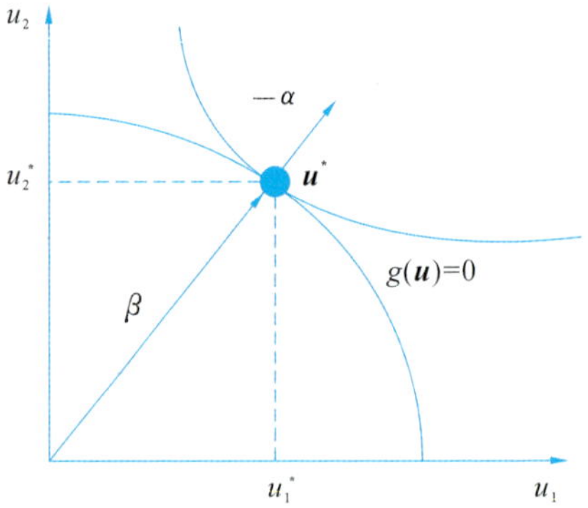

图 6.5　极限状态函数 MPP 点的几何表示

上述为基于一阶可靠性分析方法的可靠性分析过程。一阶可靠性分析方法根据求解方式的不同又分为可靠性指数法(RIA)和功能测度法(PMA)。

6.2.3.1　可靠性指数法

RIA 的数学模型为

$$\begin{cases}\min \ \|\boldsymbol{u}\| \\ \text{s. t.} \ \ g(\boldsymbol{u})=0\end{cases} \tag{6.18}$$

式中：该优化问题的最优解 $\boldsymbol{u}^*$ 即为 MPP 点，原始随机空间中与其相对应的点

$\boldsymbol{x}^{*}=\boldsymbol{\mu}_{x}+\boldsymbol{\sigma}_{x}\boldsymbol{u}^{*}$。可靠度指标 $\beta=\|\boldsymbol{u}^{*}\|$，那么概率约束条件的可靠度为

$$R\simeq\Phi(\beta)=\Phi(-\sqrt{\boldsymbol{u}^{*\mathrm{T}}\boldsymbol{u}^{*}})\tag{6.19}$$

求解优化模型(式(6.18))可以采用多种 MPP 搜索算法(例如 HL-RF 法、改进的 HL-RF 法等)以及一些常用的优化算法(例如梯度投影法、罚函数法、增广拉格朗日乘子法、序列二次规划法等)。下面介绍一阶可靠性分析方法中一种常用的验算点法。

验算点法能够考虑非正态的随机变量，在计算工作量差不多的条件下，可对可靠度指标 β 进行精度较高的近似计算，求得满足极限状态方程的“验算点”设计值，便于根据规范给出的标准值计算分项系数，以获得设计人员惯用的多系数设计表达式。

可以用当量正态法将状态函数变换到标准 U 空间。此时设计验算点到坐标原点($\boldsymbol{u}=\boldsymbol{0}$)的距离为坐标原点到极限状态曲面($g(\boldsymbol{u})=0$)的最短距离 β。验算点法计算流程如图 6.6 所示。

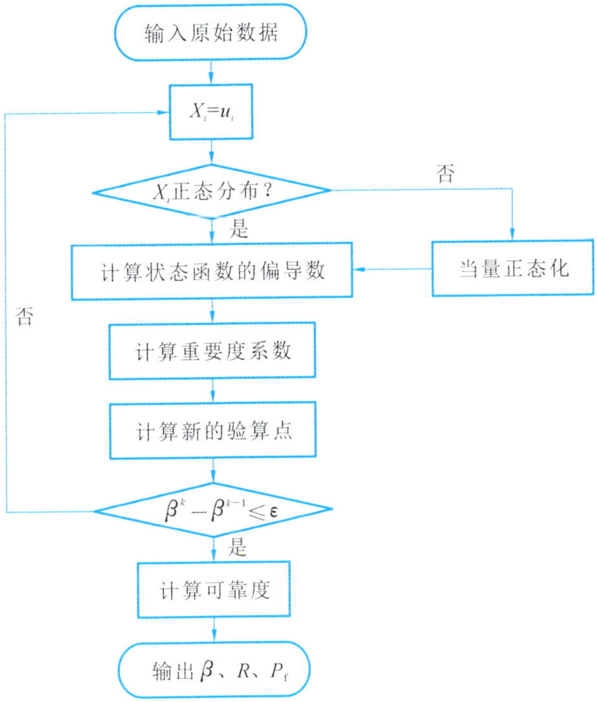

图 6.6　验算点法流程图

验算点法计算步骤如下。

步骤 1:假定初始验算点

$$\boldsymbol{x}_i^{*(0)} = (x_1^{*(0)}, x_2^{*(0)}, \cdots, x_n^{*(0)}) \quad (i = 1, 2, \cdots, n) \tag{6.20}$$

第一步一般取均值点进行计算：

$$\boldsymbol{x}_i^{*(0)} = (\mu_{x_1}, \mu_{x_2}, \cdots, \mu_{x_n}) \tag{6.21}$$

步骤2：计算可靠度指标β，

$$\beta = \frac{g(x_1^*, x_2^*, \cdots, x_n^*) + \sum_{i=1}^{n}\left[-\frac{\partial g}{\partial x_i}(\mu_{x_i} - x_i^*)\right]}{\sum_{i=1}^{n}\left(\frac{\partial g}{\partial x_i}\sigma_{x_i}\right)} \tag{6.22}$$

步骤3：计算重要度系数∂_i，

$$\partial_i = \cos\Theta_{x_i} = \frac{-\frac{\theta\partial g}{\partial x_i}\sigma_{x_i}}{\sum_{i=1}^{n}\left(\frac{\partial g}{\partial x_i}\sigma_{x_i}\right)} \tag{6.23}$$

步骤4：计算新的验算点，

$$x_i^* = \mu_{x_i} + \beta\sigma_{x_i}\cos\Theta_{x_i} (i = 1, 2, \cdots, n) \tag{6.24}$$

若$|\beta^k - \beta^{k-1}| \leqslant \varepsilon$(其中$\varepsilon$是一个小数，一般取0.01)，停止迭代。否则，转步骤2用验算点继续迭代，直至满足收敛条件。

6.2.3.2 功能测度法

在设计优化时，通常有很多约束是不起作用的，也就是说这些概率约束的可靠度非常接近于1，采用RIA对它们进行可靠性分析，会带来很高的计算负担，从而造成计算效率低下。Tu等人提出用性能测量法解决这类问题。功能测度法的数学模型如下：

$$\begin{cases}\min\ g(\boldsymbol{u}) \\ \text{s.t.}\ \ \|\boldsymbol{u}\| = \beta_t\end{cases} \tag{6.25}$$

数学模型(式(6.25))的最优解$\boldsymbol{u}^*$即MPP点，对于极限状态函数的最小值(概率性能度量)$g(\boldsymbol{u}^*)$，如果$g(\boldsymbol{u}^*) \geqslant 0$，说明概率约束的可靠度大于或者等于给定的可靠度，否则，概率约束不满足给定的可靠度要求。该数学模型可以通过改进的可行性方向法、序列二次规划方法等优化算法求解，或利用一些MPP搜索算法，如先进均值(advanced mean value，AMV)法[13]、共轭均值(conjugate mean value，CMV)法、混合均值(hybrid mean value，HMV)法[14]、改良的先进均值(modified advanced mean value，MAMV)法[15]和增强的混合均值(enhanced hybrid mean value，EHMV)法[16]等。

从上述RIA和功能测度法的计算过程看到，一阶可靠性分析方法以一阶泰勒级数展开式为基础，通过求解 MPP 点来近似计算可靠度。然而，一阶可靠性分析方法对于非正态分布的随机变量和非线性的极限状态函数等问题还存在着相当的近似性，会带来无法估计的计算误差。一阶可靠性分析方法不仅仅包括式(6.18)和式(6.25)中由一阶泰勒级数展开式近似极限状态函数所引起的误差，还包括非正态随机变量当量化正态随机变量的转化误差和式(6.18)通过优化问题求解 MPP 点过程中的多次计算误差，因此这些误差使一阶可靠性分析方法在解决非正态分布的随机变量和非线性的极限状态函数等问题时的精度欠佳。

PMA 与 RIA 相比具有以下优点[9,17]。

(1) PMA 比 RIA 具有更强的稳健性和更高的效率，这是由两种方法的数学模型决定的。PMA 的数学模型的约束条件是半径为 β_t 的球面，而 RIA 的数学模型的约束条件是个复杂的极限状态超曲面。显然，具有简单球面约束的数学模型比具有复杂约束的数学模型更容易求解。

(2) 在处理各种非正态随机变量时，PMA 涉及的非线性变化要少，因此 PMA 相对 RIA 要较少地依赖于随机变量的概率分布类型。

(3) 如果概率约束的可靠度很高，接近于 1，概率约束在整个可靠性设计优化中一直没有起作用，PMA 可以对这些可靠度很高的无作用约束进行筛选，从而减少大量的计算。本章采用 PMA 进行可靠性分析。

6.2.3.3 MPP 点搜索算法比较

PMA 中的几种 MPP 点搜索算法在处理不同的概率约束函数方面表现出了不同的性能。下面用几个典型的数值实例，来分析并总结这几种 MPP 点搜索算法的性能。

1. 实例 1——凸极限状态函数

其表达式为

$$g = -[\exp(x_1 - 7)] - x_2 + 10 \tag{6.26}$$

式中：$x_1 \sim N(6.0, 0.8)$；$x_2 \sim N(6.0, 0.8)$；$\beta = 3.0$；对应的可靠度 $R = 0.9987$。

表 6.2 所示为实例 1 的 MPP 结果比较。

表 6.2 实例 1 的 MPP 结果比较

方法	$g(\boldsymbol{x}_{\mathrm{MPP}})$	$\boldsymbol{x}_{\mathrm{MPP}}$	$\boldsymbol{U}_{\mathrm{MPP}}$	函数迭代次数
AMV	−0.3579	(8.3173,6.6247)	(2.8966,0.7808)	6
CMV	−0.3579	(8.3176,6.6233)	(2.8971,0.7791)	10
HMV	−0.3579	(8.3173,6.6247)	(2.8966,0.7808)	4

续表

方法	$g(\boldsymbol{x}_{\mathrm{MPP}})$	$\boldsymbol{x}_{\mathrm{MPP}}$	$\boldsymbol{U}_{\mathrm{MPP}}$	函数迭代次数
MAMV	−0.3579	(8.3173,6.6247)	(2.8966,0.7808)	6
EHMV	−0.3579	(8.3185,6.6203)	(2.8981,0.7754)	12

2. 实例 2——凹极限状态函数

其表达式为

$$g=\frac{\exp(0.8x_1-1.2)+\exp(0.7x_2-0.6)-5}{10} \tag{6.27}$$

式中：$x_1 \sim N(4.0,0.8)$；$x_2 \sim N(5.0,0.8)$；$\beta=3.0$；对应的可靠度 $R=0.9987$。

表 6.3 所示为实例 2 的 MPP 结果比较。

表 6.3　实例 2 的 MPP 结果比较

方法	$g(\boldsymbol{x}_{\mathrm{MPP}})$	$\boldsymbol{x}_{\mathrm{MPP}}$	$\boldsymbol{U}_{\mathrm{MPP}}$	函数迭代次数
AMV	不收敛			
CMV	0.2038	(2.6816,2.9946)	(−1.6480,−2.5068)	5
HMV	0.2038	(2.6795,2.9959)	(−1.6506,−2.5051)	13
MAMV	0.2038	(2.6807,2.9951)	(−1.6491,−2.5061)	3
EHMV	0.2038	(2.6793,2.9960)	(−1.6507,−2.5050)	30

3. 实例 3 ——非凸非凹极限状态函数

其表达式为

$$g=4-(x_1+0.25)^2+(x_1+0.25)^3+(x_1+0.25)^4-x_2 \tag{6.28}$$

式中：$x_1 \sim N(4.0,0.8)$；$x_2 \sim N(5.0,0.8)$；$\beta=3.0$；对应的可靠度$R=0.9987$。

表 6.4 所示为实例 3 的 MPP 结果比较。

表 6.4　实例 3 的 MPP 结果比较

方法	$g(\boldsymbol{x}_{\mathrm{MPP}})$	$\boldsymbol{x}_{\mathrm{MPP}}$	$\boldsymbol{U}_{\mathrm{MPP}}$	函数迭代次数
AMV	不收敛			
CMV	不收敛			
HMV	不收敛			
MAMV	0.2440	(−1.3503,2.6789)	(−1.3503,2.6789)	3
EHMV	0.2440	(2.6793,2.9960)	(−1.6507,−2.5050)	50

4. 实例 4——高度非线性极限状态函数

其表达式为

$$g = 0.75 - 0.489x_3x_7 - 0.843x_5x_6 + 0.0432x_9x_{10} - 0.0556x_9x_{11} - 0.000786x_{11}^2 \tag{6.29}$$

当 $i=1,2,\cdots,7$ 时，$x_i \sim N(1.0, 0.05)$；当 $i=8,9$ 时，$x_i \sim N(0.3, 0.006)$；当 $i=10,11$ 时，$x_i \sim N(0.0, 10.0)$。$\beta=3.0$；对应的可靠度 $R=0.9987$。

表 6.5 所示为实例 4 的 MPP 结果比较。

表 6.5　实例 4 的 MPP 结果比较

方法	$g(\boldsymbol{x}_{\mathrm{MPP}})$	$\boldsymbol{x}_{\mathrm{MPP}}$	$\boldsymbol{U}_{\mathrm{MPP}}$	函数迭代次数
AMV	不收敛			
CMV	−0.0753	(0.9764,0.9600,0.9600,0.9764,0.3011,25.6859,−8.0425)	(−0.4714,−0.7991,−0.7991,−0.4714,0.1845,2.5686,−0.8042)	302
HMV	−0.0753	(0.9764,0.9601,0.9601,0.9764,0.3011,25.6798,−8.0673)	(−0.4713,−0.7989,−0.7989,−0.4713,0.1844,2.5680,−0.8067)	321
MAMV	−0.0753	(0.9764,0.9600,0.9600,0.9764,0.3011,25.6806,−8.0554)	(−0.4716,−0.7991,−0.7991,−0.4716,0.1843,2.5681,−0.8055)	4
EHMV	−0.0753	(0.9764,0.9600,0.9600,0.9764,0.3011,25.6973,−7.9938)	(−0.4717,−0.7995,−0.7995,−0.4717,0.1846,2.5697,−0.7994)	11

综合以上实例检验，可以对 AMV、CMV、HMV、MAMV、EHMV 这五种算法的性能做出如表 6.6 所示总结。

表 6.6　算法总结

算　法	算法性能总结
AMV	处理凸极限状态函数时表现很好，但是处理凹极限状态函数时会存在收敛速度慢或者不收敛的现象，不能处理高度非线性状态函数
CMV	处理凹极限状态函数表现很好，但是处理凸极限状态函数时效率并不理想，处理非凸非凹极限状态函数时，可能存在不收敛的现象，处理高度非线性极限状态函数时收敛速度慢
HMV	这种方法是 AMV 和 CMV 的组合方法，如果极限状态函数是凸的，就是用 AMV 方法，否则就是用 CMV 方法

续表

算　　法	算法性能总结
MAMV	适合所有类型的极限状态函数，性能最稳定，计算效率最高
EHMV	适合所有类型的极限状态函数，但是在稳健性和计算效率方面不如MAMV法

6.2.4　二阶可靠性分析方法(SORM)

一阶可靠性分析方法由于计算比较简单，且计算精度在大多数情况下可以满足工程要求，因而为工程界普遍接受。但在计算状态函数的非线性程度很高时，还需要精度更高的可靠性分析方法。显然提高精度的思路应是在 MPP 点附近采用更高次的曲面来近似极限状态曲面。采用二次曲面近似较一次的切平面近似能够更好地拟合极限状态曲面，而又不至于使计算量增加过大(相对于采用三次以上的曲面)，这相当于将泰勒级数展开到二次项的方法，因此该方法被称为二阶可靠性分析方法。

典型的二阶可靠性分析方法是二次展开法(empirical SORM，ESORM)。二次展开法的理论推导较为烦琐，详细推导过程参见文献[18]，编程计算时的计算流程如图 6.7 所示。

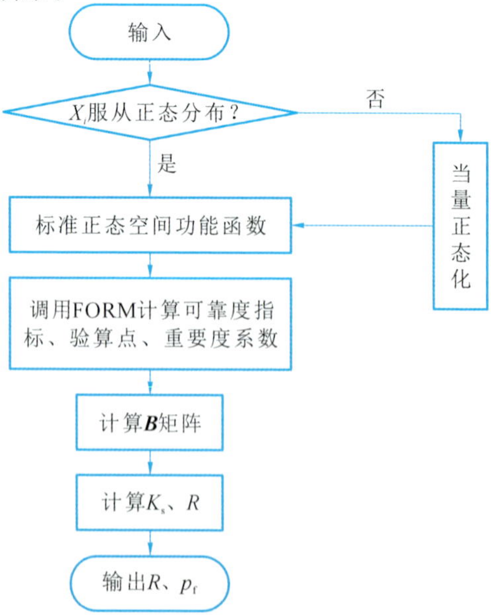

图 6.7　二次展开法流程图

二次展开法的计算步骤归纳如下。

(1) 首先采用一阶可靠性分析方法，如FORM法，计算一次可靠度指标，及标准正态空间设计验算点。

(2) 设状态函数为 $Z=g(\boldsymbol{u})$，$\boldsymbol{u}$ 为标准正态随机变量。用下列公式计算 $\boldsymbol{B}$ 矩阵：

$$\boldsymbol{B}=\frac{(\boldsymbol{\Delta}^2 g(\boldsymbol{u}^*))}{(\boldsymbol{\Delta} g(\boldsymbol{u}^*))} \tag{6.30}$$

式中：

$$\begin{cases}(\boldsymbol{\Delta} g(\boldsymbol{u}^*))=[\sum_{i=1}^{n}(\left.\frac{\partial g}{\partial \boldsymbol{u}_i}\right|_{\boldsymbol{u}^*})^2]^{\frac{1}{2}} \\ (\boldsymbol{\Delta}^2 g(\boldsymbol{u}^*))=\begin{pmatrix}\left.\frac{\partial^2 g}{\partial \boldsymbol{u}_1^2}\right|_{\boldsymbol{u}^*} & \left.\frac{\partial^2 g}{\partial \boldsymbol{u}_1\boldsymbol{u}_2}\right|_{\boldsymbol{u}^*} & \cdots & \left.\frac{\partial^2 g}{\partial \boldsymbol{u}_1\boldsymbol{u}_n}\right|_{\boldsymbol{u}^*} \\ \left.\frac{\partial^2 g}{\partial \boldsymbol{u}_2\boldsymbol{u}_1}\right|_{\boldsymbol{u}^*} & \left.\frac{\partial^2 g}{\partial \boldsymbol{u}_2^2}\right|_{\boldsymbol{u}^*} & \cdots & \left.\frac{\partial^2 g}{\partial \boldsymbol{u}_2\boldsymbol{u}_n}\right|_{\boldsymbol{u}^*} \\ \vdots & \vdots & & \vdots \\ \left.\frac{\partial^2 g}{\partial \boldsymbol{u}_n\boldsymbol{u}_1}\right|_{\boldsymbol{u}^*} & \left.\frac{\partial^2 g}{\partial \boldsymbol{u}_n\boldsymbol{u}_2}\right|_{\boldsymbol{u}^*} & \cdots & \left.\frac{\partial^2 g}{\partial \boldsymbol{u}_n^2}\right|_{\boldsymbol{u}^*}\end{pmatrix}\end{cases} \tag{6.31}$$

(3) 由矩阵 $\boldsymbol{\Delta}^2 g(\boldsymbol{u}^*)$中的对角线元素和 $\sum_{j-1}^{n} b_{jj}$ 以及∂计算 K_s，有

$$K_s=\sum_{j=1}^{n} b_{jj}-\boldsymbol{\alpha}^{\mathrm{T}}\boldsymbol{B}\boldsymbol{\alpha} \tag{6.32}$$

(4) 得出 K_s 后，由下式计算 R：

$$R=\frac{n-1}{K_s} \tag{6.33}$$

(5) 计算二次可靠度指标 β_s：

$$\beta_s=\frac{\beta_t+(n-1)/2R}{\sqrt{1+(n-1)/2R}} \tag{6.34}$$

6.2.5 其他可靠度求解方法

6.2.5.1 基于卡方分布的可靠度求解

卡方分布(chi-square distribution，χ^2 分布)是概率论与统计学中常用的一种概率分布，是依据正态分布而构造的一种新的分布类型。若 n 个相互独立的随机变量 $\xi_1,\xi_2,\cdots,\xi_n$ 均服从标准正态分布，则这 n 个服从标准正态分布的随机

变量的平方和 $\sum_{i=1}^{n}\xi_i^2$ 将构成一个新的随机变量，其分布规律被称为卡方分布。自由度为 n 的非中心卡方分布表示为

$$f(\xi)=\sum_{i=1}^{n}(\xi_i+\delta_i)^2 \tag{6.35}$$

式中：ξ_i 是服从标准正态分布的随机变量；δ_i 为非中心卡方分布的偏心量。

假设极限状态函数 g 是一个二次多项式函数，通过一系列转换（正交变换）表示成平方和的形式，那么 g 就可以表示为由 n 个非中心卡方分布变量组合成的线性表达式：

$$g=\sum_{i=1}^{n}\lambda_i(\xi_i+\delta_i)^2=\sum_{i=1}^{n}\lambda_i z_i \tag{6.36}$$

式中：λ_i 是二次项系数；z_i 是服从自由度为 1、偏心量为 δ_i 的非中心卡方分布的随机变量。概率约束函数的可靠度 R 通过对安全域内非中心卡方分布变量 $\boldsymbol{z}=(z_1,z_2,\cdots,z_n)^{\mathrm{T}}$ 的联合概率密度函数 $f_{\boldsymbol{z}}(\boldsymbol{z})$ 积分获得。由于经过正交变换的 g 是关于 z_i 的线性函数，那么对 $f_{\boldsymbol{z}}(\boldsymbol{z})$ 的积分可以表示成安全域内的多重积分，即

$$\begin{aligned}R&=\Pr\{g\geqslant 0\}=\int\cdots\int_{g(\boldsymbol{z})>0}f_{\boldsymbol{z}}(\boldsymbol{z})\mathrm{d}\boldsymbol{z}\\&=\int_0^{\infty}\left[\int_{\omega(z_1)}^{\infty}\cdots\int_{\omega(z_1,z_2,\cdots,z_{n-1})}^{\infty}f_{z_n}(z_n)\mathrm{d}z_n\cdots f_{z_2}(z_2)\mathrm{d}z_2\right]f_{z_1}(z_1)\mathrm{d}z_1\end{aligned} \tag{6.37}$$

其中，$\omega(z_1,z_2,\cdots,z_{j-1})=-\sum_{k=1}^{j-1}\lambda_k z_k/\lambda_j$，$j=2,3,\cdots,n$，式(6.37)的多重线性积分可以通过 MATLAB 等计算机软件经简单计算获得。而且，由于在积分过程中 z_k 是已知的，所以每个单维积分区域是以零点或者某个确定值作为起始点进行积分的，减小了计算的复杂程度，从而缩短了多源不确定条件下的多学科可靠性分析时的计算时间，提高了算法的计算效率。

从上述分析可以看出，对能够表示成卡方分布变量线性组合的极限状态函数来说，采用基于卡方分布的可靠性分析方法计算概率约束函数的可靠度时并没有近似计算的过程产生，因此基于卡方分布的可靠性分析方法不存在极限状态函数的近似误差以及计算过程中的舍入误差。通过将极限状态函数转换成包含卡方分布变量的表达式，以及采用多重积分的方式求解可靠度能够提高计算结果的精度。

6.2.5.2 基于鞍点近似的可靠度求解

使用鞍点近似方法进行渐近分析非常高效实用。鞍点近似有如下特点：计算简便，可操作性强；对函数的整体逼近效果优良，对尾概率分布逼近效果非常好；当密度函数已知而分布函数计算困难时，鞍点近似方法十分有用。可靠性分析有时面对的工程问题较为复杂，极限状态函数的分布函数难以求得，而鞍点近似无疑是一种有效的解决方法。

下面简单介绍应用鞍点近似求解可靠度的一般步骤。首先获得功能函数的展开函数，可以使用常用的一阶、二阶泰勒公式展开，也可以使用响应面法。

$$g(X) \approx g_{Q}(X) = g(X_{Q}) + \sum_{j=1}^{i} \frac{\partial g}{X_{i}}|_{X_{Q}}(X_{j} - \mu_{j}) + \cdots \tag{6.38}$$

根据展开后的功能函数计算矩量母函数：

$$M_{X}(t) = \int_{-\infty}^{+\infty} \exp(tx) g(x) \mathrm{d}x \tag{6.39}$$

用下式计算功能函数的累积量母函数：

$$K_{Y}(t) = \left(\sum_{i=1}^{n} \frac{\partial g}{\partial X_{i}}|_{u_{i}} u_{X_{i}}\right)t + \sum_{i=1}^{n} K_{X_{i}}(t)\left(\frac{\partial g}{\partial X_{i}}|_{u_{i}} t\right) \tag{6.40}$$

常用分布的累积量母函数有固定公式，可查表获得。

根据下式求鞍点 t_{s}：

$$K'_{Y}(t) = y \tag{6.41}$$

根据求得的鞍点即可计算功能函数的概率密度函数 $f_{Y}(y)$ 以及功能函数的失效概率 $F_{Y}(y)$。有

$$f_{Y}(y) = \left(\frac{1}{2\pi K''_{Y}(t_{s})}\right)^{\frac{1}{2}} \exp(K_{Y}(t_{s}) - t_{s} y) \tag{6.42}$$

$$F_{Y}(y) = \Pr\{Y \leqslant y\} = \Phi(w) + \varphi(w)\left(\frac{1}{w} - \frac{1}{v}\right) \tag{6.43}$$

式中 $w = \mathrm{sgn}(t_{s})[2(t_{s}y - K_{Y}(t_{s}))]^{\frac{1}{2}}$，$v = t_{s}[K''_{Y}(t_{s})]$。

鞍点近似法应用于可靠性分析可快速准确地计算出功能函数的分布函数和概率密度函数。

6.3 基于证据理论的统一可靠性分析

工程实际中随机和认知不确定性往往同时存在，研究随机和认知不确定性下的统一可靠性分析方法十分必要。文献[19]提出了同时存在随机、模糊和区间变量情况下的可靠性分析方法，但其依然沿用了基于概率的可靠性评价方法，正如 Jiang 在文献[20]中所指出的，采用非概率指标进行系统可靠性分析

时，会存在与实际相悖的情况。证据理论对认知不确定性有着很强的处理能力，它仅仅利用已经获得的信息而不需要额外的假设就能够对存在的不确定性进行评估量化，而且通过采用合成规则可以灵活处理多个来源的区间不确定性。证据理论采用置信度和似真度两个测量标准可以实现对精确概率上下限的量化，为此本节针对同时存在随机、模糊和区间变量情况下的可靠性分析，提出一种基于证据理论的统一可靠性分析方法(EB-URA)。该方法将概率密度函数和模糊隶属度函数分别向基本概率分配转换，并利用证据理论进行可靠性分析[21]。

6.3.1 基于证据理论的可靠性分析

近年来，证据理论被引入结构可靠性分析和优化问题研究，用来求解结构的失效概率或可靠度，这已成为工程结构可靠性研究的一个新的领域[22]。

设结构的功能函数为

$$G = g(\boldsymbol{x}) \tag{6.44}$$

式中：$\boldsymbol{x}=(x_1,x_2,\cdots,x_n)$为不确定性参数向量，在用证据理论求解时，$x_i$ 为区间变量。

设 $R=G\geqslant 0$ 为结构的安全域，则结构可靠的置信度(belief degree)和似真度(plausibility degree)分别为

$$\mathrm{Bel}(R) = \sum_{A\in R} m_X(A) \tag{6.45}$$

$$\mathrm{Pl}(R) = \sum_{A\cap R\neq\varnothing} m_X(A) \tag{6.46}$$

式中：$m_X(A)$为联合基本概率分配；A 为联合区间。

结构的可靠度为

$$\mathrm{Bel}(R) \leqslant P_R \leqslant \mathrm{Pl}(R) \tag{6.47}$$

结构真实的可靠度位于置信度和似真度之间，其关系如图 6.8 所示。

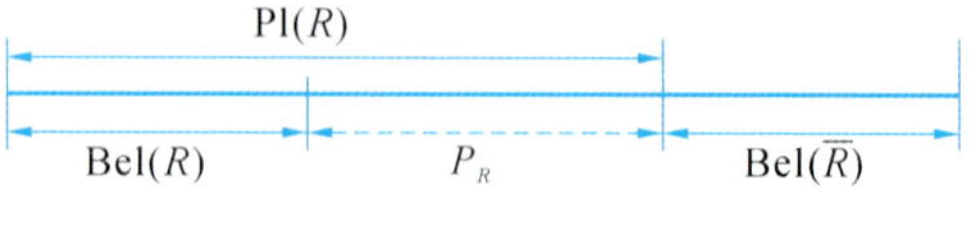

图 6.8 结构可靠度的置信度和似真度的关系

图中，$\mathrm{Pl}(R)=1-\mathrm{Bel}(\bar{R})$，$\bar{R}$ 表示 $A\notin R$。

例如，假设有两个区间变量 x_1 和 x_2，且两个变量相互独立，其各自的区间划分为 $\alpha_i=[a_i^1,b_i^1]$和 $\beta_j=[a_j^2,b_j^2]$，对应的基本概率分配为 m_i^1 和 m_j^2，其联合区间划分为$\{\alpha_i,\beta_j\}$，对应的联合基本概率分配为

$$m_{ij} = m_i^1 m_j^2 \tag{6.48}$$

如图 6.9 所示，结构的置信度为虚线阴影部分所含区域的联合基本概率分

配之和，似真度为虚线阴影部分和实线阴影部分所含区域的联合基本概率分配之和。

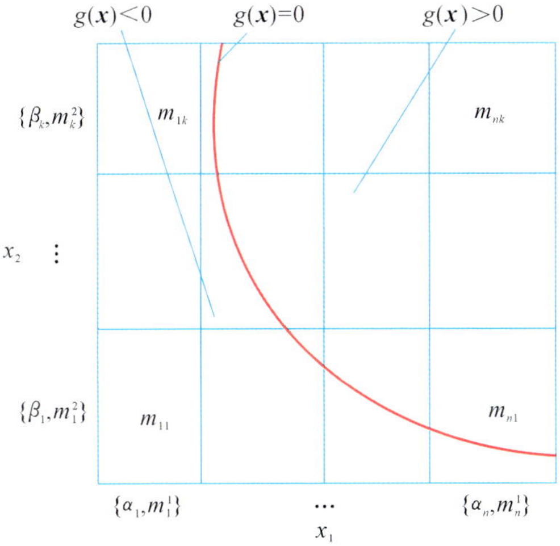

图 6.9　联合区间划分和联合基本概率分配

6.3.2　基于证据理论的统一可靠性分析方法

对于同时含有随机变量、模糊变量和区间变量的情况，本节通过将随机变量和模糊变量向区间变量转化，利用证据理论进行统一的可靠性分析。对于混合变量的情况，基于证据理论求解结构可靠度的分析流程如图 6.10 所示。

设混合变量情况下的功能函数为

$$G = g(\boldsymbol{x}, \boldsymbol{y}, \boldsymbol{z}) \tag{6.49}$$

式中：$\boldsymbol{x} = (x_1, x_2, \cdots, x_c)$ 为随机变量；$\boldsymbol{y} = (y_1, y_2, \cdots, y_d)$ 为模糊变量；$\boldsymbol{z} = (z_1, z_2, \cdots, z_l)$ 为区间变量。

求解时，先将模糊变量转化为等效的随机变量，具体变换方法见 5.2.4 小节。然后将由模糊变量转化而来的随机变量和已有随机变量一起离散成小区间，并求解各区间的基本概率分配。假设变量之间相互独立，参照式(6.48)即可求得混合变量的联合基本概率分配。设每个随机变量区间化时离散的小区间个数为 $N_{x_i}(i=1,2,\cdots,c)$，每个模糊变量转化为等效的随机变量后离散的小区间个数为 $N_{y_j}(j=1,2,\cdots,d)$，每个区间变量对应的区间个数为 $N_{z_q}(q=1,2,\cdots,l)$，则最终可获得联合区间的个数为

$$N = \prod_{i=1}^{c} N_{x_i} \prod_{j=1}^{d} N_{y_j} \prod_{q=1}^{l} N_{z_q} \tag{6.50}$$

设第 k 个联合区间为 $\boldsymbol{x}: \{[a_{x_i}^k, b_{x_i}^k]\}$、$\boldsymbol{y}: \{[a_{y_j}^k, b_{y_j}^k]\}$、$\boldsymbol{z}: \{[a_{z_q}^k, b_{z_q}^k]\}$，对

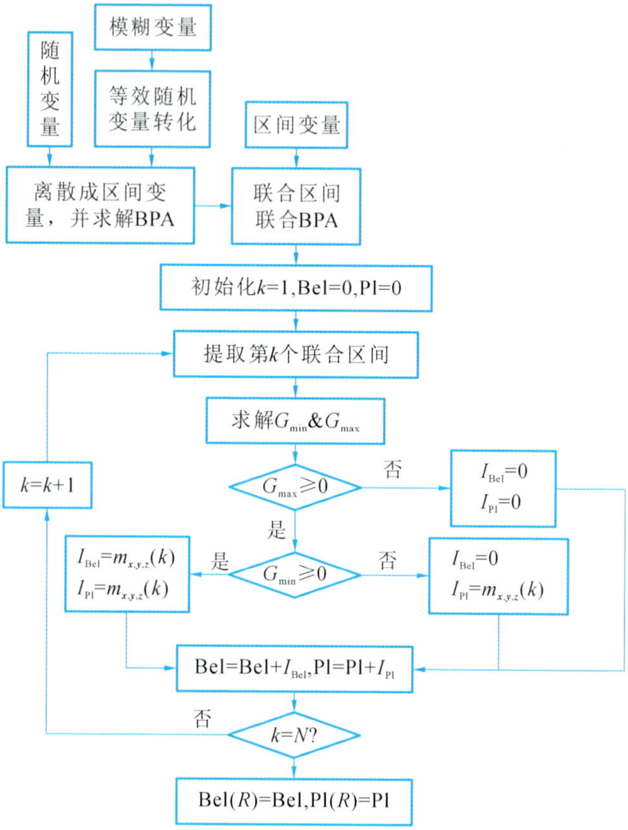

图 6.10　基于证据理论的统一可靠性分析流程

应的联合基本概率分配为 $m_{x,y,z}(k)$。利用优化方法求解功能函数在该区间组合约束下的最小值 $G_{\min}^{k}$ 和最大值 $G_{\max}^{k}$，即

$$\begin{cases} \min G \text{ and } \max G \\ \text{s.t. } a_{x_i} \leqslant x_i \leqslant b_{x_i} \quad (i=1,2,\cdots,c) \\ \qquad a_{y_j} \leqslant y_j \leqslant b_{y_j} \quad (j=1,2,\cdots,d) \\ \qquad a_{z_q} \leqslant z_q \leqslant b_{z_q} \quad (q=1,2,\cdots,l) \end{cases} \tag{6.51}$$

该结构可靠度的置信度为各联合区间内功能函数最小值大于或等于 0 的联合基本概率分配之和，似真度为各联合区间内功能函数最大值大于或等于 0 的联合基本概率分配之和，即

$$\text{Bel}(R) = \sum_{G_{\min}^{k} \geqslant 0} m_{x,y,z}(k) \tag{6.52}$$

$$\text{Pl}(R) = \sum_{G_{\max}^{k} \geqslant 0} m_{x,y,z}(k) \tag{6.53}$$

6.3.3 算例

1. 算例 1

一简支梁如图 6.11 所示，均布载荷 q 为随机变量，服从正态分布 $N(210,10^2)$；长 l、宽 b 和高 h 为区间变量，区间范围分别为[3800,4100]、[110,130]和[220,250]；材料的屈服强度为模糊变量，隶属度函数如式(6.54)所示。

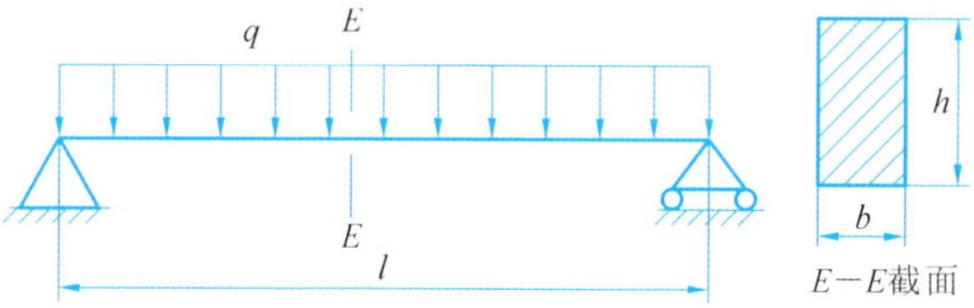

图 6.11 简支梁

$$\mu(S)=\begin{cases}\dfrac{S-540}{40} & (540\leqslant S<580)\\ 1 & (580\leqslant S<620)\\ \dfrac{680-S}{60} & (620\leqslant S<680)\\ 0 & (\text{其他})\end{cases} \tag{6.54}$$

简支梁的功能函数为

$$g(x)=S-\frac{0.75ql^2}{bh^2} \tag{6.55}$$

将模糊变量随机化，转化后的等效正态分布的均值为 605.9259，方差为 28.7503。将随机变量和模糊变量的区间划分个数取为相同的值，并改变该值的大小，可得该简支梁在不同区间个数下可靠度的置信度和似真度，如表 6.7 所示。

表 6.7 算例 1 在不同区间个数下可靠度的置信度和似真度

序号	区间划分个数	置信度 Bel(R)	似真度 Pl(R)
1	20	0.995763	0.999999
2	40	0.997278	0.999996
3	60	0.997697	0.999993
4	80	0.997835	0.999990
5	100	0.997940	0.999988
6	120	0.998007	0.999986
7	140	0.998037	0.999985

由表 6.7 可知：当随机变量和模糊变量划分的区间个数较小时，计算的可靠度比较保守，随着区间个数的增大，置信度与似真度的差距逐渐减小，计算结果越精确；当区间个数达到 120 之后，计算结果的变化较小，可认为已达到求解的要求，即求解得到的置信度和似真度已经可以真实地反映结构的可靠性。

不同区间个数下，功能函数 $g(x)$ 的累积置信函数（cumulative belief function，CBF）和累积似真函数（cumulative plausibility function，CPF）如图 6.12 所示。

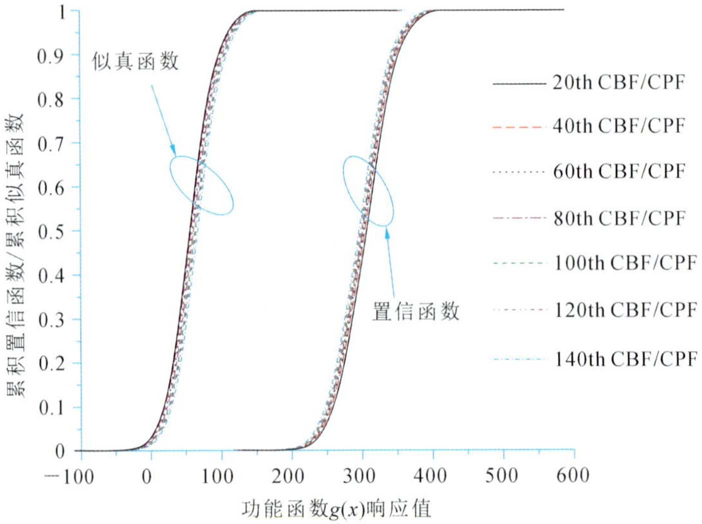

图 6.12　算例 1 在不同区间个数下功能函数的累积置信函数和累积似真函数

由图 6.12 可知，随着区间个数的增大，累积置信函数和累积似真函数的变化不大，而两者之间的差距较大，说明区间变量的不确定性对该简支梁可靠性的影响较大。

采用 MCS 法对其结果进行验证。由于功能函数（见式（6.55））相对于区间变量 l 单调递减，随区间变量 b、h 单调递增。因此：取区间变量 l 的最大值和区间变量 b、h 的最小值，对随机变量和模糊变量进行抽样分析，可得结构的置信度；取区间变量 l 的最小值和区间变量 b、h 的最大值，对随机变量和模糊变量进行抽样分析，可得结构的似真度。取基于证据理论的统一可靠性分析方法（EB-URA）获得的第 7 组结果与 MCS 法获得的结果（MCS 法的模拟次数为 10^6）做对比，如表 6.8 所示。

表 6.8　算例 1 可靠度的置信度和似真度

可靠度	Bel(R)		Pl(R)		函数评估次数	
	EB-URA	MCS	EB-URA	MCS	EB-URA	MCS
R	0.998037	0.998453	0.999985	0.999858	2×19600	2×10^6

由表 6.8 可知，所提方法求得的结果与 MCS 法基本接近，但函数评估次数少于 MCS 法。

2. 算例 2

图 6.13 所示为一曲柄滑块机构，材料屈服强度 S 为模糊变量，隶属度函数为

$$\mu(S)=\begin{cases}\dfrac{S-220}{70} & (220\leqslant S<290)\\ \dfrac{360-S}{70} & (290\leqslant S<360)\\ 0 & (\text{其他})\end{cases}\tag{6.56}$$

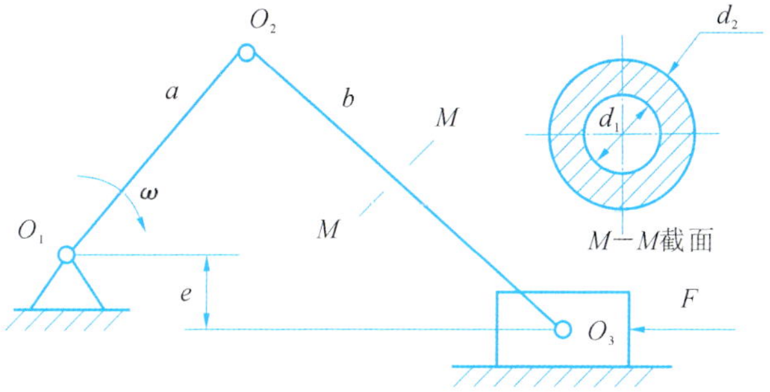

图 6.13　曲柄滑块机构

曲柄长度 a、连杆长度 b、集中载荷 F，各随机变量的分布如表 6.9 所示；偏心距 e、滑块与地面的摩擦因数 μ_f 为区间变量，各区间变量的范围及基本概率分配如表 6.10 所示；横截面直径 d_1、d_2 为常数，$d_1=28$ mm，$d_2=56$ mm。

表 6.9　算例 2 随机变量分布

随机变量	概率分布	均　值	标　准　差
曲柄长度 a/mm	正态分布	100	0.01
连杆长度 b/mm	正态分布	400	0.01
集中载荷 F/N	正态分布	2.8×10^5	2.8×10^4

表 6.10　算例 2 区间变量的范围及基本概率分配

区间变量	区　　间	基本概率分配
偏心距 e	[100,120]	0.2
	(120,140]	0.4
	(140,150]	0.4
摩擦因数 μ_f	[0.15,0.18]	0.3
	(0.18,0.23]	0.3
	(0.23,0.25]	0.4

根据应力-干涉理论，建立曲柄滑块机构的功能函数

$$g(x)=S-\frac{4F(b-a)}{\pi(\sqrt{(b-a)^2-e^2}-\mu_f e)(d_2^2-d_1^2)} \tag{6.57}$$

模糊变量等效转化后的均值为 290 MPa，方差为 27.926。本算例随机变量较多，为减小计算效率，将随机变量和模糊变量的区间划分个数取不同值，并通过分别改变各变量划分区间的个数，观察曲柄滑块机构可靠度的置信度和似真度随各变量划分区间个数而变化的规律，如表 6.11 所示。

表 6.11　算例 2 在不同区间个数下可靠度的置信度和似真度

序号	变量划分区间个数				置信度 Bel(R)	似真度 Pl(R)
	N_a	N_b	N_F	N_S		
1	6	6	10	8	0.988027	0.999716
2	12	6	10	8	0.988027	0.999716
3	18	6	10	8	0.988027	0.999716
4	24	6	10	8	0.988028	0.999715
5	6	12	10	8	0.988027	0.999716
6	6	18	10	8	0.988027	0.999716
7	6	24	10	8	0.988028	0.999715
8	6	6	20	8	0.988201	0.999682
9	6	6	30	8	0.988365	0.999667
10	6	6	40	8	0.988356	0.999658
11	6	6	10	16	0.993987	0.999520
12	6	6	10	24	0.994945	0.999343
13	6	6	10	32	0.995782	0.999274

由表 6.11 可知,曲柄长度 a 和连杆长度 b 划分区间个数的变化对曲柄滑块机构的可靠性影响很小,而集中载荷 F 和材料屈服强度 S 划分区间个数的变化对曲柄滑块机构的可靠性影响较大,其中材料屈服强度 S 划分区间个数的影响最大。分析四个变量的不确定性分布特点可知,曲柄长度 a 和连杆长度 b 的方差很小,转化为随机变量后的材料屈服强度 S 与集中载荷 F 的方差相对较大;材料屈服强度 S 的方差对均值的比例与集中载荷 F 的方差对均值的比例基本相同,而集中载荷 F 的均值远大于转化为随机变量后的材料屈服强度 S 的均值。因此可知,随机变量的方差较小时,变量的不确定性较小,对结构可靠性的影响就较小,划分区间的个数对计算结果的影响也较小;当随机变量的方差与均值基本接近时,均值较大的变量的区间划分个数对可靠性的影响较小。

分别取第 1、4、7、10、13 组结果作累积分布函数图,如图 6.14 所示。

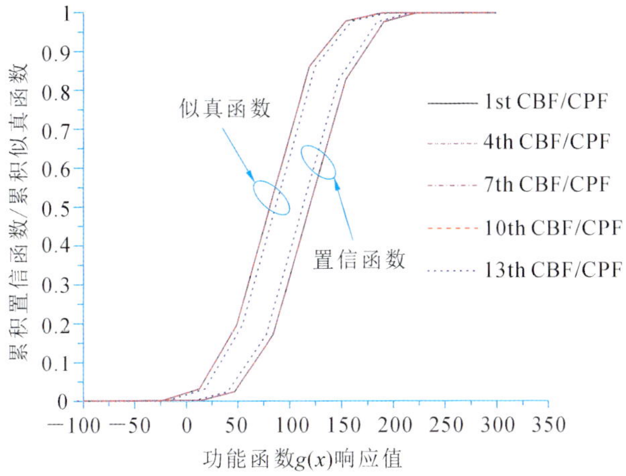

图 6.14 算例 2 不同区间个数下功能函数的累积置信函数和累积似真函数

由图 6.14 可知,累积置信函数和累积似真函数之间的差距较小,说明区间变量的不确定性对该曲柄滑块机构可靠性的影响较小。

根据文献[23],同样采用 MCS 法进行验证,EB-URA 方法取第 13 组获得的结果与 MCS 法获得的结果(MCS 法的模拟次数为 1×10^6),如表 6.12 所示。

表 6.12 算例 2 可靠度的置信度和似真度

可靠度	Bel(R)		Pl(R)		函数评估次数	
	EB-URA	MCS	EB-URA	MC	EB-URA	MCS
R	0.995782	0.996374	0.999274	0.998753	2×103680	2×10^6

由表 6.12 可知,EB-URA 方法与 MCS 法求得的结果基本接近,但前者函

数评估次数少于 MCS 法。

算例 1 与算例 2 的结果表明，当设计中同时含有随机、模糊和区间变量时，采用证据理论可以准确地量化出结构可靠度的上限 Pl(R)和下限 Bel(R)。此时，结构的设计是否满足可靠度要求不再以某一确定性的值来衡量。分析结果的上限 Pl(R)表示结构可靠度的最大值，即当前设计参数下可靠度的上限值。分析结果的下限 Bel(R)表示结构可靠度的最小值，即当前设计参数下可靠度的下限值。综上所述，对于同时含有随机、模糊和区间变量的情况，选定好设计参数后，采用本节提出的可靠性分析方法时，如果设计要求的可靠度介于分析结果的上限 Pl(R)和下限 Bel(R)之间，则设计就是满足可靠度要求的。

累积置信函数和累积似真函数反映了不同功能函数状态值下的可靠度的上限 Pl(R)和下限 Bel(R)值，设计者可以通过累积值直接选取合适的设计极限状态值，并且通过累积置信函数和累积似真函数还可以获得认知不确定性对设计的影响。

算例 1 与算例 2 的计算结果表明，当随机、模糊和区间变量同时存在时，所提 EB-URA 方法的计算结果与 MCS 方法的计算结果基本一致，所需的函数评估次数比 MCS 方法要少，因此，采用所提的基于证据理论的统一可靠性分析方法是可行的。由算例 2 可知，当随机变量的个数较多且区间变量的区间个数较多时，采用本节所提方法求解时，要想获得较高精度的解，所需的函数评估次数仍然较高。

6.4 基于概率论、可能性理论、证据理论的统一可靠性分析

6.3 节讨论的针对随机、模糊、区间变量同时存在情况的基于证据理论的统一可靠性分析方法，在变量不多的情况下具有较强的实用性，但是，其难以处理具有大规模变量的产品设计问题。本节介绍另一种针对同时存在随机、模糊、区间变量情况的统一可靠性分析模型，并提供一种高效的可靠性求解方法。

6.4.1 随机-模糊-区间混合不确定性下的可靠性分析模型构建

本小节讨论同时含有随机变量、模糊变量和区间变量三种不确定性变量时的统一可靠性分析模型(unified reliability analysis model，URAM)，该模型分别利用概率论、可能性理论和证据理论表达随机不确定性、模糊不确定性和区

间不确定性。

6.4.1.1 概率论、可能性理论和证据理论的关系

概率论、可能性理论和证据理论是处理不确定性最常用的三大理论，研究概率论、可能性理论和证据理论这三大不确定性理论之间的关系对处理混合不确定性情况下的可靠性问题具有重要的意义。研究表明[24,25]：概率论和可能性理论是证据理论的子集，同时概率论又是可能性理论的子集。概率论、可能性理论和证据理论之间的关系如图 6.15 所示。

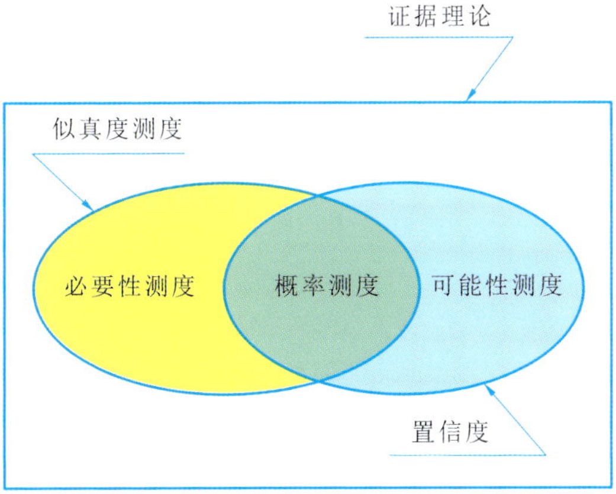

图 6.15 概率论、可能性理论和证据理论之间的关系

证据理论是处理不确定性最有效的数学工具，其采用置信度和似真度进行不确定性量化。可能性理论采用可能性测度（简称可能度）和必要性测度（简称必要度）进行不确定性量化。由可能性理论获得的可能度和必要度可看成由证据理论获得的似真度和置信度的特殊子类。当证据理论中的焦点元素为嵌套元素时，由证据理论获得的似真度和置信度分别为

$$\mathrm{Bel}(A \cap B) = \min[\mathrm{Bel}(A), \mathrm{Bel}(B)], A, B \in 2^{\Theta} \tag{6.58a}$$

$$\mathrm{Pl}(A \cup B) = \max[\mathrm{Pl}(A), \mathrm{Pl}(B)], A, B \in 2^{\Theta} \tag{6.58b}$$

由可能性理论获得的可能度和必要度分别为

$$N(A \cap B) = \min[N(A), N(B)] \tag{6.59a}$$

$$\Pi(A \cup B) = \max[\Pi(A), \Pi(B)] \tag{6.59b}$$

此时，由证据理论获得的似真度和置信度分别等于由可能性理论获得的可能度和必要度，即

$$\mathrm{Bel}(A \cap B) = N(A \cap B) \tag{6.60a}$$

$$\mathrm{Pl}(A \cup B) = \Pi(A \cup B) \tag{6.60b}$$

概率论是处理不确定性的理想手段，事件的概率测度位于似真度和置信度之间，同时也位于可能度和必要度之间，其关系可表示如下：

$$\begin{cases} \mathrm{Bel}(A) \leqslant \mathrm{Pr}(A) \leqslant \mathrm{Pl}(A) \\ N(A) \leqslant \mathrm{Pr}(A) \leqslant \Pi(A) \end{cases} \tag{6.61}$$

当置信度等于似真度时，证据理论即简化为概率论。而当必要度等于可能度时，可能性理论也简化为概率论。

6.4.1.2　两种变量同时存在时的可靠性分析模型

统一可靠性分析模型建立在随机-模糊变量和随机-区间变量下的混合可靠性分析模型基础之上，为此，首先简单介绍这两种混合可靠性分析模型。

1. 随机-模糊变量下的混合可靠性分析模型

当随机变量和模糊变量同时存在时，概率论和可能性理论被用来处理可靠性分析问题。Du 和 Choi[25]，以及 Huang 和 Zhang[26] 采用条件可能性分析模型来处理可靠性分析问题。

假设失效事件为 $F=\{(\boldsymbol{X}_{\mathrm{r}},\boldsymbol{X}_{\mathrm{f}})\mid g(\boldsymbol{X}_{\mathrm{r}},\boldsymbol{X}_{\mathrm{f}})<0\}$，即当功能函数小于 0 时，会发生失效，其中 $\boldsymbol{X}_{\mathrm{r}}$ 是随机变量，$\boldsymbol{X}_{\mathrm{f}}$ 是模糊变量，则事件失效的可能度可通过下式求解获得：

$$\begin{aligned} \Pi_{\mathrm{f}} &= \Pi\{g(\boldsymbol{X}_{\mathrm{r}},\boldsymbol{X}_{\mathrm{f}})<0\} \\ &= \sup_{\boldsymbol{x}_{\mathrm{f}}}[\min\{\Pi_{\mathrm{f}}\mid \boldsymbol{X}_{\mathrm{f}}=\boldsymbol{x}_{\mathrm{f}},\mu_{\boldsymbol{X}_{\mathrm{f}}}(\boldsymbol{x}_{\mathrm{f}})\}] \\ &= \sup_{\boldsymbol{x}_{\mathrm{f}}}[\min\{P_{\mathrm{f}}\mid \boldsymbol{X}_{\mathrm{f}}=\boldsymbol{x}_{\mathrm{f}},\mu_{\boldsymbol{X}_{\mathrm{f}}}(\boldsymbol{x}_{\mathrm{f}})\}] \\ &= \sup_{\boldsymbol{x}_{\mathrm{f}}}\left[\min\left\{\int_{\boldsymbol{X}_{\mathrm{r}}:g(\boldsymbol{X}_{\mathrm{r}},\boldsymbol{X}_{\mathrm{f}})<0} f_{\boldsymbol{X}_{\mathrm{r}}}(\boldsymbol{x}_{\mathrm{r}})\mathrm{d}\boldsymbol{x}_{\mathrm{r}},\mu_{\boldsymbol{X}_{\mathrm{f}}}(\boldsymbol{x}_{\mathrm{f}})\right\}\right] \end{aligned} \tag{6.62}$$

式中：$\Pi_{\mathrm{f}}\mid \boldsymbol{X}_{\mathrm{f}}=\boldsymbol{x}_{\mathrm{f}}$ 是 $\boldsymbol{X}_{\mathrm{f}}=\boldsymbol{x}_{\mathrm{f}}$ 时的条件失效可能度；$P_{\mathrm{f}}\mid \boldsymbol{X}_{\mathrm{f}}=\boldsymbol{x}_{\mathrm{f}}$ 是 $\boldsymbol{X}_{\mathrm{f}}=\boldsymbol{x}_{\mathrm{f}}$ 时的条件失效概率；sup 表示求解最小上界的运算；$\mu_{\boldsymbol{X}_{\mathrm{f}}}(\boldsymbol{x}_{\mathrm{f}})$ 是模糊变量的可能性分布，以模糊隶属度函数形式给出。

2. 随机-区间变量下的混合可靠性分析模型

当随机变量和区间变量同时存在时，概率论和区间理论被用来处理可靠性分析问题。针对随机-区间变量下的混合可靠性分析问题，Du[22] 提出了统一不确定性分析(unified uncertainty analysis，UUA)方法。

假设失效事件为 $F=\{(\boldsymbol{X}_{\mathrm{r}},\boldsymbol{X}_{\mathrm{e}})\mid g(\boldsymbol{X}_{\mathrm{r}},\boldsymbol{X}_{\mathrm{e}})<0\}$，其中 $\boldsymbol{X}_{\mathrm{e}}$ 是证据变量，那么失效概率的置信度和似真度可分别通过以下两式求解获得：

$$\mathrm{Pl}(F)=P_{\mathrm{f\,max}}=\sum_{z=1}^{N_C}\left[m(\boldsymbol{C}_z)\Pr\{g_{\min}(\boldsymbol{X}_{\mathrm{r}},\boldsymbol{X}_{\mathrm{e}})<0\mid \boldsymbol{X}_{\mathrm{e}}\in\boldsymbol{C}_z\}\right]$$

$$\mathrm{Bel}(F)=P_{\mathrm{f\,min}}=\sum_{z=1}^{N_C}\left[m(\boldsymbol{C}_z)\Pr\{g_{\max}(\boldsymbol{X}_{\mathrm{r}},\boldsymbol{X}_{\mathrm{e}})<0\mid \boldsymbol{X}_{\mathrm{e}}\in\boldsymbol{C}_z\}\right] \tag{6.63}$$

式中：$P_{\mathrm{f\,min}}$和 $P_{\mathrm{f\,max}}$分别表示失效概率的最小值和最大值；$\boldsymbol{C}_z$ 表示第 z 个联合区间；N_C 为所有证据变量组成的联合区间总个数；$m(\boldsymbol{C}_z)$是联合区间 $\boldsymbol{C}_z$ 对应的基本概率分配；$\Pr\{g_{\max}(\boldsymbol{X}_{\mathrm{r}},\boldsymbol{X}_{\mathrm{e}})<0\mid \boldsymbol{X}_{\mathrm{e}}\in\boldsymbol{C}_z\}$表示当 $\boldsymbol{X}_{\mathrm{e}}\in\boldsymbol{C}_z$ 时，事件 $g_{\max}(\boldsymbol{X}_{\mathrm{r}},\boldsymbol{X}_{\mathrm{e}})<0$ 发生的概率；$\Pr\{g_{\min}(\boldsymbol{X}_{\mathrm{r}},\boldsymbol{X}_{\mathrm{e}})<0\mid \boldsymbol{X}_{\mathrm{e}}\in\boldsymbol{C}_z\}$表示的是当 $\boldsymbol{X}_{\mathrm{e}}\in\boldsymbol{C}_z$ 时，事件 $g_{\min}(\boldsymbol{X}_{\mathrm{r}},\boldsymbol{X}_{\mathrm{e}})<0$ 发生的概率；$g_{\max}(\boldsymbol{X}_{\mathrm{r}},\boldsymbol{X}_{\mathrm{e}})$和 $g_{\min}(\boldsymbol{X}_{\mathrm{r}},\boldsymbol{X}_{\mathrm{e}})$分别表示当 $\boldsymbol{X}_{\mathrm{e}}\in\boldsymbol{C}_z$ 时，$g(\boldsymbol{X}_{\mathrm{r}},\boldsymbol{X}_{\mathrm{e}})$的全局最大值和最小值。

6.4.1.3 含有随机、模糊和区间变量的统一可靠性分析模型

统一可靠性分析模型的构建是通过应用条件概率的形式实现的。统一可靠性分析可以认为是求解可能度和置信度条件下的条件概率，即事件的概率以可能度和置信度（或似真度）为条件。根据概率论、可能性理论和证据理论间的关系，当建立可靠性分析模型时，将基于概率论的模型放在模型的最内层，基于可能性理论的模型放在中间层，基于证据理论的模型放在最外层。当输入不确定性变量同时包括随机、模糊和区间变量时，应用统一可靠性分析模型进行统一可靠性分析的框架如图 6.16 所示。

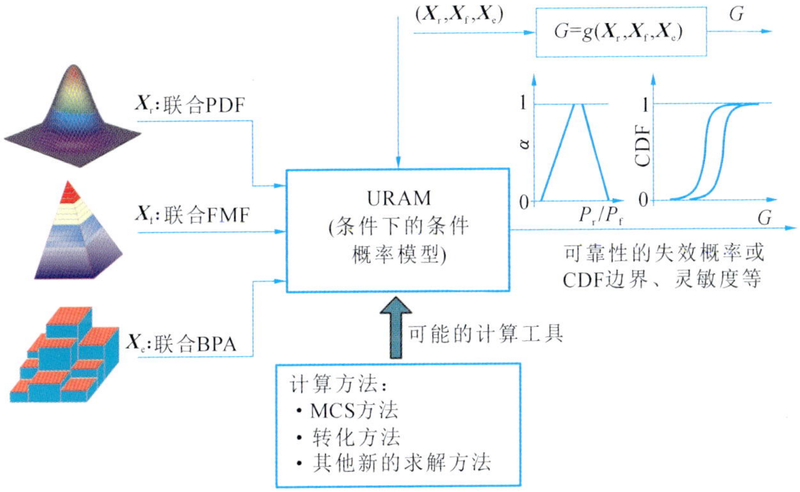

图 6.16 基于统一可靠性分析模型的统一可靠性分析框架

如图 6.16 所示，输入的不确定性变量分别为具有联合随机变量的概率密

度函数(PDF)的随机变量 $\boldsymbol{X}_r$、具有联合模糊变量的隶属度函数(FMF)的模糊变量 $\boldsymbol{X}_f$,以及具有联合基本概率分配的证据变量 $\boldsymbol{X}_e$。通过功能函数 $G=g(\boldsymbol{X}_r,\boldsymbol{X}_f,\boldsymbol{X}_e)$,输入的不确定性被传播到模型的输出功能函数 G。可靠性分析的结果是可靠(或失效)概率的界限和累积分布概率函数界限(每一个 α 截集下的置信度和似真度)的形式,以及输入不确定性变量的灵敏度。对于统一可靠性分析模型,可能的求解方法包括 MCS 方法、转化方法和其他新方法。

设随机变量 $\boldsymbol{X}_r=(x_{r1},x_{r2},\cdots,x_{rn})$、模糊变量 $\boldsymbol{X}_f=(x_{f1},x_{f2},\cdots,x_{fn})$ 和证据变量 $\boldsymbol{X}_e=(x_{e1},x_{e2},\cdots,x_{en})$,同时假设所有变量间都是相互独立的。含有三种混合不确定性变量时可靠性分析的输入空间如图 6.17 所示。

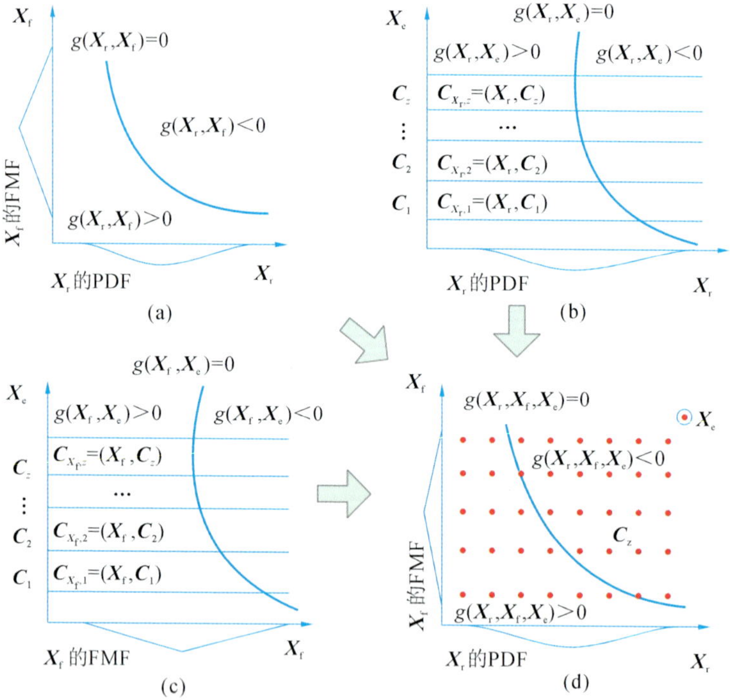

图 6.17　含有三种混合不确定性变量时可靠性分析的输入空间

图 6.17(a)所示是输入的不确定性变量只含有随机和模糊变量时的输入空间;图 6.17(b)所示是输入的不确定性变量只含有随机和空间变量时的输入空间;图 6.17(c)所示是输入的不确定性变量只含有空间和模糊变量时的输入空间;图 6.17(d)所示是输入的不确定性变量同时含有随机、模糊和空间变量时的输入空间。以图 6.17(a)、(b)、(c)所示输入空间中的任意一个作为基础,加入另一不确定性变量,即可获得三种变量下的输入空间(见图 6.17(d))。功能函

数 $g(\boldsymbol{X}_{\mathrm{r}},\boldsymbol{X}_{\mathrm{f}},\boldsymbol{X}_{\mathrm{e}})=0$ 表示的是极限状态方程，它是结构安全和失效的分界点。从可靠性分析的输入空间可以看出，可靠性分析就是在考虑输入变量的不确定性的前提下，分析功能函数不发生失效(或安全可靠)的程度。

根据图6.17(d)所示可靠性分析输入空间的获得方式，选定初始不确定性输入空间(见图6.17(b))作为基础，即输入的不确定性变量只含有随机和区间变量。此时，可先将模糊变量 $\boldsymbol{X}_{\mathrm{f}}$ 固定，即假设模糊变量 $\boldsymbol{X}_{\mathrm{f}}$ 为一个确定性变量，则依据式(6.63)有

$$\begin{cases}\mathrm{Pl}(F)=(P_{\mathrm{f}})_{\max}\\ \qquad =\sum\limits_{z=1}^{N_C}\left[m(\boldsymbol{C}_z)\Pr\{g_{\min}(\boldsymbol{X}_{\mathrm{r}},\boldsymbol{X}_{\mathrm{f}},\boldsymbol{X}_{\mathrm{e}})<0\mid \boldsymbol{X}_{\mathrm{e}}\in\boldsymbol{C}_z\}\right]\\ \mathrm{Bel}(F)=(P_{\mathrm{f}})_{\min}\\ \qquad =\sum\limits_{z=1}^{N_C}\left[m(\boldsymbol{C}_z)\Pr\{g_{\max}(\boldsymbol{X}_{\mathrm{r}},\boldsymbol{X}_{\mathrm{f}},\boldsymbol{X}_{\mathrm{e}})<0\mid \boldsymbol{X}_{\mathrm{e}}\in\boldsymbol{C}_z\}\right]\end{cases} \tag{6.64}$$

然而，实际上对于式(6.64)，由于模糊变量 $\boldsymbol{X}_{\mathrm{f}}$ 的存在，$g_{\min}(\boldsymbol{X}_{\mathrm{r}},\boldsymbol{X}_{\mathrm{f}},\boldsymbol{X}_{\mathrm{e}})<0$ 并不是一个定值而是一个值域。为了使公式表达更加简洁、清楚，在此定义 $A_{\max}^{i}=g_{\max}(\boldsymbol{X}_{\mathrm{r}},\boldsymbol{X}_{\mathrm{f}},\boldsymbol{X}_{\mathrm{e}})<0\mid\boldsymbol{X}_{\mathrm{e}}\in\boldsymbol{C}_z$ 和 $A_{\min}^{i}=g_{\min}(\boldsymbol{X}_{\mathrm{r}},\boldsymbol{X}_{\mathrm{f}},\boldsymbol{X}_{\mathrm{e}})<0\mid\boldsymbol{X}_{\mathrm{e}}\in\boldsymbol{C}_z$。根据概率和可能性间的关系，可知：

$$\begin{cases}N\{A_{\min}^{i}\}\leqslant\Pr\{A_{\min}^{i}\}\leqslant\Pi\{A_{\min}^{i}\}\\ N\{A_{\max}^{i}\}\leqslant\Pr\{A_{\max}^{i}\}\leqslant\Pi\{A_{\max}^{i}\}\end{cases} \tag{6.65}$$

依据公式(6.64)可得

$$\begin{cases}N\{A_{\min}^{i}\}=1-\Pi\{\overline{A_{\min}^{i}}\}\\ N\{A_{\max}^{i}\}=1-\Pi\{\overline{A_{\max}^{i}}\}\end{cases} \tag{6.66}$$

式中：$\overline{A^{i}}_{\min}=g_{\min}(\boldsymbol{X}_{\mathrm{r}},\boldsymbol{X}_{\mathrm{f}},\boldsymbol{X}_{\mathrm{e}})\geqslant 0\mid\boldsymbol{X}_{\mathrm{e}}\in\boldsymbol{C}_z$；$\overline{A_{\max}^{i}}=g_{\max}(\boldsymbol{X}_{\mathrm{r}},\boldsymbol{X}_{\mathrm{f}},\boldsymbol{X}_{\mathrm{e}})\geqslant 0\mid\boldsymbol{X}_{\mathrm{e}}\in\boldsymbol{C}_z$。

由于极限状态函数的最大值大于或等于零的可能性要大于或等于极限状态函数的最小值大于或等于零的可能性，即

$$\Pi\{\overline{A^{i}}_{\max}\}\geqslant\Pi\{\overline{A^{i}}_{\min}\} \tag{6.67}$$

为此，结合式(6.65)和式(6.66)，可得

$$N\{A_{\min}^{i}\}\geqslant N\{A_{\max}^{i}\} \tag{6.68}$$

与式(6.67)所示的情况类似，极限状态函数最小值小于或等于零的可能性要大于或等于极限状态函数最大值大于或等于零的可能性，即

$$\Pi\{A_{\min}^{i}\}\geqslant\Pi\{A_{\max}^{i}\} \tag{6.69}$$

由于失效概率的置信度和似真度是通过失效概率的最大值和最小值定义

的，为此，综合式(6.64)、式(6.65)、式(6.68)和式(6.69)可以得出，失效概率的似真度和置信度分别为

$$\mathrm{Pl}(F)=(P_{\mathrm{f}})_{\max}=\sum_{z=1}^{N_C}m(\boldsymbol{C}_z)\Pi\{A_{\min}^i\} \tag{6.70a}$$

$$\mathrm{Bel}(F)=(P_{\mathrm{f}})_{\min}=\sum_{i=1}^{N_C}m(\boldsymbol{C}_z)N\{A_{\max}^i\}=\sum_{z=1}^{N_C}m(\boldsymbol{C}_z)[1-\Pi\{\overline{A^i}_{\max}\}] \tag{6.70b}$$

根据同时含有随机和模糊变量的失效条件可能性公式(6.62)，可得三种变量同时存在时失效概率的似真度和置信度求解模型，即统一可靠性分析模型：

$$\mathrm{Pl}(F)=\sum_{z=1}^{N_C}m(\boldsymbol{C}_z)\{\Pi_{\mathrm{f}}^1\mid\boldsymbol{X}_{\mathrm{e}}\in\boldsymbol{C}_z\} \tag{6.71a}$$

$$\mathrm{Bel}(F)=\sum_{i=1}^{N_C}m(\boldsymbol{C}_z)\{1-(\Pi_{\mathrm{f}}^2\mid\boldsymbol{X}_{\mathrm{e}}\in\boldsymbol{C}_z)\} \tag{6.71b}$$

式中：$\Pi_{\mathrm{f}}^1=\sup\limits_{\boldsymbol{x}_{\mathrm{f}}}[\min\{\Pr\{g_{\min}(\boldsymbol{X}_{\mathrm{r}},\boldsymbol{X}_{\mathrm{f}},\boldsymbol{X}_{\mathrm{e}})<0\}\mid\boldsymbol{X}_{\mathrm{f}}=\boldsymbol{x}_{\mathrm{f}},\mu_{\boldsymbol{X}_{\mathrm{f}}}(\boldsymbol{x}_{\mathrm{f}})\}]$表示求解极限状态函数最小值小于零的可能性的上限；$\Pi_{\mathrm{f}}^2=\sup\limits_{\boldsymbol{x}_{\mathrm{f}}}[\min\{\Pr\{g_{\max}(\boldsymbol{X}_{\mathrm{r}},\boldsymbol{X}_{\mathrm{f}},\boldsymbol{X}_{\mathrm{e}})\geqslant0\}\mid\boldsymbol{X}_{\mathrm{f}}=\boldsymbol{x}_{\mathrm{f}},\mu_{\boldsymbol{X}_{\mathrm{f}}}(\boldsymbol{x}_{\mathrm{f}})\}]$表示求解极限状态函数最大值小于零的可能性的上限。

对于统一可靠性分析模型(式(6.71))的求解：首先需要进行区间分析，进而计算出功能函数的最小值$g_{\min}(\boldsymbol{X}_{\mathrm{r}},\boldsymbol{X}_{\mathrm{f}},\boldsymbol{X}_{\mathrm{e}})$和最大值$g_{\max}(\boldsymbol{X}_{\mathrm{r}},\boldsymbol{X}_{\mathrm{f}},\boldsymbol{X}_{\mathrm{e}})$；其次要通过可能性分析计算上界值$\sup\limits_{\boldsymbol{x}_{\mathrm{f}}}[\min\{\Pr\{\cdot\}\mid\boldsymbol{X}_{\mathrm{f}}=\boldsymbol{x}_{\mathrm{f}},\mu_{\boldsymbol{X}_{\mathrm{f}}}(\boldsymbol{x}_{\mathrm{f}})\}]\mid\boldsymbol{X}_{\mathrm{e}}\in\boldsymbol{C}_z$；最后还需要通过概率分析计算概率值$\Pr\{\cdot\}\mid\boldsymbol{X}_{\mathrm{f}}=\boldsymbol{x}_{\mathrm{f}}$。在整个求解过程中，难点是以下两式的求解：

$$\sup_{\boldsymbol{x}_{\mathrm{f}}}[\min\{\Pr\{g_{\min}(\boldsymbol{X}_{\mathrm{r}},\boldsymbol{X}_{\mathrm{f}},\boldsymbol{X}_{\mathrm{e}})<0\}\mid\boldsymbol{X}_{\mathrm{f}}=\boldsymbol{x}_{\mathrm{f}},\mu_{\boldsymbol{X}_{\mathrm{f}}}(\boldsymbol{x}_{\mathrm{f}})\}]\mid\boldsymbol{X}_{\mathrm{e}}\in\boldsymbol{C}_z \tag{6.72a}$$

$$\sup_{\boldsymbol{x}_{\mathrm{f}}}[\min\{\Pr\{g_{\max}(\boldsymbol{X}_{\mathrm{r}},\boldsymbol{X}_{\mathrm{f}},\boldsymbol{X}_{\mathrm{e}})\geqslant0\}\mid\boldsymbol{X}_{\mathrm{f}}=\boldsymbol{x}_{\mathrm{f}},\mu_{\boldsymbol{X}_{\mathrm{f}}}(\boldsymbol{x}_{\mathrm{f}})\}]\mid\boldsymbol{X}_{\mathrm{e}}\in\boldsymbol{C}_z \tag{6.72b}$$

式(6.72)是在指定焦元下，关于模糊和随机变量的确界求解和积分的运算式。依据可靠性求解计算的基本原理，可采用下述方法对统一可靠性分析模型进行求解。

方法1：采用MCS方法求解，MCS方法作为统一可靠性分析模型求解方法中一种重要的方法，有着重要的应用。对于同时含有随机和认知不确

定性的情况，可以采用双层抽样框架的 MCS 方法[27]计算可靠度。外层抽样执行认知不确定性变量抽样，内层抽样执行随机不确定性变量抽样，通过这种双层抽样，混合不确定性就传播到输出，从而获得可靠度值。统一可靠性分析模型中同时含有随机变量、模糊变量和区间变量，模糊变量和区间变量同属于认知不确定性变量，因此同样可以采用双层抽样框架的 MCS 方法求解统一可靠性分析模型。MCS 方法在仿真次数趋于无穷大时可以得到精确解，但其计算量非常大，尤其是针对小失效概率问题，以至于该方法在实际工程中很难应用。在理论研究中，MCS 方法的解常被作为标准解，用来检验其他新方法解的准确性。

上述求解统一可靠性分析模型的途径虽然都具有可行性，但在求解上都存在不同程度的缺陷。如 MCS 方法的计算成本高、转化方法会失去模糊属性等。

6.4.2 统一可靠性分析的 FORM-α-URA 方法

为解决传统 MCS 方法的计算费用昂贵的问题，这里提出了一种新的针对三种不确定性下失效概率的似真度和置信度的求解方法，即 FORM-α-URA 方法。由前述分析可知，统一可靠性分析模型求解的难点在于求解式(6.72)。在提出的 FORM-α-URA 方法中，利用 FORM 方法进行概率分析，利用 α-cut 进行可能性分析，并将区间分析嵌入概率分析和可能性分析。

由于 FORM-α-URA 方法是建立在 FORM 和 α-cut 方法基础上的，FORM 方法在 6.2.3 节已经提到，所以下面先对基于 α-cut 的优化方法进行简单介绍。

6.4.2.1 基于 α-cut 的优化方法

基于 α-cut 的优化是处理含有模糊不确定性的可靠性分析问题的有效方法。α-cut 表示了模糊变量 $\boldsymbol{X}_{\mathrm{f}}$ 的隶属度 $\mu_{\boldsymbol{X}_{\mathrm{f}}}(\boldsymbol{X}_{\mathrm{f}})$大于或等于 α 时模糊变量 $\boldsymbol{X}_{\mathrm{f}}$ 的取值范围，记为 $\boldsymbol{X}_{\mathrm{f}}^{\alpha}$，可以用公式表示为

$$\boldsymbol{X}_{\mathrm{f}}^{\alpha}=\{\boldsymbol{X}_{\mathrm{f}}:\mu_{\boldsymbol{X}_{\mathrm{f}}}(\boldsymbol{X}_{\mathrm{f}})\geqslant\alpha,\quad \alpha\in[0,1]\}\tag{6.73}$$

记 $\boldsymbol{X}_{\mathrm{f}}^{\alpha}$ 的下限值和上限值分别为 $\boldsymbol{X}_{\mathrm{f}}^{\alpha,\mathrm{L}}$ 和 $\boldsymbol{X}_{\mathrm{f}}^{\alpha,\mathrm{U}}$。在每一个 α 截集下，可能性分析问题变成了一个优化问题[28]。其优化模型为

$$\begin{cases}\min\ P_{\mathrm{f}}(\alpha)\\ \mathrm{s.\,t.}\ \ \boldsymbol{X}_{\mathrm{f}}^{\alpha,\mathrm{L}}\leqslant\boldsymbol{X}_{\mathrm{f}}\leqslant\boldsymbol{X}_{\mathrm{f}}^{\alpha,\mathrm{U}}\end{cases}\tag{6.74a}$$

和

$$\begin{cases} \max\ P_{\mathrm{f}}(\alpha) \\ \mathrm{s.\,t.}\ \ \boldsymbol{X}_{\mathrm{f}}^{\alpha,\mathrm{L}} \leqslant \boldsymbol{X}_{\mathrm{f}} \leqslant \boldsymbol{X}_{\mathrm{f}}^{\alpha,\mathrm{U}} \end{cases} \tag{6.74b}$$

当 α 的值从 0 变化到 1 时，就得到失效概率 P_{f} 的集合。

6.4.2.2 FORM-α-URA 方法原理

FORM-α-URA 方法的原理如图 6.18 所示。

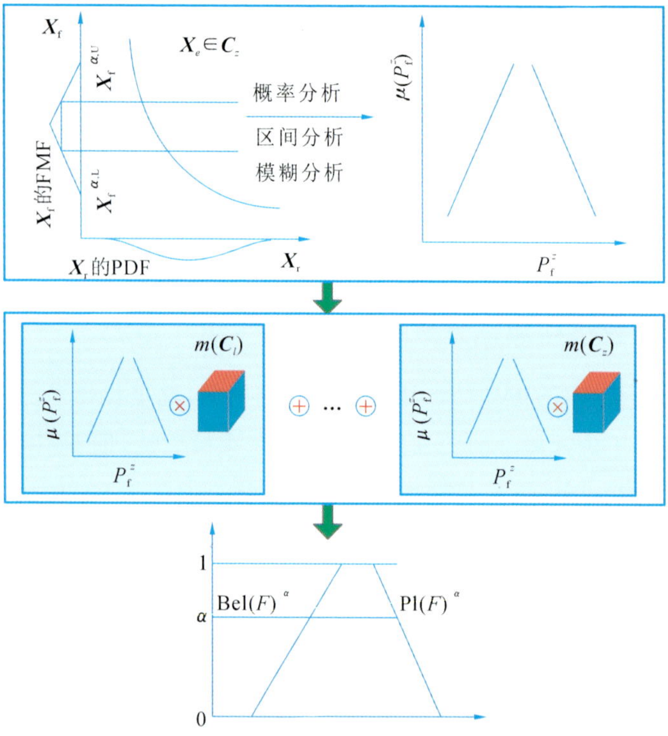

图 6.18 FORM-α-URA **方法的原理**

FORM-α-URA 方法首先固定证据变量 $\boldsymbol{X}_{\mathrm{e}} \in \boldsymbol{C}_z$，然后通过 FORM 和 α-cut 计算失效概率 $P_{\mathrm{f}}(\alpha)_z$，其求解的计算模型为

$$\begin{cases} \min\ P_{\mathrm{f}}(\alpha)_z \\ \mathrm{s.\,t.}\ \ \boldsymbol{X}_{\mathrm{f}}^{\alpha,\mathrm{L}} \leqslant \boldsymbol{X}_{\mathrm{f}} \leqslant \boldsymbol{X}_{\mathrm{f}}^{\alpha,\mathrm{U}} \\ \qquad\ \boldsymbol{X}_{\mathrm{e}}^{z,\mathrm{L}} \leqslant \boldsymbol{X}_{\mathrm{e}} \leqslant \boldsymbol{X}_{\mathrm{e}}^{z,\mathrm{U}} \end{cases} \tag{6.75a}$$

和

$$\begin{cases} \max\ P_{\mathrm{f}}(\alpha)_z \\ \mathrm{s.\,t.}\ \ \boldsymbol{X}_{\mathrm{f}}^{\alpha,\mathrm{L}} \leqslant \boldsymbol{X}_{\mathrm{f}} \leqslant \boldsymbol{X}_{\mathrm{f}}^{\alpha,\mathrm{U}} \\ \qquad\ \boldsymbol{X}_{\mathrm{e}}^{z,\mathrm{L}} \leqslant \boldsymbol{X}_{\mathrm{e}} \leqslant \boldsymbol{X}_{\mathrm{e}}^{z,\mathrm{U}} \end{cases} \tag{6.75b}$$

式中：$P_f(\alpha)_z$ 表示在给定 $\boldsymbol{X}_e \in \boldsymbol{C}_z$ 和 α 截集下的失效概率；$\boldsymbol{X}_e^{z,L}$ 和 $\boldsymbol{X}_e^{z,U}$ 分别为联合区间 $\boldsymbol{C}_z$ 的下限值和上限值。

通过变换 α 的值，可以获得在给定 $\boldsymbol{X}_e \in \boldsymbol{C}_z$ 下失效概率的隶属度函数 $\mu(P_f^z)$。其后，可以依据证据理论通过下式计算失效概率 P_f：

$$\begin{aligned} P_f &= \sum_{z=1}^{N_C} m(\boldsymbol{C}_z)\mu(P_f^z) \\ &= m(\boldsymbol{C}_1)\mu(P_f^1) + m(\boldsymbol{C}_2)\mu(P_f^2) + \cdots + m(\boldsymbol{C}_{N_C})\mu(P_f^{N_C}) \end{aligned} \tag{6.76}$$

式中：符号"+"是数学运算中的加运算，而非模糊运算中的符号。由于 P_f^z 是一个隶属函数的形式，P_f 也不再是一个定值，同样具有了模糊属性，即 $\mu(P_f)$。在每一个 $\mu(P_f)$的 α 截集中，P_f 的似真度和置信度分别为

$$\mathrm{Pl}(F)_\alpha = P_f(\alpha)_{\max} = \sum_{z=1}^{N_C} m(\boldsymbol{C}_z) P_f(\alpha)_z^{\max} \tag{6.77a}$$

$$\mathrm{Bel}(F)_\alpha = P_f(\alpha)_{\min} = \sum_{z=1}^{N_C} m(\boldsymbol{C}_z) P_f(\alpha)_z^{\min} \tag{6.77b}$$

式中：$\mathrm{Pl}(F)_\alpha$ 和 $\mathrm{Bel}(F)_\alpha$ 是在给定 α 截集下失效概率的似真度和置信度；$P_f(\alpha)_z^{\max}$ 和 $P_f(\alpha)_z^{\min}$ 是在给定 α 截集和 $\boldsymbol{X}_e \in \boldsymbol{C}_z$ 下失效概率的最大值与最小值。

结合式(6.74)，可得

$$\begin{aligned} P_f(\alpha)_z^{\max} &= (\Pr\{g_{\min}(\boldsymbol{X}_r, \boldsymbol{X}_f, \boldsymbol{X}_e) < 0\} \mid \boldsymbol{X}_f \in \boldsymbol{X}_f^\alpha) \mid \boldsymbol{X}_e \in \boldsymbol{C}_z \\ &= \Pr\{g_{\min}(\boldsymbol{X}_r, \boldsymbol{X}_f, \boldsymbol{X}_e) < 0\} \mid (\boldsymbol{X}_f \in \boldsymbol{X}_f^\alpha, \boldsymbol{X}_e \in \boldsymbol{C}_z) \end{aligned} \tag{6.78a}$$

$$\begin{aligned} P_f(\alpha)_z^{\min} &= (\Pr\{g_{\max}(\boldsymbol{X}_r, \boldsymbol{X}_f, \boldsymbol{X}_e) < 0\} \mid \boldsymbol{X}_f \in \boldsymbol{X}_f^\alpha) \mid \boldsymbol{X}_e \in \boldsymbol{C}_z \\ &= \Pr\{g_{\max}(\boldsymbol{X}_r, \boldsymbol{X}_f, \boldsymbol{X}_e) < 0\} \mid (\boldsymbol{X}_f \in \boldsymbol{X}_f^\alpha, \boldsymbol{X}_e \in \boldsymbol{C}_z) \end{aligned} \tag{6.78b}$$

6.4.2.3 FORM-α-URA 方法计算流程

FORM-α-URA 方法的计算流程如图 6.19 所示，其具体步骤如下。

步骤 1：初始化。设置 $z=1$，$\alpha=0$，定义 α 步长 dα 并令 d$\alpha=0.1$，将原始空间随机变量 $\boldsymbol{X}_r$ 转化为 U 空间变量 $\boldsymbol{u}$。

步骤 2：利用式(6.73)计算 α 截集下的 $\boldsymbol{X}_f^\alpha=[\boldsymbol{X}_f^{\alpha,L}, \boldsymbol{X}_f^{\alpha,U}]$。

步骤 3：选择第 z 个联合区间，即 $\boldsymbol{X}_e \in \boldsymbol{C}_z$。

步骤 4：输入变量的起始点 $\boldsymbol{u}^0$、$\boldsymbol{X}_f^0$、$\boldsymbol{X}_e^0$，并令 α 截集对应的 $\mathrm{P1}(F)^\alpha=0$、$\mathrm{Bel}(F)^\alpha=0$，初始的迭代次数计数器 $k=1$。

步骤 5：计算 $\boldsymbol{u}^{k+1}$，计算公式为

$$\boldsymbol{u}^{k+1} = \boldsymbol{u}^k + \lambda^k \boldsymbol{d}^k \tag{6.79}$$

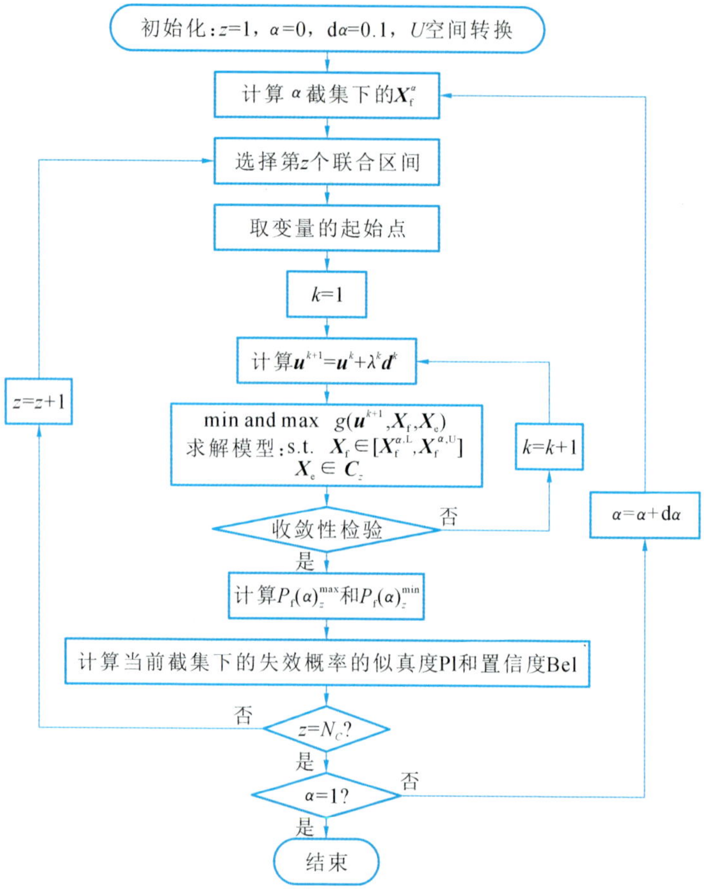

图 6.19　FORM-α-URA 方法的计算流程

式中：$\boldsymbol{d}^k$ 为搜索方向，有

$$\boldsymbol{d}^k=\frac{\nabla g(\boldsymbol{u}^k,\boldsymbol{X}_f^k,\boldsymbol{X}_e^k)\boldsymbol{u}^{kT}-g(\boldsymbol{u}^k,\boldsymbol{X}_f^k,\boldsymbol{X}_e^k)}{\|\nabla g(\boldsymbol{u}^k,\boldsymbol{X}_f^k,\boldsymbol{X}_e^k)\|^2}\nabla g(\boldsymbol{u}^k,\boldsymbol{X}_f^k,\boldsymbol{X}_e^k)-\boldsymbol{u}^k \tag{6.80}$$

其中：$\nabla g(\boldsymbol{u}^k,\boldsymbol{X}_f^k,\boldsymbol{X}_e^k)$表示极限状态函数在当前点处的梯度，计算公式为

$$\nabla g(\boldsymbol{u}^k,\boldsymbol{X}_f^k,\boldsymbol{X}_e^k)=\left(\frac{\partial g}{\partial u_1}\quad\frac{\partial g}{\partial u_2}\quad\cdots\quad\frac{\partial g}{\partial u_n}\right)_{\boldsymbol{u}^k,\boldsymbol{X}_f^k,\boldsymbol{X}_e^k} \tag{6.81}$$

λ^k 为步长，有

$$\lambda^k=\max_{h\in N}\{b^h\mid M(\boldsymbol{u}^k+b^h\boldsymbol{d}^k,\boldsymbol{X}_f^k,\boldsymbol{X}_e^k)-M(\boldsymbol{u}^k,\boldsymbol{X}_f^k,\boldsymbol{X}_e^k)<0\} \tag{6.82}$$

其中：$M(\boldsymbol{u}^k,\boldsymbol{X}_f^k,\boldsymbol{X}_e^k)=\frac{1}{2}\|\boldsymbol{u}^k\|+c|g(\boldsymbol{u}^k,\boldsymbol{X}_f^k,\boldsymbol{X}_e^k)|$，$c>\|\boldsymbol{u}^k\|/\|\nabla g(\boldsymbol{u}^k,$

$\boldsymbol{X}_{\mathrm{f}}^{k},\boldsymbol{X}_{\mathrm{e}}^{k})\|$。常数 b 应满足条件 $b>0$。取 $b=0.5$ 和 $c=2\|\boldsymbol{u}^{k}\|/\|\nabla g(\boldsymbol{u}^{k},\boldsymbol{X}_{\mathrm{f}}^{k},\boldsymbol{X}_{\mathrm{e}}^{k})\|+10$。$h$ 是满足不等式 $M(\boldsymbol{u}^{k}+b^{h}\boldsymbol{d}^{k},\boldsymbol{X}_{\mathrm{f}}^{k},\boldsymbol{X}_{\mathrm{e}}^{k})-M(\boldsymbol{u}^{k},\boldsymbol{X}_{\mathrm{f}}^{k},\boldsymbol{X}_{\mathrm{e}}^{k})<0$ 的第一个整数。

步骤6:求解 $\boldsymbol{X}_{\mathrm{f}}^{k+1}$ 和 $\boldsymbol{X}_{\mathrm{e}}^{k+1}$,其解的优化模型为

$$\begin{cases}\text{min and max} \quad g(\boldsymbol{u}^{k+1},\boldsymbol{X}_{\mathrm{f}},\boldsymbol{X}_{\mathrm{e}})\\ \text{s. t. } \boldsymbol{X}_{\mathrm{f}}^{\alpha,\mathrm{L}}\leqslant\boldsymbol{X}_{\mathrm{f}}\leqslant\boldsymbol{X}_{\mathrm{f}}^{\alpha,\mathrm{U}}\\ \qquad \boldsymbol{X}_{\mathrm{e}}^{z,\mathrm{L}}\leqslant\boldsymbol{X}_{\mathrm{e}}\leqslant\boldsymbol{X}_{\mathrm{e}}^{z,\mathrm{U}}\end{cases} \tag{6.83}$$

值得注意的是式中的“and”是指式(6.83)的求解需要求解两个优化模型,即求解目标函数极小值的优化问题和求解目标函数极大值的优化问题。求解式(6.83)获得最优值后,取 $\boldsymbol{X}_{\mathrm{f}}^{k+1}=\boldsymbol{X}_{\mathrm{f}}^{*}$,$\boldsymbol{X}_{\mathrm{e}}^{k+1}=\boldsymbol{X}_{\mathrm{e}}^{*}$。

步骤7:收敛性检查。收敛的准则为

$$|g(\boldsymbol{u}^{k+1},\boldsymbol{X}_{\mathrm{f}}^{k+1},\boldsymbol{X}_{\mathrm{e}}^{k+1})|\leqslant\varepsilon_1 \tag{6.84}$$

和

$$\|\boldsymbol{u}^{k+1}-\boldsymbol{u}^{k}\|\leqslant\varepsilon_2 \tag{6.85}$$

式中:ε_1 和 ε_2 是收敛的精度。如果能够实现收敛,则令 $P_{\mathrm{f}}(\alpha)_z^{\max}=\Phi(-\|\boldsymbol{u}^{k+1}\|)_{\min}$ 和 $P_{\mathrm{f}}(\alpha)_z^{\min}=\Phi(-\|\boldsymbol{u}^{k+1}\|)_{\max}$,并转到步骤8。此处需特别指出的是,其中 $\Phi(-\|\boldsymbol{u}^{k+1}\|)_{\min}$ 和 $\Phi(-\|\boldsymbol{u}^{k+1}\|)_{\max}$ 分别对应式(6.83)取目标函数极小值和目标函数最大值时的计算流程。如果不收敛,令 $k=k+1$ 并转到步骤5。

步骤8:计算当前截集下的失效概率的似真度 Pl 和置信度 Bel,计算公式为

$$\mathrm{Pl}(F)_{\alpha}=\mathrm{Pl}(F)_{\alpha}+P_{\mathrm{f}}(\alpha)_z^{\max}m(\boldsymbol{C}_z) \tag{6.86}$$

$$\mathrm{Bel}(F)_{\alpha}=\mathrm{Bel}(F)_{\alpha}+P_{\mathrm{f}}(\alpha)_z^{\min}m(\boldsymbol{C}_z) \tag{6.87}$$

步骤9:如果 $z=N_C$,则转到步骤10;否则,令 $z=z+1$ 并转到步骤3。

步骤10:如果 $\alpha=1$,则转到步骤11;否则,令 $\alpha=\alpha+\mathrm{d}\alpha$ 并转到步骤2。

步骤11:停止计算并输出各截集下失效概率的似真度 Pl 和置信度 Bel。

6.4.3 实例验证

本小节结合两个工程实例对所提的 FORM-α-URA 方法的有效性进行验证。通过 MATLAB 对 FORM-α-URA 方法进行编程,并采用 MATLAB 中的 SQP 优化器来求解计算中的优化模型。

6.4.3.1 曲柄滑块机构

本实例来源于文献[29]、[30]，要解决的是一曲柄滑块机构设计的可靠性评估问题。该曲柄滑块机构用于某一建筑工程机械，具体信息见 6.3.3 节算例 2。

结合曲柄滑块机构的功能函数（见式（6.57）），定义该机构的失效事件为 $F_{ai}=\{(\boldsymbol{X}_r,\boldsymbol{X}_f,\boldsymbol{X}_e)\,|\,g(\boldsymbol{X}_r,\boldsymbol{X}_f,\boldsymbol{X}_e)<0\}$。该曲柄滑块机构设计中同时含有随机、模糊和区间不确定性变量三种类型的不确定性变量，分别采用 MCS 法、FORM-α-URA 方法和转化方法对该曲柄滑块机构进行可靠性分析，求解结果如表 6.13 所示。

表 6.13　不同方法曲柄-滑块机构的失效概率对比

求解结果	FORM-α-URA		MCS		转化方法
	$\alpha=0$	$\alpha=1$	$\alpha=0$	$\alpha=1$	
Pl	2.8346×10^{-2}	2.9657×10^{-8}	2.894×10^{-2}	2.9692×10^{-8}	4.218×10^{-3}
Bel	0	3.5837×10^{-10}	0	3.5868×10^{-10}	7.26×10^{-4}
函数评估次数	783	595	1.8×10^{7}	1.8×10^{7}	2×103680

由表 6.13 可以看出：采用 FORM-α-URA 方法求解的失效概率是一个具有隶属度形式的区间范围，取不同隶属度时机构的失效概率的上、下限分别为失效概率的似真度 Pl(F)和置信度 Bel(F)，该方法求解的结果保留了由模糊变量传播给失效概率的模糊性质；转化方法由于将模糊变量转换为了证据变量，其求解结果不再具备模糊性，正如文献[22]指出的那样，对于同时含有多种不确定性的情况，应尽量充分利用信息，最好不要做任何假设、转化，为此对于随机-模糊-区间不确定性下的可靠性分析，FORM-α-URA 方法较转化法更适用。由表 6.13 还可以看出，在 $\alpha=0$ 和 $\alpha=1$ 时，采用 FORM-α-URA 方法求解的失效概率的置信度和似真度与采用 MCS 方法求解的结果非常接近，这表明采用提出的 FORM-α-URA 方法能够实现对同时含有随机不确定性、模糊不确定性、区间不确定性的可靠性评估。

为了进一步比较 FORM-α-URA 方法与 MCS 方法的求解精度，从[0,1]区间变换 α 的取值，分别采用 FORM-α-URA 方法和 MCS 方法进行计算，其计算结果如图 6.20 所示。

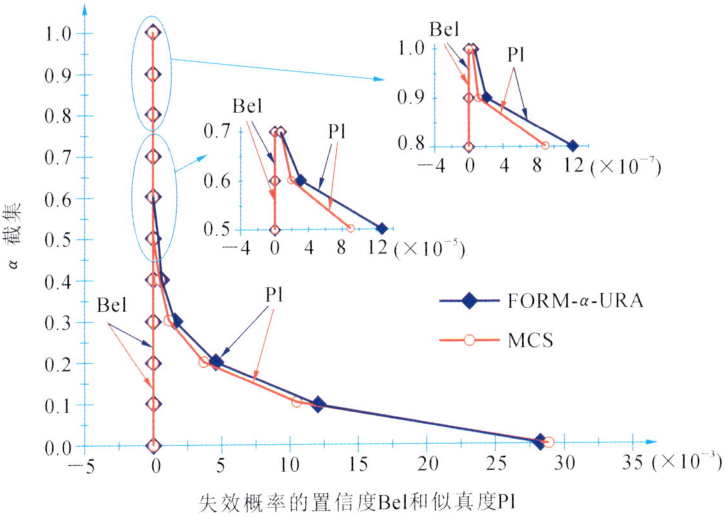

图 6.20　采用 MCS 和 FORM-α-URA 方法的曲柄滑块机构的失效概率

从图 6.20 中可以看出，在 α 取不同值时，FORM-α-URA 方法的计算结果与 MCS 方法的计算结果都非常接近，表明所提的 FORM-α-URA 方法具有较好的求解精度。并且由表 6.13 可知 FORM-α-URA 方法所需的函数评估次数明显要少于 MCS 方法，这表明了 FORM-α-URA 方法的高效性。从图 6.20 还可以看出，由于模糊变量 S 以及证据变量 e 和 μ_f 的影响，机构的失效概率同时具有模糊性质和区间性质；真实的失效概率是一个具有模糊隶属度函数分布的界于似真度 Pl 和置信度 Bel 之间的值；此外，因为证据变量的存在，曲柄滑块机构的失效概率在隶属度为 1 时依然是一个区间，而非一个确定性的值。

功能函数 g 的累积置信函数(CBF)和累积似真函数(CPF)之间的区间大小反映了认知不确定性(模糊和区间不确定性)对失效概率的影响，累积置信函数和累积似真函数间的距离越大，说明认知不确定性的影响越明显。此外，累积置信函数和累积似真函数反映了不同功能函数状态值下的失效概率的上限 Pl(F)和下限 Bel(F)值，设计者可以通过累积值直接选取合适的设计极限状态值，并且通过累积置信函数和累积似真函数还可以确定认知不确定性对设计的影响大小。

为了更好地比较 MCS 方法、FORM-α-URA 方法和转化方法对曲柄滑块机构的可靠性评估结果的影响，变换曲柄滑块机构的失效域 $F=\{(\boldsymbol{X}_r,\boldsymbol{X}_f,\boldsymbol{X}_e)\mid g(\boldsymbol{X}_r,\boldsymbol{X}_f,\boldsymbol{X}_e)<\overline{f}\}$ 中的目标失效概率 $\overline{f}$ 的值，分别采用 MCS 方法和 FORM-α-URA 方法在 $\alpha=0$ 和 $\alpha=1$ 截集下，求解曲柄滑块机构的功能函数 g 的累积置信函数和累积似真函数，以及采用转化方法时功能函数 g 的累积置信函数和累

积似真函数，其结果如图 6.21 所示。

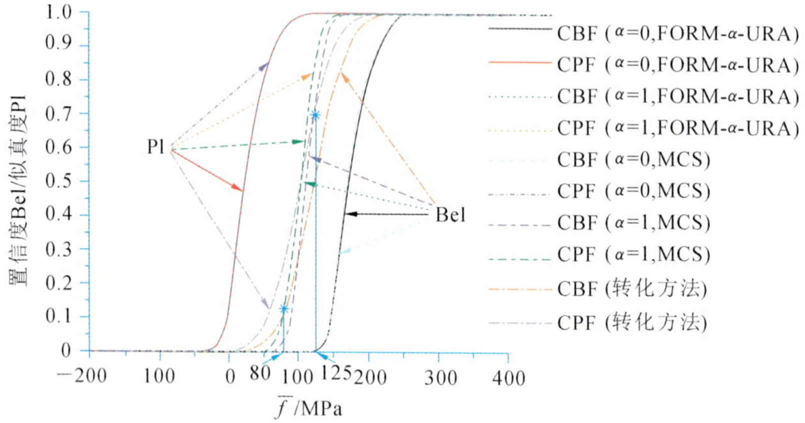

图 6.21　不同方法求解的曲柄滑块功能函数的累积置信函数和累积似真函数

由图 6.21 可以看出，累积置信函数和累积似真函数之间的间隔较大，说明模糊变量和证据变量对曲柄滑块机构的失效概率的影响较大。无论失效概率 $\overline{f}$ 取何值，FORM-α-URA 方法的计算结果与 MCS 方法的计算结果都非常接近，说明 FORM-α-URA 方法具有较好的计算精度。转化方法的求解结果位于 0 截集的累积置信函数和累积似真函数之间，在目标失效概率 $\overline{f}<80$ 时，转化方法求得的累积置信函数和累积似真函数完全位于 1 截集时的累积置信函数和累积似真函数之上，即转化方法求得的失效概率大于 1 截集时的失效概率；在目标失效概率 $\overline{f}>125$ 时，转化方法求得的累积置信函数和累积似真函数完全位于 1 截集时的累积置信函数和累积似真函数之下，即转化方法求得的失效概率小于 1 截集时的失效概率；转化方法求得的累积置信函数和累积似真函数与 1 截集时求得的累积置信函数和累积似真函数出现了交叉，这表明转化方法的求解结果并不能完全反映出认知不确定性对失效概率的影响。当采用转化方法的分析结果作为进行可靠性设计优化的可靠性评估标准时，有可能造成优化结果实际上并不满足可靠性要求。

从上述对该实例求解结果的讨论可知，这里所提出的 FORM-α-URA 方法能够有效实现对同时含有三种不确定性时的可靠性分析，验证了随机-模糊-区间不确定性下的统一可靠性分析方法的有效性。

6.4.3.2　悬臂支架管

该实例来源于文献[31]、[32]，要求对一悬臂支架管的设计方案进行可靠性评估。该悬臂支架管的结构如图 6.22 所示。该结构受外力 F_1、F_2、F 以及扭矩 T

作用，长度 L_1 和 L_2 为确定性参数，其值分别为 $L_1=120$ mm 和 $L_2=60$ mm。

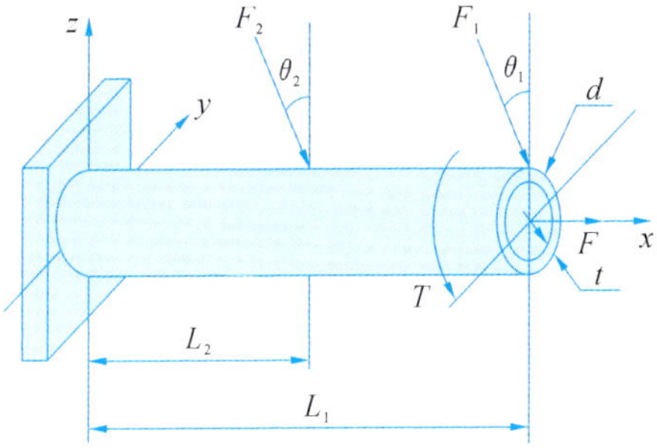

图 6.22　悬臂支架管的机构简图

该结构的功能函数为

$$g(\boldsymbol{X}_r,\boldsymbol{X}_f,\boldsymbol{X}_e)=S-\sigma_{\max} \tag{6.88}$$

式中：$\boldsymbol{X}_r=(t,d,F_1,F_2,T,S)$；$\boldsymbol{X}_f=(p)$；$\boldsymbol{X}_e=(\theta_1,\theta_2)$；$S$ 为屈服强度；$\sigma_{\max}$ 为最大米塞斯应力，其计算公式为

$$\sigma_{\max}=\sqrt{\sigma_x^2+3\tau_{zx}^2} \tag{6.89}$$

正应力 σ_x 的计算公式为

$$\sigma_x=\frac{F+F_1\sin\theta_1+F_2\sin\theta_2}{A}+\frac{Md}{2I} \tag{6.90}$$

式中：等式右端的第一项是轴向力作用下的正应力，第二项是弯矩 M 产生的正应力；A 为管的横截面积。

弯矩 M 由下式计算：

$$M=F_1L_1\cos\theta_1+F_2L_2\cos\theta_2 \tag{6.91}$$

式中

$$I=\frac{\pi}{64}\left[d^4-(d-2t)^4\right] \tag{6.92}$$

扭转应力 τ_{zx} 的计算公式为

$$\tau_{zx}=\frac{Td}{4I} \tag{6.93}$$

该实例中的随机变量如表 6.14 所示，证据变量如表 6.15 所示。设计变量 F 为一模糊变量，其隶属度函数定义为

$$\mu(F)=\begin{cases}\dfrac{F-9000}{3000} & (9000\leqslant F<12000)\\ \dfrac{15000-F}{3000} & (12000\leqslant F\leqslant 15000)\\ 0 & (\text{其他})\end{cases} \tag{6.94}$$

表 6.14 悬臂支架管随机变量的分布参数

随机变量	分布	均值	标准差
t/ mm	正态分布	5	0.1
d/mm	正态分布	42	0.5
F_1/ kN	正态分布	3.0	0.3
F_2/ kN	正态分布	3.0	0.3
T/(N·m)	正态分布	90.0	9.0
S/ MPa	正态分布	220.0	22.0

表 6.15 悬臂支架管证据变量的区间及区间对应的 BPA

证据变量	区间	BPA
θ_1	[0°,4°]	0.3
	(4°,10°]	0.4
	(10°,15°]	0.3
θ_2	[5°,9°]	0.3
	(9°,15°]	0.5
	(15°,20°]	0.2

结合式(6.88),定义该机构的失效事件为 $F=\{(\boldsymbol{X}_r,\boldsymbol{X}_f,\boldsymbol{X}_e)\mid g(\boldsymbol{X}_r,\boldsymbol{X}_f,\boldsymbol{X}_e)<0\}$。该悬臂支架管的设计中同时含有随机不确定性变量、模糊不确定性变量和区间不确定性变量,分别采用 MCS 方法、FORM-α-URA 方法和转化方法求解该结构并进行可靠性分析,求解结果如表 6.16 和图 6.23 所示。

表 6.16 不同方法悬臂支架管的失效概率对比

求解结果	FORM-α-URA		MCS		转化方法
	$\alpha=0$	$\alpha=1$	$\alpha=0$	$\alpha=1$	
Pl	2.1747×10^{-4}	1.5903×10^{-4}	2.1756×10^{-4}	1.5941×10^{-4}	1.9731×10^{-4}
Bel	5.0391×10^{-5}	1.2047×10^{-4}	5.0415×10^{-5}	1.1994×10^{-4}	8.3615×10^{-5}
函数评估次数	612	476	1.8×10^{7}	1.8×10^{7}	2×113420

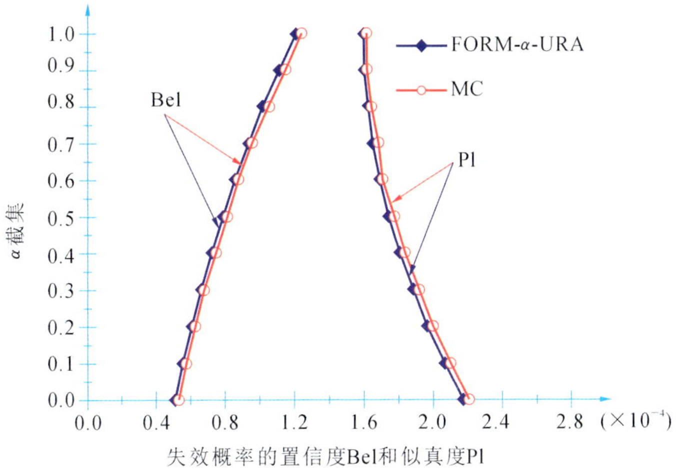

图 6.23　采用 MCS 方法和 FORM-α-URA 方法时的悬臂支架管失效概率

由表 6.16 和图 6.23 可以看出：采用 FORM-α-URA 方法求解的失效概率的区间范围是随着 α 截集的取值不同而变化的，这说明采用 FORM-α-URA 方法求解的失效概率保留了模糊变量的模糊不确定性；在 $\alpha=1$ 时，采用 FORM-α-URA 方法求解的失效概率同样是一个区间，而不是一个确定性的值，这说明采用 FORM-α-URA 方法求解的失效概率同样保留了证据变量的区间不确定性；在不同的 α 截集下，采用 FORM-α-URA 方法求解的失效概率的置信度和似真度与采用 MCS 方法求解的结果非常接近，但其函数评估次数却比 MCS 方法少很多，这表明 FORM-α-URA 方法具有较好的计算精度和计算效率；转化方法由于将模糊变量转化为随机变量，计算结果仅保留了证据变量的区间不确定性。

为了更好地比较 MCS 方法、FORM-α-URA 方法和转化方法对悬臂支架管的可靠性评估结果的影响，变换悬臂支架管的失效域 $F=\{(\boldsymbol{X}_r,\boldsymbol{X}_f,\boldsymbol{X}_e)\mid g(\boldsymbol{X}_r,\boldsymbol{X}_f,\boldsymbol{X}_e)<\bar{f}\}$ 中的目标失效概率 $\bar{f}$ 的值，分别采用 MCS 方法、FORM-α-URA 方法在 $\alpha=0$ 和 $\alpha=1$ 截集下，求解悬臂支架管的功能函数 g 的累积置信函数和累积似真函数，以及采用转化方法时功能函数 g 的累积置信函数和累积似真函数，其结果如图 6.24 所示。

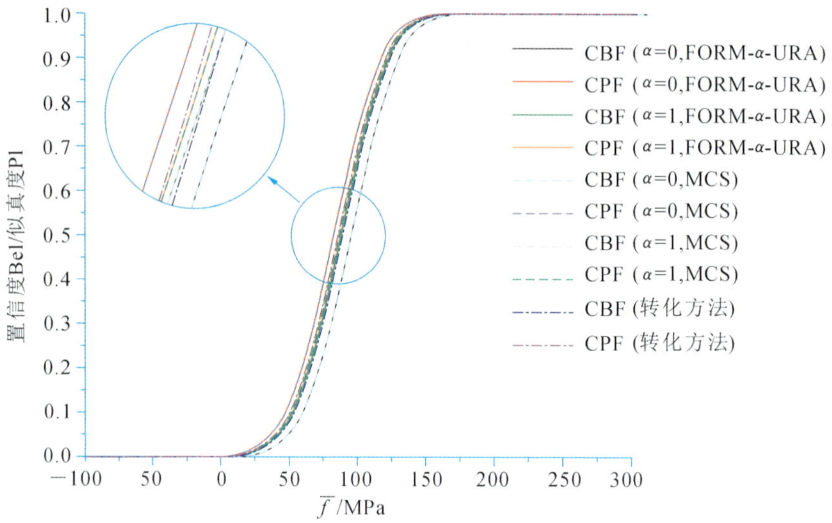

图 6.24　不同方法求解的悬臂支架管的累积置信函数和累积似真函数

从图 6.24 可知，本例中的模糊变量和证据变量对悬臂支架管失效概率的影响都较小；在 0 截集和 1 截集下，变换失效概率 $\bar{f}$ 的值，FORM-α-URA 方法的计算结果与 MCS 方法的计算结果都非常接近；转化方法的求解结果位于 0 截集的累积置信函数和累积似真函数之间，同样与 1 截集时求得的累积置信函数和累积似真函数出现了交叉。该算例计算结果表明：①FORM-α-URA 方法具有较好的计算精度；②转化方法的求解结果不能完全反映出认知不确定性对失效概率的影响。

通过上述分析可知，采用本章所提的 FORM-α-URA 方法能够同时保留模糊不确定性和区间不确定性的性质，更接近工程实际，且其计算结果精度较高，能够较好地实现对同时含有随机不确定性、模糊不确定性、区间不确定性的设计的可靠性评估。该实例再次表明了所提随机-模糊-区间不确定性下的统一可靠性分析方法的有效性。

6.5　基于插值的统一可靠性分析

本节针对随机-模糊-区间不确定性下基于 PMA 的可靠性分析方法，结合概率论、可能性理论和证据理论，在单学科下，将模糊变量和证据变量部分的 MPP 点搜索进行组合，并与随机变量部分的 MPP 点搜索形成顺序求解的方式，同时结合角度插值，提出了基于插值的序列化功能测度法（interpolation-based sequential performance measure approach，IS-PMA）。IS-PMA 方法主要包括三部分内容，分别为：①确定失效概率的目标子似真度 $\mathrm{Pl}_{zt}^{\alpha_t}$；②建立逆可靠性评估模型；③求解验算点，即求解逆可靠性分析的 MPP 点。下面就这几个方面分别进行阐述。

6.5.1 目标子似真度的确定

同时含有三种不确定性时，按照各自量化方法，分别构建随机变量、模糊变量和区间变量（证据变量）。同时存在三种变量时的可靠性评价内容为在允许的可能度 α_t 下的最大失效概率（即由 FORM-α-URA 方法分析获得的失效概率的似真度 Pl^{α_t}）是否满足允许的失效值（即失效概率的目标总似真度 $\mathrm{Pl}_t^{\alpha_t}$）。由于证据变量的存在，在进行随机-模糊-区间不确定性下的 PMA 分析时，会导致如下两个问题：①不能采用文献[25]的方法假设允许的失效概率等于允许的失效可能度，即在 α_t 截集下的目标可靠度指标$\beta_t^{\alpha_t} \neq \Phi^{-1}(-\alpha_t)$；②在证据变量的不同焦元（在此处，焦元可以是单个证据变量的某一个区间子集，也可以是多个证据变量的联合区间子集）下的目标可靠度指标 β_t 是不相同的。设在第 z 个焦元 $\boldsymbol{C}_z$ 和允许的可能度 α_t 下的目标子可靠度指标为 $\beta_{zt}^{\alpha_t}$，如何获得 $\beta_{zt}^{\alpha_t}$ 是进行随机-模糊-区间不确定性下的 PMA 分析时首先要解决的问题。根据 FORM-α-URA 方法的求解过程可知，求解 $\beta_{zt}^{\alpha_t}$ 等价于求解模糊变量在 α_t 截集和证据变量在 $\boldsymbol{C}_z$ 下失效概率的目标子似真度 $\mathrm{Pl}_{zt}^{\alpha_t}$，$\beta_{zt}^{\alpha_t}$ 与 $\mathrm{Pl}_{zt}^{\alpha_t}$ 之间存在如下关系：

$$\beta_{zt}^{\alpha_t} = \Phi^{-1}(1 - \mathrm{Pl}_{zt}^{\alpha_t}) \tag{6.95}$$

失效概率的目标子似真度 $\mathrm{Pl}_{zt}^{\alpha_t}$ 与目标总似真度 $\mathrm{Pl}_t^{\alpha_t}$ 的关系为

$$\mathrm{Pl}_t^{\alpha_t} = \sum_{z=1}^{N_C} m(\boldsymbol{C}_z)\mathrm{Pl}_{zt}^{\alpha_t} \tag{6.96}$$

对于同时含有随机、模糊和区间变量的情况，当给定模糊变量指定的 α_t 截集时，模糊变量可视为一个处于截集上、下限的区间值，此时可将其视为一个基本概率分配是 100% 的证据变量。对于同时含有随机变量和区间变量时的目标子似真度的确定，由于存在多个焦元，需要指定各焦元失效的目标子似真度。文献[33]给出了一种该情况下失效概率的目标子似真度确定方法，这里借鉴该方法来确定 $\mathrm{Pl}_{zt}^{\alpha_t}$。设当模糊变量在 α_t 截集和证据变量在 $\boldsymbol{C}_z$ 时，求得的失效概率的子似真度为 $\mathrm{Pl}_z^{\alpha_t}$（求解方法参看 6.4.2 节的 FORM-α-URA 方法）。那么，在 α_t 截集下失效概率的总似真度为

$$\mathrm{Pl}^{\alpha_t} = \sum_{z=1}^{N_C} m(\boldsymbol{C}_z)\mathrm{Pl}_z^{\alpha_t} \tag{6.97}$$

由基本概率分配的性质可知：

$$\sum_{z=1}^{N_C} m(\boldsymbol{C}_z) = 1 \tag{6.98}$$

正可靠性分析求解获得的失效概率的总似真度 Pl^{α_t} 与目标总似真度 $\mathrm{Pl}_t^{\alpha_t}$ 的差值为 $\Delta\mathrm{Pl}^{\alpha_t}=\mathrm{Pl}^{\alpha_t}-\mathrm{Pl}_t^{\alpha_t}$。则目标总似真度 $\mathrm{Pl}_t^{\alpha_t}$ 为

$$\begin{aligned}\mathrm{Pl}_t^{\alpha_t} &= \mathrm{Pl}^{\alpha_t} - \Delta\mathrm{Pl}^{\alpha_t} = \left[\sum_{z=1}^{N_C} m(\boldsymbol{C}_z)\mathrm{Pl}_z^{\alpha_t}\right] - \Delta\mathrm{Pl}^{\alpha_t} \\ &= \left[\sum_{z=1}^{N_C} m(\boldsymbol{C}_z)\mathrm{Pl}_z^{\alpha_t}\right] - \left[\sum_{z=1}^{N_C} m(\boldsymbol{C}_z)\right]\Delta\mathrm{Pl}^{\alpha_t} \\ &= \sum_{z=1}^{N_C} m(\boldsymbol{C}_z)(\mathrm{Pl}_z^{\alpha_t} - \Delta\mathrm{Pl}^{\alpha_t})\end{aligned} \tag{6.99}$$

结合式(6.95)、式(6.99)可得失效概率的目标子似真度 $\mathrm{Pl}_{zt}^{\alpha_t}$ 为

$$\mathrm{Pl}_{zt}^{\alpha_t} = \mathrm{Pl}_z^{\alpha_t} - \Delta\mathrm{Pl}^{\alpha_t} \tag{6.100}$$

6.5.2 逆可靠性评估模型的建立

若随机变量、模糊变量和区间变量同时存在，进行 PMA 分析时，实际上是在证据变量的每一个焦元下进行 PMA 分析，然后在每个焦元下判断状态函数是否都满足失效要求。因此，在随机-模糊-区间不确定性下建立 PMA 的逆可靠性评估模型，实际上就是在证据变量的每个焦元下建立 PMA 的逆可靠性评估模型。此外，在对随机不确定性进行 PMA 分析时，首先要将随机变量向标准正态 U 空间转化。因此，这里在随机变量的标准正态 U 空间以及证据变量的第 z 个焦元下建立 PMA 逆可靠性评估模型。

当固定证据变量的值为 $\boldsymbol{X}_e=\boldsymbol{X}_e^{z,*}$（$\boldsymbol{X}_e^{z,L}\leqslant\boldsymbol{X}_e^{z,*}\leqslant\boldsymbol{X}_e^{z,U}$，$\boldsymbol{X}_{ez}^{L}$ 和 $\boldsymbol{X}_{ez}^{U}$ 分别为证据变量焦元 $\boldsymbol{C}_z$ 的最小值和最大值），同时固定模糊变量 $\boldsymbol{X}_f=\boldsymbol{X}_f^{\alpha_t,*}$（$\boldsymbol{X}_f^{\alpha_t,L}\leqslant\boldsymbol{X}_f^{\alpha_t,*}\leqslant\boldsymbol{X}_f^{\alpha_t,U}$，$\boldsymbol{X}_f^{\alpha_t,L}$ 和 $\boldsymbol{X}_f^{\alpha_t,U}$ 分别为模糊变量 α_t 截集的最小值和最大值）时，逆可靠性评估模型为

$$\begin{cases}\min G(\boldsymbol{u},\boldsymbol{X}_f^{\alpha_t,*},\boldsymbol{X}_e^{z,*}) \\ \text{s.t.}\ \ \|\boldsymbol{u}\| = \Phi^{-1}(-\mathrm{Pl}_{zt}^{\alpha_t})\end{cases} \tag{6.101}$$

式中：$\boldsymbol{u}$ 为随机变量的标准正态空间变量；$\|\boldsymbol{u}\|$ 为在固定模糊变量和证据变量的值的条件下的目标安全距离。

由式(6.101)求得的随机变量值被称为 $\boldsymbol{X}_e=\boldsymbol{X}_e^{z,*}$、$\boldsymbol{X}_f=\boldsymbol{X}_f^{\alpha_t,*}$ 时的验算点，即可能度条件下的最大概率失效点（most probable point of condition, MPrP-C），用 $\boldsymbol{u}^{C,M*}$ 表示。当固定随机变量为 $\boldsymbol{u}^{C,M*}$，并固定证据变量为 $\boldsymbol{X}_e^{z,*}$ 时，逆可靠性评估模型为

$$\begin{cases}\min G(\boldsymbol{u}^{\mathrm{C,M}*},\boldsymbol{X}_{\mathrm{f}},\boldsymbol{X}_{\mathrm{e}}^{z,*})\\ \mathrm{s.t.}\ \ \boldsymbol{X}_{\mathrm{f}}^{\alpha_{\mathrm{t}},\mathrm{L}}\leqslant\boldsymbol{X}_{\mathrm{f}}\leqslant\boldsymbol{X}_{\mathrm{f}}^{\alpha_{\mathrm{t}},\mathrm{U}}\end{cases}\tag{6.102}$$

由式(6.102)求得的模糊变量值被称为 $\boldsymbol{X}_{\mathrm{e}}=\boldsymbol{X}_{\mathrm{e}}^{z,*}$、$\boldsymbol{u}=\boldsymbol{u}^{\mathrm{C,M}*}$ 时的验算点，即置信度条件下的最可能失效点(most possible point of condition,MPoP-C)，用 $\boldsymbol{X}_{\mathrm{f}}^{\mathrm{C,M}*}$ 表示。当固定随机变量为 $\boldsymbol{u}^{\mathrm{C,M}*}$，并固定模糊变量为 $\boldsymbol{X}_{\mathrm{f}}^{\mathrm{C,M}*}$ 时，逆可靠性评估模型为

$$\begin{cases}\min G(\boldsymbol{u}^{\mathrm{C,M}*},\boldsymbol{X}_{\mathrm{f}}^{\mathrm{C,M}*},\boldsymbol{X}_{\mathrm{e}})\\ \mathrm{s.t.}\ \ \boldsymbol{X}_{\mathrm{e}}^{z,\mathrm{L}}\leqslant\boldsymbol{X}_{\mathrm{e}}\leqslant\boldsymbol{X}_{\mathrm{e}}^{z,\mathrm{U}}\end{cases}\tag{6.103}$$

通过式(6.103)求得的证据变量值被称为 $\boldsymbol{u}=\boldsymbol{u}^{\mathrm{C,M}*}$、$\boldsymbol{X}_{\mathrm{f}}=\boldsymbol{X}_{\mathrm{f}}^{\mathrm{C,M}*}$ 时的验算点，即可能度和置信度条件下的最坏失效点，这里称为最大似真失效点(most plausible point of condition,MPlP-C)，用 $\boldsymbol{X}_{\mathrm{e}}^{\mathrm{C,M}*}$ 表示。

通过上述分析，最终建立 $\boldsymbol{X}_{\mathrm{e}}\in\boldsymbol{C}_z$ 时标准正态空间下的逆可靠性评估模型为

$$\begin{cases}\min G(\boldsymbol{u},\boldsymbol{X}_{\mathrm{f}},\boldsymbol{X}_{\mathrm{e}})\\ \mathrm{s.t.}\ \ \|\boldsymbol{u}\|=\Phi^{-1}(1-\mathrm{Pl}_{z\mathrm{t}}^{\alpha_{\mathrm{t}}})\\ \qquad \boldsymbol{X}_{\mathrm{f}}^{\alpha_{\mathrm{t}},\mathrm{L}}\leqslant\boldsymbol{X}_{\mathrm{f}}\leqslant\boldsymbol{X}_{\mathrm{f}}^{\alpha_{\mathrm{t}},\mathrm{U}}\\ \qquad \boldsymbol{X}_{\mathrm{e}}^{z,\mathrm{L}}\leqslant\boldsymbol{X}_{\mathrm{e}}\leqslant\boldsymbol{X}_{\mathrm{e}}^{z,\mathrm{U}}\end{cases}\tag{6.104}$$

通过式(6.104)求得的随机变量值、模糊变量值和证据变量值被称为随机-模糊-区间不确定性下 $\boldsymbol{X}_{\mathrm{e}}\in\boldsymbol{C}_z$ 的逆分析的最可能失效点(inverse most probable/possible/plausible point,iMPPPP)，分别用 $\boldsymbol{u}^{z,\mathrm{M}*}$、$\boldsymbol{X}_{\mathrm{f}}^{z,\mathrm{M}*}$ 和 $\boldsymbol{X}_{\mathrm{e}}^{z,\mathrm{M}*}$ 表示。将 $\boldsymbol{u}^{z,\mathrm{M}*}$ 转化到随机变量的 X 空间，则对应的 $\boldsymbol{X}_{\mathrm{e}}\in\boldsymbol{C}_z$ 时非标准空间的 iMPPPP 点分别为 $\boldsymbol{X}_{\mathrm{r}}^{z,\mathrm{M}*}$、$\boldsymbol{X}_{\mathrm{f}}^{z,\mathrm{M}*}$ 和 $\boldsymbol{X}_{\mathrm{e}}^{z,\mathrm{M}*}$。

6.5.3 逆分析的最可能失效点的求解

当目标子似真度 $\mathrm{Pl}_{z\mathrm{t}}^{\alpha_{\mathrm{t}}}\leqslant 0$ 时，其 iMPPPP 点为 FORM-α-URA 方法求解获得的正可靠性分析的 MPPPP 点(考虑了概率、可能度和可信度的最可能失效点)；当目标子似真度 $\mathrm{Pl}_{z\mathrm{t}}^{\alpha_{\mathrm{t}}}>0$ 时，需根据式(6.104)求解 iMPPPP 点。传统的求解方法是基于三层嵌套循环的 PMA(以下简称传统嵌套 PMA)，该方法需要耗费较多的时间成本。因此，本节依据随机与模糊不确定性、随机与区间不确定性下的 PMA 方法，发展了一种 IS-PMA 方法。此外，随机-模糊-区间变量混合下的 PMA 分析需要将证据变量的每个焦元都进行 iMPPPP 点求解，当功能函数在所有焦元的 iMPPPP 点处的值都大于 0 时系统才是可靠的。因此，本节在介绍传统嵌套 PMA 和 IS-PMA 两种方法时，都是针对证据变量的第 z 个焦元进行的。

6.5.3.1 传统嵌套 PMA 方法

求解式(6.104)的 iMPPPP 点，可采用嵌套分析的方法。依据二级概率(second-order probability)分析原理[34]，以及证据理论、可能性理论和概率论的关系(参见 6.4.1.1 节)，嵌套 PMA 方法的嵌套循环关系示意图如图 6.25 所示。

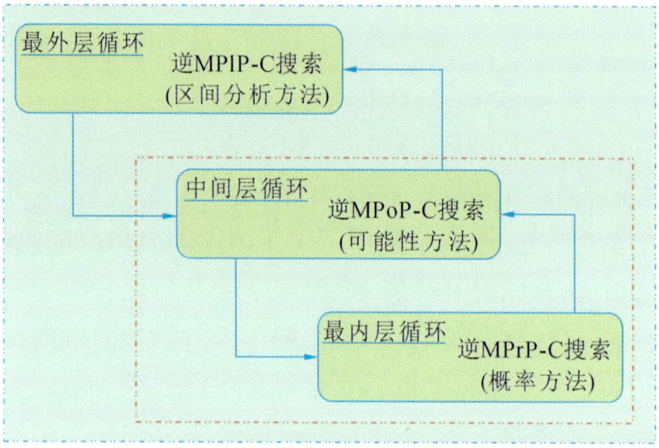

图 6.25 传统嵌套 PMA 方法的示意图

由图 6.25 可知，传统嵌套 PMA 方法的最内层循环为基于概率的 PMA 分析，中间层循环为基于可能性的 PMA 分析，而最外层循环为基于区间分析的 PMA 分析。传统嵌套 PMA 方法的具体流程如图 6.26 所示。

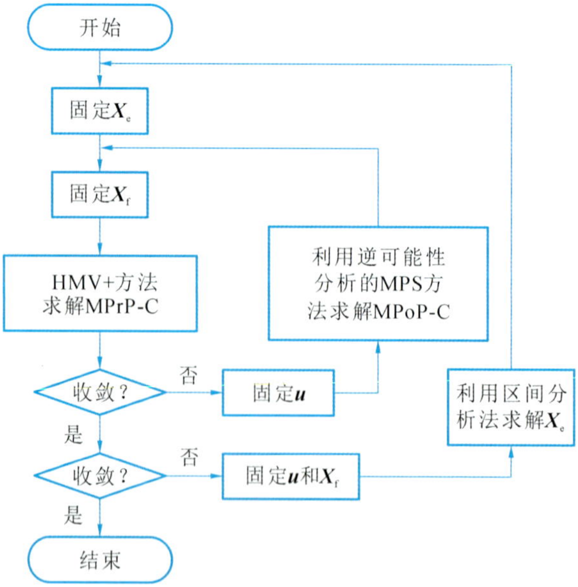

图 6.26 传统嵌套 PMA 方法的流程图

传统嵌套 PMA 方法首先固定证据变量 $\boldsymbol{X}_{\mathrm{e}}$，再固定模糊变量 $\boldsymbol{X}_{\mathrm{f}}$，利用改进的 HMV(enhanced hybrid-mean-value，HMV+)方法[35]求解概率下的最可能失效点 MPrP-C；当满足概率条件时，固定随机变量 $\boldsymbol{u}$，此时仍保持证据变量 $\boldsymbol{X}_{\mathrm{e}}$ 的值不变，利用逆可能性分析的 MPS(maximal possibility search with an interpolation)方法[36]求解基于可能性的 MPoP-C；当同时满足概率条件和模糊条件时，固定随机变量 $\boldsymbol{u}$ 和模糊变量 $\boldsymbol{X}_{\mathrm{f}}$，利用区间分析方法求解证据变量 $\boldsymbol{X}_{\mathrm{e}}$；如此循环分析，直到同时满足概率条件、模糊条件和区间条件为止，此时即输出第 z 个焦元的 iMPPPP 点 $\boldsymbol{X}_{\mathrm{r}}^{z,\mathrm{M}*}$、$\boldsymbol{X}_{\mathrm{f}}^{z,\mathrm{M}*}$ 和 $\boldsymbol{X}_{\mathrm{e}}^{z,\mathrm{M}*}$。

6.5.3.2 IS-PMA 方法

IS-PMA 方法将概率方法、可能性方法和区间分析方法结合到一起，利用序列化的 PMA 分析流程求解 iMPPPP 点。IS-PMA 方法的计算流程如图 6.27 所示。

IS-PMA 方法的具体步骤如下。

步骤 1：标准空间的转化。

在进行 PMA 分析时首先将不确定性变量向标准空间进行转化，主要包括：

(1) 将随机变量向标准正态 U 空间转化，转化公式为

$$u_i = \frac{x_{\mathrm{r}i} - \mu_{x_{\mathrm{r}i}}}{\sigma_i} \tag{6.105}$$

式中：$x_{\mathrm{r}i}$ 为非标准空间的第 i 个随机变量的值；u_i、σ_i 分别为随机变量 $x_{\mathrm{r}i}$ 的均值和均方差；$\mu_{x_{\mathrm{r}i}}$ 为标准正态 U 空间的随机变量的值。

(2) 将模糊变量向标准 V 空间转化，转化公式为

$$v_i = \begin{cases} \mu_{x_{\mathrm{f}i}}(x_{\mathrm{f}i}^*) - 1 & (x_{\mathrm{f}i}^* \leqslant x_{\mathrm{f}i}^{\mathrm{M}}) \\ 1 - \mu_{x_{\mathrm{f}i}}(x_{\mathrm{f}i}^*) & (x_{\mathrm{f}i}^* > x_{\mathrm{f}i}^{\mathrm{M}}) \end{cases} \tag{6.106}$$

式中：$\mu_{x_{\mathrm{f}i}}(x_{\mathrm{f}i})$ 为第 i 个模糊变量 $x_{\mathrm{f}i} = x_{\mathrm{f}i}^*$ 的隶属度值；$x_{\mathrm{f}i}^{\mathrm{M}}$ 为模糊变量 $x_{\mathrm{f}i}$ 的最大隶属度点；v_i 为标准模糊 V 空间的模糊变量值。

(3) 将证据变量向标准区间[−1,1](称为标准 W 空间)转化，转化公式为

$$w_i = \frac{2}{x_{\mathrm{e}i}^{z,\mathrm{U}} - x_{\mathrm{e}i}^{z,\mathrm{L}}}\left(x_{\mathrm{e}i}^{z} - \frac{x_{\mathrm{e}i}^{z,\mathrm{U}} + x_{\mathrm{e}i}^{z,\mathrm{L}}}{2}\right) \tag{6.107}$$

式中：$x_{\mathrm{e}i}^{z}$ 为第 i 个证据变量 $x_{\mathrm{e}i}$ 在第 z 个焦元的值；$x_{\mathrm{e}i}^{z,\mathrm{L}}$、$x_{\mathrm{e}i}^{z,\mathrm{U}}$ 分别为证据变量 $\boldsymbol{X}_{\mathrm{e}i}$ 的第 z 个焦元的最小值和最大值；w_i 为转换到标准 W 空间里的值。

通过式(6.105)、式(6.106)和式(6.107)的转化公式，将功能函数 $g(\boldsymbol{X}_{\mathrm{r}}, \boldsymbol{X}_{\mathrm{f}}, \boldsymbol{X}_{\mathrm{e}})$ 转化为标准空间的功能函数 $g(\boldsymbol{u}, \boldsymbol{v}, \boldsymbol{w})$。

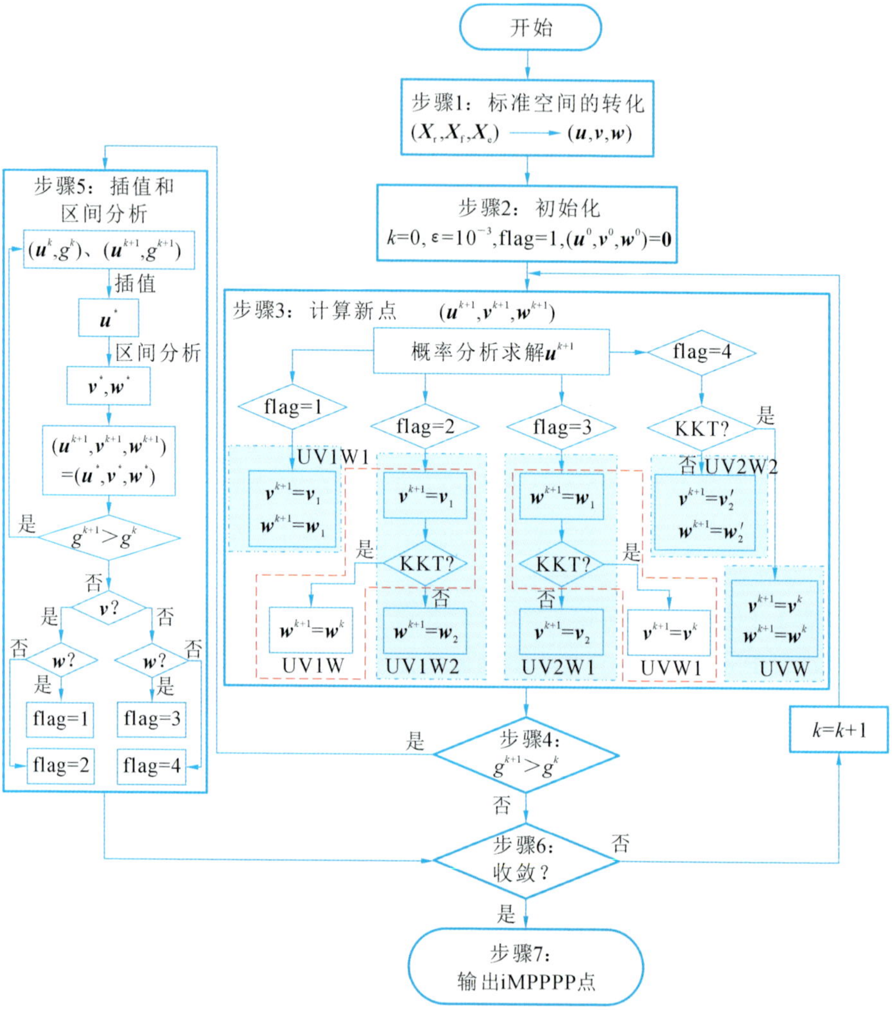

图 6.27　IS-PMA 方法的分析流程

步骤 2：初始化。

定义迭代次数 $k=0$、收敛精度 $\varepsilon=10^{-3}$，并定义标志符号 flag=1。首先固定$(\boldsymbol{u}^0,\boldsymbol{v}^0,\boldsymbol{w}^0)=\boldsymbol{0}$，并计算当前点处的功能函数值 $g^0=g(\boldsymbol{u}^0,\boldsymbol{v}^0,\boldsymbol{w}^0)$以及 g^0 对随机变量 $\boldsymbol{u}^0$、模糊变量 $\boldsymbol{v}^0$、证据变量 $\boldsymbol{w}^0$ 的梯度$\nabla g^0=(\nabla_u g^0,\nabla_v g^0,\nabla_w g^0)$。

步骤 3：计算随机变量、模糊变量、证据变量的新值，即$(\boldsymbol{u}^{k+1},\boldsymbol{v}^{k+1},\boldsymbol{w}^{k+1})$。

对于随机变量部分，新点 $\boldsymbol{u}^{k+1}$ 的计算公式为

$$\boldsymbol{u}^{k+1}=-\beta_{zt}^{\alpha_t}\frac{\nabla_u g^k}{\|\nabla_u g^k\|} \tag{6.108}$$

对于模糊变量部分，搜索域为超立方体，其迭代更新计算可分为在顶点和不在

顶点两种情况。对于证据变量部分，其搜索域亦为超立方体，与模糊变量类似。因此，对于模糊变量和证据变量部分，其迭代更新计算可放到一起进行，总共可分为四种情况：①flag＝1，模糊变量和证据变量都在顶点；②flag＝2，模糊变量在顶点，证据变量不在顶点；③flag＝3，模糊变量不在顶点，证据变量在顶点；④flag＝4，模糊变量和证据变量都不在顶点。四种情况用标志符号 flag 来判断，由于模糊变量和证据变量的可能失效点多为在顶点的情况，因此在步骤 2 中，首先定义 flag＝1。为了减小计算量，对第②、③、④三种情况，可使用 KKT 条件判断。模糊变量和证据变量的迭代更新公式如下。

flag＝1：模糊变量和证据变量都在顶点

$$\begin{cases} \boldsymbol{v}^{k+1} = \boldsymbol{v}_1 \\ \boldsymbol{w}^{k+1} = \boldsymbol{w}_1 \end{cases}$$

flag＝2：模糊变量在顶点，证据变量不在顶点

$$\begin{cases} \boldsymbol{v}^{k+1} = \boldsymbol{v}_1 \\ \begin{cases} \boldsymbol{w}^{k+1} = \boldsymbol{w}^k & (\boldsymbol{w}\text{ 满足 KKT 条件}) \\ \boldsymbol{w}^{k+1} = \boldsymbol{w}_2 & (\boldsymbol{w}\text{ 不满足 KKT 条件}) \end{cases} \end{cases}$$

flag＝3：模糊变量不在顶点，证据变量在顶点

$$\begin{cases} \boldsymbol{w}^{k+1} = \boldsymbol{w}_1 \\ \begin{cases} \boldsymbol{v}^{k+1} = \boldsymbol{v}^k & (\boldsymbol{v}\text{ 满足 KKT 条件}) \\ \boldsymbol{v}^{k+1} = \boldsymbol{v}_2 & (\boldsymbol{v}\text{ 不满足 KKT 条件}) \end{cases} \end{cases}$$

flag＝4：模糊变量和证据变量都不在顶点

$$\begin{cases} \begin{cases} \boldsymbol{v}^{k+1} = \boldsymbol{v}^k & (\boldsymbol{v}\text{、}\boldsymbol{w}\text{ 均满足 KKT 条件}) \\ \boldsymbol{w}^{k+1} = \boldsymbol{w}^k & (\boldsymbol{v}\text{、}\boldsymbol{w}\text{ 均满足 KKT 条件}) \end{cases} \\ \begin{cases} \boldsymbol{v}^{k+1} = \boldsymbol{v}'_2 & (\boldsymbol{v}\text{、}\boldsymbol{w}\text{ 均不满足 KKT 条件}) \\ \boldsymbol{w}^{k+1} = \boldsymbol{w}'_2 & (\boldsymbol{v}\text{、}\boldsymbol{w}\text{ 均不满足 KKT 条件}) \end{cases} \end{cases}$$

式中：

$$\begin{cases} \boldsymbol{v}_1 = (1-\alpha_t)\operatorname{sgn}(\nabla_{\boldsymbol{v}} g^k) \\ \boldsymbol{w}_1 = \operatorname{sgn}(\nabla_{\boldsymbol{w}} g^k) \\ \boldsymbol{v}_2 = \arg\min\limits_{\boldsymbol{v},\boldsymbol{w}} g(\boldsymbol{u}^{k+1},\boldsymbol{v},\boldsymbol{w}^{k+1}) \\ \boldsymbol{w}_2 = \arg\min\limits_{\boldsymbol{v},\boldsymbol{w}} g(\boldsymbol{u}^{k+1},\boldsymbol{v}^{k+1},\boldsymbol{w}) \\ (\boldsymbol{v}'_2,\boldsymbol{w}'_2) = \arg\min\limits_{\boldsymbol{v},\boldsymbol{w}} g(\boldsymbol{u}^{k+1},\boldsymbol{v},\boldsymbol{w}) \\ \text{s.t.}\ \ \alpha_t - 1 \leqslant v_A \leqslant 1-\alpha_t,\ -1 \leqslant w_B \leqslant 1 \end{cases}$$

其中：$A=1,2,\cdots,M$；$B=1,2,\cdots,N$。M 为模糊变量的个数，N 为证据变量的

个数。sgn(·)表示取“·”的符号。当“·”为 n 维的向量时，表示分别取向量中每个值，即 $\mathrm{sgn}(\boldsymbol{X})=(\mathrm{sgn}(x_1),\mathrm{sgn}(x_2),\cdots,\mathrm{sgn}(x_n))$。

为便于后面使用，将模糊变量和证据变量的新点求解的四种情况做以下简称：第①种情况称为 UV1W1；第②种情况满足 KKT 条件时被称为 UV1W，不满足时被称为 UV1W2；第③种情况满足 KKT 条件时被称为 UVW1，不满足时被称为 UV2W1；第④种情况满足 KKT 条件时被称为 UVW，不满足时被称为 UV2W2。其中，U 对应随机变量，V 对应模糊变量，W 对应证据变量，1 表示在顶点，2 表示不在顶点。

步骤 4：计算功能函数 g^{k+1} 和梯度 ∇g^{k+1}，并进行插值判断。

计算功能函数值 $g^{k+1}=g(\boldsymbol{u}^{k+1},\boldsymbol{v}^{k+1},\boldsymbol{w}^{k+1})$ 和 g^{k+1} 对随机变量 $\boldsymbol{u}^{k+1}$、模糊变量 $\boldsymbol{v}^{k+1}$、证据变量 $\boldsymbol{w}^{k+1}$ 的梯度 $\nabla g^{k+1}=(\nabla_u g^{k+1},\nabla_v g^{k+1},\nabla_w g^{k+1})$。当 $g^{k+1}>g^k$ 时，转到步骤 5；否则转到步骤 6。

步骤 5：通过插值和区间分析方法计算新点 $(\boldsymbol{u}^{k+1},\boldsymbol{v}^{k+1},\boldsymbol{w}^{k+1})$。

本步骤又分四小步，分别为插值求解随机变量、用区间分析法求解模糊变量和证据变量、判断功能函数值是否满足要求、判断模糊变量和证据变量是否在顶点。

步骤 5.1：插值求解随机变量。

利用 $(\boldsymbol{u}^k,g^k)$ 和 $(\boldsymbol{u}^{k+1},g^{k+1})$ 进行插值，插值参数为 t 且 $t\in[0,1]$，插值公式为

$$\boldsymbol{u}(t)=\frac{\sin[\theta(1-t)]}{\sin\theta}\boldsymbol{u}^k+\frac{\sin(\theta t)}{\sin\theta}\boldsymbol{u}^{k+1} \tag{6.109}$$

式中

$$\theta=\arccos\frac{\boldsymbol{u}^k\cdot\boldsymbol{u}^{k+1}}{\|\boldsymbol{u}^k\|\,\|\boldsymbol{u}^{k+1}\|} \tag{6.110}$$

在 $t\in[0,1]$ 区间上，构建功能函数 g 的三阶近似多项式：

$$\widetilde{g}(t)=a_0+a_1t+a_2t^2+a_3t^3 \tag{6.111}$$

构建式(6.111)的已知条件为：$\boldsymbol{u}(0)=\boldsymbol{u}^k,\boldsymbol{u}(1)=\boldsymbol{u}^{k+1}$。此时，

$$\begin{cases}\widetilde{g}(0)=g(\boldsymbol{u}^k)\\ \widetilde{g}(1)=g(\boldsymbol{u}^{k+1})\\ \widetilde{g}'(0)=\nabla g(\boldsymbol{u}^k)\left(-\dfrac{\theta\cos\theta}{\sin\theta}\boldsymbol{u}^k+\dfrac{\theta}{\sin\theta}\boldsymbol{u}^{k+1}\right)\\ \widetilde{g}'(1)=\nabla g(\boldsymbol{u}^{k+1})\left(-\dfrac{\theta}{\sin\theta}\boldsymbol{u}^k+\dfrac{\theta\cos\theta}{\sin\theta}\boldsymbol{u}^{k+1}\right)\end{cases} \tag{6.112}$$

通过上述已知条件求解获得三阶多项式的系数 $a_m(m=0,1,2,3)$ 值，然后

求解使 $\widetilde{g}(t)$ 最大的 t^* 值，公式为

$$\begin{cases}\min\ \widetilde{g}(t) \\ \text{s.t.}\ \ 0 \leqslant t \leqslant 1\end{cases} \tag{6.113}$$

通过 t^* 计算随机变量的新点：

$$\boldsymbol{u}^* = \boldsymbol{u}(t^*) = \frac{\sin[\theta(1-t^*)]}{\sin\theta}\boldsymbol{u}^k + \frac{\sin[\theta t^*]}{\sin\theta}\boldsymbol{u}^{k+1} \tag{6.114}$$

步骤 5.2:用区间分析法求解模糊变量和证据变量。

将随机变量的值固定为 $\boldsymbol{u}=\boldsymbol{u}^*$，利用区间分析法获得 $\boldsymbol{v}^*$、$\boldsymbol{w}^*$，公式为

$$\begin{cases}\min\ g(\boldsymbol{u}^*, \boldsymbol{v}, \boldsymbol{w}) \\ \text{s.t.}\ \ \alpha_t - 1 \leqslant v_A \leqslant 1-\alpha_t \\ \qquad -1 \leqslant w_B \leqslant 1\end{cases} \tag{6.115}$$

步骤 5.3:功能函数值的判断。

令$(\boldsymbol{u}^{j+1}, \boldsymbol{v}^{j+1}, \boldsymbol{w}^{j+1}) = (\boldsymbol{u}^*, \boldsymbol{v}^*, \boldsymbol{w}^*)$，计算功能函数值 $g^{k+1} = g(\boldsymbol{u}^{k+1}, \boldsymbol{v}^{k+1}, \boldsymbol{w}^{k+1})$和梯度$\nabla g^{k+1} = (\nabla_u g^{k+1}, \nabla_v g^{k+1}, \nabla_w g^{k+1})$。当 $g^{k+1} > g^k$ 时，转到步骤5.1，否则转到步骤 5.4。

步骤 5.4:模糊变量和证据变量的判断。

判断模糊变量和证据变量是否在顶点，判断条件为

$$\begin{cases}\text{flag} = 1, \text{for } v_A = \pm(1-\alpha_t)\ \&\ w_B = \pm 1 \\ \text{flag} = 2, \text{for } v_A = \pm(1-\alpha_t)\ \&\ w_B \neq \pm 1 \\ \text{flag} = 3, \text{for } v_A \neq \pm(1-\alpha_t)\ \&\ w_B = \pm 1 \\ \text{flag} = 4, \text{for } v_A \neq \pm(1-\alpha_t)\ \&\ w_B \neq \pm 1\end{cases} \tag{6.116}$$

然后输出新点$(\boldsymbol{u}^{k+1}, \boldsymbol{v}^{k+1}, \boldsymbol{w}^{k+1})$，并转到步骤 6。

步骤 6:收敛条件判断。

随机-模糊-区间不确定性下，需同时满足随机条件、模糊条件和区间条件算法才能收敛。对于随机变量部分，其收敛条件为

$$\left| \frac{\nabla_u g^{k+1}}{\|\nabla_u g^{k+1}\|} - \frac{\boldsymbol{u}^{k+1}}{\|\boldsymbol{u}^{k+1}\|} \right| \leqslant \varepsilon \tag{6.117a}$$

对于模糊变量部分，其收敛条件为

$$\begin{cases}\operatorname{sgn}(\nabla_{v_A} g^{k+1}) = \operatorname{sgn}(v_A^{k+1}) \quad (v_A^{k+1} = 1-\alpha_t \text{ 或 } v_A^{k+1} = \alpha_t - 1) \\ \left|\dfrac{\partial g^{k+1}}{\partial v_A}\right| < \varepsilon \quad (\alpha_t - 1 < v_A < 1-\alpha_t)\end{cases} \tag{6.117b}$$

对于证据变量部分，其收敛条件为

$$\begin{cases}\operatorname{sgn}(\nabla_{w_B} g^{k+1}) = \operatorname{sgn}(w_B^{k+1}) \quad (w_B^{k+1} = 1 \text{ 或 } w_B^{k+1} = -1) \\ \left|\dfrac{\partial g^{k+1}}{\partial w_B}\right| < \varepsilon \quad (-1 < w_B < 1)\end{cases} \tag{6.117c}$$

当满足式(6.117)时，迭代终止并转到步骤 7，否则令 $k=k+1$，并转到步骤 3。

步骤 7: 输出 iMPPPP 点。

输出标准空间的 iMPPPP 点($\boldsymbol{u}^{z,M*}$，$\boldsymbol{v}^{z,M*}$，$\boldsymbol{w}^{z,M*}$)，并将其向非标准空间转化，获得非标准空间的 iMPPPP 点($\boldsymbol{X}_r^{z,M*}$，$\boldsymbol{X}_f^{z,M*}$，$\boldsymbol{X}_e^{z,M*}$)。

6.5.3.3 算例验证

该数值算例来源于文献[37]，原多学科问题由两个子系统组成。现考虑系统中同时存在三种不确定性，对 IS-PMA 方法进行验证。取子系统 1，在不考虑耦合状态方程，即在单学科情况下，验证所提的 IS-PMA 方法的有效性。

当考虑随机-模糊-区间不确定性时，子系统 1 的功能函数为

$$g_1=(x_{rs}+2x_{f1}+x_{es}+2y_{21})-2.5 \tag{6.118}$$

式中：x_{rs} 为共享随机变量，服从正态分布，$x_{rs}\sim N(0,0.3)$；x_{f1} 为模糊变量，服从三角隶属函数分布(2.5,2.5)，其中第一个数值代表最大隶属度点，第二个数值代表 0 截集时的偏差；x_{es} 为共享证据变量，其区间及对应的基本概率分配如表 6.17 所示。

表 6.17 单学科下证据变量的区间分布及基本概率分配

证据变量	区间	基本概率分配
x_{es}	[0,2]	0.4
	(2,5]	0.6

式(6.118)的失效域为 $g_1<0$，即各功能函数满足失效条件 $\mathrm{Pl}^{\alpha_t}(g_1<0)\leqslant \mathrm{Pl}_t^{\alpha_t}$ 时，才是可靠的。取耦合变量 $y_{21}=1.5$，在不考虑耦合状态方程的情况下，验证所提的 IS-PMA 方法的有效性。对于目标可能度 α_t 和目标总似真度 $\mathrm{Pl}_t^{\alpha_t}$ 取不同的值，分别采用 MCS 方法、传统嵌套 PMA 方法和 IS-PMA 方法求解，其结果分别如表 6.18、表 6.19、表 6.20 所示。

表 6.18 数值算例单学科正可靠性分析结果

序号	目标可能度 α_t	目标总似真度 $\mathrm{Pl}_t^{\alpha_t}$	总似真度 Pl^{α_t}		子似真度 $\mathrm{Pl}_z^{\alpha_t}$		目标子似真度 $\mathrm{Pl}_{zt}^{\alpha_t}$	
			MCS	FORM-α-URA	$z=1$	$z=2$	$z=1$	$z=2$
1	0	0.001	0.01911	0.0191	0.0191	0	0.0297	−0.0181
2	0	0.01	0.01911	0.0191	0.0191	0	0.0387	−0.0091
3	0	0.05	0.01911	0.0191	0.0191	0	0.0787	0.0309

续表

序号	目标可能度 α_t	目标总似真度 $Pl_t^{\alpha_t}$	总似真度 Pl^{α_t}		子似真度 $Pl_z^{\alpha_t}$		目标子似真度 $Pl_{zt}^{\alpha_t}$	
			MCS	FORM-α-URA	$z=1$	$z=2$	$z=1$	$z=2$
4	0.05	0.001	0.00251	0.0025	0.0025	0	0.0047	−0.0015
5	0.05	0.01	0.00251	0.0025	0.0025	0	0.0137	0.0075
6	0.05	0.05	0.00251	0.0025	0.0025	0	0.0537	0.0475
7	0.1	0.001	1.7163×10^{-4}	1.7162×10^{-4}	1.7162×10^{-4}	0	0.0013	8.2838×10^{-4}
8	0.1	0.01	1.7163×10^{-4}	1.7162×10^{-4}	1.7162×10^{-4}	0	0.0103	0.0098
9	0.1	0.05	1.7163×10^{-4}	1.7162×10^{-4}	1.7162×10^{-4}	0	0.0503	0.0498

表 6.19　数值算例单学科传统嵌套 PMA 分析结果

序号	$(\alpha_t, Pl_t^{\alpha_t})$	iMPPPP 点$(x_{rs}^{z,M*}, x_{fl}^{z,M*}, x_{es}^{z,M*})$		功能函数值 g_1^z		评估次数
		$z=1$	$z=2$	$z=1$	$z=2$	
1	(0,0.001)	(−0.5612,0,0)	(−2.5,0,2)	−0.0612	0	242
2	(0,0.01)	(−0.5307,0,0)	(−2.5,0,2)	−0.0307	0	240
3	(0,0.05)	(−0.431,0,0)	(−0.5572,0,2)	0.069	1.9428	255
4	(0.05,0.001)	(−0.7714,0.125,0)	(−2.75,0.125,2)	−0.0214	0	241
5	(0.05,0.01)	(−0.6588,0.125,0)	(−0.7325,0.125,2)	0.0912	2.0175	256
6	(0.05,0.05)	(−0.4831,0.125,0)	(−0.5096,0.125,2)	0.2669	2.2404	256
7	(0.1,0.001)	(−0.9102,0.25,0)	(−0.9387,0.25,2)	0.0898	2.0613	258
8	(0.1,0.01)	(−0.6949,0.25,0)	(−0.6701,0.25,2)	0.3051	2.3299	256
9	(0.1,0.05)	(−0.5043,0.25,0)	(−0.5122,0.25,2)	0.4957	2.4878	255

注:评估次数为在所有区间下正、逆可靠性分析的总的函数评估次数。

表 6.20　数值算例单学科 IS-PMA 分析结果

序号	$(\alpha_t, Pl_t^{\alpha_t})$	iMPPPP 点$(x_{rs}^{z,M*}, x_{fl}^{z,M*}, x_{es}^{z,M*})$		函数值 g_1^z		评估次数
		$z=1$	$z=1$	$z=1$	$z=2$	
1	(0,0.001)	(−0.5657,0,0)	(−2.5,0,2)	−0.0657	0	72
2	(0,0.01)	(−0.5299,0,0)	(−2.5,0,2)	−0.0299	0	72

续表

序号	$(\alpha_t, \mathrm{Pl}_t^{\alpha_t})$	iMPPPP 点 $(x_{rs}^{z,M*}, x_{f1}^{z,M*}, x_{es}^{z,M*})$		函数值 g_1^z		评估次数
		$z=1$	$z=1$	$z=1$	$z=2$	
3	(0,0.05)	(−0.4242,0,0)	(−0.5604,0,2)	0.0758	1.9396	89
4	(0.05,0.001)	(−0.7786,0.125,0)	(−2.75,0.125,2)	−0.0286	0	76
5	(0.05,0.01)	(−0.6615,0.125,0)	(−0.7295,0.125,2)	0.0885	2.0205	89
6	(0.05,0.05)	(−0.4829,0.125,0)	(−0.5008,0.125,2)	0.2671	2.2492	101
7	(0.1,0.001)	(−0.9065,0.25,0)	(−0.9437,0.25,2)	0.0935	2.0563	92
8	(0.1,0.01)	(−0.6950,0.25,0)	(−0.6999,0.25,2)	0.3050	2.3001	92
9	(0.1,0.05)	(−0.4927,0.25,0)	(−0.4940,0.25,2)	0.5073	2.5060	95

注：评估次数为在所有区间下正、逆可靠性分析的总的函数评估次数。

由表 6.18 可知，在随机-模糊-区间不确定性下的单学科可靠性分析中，MCS 方法的求解结果与 FORM-α-URA 方法的求解结果非常接近，说明采用 FORM-α-URA 方法进行正可靠性分析的结果是可信的。9 组不同的 α_t 和 $\mathrm{Pl}_t^{\alpha_t}$ 值中，由第 1、2、4 组 α_t 和 $\mathrm{Pl}_t^{\alpha_t}$ 值进行正可靠性分析获得的总似真度大于目标总似真度，不满足可靠性要求。此外，当保持 α_t 不变而变换 $\mathrm{Pl}_t^{\alpha_t}$ 的取值时，求解获得的总似真度 Pl^{α_t} 不变，而目标子似真度 $\mathrm{Pl}_{zt}^{\alpha_t}$ 随着 $\mathrm{Pl}_t^{\alpha_t}$ 的增大而增大；当保持 $\mathrm{Pl}_t^{\alpha_t}$ 不变而变换 α_t 的取值时，随着 α_t 的增大，求解获得的总似真度 Pl^{α_t} 和目标子似真度 $\mathrm{Pl}_{zt}^{\alpha_t}$ 均逐渐减小。

由表 6.19 和表 6.20 可以看出：在单学科可靠性分析下，9 组数据中，第 1、2、4组中的功能函数值出现了负值，说明这几组的设计不满足可靠性要求。在单学科可靠性分析下，正、逆可靠性分析的结果是相同的。此外，由表 6.19 和表 6.20 还可以看出，采用 IS-PMA 方法求解的 iMPPPP 点与传统嵌套 PMA 方法求得的 iMPPPP 点非常接近，而需要的函数评估次数却比传统嵌套 PMA 方法少很多，说明本节所提的 IS-PMA 方法在进行单学科可靠性分析时，可以在保持计算精度的情况下，有效地提高计算效率。

6.6 本章小结

随机和认知不确定性同时存在于复杂系统的设计过程中。本章首先对可靠性概念、可靠度指标、可靠性评价等基础概念进行了阐述，并介绍了 MCS 法，响应面法，一阶、二阶可靠性分析方法等常用的可靠性分析方法。在此基础上，本章针对存在随机-模糊-区间不确定性的情况，提出了几种统一的单学科可靠性分析方法。包括基于证据理论的统一可靠性分析方法、基于 FORM-α-URA 方法的统一可靠性分析方法以及基于插值的统一可靠性分析方法。其中基于证据理论的统一可靠性分析方法是利用证据理论统一表达随机-模糊-区间不确定性，最后求解证据变量下的系统可靠性。基于 FORM-α-URA 方法的统一可靠性分析方法以及基于插值的统一可靠性分析方法对概率论、可能性理论和证据理论三种不确定性量化工具的关系进行研究，建立了随机-模糊-区间不确定性下的统一可靠性分析模型 URAM。URAM 模型属于一种三层条件失效形式的分析模型。然后，利用 FORM-α-URA 方法和插值方法求解可靠性。算例证明了所提方法的有效性。本章的研究为后续的混合不确定性下的多学科可靠性建模和多学科可靠性分析奠定了理论基础。

参考文献

[1] CORNELL C A. Engineering seismic risk analysis[J]. Bulletin of the Seismological Society of America，1968，58(5)：1583-1606.

[2] HASOFER A M，LIND N C. Exact and invariant second-moment code format(for reliability analysis in multivariate problems)[J]. Journal of the Engineering Mechanics Division，1974，100：111-121.

[3] 王正. 零部件与系统动态可靠性建模理论与方法[D]. 沈阳：东北大学，2007.

[4] CARTER A D S. Mechanical reliability by design[J]. Quality and Reliability Engineering International，1986，2(1)：7-17.

[5] TU J，CHOI K K，PARK Y H. A new study on reliability-based design optimization[J]. Journal of Mechanical Design，1999，121(4)：557-564.

[6] 吕辉，于德介，谢展，等. 基于响应面法的汽车盘式制动器稳定性优化设计[J]. 机械工程学报，2013，49(9)：55-60.

[7] 易平. 概率结构优化设计的高效算法研究[D]. 大连：大连理工大学，2007.

[8] 陈立元，刘仁水. 可靠性技术的应用[M]. 北京：国防工业出版社，2003.

[9] BUCHER C G，BOURGUND U. A fast and efficient response surface approach for structural reliability problems[J]. Structural Safety，1990，7

(1):57-66.
[10] RAJASHEKHAR M R,ELLINGWOOD B R. A new look at the response surface approach for reliability analysis[J]. Structural Safety,1993,12(3):205-220.
[11] 杨顺奇.基于证据理论的兆瓦级风电增速器不确定性优化设计[D].成都:电子科技大学,2010.
[12] 张旭东.不确定性下的多学科设计优化研究[D].成都:电子科技大学,2011.
[13] WU Y T J,SHAH C R,BARUAH A K D. Progressive advanced-mean-value method for CDF and reliability analysis[J]. International Journal of Materials and Product Technology,2002,17(5/6):303-318(16).
[14] CHOI K K,YOUN B D,YANG R J. Moving least square method for reliability-based design optimization[C]//Anon. Proceedings of the 4th World Congress of Structural and Multidisciplinary Optimization. Shenyang:Liaoning Electronic Press,2001,4-8.
[15] KESHTEGAR B. A modified mean value of performance measure approach for reliability-based design optimization[J]. Structural and Multidisciplinary Optimization,2016,54(6):1-9.
[16] YOUN B D,CHOI K K,DU L. Adaptive probability analysis using an enhanced hybrid mean value method[J]. Structural and Multidisciplinary Optimization,2005,29(2):134-148.
[17] ROSENBLATT M. Remarks on a multivariate transformation[J]. Annals of Mathematical Statistics,1952,23(3):470-472.
[18] 张建国,苏多,刘英卫.机械产品可靠性分析与优化[M].北京:电子工业出版社,2008.
[19] WANG L,WANG X,XIA Y. Hybrid reliability analysis of structures with multi-source uncertainties[J]. Acta Mechanica,2014,225(2):413-430.
[20] JIANG C,LU G Y,HAN X,et al. Some important issues on first-order reliability analysis with nonprobabilistic convex models[J]. Journal of Mechanical Design,2014,136(3):252-261.
[21] DU X. Uncertainty analysis with probability and evidence theories[C]//

Anon. ASME 2006 International Design Engineering Technical Conferences and Computers and Information in Engineering Conference. Philadelphia:American Society of Mechanical Engineers,2006:1025-1038.
[22] DU X. Unified uncertainty analysis by the first order reliability method [J]. Journal of Mechanical Design,2008,130(9):1404.
[23] 肖明珠. 基于证据理论的不确定性处理研究及其在测试中的应用[D]. 成都:电子科技大学,2008.
[24] ZHOU M J. A design optimization method using evidence theory[J]. Journal of Mechanical Design,2005,128(4):1153-1161.
[25] DU L,CHOI K K. An inverse analysis method for design optimization with both statistical and fuzzy uncertainties[J]. Structural and Multidisciplinary Optimization,2006,37(2):107-119.
[26] HUANG H Z,ZHANG X. Design optimization with discrete and continuous variables of aleatory and epistemic uncertainties[J]. Journal of Mechanical Design,2009,131(3):31006-31013.
[27] KARANKI D R,KUSHWAHA H S,VERMA A K,et al. Quantification of epistemic and aleatory uncertainties in level-1 probabilistic safety assessment studies[J]. Reliability Engineering&System Safety,2007,92(7):947-956.
[28] LI L,LU Z. Interval optimization based line sampling method for fuzzy and random reliability analysis[J]. Applied Mathematical Modelling,2014,38(13):3124-3135.
[29] GUO J,DU X. Sensitivity analysis with mixture of epistemic and aleatory uncertainties[J]. AIAA Journal,2007,45(9):2337-2349.
[30] DU X,SUDJIANTO A,HUANG B. Reliability-based design with the mixture of random and interval variables[J]. Journal of Mechanical Design,2005,127(6):1068-1076.
[31] JIANG C,LI W X,HAN X,et al. Structural reliability analysis based on random distributions with interval parameters[J]. Computers and Structures,2011,89(23):2292-2302.
[32] LI G,LU Z,LU Z,et al. Regional sensitivity analysis of aleatory and epistemic uncertainties on failure probability[J]. Mechanical Systems and

Signal Processing,2014,46(2):209-226.

[33] YAO W,CHEN X,HUANG Y,et al. Sequential optimization and mixed uncertainty analysis method for reliability-based optimization[J]. AIAA Journal,2013,51(9):2266-2277.

[34] WEST T,HOSDER S,WINTER T. Quantification of margins and uncertainties for aerospace systems using stochastic expansions[DB/OL]. [2017-02-15]. http://doi. org/10. 251416. 2014-0682.

[35] YOUN B D,CHOI K K,LIU D. Enriched performance measure approach for reliability-based design optimization. [J]. AIAA Journal,2005,43(4):874-884.

[36] LIU D,CHOI K K,YOUN B D. Inverse possibility analysis method for possibility-based design optimization[J]. AIAA Journal,2012,44(11):2682-2690.

[37] DU X,GUO J,BEERAM H. Sequential optimization and reliability assessment for multidisciplinary systems design[J]. Structural and Multidisciplinary Optimization,2008,35(2):117-130.

第 7 章 序列化的多学科统一可靠性分析方法

多学科可靠性分析(MRA)是多学科可靠性设计优化(RBMDO)的重要组成部分。研究表明,多学科可靠性分析主导了整个 RBMDO 过程的计算效率。多学科可靠性分析是一个典型的两层嵌套循环过程,包括外层的可靠性分析(即 MPP 点搜索,验证每个可靠性约束条件是否满足可靠性要求)和内层的多学科分析。为此,一些学者将单学科的可靠性分析(RA)方法与多学科设计优化算法进行集成来解决多学科可靠性分析问题。目前,已形成了基于多学科设计优化算法的并行可靠性分析方法和序列化可靠性分析方法两类。此外,针对多学科可靠性约束条件的高度非线性及非凸问题,研究人员在基于 RIA 的基础上进一步开发了基于 PMA 的多学科可靠性分析方法。

然而,并非基于任何多学科设计优化算法的可靠性分析方法都能很好地解决复杂的多学科可靠性分析问题。比如基于单学科可行法(IDF)和基于多学科可行法(MDF)的多学科可靠性分析方法都因其自身的缺陷,计算效率低下甚至无法收敛,不适用于大规模、多耦合的实际工程。特别是在处理极限状态函数数量多、耦合多、高度非线性的问题时,该现象尤为突出。此外,传统的多学科可靠性分析仅考虑了设计中的随机不确定性,而在实际的复杂工程系统设计中,往往同时存在随机不确定性和认知不确定性。因此,仅考虑随机不确定性的多学科可靠性分析方法也不能满足目前的实际工程设计要求,造成产品可靠度下降,无法保证产品质量等问题。同时,多源不确定性条件下的多学科可靠性分析问题将变成一个典型的三层嵌套循环优化(包括多学科概率可靠性分析、多学科非概率可靠性分析以及多学科分析)问题,如何提高其计算效率是开展实际工程应用的关键所在。

本章主要从以下两方面开展研究:一方面,将 PMA 与 CSSO 算法进行集成,基于解耦思想提出随机不确定性条件下的序列化多学科可靠性分析方法(SMRA),以提高可靠性分析效率。另一方面,充分考虑实际工程设计中同时存在的随机和认知不确定性，提出两种统一的多源不确定性条件下的序列化多学科可靠性分析方法（MU-SMRA）：随机-区间不确定性下基于概率论和凸集模型的序列化可靠性分析方法和随机-模糊-区间不确定性下基于概率论、可能性理论和证据理论的序列化可靠性分析方法。

7.1 多学科可靠性分析方法概述

复杂工程系统往往涉及多个相互耦合的学科，其可靠性分析方法不同于传统的单学科可靠性分析。在多学科系统中，多个学科间的耦合作用，导致可靠性约束条件中包含大量的与其他学科相耦合的状态变量。因此，在对其进行可靠性分析时还需进行多学科分析以获得耦合状态变量的值。由此可见，进行多学科可靠性分析必须将单学科可靠性分析方法与多学科设计优化算法进行集成。

目前，可靠性分析方法与多学科设计优化算法集成方面的研究课题主要包括基于 RIA 的多学科可靠性分析方法和基于 PMA 的多学科可靠性分析方法两类。基于 RIA 的多学科可靠性分析方法主要包括 RIA-MDF 方法、RIA-IDF 方法、RIA-CO 算法、RIA-CSSO 算法等。而基于 PMA 的多学科可靠性分析方法主要有 MDF 多学科可靠性分析方法（PMA-MDF）和 IDF 多学科可靠性分析法（PMA-IDF）两种。虽然 PMA 和 RIA 分析均可以实现对 RBMDO 过程中的可靠性约束的评估，但对于基于 SORA 策略顺序执行的 RBMDO，其确定性优化和不确定性评估环节间的关系需要通过基于 PMA 的多学科逆可靠性分析建立[1-6]，为此多学科逆可靠性分析在 RBMDO 中有着十分重要的作用。

本节主要对随机不确定性条件下的多学科可靠性分析流程、多源不确定性条件下的多学科可靠性分析流程、多学科分析方法以及基于 PMA 的多学科可靠性分析方法进行介绍，对于同时存在随机、模糊和区间不确定性的情况，提出一种基于插值的序列多学科逆可靠性分析方法（IS-MDPMA）。

7.1.1 多学科可靠性分析流程

7.1.1.1 随机不确定性条件下的多学科可靠性分析流程

如图 7.1 所示，随机不确定性条件下的多学科可靠性分析流程是一个典型的两层嵌套循环优化过程，包括：

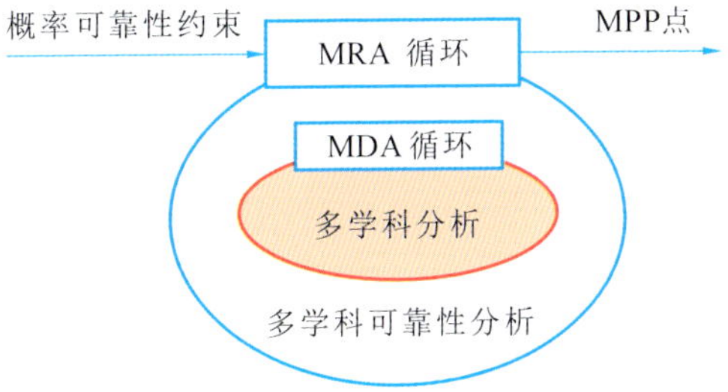

图 7.1　考虑随机不确定性的多学科可靠性分析流程

(1) 外循环的多学科可靠性分析,即对所有的概率可靠性约束进行可靠性分析,搜索出其对应的 MPP 点,并判定约束是否可靠。

(2) 执行多学科分析(MDA)。由于概率可靠性约束中包含的耦合状态变量会导致多学科可靠性分析无法进行,因此需要调用内循环的多学科分析来获得耦合状态函数的值,使得所有概率可靠性分析仅包含服从特定概率分布的随机设计参变量。

7.1.1.2　随机和认知不确定性条件下的多学科可靠性分析流程

在实际复杂多学科系统中,设计参变量往往同时包含随机和认知不确定性,即可靠性约束中不仅包括随机设计参变量和耦合状态变量,而且还包括认知不确定性设计参变量和耦合状态变量。因此,在对这类复杂系统进行多学科可靠性分析时,不仅需要对其进行概率可靠性分析、多学科分析,而且还需要对其进行非概率可靠性分析。由此可见,随机和认知不确定性条件下的多学科可靠性分析是一个典型的三层嵌套循环优化过程,其流程如图 7.2 所示。

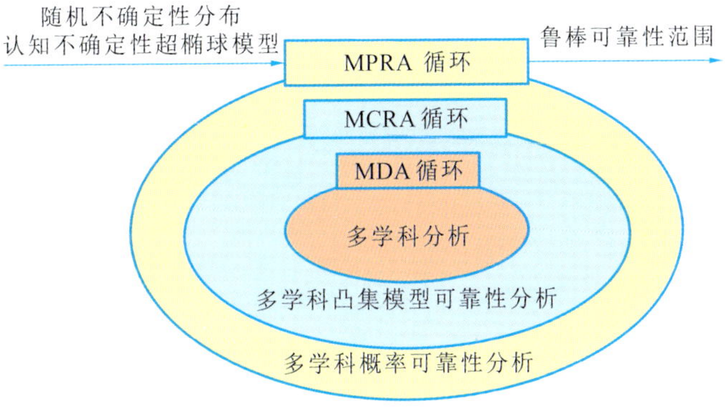

图 7.2　考虑随机和认知不确定性的多学科可靠性分析流程

具体分析过程如下:

(1) 多学科概率可靠性分析(MCRA),即采用传统的多学科可靠性分析方法对可靠性约束进行可靠性分析，搜索出随机设计参变量的 MPP 点；

(2) 多学科凸集模型可靠性分析，求出认知不确定性在取值范围内的最坏点；

(3) 多学科分析，分别为多学科概率可靠性分析和多学科凸集模型可靠性分析提供耦合状态变量的值。

7.1.2 多学科分析

多学科分析是多学科可靠性分析和多学科设计优化的重要组成部分。这里以一个包含三个耦合学科的复杂工程系统为例，对其多学科分析过程进行详细说明，如图 7.3 所示。

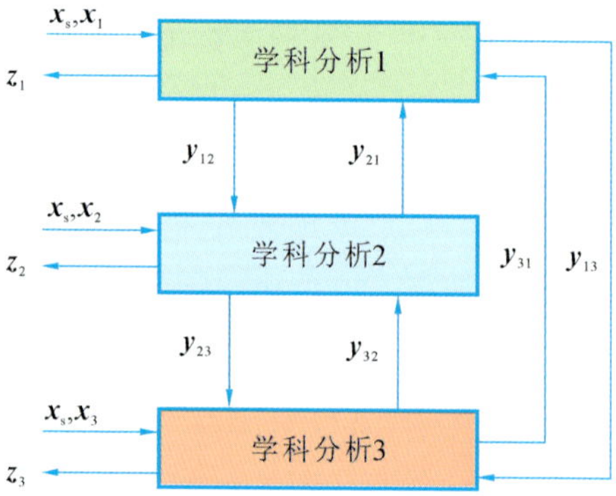

图 7.3 包含三个学科的多学科分析流程图

图中：$\boldsymbol{x}_s$ 为系统输入的共享设计变量；$\boldsymbol{x}_1$、$\boldsymbol{x}_2$、$\boldsymbol{x}_3$ 分别为子系统 1、子系统 2 和子系统 3 的系统输入变量，为局部自变量；$\boldsymbol{y}_{ij}$ $(i\neq j)$ 为子系统间状态变量，表示子系统 i 的输出到子系统 j 的输入；$\boldsymbol{z}_i$ $(i=1,2,3)$ 表示子系统 1、子系统 2 和子系统 3 的输出。

子系统 1：系统的输入-输出关系如下：

$$\begin{cases} \boldsymbol{z}_1 = \boldsymbol{z}_1(\boldsymbol{x}_s,\boldsymbol{x}_1,\boldsymbol{y}_{21},\boldsymbol{y}_{31}) \\ \boldsymbol{y}_{12} = \boldsymbol{y}_{12}(\boldsymbol{x}_s,\boldsymbol{x}_1,\boldsymbol{y}_{21},\boldsymbol{y}_{31}) \\ \boldsymbol{y}_{13} = \boldsymbol{y}_{13}(\boldsymbol{x}_s,\boldsymbol{x}_1,\boldsymbol{y}_{21},\boldsymbol{y}_{31}) \end{cases} \tag{7.1}$$

同样，子系统 2 和子系统 3 也具有类似的输入-输出关系，即

$$\begin{cases} \boldsymbol{z}_2 = \boldsymbol{z}_2(\boldsymbol{x}_s,\boldsymbol{x}_2,\boldsymbol{y}_{12},\boldsymbol{y}_{32}) \\ \boldsymbol{y}_{21} = \boldsymbol{y}_{21}(\boldsymbol{x}_s,\boldsymbol{x}_2,\boldsymbol{y}_{12},\boldsymbol{y}_{32}) \\ \boldsymbol{y}_{23} = \boldsymbol{y}_{23}(\boldsymbol{x}_s,\boldsymbol{x}_2,\boldsymbol{y}_{12},\boldsymbol{y}_{32}) \end{cases} \tag{7.2}$$

$$\begin{cases} \boldsymbol{z}_3 = \boldsymbol{z}_3(\boldsymbol{x}_s, \boldsymbol{x}_3, \boldsymbol{y}_{13}, \boldsymbol{y}_{23}) \\ \boldsymbol{y}_{31} = \boldsymbol{y}_{31}(\boldsymbol{x}_s, \boldsymbol{x}_3, \boldsymbol{y}_{13}, \boldsymbol{y}_{23}) \\ \boldsymbol{y}_{32} = \boldsymbol{y}_{32}(\boldsymbol{x}_s, \boldsymbol{x}_3, \boldsymbol{y}_{13}, \boldsymbol{y}_{23}) \end{cases} \tag{7.3}$$

该工程系统的多学科分析就是通过求解下面的方程组获得各个学科状态变量 $\boldsymbol{y}=(\boldsymbol{y}_{12}, \boldsymbol{y}_{13}, \boldsymbol{y}_{21}, \boldsymbol{y}_{23}, \boldsymbol{y}_{31}, \boldsymbol{y}_{32})$值的过程：

$$\begin{cases} \boldsymbol{y}_{12} = \boldsymbol{y}_{12}(\boldsymbol{x}_s, \boldsymbol{x}_1, \boldsymbol{y}_{21}, \boldsymbol{y}_{31}) \\ \boldsymbol{y}_{13} = \boldsymbol{y}_{13}(\boldsymbol{x}_s, \boldsymbol{x}_1, \boldsymbol{y}_{21}, \boldsymbol{y}_{31}) \\ \boldsymbol{y}_{21} = \boldsymbol{y}_{21}(\boldsymbol{x}_s, \boldsymbol{x}_2, \boldsymbol{y}_{12}, \boldsymbol{y}_{32}) \\ \boldsymbol{y}_{23} = \boldsymbol{y}_{23}(\boldsymbol{x}_s, \boldsymbol{x}_2, \boldsymbol{y}_{12}, \boldsymbol{y}_{32}) \\ \boldsymbol{y}_{31} = \boldsymbol{y}_{31}(\boldsymbol{x}_s, \boldsymbol{x}_3, \boldsymbol{y}_{13}, \boldsymbol{y}_{23}) \\ \boldsymbol{y}_{32} = \boldsymbol{y}_{32}(\boldsymbol{x}_s, \boldsymbol{x}_3, \boldsymbol{y}_{13}, \boldsymbol{y}_{23}) \end{cases} \tag{7.4}$$

根据所要处理问题的类型，可以选择不同的迭代方法来求解上面的方程组，例如高斯-赛德尔迭代法、牛顿迭代法、鲍威尔折线法等。

7.1.3 基于 PMA 的多学科可靠性分析

目前，在基于 PMA 与多学科设计优化的集成研究方面广受关注的有 PMA-MDF 方法和 PMA-IDF 多学科可靠性分析方法。

7.1.3.1 PMA-MDF 方法

以图 7.3 所示的三学科耦合系统为例，假定给定可靠度指标 β_t，PMA-MDF 方法在标准正态空间中的数学模型可以表示为如下形式：

$$\begin{cases} \min\ g_i^k(\boldsymbol{u}_s, \boldsymbol{u}_i, \boldsymbol{y}_{\cdot i}) \\ \text{s.t.}\ \ \|\boldsymbol{u}\| = \beta_t \end{cases} \tag{7.5}$$

式中：$g_i^k(\boldsymbol{u}_s, \boldsymbol{u}_i, \boldsymbol{y}_{\cdot i})$为学科 i 的第 k 个可靠性约束函数；$\boldsymbol{u}_s$ 为系统共享设计变量；$\boldsymbol{u}_i$ 为各子系统设计变量；$\boldsymbol{y}_{\cdot i}$为其他学科到学科 i 的输入，即学科状态变量。

该方法的流程如图 7.4 所示，可以看出 MDF 多学科可靠性分析是一个两层嵌套循环优化过程。外层对 PMA-MDF 模型进行求解；内层为多学科分析，主要负责学科间耦合性分析，求出耦合状态变量的值，为外层循环优化提供信息。

该方法的优点在于它非常容易集成已有的可靠性分析方法，设计变量较少，容易实现编程。该方法的主要缺点在于整个优化过程中需要的函数迭代次数较多，总的函数迭代次数等于优化循环的次数、多学科分析迭代的次数和多学科的个数三者的乘积。而且，该方法在每次优化循环迭代过程中都要对数学

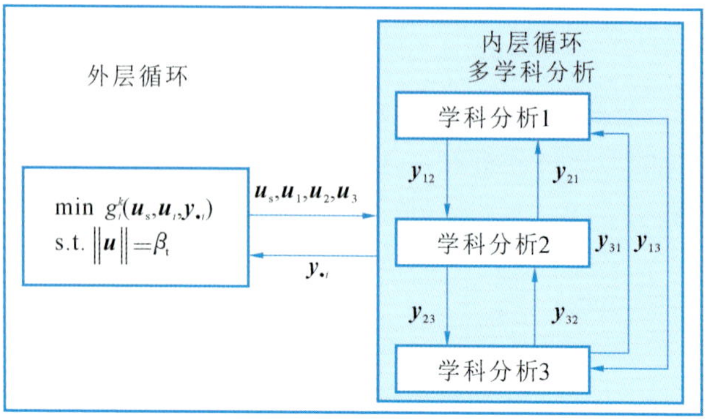

图 7.4 MDF 多学科可靠性分析流程图

模型进行一次完整的分析计算。因此，该方法计算效率不高并且无法处理大规模、多耦合复杂系统的多学科可靠性分析问题。

7.1.3.2 PMA-IDF 方法

PMA-IDF 方法的数学模型为

$$\begin{cases}\min\ g_i^k(\boldsymbol{u}_s,\boldsymbol{u}_i,\boldsymbol{y}_{\cdot i})\\ \text{s.t.}\ \|\boldsymbol{u}\|=\beta_t\\ \qquad \boldsymbol{y}_{ji}-\boldsymbol{F}_{ji}(\boldsymbol{u}_s,\boldsymbol{u}_i,\boldsymbol{y}_{\cdot i})=\boldsymbol{0}\\ \qquad i,j=1,2,3,i\neq j\end{cases} \tag{7.6}$$

式中：$g_i^k(\boldsymbol{u}_s,\boldsymbol{u}_i,\boldsymbol{y}_{\cdot i})$为学科 i 的第 k 个可靠性约束函数；$\boldsymbol{u}_s$ 为系统共享设计变量；$\boldsymbol{u}_i$ 为各子系统设计变量；$\boldsymbol{y}_{\cdot i}$为其他学科到学科 i 的输入，为学科状态变量；$\boldsymbol{y}_{ji}=\boldsymbol{F}_{ji}(\boldsymbol{u}_s,\boldsymbol{u}_i,\boldsymbol{y}_{\cdot i})$是协调性条件，$\boldsymbol{F}_{ji}(\boldsymbol{u}_s,\boldsymbol{u}_i,\boldsymbol{y}_{\cdot i})$是子系统 j 对子系统 i 的输入，协调性条件的作用是保持子系统之间的协调一致性。

该方法的流程如图 7.5 所示，可以看出 IDF 多学科可靠性分析是一个两层嵌套循环过程。PMA-IDF 方法将可靠性分析和多学科分析集成，放在同一个优化器中进行处理以保证子系统的并行分析。学科间相容性条件作为数学模型的等式约束，在 IDF 可靠性分析中，学科之间的相容性通过在优化过程中比较子系统级信息与系统优化信息而逐渐得以满足。该方法的优点在于：在搜索 MPP 点的过程中，没有系统分析，只需子系统分析，并且所有子系统分析可以并行执行。在处理一些简单的问题时，与 MDF 可靠性分析方法相比，IDF 可靠性分析方法需要更少的子系统分析次数，具有更高的计算效率。然而，由于需要保持各学科间的相容性条件，大量额外的设计变量和约束条件被添加到 PMA-IDF 的数学优化模型中，具体增加的设计变量的个数等于系统中所有状态变量的个数。同样，额外增加的相容性等式约束条件个数也等于系统中所有的状态变量的个数。既然所有优化过程均在一个优化器里执行，大量的设计变量和严格的等式约束条件很容易导致系统优化收敛困难问题。因此，该方法并不适合于处理大规模或者耦合程度较高的多学科可靠性分析问题。

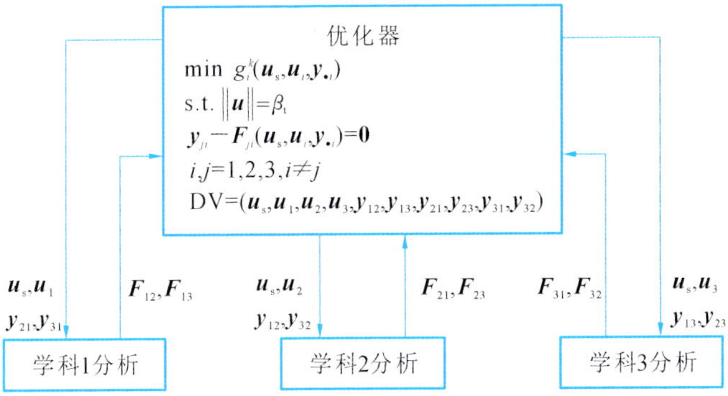

图 7.5　IDF 多学科可靠性分析流程图

7.1.4　基于卡方分布的统一多学科可靠性分析方法

传统的多学科可靠性分析方法多建立在一阶可靠性分析法的基础上，这些方法能够满足大多数可靠性评估问题对计算结果精度的要求。然而，基于一阶可靠性分析法的多学科可靠性分析方法采用泰勒级数展开的前两项近似极限状态函数，通过迭代循环求 MPP 点来计算极限状态函数的失效概率，计算过程中存在多种以及多次近似误差和计算误差，在处理非线性问题时这种情况更为严重。并且在多学科环境中，这些误差通过耦合的多学科系统不断传播并积累，最终体现在系统的输出中，使系统输出结果的精度不容乐观。因此这里介绍一种基于卡方分布的多学科可靠性分析方法，作为传统多学科可靠性分析方法的补充，以处理精度要求较高且高度非线性的多学科可靠性评估问题。

该方法不仅考虑了工程实际中随机与认知不确定性共存的情况，而且在处理高度非线性的可靠性评估问题时具有较高的计算精度。该方法由系统分析、系统灵敏度分析、多项式近似技术和可靠度计算四个部分组成，采用二次多项式近似极限状态函数，利用区间分析来获得极限状态函数的上、下界限表达式，同时引入了卡方分布计算概率约束函数的失效概率，因此可减少该方法计算过程中的多次近似，提高计算精度。

基于卡方分布的单学科可靠性分析方法已经在第 6 章中介绍过，这里讨论将第 6 章中基于卡方分布的单学科可靠度求解方法与多学科优化方法相结合的多学科可靠性分析方法。

7.1.4.1 基于卡方分布的统一多学科可靠性分析建模

为了获得满足可靠性要求的复杂产品，必须考虑随机不确定性和认知不确定性变量共存情况下的可靠性分析。区间分析具有所需统计数据少、对变量分布不敏感、计算简单、易于进行分析的特点，因此本章采用区间模型来量化不能确定分布类型的认知不确定性。

当系统参数为随机和认知混合不确定性变量时可记 $\boldsymbol{Z}=(X_1,X_2,\cdots,X_i,\bar{Y}_{i+1},\bar{Y}_{i+2},\cdots,\bar{Y}_n)$，极限状态函数可表示为 $g(\boldsymbol{Z})$。同时具备随机和认知不确定性时系统的极限状态函数，其取值应为一个区间。理论上可以采用优化方法来确定 $g(\boldsymbol{Z})$ 的精确取值范围，从而得到区间的上、下界限。然而在实际工程中，由于获得 $g(\boldsymbol{Z})$ 的精确取值范围计算量巨大，占用的计算资源较多，确定精确取值范围是不现实的，同时，为了提高计算效率，通常用 $g(\boldsymbol{Z})$ 的近似范围来代替其精确取值范围。

包含随机和认知不确定性变量的函数 $g(\boldsymbol{Z})$ 在近似点处的二阶泰勒展开式如下：

$$
\begin{aligned}
g(\boldsymbol{Z}) &\approx g_{\mathrm{Q}}(\boldsymbol{Z}) \\
&= g(\bar{Z}) + \sum_{j=1}^{i} \frac{\partial g}{X_i}\bigg|_{\bar{Z}}(X_j-\mu_j) + \sum_{j=1}^{i}\sum_{k=1}^{i}\frac{\partial^2 g}{\partial X_j \partial X_k}\bigg|_{\bar{Z}}(X_j-\mu_j)(X_k-\mu_k) \\
&\quad + \sum_{j=i+1}^{n}\frac{\partial g}{Y_j}\bigg|_{\bar{Z}}(Y_j-\bar{Y}_j) + \sum_{j=i+1}^{n}\sum_{k=i+1}^{n}\frac{\partial^2 g}{\partial Y_j \partial Y_k}\bigg|_{\bar{Z}}(Y_j-\bar{Y}_j)(Y_k-\bar{Y}_k)
\end{aligned}
\tag{7.7}
$$

由区间运算法则可知，$g_{\mathrm{Q}}(\boldsymbol{Z})$ 的取值范围表示为

$$
g_{\mathrm{Q}}(\boldsymbol{Z}) \in [g_1(Z)-g_2(Z), g_1(Z)+g_2(Z)] \tag{7.8}
$$

式中：$g_1(Z)=g(\bar{Z})+\sum\limits_{j=1}^{i}\frac{\partial g}{\partial X_j}\bigg|_{\bar{Z}}(X_j-\mu_j)+\sum\limits_{j=1}^{i}\sum\limits_{k=1}^{i}\frac{\partial^2 g}{\partial X_j\partial X_k}\bigg|_{\bar{Z}}(X_j-\mu_j)(X_k-\mu_k)$

$$
g_2(Z)=\sum_{j=i+1}^{n}\left|\frac{\partial g}{Y_j}\bigg|_{\bar{Z}}Y_j^{\mathrm{r}}\right| + \sum_{j=i+1}^{n}\sum_{k=i+1}^{n}\left|\frac{\partial^2 g}{\partial Y_j\partial Y_k}\bigg|_{\bar{Z}}Y_j^{\mathrm{r}}Y_k^{\mathrm{r}}\right|
$$

$$
Y_j^{\mathrm{r}}=Y_j-\bar{Y}_j,\ Y_k^{\mathrm{r}}=Y_k-\bar{Y}_k
$$

那么，$g_{\mathrm{Q}}(\boldsymbol{Y})$ 在区间变量上的范围为

$$
\begin{aligned}
g_{\mathrm{Q}}(\boldsymbol{Y}) \in [&-|a_{2i+1}|Y_{i+1}^{\mathrm{r}}-\cdots-|a_{2i+n}|Y_n^{\mathrm{r}}-|a_{2i+n+1}|Y_{i+1}^{\mathrm{r}}Y_{i+2}^{\mathrm{r}}-\cdots-|a_{(n-1)^2+2i+n+1}|Y_n^{\mathrm{r}2}, \\
&|a_{2i+1}|Y_{i+1}^{\mathrm{r}}+\cdots+|a_{2i+n}|Y_n^{\mathrm{r}}+|a_{2i+n+1}|Y_{i+1}^{\mathrm{r}}Y_{i+2}^{\mathrm{r}}+\cdots+|a_{(n-1)^2+2i+n+1}|Y_n^{\mathrm{r}2}]
\end{aligned}
\tag{7.9}
$$

记 $C=|a_{2i+1}|Y_{i+1}^{r}+|a_{2i+2}|Y_{i+2}^{r}+\cdots+|a_{2i+n}|Y_{n}^{r}+|a_{2i+n+1}|Y_{i+1}^{r}Y_{i+2}^{r}+\cdots+|a_{(n-1)^2+2i+n+1}|Y_{n}^{r2}$，则函数 $g_{Q}(\boldsymbol{Z})$ 在区间变量上的最小值 $g_{Q}^{\min}(\boldsymbol{X})$ 和最大值 $g_{Q}^{\max}(\boldsymbol{X})$ 分别为

$$g_{Q}^{\min}(\boldsymbol{X})=a_0-C+(a_1X_1+a_{i+1}X_1^2)+(a_2X_2+a_{i+2}X_2^2)+\cdots+(a_iX_i+a_{2i}X_i^2) \tag{7.10a}$$

$$g_{Q}^{\max}(\boldsymbol{X})=a_0+C+(a_1X_1+a_{i+1}X_1^2)+(a_2X_2+a_{i+2}X_2^2)+\cdots+(a_iX_i+a_{2i}X_i^2) \tag{7.10b}$$

式中：

$$a_0=g(\bar{Z})-\sum_{j=1}^{i}\frac{\partial g}{\partial X_j}\bigg|_{\bar{Z}}\mu_j-\sum_{j=1}^{i}\sum_{k=1}^{i}\frac{\partial^2 g}{\partial X_j\partial X_k}\bigg|_{\bar{Z}}\mu_j\mu_k$$

$$a_j=\begin{cases}\dfrac{\partial^2 g}{\partial X_j\partial X_k}\bigg|_{\bar{Z}} & (j=i+1,\cdots,n)\\[2ex] \dfrac{\partial g}{Y_j}\bigg|_{\bar{Z}} & (j=2i+1,2i+2,\cdots,2i+n)\\[2ex] \dfrac{\partial^2 g}{\partial Y_j\partial Y_k}\bigg|_{\bar{Z}} & (j=2i+n+1,\cdots,(n-i)^2+2i+n)\end{cases}$$

利用 $\boldsymbol{X}=\boldsymbol{TW}$ 将函数 $g_{Q}(\boldsymbol{X})$ 向标准卡方空间转化，其中，$\boldsymbol{T}$ 为函数 $g_{Q}(\boldsymbol{X})$ 的海塞矩阵的特征向量，$\boldsymbol{W}$ 为卡方分布变量的正交矩阵。转化后 $g_{Q}^{\min}(\boldsymbol{X})$ 和 $g_{Q}^{\max}(\boldsymbol{X})$ 的表达式分别为

$$\begin{aligned}g_{Q}^{\min}(\boldsymbol{W})=&a_{i+1}W_1+a_{i+2}W_2+\cdots+a_{2i}W_i\\&+a_0-C-a_1^2/4a_{i+1}-a_2^2/4a_{i+2}-\cdots-a_i^2/4a_{2i}\end{aligned} \tag{7.11a}$$

$$\begin{aligned}g_{Q}^{\max}(\boldsymbol{W})=&a_{i+1}W_1+a_{i+2}W_2+\cdots+a_{2i}W_i\\&+a_0+C-a_1^2/4a_{i+1}-a_2^2/4a_{i+2}-\cdots-a_i^2/4a_{2i}\end{aligned} \tag{7.11b}$$

其中 $\boldsymbol{W}_i\sim\chi^2(1,a_s^2/4a_{i+s}^2)$。由概率约束条件可知，当极限状态函数最小值为正的概率大于要求的可靠度，即 $P\{g_{Q}^{\min}(\boldsymbol{X})\geqslant 0\}\geqslant R_t$ 时，可靠度要求将得以满足。

7.1.4.2 基于卡方分布的统一多学科可靠性分析策略

为了提高多源不确定性条件下的多学科可靠性分析方法的计算精度，基于卡方分布的统一多学科可靠性分析(CSD-UMRA)需要包含系统分析、系统灵敏度分析、统一可靠性分析模型的建立和可靠度计算四部分。

(1) 系统分析。多学科可靠性分析的约束条件中包含大量的耦合状态变量，使可靠性分析无法顺利进行，故在对其进行可靠性分析时首先要获得耦合状态变量的值。系统分析依据上一循环结果更新设计变量，再通过使系统状态

方程达到协调状态来获得耦合状态变量的值。

(2) 系统灵敏度分析。通过计算子系统偏导数,获得各学科状态变量对输入的灵敏度偏导数矩阵和各学科的输出对输入的灵敏度偏导数,此处的输入既包含本学科直接输入的设计变量和状态变量,也包含其他学科的输出。最后获得系统的全局灵敏度方程。根据全局灵敏度方程获得极限状态函数的梯度,为多项式近似模块提供梯度信息。

(3) 统一可靠性分析模型的建立。用二阶泰勒级数展开式近似极限状态函数,并通过区间分析获得极限状态函数在区间上的最小值,最后由仅含有卡方分布变量的线性函数表示可靠性分析模型。

(4) 可靠度计算。通过上述策略,此时的极限状态函数由式(7.11)所示的线性函数来近似,其可靠度计算采用多维积分获得。事实上,包含卡方分布变量的联合概率密度函数 $f_z(\boldsymbol{z})$ 并不容易求得,所以 7.1.4.3 节介绍的 CSD-UMRA计算步骤 4 中采用了另一种计算可靠度的方法。

7.1.4.3 CSD-UMRA 计算步骤

步骤 1:执行多学科分析,求出状态变量 $\boldsymbol{y}_k$。

步骤 2:执行系统灵敏度分析,求子系统灵敏度偏导数,利用全局灵敏度方程获得极限状态函数的梯度$\nabla_u g(\boldsymbol{u}_k)$。

步骤 3:执行多项式近似,计算海赛矩阵 $\boldsymbol{H}(\boldsymbol{x}_k)$,以其对角线元素作为二次项系数,再通过正交变换将极限状态函数表示为线性组合函数,即

$$T = g(\boldsymbol{z}_k) = \sum_{i=1}^{n} \lambda_i^k z_i^k \tag{7.12}$$

步骤 4:执行可靠度的计算,计算可靠度 R_k;或先计算 $g(z_k)$的概率密度函数,再计算 $g(z_k)$的累积分布函数,获得可靠度 R_k。

$g(z_k)$的概率密度函数计算式为

$$f_T(t_k) = \sum_{i=0}^{\infty} a_i t_k^{n/2+i-1} e^{-u/2v} / \Gamma(n/2+i)(2v)^{n/2+i} \tag{7.13}$$

且有

$$a_0 = e^{-\delta/2} \prod_{j=1}^{n} \left(\frac{v}{\lambda_i}\right)^{1/2}$$

$$a_i = (2i)^{-1} \sum_{r=0}^{i-1} b_i - r a_r \quad (i \geqslant 1)$$

$$b_i = iv \sum_{j=1}^{n} (\delta_j^2/\lambda_j)(1 - v/\lambda_j)^{i-1} + \sum_{j=1}^{n} (1 - v/\lambda_j)^j \quad (j = 1,2,\cdots,n)$$

式中：v 是选取的收敛因子，且满足 $|1-v/\lambda_j|<1$。

步骤5：收敛验证，如果可靠度收敛，即满足 $|R_k-R_{k-1}|/|R_k|\leqslant\varepsilon$，则计算结束；否则 $k=k+1$，转至步骤1。

CSD-UMRA 流程如图7.6所示。

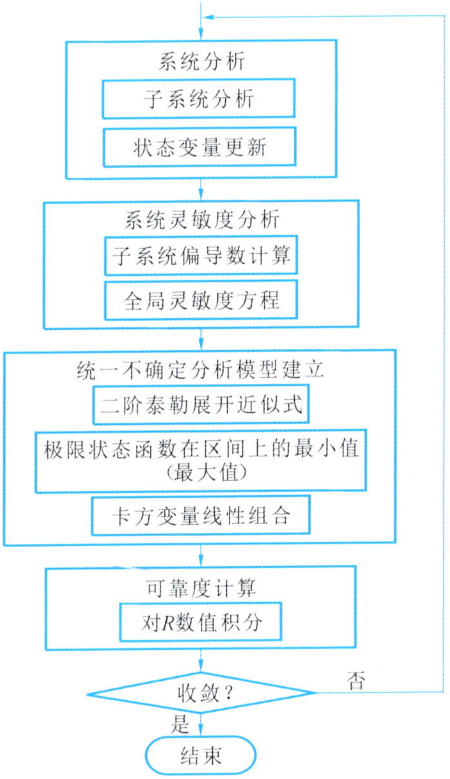

图7.6　CSD-UMRA 流程

7.1.5　基于鞍点近似的多学科统一可靠性分析方法

由6.2.5.2节可知，在进行某些特殊情况（如不确定性参数概率密度函数已知而分布函数计算困难）下的可靠性分析时，鞍点近似方法有其独特的优势。这里在6.2.5.2节提到的基于鞍点近似的单学科可靠性分析的基础上，集成多学科设计优化的概念，提出一种基于鞍点近似的多学科统一可靠性分析方法。采用响应面法求解的代理模型进行可靠性分析。

7.1.5.1　响应面法求解代理模型

基于鞍点近似的多学科统一可靠性分析方法在均值点处进行极限状态函

数的二次多项式展开，假设极限状态函数为

$$\begin{aligned}\hat{g}(U) &= g(u_1, u_2, u_3 \cdots) \approx \sum_{i=1}^{n} \hat{g}_i(U_i) \\ &= \sum_{i=1}^{n} (a_i + b_i U_i + c_i U_i^2) \\ &= D + \sum_{i=1}^{n} (b_i U_i + c_i U_i^2)\end{aligned} \tag{7.14}$$

可以用一组二次多项式来近似这个函数：

$$\hat{g}_i(U_i) = a_i + b_i U_i + c_i U_i^2 \tag{7.15}$$

基于鞍点近似的多学科统一可靠性分析方法的可靠性计算步骤大致如下。

首先计算均值点处极限状态函数的全局灵敏度方程和海塞矩阵。海塞矩阵计算如下：

$$\boldsymbol{H}(g) = \begin{bmatrix} \dfrac{\partial^2 g}{\partial x_1^2} & \dfrac{\partial^2 g}{\partial x_1 \partial x_2} & \cdots & \dfrac{\partial^2 g}{\partial x_1 \partial x_n} \\ \dfrac{\partial^2 g}{\partial x_2 \partial x_1} & \dfrac{\partial^2 g}{\partial x_2^2} & \cdots & \dfrac{\partial^2 g}{\partial x_2 \partial x_n} \\ \vdots & \vdots & & \vdots \\ \dfrac{\partial^2 g}{\partial x_n \partial x_1} & \dfrac{\partial^2 g}{\partial x_n \partial x_2} & \cdots & \dfrac{\partial^2 g}{\partial x_n^2} \end{bmatrix} \tag{7.16}$$

由均值点(x_i^*)处的全局灵敏度方程可获得极限状态函数在 x_i^* 处的梯度 $\nabla g(x^*)$，而近似函数的梯度可表示如下：

$$\nabla \hat{g}(x^*) = \left(\frac{\partial \hat{g}(X)}{\partial x_1}, \frac{\partial \hat{g}(X)}{\partial x_2}, \cdots, \frac{\partial \hat{g}(X)}{\partial x_n} \right) \bigg|_{x^*} \tag{7.17}$$

由极限状态函数和近似极限状态函数在均值点处的性质可列方程组：

$$\begin{cases} \boldsymbol{H}(g)_{\text{对角线}} = \boldsymbol{H}(\hat{g})_{\text{对角线}} \\ \dfrac{\mathrm{d}\hat{g}_i(x_i)}{\mathrm{d}x_i} \bigg|_{x_i^*} = \dfrac{\partial \hat{g}(x)}{\partial x_i} \bigg|_{x^*} \\ g(x^*) = \hat{g}(x^*) \end{cases} \tag{7.18}$$

由方程组即可求得$\nabla \hat{g}(x)$的各个系数。其中，极限状态函数的海塞矩阵的对角线值即是$\nabla \hat{g}(x)$的各个二次项系数。

为不失一般性，令 c_i 为正，则最后得到的 $\hat{g}(x^*)$可变形如下：

$$\hat{g}_i(x_i) \approx \left(\sqrt{c_i} x_i + \frac{1}{2} \frac{b_i}{\sqrt{c_i}} \right)^2 - \frac{b_i^2}{4c_i} = K_i^2 - e_i \tag{7.19}$$

其中

$$
\begin{cases} e_i = -\dfrac{b_i^2}{4c_i} \\ Z_i = \sqrt{c_i}U_i + \dfrac{1}{2}\dfrac{b_i}{\sqrt{c_i}} \end{cases} \tag{7.20}
$$

因为 Z_i 是 x_i 的线性函数，所以它遵循参数为 $N(\mu_{Z_i},\sigma_{Z_i})$ 的正态分布。其中

$$
\mu_{Z_i} = \frac{1}{2}\frac{b_i}{\sqrt{c_i}} \tag{7.21}
$$

$$
\sigma_{Z_i} = \sqrt{c_i} \tag{7.22}
$$

7.1.5.2 基于鞍点近似的统一可靠度求解方法

为了有效解决带有随机和认知不确定性的多学科可靠性分析问题，这里使用一种基于鞍点近似和凸集模型理论的统一多学科可靠性分析方法（UMRA-SC 方法）。UMRA-SC 方法流程如图 7.7 所示，其中包括以下步骤。

步骤 1: 给设计变量 $\boldsymbol{x}^0$、$\boldsymbol{v}^0$、k 赋初始值，$\boldsymbol{x}$、$\boldsymbol{v}$ 分别是随机和认知不确定性变量，$k=1$。

步骤 2: 执行多学科分析，得到状态变量 y_{ij}，以三学科系统为例，其耦合状态方程组可表示为

$$
\begin{cases}
\boldsymbol{y}_{12} = \boldsymbol{y}_{12}(\boldsymbol{x}_s, \boldsymbol{x}_1, \boldsymbol{v}_s, \boldsymbol{v}_1, \boldsymbol{y}_{21}, \boldsymbol{y}_{31}) \\
\boldsymbol{y}_{13} = \boldsymbol{y}_{13}(\boldsymbol{x}_s, \boldsymbol{x}_1, \boldsymbol{v}_s, \boldsymbol{v}_1, \boldsymbol{y}_{21}, \boldsymbol{y}_{31}) \\
\boldsymbol{y}_{21} = \boldsymbol{y}_{21}(\boldsymbol{x}_s, \boldsymbol{x}_2, \boldsymbol{v}_s, \boldsymbol{v}_2, \boldsymbol{y}_{12}, \boldsymbol{y}_{32}) \\
\boldsymbol{y}_{23} = \boldsymbol{y}_{23}(\boldsymbol{x}_s, \boldsymbol{x}_2, \boldsymbol{v}_s, \boldsymbol{v}_2, \boldsymbol{y}_{12}, \boldsymbol{y}_{32}) \\
\boldsymbol{y}_{31} = \boldsymbol{y}_{31}(\boldsymbol{x}_s, \boldsymbol{x}_3, \boldsymbol{v}_s, \boldsymbol{v}_3, \boldsymbol{y}_{13}, \boldsymbol{y}_{23}) \\
\boldsymbol{y}_{32} = \boldsymbol{y}_{32}(\boldsymbol{x}_s, \boldsymbol{x}_3, \boldsymbol{v}_s, \boldsymbol{v}_3, \boldsymbol{y}_{13}, \boldsymbol{y}_{23})
\end{cases} \tag{7.23}
$$

式中：$\boldsymbol{x}_s$ 为系统输入的共享随机设计变量；$\boldsymbol{x}_1$、$\boldsymbol{x}_2$、$\boldsymbol{x}_3$ 分别为学科 1、学科 2 和学科 3 的系统输入随机变量，为局部随机自变量；$\boldsymbol{v}_s$ 为系统输入的共享认知设计变量；$\boldsymbol{v}_1$、$\boldsymbol{v}_2$、$\boldsymbol{v}_3$ 分别为学科 1、学科 2 和学科 3 的系统输入认知变量，为局部认知自变量；$\boldsymbol{y}_{ij}$ $(i \neq j)$ 为学科间的耦合状态变量，表示学科 i 的输出到学科 j 的输入。

步骤 3: 计算每个子系统的输出对于随机设计变量 $\boldsymbol{u}$ 和 $\boldsymbol{v}$ 的灵敏度，得到 g 的梯度信息。

步骤 4: 固定 U_{k-1}，用凸集模型理论计算 $g(\boldsymbol{x}^{k-1}, \boldsymbol{v})$ 的极值，并得到 Y_k 及极值点处的验算点 $\boldsymbol{v}_{g_{\min}}^k$、$\boldsymbol{v}_{g_{\max}}^k$。

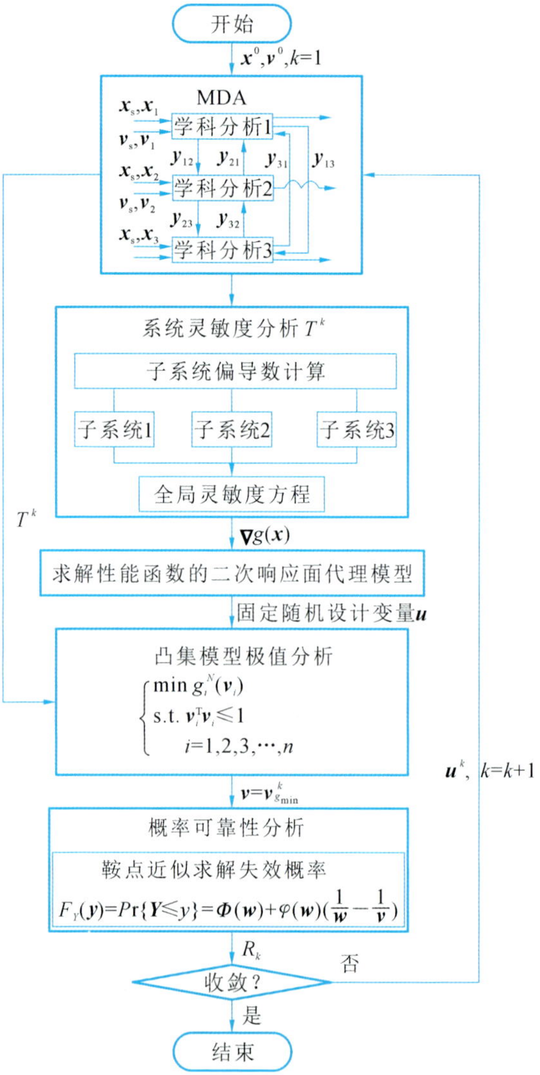

图 7.7 UMRA-SC **方法流程图**

$$\begin{cases} \min\ g_i^N(\boldsymbol{v}_i) \\ \text{s. t.}\ \ \boldsymbol{v}_i^{\mathrm{T}}\boldsymbol{v}_i \leqslant 1 \\ \qquad i = 1,2,3,\cdots,n \end{cases} \tag{7.24}$$

步骤 5:分别令 $\boldsymbol{v}=\boldsymbol{v}^k_{g_{\min}}$，$\boldsymbol{v}=\boldsymbol{v}^k_{g_{\max}}$，运用泰勒展开建立 $g(\boldsymbol{x})$的二次近似表达式：

$$g(\boldsymbol{x}) \approx g(\bar{\boldsymbol{x}}) + \sum_{j=1}^{n} \frac{\partial g}{x_j}\bigg|_{\bar{X}} \boldsymbol{x}_j + \frac{1}{2}\sum_{j=1}^{n} \frac{\partial^2 g}{\partial \boldsymbol{x}_j^2}\bigg| \boldsymbol{x}_j^2 \tag{7.25}$$

步骤 6:通过鞍点近似方法近似计算概率密度函数及可靠度。鞍点近似方法的使用使复杂的功能函数多维积分问题变得易于操作。只需获得功能函数的累积量母函数并计算出鞍点即可估算出功能函数的概率密度函数和失效概率。而常用分布的累积量母函数可以通过查表方式获得。此外，鞍点近似求解的结果精度很高，实用性好。

步骤 7：检验是否收敛。如果可靠度值稳定，即 $|(R_k - R_{k-1})/R_k| \leqslant b$（$b$ 是一个任意小的正数），求解过程结束；否则，令 $k=k+1$，$\boldsymbol{x}=\boldsymbol{x}_k$，返回步骤 2，继续执行算法。

7.2 基于概率论的序列化多学科可靠性分析方法

针对 PMA-MDF 和 PMA-IDF 方法的缺点，本节基于 CSSO、BLISS 等多级多学科设计优化算法与 PMA 方法提出了一种随机不确定性条件下的序列化多学科可靠性分析（sequential multidisciplinary reliability analysis，SMRA）方法。本节对 SMRA 方法进行详细介绍[7]。

7.2.1 序列化多学科可靠性分析方法原理

通过比较多学科可靠性分析与 CSSO 的流程可以看出，多学科可靠性分析和 CSSO 具有相同的两个步骤，即多学科分析与灵敏度分析，其关系如图 7.8 所示。基于此，这里将传统的多学科可靠性分析与 CSSO、BLISS 算法集成，采用 CSSO 算法的前两步计算分别为多学科可靠性分析提供所需的系统分析信息和灵敏度信息。图 7.9 是多学科分析、系统灵敏度分析和多学科可靠性分析方法（MAMV 方法）之间的关系图。

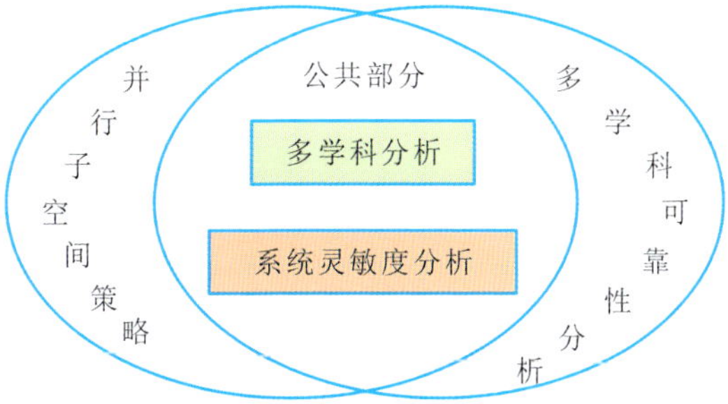

图 7.8　CSSO 算法与多学科可靠性分析的关系图

该方法基于解耦思想，将相互嵌套的系统分析（多学科分析）、系统灵敏度分析和可靠性分析进行解耦，形成一个顺序递归循环优化流程，避免了每次循环迭代中系统级优化器都需对整个可靠性分析模型进行优化计算。其中，多学

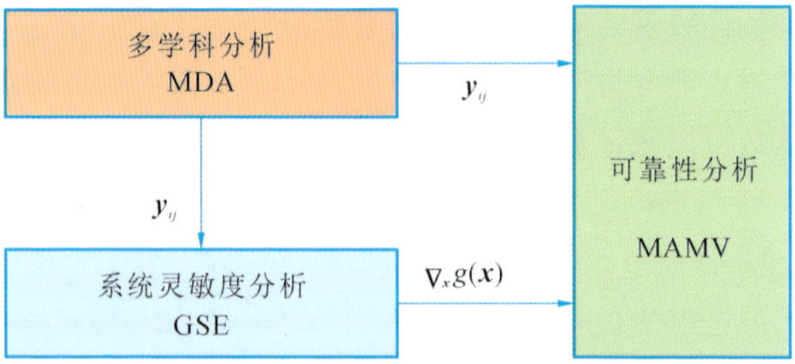

图 7.9　并行子空间优化过程与可靠性分析过程的关系图

科分析一方面为系统灵敏度分析提供耦合状态变量的信息，另一方面为可靠性分析的更新提供极限状态函数的值。该方法采用全局灵敏度方法执行并行子空间灵敏度分析并为可靠性分析的每次迭代更新提供梯度信息，实现了多学科系统分析、系统灵敏度分析与 MAMV 方法的有效集成。MAMV 方法是 Du 等人提出的一种高效、稳定的可靠性分析方法，该方法能处理任何形式的极限状态函数，如凸极限状态函数、凹极限状态函数、非凸非凹极限状态函数及高度非线性极限状态函数等。从分析流程可以看出，SMRA 方法的系统分析和系统灵敏度分析与基于灵敏度方程的 CSSO 算法一样，把极限状态函数作为状态变量来处理。但与 CSSO 方法相比，SMRA 方法少了并行子空间优化和系统级协调优化，故该方法与 MPP-CSSO 多学科可靠性分析方法相比具有更高的计算效率。

7.2.2　序列化多学科可靠性分析中采用的方法

为高效求解多学科可靠性分析问题，序列化多学科可靠性分析采用以下两种方法。

1. CSSO 算法

CSSO 算法最大的特征就是通过对状态变量的近似将学科分析解耦，使之免受大量学科间状态变量的约束，适合于耦合状态变量多且复杂的工程优化问题。CSSO 算法基于近似技术，采用学科精确模型与近似模型相结合的方式，可在保持优化精度的同时减少系统和学科分析次数，降低计算成本。基于系统分析和全局灵敏度信息构建系统级协调策略可以很好地对原函数做近似处理，在保持精度的情况下，提高系统的优化效率。CSSO 算法基于全局灵敏度方程，充分考虑各子空间的相互影响，很好地保持了系统原有学科间的耦合性。此外，还允许在优化过程中人为干预，进行调节，便于组织和协调系统优化设计。更为重要的是，CSSO 算法支持多个学科并行分析，这也在一定程度上提高了计算效率。

2. PMA 方法

PMA 方法是一种计算效率高、稳健性好的可靠性分析方法。这是由其优化模型决定的。PMA 是在等效球面的约束上求解极限状态函数的 MPP 点，而 RIA 是在超曲面的约束下求解极限状态函数上到坐标原点的最短距离。如 6.2.3.2 节所述，PMA 方法与 RIA 方法相比具有稳健性和效率高、较少地依赖于随机变量的概率分布类型，以及更适合于处理可靠度要求较高的概率约束(比如接近与 1)问题等优点。但是，PMA 方法也有自身的缺陷，比如它并不适合于处理要求计算出可靠度的情况，但可通过转换法间接求出其可靠度。

7.2.3 序列化多学科可靠性分析方法的数学模型

本节所提出的 SMRA 方法的数学模型可描述为

$$\begin{cases}\min\ g_i^k(\boldsymbol{u}_\mathrm{s},\boldsymbol{u}_i,\boldsymbol{y}_{\cdot i})\\ \mathrm{s.t.}\ \|\boldsymbol{u}\| = \beta_\mathrm{t}\\ \qquad i=1,2,\cdots,n;k=1,2,\cdots,m\end{cases}\tag{7.26}$$

式中：$g_i^k(\boldsymbol{u}_\mathrm{s},\boldsymbol{u}_i,\boldsymbol{y}_{\cdot i})$为学科 i 的第 k 个可靠性约束函数；$\boldsymbol{u}_\mathrm{s}$ 为系统共享设计变量；$\boldsymbol{u}_i$ 为各学科(子系统)局部设计变量；状态变量 $\boldsymbol{y}_{\cdot i}$为其他学科到学科 i 的输入状态变量，比如，学科 1 的极限状态函数为 $\boldsymbol{y}_{21},\boldsymbol{y}_{31},\cdots,\boldsymbol{y}_{n1}$，其他学科的极限状态函数依此类推；$m$ 为学科 i 可靠性约束函数个数。状态变量 $\boldsymbol{y}_{\cdot i}$的计算式为

$$\boldsymbol{y}_{\cdot i} = \boldsymbol{y}_{ji}(\boldsymbol{u}_\mathrm{s},\boldsymbol{u}_i,\boldsymbol{y}_{ij})\quad (i,j=1,2,\cdots,n,i\neq j)\tag{7.27}$$

该式中耦合状态变量的值可采用 7.1.2 小节的多学科分析方法获得。

7.2.4 序列化多学科可靠性分析流程与步骤

7.2.4.1 序列化多学科可靠性分析流程

序列化多学科可靠性分析流程如图 7.10 所示。系统分析对状态变量进行更新来满足学科之间的一致性要求，系统分析所需要的随机设计变量的初始值由上次优化循环中的可靠性分析得到，并且在系统分析中保持不变。多学科分析通过式(7.4)求出各学科状态变量。把求解出的状态变量的值和本次优化循环迭代随机设计变量的初始值代入极限状态函数，即可得到极限函数的值。由系统分析获得的状态变量的值还可以直接用于下一步的系统灵敏度分析。

SMRA 方法中系统灵敏度分析采用全局灵敏度方程，耦合状态变量 $\boldsymbol{y}$ 关于

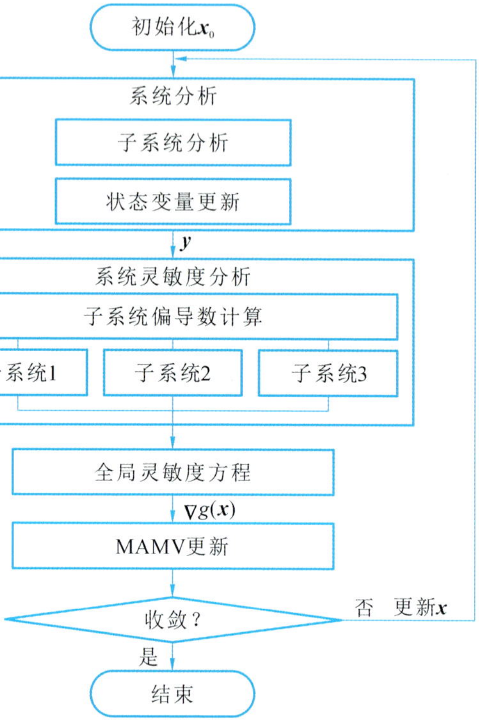

图 7.10　序列化多学科可靠性分析流程

第 i 个随机设计变量 $\boldsymbol{x}_i$ 的全导数信息即梯度信息 $\mathrm{d}\boldsymbol{y}/\mathrm{d}\boldsymbol{x}_i$，可以通过以下全局灵敏度方程求得：

$$
\begin{bmatrix}
\boldsymbol{I} & -\frac{\partial \boldsymbol{y}_{12}}{\partial \boldsymbol{y}_{13}} & -\frac{\partial \boldsymbol{y}_{12}}{\partial \boldsymbol{y}_{21}} & -\frac{\partial \boldsymbol{y}_{12}}{\partial \boldsymbol{y}_{23}} & -\frac{\partial \boldsymbol{y}_{12}}{\partial \boldsymbol{y}_{31}} & -\frac{\partial \boldsymbol{y}_{12}}{\partial \boldsymbol{y}_{32}} \\
-\frac{\partial \boldsymbol{y}_{13}}{\partial \boldsymbol{y}_{12}} & \boldsymbol{I} & -\frac{\partial \boldsymbol{y}_{13}}{\partial \boldsymbol{y}_{21}} & -\frac{\partial \boldsymbol{y}_{13}}{\partial \boldsymbol{y}_{23}} & -\frac{\partial \boldsymbol{y}_{13}}{\partial \boldsymbol{y}_{31}} & -\frac{\partial \boldsymbol{y}_{13}}{\partial \boldsymbol{y}_{32}} \\
-\frac{\partial \boldsymbol{y}_{21}}{\partial \boldsymbol{y}_{12}} & -\frac{\partial \boldsymbol{y}_{21}}{\partial \boldsymbol{y}_{13}} & \boldsymbol{I} & -\frac{\partial \boldsymbol{y}_{21}}{\partial \boldsymbol{y}_{23}} & -\frac{\partial \boldsymbol{y}_{21}}{\partial \boldsymbol{y}_{31}} & -\frac{\partial \boldsymbol{y}_{21}}{\partial \boldsymbol{y}_{32}} \\
-\frac{\partial \boldsymbol{y}_{23}}{\partial \boldsymbol{y}_{12}} & -\frac{\partial \boldsymbol{y}_{23}}{\partial \boldsymbol{y}_{13}} & -\frac{\partial \boldsymbol{y}_{23}}{\partial \boldsymbol{y}_{21}} & \boldsymbol{I} & -\frac{\partial \boldsymbol{y}_{23}}{\partial \boldsymbol{y}_{31}} & \frac{\partial \boldsymbol{y}_{23}}{-\partial \boldsymbol{y}_{32}} \\
-\frac{\partial \boldsymbol{y}_{31}}{\partial \boldsymbol{y}_{12}} & -\frac{\partial \boldsymbol{y}_{31}}{\partial \boldsymbol{y}_{13}} & -\frac{\partial \boldsymbol{y}_{31}}{\partial \boldsymbol{y}_{21}} & -\frac{\partial \boldsymbol{y}_{31}}{\partial \boldsymbol{y}_{23}} & \boldsymbol{I} & -\frac{\partial \boldsymbol{y}_{31}}{\partial \boldsymbol{y}_{32}} \\
-\frac{\partial \boldsymbol{y}_{32}}{\partial \boldsymbol{y}_{12}} & -\frac{\partial \boldsymbol{y}_{32}}{\partial \boldsymbol{y}_{13}} & -\frac{\partial \boldsymbol{y}_{32}}{\partial \boldsymbol{y}_{21}} & -\frac{\partial \boldsymbol{y}_{32}}{\partial \boldsymbol{y}_{23}} & -\frac{\partial \boldsymbol{y}_{32}}{\partial \boldsymbol{y}_{31}} & \boldsymbol{I}
\end{bmatrix}
\begin{Bmatrix}
\frac{\mathrm{d}\boldsymbol{y}_{12}}{\mathrm{d}\boldsymbol{x}_i} \\
\frac{\mathrm{d}\boldsymbol{y}_{13}}{\mathrm{d}\boldsymbol{x}_i} \\
\frac{\mathrm{d}\boldsymbol{y}_{21}}{\mathrm{d}\boldsymbol{x}_i} \\
\frac{\mathrm{d}\boldsymbol{y}_{23}}{\mathrm{d}\boldsymbol{x}_i} \\
\frac{\mathrm{d}\boldsymbol{y}_{31}}{\mathrm{d}\boldsymbol{x}_i} \\
\frac{\mathrm{d}\boldsymbol{y}_{32}}{\mathrm{d}\boldsymbol{x}_i}
\end{Bmatrix}
=
\begin{Bmatrix}
\frac{\partial \boldsymbol{y}_{12}}{\partial \boldsymbol{x}_i} \\
\frac{\partial \boldsymbol{y}_{13}}{\partial \boldsymbol{x}_i} \\
\frac{\partial \boldsymbol{y}_{21}}{\partial \boldsymbol{x}_i} \\
\frac{\partial \boldsymbol{y}_{23}}{\partial \boldsymbol{x}_i} \\
\frac{\partial \boldsymbol{y}_{31}}{\partial \boldsymbol{x}_i} \\
\frac{\partial \boldsymbol{y}_{32}}{\partial \boldsymbol{x}_i}
\end{Bmatrix}
\tag{7.28}
$$

求出 $\mathrm{d}\boldsymbol{y}/\mathrm{d}\boldsymbol{x}_i$ 后，就可以获得极限状态函数 g 关于第 i 个随机设计变量 $\boldsymbol{x}_i$

的梯度信息 $\mathrm{d}g/\mathrm{d}\boldsymbol{x}_i$：

$$\frac{\mathrm{d}g}{\mathrm{d}\boldsymbol{x}_i}=\frac{\partial g}{\partial \boldsymbol{x}_i}+\frac{\partial g}{\mathrm{d}\boldsymbol{y}_{12}}\frac{\mathrm{d}\boldsymbol{y}_{12}}{\mathrm{d}\boldsymbol{x}_i}+\frac{\partial g}{\mathrm{d}\boldsymbol{y}_{13}}\frac{\mathrm{d}\boldsymbol{y}_{13}}{\mathrm{d}\boldsymbol{x}_i}+\frac{\partial g}{\mathrm{d}\boldsymbol{y}_{21}}\frac{\mathrm{d}\boldsymbol{y}_{21}}{\mathrm{d}\boldsymbol{x}_i}+\frac{\partial g}{\mathrm{d}\boldsymbol{y}_{23}}\frac{\mathrm{d}\boldsymbol{y}_{23}}{\mathrm{d}\boldsymbol{x}_i}+\frac{\partial g}{\mathrm{d}\boldsymbol{y}_{31}}\frac{\mathrm{d}\boldsymbol{y}_{31}}{\mathrm{d}\boldsymbol{x}_i}+\frac{\partial g}{\mathrm{d}\boldsymbol{y}_{32}}\frac{\mathrm{d}\boldsymbol{y}_{32}}{\mathrm{d}\boldsymbol{x}_i} \tag{7.29}$$

同样，极限状态函数 g 关于所有随机设计变量 $\boldsymbol{x}$ 的梯度信息 $\mathrm{d}g/\mathrm{d}\boldsymbol{x}$ 都可以由式(7.29)获得。下面用 $\boldsymbol{\nabla}_x g(\boldsymbol{x})$ 代表在原始空间(X 空间)中极限状态函数关于随机设计变量的梯度信息。如果随机变量服从标准正态分布，则在标准空间与原始空间中的随机变量的转换关系如下：

$$\boldsymbol{u}=\frac{\boldsymbol{u}_x-\boldsymbol{x}}{\boldsymbol{\sigma}_x} \tag{7.30}$$

因此，在标准空间中极限状态函数的梯度信息为

$$\boldsymbol{\nabla}_u g(\boldsymbol{u})=\frac{\mathrm{d}g}{\mathrm{d}\boldsymbol{x}}\frac{\partial \boldsymbol{x}}{\partial \boldsymbol{u}}=\boldsymbol{\nabla}_u g(\boldsymbol{x})\cdot\sigma_x \tag{7.31}$$

每次循环迭代时，系统分析和系统灵敏度分析都分别为可靠性分析的 MAMV 方法提供极限状态函数的值和梯度信息。在可靠性分析过程中，状态变量的值保持不变，只对随机设计变量进行处理。因此，系统分析和系统灵敏度分析就转化为 MAMV 方法的组成部分，三者由此实现有效集成。

7.2.4.2 序列化多学科可靠性分析步骤

序列化多学科可靠性分析包括以下步骤。

步骤 1：设置设计变量的初始值 $\boldsymbol{x}_0$，设循环次数 $k=1$。

步骤 2：执行系统分析，求出状态变量 $\boldsymbol{y}_k$ 和极限状态函数 $g(\boldsymbol{x}_k)$ 的值。

步骤 3：执行系统灵敏度分析，利用全局灵敏度方程获得极限状态函数的梯度 $\boldsymbol{\nabla}_x g(\boldsymbol{x}_k)$。

步骤 4：进行空间转换，把随机变量 $\boldsymbol{x}_k$ 转化成标准正态空间的变量 $\boldsymbol{u}_k$，由式(7.31)求出极限状态函数在标准正态空间中的梯度 $\boldsymbol{\nabla}_u g(\boldsymbol{u}_k)$。

步骤 5：采用 MAMV 方法更新 $\boldsymbol{u}$，按以下两个分步骤进行。

步骤 5.1：计算 $\boldsymbol{u}_k$ 和 $\boldsymbol{\nabla}_u g(\boldsymbol{u}_k)$ 之间的夹角：

$$\gamma_k=\cos^{-1}\frac{\boldsymbol{u}_k\cdot\boldsymbol{\nabla}_u g(\boldsymbol{u}_k)}{\|\boldsymbol{u}_k\|\cdot\|\boldsymbol{\nabla}_u g(\boldsymbol{u}_k)\|} \tag{7.32}$$

如果 $\gamma_k\leqslant\varepsilon$，则跳转至步骤 7，反之则跳转到步骤 5.2。$\varepsilon$ 是一个很小的角度，例如 $0.01°$。

步骤 5.2：如果 $g(\boldsymbol{u}_k)>g(\boldsymbol{u}_{k-1})$，则 $\boldsymbol{u}_{k+1}=\beta_t\dfrac{\boldsymbol{\nabla}_u g(\boldsymbol{u}_k)}{\|\boldsymbol{\nabla}_u g(\boldsymbol{u}_k)\|}$；反之，则

$$\boldsymbol{u}_{k+1}=\frac{\beta_{\mathrm{t}}}{\sin\gamma_k}\left[\sin(\gamma_k-\delta_k)\frac{\boldsymbol{u}_k}{\|\boldsymbol{u}_k\|}+\sin\delta_k\frac{\nabla_{\boldsymbol{u}}g(\boldsymbol{u}_k)}{\|\nabla_{\boldsymbol{u}}g(\boldsymbol{u}_k)\|}\right] \tag{7.33}$$

式中：δ_k 可以通过求解一个一维最大值问题得到，即求解下式：

$$\max g(\boldsymbol{u}_{k+1})=g\left[\frac{\beta_{\mathrm{t}}}{\sin\gamma_k}\left(\sin(\gamma_k-\delta_k)\frac{\boldsymbol{u}_k}{\|\boldsymbol{u}_k\|}+\sin\delta_k\frac{\nabla_{\boldsymbol{u}}g(\boldsymbol{u}_k)}{\|\nabla_{\boldsymbol{u}}g(\boldsymbol{u}_k)\|}\right)\right] \tag{7.34}$$

步骤 6：把 $\boldsymbol{u}_{k+1}$ 转换成在原始空间中所对应的变量 $\boldsymbol{x}_{k+1}$，转步骤 1。

步骤 7：求解 $g(\boldsymbol{u}_k)$，然后结束计算。

式(7.34)所表示的无约束一维最大值问题，可以通过黄金分割法、全局牛顿法、抛物线法等无约束一维优化算法求得。

7.3 基于概率论和凸集模型的序列化多学科可靠性分析方法

由 7.1.1.2 节可知，多源不确定性条件下的多学科可靠性分析是一个典型的三层嵌套循环过程，包括最外层的多学科概率可靠性分析(multidisciplinary probabilistic reliability analysis，MPRA)、中间层的多学科凸集模型可靠性分析(multidisciplinary convex reliability analysis，MCRA)以及最内层的多学科分析(MDA)。可见，多源不确定性条件下的多学科可靠性分析的计算效率非常低，特别是在处理大规模、多耦合以及高度非线性的极限状态函数时尤其如此。

本节在 SMRA 基础上，深入研究多源不确定性条件下多学科不确定性分析的解耦理论，结合凸集模型分析理论提出一种多源不确定性条件下的序列化多学科可靠性分析(MU-SMRA)方法[8]。本节从方法原理、所采用策略、可靠性分析模型，以及流程与步骤四个方面对 MU-SMRA 方法进行详细介绍。

7.3.1 MU-SMRA 方法原理

基于解耦理论与序列化思想将典型的三层嵌套的多学科可靠性分析循环过程进行解耦，形成一个多学科概率可靠性分析、多学科凸集模型可靠性分析和多学科分析顺序执行的单循环递推迭代分析过程，其解耦原理如图 7.11 所示。该方法避免了每次多学科可靠性分析都需对整个可靠性模型进行完整计算分析的问题。同时，为提高可靠性分析效率，基于 7.2 节所提出的 SMRA 方法进行多学科概率可靠性分析，集成 CSSO 算法和 KKT 替代条件进行多学科凸集模型可靠性分析，以提高全局极值分析效率低的问题。MU-SMRA 方法的特点如下：

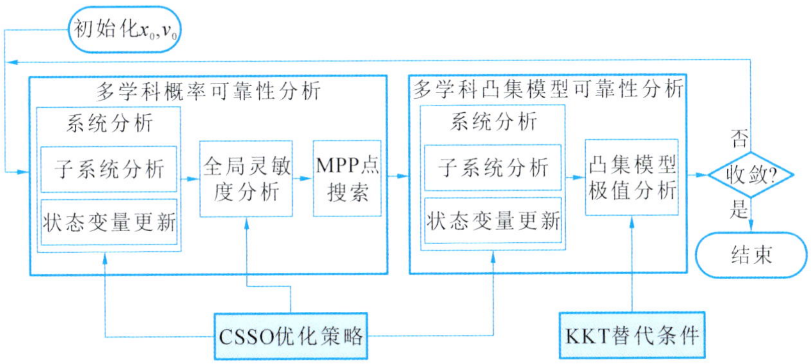

图 7.11　MU-SMRA 流程解耦原理图

(1) 采用 PMA 从模型本身提高多学科可靠性分析效率;

(2) 基于序列化思想将三层严重嵌套的分析过程进行解耦;

(3) 采用 CSSO 算法进行多学科分析和全局灵敏度分析,为可靠性分析提供极限状态函数的值和灵敏度信息;

(4) 采用 KKT 条件替代计算量大的极值分析。

7.3.2　MU-SMRA 数学模型

MU-SMRA 方法对学科 i 的约束条件执行可靠性分析。在标准正态空间和标准椭球空间中的 MU-SMRA 数学模型如下:

$$\begin{cases} \min\ g_i^N(\boldsymbol{u}_{\mathrm{s}},\boldsymbol{u}_i,\boldsymbol{v}_{\mathrm{s}},\boldsymbol{v}_i,\boldsymbol{y}_{\cdot i}) \\ \mathrm{s.\,t.}\ \|\boldsymbol{u}\| = \beta_{\mathrm{t}} \\ \qquad \boldsymbol{v}_{iN_E}^{\mathrm{T}}\boldsymbol{v}_{N_E} \leqslant 1 \\ \qquad i = 1,2,3;N = 1,2,\cdots,m;N_E = 1,2,\cdots,n \end{cases} \tag{7.35}$$

式中:$g_i^N(\boldsymbol{u}_{\mathrm{s}},\boldsymbol{u}_i,\boldsymbol{v}_{\mathrm{s}},\boldsymbol{v}_i,\boldsymbol{y}_{\cdot i})$为学科 i 的第 N 个可靠性约束函数;$\boldsymbol{u}_{\mathrm{s}}$ 为系统共享随机设计变量;$\boldsymbol{u}_i$ 为学科 i 的随机设计变量;$\boldsymbol{v}_{\mathrm{s}}$ 为系统共享认知设计变量;$\boldsymbol{v}_i$ 为学科 i 的认知设计变量;状态变量 $\boldsymbol{y}_{\cdot i}$ 为其他学科输入到学科 i 的耦合状态变量,i 表示学科数目;m 为学科 i 可靠性约束函数个数;N 表示学科 i 的可靠性约束数目,根据认知不确定性的不同类型可分为 N_E 个组,每个组用单个椭圆凸集模型表示。

此时极限状态函数的通式为

$$\boldsymbol{y}_{\cdot i} = \boldsymbol{y}_{ji}(\boldsymbol{u}_{\mathrm{s}},\boldsymbol{u}_i,\boldsymbol{v}_{\mathrm{s}},\boldsymbol{v}_i,\boldsymbol{y}_{\cdot i}) \quad (i,j = 1,2,3,i \neq j) \tag{7.36}$$

本节同样以一个三学科耦合复杂系统为例,对其多学科分析过程进行详细说明,如图 7.12 所示。

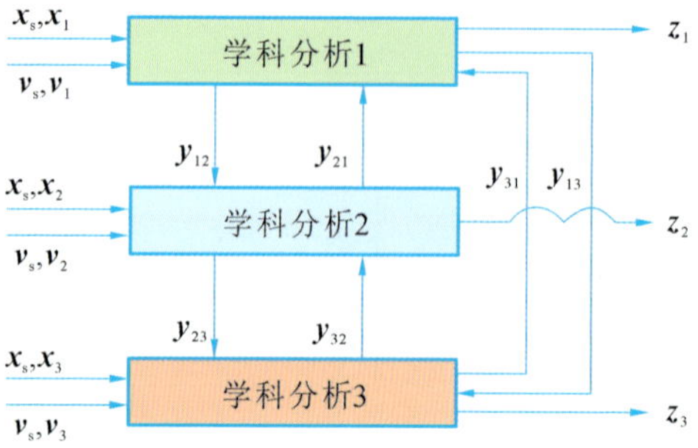

图 7.12　考虑随机和认知不确定性的多学科分析流程图

图中：$\boldsymbol{x}_s$ 为系统输入的共享随机设计变量；$\boldsymbol{x}_1$、$\boldsymbol{x}_2$、$\boldsymbol{x}_3$ 分别为学科 1、学科 2 和学科 3 的系统输入随机变量，为局部随机自变量；$\boldsymbol{v}_s$ 为系统输入的共享认知设计变量，$\boldsymbol{v}_1$、$\boldsymbol{v}_2$、$\boldsymbol{v}_3$ 分别为学科 1、学科 2 和学科 3 的系统输入认知变量，为局部认知自变量；$\boldsymbol{y}_{ij}(i\neq j)$为学科间的耦合状态变量，表示学科 i 的输出到学科 j 的输入；$\boldsymbol{z}_i(i=1,2,3)$表示学科 1、学科 2 和学科 3 的输出。

特别说明，本节中的随机变量是指服从某种特定分布的变量，而认知变量是指区间不确定性变量。

随机和认知不确定性条件下的多学科分析，就是充分考虑系统输入参变量的各种不确定性，求出系统输出的过程。因为不同学科间存在不同程度的耦合，故各学科的输出不仅受自身系统输入的影响，也受学科间耦合关系的影响。要想求出各子系统的输出，首先应对耦合状态变量 $\boldsymbol{y}_{ij}(i\neq j)$进行分析求解。随机和认知不确定性条件下的多学科分析与随机不确定条件下的多学科分析过程类似，具体包括以下步骤。

步骤 1：列出各子系统的输入-输出关系。

学科 1、学科 2 和学科 3 的输入-输出关系分别为

$$\begin{cases} \boldsymbol{z}_1 = \boldsymbol{z}_1(\boldsymbol{x}_s,\boldsymbol{x}_1,\boldsymbol{v}_s,\boldsymbol{v}_1,\boldsymbol{y}_{21},\boldsymbol{y}_{31}) \\ \boldsymbol{y}_{12} = \boldsymbol{y}_{12}(\boldsymbol{x}_s,\boldsymbol{x}_1,\boldsymbol{v}_s,\boldsymbol{v}_1,\boldsymbol{y}_{21},\boldsymbol{y}_{31}) \\ \boldsymbol{y}_{13} = \boldsymbol{y}_{13}(\boldsymbol{x}_s,\boldsymbol{x}_1,\boldsymbol{v}_s,\boldsymbol{v}_1,\boldsymbol{y}_{21},\boldsymbol{y}_{31}) \end{cases} \tag{7.37}$$

$$\begin{cases} \boldsymbol{z}_2 = \boldsymbol{z}_2(\boldsymbol{x}_s,\boldsymbol{x}_2,\boldsymbol{v}_s,\boldsymbol{v}_2,\boldsymbol{y}_{12},\boldsymbol{y}_{32}) \\ \boldsymbol{y}_{21} = \boldsymbol{y}_{21}(\boldsymbol{x}_s,\boldsymbol{x}_2,\boldsymbol{v}_s,\boldsymbol{v}_2,\boldsymbol{y}_{12},\boldsymbol{y}_{32}) \\ \boldsymbol{y}_{23} = \boldsymbol{y}_{23}(\boldsymbol{x}_s,\boldsymbol{x}_2,\boldsymbol{v}_s,\boldsymbol{v}_2,\boldsymbol{y}_{12},\boldsymbol{y}_{32}) \end{cases} \tag{7.38}$$

$$\begin{cases} \boldsymbol{z}_3 = \boldsymbol{z}_3(\boldsymbol{x}_s,\boldsymbol{x}_3,\boldsymbol{v}_s,\boldsymbol{v}_3,\boldsymbol{y}_{13},\boldsymbol{y}_{23}) \\ \boldsymbol{y}_{31} = \boldsymbol{y}_{31}(\boldsymbol{x}_s,\boldsymbol{x}_3,\boldsymbol{v}_s,\boldsymbol{v}_3,\boldsymbol{y}_{13},\boldsymbol{y}_{23}) \\ \boldsymbol{y}_{32} = \boldsymbol{y}_{32}(\boldsymbol{x}_s,\boldsymbol{x}_3,\boldsymbol{v}_s,\boldsymbol{v}_3,\boldsymbol{y}_{13},\boldsymbol{y}_{23}) \end{cases} \tag{7.39}$$

步骤 2：联立耦合状态变量，建立方程组。

以三学科耦合系统为例，其耦合状态方程组为

$$\begin{cases} \boldsymbol{y}_{12} = \boldsymbol{y}_{12}(\boldsymbol{x}_s, \boldsymbol{x}_1, \boldsymbol{v}_s, \boldsymbol{v}_1, \boldsymbol{y}_{21}, \boldsymbol{y}_{31}) \\ \boldsymbol{y}_{13} = \boldsymbol{y}_{13}(\boldsymbol{x}_s, \boldsymbol{x}_1, \boldsymbol{v}_s, \boldsymbol{v}_1, \boldsymbol{y}_{21}, \boldsymbol{y}_{31}) \\ \boldsymbol{y}_{21} = \boldsymbol{y}_{21}(\boldsymbol{x}_s, \boldsymbol{x}_2, \boldsymbol{v}_s, \boldsymbol{v}_2, \boldsymbol{y}_{12}, \boldsymbol{y}_{32}) \\ \boldsymbol{y}_{23} = \boldsymbol{y}_{23}(\boldsymbol{x}_s, \boldsymbol{x}_2, \boldsymbol{v}_s, \boldsymbol{v}_2, \boldsymbol{y}_{12}, \boldsymbol{y}_{32}) \\ \boldsymbol{y}_{31} = \boldsymbol{y}_{31}(\boldsymbol{x}_s, \boldsymbol{x}_3, \boldsymbol{v}_s, \boldsymbol{v}_3, \boldsymbol{y}_{13}, \boldsymbol{y}_{23}) \\ \boldsymbol{y}_{32} = \boldsymbol{y}_{32}(\boldsymbol{x}_s, \boldsymbol{x}_3, \boldsymbol{v}_s, \boldsymbol{v}_3, \boldsymbol{y}_{13}, \boldsymbol{y}_{23}) \end{cases} \tag{7.40}$$

步骤 3：选取算法进行求解。

根据所要处理问题的类型，可以选择不同的迭代方法来求解上面的方程组，例如高斯-赛德尔迭代法、牛顿迭代法、鲍威尔折线法等。

7.3.3 MU-SMRA 流程与步骤

7.3.3.1 MU-SMRA 流程

MU-SMRA 流程如图 7.13 所示。

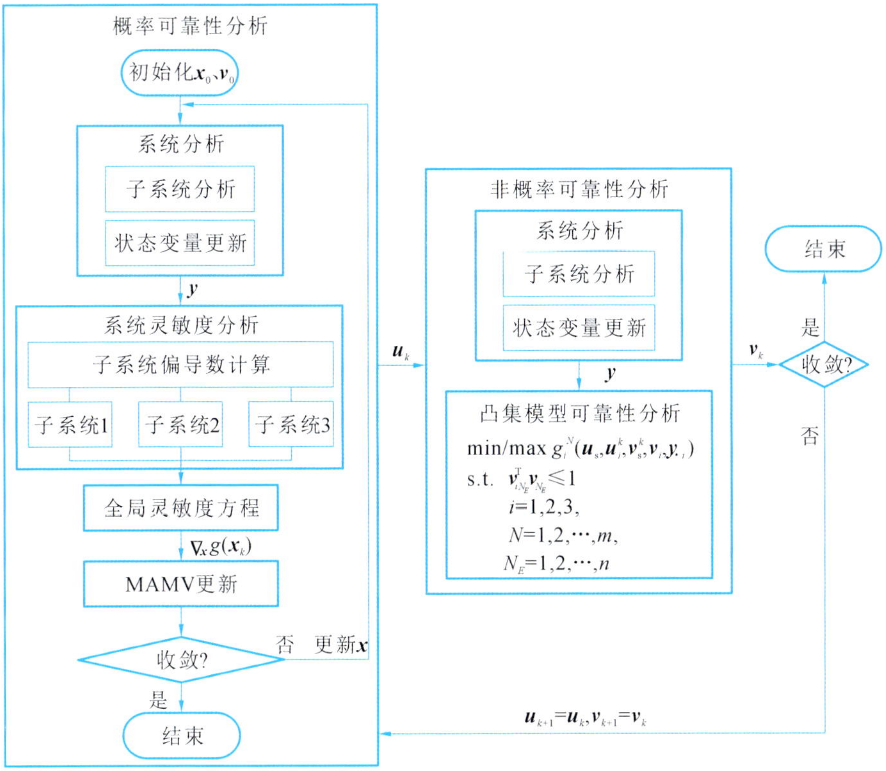

图 7.13 MU-SMRA **流程**

7.3.3.2 MU-SMRA 具体步骤

MU-SMRA 包括以下步骤。

步骤 1:设定 $\boldsymbol{u}_s$、$\boldsymbol{u}_i$、$\boldsymbol{v}_s$、$\boldsymbol{v}_i$ 的初始值。

步骤 2:进行多学科概率可靠性分析,按以下分步骤进行。

步骤 2.1:固定认知不确定性设计参变量(用其均值表征),$\boldsymbol{v}_s=\boldsymbol{v}_s^M$,$\boldsymbol{v}_i=\boldsymbol{v}_i^M$,设循环次数 $k=1$。

步骤 2.2:执行多学科分析,求出状态变量 $\boldsymbol{y}_k$ 和极限状态函数 $g(\boldsymbol{x}_k)$的值。

步骤 2.3:执行系统灵敏度分析,利用全局灵敏度分析方法获得极限状态函数的梯度$\nabla_x g(\boldsymbol{x}_k)$。

步骤 2.4:进行空间转换,把随机变量 $\boldsymbol{x}_k$ 转化成标准正态空间的变量$\boldsymbol{u}_k$,由式(7.31)求出极限状态函数在标准正态空间中的梯度$\nabla_u g(\boldsymbol{u}_k)$。

步骤 2.5:采用 MAMV 法更新 $\boldsymbol{u}$,按以下分步骤进行。

步骤 2.5.1:计算 $\boldsymbol{u}_k$ 和$\nabla_u g(\boldsymbol{u}_k)$之间的夹角:

$$\gamma_k=\cos^{-1}\frac{\boldsymbol{u}_k\cdot\nabla_u g(\boldsymbol{u}_k)}{\|\boldsymbol{u}_k\|\cdot\|\nabla_u g(\boldsymbol{u}_k)\|}$$

如果 $\gamma_k\leqslant\varepsilon$,跳转到步骤 2.7,否则跳转到步骤 2.5.2。ε 是一个很小的角度,例如 0.01°。

步骤 2.5.2:如果 $g(\boldsymbol{u}_k)>g(\boldsymbol{u}_{k-1})$,则 $\boldsymbol{u}_{k+1}=\beta_t\dfrac{\nabla_u g(\boldsymbol{u}_k)}{\|\nabla_u g(\boldsymbol{u}_k)\|}$;反之,则

$$\boldsymbol{u}_{k+1}=\frac{\beta_t}{\sin(\gamma_k)}\left[\sin(\gamma_k-\delta_k)\frac{\boldsymbol{u}_k}{\|\boldsymbol{u}_k\|}+\sin\delta_k\frac{\nabla_u g(\boldsymbol{u}_k)}{\|\nabla_u g(\boldsymbol{u}_k)\|}\right] \tag{7.41}$$

式中:δ_k 可以通过求解一个一维最大值问题得到,即求解式(7.34)。

步骤 2.6:把 $\boldsymbol{u}_{k+1}$转换成原始空间中所对应的变量 $\boldsymbol{x}_{k+1}$,若$(\boldsymbol{u}_{k+1}-\boldsymbol{u}_k)/\boldsymbol{u}_k\leqslant\varepsilon$,转步骤 2.7,否则转步骤 1。

步骤 2.7:计算 $g(\boldsymbol{u}_k)$,结束,进入步骤 3。

步骤 3:进行多学科凸集模型可靠性分析,按以下分步骤进行。

步骤 3.1:固化随机不确定性,令 $\boldsymbol{u}=\boldsymbol{u}_{\mathrm{MPP}}$。

步骤 3.2:执行多学科分析,求出状态变量 $\boldsymbol{y}_k$ 和极限状态函数 $g(\boldsymbol{x}_k)$的值。

步骤 3.3:基于拉格朗日乘子将有约束的优化问题转化为无约束的优化问题。

步骤 3.4:对于新构建的优化函数,分别对认知不确定性 $\boldsymbol{v}$ 和 $\boldsymbol{\lambda}$ 求偏导,使得$\dfrac{\partial g_i}{\partial \boldsymbol{v}_i}=\boldsymbol{0}$,$\dfrac{\partial g_i}{\partial \boldsymbol{\lambda}}=\boldsymbol{0}$,求出极限状态函数极值所对应的点 $\boldsymbol{v}_{\min}$ 和 $\boldsymbol{v}_{\max}$。

步骤4: 进行收敛性验证。

将求得的 $\boldsymbol{u}^k$、$\boldsymbol{v}_{\min}^k$ 和 $\boldsymbol{v}_{\max}^k$ 代入极限状态函数，如果所有多学科可靠性约束均满足且目标函数值收敛($g_i^k \leqslant 0, i=1\sim n; |f(k)-f(k-1)| \leqslant \varepsilon$)，则转至步骤5；反之则令 $k=k+1$，转至步骤2。

步骤5: 结束计算。

7.3.4 实例分析与讨论

本节结合一个数值算例和电子封装应用实例验证SMRA和MU-SMRA方法的有效性。

7.3.4.1 数值算例

该数值算例包括两个子系统和五个设计变量，如图7.14所示。变量 x_1 是共享设计变量，子系统1包含两个局部变量 x_2、x_3，子系统2的局部变量为 x_4、x_5。耦合状态变量为 y_{12} 和 y_{21}，g_1 和 g_2 分别为子系统1和子系统2的约束条件。

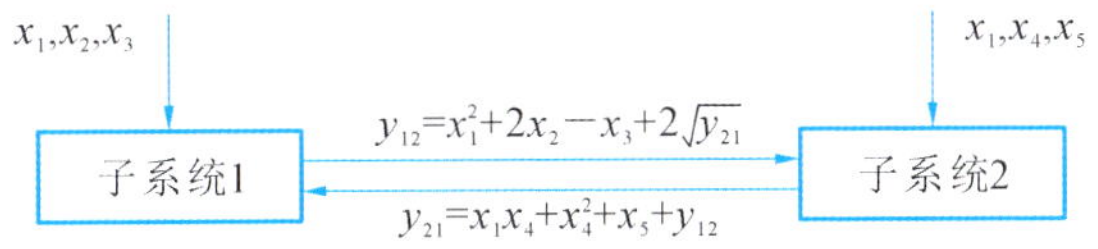

图7.14 数值算例耦合关系图

两个子系统的函数关系如下。

子系统1：

$$\begin{cases} \boldsymbol{x}_1 = (x_1 \; x_2 \; x_3), \boldsymbol{y}_1 = (y_{12}), \boldsymbol{g}_1 = (g_1) \\ y_{12} = x_1^2 + 2x_2 - x_3 + 2\sqrt{y_{21}} \\ g_1 = 5 - (x_1^2 + 2x_2 + x_3 + x_2 e^{-y_{21}}) \end{cases} \tag{7.42}$$

子系统2：

$$\begin{cases} \boldsymbol{x}_2 = (x_1 \; x_4 \; x_5), \boldsymbol{y}_2 = (y_{21}), \boldsymbol{g}_2 = (g_2) \\ y_{21} = x_1 x_4 + x_4^2 + x_5 + y_{12} \\ g_2 = \sqrt{x_1} + x_4 + x_5(0.4x_1) \end{cases} \tag{7.43}$$

设计变量 $\boldsymbol{x}=(x_1, x_2, x_3, x_4, x_5)$ 的均值 $\boldsymbol{\mu}_x=(1,1,1,1,1)$，方差 $\boldsymbol{\sigma}_x=(0.1, 0.1, 0.1, 0.1, 0.1)$，当给定可靠度指标 $\beta_t=3.0$ 时，对于极限状态函数 g_1，由三种方法获得的MPP点和极限状态函数的值如表7.1所示。MDF和IDF可靠性分析方法的优化器使用的是序列二次规划算法(SQP)，在表中分别用MDF

+SQP 和 IDF+SQP 表示；本节所提出的序列化多学科可靠性分析方法用 SMRA 表示。

表 7.1　SMRA 数值算例可靠性分析结果

分析方法	$\boldsymbol{x}_{\mathrm{MPP}}=(x_1,x_2,x_3,x_4,x_5)$	$g_1(\boldsymbol{x})$	函数迭代次数
MDF+SQP	(1.2212,1.1812,1.0906,1.0000,1.0000)	0.0555	206
IDF+SQP	(1.2209,1.1816,1.0951,1.0000,1.0000)	0.0553	184
SMRA	(1.2212,1.1811,1.0905,1.0000,1.0000)	0.0555	152

从表 7.1 可以看出，由三种方法所获得的极限状态函数值都大于零，即概率约束条件 g_1 满足给定的可靠度要求。三种方法的计算结果非常接近，需要的函数迭代次数分别为 206、184 和 152，SMRA 方法需要的函数迭代次数最少，计算效率优于其他两种方法，这说明本方法可以在保持计算精度的情况下具有较高的计算效率。

将该数值算例改造成一个同时具有随机和认知不确定性的多学科可靠性分析问题。改造后的算例包括两个子系统和五个设计变量，如图 7.15 所示。子系统 1 包含五个设计变量，即 x_1、x_2、x_3、x_4、x_5；子系统 2 包含三个设计变量，即 x_1、x_4、x_5。其中，x_1、x_2、x_3 为随机不确定性设计变量，服从一定的概率分布，而 x_4、x_5 为认知不确定性设计变量，x_1、x_4、x_5 同时还是共享设计变量。y_{12} 和 y_{21} 为耦合状态变量。g_1 和 g_2 分别为子系统 1 和子系统 2 的可靠性约束条件。

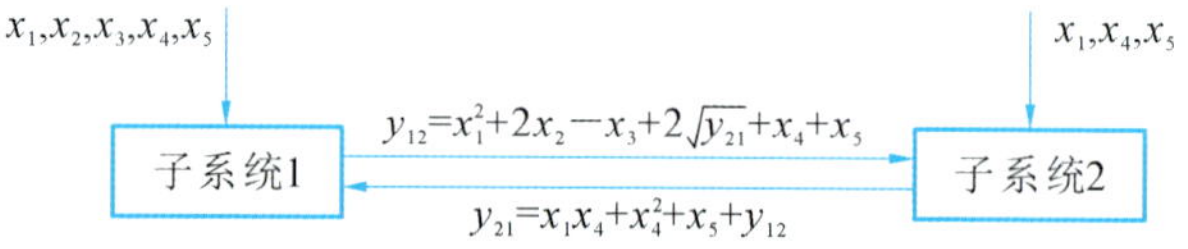

图 7.15　改进的数值算例耦合关系图

改造后两个子系统的函数关系如下。

子系统 1：

$$
\begin{cases}
\boldsymbol{x}_1=(x_1\ x_2\ x_3\ x_4\ x_5),\boldsymbol{y}_1=(y_{12}),\boldsymbol{g}_1=(g_1)\\
y_{12}=x_1^2+2x_2-x_3+2\sqrt{y_{21}}+x_4+x_5\\
g_1=5-(x_1^2+2x_2+2x_3x_4+x_2\mathrm{e}^{-y_{21}})-1.1x_5
\end{cases}
\tag{7.44}
$$

子系统 2：

$$
\begin{cases}
\boldsymbol{x}_2=(x_1\ x_4\ x_5),\boldsymbol{y}_2=(y_{21}),\boldsymbol{g}_2=(g_2)\\
y_{21}=x_1x_4+x_4^2+x_5+y_{12}\\
g_2=\sqrt{x_1}+x_4+x_5(0.4x_1)+y_2
\end{cases}
\tag{7.45}
$$

为验证所提出 MU-SMRA 方法的有效性，下面分两种情况来验证算法在单一随机不确定性条件和多源不确定性条件下的计算效率和收敛性能。

情况 1：假设所有设计变量均服从正态分布，$\boldsymbol{x}=(x_1,x_2,x_3,x_4,x_5)$的均值 $\boldsymbol{\mu}_x=(1,1,1,1,1)$，方差 $\boldsymbol{\sigma}_x=(0.1,0.1,0.1,0.1,0.1)$。

情况 2：假设 x_1、x_2、x_3 为随机不确定性设计变量，服从正态分布，$\boldsymbol{x}=(x_1,x_2,x_3)$的均值 $\boldsymbol{\mu}_x=(1,1,1)$，方差 $\boldsymbol{\sigma}_x=(0.1,0.1,0.1)$，而 x_4、x_5 为认知不确定性设计变量，其变动范围描述如下：$\boldsymbol{x}\in E=\{\boldsymbol{x}\mid(\boldsymbol{x}-\bar{\boldsymbol{x}})^{\mathrm{T}}\boldsymbol{W}(\boldsymbol{x}-\bar{\boldsymbol{x}})\leqslant 0.04^2\}$，标定值为 $\bar{\boldsymbol{x}}=(\bar{x}_4,\bar{x}_5)^{\mathrm{T}}=(1,1)^{\mathrm{T}}$，特征矩阵为 $\boldsymbol{W}_x=\begin{bmatrix}64 & 0\\ 0 & 16\end{bmatrix}$。因此，$X$ 空间内的认知不确定性与单位球内(V 空间)的转换关系为$x_4=v_4/200+1$，$x_5=v_5/100+1$。

其中，为进一步验证认知不确定性设计参变量的变动范围对极限状态函数的影响程度，除情况 2 代表的试验点 1 以外，再取如下两点对其进行可靠性分析。

试验点 2：取变差 $\varepsilon=0.02$，特征矩阵各元素分别为 $w_{11}=64$，$w_{12}=0$，$w_{21}=0$，$w_{22}=16$，则 X 空间内的认知不确定性与单位球内(V 空间)的转换关系为：$x_4=v_4/400+1$，$x_5=v_5/200+1$。

试验点 3：取变差 $\varepsilon=0.04$，特征矩阵各元素分别为 $w_{11}=16$，$w_{12}=0$，$w_{21}=0$，$w_{22}=64$，则 X 空间内的认知不确定性与单位球内(V 空间)的转换关系为：$x_4=v_4/100+1$，$x_5=v_5/400+1$。

针对极限状态函数 g_1，分别采用 SMRA 和 MU-SMRA 两种方法(三个试验点)进行多学科可靠性分析，获得的 MPP 点、极限状态函数值以及迭代次数如表 7.2 所示。

表 7.2　MU-SMRA 数值算例可靠性分析结果

方　法		$\boldsymbol{x}_{\mathrm{MPP}}=(x_1,x_2,x_3,x_4,x_5)$	极限状态函数值	迭代次数
SMRA		(1.1726,1.1726,1.1726,1.0017,1.0017)	$g_1(\boldsymbol{x})=0.0323$	232
MU-SMRA	$\varepsilon=0.04$，$w_{11}=64$，$w_{22}=16$	(1.1933,1.1620,1.1625,1.0036,0.9931)	$g_1(\boldsymbol{x},\boldsymbol{v})_{\min}=0.0111$	258
		(1.1937,1.1623,1.1617,0.9964,1.0069)	$g_1(\boldsymbol{x},\boldsymbol{v})_{\max}=0.0431$	258
	$\varepsilon=0.02$，$w_{11}=64$，$w_{22}=16$	(1.1933,1.1620,1.1624,1.0023,0.9912)	$g_1(\boldsymbol{x},\boldsymbol{v})_{\min}=0.0120$	258
		(1.1936,1.1622,1.1618,0.9977,1.0088)	$g_1(\boldsymbol{x},\boldsymbol{v})_{\max}=0.0423$	258
	$\varepsilon=0.04$，$w_{11}=16$，$w_{22}=64$	(1.1932,1.1619,1.1627,1.0050,0.9988)	$g_1(\boldsymbol{x},\boldsymbol{v})_{\min}=0.0143$	258
		(1.1938,1.1623,1.1615,0.9950,1.0012)	$g_1(\boldsymbol{x},\boldsymbol{v})_{\max}=0.0399$	258

从表 7.2 可以看出,采用所提出 SMRA 和 MU-SMRA 方法得到的极限状态函数值均大于零,说明可靠性约束条件 g_1 满足可靠性设计要求。SMRA 和 MU-SMRA 方法在计算极限状态函数 $g_1(\boldsymbol{x})$过程中的迭代次数分别为 232 次和 258 次,显然,其迭代次数属同一数量级,计算效率相当。这主要得益于以下三点。

(1) 对两层嵌套的 MU-SMRA 的全解耦(上层为嵌套的多学科概率可靠性与多学科凸分析解耦;下层为多学科分析与可靠性分析解耦、多学科分析与凸分析解耦)。

(2) 基于 CSSO 算法实现了多学科并行分析。

(3) 采用拉格朗日乘子法将有约束条件无约束化并采用 KKT 条件替代了计算成本高昂的函数极值分析。

以上说明本方法可以在保持计算精度的情况下以较高的计算效率处理随机和认知不确定性同时存在的多学科可靠性分析问题。

从理论上来讲,当所有设计参变量均为随机不确定性参变量时,其极限状态函数的取值为单一数值,而当设计参变量同时具备随机和认知不确定性时,其极限状态函数的取值应为一区间,并且该单一数值应隶属于该区间。由表 7.2可见,$0.0323\in[0.0111,0.0431]$、$[0.0120,0.0423]$、$[0.0143,0.0399]$,这说明由 SMRA 方法计算的极限状态函数单一值位于由 MU-SMRA 方法计算出的极限状态函数的取值范围内,这就验证了所提出方法与理论的正确性。

在三个不同的试验点,由 MU-SMRA 方法对极限状态函数进行分析的结果(最值)变化趋势如图 7.16 所示,极限状态函数的差值如图 7.17 所示。可见,随着认知不确定性变差 ε 减小,极限状态函数的最大值逐渐减小,而其最小值却逐渐增大,因此,极限状态函数的差值呈现逐渐减小的趋势。因此,这也提示工程设计人员需尽可能多地收集与认知不确定性相关的信息与数据,减小其不确定性程度,增强对极限状态函数进行多学科可靠性分析的准确度。另外,这里采用极限状态函数的最小值作为衡量系统是否可靠的标准,说明采用 MU-SMRA 方法进行可靠性分析与设计优化所得的结果是安全可靠的。

7.3.4.2 电子封装问题

电子封装问题是一个涉及电学和热学两个学科的复杂耦合问题。电子封装部件由电阻和散热槽组成。电阻安装在散热槽上,电路的电流被两块电阻均匀分开。电阻随温度变化,而温度又随电阻变化,即温度和电阻相互耦合。该系统可以分解为电学和热学两个子系统,如图 7.18 所示。

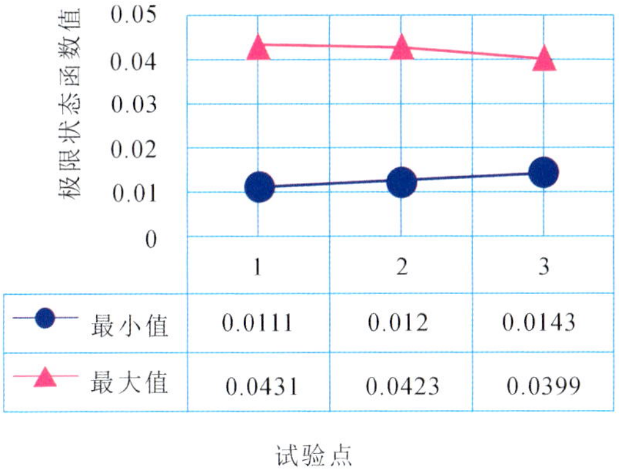

图 7.16　极限状态函数的变化趋势

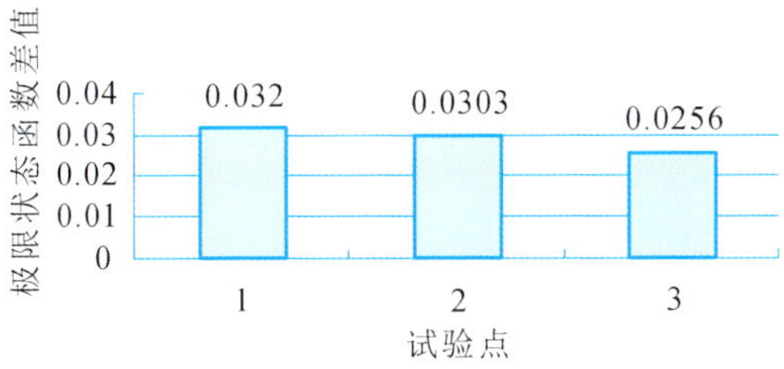

图 7.17　极限状态函数的差值

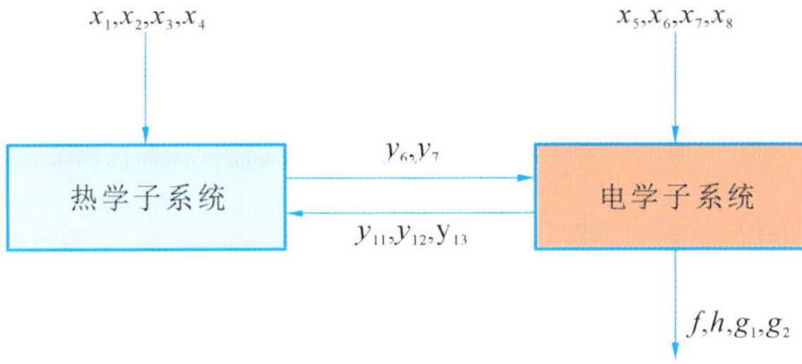

图 7.18　电子封装问题耦合关系图

图 7.18 中的各设计变量和耦合状态变量的含义及具体信息参见文献[5]。该系统共包含八个设计变量（$x_1 \sim x_8$），五个耦合状态变量（y_6、y_7、y_{11}、y_{12}、y_{13}），以及四个系统输出（f、h、g_1、g_2），h 为等式约束函数。两个子系统的变量和输出如下。

（1）热学子系统的变量和输出。

输入变量为　　$\boldsymbol{x}_T = (x_1 \ x_2 \ x_3 \ x_4)$

耦合状态变量为　　$\boldsymbol{y}_{21} = (y_{11} \ y_{12} \ y_{13})$

输出为　　$\boldsymbol{z}_T = \varnothing$

式中：∅表示空集。

(2) 电学子系统的变量和输出。

输入变量为
$$\boldsymbol{x}_C=(x_5\ x_6\ x_7\ x_8)$$
耦合状态变量为
$$\boldsymbol{y}_{12}=(y_6\ y_7)$$
输出为
$$\boldsymbol{z}_C=(f\ h\ g_1\ g_2)$$

设计变量 $\boldsymbol{x}=(\boldsymbol{x}_T,\boldsymbol{x}_C)=(x_1,x_2,x_3,x_4,x_5,x_6,x_7,x_8)$服从正态分布，变差系数(标准差与均值的比值)为 0.1，在设计点 $\boldsymbol{x}=(0.08,0.08,0.055,0.0275,505.0,0.0065,505.0,0.0065)$，给定可靠度指标 $\beta_t=3.0$。

同时，为验证 MU-SMRA 方法的有效性与高效性，对电子封装算例进行改造：电子封装系统包括热学子系统和电学子系统，设计变量 x_1、x_4、x_5、x_6、x_7、x_8 为随机设计变量，服从正态分布，变差系数(标准差与均值的比值)为 0.1，在设计点 $\boldsymbol{x}=(0.08,0.0275,505.0,0.0065,505.0,0.0065)$。设计变量 x_2、x_3 为认知不确定性设计变量，其中，标定值为 $\bar{\boldsymbol{x}}=(\bar{x}_2,\bar{x}_3)^{\mathrm{T}}=(0.08,0.055)^{\mathrm{T}}$，特征矩阵为 $\boldsymbol{W}=\begin{pmatrix}4 & 0\\ 0 & 1\end{pmatrix}$，其变动范围为 $\boldsymbol{x}\in E=\{\boldsymbol{x}\mid(\boldsymbol{x}-\bar{\boldsymbol{x}})^{\mathrm{T}}\boldsymbol{W}(\boldsymbol{x}-\bar{\boldsymbol{x}})\leqslant 0.02^2\}$。

针对极限状态函数 $g_2(\boldsymbol{x})$进行多学科可靠性分析，获得的 MPP 点、极限状态函数值及函数迭代次数如表 7.3 所示。

表 7.3　电子封装问题 g_2 的可靠性分析结果

分析方法	$\boldsymbol{x}_{\mathrm{MPP}}=\{x_1,x_2,x_3,x_4,x_5,x_6,x_7,x_8\}$	$g_2(\boldsymbol{x})$	n^1
MDF+SQP	(0.112,0.100,0.062,0.037,636.9,0.007,655.1,0.0066)	0.1135	496
IDF+SQP	(0.112,0.100,0.062,0.037,636.9,0.007,655.1,0.0066)	0.0943	421
SMRA	(0.112,0.100,0.062,0.037,636.9,0.007,655.1,0.0066)	0.1068	365
MU-SMRA	(0.112,0.100,0.062,0.037,636.9,0.007,655.1,0.0066)	$g_{2\min}=0.0350$	512
	(0.112,0.100,0.062,0.037,636.9,0.007,655.1,0.0066)	$g_{2\max}=0.1266$	512

注：n 为函数迭代次数。

由表 7.3 可知，采用上述四种方法对极限状态函数 $g_2(\boldsymbol{x})$进行多学科可靠性分析，其函数值均为正，说明约束条件 g_2 满足给定可靠度要求。并且，单一随机不确定性条件下的极限状态函数值隶属于随机和认知不确定性条件下极限状态函数的取值区间，这就验证了所提 MU-SMRA 方法的正确性。

从计算效率来看，在仅考虑随机不确定性的情况下，所提出的 SMRA 方法所需的函数迭代次数最少，效率较 MDF+SQP 和 IDF+SQP 分别提高 26.41%、13.30%，验证了 SMRA 方法的正确性与高效性。虽然 MU-SMRA 方法所需的函数迭代次数略高于其他三种方法，但迭代次数仍属于同一数量级，该方法也具有高效性。这是因为：首先，实现了对两层嵌套的 MU-SMRA 的全解耦；其次，基于 CSSO 算法实现了多学科并行分析；最后，采用拉格朗日乘子法将有约束条件无约束化并采用 KKT 条件替代了计算成本高昂的函数极值分析。

通过对上述两个不同复杂程度的算例进行分析可以看出，所提 SMRA 方法和 MU-SMRA 方法均能在保持精度的前提下采用较少的子系统分析次数，计算效率明显优于其他两种可靠性分析方法，可以很好地处理多学科可靠性分析问题。同时，MU-SMRA 方法在计算可靠度与计算效率间取得了平衡，获得了满意的设计优化结果。因此，所提方法可以在保持计算精度的情况下以较高的计算效率处理随机和认知不确定性同时存在的多学科可靠性分析问题。

7.4 基于概率论、可能性理论和证据理论的序列化多学科可靠性分析方法

本节对随机-模糊-区间不确定性下的多学科统一可靠性分析进行研究。首先对基于传统嵌套 PMA 的多学科 PMA 方法（嵌套 MDPMA）进行简单介绍；然后基于序列化的思想，结合单学科下的 IS-PMA 方法，提出一种多学科下的序列化 PMA 方法（IS-MDPMA）。在此，需要特别指出的是，在进行随机-模糊-区间不确定性下的多学科逆可靠性分析时，同样需要进行目标子似真度的求解，此时需要用到随机-模糊-区间不确定性下的多学科正可靠性分析，可采用 FORM-α-URA 方法与 MDA 相结合的方法求解。

7.4.1 含有三种不确定性的多学科逆可靠性分析模型

根据单学科下的逆可靠性分析可知，当随机变量、模糊变量和区间变量同时存在时，在多学科逆可靠性分析中同样也需要对证据变量的所有焦元进行分析。由于各学科都同时包含随机变量、模糊变量和区间变量，因此各学科的可靠性分析模型相同。取证据变量的第 k 个焦元，可建立学科 i 在标准正态 U 空间下的多学科逆可靠性分析模型：

$$\begin{cases}\min G_i(\boldsymbol{u}_{\mathrm{s}},\boldsymbol{u}_i,\boldsymbol{X}_{\mathrm{fs}},\boldsymbol{X}_{\mathrm{f}i},\boldsymbol{X}_{\mathrm{es}},\boldsymbol{X}_{\mathrm{e}i},\boldsymbol{y}_{\cdot i}) \\ \text{s. t. } \|\boldsymbol{u}\| = \Phi^{-1}(1-\mathrm{Pl}_{z\mathrm{t}}^{\alpha_{\mathrm{t}}}) \\ \qquad \boldsymbol{X}_{\mathrm{fs}}^{\alpha_{\mathrm{t}},\mathrm{L}} \leqslant \boldsymbol{X}_{\mathrm{fs}} \leqslant \boldsymbol{X}_{\mathrm{fs}}^{\alpha_{\mathrm{t}},\mathrm{U}},\boldsymbol{X}_{\mathrm{es}}^{z,\mathrm{L}} \leqslant \boldsymbol{X}_{\mathrm{es}} \leqslant \boldsymbol{X}_{\mathrm{es}}^{z,\mathrm{U}} \\ \qquad \boldsymbol{X}_{\mathrm{f}j}^{\alpha_{\mathrm{t}},\mathrm{L}} \leqslant \boldsymbol{X}_{\mathrm{f}j} \leqslant \boldsymbol{X}_{\mathrm{f}j}^{\alpha_{\mathrm{t}},\mathrm{U}},\boldsymbol{X}_{\mathrm{e}j}^{z,\mathrm{L}} \leqslant \boldsymbol{X}_{\mathrm{e}j} \leqslant \boldsymbol{X}_{\mathrm{e}j}^{z,\mathrm{U}} \quad (j=1,2,\cdots,n) \\ \qquad \boldsymbol{y}_{j\cdot} = \boldsymbol{y}_{j\cdot}(\boldsymbol{u}_{\mathrm{s}},\boldsymbol{u}_j,\boldsymbol{X}_{\mathrm{fs}},\boldsymbol{X}_{\mathrm{f}j},\boldsymbol{X}_{\mathrm{es}},\boldsymbol{X}_{\mathrm{e}j},\boldsymbol{y}_{\cdot j})\end{cases} \tag{7.46}$$

式中：n 为学科个数；$\boldsymbol{u}_s$ 为 U 空间下的共享随机变量；$\boldsymbol{u}_i$ 为 U 空间下学科 i 的独立随机变量；$\boldsymbol{u}$ 为所有学科的随机变量 U 空间下的变量，$\boldsymbol{u}=(\boldsymbol{u}_s,\boldsymbol{u}_1,\boldsymbol{u}_2,\cdots,\boldsymbol{u}_n)$；$\boldsymbol{X}_{fs}$、$\boldsymbol{X}_{fi}$分别为共享模糊变量和学科 i 的独立模糊变量；$\boldsymbol{X}_{fs}^{\alpha_t,L}$ 和 $\boldsymbol{X}_{fs}^{\alpha_t,U}$ 分别为 $\boldsymbol{X}_{fs}$ 在 α_t 截集下的最小值和最大值；$\boldsymbol{X}_{fi}^{\alpha_t,L}$ 和 $\boldsymbol{X}_{fi}^{\alpha_t,U}$ 分别为 $\boldsymbol{X}_{fs}$ 在 α_t 截集下的最小值和最大值；$\boldsymbol{X}_{fi}^{\alpha_t,L}$ 和 $\boldsymbol{X}_{fi}^{\alpha_t,U}$ 分别为 $\boldsymbol{X}_{fi}$ 在 α_t 截集下的最小值和最大值；$\boldsymbol{X}_{es}$、$\boldsymbol{X}_{ei}$ 分别为共享证据变量和学科 i 的独立证据变量；$\boldsymbol{X}_{es}^{z,L}$ 和 $\boldsymbol{X}_{es}^{z,U}$ 分别为 $\boldsymbol{X}_{es}$ 的第 z 个焦元的最小值和最大值；$\boldsymbol{X}_{ei}^{z,L}$ 和 $\boldsymbol{X}_{ei}^{z,U}$ 分别为 $\boldsymbol{X}_{ei}$ 的第 z 个焦元的最小值和最大值；$\boldsymbol{y}_{\cdot j}$ 为其他学科输入到学科 j 的耦合变量；$\boldsymbol{y}_{j\cdot}$ 为学科 j 输入到其他学科的耦合变量。

7.4.2 嵌套 MDPMA 求解方法

嵌套 MDPMA 方法将单学科的传统嵌套 PMA 与 MDA 相结合，其求解流程如图 7.19 所示。

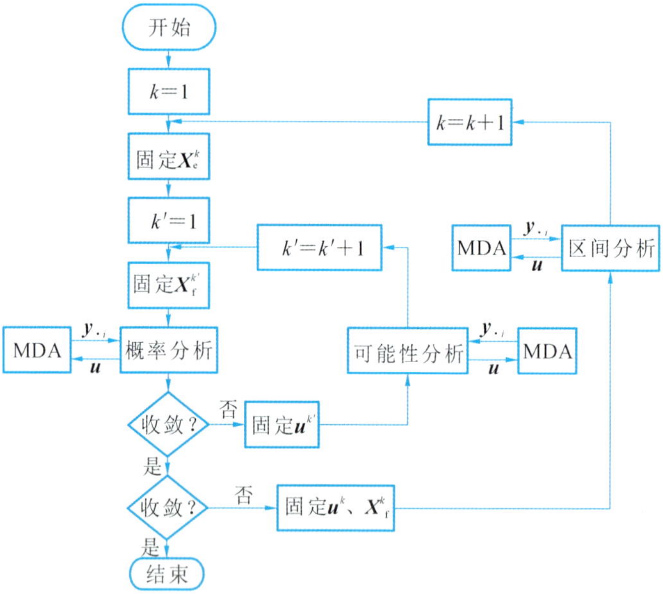

图 7.19 嵌套 MDPMA 的流程

在嵌套 MDPMA 计算过程中，最内层为概率分析，可采用 HMV+ 方法求解，其求解可转化为如下优化问题：

$$\begin{cases}\min G_i(\boldsymbol{u}_s,\boldsymbol{u}_i,\boldsymbol{X}_{fs}^{k'},\boldsymbol{X}_{fi}^{k'},\boldsymbol{X}_{es}^{k},\boldsymbol{X}_{ei}^{k},\boldsymbol{y}_{\cdot i})\\ \text{s.t.}\ \|\boldsymbol{u}\|=\Phi^{-1}(1-\text{Pl}_{zt}^{\alpha_t})\end{cases}\tag{7.47}$$

式中：k 表示整体循环次数；k'表示中间层和最内层的整体循环次数；$\boldsymbol{X}_{fs}^{k'}$、$\boldsymbol{X}_{fi}^{k'}$、

$\boldsymbol{X}_{\mathrm{es}}^{k}$、$\boldsymbol{X}_{\mathrm{e}i}^{k}$为固定值。设最内层随机变量的迭代次数为$k_{\mathrm{r}}$，当更新迭代的随机变量的新点$\boldsymbol{u}^{k_{\mathrm{r}}+1}$的功能函数值与第$k_{\mathrm{r}}$次相比出现上升情况时，需要用到插值方法，此时还要增加一处MDA循环求解。当满足概率收敛条件时，令$\boldsymbol{u}^{k'}=\boldsymbol{u}^{k_{\mathrm{r}}+1}$，并进入中间层开始搜索模糊变量。

中间层为基于可能性的逆可靠性分析，可采用基于插值的MPS方法求解，其求解可转化为求解如下优化问题：

$$\begin{cases}\min\ G_i(\boldsymbol{u}_{\mathrm{s}}^{k'},\boldsymbol{u}_i^{k'},\boldsymbol{X}_{\mathrm{fs}},\boldsymbol{X}_{\mathrm{f}i},\boldsymbol{X}_{\mathrm{es}}^{k},\boldsymbol{X}_{\mathrm{e}i}^{k},\boldsymbol{y}_{\cdot i})\\ \mathrm{s.\,t.}\ \boldsymbol{X}_{\mathrm{fs}}^{\alpha_{\mathrm{t}},\mathrm{L}}\leqslant\boldsymbol{X}_{\mathrm{fs}}\leqslant\boldsymbol{X}_{\mathrm{fs}}^{\alpha_{\mathrm{t}},\mathrm{U}}\\ \qquad\boldsymbol{X}_{\mathrm{f}j}^{\alpha_{\mathrm{t}},\mathrm{L}}\leqslant\boldsymbol{X}_{\mathrm{f}j}\leqslant\boldsymbol{X}_{\mathrm{f}j}^{\alpha_{\mathrm{t}},\mathrm{U}}\quad(j=1,2,\cdots,n)\\ \qquad\boldsymbol{y}_{\cdot i}\quad\mathrm{MDA}\end{cases}\tag{7.48}$$

式中：$\boldsymbol{u}_{\mathrm{s}}^{k'}$、$\boldsymbol{u}_j^{k'}$、$\boldsymbol{X}_{\mathrm{es}}^{k}$、$\boldsymbol{X}_{\mathrm{e}i}^{k}$为固定值。当中间层迭代搜索的模糊变量的新点$\boldsymbol{X}_{\mathrm{f}}^{k_{\mathrm{f}}+1}$的功能函数值与第$k_{\mathrm{f}}$次相比出现上升情况时，同样需要用到插值方法，也要增加一处MDA的循环求解。当满足模糊收敛条件时，令$\boldsymbol{X}_{\mathrm{f}}^{k'+1}=\boldsymbol{X}_{\mathrm{f}}^{k_{\mathrm{f}}+1}$，然后令$k'=k'+1$，同时进入下一次的随机变量的搜索。

当中间层和最内层同时满足概率和模糊收敛条件时，令$\boldsymbol{u}^{k}=\boldsymbol{u}^{k'}$、$\boldsymbol{X}_{\mathrm{f}}^{k}=\boldsymbol{X}_{\mathrm{f}}^{k'}$，进入最外层的搜索。

$$\begin{cases}\min\ G_i(\boldsymbol{u}_{\mathrm{s}}^{k},\boldsymbol{u}_i^{k},\boldsymbol{X}_{\mathrm{fs}}^{k},\boldsymbol{X}_{\mathrm{f}i}^{k},\boldsymbol{X}_{\mathrm{es}},\boldsymbol{X}_{\mathrm{e}i},\boldsymbol{y}_{\cdot i})\\ \mathrm{s.\,t.}\ \boldsymbol{X}_{\mathrm{es}}^{z,\mathrm{L}}\leqslant\boldsymbol{X}_{\mathrm{es}}\leqslant\boldsymbol{X}_{\mathrm{es}}^{z,\mathrm{U}}\\ \qquad\boldsymbol{X}_{\mathrm{e}j}^{z,\mathrm{L}}\leqslant\boldsymbol{X}_{\mathrm{e}j}\leqslant\boldsymbol{X}_{\mathrm{e}j}^{z,\mathrm{U}}\quad(j=1,2,\cdots,n)\end{cases}\tag{7.49}$$

最外层搜索通过区间分析和MDA循环求解，当满足多学科区间搜索条件时，令$\boldsymbol{X}_{\mathrm{e}}^{k+1}=\boldsymbol{X}_{\mathrm{e}}^{k_{\mathrm{e}}+1}$，然后令$k=k+1$，同时进入下一次的内部循环。

当同时满足多学科下的概率、模糊和区间变量收敛条件时，给出学科i的多学科下的逆分析的MPP点。通过上述分析可知，传统嵌套MDPMA方法在求解多学科逆可靠性分析问题时，需要进行MDA分析的次数为

$$N_{\mathrm{MDA}}=\sum_{k=1}^{N}\left(N_{\mathrm{e}}^{k}+\sum_{k'=1}^{N'}(N_{\mathrm{f}}^{kk'}+N_{\mathrm{fc}}^{kk'}+N_{\mathrm{r}}^{kk'}+N_{\mathrm{rc}}^{kk'})\right)\tag{7.50}$$

式中：N表示整体循环次数；N'表示第k次整体循环下内部中间层和最内层的循环次数；N_{c}^{k}表示第k次整体循环下区间分析的次数；$N_{\mathrm{f}}^{kk'}$、$N_{\mathrm{fc}}^{kk'}$分别表示第k次整体循环下的第k'次内部循环中模糊变量的分析次数和插值次数；$N_{\mathrm{r}}^{kk'}$、$N_{\mathrm{rc}}^{kk'}$分别表示第k次整体循环下第k'次内部循环中随机变量分析次数和插值次数。

7.4.3 IS-MDPMA求解方法

本节介绍将单学科的IS-PMA方法和MDA方法相结合建立含有三种不

确定性时多学科逆可靠性分析的 IS-MDPMA 方法，采用该方法可提高多学科逆可靠性分析的计算效率。IS-MDPMA 的流程如图 7.20 所示。

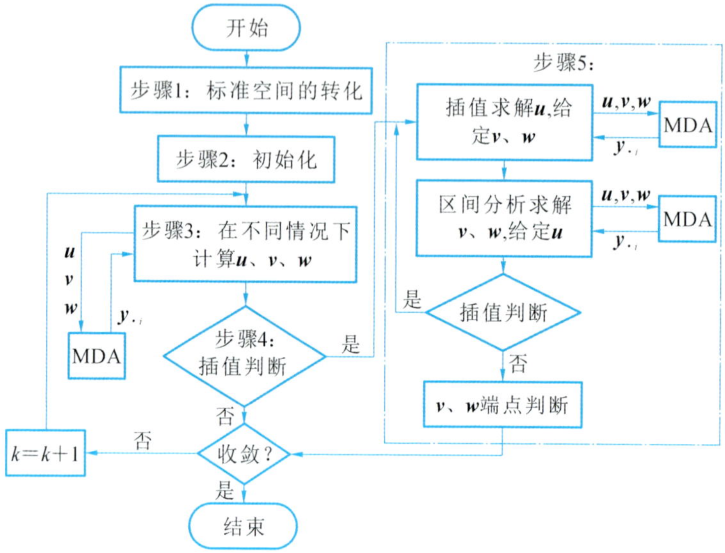

图 7.20　IS-MDPMA 的流程图

IS-MDPMA 与 IS-PMA 流程基本一致，只是在 IS-PMA 方法的步骤 3 和步骤 5 中插入了 MDA 分析。在步骤 3 中，同样分为四种情况(参照 6.5.3.2 节)。

(1) 当 flag = 1 时，即 UV1W1 情况下，可将随机变量、模糊变量和证据变量放到一起共同求解 $\boldsymbol{u}$、$\boldsymbol{v}$、$\boldsymbol{w}$，然后进行 MDA 分析。其求解可转化为求解如下优化问题：

$$\begin{cases}\min\ G_i(\boldsymbol{u}_{\mathrm{s}},\boldsymbol{u}_i,\boldsymbol{v}_{\mathrm{fs}},\boldsymbol{v}_{\mathrm{f}i},\boldsymbol{w}_{\mathrm{es}},\boldsymbol{w}_{\mathrm{e}i},\boldsymbol{y}_{\cdot i})\\ \mathrm{s.\,t.}\quad \|\boldsymbol{u}\| = \Phi^{-1}(1-\mathrm{Pl}_{zt}^{\alpha_t})\\ \qquad \alpha_{\mathrm{t}}-1\leqslant v_{\mathrm{fs}A}\leqslant 1-\alpha_{\mathrm{t}},\ -1\leqslant w_{\mathrm{es}B}\leqslant 1\\ \qquad \alpha_{\mathrm{t}}-1\leqslant v_{\mathrm{f}jA}\leqslant 1-\alpha_{\mathrm{t}},\ -1\leqslant w_{\mathrm{e}jB}\leqslant 1\quad (j=1,2,\cdots,n)\\ \qquad \boldsymbol{y}_{\cdot i}\quad \mathrm{MDA}\end{cases}\tag{7.51}$$

在求解以上问题时，随机变量、模糊变量和证据变量的更新求解公式为

$$\begin{cases}\boldsymbol{u}^{k+1}=-\beta_{zt}^{\alpha_t}\dfrac{\nabla_{\boldsymbol{u}}G_i^k}{\|\nabla_{\boldsymbol{u}}G_i^k\|}\\ \boldsymbol{v}^{k+1}=(1-\alpha_{\mathrm{t}})\mathrm{sgn}(\nabla_{\boldsymbol{v}}G_i^k)\\ \boldsymbol{w}^{k+1}=\mathrm{sgn}(\nabla_{\boldsymbol{w}}G_i^k)\end{cases}\tag{7.52}$$

式中：$\nabla_{\boldsymbol{u}}G_i^k$、$\nabla_{\boldsymbol{v}}G_i^k$、$\nabla_{\boldsymbol{w}}G_i^k$ 分别为学科 i 的功能函数第 k 次循环时标准空间变量 $\boldsymbol{u}$、$\boldsymbol{v}$、$\boldsymbol{w}$ 的梯度。

(2) 当 flag= 2 时,UV1W 情况下,固定证据变量$(\boldsymbol{w}_{es}^{k+1},\boldsymbol{w}_{ei}^{k+1})=(\boldsymbol{w}_{es}^{k},\boldsymbol{w}_{ei}^{k})$,将随机变量和模糊变量放在一起共同求解,其求解可转化为求解如下优化问题:

$$\begin{cases}\min G_i(\boldsymbol{u}_s,\boldsymbol{u}_i,\boldsymbol{v}_{fs},\boldsymbol{v}_{fi},\boldsymbol{w}_{es}^{k},\boldsymbol{w}_{ei}^{k},\boldsymbol{y}_{ji}) \\ \text{s. t. } \|\boldsymbol{u}\| = \Phi^{-1}(1-\text{P1}_{zt}^{\alpha_t}) \\ \quad \alpha_t - 1 \leqslant v_{fsA} \leqslant 1-\alpha_t \\ \quad \alpha_t - 1 \leqslant v_{fjA} \leqslant 1-\alpha_t \quad (j=1,2,\cdots,n) \\ \quad \boldsymbol{y}_{ji}\ \text{MDA} \quad (j=1,2,\cdots,n)\end{cases} \tag{7.53}$$

随机变量、模糊变量的更新求解公式为

$$\begin{cases}\boldsymbol{u}^{k+1} = -\beta_{zt}^{\alpha_t}\dfrac{\boldsymbol{\nabla}_u G_i^k}{\|\boldsymbol{\nabla}_u G_i^k\|} \\ \boldsymbol{v}^{k+1} = (1-\alpha_t)\text{sgn}(\boldsymbol{\nabla}_v G_i^k)\end{cases} \tag{7.54}$$

UV1W2 情况下,需要在式(7.53)之后再增加证据变量求解公式

$$\begin{cases}\min G_i(\boldsymbol{u}_s^{k+1},\boldsymbol{u}_i^{k+1},\boldsymbol{v}_{fs}^{k+1},\boldsymbol{v}_{fi}^{k+1},\boldsymbol{w}_{es},\boldsymbol{w}_{ei},\boldsymbol{y}_{ji}) \\ \text{s. t. } -1 \leqslant w_{esB} \leqslant 1 \\ \quad -1 \leqslant w_{ejB} \leqslant 1 \quad (j=1,2,\cdots,n) \\ \quad \boldsymbol{y}_{ji}\ \text{MDA} \quad (j=1,2,\cdots,n)\end{cases} \tag{7.55}$$

(3) 当 flag = 3 时,UVW1 情况下,固定模糊变量$(\boldsymbol{v}_{fs}^{k+1},\boldsymbol{v}_{fi}^{k+1})=(\boldsymbol{v}_{fs}^{k},\boldsymbol{v}_{fi}^{k})$,将随机变量和证据变量放在一起共同求解,其求解可转化为求解如下优化问题:

$$\begin{cases}\min G_i(\boldsymbol{u}_s,\boldsymbol{u}_i,\boldsymbol{v}_{fs}^{k},\boldsymbol{v}_{fi}^{k},\boldsymbol{w}_{es},\boldsymbol{w}_{ei},\boldsymbol{y}_{\cdot i}) \\ \text{s. t. } \|\boldsymbol{u}\| = \Phi^{-1}(1-\text{P1}_{zt}^{\alpha_t}) \\ \quad -1 \leqslant w_{esB} \leqslant 1 \\ \quad -1 \leqslant w_{ejB} \leqslant 1 \quad (j=1,2,\cdots,n)\end{cases} \tag{7.56}$$

随机变量、证据变量的更新求解公式为

$$\begin{cases}\boldsymbol{u}^{j+1} = -\beta_{zt}^{\alpha_t}\dfrac{\boldsymbol{\nabla}_u G_i^k}{\|\boldsymbol{\nabla}_u G_i^k\|} \\ \boldsymbol{w}^{j+1} = \text{sgn}(\boldsymbol{\nabla}_w G_i^k)\end{cases} \tag{7.57}$$

UV2W1 情况下,需要在式(7.56)之后再增加模糊变量求解公式:

$$\begin{cases}\min G_i(\boldsymbol{u}_s^{k+1},\boldsymbol{u}_i^{k+1},\boldsymbol{v}_{fs},\boldsymbol{v}_{fi},\boldsymbol{w}_{es}^{k+1},\boldsymbol{w}_{ei}^{k+1},\boldsymbol{y}_{\cdot i}) \\ \text{s. t. } \alpha_t - 1 \leqslant v_{fsA} \leqslant 1-\alpha_t \\ \quad \alpha_t - 1 \leqslant v_{fjA} \leqslant 1-\alpha_t \quad (j=1,2,\cdots,n)\end{cases} \tag{7.58}$$

(4) 当 flag= 4 时,UVW 情况下,固定模糊变量$(\boldsymbol{v}_{fs}^{k+1},\boldsymbol{v}_{fi}^{k+1})=(\boldsymbol{v}_{fs}^{k},\boldsymbol{v}_{fi}^{k})$和证据变量$(\boldsymbol{w}_{es}^{k+1},\boldsymbol{w}_{ei}^{k+1})=(\boldsymbol{w}_{es}^{k},\boldsymbol{w}_{ei}^{k})$,求解随机变量。其求解可转化为求解如下优化问题:

$$\begin{cases}\min G_i(\boldsymbol{u}_{\mathrm{s}},\boldsymbol{u}_i,\boldsymbol{v}_{\mathrm{fs}}^k,\boldsymbol{v}_{\mathrm{f}i}^k,\boldsymbol{w}_{\mathrm{es}}^k,\boldsymbol{w}_{\mathrm{e}i}^k,\boldsymbol{y}_{\cdot i})\\ \mathrm{s.t.}\ \|\boldsymbol{u}\| = \Phi^{-1}(1-\mathrm{Pl}_{\mathrm{zt}}^{\alpha_{\mathrm{t}}})\end{cases} \tag{7.59}$$

随机变量、证据变量的更新求解公式为

$$\boldsymbol{u}^{j+1} = -\beta_{\mathrm{zt}}^{\alpha_{\mathrm{t}}}\frac{\nabla_{\boldsymbol{u}}G_i^k}{\|\nabla_{\boldsymbol{u}}G_i^k\|} \tag{7.60}$$

UV2W2 情况下，需要在式(7.59)之后再增加模糊变量和证据变量的求解公式

$$\begin{cases}\min G_i(\boldsymbol{u}_{\mathrm{s}}^{k+1},\boldsymbol{u}_i^{k+1},\boldsymbol{v}_{\mathrm{fs}},\boldsymbol{v}_{\mathrm{f}i},\boldsymbol{w}_{\mathrm{es}},\boldsymbol{w}_{\mathrm{e}i},\boldsymbol{y}_{\cdot i})\\ \mathrm{s.t.}\ \alpha_{\mathrm{t}}-1\leqslant v_{\mathrm{fs}A}\leqslant 1-\alpha_{\mathrm{t}},\ -1\leqslant w_{\mathrm{es}B}\leqslant 1\\ \qquad \alpha_{\mathrm{t}}-1\leqslant v_{\mathrm{f}jA}\leqslant 1-\alpha_{\mathrm{t}},\ -1\leqslant w_{\mathrm{e}jB}\leqslant 1\quad (j=1,2,\cdots,n)\end{cases} \tag{7.61}$$

当需要进行插值时，就要执行步骤 5，此时先固定模糊变量和证据变量，利用插值求解随机变量，其求解模型为

$$\boldsymbol{u} = \mathrm{Interpolat}(\boldsymbol{u}^k,G_i^k)\,\&\,(\boldsymbol{u}^{k+1},G_i^{k+1}) \tag{7.62}$$

式(7.62)的插值方法参看 IS-PMA 方法的步骤 5。然后再根据式(7.61)求解模糊变量和证据变量。通过上述分析可知，IS-MDPMA 方法在求解多学科逆可靠性分析问题时，需要进行 MDA 分析的次数为

$$N_{\mathrm{MDA}}^{I,\mathrm{IS}} = \sum_{k=1}^{N}\left(\sum_{k_1=1}^{N_1}N_{k_1}^3+\sum_{k_2=1}^{N_2}(N_{\mathrm{rc}}^{1,5}+N_{\mathrm{fec}}^{2,5})\right) \tag{7.63}$$

式中：N 表示整体循环次数；N_1 表示第 k 次循环下步骤 3 的内循环总次数；N_2 表示第 k 次循环下步骤 5 的内循环总次数；$N_{k_1}^3$ 表示在步骤 3 中的 MDA 分析次数；$N_{\mathrm{rc}}^{1,5}$ 表示步骤 5 中固定模糊变量和证据变量时的概率分析次数；$N_{\mathrm{fec}}^{2,5}$ 表示固定随机变量的区间分析次数。在步骤 3 中，当 flag $=1$ 时以及 UV1W、UVW1 和 UVW 情况下，$N_{k_1}^3$ 的取值最小，一次循环只需要进行一次 MDA 分析，即 $N_{k_1}^3=1$；而对于其余情况，$N_{k_1}^3=N_{k_1}^{1,3}+N_{k_1}^{2,3}$，$N_{k_1}^{1,3}$ 为求解式(7.53)或式(7.56)或式(7.59)的循环次数，$N_{k_1}^{2,3}$ 为求解公式(7.55)或式(7.58)或式(7.61)的循环次数。当 $N_2=0$ 时，上述公式简化为 $N_{\mathrm{MDA}}^{I,\mathrm{IS}}=\sum_{k=1}^{N}N_k^3$。当 $N_2=0$ 且 flag $=1$ 时，需要的 MDA 分析次数最少，此时 $N_{\mathrm{MDA}}^{I,\mathrm{IS}}=N$。

7.4.4 算例验证

7.4.4.1 数值算例

该数值算例来源于文献[2]，原多学科问题由两个子系统组成。现考虑系

统中同时存在三种不确定性的情况,对 IS-MDPMA 方法进行验证。

当考虑两个子系统的输入均同时含有随机变量、模糊变量和区间变量时,系统的耦合关系如图 7.21 所示。

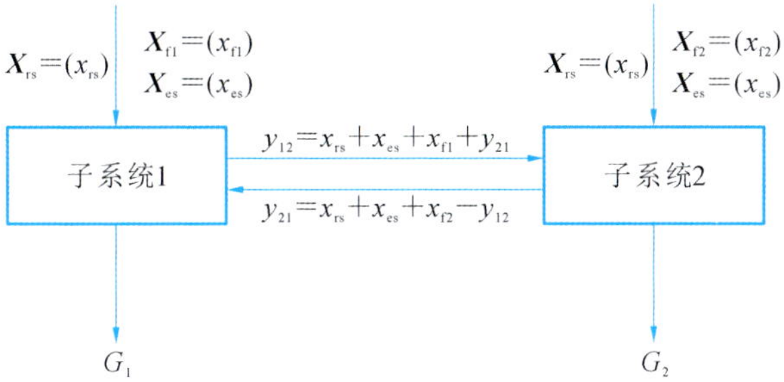

图 7.21 数值算例的耦合关系

子系统 1 的模型表达式为

$$\begin{cases} G_1 = (x_{rs} + 2x_{f1} + x_{es} + 2y_{21}) - 2.5 \\ y_{12}^{(1)} = x_{rs} + x_{es} + x_{f1} + y_{21} \\ y_{21}^{(1)} = x_{rs} + x_{es} + x_{f2} - y_{12} \end{cases} \tag{7.64}$$

子系统 2 的模型表达式为

$$\begin{cases} G_2 = -5x_{rs} - 3x_{f2} - 5x_{es} + 4y_{12} + 1 \\ y_{12}^{(2)} = x_{rs} + x_{es} + x_{f1} + y_{21} \\ y_{21}^{(2)} = x_{rs} + x_{es} + x_{f2} - y_{12} \end{cases} \tag{7.65}$$

式中:x_{rs}为共享随机变量,服从正态分布;$x_{rs}\sim N(0,0.3)$;x_{f1}、x_{f2}为独立模糊变量,均服从三角隶属函数分布(2.5,2.5)和(3,2);x_{es}为共享证据变量,其区间及对应的基本概率分配见表 7.4。

表 7.4 单学科下证据变量的区间分布及基本概率分配

证据变量	区　间	基本概率分配
x_{es}	[0,2]	0.4
	(2,5]	0.6

上述多学科系统的失效域为 $G_i<0$,即当各功能函数满足条件 $\mathrm{Pl}^{\alpha_t}(G_i<0)\leqslant \mathrm{Pl}_t^{\alpha_t}$ 时,系统才是可靠的。取子系统 1 在多学科下进行分析,对所提的 IS-MDPMA 方法进行验证。同样取不同的 α_t 和 $\mathrm{Pl}_t^{\alpha_t}$,分别采用 MCS 方法、传统嵌套的 MDPMA 方法和 IS-MDPMA 方法进行求解,计算结果分别如表 7.5、表 7.6、表 7.7 所示。

由表 7.5 可以看出,在多学科可靠性分析下,MCS 的求解结果与 FORM-α-

URA 的求解结果非常接近，说明采用 FORM-α-URA 进行正可靠性分析的结果是可信的。9 组不同的结果中，第 1、2、4、7 组中正可靠性分析获得的总似真度大于目标总似真度，不满足可靠性要求。此外，当保持 α_t 不变，变换 $Pl_t^{\alpha_t}$ 的取值时，求解获得的总似真度 Pl^{α_t} 不变，而目标子似真度 $Pl_{zt}^{\alpha_t}$ 随着 $Pl_t^{\alpha_t}$ 的增大而增大；当保持 $Pl_t^{\alpha_t}$ 不变，变换 α_t 的取值时，随着 α_t 的增大，求解获得的总似真度 Pl^{α_t} 和目标子似真度 $Pl_{zt}^{\alpha_t}$ 均逐渐减小。

表 7.5　数值算例的多学科正可靠性分析结果

序号	目标可能度 α_t	目标总似真度 $Pl_t^{\alpha_t}$	总似真度 Pl^{α_t}		子似真度 $Pl_z^{\alpha_t}$		目标子似真度 $Pl_{zt}^{\alpha_t}$	
			MCS	FORM-α-URA	$z=1$	$z=2$	$z=1$	$z=2$
1	0	0.001	0.0191	0.0191	0.0191	0	0.0297	−0.0181
2	0	0.01	0.0191	0.0191	0.0191	0	0.0387	−0.0091
3	0	0.05	0.0191	0.0191	0.0191	0	0.0787	0.0309
4	0.05	0.001	0.00739	0.0074	0.0074	0	0.0122	−0.0064
5	0.05	0.01	0.00739	0.0074	0.0074	0	0.0212	0.0026
6	0.05	0.05	0.00739	0.0074	0.0074	0	0.0612	0.0426
7	0.1	0.001	0.00251	0.0025	0.0025	0	0.0047	−0.0015
8	0.1	0.01	0.00251	0.0025	0.0025	0	0.0137	0.0075
9	0.1	0.05	0.00251	0.0025	0.0025	0	0.0537	0.0475

表 7.6　数值算例的嵌套 MDPMA 分析结果

序号	$(\alpha_t, Pl_t^{\alpha_t})$	iMPPPP 点$(x_{rs}^{z,M*}, x_{f1}^{z,M*}, x_{f2}^{z,M*}, x_{es}^{z,M*})$		函数值 G_1^z		评估次数
		$z=1$	$z=2$	$z=1$	$z=2$	
1	(0,0.001)	(−0.5632,0,3,0)	(−2.5,0,3,2)	−0.0632	0	768
2	(0,0.01)	(−0.5305,0,3,0)	(−2.5,0,3,2)	−0.0305	0	771
3	(0,0.05)	(−0.4301,0,3,0)	(−0.5578,0,3,2)	0.0699	1.9422	992
4	(0.05,0.001)	(−0.6778,0.125,3,0)	(−2.625,0.125,3,2)	−0.0528	0	775
5	(0.05,0.01)	(−0.6106,0.125,3,0)	(−0.8317,0.125,3,2)	0.0144	1.7933	993
6	(0.05,0.05)	(−0.4577,0.125,3,0)	(−0.5072,0.125,3,2)	0.1673	2.1178	996
7	(0.1,0.001)	(−0.7803,0.25,3,0)	(−2.75,0.25,3,2)	−0.0303	0	776
8	(0.1,0.01)	(−0.6653,0.25,3,0)	(−0.7215,0.25,3,2)	0.0847	2.0285	993
9	(0.1,0.05)	(−0.4798,0.25,3,0)	(−0.5083,0.25,3,2)	0.2702	2.2417	995

注：评估次数为在所有区间下正、逆可靠性分析的总的函数评估次数。

表 7.7　数值算例的 IS-MDPMA 分析结果

序号	$(\alpha_t, Pl_t^{\alpha_t})$	iMPPPP 点 $(x_{rs}^{z,M*}, x_{f1}^{z,M*}, x_{f2}^{z,M*}, x_{es}^{z,M*})$		函数值 G_1^z		评估次数
		$z=1$	$z=1$	$z=1$	$z=2$	
1	(0,0.001)	(−0.5657,0,3,0)	(−2.5,0,3,2)	−0.0657	0	234
2	(0,0.01)	(−0.5299,0,3,0)	(−2.5,0,3,2)	−0.0299	0	234
3	(0,0.05)	(−0.4242,0,3,0)	(−0.5604,0,3,2)	0.0758	1.9396	286
4	(0.05,0.001)	(−0.6756,0.125,3,0)	(−2.625,0.125,3,2)	−0.0506	0	239
5	(0.05,0.01)	(−0.6091,0.125,3,0)	(−0.84,0.125,3,2)	0.0159	1.785	291
6	(0.05,0.05)	(−0.4635,0.125,3,0)	(−0.5165,0.125,3,2)	0.1615	2.1082	287
7	(0.1,0.001)	(−0.7786,0.25,3,0)	(−2.75,0.25,3,2)	−0.0286	0	235
8	(0.1,0.01)	(−0.6615,0.25,3,0)	(−0.7295,0.25,3,2)	0.0885	2.0205	291
9	(0.1,0.05)	(−0.4829,0.25,3,0)	(−0.5008,0.25,3,2)	0.2671	2.2492	298

由表 7.6 和表 7.7 中可以看出，9 组数据中，第 1、2、4、7 组中功能函数出现了负值，说明这几组不满足可靠性要求。在多学科可靠性分析下，正、逆可靠性分析的结果是相同的。此外，由表 7.6 和表 7.7 还可以看出，采用序列化的 IS-MDPMA 方法求解的 iMPPPP 点与传统的嵌套 MDPMA 方法求得的 iMPPPP 点非常接近，而需要的函数评估次数却比嵌套 MDPMA 方法少很多，说明本节所提的 IS-MDPMA 方法在进行多学科可靠性分析时，可以在保持计算精度的情况下具有较高的计算效率。

7.4.4.2　压力容器实例

本节采用压力容器工程算例验证所提的 IS-MDPMA 方法。该算例来源于文献[5]、[9]。该压力容器的结构如图 7.22 所示。

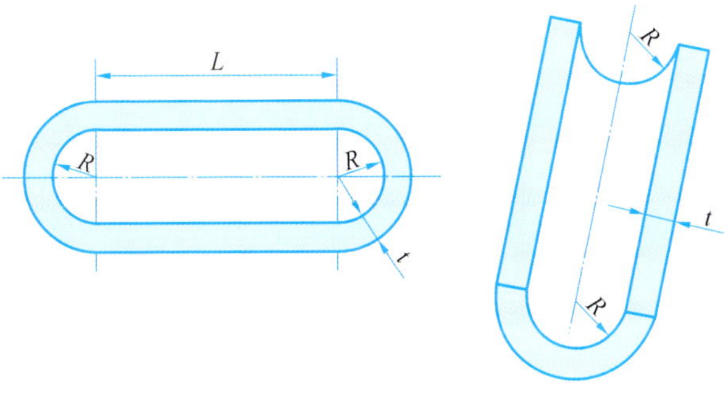

图 7.22　压力容器结构图

该压力容器的原优化数学模型为

$$\begin{cases} \min F = \dfrac{4}{3}\pi(R+t)^3 + \pi(R+t)^2 L - \left(\dfrac{4}{3}\pi R^3 + \pi R^2 L\right) \\ \text{s. t. } g_1 = \dfrac{pR}{t} - S_t \leqslant 0 \\ \quad\quad g_2 = 5t - R \leqslant 0 \\ \quad\quad g_3 = R + t - 40 \leqslant 0 \\ \quad\quad g_4 = L + 2R + 2t - 150 \leqslant 0 \end{cases} \tag{7.66}$$

式中：R、L、t 分别为压力容器的半径、长度和厚度；p 为内部压强；S_t 为许用应力。

当考虑多种不确定性同时存在的情况时，原压力容器问题可视为混合不确定性下的多学科可靠性设计优化问题。因多学科可靠性分析是多学科可靠性设计优化的必要环节，为此要开展该压力容器的多学科可靠性设计优化，首先要对该压力容器的可靠性进行分析。取各功能函数的失效域为 $g_i<0$，即当各功能函数满足条件 $\mathrm{Pl}^{\alpha_t}(g_i<0)\leqslant \mathrm{Pl}_t^{\alpha_t}$ 时，该压力容器才是可靠的。该压力容器在考虑混合不确定性时的多学科耦合关系如图 7.23 所示。

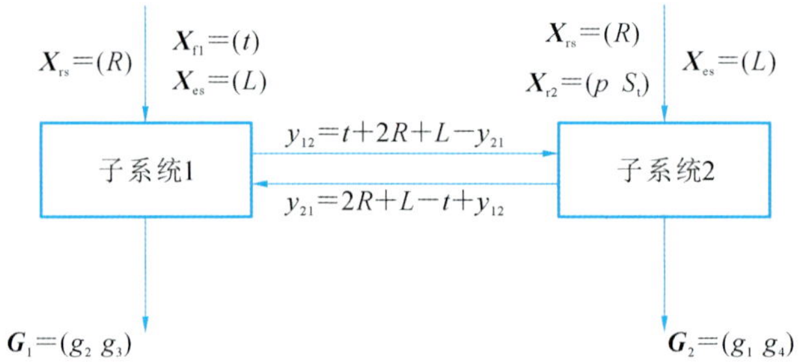

图 7.23　压力容器多学科耦合关系

子系统 1 的模型表达式为

$$\begin{cases} g_2 = y_{21} - (5t + L + R) \\ g_3 = 40 - (y_{21} - R - L + t) \\ y_{12}^{(1)} = t + 2R + L - y_{21} \\ y_{21}^{(1)} = 2R + L - t + y_{12} \end{cases} \tag{7.67}$$

子系统 2 的模型表达式为

$$\begin{cases} g_1 = S_t - \dfrac{pR}{y_{12}} \\ g_4 = 150 - (L + 2R + 2y_{12}) \\ y_{12}^{(2)} = t + 2R + L - y_{21} \\ y_{21}^{(2)} = 2R + L - t + y_{12} \end{cases} \tag{7.68}$$

式中：R 为共享随机变量，服从正态分布，$R\sim N(33,0.05)$；p、S_t 为子系统 2 的独立随机变量，服从正态分布，$p\sim N(4,0.5)$，$S_t\sim N(40,4)$；t 为子系统 1 的独立模糊变量，服从三角隶属函数分布(6,2)；L 为共享证据变量，其区间分布及对应的基本概率分配如表 7.8 所示。

表 7.8　压力容器证据变量的区间分布及基本概率分配

证据变量	区　　间	基本概率分配
L	[65,68]	0.3
	(68,70]	0.3
	(70,72]	0.4

分别取 $\alpha_t=0.05$、$\mathrm{Pl}_t^{\alpha_t}=0.001$，对上述各功能函数进行多学科可靠性分析，其正逆可靠性分析结果对比如表 7.9 所示，各功能函数对应的 iMPPPP 点如表 7.10 所示。

表 7.9　压力容器正逆可靠性分析结果对比

功能函数	嵌套 MDPMA			IS-MDPMA			总似真度 Pl^{α_t}	
	$z=1$	$z=2$	$z=3$	$z=1$	$z=2$	$z=3$	FORM-α-URA	MCS
g_1	2.9934	2.9934	2.9934	2.9991	2.9991	2.9991	1.0443×10^{-4}	1.0444×10^{-4}
g_2	−6.6533	−6.6533	−6.6533	−6.6545	−6.6545	−6.6545	1	1
g_3	−1.0517	−1.0517	−1.0517	−1.0545	−1.0545	−1.0545	1	1
g_4	−0.0002	0.0002	−0.0542	-6.4324×10^{-7}	7.0806×10^{-7}	−0.0522	0.2011	0.2009

由表 7.9 可知，在压力容器四个功能函数的正可靠性分析中，MCS 方法的求解结果与 FORM-α-URA 方法的求解结果非常接近，说明采用 FORM-α-URA 方法进行正可靠性分析的结果是可信的。功能函数 g_2、g_3 和 g_4 失效概率的总似真度大于允许的似真度，不满足可靠性要求；在逆可靠性分析中，采用嵌套 MDPMA 方法和 IS-MDPMA 方法求得的功能函数值都使 g_2、g_3 和 g_4 在三个区间下出现了负值，不满足可靠性要求；正、逆可靠性分析的结果一致。

表 7.10 中，功能函数 g_1 对应的 iMPPPP 点为(R,p,S_t,t,L)，g_2、g_3、g_4 对应的 iMPPPP 点为(R,t,L)。由表 7.10 可知，在逆可靠性分析时，采用嵌套 MDPMA 方法和 IS-MDPMA 方法求得的 iMPPPP 点非常接近，而采用本节所提的序列化的 IS-MDPMA 方法却比嵌套 MDPMA 方法的函数评估次数要少很多。因此，本节所提的序列化的 IS-MDPMA 方法能在保证求解精度的前提下，提高计算效率。

表 7.10 压力容器 iMPPPP 点结果对比

方法	功能函数	iMPPPP 点(R,p,S_t,t,L)			评估次数
		$z=1$	$z=2$	$z=3$	
嵌套 MDPMA	g_1	(33.0067,4.8775,29.8251,6,66.5)	(33.0067,4.8775,29.8251,6,69)	(33.0067,4.8775,29.8251,6,71)	992
	g_2	(32.8467,7.9,68)	(32.8467,7.9,70)	(32.8467,7.9,72)	1120
	g_3	(33.1517,7.9,65)	(33.1517,7.9,68)	(33.1517,7.9,70)	1065
	g_4	(35.0001,6,68)	(33.9999,6,70)	(33.0271,6,72)	988
IS-MDPMA	g_1	(33.0013,4.8753,29.8146,6,66.5)	(33.0013,4.8753,29.8146,6,69)	(33.0013,4.8753,29.8146,6,71)	430
	g_2	(32.8455,7.9,68)	(32.8455,7.9,70)	(32.8455,7.9,72)	445
	g_3	(33.1545,7.9,65)	(33.1545,7.9,68)	(33.1545,7.9,70)	445
	g_4	(35,6,68)	(34,6,70)	(33.0261,6,72)	429

7.5 本章小结

本章研究了多源不确定性条件下的多学科可靠性分析(MRA)问题。在深入分析 MRA 分析流程的基础上,基于解耦思想提出了集成 CSSO 与 PMA 的序列化多学科可靠性分析方法。针对多源不确定性情况,分别提出了随机不确定性条件下序列化的多学科可靠性分析方法(SMRA)和多源不确定性条件下序列化的多学科可靠性分析方法(MU-SMRA),并对其原理、集成策略、分析模型和操作步骤进行了详细阐述。此外,还在单学科下基于插值的序列化功能测度法(IS-PMA)基础上,提出了一种能够同时处理三种不确定性的 IS-MDPMA 方法。算例分析结果验证了 SMRA、MU-SMRA、IS-MDPMA 方法的有效性和高效性。

参考文献

[1] YAO W,CHEN XQ,OUYANG Q,et al. A reliability-based multidisciplinary design optimization procedure based on combined probability and evidence theory[J]. Structural and Multidisciplinary Optimization,2013,48

(2):339-354.

[2] DU X,GUO J,BEERAM H. Sequential optimization and reliability assessment for multidisciplinary systems design[J]. Structural and Multidisciplinary Optimization,2008,35(2):117-130.

[3] LI L,JING S,LIU J. A hierarchical hybrid strategy for reliability analysis of multidisciplinary design optimization[C]//IEEE. The 2010 14th International Conference on Computer Supported Cooperative Work in Design (CSCWD). Piscataway:IEEE,2010:525-530.

[4] 孟德彪. 基于可靠性的多学科设计优化及其在机构设计中的应用[D]. 成都:电子科技大学,2014.

[5] 张旭东. 不确定性下的多学科设计优化研究[D]. 成都:电子科技大学,2011.

[6] 刘继红,付超,孟欣佳. 随机与区间不确定性下基于 BLISS 的多学科可靠性设计优化[J]. 计算机集成制造系统,2015,21(8):1979-1987.

[7] 刘少华,李连升,刘继红. 基于性能测量法的序列化多学科可靠性分析[J]. 计算机集成制造系统,2010,16(11):2399-2404.

[8] 刘继红,安向男,敬石开. 随机与区间不确定性下的序列化多学科可靠性分析[J]. 计算机集成制造系统,2013,19(7):1441-1446.

[9] LEWIS K,MISTREE F. Collaborative,sequential and isolated decisions in design[J]. Journal of Mechanical Design,1998,120(4):643-652.

第8章 考虑多源不确定性的多学科可靠性设计优化建模

要保证 RBMDO 设计结果在混合不确定性下可靠，首要任务便是建立混合不确定性下的 RBMDO 模型。对于混合不确定性下的 RBMDO 建模，只有明确并合理评价混合不确定性对系统输出性能的影响，才能进一步建立 RBMDO 模型中的可靠性约束。为此，本章在介绍多学科建模方法的基础上，探讨多源不确定性下多学科可靠性综合评价指标以及随机-区间不确定性条件下和随机-模糊-区间不确定性条件下基于功能测度法的 RBMDO 模型。

8.1 复杂产品系统 MDO 建模方法概述

8.1.1 系统的分解

系统分解就是将整个系统按照某些规则，分解成多个独立的子系统的过程。系统分解不仅仅能够提高效率，更重要的是能够简化原问题，使难以求得有效解的复杂系统可以获得满足要求的优化结果。系统分解的关键是在保证系统整体性能最优的前提下，将该系统按照所包含的学科(子系统)和规则进行分解和重新规划，从而简化系统中的约束和耦合关系，降低系统设计的复杂性。系统分解的一个重要原则就是尽量减少各子系统间的耦合。

对飞机、导弹、卫星等复杂的系统进行分解时，根据子系统之间的关系，可以将复杂系统分为三类:层次系统、非层次系统、混合层次系统。

8.1.1.1 层次系统

层次系统的特点是子系统之间的信息流具有顺序性，每个子系统只与上一级和下一级的子系统有直接联系，子系统之间没有耦合关系，它是一种“树”状结构，如图 8.1 所示。层次系统里的父系统和子系统严格遵循“自顶向下”的规律，父系统将设计信息等传递给相应的子系统，子系统进一步将信息传递给自己分解出来的下一级子系统，依次传递。层次系统的信息流就是通过这种方式持续传递的，直到执行完最后一层才能获得最终结果。虽然层次系统的传递方式看上去很直观，但多数复杂工程系统具有高度耦合的特征，不易于使用层次系统描述。这种层次结构在层次传递中会直接在优化中添加优化指令等，并不考虑这些子系统之间的耦合性。实际工程中的复杂系统可以通过下面介绍的非层次系统和混合层次系统更准确地来描述说明。

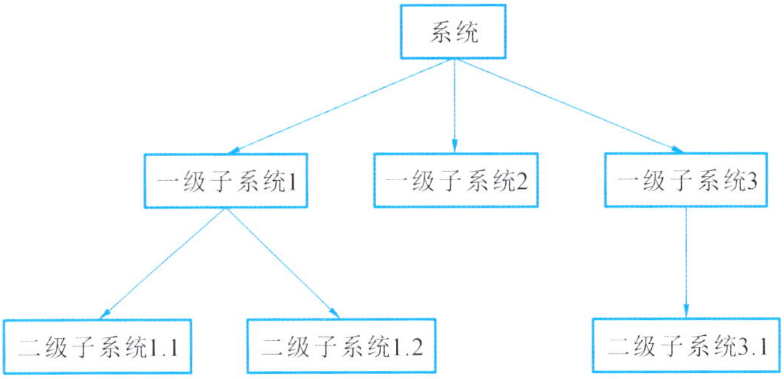

图 8.1　层次系统

8.1.1.2　非层次系统

非层次系统的特点是子系统之间没有等级关系，子系统间直接进行联系，学科间存在大量的信息交流和耦合关系，设计之间相互影响。如果忽略非层次系统中的耦合关系，非层次系统往往可以转化为层次系统，可以说层次系统是非层次系统的特殊情况。多学科设计优化研究的主要对象是非层次系统。非层次系统可以更加准确地表达出一个复杂系统内部结构的相互作用，如图 8.2 所示。在此类系统分解中，信息流并不限于自顶向下配置方式，子系统之间也有信息传递，即非层次系统的信息可以通过自顶向下和横向两种方式传递。这里描述的分解方法考虑了横向子系统之间的耦合性，也就是对给定子系统进行分析求解时必须考虑其他子系统的输出结果对此系统的影响。非层次系统中各个子系统的分析没有固定的顺序。在对一个子系统进行分析求解时，由于存在耦合，其他子系统传递给本子系统的耦合变量信息可能是未知的。所以做非层次系统分析时需要对一些未知变量赋初始值，进行迭代分析。只有当所有子系统执行完毕并达到一致性要求时，才会获得最终的分析结果。

8.1.1.3　混合层次系统

混合层次结构包含自顶向下和横向传递的两种信息流，如图 8.3 所示。这种混合层次系统是层次系统和非层次系统的组合，实际的复杂工程系统往往是

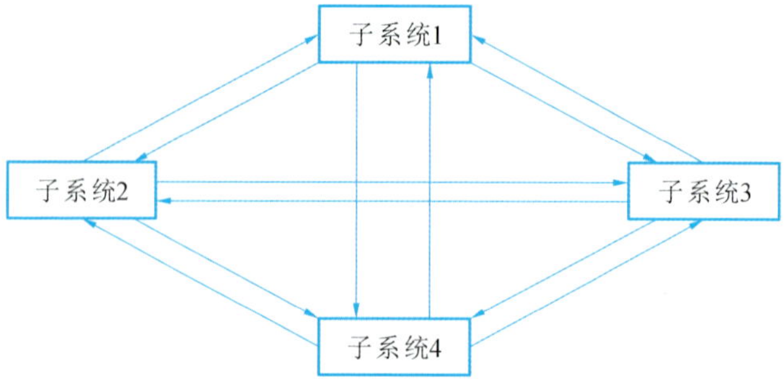

图 8.2　非层次系统

这种混合系统。有些子系统之间的信息流具有顺序性，有些子系统之间的信息流具有耦合关系。

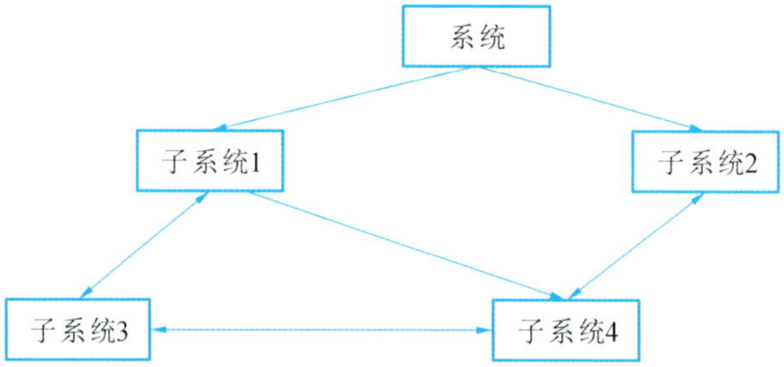

图 8.3　混合层次系统

8.1.2　多学科设计优化建模技术

对于大型复杂工程系统，多学科设计优化的实现首先要完成的工作是多学科设计优化建模。多学科设计优化建模主要遵循一些准则，例如，模型的准确性、模型的实用性和模型的适用性准则。因此在多学科设计优化建模过程中系统分解要合理，学科间耦合关系判断要准确，同时要协调系统设计目标和学科的设计目标。

多学科设计优化建模包括两个方面：一个是系统层的建模，主要解决系统确认、分析和系统层设计优化以及协调等问题；另一个是子系统层的建模，主要解决各个子系统具体任务的确定问题，并根据学科的特点和系统给定的设计要求建立合适的模型。

多学科设计优化问题有很多种建模方法，如过程建模、可变复杂度建模和参数化建模。下面简单介绍这几种建模方法的特点。

8.1.2.1 过程建模

过程建模是对产品开发过程的表示和设计。所谓产品开发过程就是指有关产品设计过程的定义、优化和控制的工程活动的总称。产品过程建模技术包括三部分的内容：过程分解方法、过程模型的内容及其描述方法和过程的执行机制。

1. 过程分解方法

过程分解包括两方面的内容，即子系统分解和活动分解。

子系统分解是将系统分解为相互独立的几个子系统，简化系统的开发管理。子系统的分解必须客观、稳定，在分解子系统时，必须从系统的、对象的角度出发，将子系统看作承担一定责任的、具有一定属性和行为的实体系统，各子系统通过责任驱动来组成大系统结构。

活动分解的思想是使子系统开发与其生命周期各阶段相适应，期望通过对活动的进一步分解，寻求活动间关系的可放松环节，或者通过增加资源，尽可能使活动并行化，缩短开发时间。

具体地，过程分解时：对于复杂的大规模产品，不可避免地按照部件和功能单元来分步开发；对于相对独立的部件或子系统，则按照各个具体阶段来分步开发。以产品为核心，建立集成产品开发团队来实现并行工程。

2. 过程建模的内容

因为管理人员、开发人员和过程工程人员等从不同的角度，对过程可能有不同的需求，所以，需要从不同的侧面对设计过程进行描述，形成不同的过程视图。不同的过程视图可以描述过程的不同内容。过程模型的四个基本侧面是功能视图、行为视图、组织视图和信息视图。功能视图主要描述过程各步的工作内容，即做了什么处理。组织视图则描述本产品开发中有哪些角色，每一个功能由什么角色来完成。行为视图则描述过程的状态变化。信息视图则负责对过程的信息结构和信息关系进行描述。

在过程建模领域中，出现了许多过程建模技术和仿真工具，如 IDEF 建模方法、Petri 网等。1981 年美国空军公布的集成计算机辅助制造(ICAM)计划中提出了 IDEF(ICAM definition method)。IDEF 是在结构化分析与设计技术(SADT，一种图形化建模技术)基础上发展形成的一种对复杂系统进行建模的方法。IDEF 方法经过不断的完善和运用，已经成为工程系统设计广泛使用的建模方法，特别是在机械制造领域中。

8.1.2.2 可变复杂度建模

可变复杂度建模(variable-complexity modeling，VCM)用于解决学科间的

固定耦合引起的复杂度增加的问题。当精确模型使得设计变量和约束数量繁多、多学科设计优化计算成本过大时，采用可变复杂度建模方法，从而避免使用过度复杂的精确模型进行优化计算。VCM 方法的主要思想是，在优化中使用计算成本高的精确分析方法，同时也使用计算成本低的低精度模型的简单分析方法，在迭代过程中主要使用简单分析模型进行循环优化，然后用精确分析方法得到的修正因子对简单分析模型进行修正，同时在优化运算过程中修正因子会不断更新。VCM 方法使用大量的低精度分析模型，可降低计算成本，而使用少量的高精度模型，则可保证整个优化的精度。

VCM 方法于 20 世纪 90 年代初开始应用于多学科设计优化中，目前已经发展得比较成熟。在多学科设计优化的实际应用中几乎都采用了 VCM 方法，以此平衡计算成本和计算精度，获得满意的设计结果。已有很多计算实例表明，VCM 能够有效地降低多学科设计优化过程中的计算成本。

下面介绍一种基于安全域的可变复杂度建模优化方法。为了平衡多学科设计优化的计算成本和计算精度，这里提出一种基于安全域的多精度优化模型[1]，一方面尽可能降低模型复杂度，减少计算成本，另一方面使用具有足够精度的模型以保证优化结果的有效性。基于安全域的多精度优化流程如图 8.4 所示。

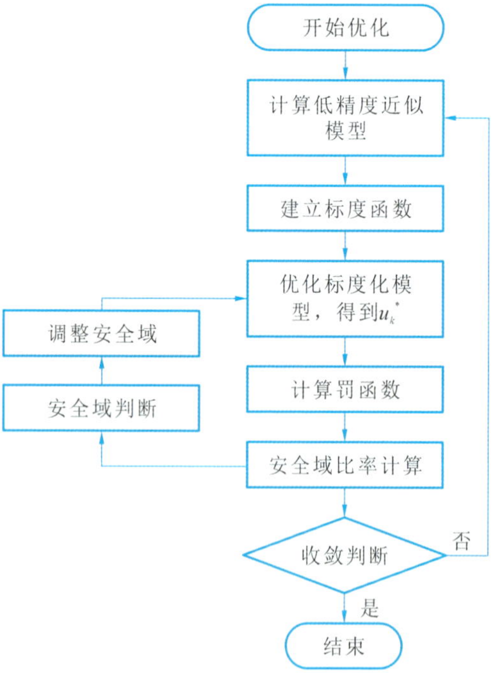

图 8.4　基于可信域的多精度优化流程

其具体流程如下。

步骤 1:优化开始时,利用响应面法等计算原始优化问题的低精度近似模型。

步骤 2:为了保证低精度近似模型和高精度模型的收敛一致性,使用乘法标度函数来限制构造的低精度模型。在某优化点 $\boldsymbol{x}_k$ 处,乘法标度函数可表示为

$$\beta(\boldsymbol{x}_k)=\frac{f_{\mathrm{H}}(\boldsymbol{x}_k)}{f_{\mathrm{L}}(\boldsymbol{x}_k)} \tag{8.1}$$

式中:$f_{\mathrm{H}}(\boldsymbol{x}_k)$表示第 k 次循环优化点 $\boldsymbol{x}_k$ 处高精度模型的分析结果;$f_{\mathrm{L}}(\boldsymbol{x}_k)$表示第 k 次循环优化点 $\boldsymbol{x}_k$ 处低精度模型的分析结果。在 $\boldsymbol{x}_k$ 附近的乘法标度函数可以定义为

$$\beta'(\boldsymbol{x})=\beta(\boldsymbol{x}_k)+\Delta\beta(\boldsymbol{x}_k)(\boldsymbol{x}-\boldsymbol{x}_k)$$

则在优化循环中近似分析的结果可表示为

$$f_{\mathrm{H}}(\boldsymbol{x})=\beta(\boldsymbol{x}_k)\cdot f_{\mathrm{L}}(\boldsymbol{x})$$

为了保证计算效率,本书提出了标度函数的间隔近似法,标度函数值可以在若干次循环后更新。间隔的循环次数为

$$n_k=\left\lfloor \sqrt[k]{\frac{m\alpha}{|\beta(\boldsymbol{x}_k)|}}\cdot\frac{|\boldsymbol{x}_k|}{|\boldsymbol{x}_{k-1}|}\right\rfloor \quad (0<\alpha<1,m>1)$$

n_k 表示对$\sqrt[k]{\dfrac{m\alpha}{|\beta(\boldsymbol{x}_k)|}}\cdot\dfrac{|\boldsymbol{x}_k|}{|\boldsymbol{x}_{k-1}|}$向下取整的值,其中 α 为衰减系数,m 为自定义的初始调节值。当 $n_k<1$ 时,所有的 $n_p=1(p>k)$。$\boldsymbol{x}_k$ 为本次循环获得的设计参数值。当循环次数增加时,$\lim\limits_{k\to+\infty}\sqrt[k]{\dfrac{m\alpha}{|\beta(\boldsymbol{x}_k)|}}-1$,更新间隔越来越小,在收敛点附近间隔近似为 1,也就是越接近收敛点间隔越小,直到 $n_k=1$,也就是无间隔。

步骤 3:通过步骤 2 求得的标度函数值更新标度化的低精度近似模型 $g_{\mathrm{s}}(\boldsymbol{x})$,利用常用的多学科优化方法优化标度化的模型。标度化的可靠性设计优化模型可表示如下:

$$\begin{cases}\min\ f(\boldsymbol{x})\\ \text{s.t.}\ \ P[g_{\mathrm{s}}(\boldsymbol{x})\geqslant 0]\leqslant\Phi(-\beta_{\mathrm{t}})\\ \qquad\ \ \|\boldsymbol{x}-\boldsymbol{x}_k\|\leqslant\Delta n\end{cases} \tag{8.2}$$

式中:β_{t} 为可靠度指标;$f(\boldsymbol{x})$为目标函数;Δn 为位移限制,由安全域半径确定。

步骤 4:计算可信域判断函数

$$\rho_k=\frac{P_{\mathrm{H}}(\boldsymbol{x})-P_{\mathrm{H}}(\boldsymbol{x}_k^*)}{P_{\mathrm{S}}(\boldsymbol{x})-P_{\mathrm{S}}(\boldsymbol{x}_k^*)} \tag{8.3}$$

式中：$P(x)$为罚函数，其可以定义为 $P(x)=f(x)+\lambda_k\sum\max(0,g_i(x))$，惩罚因子 $\lambda_k=\dfrac{1}{10^k}$。

步骤 5：根据步骤 4 中计算的可信域判断函数的值，调整可信域。

$$\boldsymbol{\Delta}^{k+1}=\begin{cases}\rho_k\boldsymbol{\Delta}^k & (\rho_k\leqslant 0.25)\\ \boldsymbol{\Delta}^k & (0.25<\rho_k\leqslant 0.75)\\ \dfrac{2}{\rho_k}\boldsymbol{\Delta}^k & (<0.75\rho_k\leqslant 1)\end{cases}\tag{8.4}$$

进行收敛性判断，若算法收敛，则优化结束，输出优化数据；否则返回步骤 1，重新迭代。

8.1.2.3 参数化建模

传统的产品几何形体设计模型都是用固定的尺寸值定义几何元素，输入的每个几何元素都有确定的位置，几何元素与其属性之间没有相互关联的关系。如果对产品的几何元素和属性进行修改，则必须对产品重新进行绘制，导致产品设计需反复修改，以对零件形状和尺寸进行协调优化。计算机辅助设计(CAD)和计算机辅助制造(CAM)技术的快速发展，极大地提高了设计效率。为了充分利用先进的计算机技术，发展几何外形的参数化建模方法极具价值。

几何外形参数化建模方法是用一组参数来约束设计对象的结构形状。在多学科设计优化中一般采用比较复杂的几何外形，其参数化模型必须同时与现有的 CAD、CFD 和 CSM 软件兼容。对于复杂系统的多学科设计优化，几何参数建模具有举足轻重的地位，它有利于维护设计对象在几何结构上的完整性、相容性和一致性，并为其他学科提供支持。

几何外形参数化方法主要有四种：基于分析方法的参数化方法、基于半分析方法的参数化方法、基于离散方法的参数化方法和 CAD 描述方法。其中三维 CAD 技术符合人的设计思维习惯，整个设计过程完全在三维模型上进行，直观形象，易于工程与非工程人员之间的交流。采用三维模型设计产品的外观，方便建立统一的数据库，可进行强度分析、空间运动分析、装配干涉分析等，还可以自动生成标准、准确的二维工程图。目前，CATIA、UG、Pro/E 等三维设计软件可以实现几何外形参数化建模。基本原理是：用户完成基本线架、实体、曲面的造型后，利用三维参数化造型功能对零件模型的关键参数、几何元素之间的相对约束关系进行参数化处理，通过参数化驱动进行零件模型的修改。

8.2 随机不确定性下的 RBMDO 模型

在传统的复杂系统尤其是多学科优化系统的设计中，学科之间的耦合和相互作用使得利用边界值设计法变得困难，为此，基于可靠性的多学科设计优化得到很大发展。目前的研究方法主要分为两类。第一类是解决多学科系统本身的可靠性的方法。通常这类方法是在一个双重循环的框架内解决优化和可靠性问题，外层循环用来寻找失效点，内层循环解决一致性优化问题。这类方法称为多学科分析方法(MDA)。这种方法局限于对多学科系统本身的可靠性分析，它们可以作为基于可靠性的多学科设计优化(RBMDO)的基础。第二类方法是 RBMDO，它将不确定性变成可靠性约束添加到多学科设计优化过程。传统的 RBMDO 包括三级：第一级是在确定性空间中的优化，第二级是在概率空间中的优化，第三级是多学科分析(MDA)。由于嵌套循环，这类多学科设计优化方法往往计算效率很低。

下面对 RBMDO 的数学模型进行总结，并简单介绍几种现有的多学科设计优化策略下的 RBMDO 方法[2]。

8.2.1 RBMDO 数学模型

在满足设计约束可靠度大于给定值这一条件的情况下，RBMDO 一般构造为产品总花费或总重量等的最小化问题，可靠性设计优化能保证设计的工程系统或产品的可靠性满足给定的可靠度要求，从而将系统或产品失效概率降低到可以接受的水平。一个典型的单学科可靠性设计优化模型如式(8.5)所示。

$$\begin{cases} \min\ f(\boldsymbol{d}_{\mathrm{s}},\boldsymbol{d}_i,\boldsymbol{x}_{\mathrm{s}},\boldsymbol{x}_i,\ \boldsymbol{p}) \\ \text{s.t.}\ \Pr(g_i(\boldsymbol{d}_{\mathrm{s}},\boldsymbol{d}_i,\boldsymbol{x}_{\mathrm{s}},\boldsymbol{x}_i,\boldsymbol{p},\boldsymbol{y}_{\cdot i})\geqslant 0)\geqslant R_i \\ \qquad g_i(\boldsymbol{d}_{\mathrm{s}},\boldsymbol{d}_i,\boldsymbol{y}_{\cdot i})\geqslant 0 \\ \qquad \boldsymbol{d}_{\mathrm{s}}^{\mathrm{L}}\leqslant\boldsymbol{d}_{\mathrm{s}}\leqslant\boldsymbol{d}_{\mathrm{s}}^{\mathrm{U}},\boldsymbol{d}_i^{\mathrm{L}}\leqslant\boldsymbol{d}_i\leqslant\boldsymbol{d}_i^{\mathrm{U}} \\ \qquad \boldsymbol{x}_{\mathrm{s}}^{\mathrm{L}}\leqslant\boldsymbol{x}_{\mathrm{s}}\leqslant\boldsymbol{x}_{\mathrm{s}}^{\mathrm{U}},\boldsymbol{x}_i^{\mathrm{L}}\leqslant\boldsymbol{x}_i\leqslant\boldsymbol{x}_i^{\mathrm{U}} \\ \qquad i=1,2,3 \end{cases} \tag{8.5}$$

式中：$\boldsymbol{d}_{\mathrm{s}}$ 是共享确定性设计变量，即各个学科共有的确定性设计变量，$\boldsymbol{d}_{\mathrm{s}}^{\mathrm{U}}$ 和 $\boldsymbol{d}_{\mathrm{s}}^{\mathrm{L}}$ 分别为 $\boldsymbol{d}_{\mathrm{s}}$ 的上、下限；$\boldsymbol{d}_i$ 为学科 i 的局部确定性设计变量，$\boldsymbol{d}_i^{\mathrm{U}}$ 和 $\boldsymbol{d}_i^{\mathrm{L}}$ 分别为 $\boldsymbol{d}_i$ 的上、下限；$\boldsymbol{x}_{\mathrm{s}}$ 为所有学科共享的随机输入设计变量，$\boldsymbol{x}_{\mathrm{s}}^{\mathrm{U}}$ 和 $\boldsymbol{x}_{\mathrm{s}}^{\mathrm{L}}$ 分别为 $\boldsymbol{x}_{\mathrm{s}}$ 的上、下

限；$\boldsymbol{x}_i$ 为学科 i 的局部随机设计变量，$\boldsymbol{x}_i^{\mathrm{U}}$ 和 $\boldsymbol{x}_i^{\mathrm{L}}$ 分别为 $\boldsymbol{x}_i$ 的上、下限；$\boldsymbol{p}$ 为设计参数；R_i 为学科 i 的允许可靠度；$g_i(\cdot)$ 为学科 i 的确定性设计约束条件；$\Pr(g_i(\cdot)\geqslant 0)$ 为学科 i 的概率可靠性不失效模型，$\Pr(g_i(\cdot)\geqslant 0)\geqslant R_i$ 为学科 i 的概率可靠性设计约束；$\boldsymbol{y}_{\cdot i}$ 为学科 i 的输入状态变量，有

$$\boldsymbol{y}_{\cdot i}=\boldsymbol{y}_{\cdot i}(\boldsymbol{d}_{\mathrm{s}},\boldsymbol{d}_i,\boldsymbol{x}_{\mathrm{s}},\boldsymbol{x}_i,\boldsymbol{y}_{ji})\quad(i,j=1,2,3,i\neq j)\tag{8.6}$$

其中 $\boldsymbol{y}_{ji}$ 表示学科 j 输出到学科 i 的耦合状态变量。

8.2.2 采用多学科可行法的 RBMDO

多学科系统分析包括集成的子系统分析。它们通过输入和输出相互耦合。因此，多学科的可靠性设计优化比单学科的复杂得多，计算也需要更多的时间。多学科系统之间的耦合通过状态变量体现，状态变量是指一个学科的输出可以作为其他学科的输入的变量。为了满足学科之间的兼容性，要求这些学科之间的状态变量必须保持一致。为了使耦合方程得到完整的多学科分析，在多学科分析中所有子系统之间的状态变量应该保持一致。图 8.5 表示了一个典型的三学科系统。其中 $\boldsymbol{d}_1$ 是子系统 1、子系统 2 和子系统 3 的共享变量，$\boldsymbol{d}_2$ 是子系统 2 的局部设计变量；变量 $\boldsymbol{y}_1$ 和 $\boldsymbol{y}_2$ 是状态变量，例如 $\boldsymbol{y}_{ij}$ 是子系统 i 到子系统 j 的输出；g_i 是子系统 i 的输出。优化公式如下：

$$\begin{cases}\min\limits_{\boldsymbol{d}} f[\boldsymbol{d},y(\boldsymbol{d})]\\ \text{s.t.}\ \ g(\boldsymbol{d},y(\boldsymbol{d}))\leqslant 0\end{cases}\tag{8.7}$$

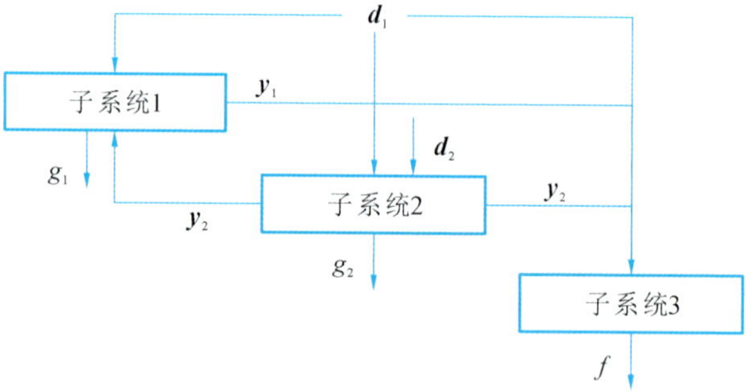

图 8.5 三个子系统的典型多学科问题

方程 f 代表目标，$g(\boldsymbol{d})$ 是约束向量。在式(8.7)中，只有独立变量是设计变量，状态变量在每一次系统优化的迭代中进行更新。

为了提高效率，RBMDO 可以利用现有的多学科设计优化策略。MDF 优化策略是可靠性设计优化中最基本的多学科设计优化策略之一。MDF 优化策

略下的 RBMDO 数学模型可表示如下：

$$\begin{cases} \min\limits_{d} f[\boldsymbol{d}, \boldsymbol{y}(\boldsymbol{d})] \\ \text{s.t. } \Pr\{g[\boldsymbol{x}, \boldsymbol{y}(\boldsymbol{x})] \geqslant 0\} \leqslant \Phi(-\beta_t) \end{cases} \tag{8.8}$$

图 8.6 是 MDF-RBMDO 的流程图，该流程图是个三级结构。结合 MDF 方法对两个耦合子系统进行可靠性分析。为了解决多学科可行性问题，可以通过迭代方法例如固定点迭代法来求解每次迭代中的状态变量 $\boldsymbol{y}$。虽然 MDF-RBMDO 方法很容易集成现有的子系统分析，并且有较少的设计变量，但是它仍然需要大量的子系统分析。对于 MDF-RBMDO 方法，第一级是在 D 空间中的优化，第二级是在 X 空间中的可靠性分析，第三级是在 Y 空间中的多学科分析（MDA）。

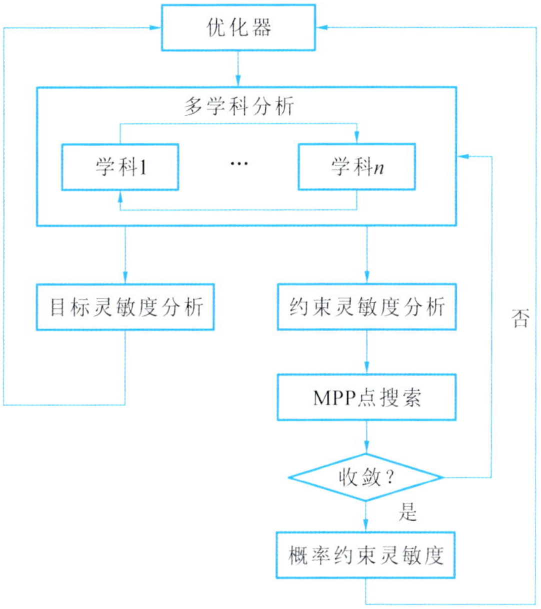

图 8.6 MDF-RBMDO **流程图**

子系统约束的次数可以由下式计算：

$$\text{总的分析次数} \approx D\text{ 空间中的迭代次数} \times X\text{ 空间中的迭代次数} \times Y\text{ 空间中的迭代次数} \times \text{可靠性约束的次数} \tag{8.9}$$

8.2.3 采用单学科可行法的 RBMDO

IDF 优化策略是多学科设计优化中另一个基本的优化策略。如第 3 章所述，IDF 的思想就是利用各个子系统的并行计算来提高整体计算效率，可以减少总的计算时间。在 IDF-RBMDO 方法中,并行分析引入辅助变量和协调性约束。IDF-RBMDO 流程如图 8.7 所示。在这种方法中 MDF-RBMDO 方法的第三级不存在,变成了两级方法。所有的状态变量 $\boldsymbol{y}$ 均被辅助变量 a 取代。附加约束$a_{ij}=y_{ij}$使得在每次迭代中求解最优解时各个学科之间的兼容性不是必需的。因为只有在优化器中子系统才会相互影响,这种方法使得分布式的子系统分析变得可行。IDF-RBMDO 可以表示如下:

$$\begin{cases} \min\limits_{\boldsymbol{d},a^D,a^R} f(\boldsymbol{d},a_{ij}^D) \\ \text{s.t. } \Pr\{g[\boldsymbol{x},\boldsymbol{y}(\boldsymbol{x})]\geqslant 0\}\leqslant \Phi(-\beta_t) \\ \qquad a_{ij}^D = y_{ij}(\boldsymbol{d},a_{ij}^D)(i=1,2,\cdots,n,i\neq j) \\ \qquad a_{ij}^R = y_{ij}(\boldsymbol{d},a_{ij}^R)(i=1,2,\cdots,n,i\neq j) \end{cases} \tag{8.10}$$

式中:上标 D 和 R 分别代表确定性空间和概率空间。

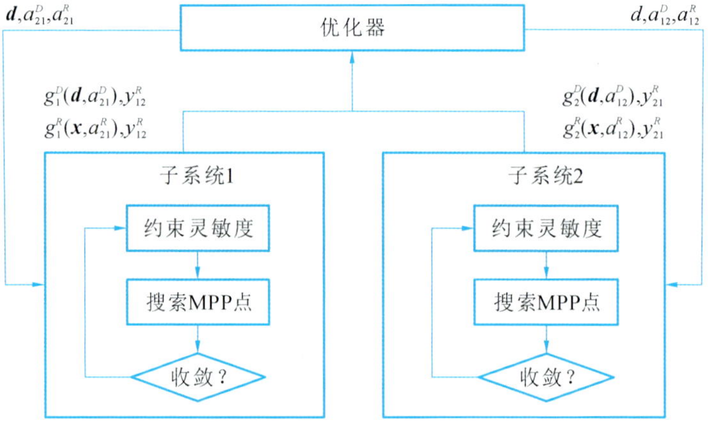

图 8.7　IDF-RBMDO 流程

在 IDF-RBMDO 模型中第一个约束条件是可靠性约束,而第二个和第三个约束条件是协调性约束,用来保证每次分析时每一个状态变量 y 与它相应的辅助变量 a 相等。对于 IDF-RBMDO,目标函数使用确定性变量,而约束条件使用随机变量。这意味着,系统协调既需要确定性空间 D 又需要概率性空间 R。辅助变量的个数应该与状态变量的数目相等。因此,与传统的可靠性设计优化方法相比,IDF-RBMDO 具有相对较多的设计变量和约束条件。在 IDF-RBMDO 方法中,唯一的优化器通过驱动所有的子系统来实现多学科可行性。因此,对于维数较大的多学科问题,IDF-RBMDO 方法不容易收敛。

MDF-RBMDO 方法虽然很容易集成现有的子系统分析,并且具有较少的设计变量，但是仍然需要大量的子系统分析，计算量大。IDF-RBMDO 方法具有相对较多的设计变量和约束条件，在多学科问题的维数相对较小时非常有用，对于维数较大的多学科问题，IDF-RBMDO 方法不容易收敛。

8.3 基于概率论和凸集模型的 RBMDO 数学模型

建立正确合理的数学模型是进行多学科可靠性设计优化的前提和基础，而正确、合理的数学模型的建立离不开对多源不确定性的量化及可靠度评价指标的构建。为此，本节介绍基于概率论和凸集模型的多源不确定性量化方法、多源不确定性下多学科可靠性综合评价指标以及多源不确定性条件下基于功能测度法的 RBMDO 模型。

8.3.1 不确定性的数学建模流程

正如 2004 年 Oberkampf 等[3]所指出的那样："如何将多种不同的描述手段集合为一个混合数学描述模型，是一个具有挑战性的问题。"因此，研究描述随机不确定性和认知不确定性并存的混合模型具有重要的理论意义和工程应用价值。

8.3.1.1 基本思想

对随机不确定性而言，概率论无疑是最适合的量化理论。认知不确定性是人们的认知能力不足或试验条件不允许、经济条件和研制周期有限等原因导致的数据残缺或信息不足造成的主观不确定性(可消除的不确定性)。自 20 世纪 50 年代以来相继出现了一些认知不确定性量化理论[4-9]，主要包括证据理论、可能性理论、区间分析、凸集模型等。研究表明[10,11]：凸集模型只需要不确定性时间集合的界限，对不确定性信息的要求低，适合描述不确定性信息量较少的情况，而对于可靠性要求较高的情形，采用凸集模型很有效。因此，本书采用凸集模型量化认知不确定性。

本书基于分类思想，以最大限度地利用已有不确定性信息为原则，以综合描述随机和认知不确定性为目的，将概率论与凸集模型进行有效集成，基于空间转换方法将 X 空间的随机不确定性和认知不确定性分别转换为标准正态空间(U 空间)和标准化向量空间下的等效单位椭球，对随机不确定性和认知不确定性进行综合量化。该方法进一步确定了概率论在多源不确定性量化中的核心地位和主导作用，同时也强调了凸集模型对于特殊情况下不确定性问题的求解的作用。

8.3.1.2 建模流程图

针对复杂工程系统中存在的多源多类不确定性，基于分类思想和充分利用已有数据统计信息的思想，对随机不确定性和认知不确定性采用提出的集成概率论和凸集模型的方法进行量化，图 8.8 为相应的流程图。

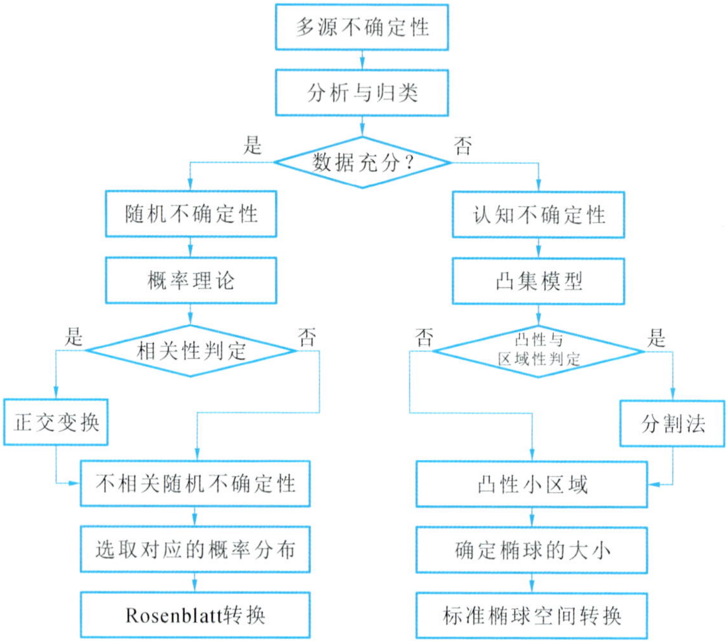

图 8.8 多源不确定性量化操作流程图

具体量化操作的流程如下。

步骤 1:多源不确定性分析与归类。首先，对设计中的设计变量和参变量进行分类，以便确定其均值与方差；其次，对设计变量和设计参数不确定性的来源进行深入分析，并收集其所具备的信息与数据。

步骤 2:不确定性数据的充分程度判定。根据设计参变量所具备的不确定性信息来源及类型，结合设计人员的经验进一步将不确定性进行分类。将具有充足数据的设计参变量划为随机不确定性类型；将数据不充足（不足以构建概率分布）的设计参变量划分为认知不确定类型。

步骤 3:不确定性量化预处理。为严格遵循可靠度评价指标的几何意义以及便于多源不确定性的量化：对于随机不确定性，首先判断其相关性，如相关则采用正交变换法将其转化为独立的随机不确定性；对于认知不确定性，鉴于凸集模型自身仅适于处理凸性与小区域的情况，应对其进行凸性与区域性预判，如遇非凸区域、大区域或非凸且大区域的情况，则采用分割法将其划分为凸的小区域。

步骤 4：多源不确定性量化。对于随机不确定性，选取最为适合的概率分布对其进行表征并采用 Rosenblatt 方法将其从 X 空间转换到标准 U 空间内，不同概率分布的转换关系如表 6.1 所示。对于认知不确定性设计参变量，本书采用超椭球模型进行量化，首先根据认知不确定性的种类或相关性，将其分为若干组，每个组内的不确定性设计参变量之间存在某种联系，而组与组之间的参变量完全独立，将每组不确定性设计参变量用已有数据的最小包络超椭球集合表示；其次，基于拉格朗日乘子法确定椭球（超椭球）的大小；最后，对其特征矩阵进行分解，进而实现从多椭球空间到单位多椭球空间的转换。显然，当每个组内仅含有一个认知不确定性设计参变量时，超椭球模型就退化为区间模型，如果全部认知不确定性设计变量相互关联，分为一个组，则超椭球模型退化为单椭球模型。可见，超椭球模型在描述认知不确定性方面具有更为普遍的意义。

8.3.1.3 建模步骤

基于概率论与凸集模型的多源不确定性量化方法建模步骤如下。

步骤 1：对实际工程设计中的所有不确定性进行分类，分为随机不确定性和认知不确定性两类。

步骤 2：基于概率论对随机不确定性进行量化，包括以下分步骤。

步骤 2.1：相关性判定。对于具有相关性的随机不确定性变量，采用正交变换方法将其转换为独立的随机设计不确定性变量。

步骤 2.2：空间转换。将 X 空间的随机变量 $\boldsymbol{x}=(x_1,x_2,\cdots,x_n)$ 转换到标准 U 空间中的 $\boldsymbol{u}=(u_1,u_2,\cdots,u_n)$，经过转换后的随机变量 $\boldsymbol{u}$ 服从标准正态分布。该转换方法基于随机变量在转换前后具有相同的累积分布函数，该转化方法称为 Rosenblatt 转换方法。具体如下：

$$F_{X_i}(x_i)=\Phi(u_i)\ (i=1,2,\cdots,n) \tag{8.11}$$

$\Phi(\cdot)$是标准正态分布的累积分布函数。因此，转换后的标准正态随机变量为

$$u_i=\Phi^{-1}[F_{X_i}(x_i)] \tag{8.12}$$

比如，对于一个服从正态分布的随机变量 $x_i\sim N(\mu_i,\sigma_i)$，由式(8.12)可得

$$u_i=\Phi^{-1}[F_{X_i}(x_i)]=\Phi^{-1}\left[\Phi\left(\frac{x_i-\mu_i}{\sigma_i}\right)\right]=\frac{x_i-\mu_i}{\sigma_i} \tag{8.13}$$

则有 $x_i=\mu_i+\sigma_i\mu_i$。

步骤 3: 基于凸集模型对认知不确定性进行量化,包括以下分步骤。

步骤 3.1: 判断凸性与区域性。对认知不确定性的凸性与取值区域的大小情况分别进行判断,如存在非凸、大区域或兼具以上两种情况的认知不确定性,可采用5.2.3.3小节介绍的分割法对其进行预处理,进而形成凸的、小区域的认知不确定性。

步骤 3.2: 确定椭球的大小。在采用凸方法对认知不确定性进行量化时,实质就是用一体积最小的椭球将由多维长方体进行定量化。设椭球为 $\sum_{i=1}^{m}\frac{\delta_i^2}{e_i^2}\leqslant 1$,式中 e_i 为椭球半轴,确定体积最小的椭球的关键是求出此椭球的半轴 $e_i(i=1,2,\cdots,m)$。参考文献[11],基于拉格朗日乘子法可建立以下椭球体积求解公式:

$$L=M\prod_{i=1}^{m}e_i+\eta\left(\sum_{i=1}\frac{\Delta\alpha_i^2}{e_i^2}-1\right)=Me_1e_2\cdots e_m+\eta\left(\frac{\Delta\alpha_1^2}{e_1^2}+\frac{\Delta\alpha_2^2}{e_2^2}+\cdots+\frac{\Delta\alpha_m^2}{e_m^2}-1\right) \tag{8.14}$$

结合 $\eta=mV/2$、$e_i=\Delta\alpha_i m/2$,经化简后可得包含认知不确定性的体积最小的椭球模型为

$$\frac{\delta_1^2}{\left(\frac{m}{2}\Delta\alpha_1\right)^2}+\frac{\delta_2^2}{\left(\frac{m}{2}\Delta\alpha_2\right)^2}+\cdots\frac{\delta_m^2}{\left(\frac{m}{2}\Delta\alpha_m\right)^2}\leqslant 1 \tag{8.15}$$

式中:m 为认知不确定性的维度数;$\Delta\alpha_i$ 为认知不确定性设计参变量的变化范围;$\delta_i=\alpha_i-\alpha_i^0(|\delta|\leqslant\Delta\alpha_i)$,其中 α_i 为认知不确定性设计参变量值,α_i^0 为认知不确定性设计参变量的标称值。

步骤 3.3: 转换椭球空间。

给定不确定参数向量 $\boldsymbol{x}\in\mathbf{R}^n$,凸集模型将 $\boldsymbol{x}$ 的变差范围用超椭球集合来界定,即

$$\boldsymbol{x}\in E=\{\boldsymbol{x}\mid(\boldsymbol{x}-\bar{\boldsymbol{x}})^{\mathrm{T}}\boldsymbol{W}(\boldsymbol{x}-\bar{\boldsymbol{x}})\leqslant\varepsilon^2\} \tag{8.16}$$

式中:$\bar{\boldsymbol{x}}$ 为不确定参数的名义向量;$\boldsymbol{W}$ 为凸集模型的特征矩阵,它确定了椭球的主轴方向,当椭球各主轴分别与坐标轴平行时,$\boldsymbol{W}$ 为对角矩阵;ε 表示超椭球体的大小即参数的不确定性程度。通常,$\boldsymbol{W}$ 为一正定矩阵,故可对其进行特征值分解:

$$\boldsymbol{Q}^{\mathrm{T}}\boldsymbol{W}\boldsymbol{Q}=\boldsymbol{\Lambda} \tag{8.17}$$

其中 $\boldsymbol{Q}^{\mathrm{T}}\boldsymbol{Q}=\boldsymbol{I}$;$\boldsymbol{\Lambda}$ 为由特征值组成的对角矩阵。引入向量:

$$\boldsymbol{v}=\left(\frac{1}{\varepsilon}\right)\sqrt{\boldsymbol{\Lambda}}\boldsymbol{Q}^{\mathrm{T}}(\boldsymbol{x}-\bar{\boldsymbol{x}}) \tag{8.18}$$

将式(8.18)代入式(8.16),原凸集模型 E 可转换为

$$E_c = \{\boldsymbol{v} \mid |\boldsymbol{v}^{\mathrm{T}} - \boldsymbol{v}| \leqslant 1\} \tag{8.19}$$

称 $\boldsymbol{v}$ 是与不确定参数向量 $\boldsymbol{x}$ 对应的标准化向量。E_c 为 $\boldsymbol{v}$ 空间的一个单位超球集合。

注意:对于式(8.13)中服从其他概率分布的情况,可采用表 8.1 所示的公式[12]将其从 X 空间转换到 U 空间。而对于存在相关性的随机不确定性变量,可采用正交变换法将其转换为不相关的随机不确定性变量[13]。

8.3.2 可靠性综合评价指标的建立

本节将在深入研究基于概率论的多学科可靠性评价指标和基于凸集模型的多学科可靠性评价指标的基础上,提出一种广义的多学科可靠性综合评价指标。

8.3.2.1 基于凸集模型的可靠性评价指标

在实际工程设计中,人的认知能力、研制周期、试验设备、经济条件等方面原因造成了设计参变量的认知不确定性,从而无法采用概率论对其进行表达与量化。但是,这些认知不确定性的幅度或界限易于确定。研究表明[10,11],凸集模型适于处理这类不确定性。20 世纪 90 年代以来,Ben-Haim 和Elishakoff[14,15]采用凸集模型描述结构中不确定但有界的参数,并提出了结构非概率可靠性概念。

基于凸集模型的可靠度的基本思想[15]为:若系统能容许较大的不确定性而不失效,则系统是可靠的,反之,若系统只能容许很小的不确定性,则系统是不可靠的。系统的可靠度可由系统所能容许的最大不确定程度来衡量。

在多学科可靠性分析中,各学科的极限状态函数一般由 $g(\boldsymbol{x})$ 来描述,$g(\boldsymbol{x})=0$ 称为学科的极限状态方程,它是结构可靠性分析的重要依据。经标准化转化后,极限状态方程将标准 V 空间划分成安全域($g(\boldsymbol{v})>0$)与失效域($g(\boldsymbol{v})<0$)两部分。图 8.9 所示为单个凸集模型在二维 V 空间的情形,图中曲线是极限状态曲线,单位圆为不确定变量对应的标准化凸域,记 δ 为原点到极限状态曲线的最短距离。从图 8.9 可以看出,若$\delta=1$,则

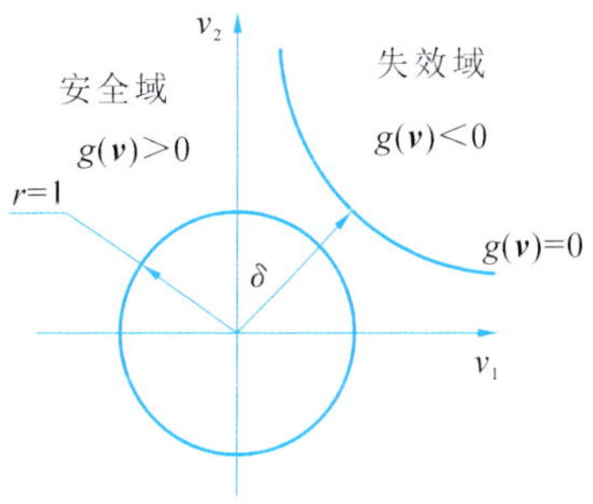

图 8.9 基于凸集模型的可靠度指标

失效域与凸集区域刚好相切，结构处于“临界失效”的状态。当 $\delta>1$ 时，不确定变量的变差均处于安全域内，此时结构是可靠的，δ 值越大，结构所能容许的不确定参数变差越大，结构越可靠，因而可选 δ 作为结构非概率可靠性的度量指标。

8.3.2.2 基于概率论和凸集模型的可靠性综合评价指标

基于概率论的可靠度和基于凸集模型的可靠度均是在考虑单一不确定性条件下提出的，而实际复杂工程设计中往往存在大量、多源、多类不确定性。传统的考虑单一不确定性的可靠度已不能满足当前复杂工程系统的可靠性设计要求。为此，本书提出了同时考虑随机和认知不确定性的多学科可靠性综合评价指标。

当充分考虑随机不确定性和认知不确定性时，多学科可靠性设计优化模型的极限状态函数就由原来的只包含单一的随机不确定性设计参变量和耦合状态变量，转变为同时包含随机不确定性参变量、认知不确定性参变量和耦合状态变量。正是因为认知不确定性设计参变量的存在，极限状态函数的取值不再是单一数值（即不再是单一的失效面），而是处于极限状态函数最小值和最大值之间的一系列数值（即存在一系列失效面族），此时的可靠度取值则变为一个区间。其实，这本身又是一种不确定性，即由不确定性带来的不确定性。

为保证设计的高可靠性，我们提出采用极限状态函数的最小值作为衡量可靠度的标准，采用极限状态函数值的差值表征相应认知不确定性对可靠度的影响程度。区间差值越大，说明认知不确定性的变差越大，反之亦然。实际上，极限状态函数的取值范围也直接提示设计人员，要提高设计的可靠度，就需要对这些认知不确定性设计参变量做更多的试验，或通过其他渠道获得更多的数据和知识，降低设计参变量的认知不确定性，降低对极限状态函数的影响程度，进而提高复杂工程系统设计的可靠度。

为表述方便，本书中用 $\boldsymbol{x}$ 表示随机不确定性设计参变量，用 $\boldsymbol{w}$ 表示认知不确定性设计参变量，用 $\boldsymbol{y}$ 表示耦合状态变量，用 $\boldsymbol{u}$ 表示标准正态空间下的随机不确定性设计参变量，用 $\boldsymbol{v}$ 表示标准单位椭球下的认知不确定性设计参变量。极限状态函数用 $g(\boldsymbol{x},\boldsymbol{w},\boldsymbol{y})$ 表示，$g(\boldsymbol{x},\boldsymbol{w},\boldsymbol{y})\geqslant 0$ 表示满足可靠性要求。相应地，经过空间转换后的极限状态函数可表示为 $G(\boldsymbol{u},\boldsymbol{v},\boldsymbol{y})\geqslant 0$。如图 8.10 所示，整个 U 空间被分为安全域（$\Omega_s=\{\boldsymbol{u}:\min G(\boldsymbol{u},\boldsymbol{v},\boldsymbol{y})>0\mid \boldsymbol{v}\in E\}$）、临界域（$\Omega_c=\{\boldsymbol{u}:\min G(\boldsymbol{u},\boldsymbol{v},\boldsymbol{y})=0\mid \boldsymbol{v}\in E\}$）和失效域（$\Omega_f=\{\boldsymbol{u}:\min G(\boldsymbol{u},\boldsymbol{v},\boldsymbol{y})<0\mid \boldsymbol{v}\in E\}$）三部分。

其中，安全域 Ω_s 和临界域 Ω_c 的交界代表了一个独一无二的空间曲线(曲面) $\widehat{G}(\boldsymbol{u})=0$，称为“最可能失效线(面)”。

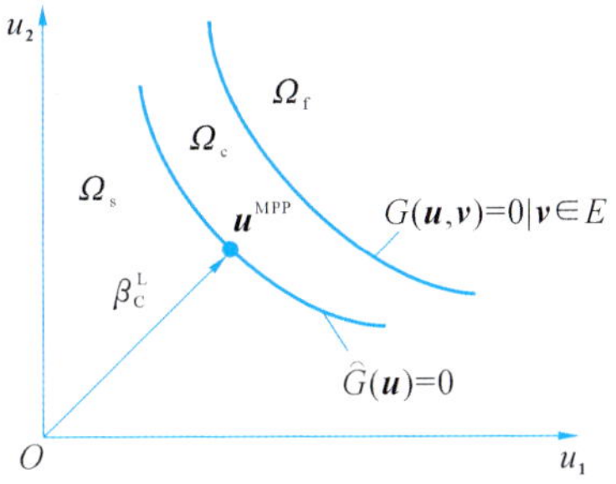

图 8.10　U 空间中可靠性综合评价指标示意图

多源不确定性条件下的多学科可靠性综合评价指标定义为：在标准 U 空间中，以最可能失效面到坐标原点的最短距离(即区间下限)作为可靠度评估值，记为 β_C^L(C 表示综合评价指标，L 表示可靠度区间的下限)，并且最可能失效面离原点越远，极限状态函数失效的概率越小。实际上，综合可靠性评价指标的求解可由下式给出：

$$\begin{cases}\beta_C^L = \min \sqrt{\boldsymbol{u}^T\boldsymbol{u}} \\ \text{s.t. } \widehat{G}(\boldsymbol{u},\boldsymbol{v}) = 0\end{cases} \tag{8.20}$$

式中：

$$\begin{cases}\widehat{G}(\boldsymbol{u},\boldsymbol{v}) = G(\boldsymbol{u},\boldsymbol{v}) \\ \text{s.t. } \boldsymbol{v}_i^T\boldsymbol{v}_i \leqslant 1 (i=1,2,\cdots,n)\end{cases} \tag{8.21}$$

式(8.20)用于搜索随机变量的 MPP 点 $\boldsymbol{u}_{MPP}$，而式(8.21)用于求解认知不确定性变量的最坏点 $\boldsymbol{v}^{WCP}$。将式(8.20)和式(8.21)联立，MPP 点和最坏点可由多约束优化问题求解得到：

$$\begin{cases}\text{Find}(\boldsymbol{u},\boldsymbol{v}) \\ \beta_C^L = \min \sqrt{\boldsymbol{u}^T\boldsymbol{u}} \\ \text{s.t. } G(\boldsymbol{u},\boldsymbol{v}) = 0 \\ \qquad \boldsymbol{v}_i^T\boldsymbol{v}_i \leqslant 1 \quad (i=1,2,\cdots,n)\end{cases} \tag{8.22}$$

显然，如果通过大量试验或其他途径获得更多的数据和信息，即可得到认知不确定性设计参变量的概率分布，则极限状态函数就变为仅包含随机变量的极限状态函数，式(8.20)定义的可靠性综合评价指标就退化为传统的概率可靠度评价指标。因此，本节所提的可靠性评价指标具有更普通的意义。

此外，利用所提可靠度评价体系还可求出在认知不确定性设计参变量的影响下极限状态函数所对应的可靠度的最大值，即

$$\begin{cases}\beta_C^U = \max \sqrt{\boldsymbol{u}^T\boldsymbol{u}} \\ \text{s.t.}\ \widehat{G}(\boldsymbol{u},\boldsymbol{v}) = 0\end{cases} \tag{8.23}$$

由此可见，极限状态函数在随机不确定性设计参变量和认知不确定性设计参变量的共同影响下的可靠度是一个区域，表示为$[\beta_C^L,\beta_C^U]$，其差值记为 $\Delta\beta=\beta_C^U-\beta_C^L$，直接反映了认知不确定性设计参变量对极限状态函数的影响程度。因此，所提多学科可靠度综合评价指标是一种广义的可靠度评价指标，具有两方面的意义：①该评价指标不再是传统意义上的单一评价测度，而是一个可靠度评价区间；②该评价指标的上下限的差值直接反映了认知不确定性设计参变量对极限状态函数可靠度及复杂系统设计可靠度的影响程度。

8.3.3 多源不确定性条件下的 RBMDO 模型

本节在传统 RBMDO 模型的基础上，充分考虑复杂工程系统设计过程中的随机不确定性和认知不确定性，基于所提出的集成概率论与凸集模型的多源不确定性量化方法、多学科可靠度综合评价指标和功能测度法建立多源不确定性条件下的 RBMDO 模型。

8.3.3.1 考虑随机不确定性的 RBMDO 模型

本节以图 8.11 所示的耦合系统为例建立多学科可靠性设计优化模型。

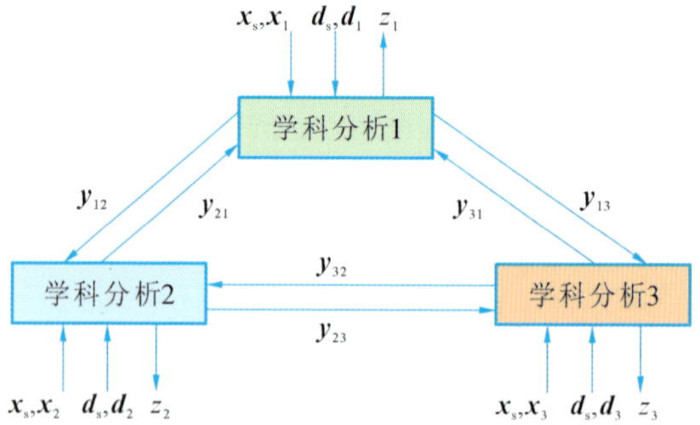

图 8.11 包含随机设计变量的多学科系统

结合 2.1.2 节给出的确定性多学科设计优化数学模型，仅考虑随机不确定性设计参变量的情况，建立如下所示的 RBMDO 模型。

$$
\begin{cases}
\min\ f(\boldsymbol{d}_{\mathrm{s}},\boldsymbol{d}_i,\boldsymbol{x}_{\mathrm{s}},\boldsymbol{x}_i,\ \boldsymbol{p}) \\
\text{s. t.}\ \ \Pr(g_i(\boldsymbol{d}_{\mathrm{s}},\boldsymbol{d}_i,\boldsymbol{x}_{\mathrm{s}},\boldsymbol{x}_i,\boldsymbol{p},\boldsymbol{y}_{\cdot i}) \geqslant 0) \geqslant R_i \\
\qquad g_i(\boldsymbol{d}_{\mathrm{s}},\boldsymbol{d}_i,\boldsymbol{y}_{\cdot i}) \geqslant 0 \\
\qquad \boldsymbol{d}_{\mathrm{s}}^{\mathrm{L}} \leqslant \boldsymbol{d}_{\mathrm{s}} \leqslant \boldsymbol{d}_{\mathrm{s}}^{\mathrm{U}},\boldsymbol{d}_i^{\mathrm{L}} \leqslant \boldsymbol{d}_i \leqslant \boldsymbol{d}_i^{\mathrm{U}} \\
\qquad \boldsymbol{x}_{\mathrm{s}}^{\mathrm{L}} \leqslant \boldsymbol{x}_{\mathrm{s}} \leqslant \boldsymbol{x}_{\mathrm{s}}^{\mathrm{U}},\boldsymbol{x}_i^{\mathrm{L}} \leqslant \boldsymbol{x}_i \leqslant \boldsymbol{x}_i^{\mathrm{U}} \\
\qquad i = 1,2,3
\end{cases}
\tag{8.24}
$$

式中：$\boldsymbol{d}_{\mathrm{s}}$ 是共享确定性设计变量，即各个学科共有的确定性设计变量；$\boldsymbol{d}_{\mathrm{s}}^{\mathrm{U}}$ 和 $\boldsymbol{d}_{\mathrm{s}}^{\mathrm{L}}$ 分别为 $\boldsymbol{d}_{\mathrm{s}}$ 的上、下限；$\boldsymbol{d}_i$ 为学科 i 的局部确定性设计变量；$\boldsymbol{d}_i^{\mathrm{U}}$ 和 $\boldsymbol{d}_i^{\mathrm{L}}$ 分别为 $\boldsymbol{d}_i$ 的上、下限；$\boldsymbol{x}_{\mathrm{s}}$ 为所有学科共享的随机输入设计变量；$\boldsymbol{x}_{\mathrm{s}}^{\mathrm{U}}$ 和 $\boldsymbol{x}_{\mathrm{s}}^{\mathrm{L}}$ 分别为 $\boldsymbol{x}_{\mathrm{s}}$ 的上、下限；$\boldsymbol{x}_i$ 为学科 i 的局部随机设计变量，$\boldsymbol{x}_i^{\mathrm{U}}$ 和 $\boldsymbol{x}_i^{\mathrm{L}}$ 分别为 $\boldsymbol{x}_i$ 的上、下限；$\boldsymbol{p}$ 为设计参数，R_i 为学科 i 的可靠度要求；$g_i(\cdot)$为学科 i 的确定性设计约束条件；$\Pr(g_i(\cdot)\geqslant 0)$为学科 i 的概率可靠性不失效模型，$\Pr(g_i(\cdot)\geqslant 0)\geqslant R_i$ 为学科 i 的概率可靠性设计约束；$\boldsymbol{y}_{\cdot i}$ 为学科 i 的输入状态变量，有

$$
\boldsymbol{y}_{\cdot i} = \boldsymbol{y}_{\cdot i}(\boldsymbol{d}_{\mathrm{s}},\boldsymbol{d}_i,\boldsymbol{x}_{\mathrm{s}},\boldsymbol{x}_i,\boldsymbol{y}_{ji}) \quad (i,j = 1,2,3,i \neq j) \tag{8.25}
$$

其中：$\boldsymbol{y}_{ji}$ 表示学科 j 输出到学科 i 的耦合状态变量。

8.3.3.2 考虑多源不确定性的 AEMDO 模型

在 8.3.3.1 节的基础上，充分考虑随机不确定性和认知不确定性，基于功能测度法可建立 AEMDO 模型：

$$
\begin{cases}
\min\ f(\boldsymbol{d}_{\mathrm{s}},\boldsymbol{d}_i,\boldsymbol{x}_{\mathrm{s}},\boldsymbol{x}_i,\boldsymbol{w}_{\mathrm{s}},\boldsymbol{w}_i,\ \boldsymbol{p},\boldsymbol{y}_{\cdot i}) \\
\text{s. t.}\ \ \Pr(g_i(\boldsymbol{d}_{\mathrm{s}},\boldsymbol{d}_i,\boldsymbol{x}_{\mathrm{s}},\boldsymbol{x}_i,\boldsymbol{w}_{\mathrm{s}},\boldsymbol{w}_i,\boldsymbol{p},\boldsymbol{y}_{\cdot i}) \geqslant 0) \geqslant R_i \\
\qquad g_i(\boldsymbol{d}_{\mathrm{s}},\boldsymbol{d}_i,\boldsymbol{x}_{\mathrm{s}},\boldsymbol{x}_i,\boldsymbol{w}_{\mathrm{s}},\boldsymbol{w}_i,\ \boldsymbol{p},\boldsymbol{y}_{\cdot i}) \geqslant 0 \\
\qquad \boldsymbol{d}_{\mathrm{s}}^{\mathrm{L}} \leqslant \boldsymbol{d}_{\mathrm{s}} \leqslant \boldsymbol{d}_{\mathrm{s}}^{\mathrm{U}},\boldsymbol{d}_i^{\mathrm{L}} \leqslant \boldsymbol{d}_i \leqslant \boldsymbol{d}_i^{\mathrm{U}} \\
\qquad \boldsymbol{x}_{\mathrm{s}}^{\mathrm{L}} \leqslant \boldsymbol{x}_{\mathrm{s}} \leqslant \boldsymbol{x}_{\mathrm{s}}^{\mathrm{U}},\boldsymbol{x}_i^{\mathrm{L}} \leqslant \boldsymbol{x}_i \leqslant \boldsymbol{x}_i^{\mathrm{U}} \\
\qquad \boldsymbol{w}_{\mathrm{s}}^{\mathrm{L}} \leqslant \boldsymbol{w}_{\mathrm{s}} \leqslant \boldsymbol{w}_{\mathrm{s}}^{\mathrm{U}},\boldsymbol{w}_i^{\mathrm{L}} \leqslant \boldsymbol{w}_i \leqslant \boldsymbol{w}_i^{\mathrm{U}} \\
\qquad i = 1,2,3
\end{cases}
\tag{8.26}
$$

式中：$\boldsymbol{d}_{\mathrm{s}}$ 是共享确定性设计变量，即各个学科共有的确定性设计变量，$\boldsymbol{d}_{\mathrm{s}}^{\mathrm{U}}$ 和 $\boldsymbol{d}_{\mathrm{s}}^{\mathrm{L}}$ 分别为 $\boldsymbol{d}_{\mathrm{s}}$ 的上、下限；$\boldsymbol{d}_i$ 为学科 i 的局部确定性设计变量，$\boldsymbol{d}_i^{\mathrm{U}}$ 和 $\boldsymbol{d}_i^{\mathrm{L}}$ 分别为 $\boldsymbol{d}_i$ 的上、下限；$\boldsymbol{x}_{\mathrm{s}}$ 为所有学科共享的随机输入设计变量，$\boldsymbol{x}_{\mathrm{s}}^{\mathrm{U}}$ 和 $\boldsymbol{x}_{\mathrm{s}}^{\mathrm{L}}$ 分别为 $\boldsymbol{x}_{\mathrm{s}}$ 的上、下限；$\boldsymbol{x}_i$ 为学科 i 的局部随机设计变量，$\boldsymbol{x}_i^{\mathrm{U}}$ 和 $\boldsymbol{x}_i^{\mathrm{L}}$ 分别为 $\boldsymbol{x}_i$ 的上、下限；$\boldsymbol{p}$ 包括随机不确定性参数($\boldsymbol{p}_{\mathrm{r}}$)和认知不确定性参数($\boldsymbol{p}_{\mathrm{e}}$)；$\boldsymbol{w}_{\mathrm{s}}$ 为所有学科共享的认知不确定性输入设计变量，$\boldsymbol{w}_{\mathrm{s}}^{\mathrm{U}}$ 和 $\boldsymbol{w}_{\mathrm{s}}^{\mathrm{L}}$ 分别为 $\boldsymbol{w}_{\mathrm{s}}$ 的上、下限；$\boldsymbol{w}_i$ 为学科 i 的局部认知不确定性设计变量，$\boldsymbol{w}_i^{\mathrm{U}}$ 和 $\boldsymbol{w}_i^{\mathrm{L}}$ 分别为 $\boldsymbol{w}_i$ 的上、下限；R_i 为学科 i 的可靠度要求，$g_i(\cdot)$

为学科 i 的确定性设计约束条件；$\Pr(g_i(\cdot)\geqslant 0)$ 为学科 i 的概率可靠性不失效模型，$\Pr(g_i(\cdot)\geqslant 0)\geqslant R_i$ 为学科 i 的概率可靠性设计约束；$\boldsymbol{y}_{\cdot i}$ 为学科 i 的输入状态变量，有

$$\boldsymbol{y}_{\cdot i}=\boldsymbol{y}_{\cdot i}(\boldsymbol{d}_{\mathrm{s}},\boldsymbol{d}_i,\boldsymbol{x}_{\mathrm{s}},\boldsymbol{x}_i,\boldsymbol{w}_{\mathrm{s}},\boldsymbol{w}_i,\boldsymbol{y}_{ji})\quad(i,j=1,2,3,i\neq j)\tag{8.27}$$

其中：$\boldsymbol{y}_{ji}$ 表示第 j 个学科输出到第 i 个学科的状态变量。

在式(8.26)中，直接对其可靠性约束条件进行处理较为困难。为提高计算效率和优化过程的稳定性，近年来多采用功能测度法将可靠度约束转换为更稳健和高效的等价形式[16]。在功能测度法中，并非将计算出的可靠度指标与实际要求指标相比较，而是在随机不确定性设计参变量和认知不确定性设计参变量的双重约束下搜索出极限状态函数 $g(\cdot)$ 的最小值，要求该极限状态函数的最小值 α 非负即可。其原理如图 8.12 所示。当 $\alpha=0$ 时，对应的极限状态函数的概率可靠度指标 $\beta_{\mathrm{C}}=\Pr(g_i(\boldsymbol{d}_{\mathrm{s}},\boldsymbol{d}_i,\boldsymbol{x}_{\mathrm{s}},\boldsymbol{x}_i,\boldsymbol{w}_{\mathrm{s}},\boldsymbol{w}_i,\boldsymbol{p},\boldsymbol{y}_{\cdot i})\geqslant 0)=\beta_{\mathrm{C}}^{\mathrm{L}}$，刚好满足原可靠性约束的设计要求；当 $\alpha>0$ 时，在随机和认知不确定性的影响下，极限状态函数的值域（变化范围）都落在安全域，满足约束条件。因此，有下列等价关系式：

$$\beta_{\mathrm{C}}\geqslant\beta_{\mathrm{C}}^{\mathrm{L}}\Leftrightarrow\alpha\geqslant 0\tag{8.28}$$

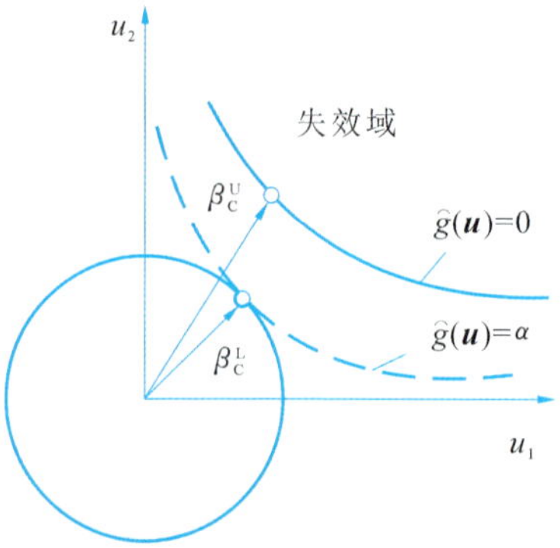

图 8.12　功能测度法示意图

因此，AEMDO 模型可转换为

$$\begin{cases}\min\ f(\boldsymbol{d}_{\mathrm{s}},\boldsymbol{d}_i,\boldsymbol{x}_{\mathrm{s}},\boldsymbol{x}_i,\boldsymbol{w}_{\mathrm{s}},\boldsymbol{w}_i,\boldsymbol{p},\boldsymbol{y}_{\cdot i})\\ \mathrm{s.t.}\ \alpha_i(\boldsymbol{d}_{\mathrm{s}},\boldsymbol{d}_i,\boldsymbol{x}_{\mathrm{s}},\boldsymbol{x}_i,\boldsymbol{w}_{\mathrm{s}},\boldsymbol{w}_i,\boldsymbol{p},\boldsymbol{y}_{\cdot i})\geqslant 0\\ \qquad g_i(\boldsymbol{d}_{\mathrm{s}},\boldsymbol{d}_i,\boldsymbol{x}_{\mathrm{s}},\boldsymbol{x}_i,\boldsymbol{w}_{\mathrm{s}},\boldsymbol{w}_i,\boldsymbol{p},\boldsymbol{y}_{\cdot i})\geqslant 0\\ \qquad \boldsymbol{d}_{\mathrm{s}}^{\mathrm{L}}\leqslant\boldsymbol{d}_{\mathrm{s}}\leqslant\boldsymbol{d}_{\mathrm{s}}^{\mathrm{U}},\boldsymbol{d}_i^{\mathrm{L}}\leqslant\boldsymbol{d}_i\leqslant\boldsymbol{d}_i^{\mathrm{U}}\\ \qquad \boldsymbol{x}_{\mathrm{s}}^{\mathrm{L}}\leqslant\boldsymbol{x}_{\mathrm{s}}\leqslant\boldsymbol{x}_{\mathrm{s}}^{\mathrm{U}},\boldsymbol{x}_i^{\mathrm{L}}\leqslant\boldsymbol{x}_i\leqslant\boldsymbol{x}_i^{\mathrm{U}}\\ \qquad \boldsymbol{w}_{\mathrm{s}}^{\mathrm{L}}\leqslant\boldsymbol{w}_{\mathrm{s}}\leqslant\boldsymbol{w}_{\mathrm{s}}^{\mathrm{U}},\boldsymbol{w}_i^{\mathrm{L}}\leqslant\boldsymbol{w}_i\leqslant\boldsymbol{w}_i^{\mathrm{U}}\\ \qquad i=1,2,3\end{cases}\tag{8.29}$$

式中：$\alpha_i(\cdot)$对应于学科 i 的极限状态函数 $\hat{g}_i(\boldsymbol{d},\boldsymbol{u},\boldsymbol{y}_{\cdot i})$的最小目标性能值，其计算表达式为

$$\begin{cases}\alpha_i(\cdot) = \min \hat{g}_i(\boldsymbol{d},\boldsymbol{u},\boldsymbol{y}_{\cdot i}) \\ \text{s.t.} \quad \sqrt{\boldsymbol{u}^{\mathrm{T}}\boldsymbol{u}} = \beta_{\mathrm{C},i}^{\mathrm{L}}\end{cases} \tag{8.30}$$

根据 $\hat{g}_i$的定义，可将式(8.30)改写为

$$\begin{cases}\text{Find}(\boldsymbol{u},\boldsymbol{v}) \\ \alpha_i(\cdot) = \min g_i(\boldsymbol{d},\boldsymbol{u},\boldsymbol{v},\boldsymbol{y}_{\cdot i}) \\ \text{s.t.} \quad \sqrt{\boldsymbol{u}^{\mathrm{T}}\boldsymbol{u}} = \beta_{\mathrm{C},i}^{\mathrm{L}} \\ \qquad \boldsymbol{v}_i^{\mathrm{T}}\boldsymbol{v}_i \leqslant 1 \\ \qquad i = 1,2,\cdots,e\end{cases} \tag{8.31}$$

可见，AEMDO 模型中的极限状态函数的最小目标性能值的几何意义为：在随机不确定性设计参变量的标准 U 空间的超椭球面上以及认知不确定性设计参变量空间中的单位超椭球集合内，求解极限状态函数的最小值。另外，因为存在多个学科间耦合关系(即存在耦合状态变量)，不论是在标准 U 空间内求解极限状态函数的 MPP 点还是在单位超椭球集合内求解极限状态函数的 WCP(worst case point)点时都需进行多学科分析，为下一次分析提供耦合状态函数的值，进而实现解耦。

相比于传统的 RBMDO 模型，本书所提 AEMDO 模型具有如下特点：

(1) 综合考虑了设计中的随机和认知不确定性，建立的模型更符合实际工程设计；

(2) 基于多学科可靠性综合评价指标，突破了传统的基于单一理论的可靠性指标，能综合反映多源不确定性对极限状态函数的影响程度；

(3) 采用了效率和稳健性更高的功能测度法，从模型本身角度出发提高了计算效率。

当然，无论是对式(8.24)所表示的 RBMDO 问题还是对式(8.26)所表示的 AEMDO 问题进行直接求解，都将涉及一个多层嵌套循环优化的问题，这是由 RBMDO 问题本身的执行流程导致的。具体执行过程如下：首先执行最外层的确定性多学科设计优化，因约束条件包括确定性约束和可靠性约束，且存在不同程度的耦合情况，因此在确定性多学科设计优化过程中既要调用位于中间层的 MRA 循环，也需要调用处于最内层的 MDA 循环。在执行 MRA 循环的过程中同样需要调用 MDA 循环，为其提供耦合状态变量的数值，实现解耦。该问题在处理具有大规模、高度非线性的约束条件以及多耦合的 RBMDO 时变得

异常突出。

目前,RBMDO 的高计算成本与低效率已成为影响实际工程应用的最大障碍。为此,从以下三方面开展相关研究,提高 RBMDO 的计算效率:

(1) 基于智能算法对确定性多学科设计优化策略进行改进,提出高效的自适应协同优化策略;

(2) 提出高效的多源不确定性条件下序列化的多学科可靠性分析方法;

(3) 基于解耦理论、分层思想及近似技术对 SORA 策略进行改进,提出高效的 RBMDO 优化策略,从 RBMDO 总体流程上提高计算效率。

8.4 考虑随机-模糊-区间混合不确定性的 RBMDO 建模

8.4.1 不确定性的数学建模

不确定性数学建模的主要任务是对复杂设计过程中的各种类型的不确定性输入量进行数学描述。基于不同的理论工具,可以将设计中存在的随机不确定性输入量、模糊不确定性输入量和区间不确定性输入量分别描述为不同的数学变量或参量的形式。如图 8.13 所示,这里使用概率论方法对随机不确定性进行建模,使用可能性理论对模糊不确定性进行建模,使用证据理论对区间不确定性进行建模。这三种不确定性建模方法的优点以及建模过程在第 5 章中有详细讨论。

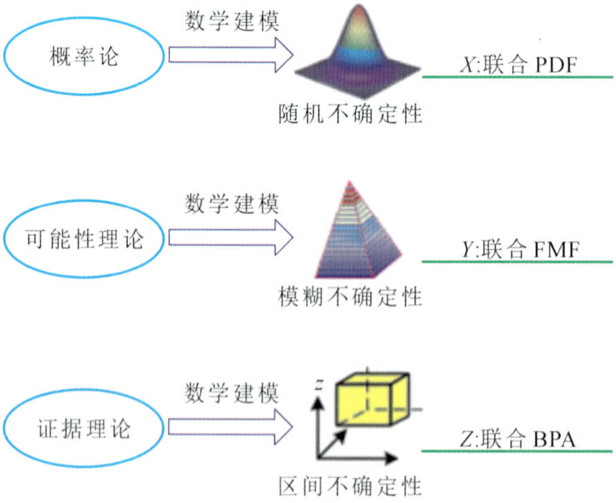

图 8.13 不确定性的数学建模

8.4.2 随机-模糊-区间混合不确定性下的可靠性评价

基于概率的可靠性评价是考虑设计中的各种随机不确定性，采用概率论的方法计算由这些不确定性引起失效的概率，根据计算值的大小来评价系统安全的程度。基于概率论的可靠性评价方法在 6.1.2 小节中已经介绍过。这里分别介绍基于可能性的可靠性评价和基于证据理论的可靠性评价，在此基础上讨论推导随机-模糊-区间混合不确定性下的可靠性评价。

8.4.2.1 基于可能性的可靠性评价

当设计中存在的不确定性为模糊不确定性时，不确定性变量被建模成模糊变量。受输入变量模糊性的影响，输出的功能函数也具有模糊性。因此，系统是否安全可靠不再是以一个确定的概率值作为标准，而是以失效事件发生的可能性，即失效的可能度来评价的。

根据可能性理论[17]可知，对于一个不可能的事件 A，其可能度 $\Pi(A)$ 是 0。当定义功能函数 g_i 满足要求的形式为 $g_i \geqslant 0$ 时，若 $\Pi(g_i<0)=0$，那么当前的设计一定总是满足要求的。因此，在基于可能性的可靠性评价中，$\Pi(g_i<0)$ 被用来评估当前设计的可靠程度。$\Pi(g_i<0)$ 的计算公式为

$$\Pi(g_i<0)=\sup_{g_i \in (g_i<0)} \mu_{g_i}(g_i) \tag{8.32}$$

求解出来的隶属度值表明了 $g_i<0$ 事件发生的可能性，据此可以判断设计的可靠度。

类似于可靠度求解的 PMA 方法，Mourelatos 和 Zhou 发展了可能性的百分比性能测度，用来评估模糊不确定性下的可靠性，以及用于基于可能性的设计优化[18,19]。可能性的百分比性能测度示意图如图 8.14 所示。

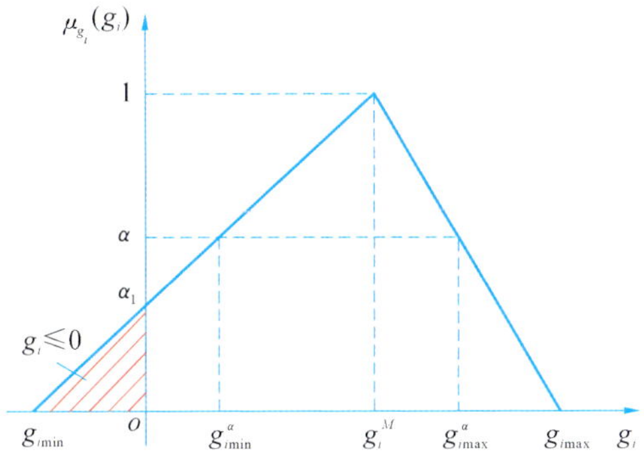

图 8.14 可能性的百分比性能测度示意图

从图中可以看出，当在给定的 α 截集下的功能函数 g_i 的最小值 $g_{i\min}^{\alpha}\geqslant 0$ 时，当前设计 $g_i<0$ 事件的可能度满足指定可能度的要求。

可以在给定的 α 截集下，通过优化模型求解获得功能函数 g_i 的最小值 $g_{i\min}^{\alpha}$。功能函数 g_i 优化模型为

$$\begin{cases}\min\ g_i(\boldsymbol{X}_{\mathrm{f}}) \\ \mathrm{s.\ t.}\ \ \boldsymbol{X}_{\mathrm{f}}^{\alpha,\mathrm{L}}\leqslant \boldsymbol{X}_{\mathrm{f}}\leqslant \boldsymbol{X}_{\mathrm{f}}^{\alpha,\mathrm{U}}\end{cases}\tag{8.33}$$

式中：$\boldsymbol{X}_{\mathrm{f}}^{\alpha,\mathrm{L}}$ 和 $\boldsymbol{X}_{\mathrm{f}}^{\alpha,\mathrm{U}}$ 分别表示 α 截集下变量 $\boldsymbol{X}_{\mathrm{f}}$ 的下限与上限。

8.4.2.2 基于证据理论的可靠性评价

当设计过程中存在区间不确定性时，区间不确定性由专家建模为证据变量。此时，由于不确定性变量是以可能存在的几个区间与区间对应的基本概率分配描述的，功能函数 g 处于多个联合基本概率分配的区间不确定性下。如图 8.15 所示为含有两个证据变量时的功能函数 g 的不确定性空间。

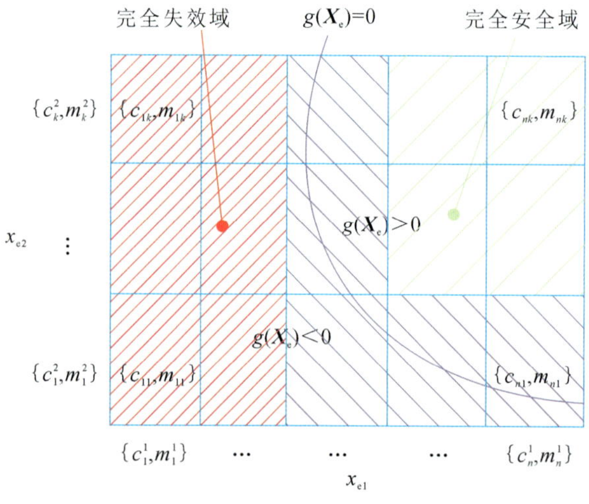

图 8.15　含有两个证据变量时的功能函数 g 的不确定性空间

在图 8.15 中，功能函数 $g(\boldsymbol{X}_{\mathrm{e}})$ 含有两个证据变量 $x_{\mathrm{e}1}$ 和 $x_{\mathrm{e}2}$；$\{c_i^1,m_i^1\}(i=1,2,\cdots,n)$ 为证据变量 $x_{\mathrm{e}1}$ 的区间和基本概率分配；$\{c_j^2,m_j^2\}(j=1,2,\cdots,k)$ 为证据变量 $x_{\mathrm{e}2}$ 的区间和基本概率分配；c_{ij} 表示证据变量 $x_{\mathrm{e}1}$ 的第 i 个区间与证据变量 $x_{\mathrm{e}2}$ 的第 j 个区间组成的联合区间；m_{ij} 表示联合区间 c_{ij} 的联合基本概率分配。表示功能函数 $g(\boldsymbol{X}_{\mathrm{e}})=0$ 的曲线左边区域 $g(\boldsymbol{X}_{\mathrm{e}})<0$，右边区域 $g(\boldsymbol{X}_{\mathrm{e}})>0$。红色阴影区域所包含的联合区间位于完全失效域，在此区域求得失效概率的置信度 $\mathrm{Bel}(F)$；绿色阴影区域所包含的联合区间位于完全安全域，在此区域求得的

失效概率为 0；紫色阴影区域所包含的联合区间在完全失效域和完全安全域之间，为不确定性区域，此区域与红色阴影区域合并到一起共同求得的失效概率即为失效概率的最大值，即失效概率的似真度 $\mathrm{Pl}(F)$。依据证据理论，当功能函数 g 处于多个联合基本概率分配的区间不确定性下时，真实的失效概率$\mathrm{Pr}(F)$介于置信度 $\mathrm{Bel}(F)$和似真度 $\mathrm{Pl}(F)$之间。同时考虑，若 $\mathrm{Pl}(F)$不超过要求的失效概率，那么确信 $\mathrm{Bel}(F)$必然不会超过要求的失效概率。因此，基于证据理论的可靠性评价以失效事件的 $\mathrm{Pl}(F)$作为依据。

$\mathrm{Pl}(F)$的求解是将所有处于可能失效区间对应的基本概率分配相加。对于一个联合区间，g 的失效判断如图 8.16 所示。从图中见，如果 g 在区间下的极小值 $g_{\min}$ 小于 0，则表明在该区间下 g 是可能失效的，其对应的 BPA 应进入累加。

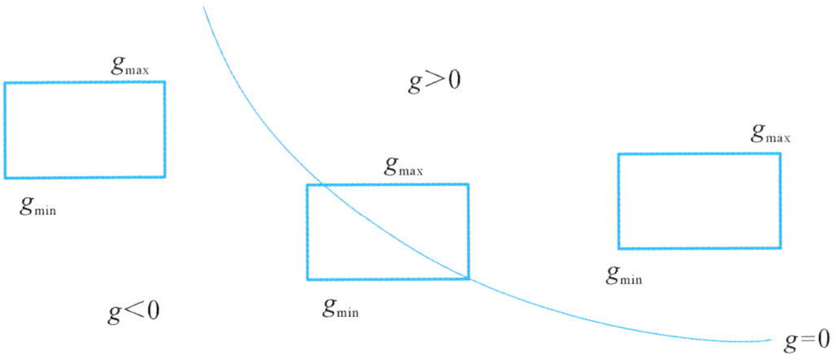

图 8.16　第 k 个区间下 g 的失效判断

因此，$\mathrm{Pl}(F)$的计算式为

$$\mathrm{Pl}(F) = \sum_{g_{\min}^{k}<0} m(k) \tag{8.34}$$

式中：$m(k)$代表第 k 个联合区间对应的基本概率分配。

8.4.2.3　结合概率论、可能性理论和证据理论的可靠性评价

对于含有多种不确定性变量时的可靠性评价，最容易的处理方式是为这些非随机变量假设一种分布，例如均匀分布，将这些非随机变量转化成随机变量，进而采用基于概率的方法对可靠性进行评价。然而，Du 等人[20]指出，在这种情况下为了能够充分利用已获得的信息，最好不要做任何假设。为此，同时含有随机不确定性、模糊不确定性和区间不确定性的可靠性评价需要建立在概率论、可能性和证据理论的基础之上。

由第 6 章中的三种不确定性下功能函数 g 的不确定性空间和统一可靠性分析模型 URAM 可知，在混合不确定性的影响下，g 的失效事件的概率首先是

具有隶属度形式，其次不同隶属度下的概率事件是以置信度和似真度的形式呈现的，为此，三种不确定性下的可靠性是以指定隶属度下失效概率的置信度Bel(F)和似真度 Pl(F)来评价的。

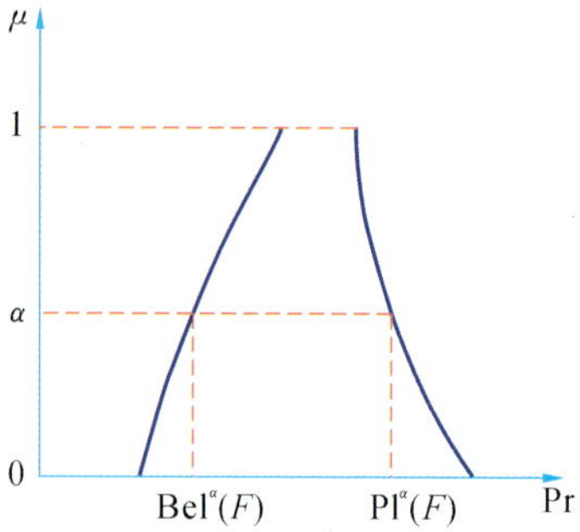

图 8.17　随机-模糊-区间不确定性下失效概率的隶属度

依据统一可靠性分析模型 URAM 及其分析结果可知，三种不确定性下功能函数 g 的失效概率的形式如图 8.17 所示。从图中可以看出，如果在隶属度 α 下的 $\mathrm{Pl}^{\alpha}(F)$都不会发生失效，那么在该隶属度下一定不会发生失效，这是因为 $\mathrm{Pl}^{\alpha}(F)$是在该隶属度下发生失效的最大可能。因此，随机不确定性、模糊不确定性和区间不确定性共存时的可靠性评价内容为在允许的可能度 α_{t} 下的最大失效概率的似真度 $\mathrm{Pl}^{\alpha_{\mathrm{t}}}(F)$是否满足允许的失效概率的似真度 $\mathrm{Pl}_{\mathrm{t}}^{\alpha_{\mathrm{t}}}(F)$。

采用前述中提出的 FORM-α-URA 方法可以获得在允许的可能度 α_{t} 下的似真度 $\mathrm{Pl}^{\alpha_{\mathrm{t}}}(F)$，进而可以根据 $\mathrm{Pl}^{\alpha_{\mathrm{t}}}(F)$的值对可靠性做出评估。

8.4.3　随机-模糊-区间混合不确定性下的多学科可靠性设计优化模型

产品的可靠性设计优化是以产品的可靠性作为目标或约束条件，运用恰当的优化方法得到在概率意义下最佳设计的计算方法。随着多学科设计优化开始考虑不确定性对优化结果的影响，考虑不确定性的 RBMDO 得到了迅速发展。RBMDO 要综合考虑系统中的各种不稳定性因素，对这些因素可能对多学科系统输出功能函数产生的影响做出合理的评估，以确保多学科设计优化的结果具有一定的可靠性。对于含有随机-模糊-区间混合不确定性的多学科系统的RBMDO，需要以三种不确定性下的可靠性评价作为基础，在设计优化模型中以允许的最大失效概率作为可靠性约束，从而保证设计结果的可靠。

依据 8.4 节中对随机-模糊-区间混合不确定性下的可靠性评价可知，在含有随机变量、模糊变量和证据变量的多学科设计优化中，产品设计满足可靠性的条件是在允许的可能度 α_{t} 下的最大失效概率满足指定的 $\mathrm{Pl}_{\mathrm{t}}^{\alpha_{\mathrm{t}}}(F)$，因此考虑随机-模糊-区间混合不确定性的 RBMDO 是以似真度作为目标和约束的评估标准的。由 RBMDO 的三种类型可知，随机-模糊-区间混合不确定性下的 RB-

MDO 同样也应属于 PlBMDO 类型，只不过是它里面同时含有了随机不确定性变量、模糊不确定性变量和区间不确定性变量。

考虑到各学科同时含有三种类型的不确定性时的情况最为复杂，因此，建立考虑随机-模糊-区间混合不确定性的多学科可靠性设计优化（random fuzzy and interval multidisciplinary design optimization，RFIMDO）模型。值得指出的是，在设计优化问题中，区间不确定性多是关于设计参数的[20,21]，为此，建立的 RFIMDO 模型中仅考虑了证据变量的优化问题。

在基于概率和基于可能性的设计优化[22,23]中，优化模型中目标函数的最优值是随机变量或模糊变量的均值或最大隶属度值，换言之，基于概率和基于可能性的设计优化中目标函数的最优值是确定量。而对于基于似真度的设计优化[22]，由于区间不确定性的存在，优化目标的最优值也不再是一个确定量，也就是说最优值只能是以某种似真度的形式存在的不确定性量。

在设计优化问题中，通常以求函数的最小值作为目标，例如汽车驱动桥壳的轻量化设计问题[23]以桥壳的体积最小为优化目标，为了更具一般性，本书也以求解目标函数的极小值作为优化的目标。对于含有随机变量、模糊变量和证据变量的目标函数 $f(\cdot)$，最优值 f^* 是以一定的 $\mathrm{Pl}^{\alpha_t}(f^*)$ 的形式存在的，因此优化的目标是找到一个最小的 $\overline{f}$ 值，使得目标函数大于这个 $\overline{f}$ 值的似真度不超过要求的似真度 $\mathrm{Pl}_{\text{t-obj}}^{\alpha_t}$，即

$$\mathrm{Pl}^{\alpha_t}(f(\cdot) > \overline{f}) \leqslant \mathrm{Pl}_{\text{t-obj}}^{\alpha_t} \tag{8.35}$$

基于上述分析，建立 RFIMDO 的优化模型如下：

$$\begin{cases}
\text{find } \boldsymbol{d}_s, \boldsymbol{d}_l, \boldsymbol{\mu}_{\boldsymbol{X}_{rs}}, \boldsymbol{\mu}_{\boldsymbol{X}_{ri}}, \boldsymbol{X}_{fs}^{M}, \boldsymbol{X}_{fi}^{M} \\
\min \overline{f} \\
\text{s.t. } \mathrm{Pl}^{\alpha_t}(f(\boldsymbol{d}_s, \boldsymbol{d}_l, \boldsymbol{X}_{rs}, \boldsymbol{X}_{rl}, \boldsymbol{X}_{fs}, \boldsymbol{X}_{fl}, \boldsymbol{P}_r, \boldsymbol{P}_f, \boldsymbol{P}_e, \boldsymbol{y}) > \overline{f}) \leqslant \mathrm{Pl}_{\text{t-obj}}^{\alpha_t} \\
\qquad \mathrm{Pl}^{\alpha_t}(g_i(\boldsymbol{d}_s, \boldsymbol{d}_i, \boldsymbol{X}_{rs}, \boldsymbol{X}_{ri}, \boldsymbol{X}_{fs}, \boldsymbol{X}_{fi}, \boldsymbol{P}_r, \boldsymbol{P}_f, \boldsymbol{P}_e, \boldsymbol{y}_{\cdot i}) < 0) \leqslant \mathrm{Pl}_{\text{t-}g_i}^{\alpha_t} \\
\qquad i = 1, 2, \cdots, n \\
\qquad \boldsymbol{d}_s^{L} \leqslant \boldsymbol{d}_s \leqslant \boldsymbol{d}_s^{U}, \boldsymbol{d}_l^{L} \leqslant \boldsymbol{d}_l \leqslant \boldsymbol{d}_l^{U} \\
\qquad \boldsymbol{\mu}_{\boldsymbol{X}_{rs}}^{L} \leqslant \boldsymbol{\mu}_{\boldsymbol{X}_{rs}} \leqslant \boldsymbol{\mu}_{\boldsymbol{X}_{rs}}^{U}, \boldsymbol{\mu}_{\boldsymbol{X}_{rl}}^{L} \leqslant \boldsymbol{\mu}_{\boldsymbol{X}_{rl}} \leqslant \boldsymbol{\mu}_{\boldsymbol{X}_{rl}}^{U} \\
\qquad \boldsymbol{X}_{fs}^{M,L} \leqslant \boldsymbol{X}_{fs}^{M} \leqslant \boldsymbol{X}_{fs}^{M,U}, \boldsymbol{X}_{fl}^{M,L} \leqslant \boldsymbol{X}_{fl}^{M} \leqslant \boldsymbol{X}_{fl}^{M,U}
\end{cases} \tag{8.36}$$

式中：$\boldsymbol{d}_s$ 为学科共享确定性设计变量；$\boldsymbol{d}_l$ 为所有学科的局部确定性设计变量的集合，即 $\boldsymbol{d}_l = \{\boldsymbol{d}_1, \boldsymbol{d}_2, \cdots, \boldsymbol{d}_n\}$，其中 $\boldsymbol{d}_1$ 代表学科 1 的局部确定性设计变量；$\boldsymbol{X}_{rs}$ 为学科共享随机设计变量；$\boldsymbol{\mu}_{\boldsymbol{X}_{rs}}$ 为学科共享随机设计变量 $\boldsymbol{X}_{rs}$ 对应的均值；$\boldsymbol{X}_{rl}$ 为所有学科

局部随机设计变量的集合，即 $\boldsymbol{X}_{\mathrm{rl}}=\{\boldsymbol{X}_{\mathrm{r1}},\boldsymbol{X}_{\mathrm{r2}},\cdots,\boldsymbol{X}_{\mathrm{r}n}\}$，其中 $\boldsymbol{X}_{\mathrm{r1}}$ 代表学科 1 的局部随机设计变量；$\boldsymbol{\mu}_{\boldsymbol{X}_{\mathrm{r}i}}$ 为学科局部随机设计变量 $\boldsymbol{X}_{\mathrm{r}i}$ 对应的均值；$\boldsymbol{X}_{\mathrm{fs}}$ 为学科共享模糊设计变量；$\boldsymbol{X}_{\mathrm{fs}}^{\mathrm{M}}$ 为学科共享模糊设计变量 $\boldsymbol{X}_{\mathrm{fs}}$ 对应的最大隶属度点；X_{fl} 为所有学科局部模糊设计变量的集合，即 $\boldsymbol{X}_{\mathrm{fl}}=\{\boldsymbol{X}_{\mathrm{f1}},\boldsymbol{X}_{\mathrm{f2}},\cdots,\boldsymbol{X}_{\mathrm{f}n}\}$，$\boldsymbol{X}_{\mathrm{f1}}$ 代表学科 1 的局部模糊设计变量；$\boldsymbol{X}_{\mathrm{f}i}^{\mathrm{M}}$ 为学科局部模糊设计变量 $\boldsymbol{X}_{\mathrm{f}i}$ 对应的最大隶属度点；$\boldsymbol{P}_{\mathrm{r}}$ 为随机参数向量；$\boldsymbol{P}_{\mathrm{f}}$ 为模糊参数向量；$\boldsymbol{P}_{\mathrm{e}}$ 为证据参数向量；$g_i(\cdot)$为学科 i 的约束函数；$\mathrm{Pl}_{\mathrm{t}\text{-}g_i}^{\alpha_{\mathrm{t}}}$ 为学科 i 约束条件的允许可能度下指定的目标似真度；上角标 L 和 U 分别代表设计变量的上界和下界。

优化模型(8.36)中的耦合变量 $\boldsymbol{y}_{\cdot i}$ 是通过学科分析获得的，有

$$\boldsymbol{y}_{\cdot i}=\boldsymbol{y}_{\cdot i}(\boldsymbol{d}_{\mathrm{s}},\boldsymbol{d}_i,\boldsymbol{X}_{\mathrm{rs}},\boldsymbol{X}_{\mathrm{r}i},\boldsymbol{X}_{\mathrm{fs}},\boldsymbol{X}_{\mathrm{f}i},\boldsymbol{P}_{\mathrm{r}},\boldsymbol{P}_{\mathrm{f}},\boldsymbol{P}_{\mathrm{e}},\boldsymbol{y}_{j\cdot})\quad(i,j=1,2,\cdots,n;j\neq i)\tag{8.37}$$

相对于仅含有随机不确定性的 RBMDO 模型，这里建立的 RFIMDO 模型综合考虑了设计中含有种类不同的不确定性，建立的模型更符合实际工程设计。考虑到不确定性种类的增多会使 RFIMDO 的求解变得更加复杂，以下将对混合不确定性下的 RBMDO 的求解进行探讨。

传统的 RBMDO 是一个仅考虑随机不确定性的多学科设计优化过程，即 PrBMDO，其寻优过程是一个典型的三层嵌套循环优化过程[24]，如图 8.18 所示。

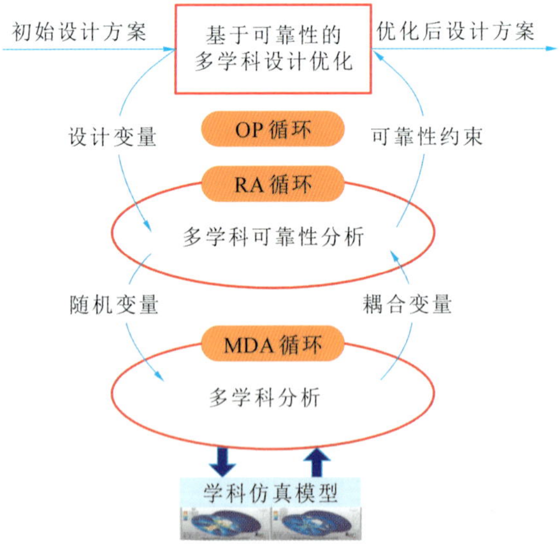

图 8.18　传统的 RBMDO 的嵌套循环

传统 RBMDO 的最外层是整体的寻优循环过程(OP 循环),中间层是多学科可靠性分析过程(RA 循环),最内层是多学科分析过程(MDA 循环)。OP 循环主要执行更新设计点和评估新设计点是否满足要求的操作,即通过多学科可靠性分析提供的灵敏度信息更新设计点,并通过多学科可靠性分析评估新的设计点是否满足要求。RA 循环主要完成多学科系统的可靠性分析任务,即通过各种计算方法计算由 OP 循环提供的新设计点处的可靠性。MDA 循环主要通过数值方法,如高斯-赛德尔迭代法、牛顿迭代法等,求解多学科系统的联立方程组,从而获得满足一致性要求的状态变量和耦合变量。

从对传统 RBMDO 的三层嵌套循环过程可以看出,RBMDO 每一次整体寻优都需要执行多学科可靠性分析,而每一次多学科可靠性分析都要进行多学科分析,这种嵌套循环模式使得传统 RBMDO 有着相当大的计算量。

与传统 RBMDO 寻优过程相比,当多学科系统中同时含有多种不确定性时可靠性设计优化中的可靠性分析环节有着较大不同。以含有随机-模糊-区间混合不确定性的多学科设计优化为例,其嵌套循环优化过程如图 8.19 所示。

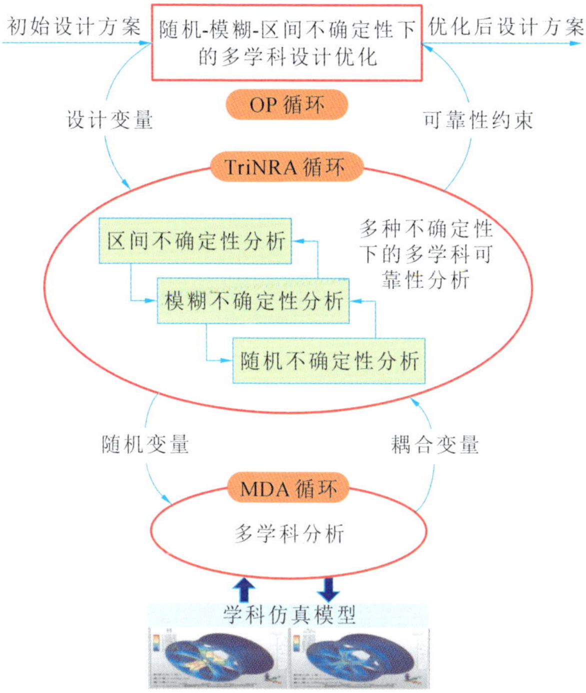

图 8.19　RFIMDO 的嵌套循环寻优过程

对于 RFIMDO 的嵌套循环寻优,可靠性分析是多种不确定性下的多学科可靠性分析,它是一个三层嵌套分析的过程(TriNRA 循环),即区间不确定性分析、模糊不确定性分析和随机不确定性分析相互嵌套执行,且每一类的不确定性分析过程都需要调用多学科分析。不难看出,采用嵌套循环寻优方式求解 RFIMDO 问题时,嵌套循环层数增加到了五层,计算花费较传统 RBMDO 进一步加大,如果单个学科分析采用仿真模型,其计算量更是令人无法接受。巨大的计算花费将严重阻碍 RFIMDO 的工程运用,因此建立高效的求解方法成为 RFIMDO 面临的重要问题。

为了减轻传统嵌套循环式 PrBMDO 的计算量,Du 等人[25]提出了基于 SORA 策略的序列优化式的 PrBMDO 方法,将 PrBMDO 问题的求解过程解耦成了确定性多学科设计优化和随机不确定性分析顺序执行的过程,极大地降低了求解的计算花费。这种解耦思想对混合不确定性下的 RBMDO 同样有着很好的适用性,并且已经成功地应用在一些混合不确定性下的 RBMDO 中[25,26]。由于 RFIMDO 问题同样属于混合不确定性下 RBMDO 问题的一种,为此同样可以借鉴其思想进行解耦,将其解耦成确定性多学科设计优化与混合不确定性下多学科可靠性分析顺序执行的计算流程。然而,由于不确定性种类增多,即使采用解耦计算流程,RFIMDO 也有着不小的计算量,如何进一步减轻计算量仍是一个亟待解决的问题。从上述分析可知,提高 RFIMDO 的计算效率可以从整体计算流程、确定性多学科设计优化和多学科可靠性分析三个环节出发,提高任一环节的效率都会带来整体效率的提高。为此,后续研究将主要针对影响 RFIMDO 计算效率的这三个环节,通过提高各环节的计算效率,实现对 RFIMDO问题的高效求解,从而使 RFIMDO 模型更具工程实用性。

8.5 本章小结

本章在综述复杂产品多学科设计优化建模方法和随机不确定性下的 RBMDO 模型的基础上,探讨并建立了随机-认知不确定性下基于概率论和凸集模型的 RBMDO 数学模型以及随机-模糊-区间不确定性下基于概率论、可能性理论和证据理论的 RBMDO 模型。其中基于概率论和凸集模型的 RBMDO 数学模型建立了多学科可靠度综合评价指标,突破了传统的单一测度方法,所提出的可靠性综合评价方法认为在多源不确定性条件下,任何约束的可靠度取值均存在一个范围,而非单一值,本章采用可靠度取值范围的下限作为可靠性设计优化评价指标，而取值范围的差值直接反映了认知不确定性对其的影响程度。在此基础上，基于功能测度法建立多源不确定性条件下的多学科可靠性设计优化模型。

随机-模糊-区间不确定性下的 RBMDO 模型结合概率论、可能性理论和证据理论，对同时含有三种不确定性的可靠性评价进行了研究，在此基础上，建立了考虑随机-模糊-区间不确定性的多学科可靠性设计优化模型，并指出影响其求解效率的三个关键环节为：整体计算流程、确定性多学科设计优化和多学科可靠性分析。本章的研究为开展随机-模糊-区间混合不确定性下的复杂产品可靠性设计优化提供了依据，是后续进行混合不确定性下多学科可靠性设计优化的基础。

参考文献

[1] 刘继红，付超，周建慧. 一种基于 CSSO 和多精度优化模型的多学科可靠性设计优化方法：中国，CN105303253A[P]. 2016-02-03.

[2] AHN J，KWON J H. An efficient strategy for reliability-based multidisciplinary design optimization using BLISS[J]. Structural and Multidisciplinary Optimization，2006，31(5)：363-372.

[3] OBERKAMPF W L，HELTON J C，JOSLYN C A，et al. Challenge problems：uncertainty in system response given uncertain parameters[J]. Reliability Engineering & System Safety，2004，85(1-3)：11-19.

[4] BAE H R，GRANDHI R V，CANFIELD R A. Epistemic uncertainty quantification techniques including evidence theory for large-scale structures [J]. Computers & Structures，2004，82(13-14)：1101-1112.

[5] JAMISON K D，LODWICK W，BILLUPS S，et al. Modeling uncertainty using probabilistic based possibility theory with applications to optimization[D]. Riverside：University of California at Riverside，1998.

[6] ZHOU J，MOURELATOS Z P. A sequential algorithm for possibility-based design optimization[J]. Journal of Mechanical Design，2008，130(1)：842-849.

[7] KANGAS A S，KANGAS J. Probability，possibility and evidence：approaches to consider risk and uncertainty in forestry decision analysis[J]. For-

est Policy and Economics,2004,6(2):169-188.

[8] GAO W,SONG C,TIN-LOI F. Probabilistic interval analysis for structures with uncertainty[J]. Structural Safety,2010,32(3):191-199.

[9] HU J,QIU Z. Non-probabilistic convex models and interval analysis method for dynamic response of a beam with bounded uncertainty[J]. Applied Mathematical Modelling,2010,34(3):725-734.

[10] 罗阳军,高宗战,岳珠峰,等. 随机-有界混合不确定性下结构可靠性优化设计[J]. 航空学报,2011,32(6):1058-1066.

[11] 邱志平. 非概率集合理论凸方法及其应用[M]. 北京:国防工业出版社,2005.

[12] MOHAMMADI J. Reliability assessment using stochastic finite element analysis[J]. Journal of Structural Engineering,2001,127(8):976-977.

[13] CHO T M,LEE B C. Reliability-based design optimization using convex linearization and sequential optimization and reliability assessment method[J]. Journal of Mechanical Science and Technology, 2010, 24(1): 279-283.

[14] BEN-HAIM Y,ELISHAKOFF I. Convex models of uncertainty in applied mechanics[M]. Amsterdam:Elsevier,1990.

[15] BEN-HAIM Y,ELISHAKOFF I. Convex models of vehicle response to unknown but bounded terrain[J]. Journal of Applied Mechanics,1991,58(2):354.

[16] LEE J O,YANG Y S,RUY W S. A comparative study on reliability-index and target-performance-based probabilistic structural design optimization[J]. Computers & Structures,2002,80(3-4):257-269.

[17] NIKOLAIDIS E,HAFTKA R T. Theories of uncertainty for risk assessment when data is scarce [DB/OL]. [2017-03-02]. http://www.doc88.com/p-6911159625460.html.

[18] MOURELATOS Z P,ZHOU J. Reliability estimation and design with insufficient data based on possibility theory[J]. AIAA Journal. 2005,43(8):1696-1705.

[19] ZHOU J,MOURELATOS Z P. A sequential algorithm for possibility-based design optimization[C]. ASME. ASME 2006 International Design

Engineering Technical Conferences and Computers and Information in Engineering Conference. New York: ASME. 2006, 1063-1075.

[20] DU X, SUDJIANTO A, HUANG B. Reliability-based design with the mixture of random and interval variables[J]. Journal of Mechanical Design. 2005, 127(6): 1068-1076.

[21] 张旭东. 不确定性下的多学科设计优化研究[D]. 成都: 电子科技大学, 2011.

[22] GARGAMA H, CHATURVEDI S K, THAKUR A K. Reliability-based design optimization of broad-band microwave absorbers[J]. Journal of Electromagnetic Waves and Applications, 2013, 27(11): 1407-1418.

[23] YAO W, CHEN X, HUANG Y, et al. Sequential optimization and mixed uncertainty analysis method for reliability-based optimization[J]. AIAA Journal, 2013, 51(9): 2266-2277.

[24] 孙忠云, 王显会. 某型汽车驱动桥壳可靠性优化设计[J]. 科学技术与工程, 2011, 11(16): 3850-3853.

[25] DU X, GUO J, BEERAM H. Sequential optimization and reliability assessment for multidisciplinary systems design[J]. Structural and Multidisciplinary Optimization, 2008, 35(2): 117-130.

[26] YAO W, CHEN X, OUYANG Q, et al. A reliability-based multidisciplinary design optimization procedure based on combined probability and evidence theory[J]. Structural and Multidisciplinary Optimization, 2013, 48(2): 339-354.

第 9 章 多源不确定性条件下的多学科可靠性设计优化

为满足复杂工程系统的高可靠性和安全性设计要求，考虑不确定性的多学科可靠性设计优化方法已得到越来越多的关注，并已成为当前多学科设计优化研究的重点之一[1]。传统的 RBMDO 是一个典型的三层嵌套循环优化过程[2]：第一层是在确定性空间中进行多学科设计优化，搜索出多学科系统的确定性优化解；第二层是在概率空间中的多学科概率可靠性分析，搜索出每个概率约束的 MPP 点；第三层是处于最内层的多学科分析，为确定性多学科设计优化和多学科可靠性分析提供耦合状态变量的值。研究表明[3]：多学科可靠性分析主导了整个RBMDO的计算效率，而在实际工程设计中存在大量的、高度非线性的概率约束，该问题就变得更为突出。多源不确定性条件下的多学科可靠性设计优化因为可靠性约束中同时包含随机不确定性和认知不确定性，这不仅要求按照概率可靠性分析方法处理随机不确定性，而且要求采用合理的数学方法对认知不确定性进行非概率多学科可靠性分析。多源不确定性条件下的多学科可靠性分析变成了一个非常复杂的具有四层嵌套循环的优化过程，其计算成本与效率问题是目前工程中面临的主要问题，特别是在处理大规模、多耦合、高度非线性的复杂工程系统时该问题显得尤为突出，已严重阻碍了 RBMDO 在工程中的应用。

本章基于解耦思想与凸线性近似技术对 SORA 策略进行改进，提出一种混合层次多学科可靠性设计优化策略（HSORA），该方法可从 RBMDO 整体流程以及局部的确定性多学科优化和多学科可靠性分析两方面提高优化效率。

9.1 基于可靠性的多学科设计优化

9.1.1 数学模型

在满足设计约束可靠度大于给定值这一条件的情况下，RBMDO 问题一般构造为产品总花费或总重量等的最小化问题，可靠性设计优化保证设计的工程系统或产品的可靠性满足给定的可靠度要求，从而将系统或产品失效概率降低到可以接受的水平。一个典型的单学科可靠性设计优化模型为

$$\begin{cases} \min\ f(\boldsymbol{d}_s, \boldsymbol{d}_i, \boldsymbol{x}_s, \boldsymbol{x}_i, \boldsymbol{p}) \\ \text{s.t.}\ \ \Pr(g_i(\boldsymbol{d}_s, \boldsymbol{d}_i, \boldsymbol{x}_s, \boldsymbol{x}_i, \boldsymbol{p}, \boldsymbol{y}_{\cdot i}) \geqslant 0) \geqslant R_i \\ \qquad g_i(\boldsymbol{d}_s, \boldsymbol{d}_i, \boldsymbol{y}_{\cdot i}) \geqslant 0 \\ \qquad \boldsymbol{d}_s^{L} \leqslant \boldsymbol{d}_s \leqslant \boldsymbol{d}_s^{U}, \boldsymbol{d}_i^{L} \leqslant \boldsymbol{d}_i \leqslant \boldsymbol{d}_i^{U} \\ \qquad \boldsymbol{x}_s^{L} \leqslant \boldsymbol{x}_s \leqslant \boldsymbol{x}_s^{U}, \boldsymbol{x}_i^{L} \leqslant \boldsymbol{x}_i \leqslant \boldsymbol{x}_i^{U} \\ \qquad i = 1,2,3 \end{cases} \tag{9.1}$$

式中：$\boldsymbol{d}_s$ 是共享确定性设计变量，即各个学科共有的确定性设计变量，$\boldsymbol{d}_s^{U}$ 和 $\boldsymbol{d}_s^{L}$ 分别为 $\boldsymbol{d}_s$ 的上、下限；$\boldsymbol{d}_i$ 为学科 i 的局部确定性设计变量，$\boldsymbol{d}_i^{U}$ 和 $\boldsymbol{d}_i^{L}$ 分别为 $\boldsymbol{d}_i$ 的上、下限；$\boldsymbol{x}_s$ 为所有学科共享的随机输入设计变量，$\boldsymbol{x}_s^{U}$ 和 $\boldsymbol{x}_s^{L}$ 分别为 $\boldsymbol{x}_s$ 的上、下限；$\boldsymbol{x}_i$ 为学科 i 的局部随机设计变量，$\boldsymbol{x}_i^{U}$ 和 $\boldsymbol{x}_i^{L}$ 分别为 $\boldsymbol{x}_i$ 的上、下限；$\boldsymbol{p}$ 为设计参数；R_i 为学科 i 的允许可靠度；$g_i(\cdot)$ 为学科 i 的确定性设计约束条件，$\Pr(g_i(\cdot)\geqslant 0)$ 为学科 i 的概率可靠性不失效模型，$\Pr(g_i(\cdot)\geqslant 0)\geqslant R_i$ 为学科 i 的概率可靠性设计约束；$\boldsymbol{y}_{\cdot i}$ 为学科 i 的输入状态变量，可表示为

$$\boldsymbol{y}_{\cdot i} = \boldsymbol{y}_{\cdot i}(\boldsymbol{d}_s, \boldsymbol{d}_i, \boldsymbol{x}_s, \boldsymbol{x}_i, \boldsymbol{y}_{ji}) \quad (i, j = 1,2,3, i \neq j) \tag{9.2}$$

其中：$\boldsymbol{y}_{ji}$ 表示学科 j 输出到学科 i 的耦合状态变量。

9.1.2 优化流程

如图 9.1 所示，传统的 RBMDO 方法将确定性多学科设计优化与可靠性分析直接集成，形成一个典型的三层嵌套循环优化问题。从 RBMDO 优化流程可以看出，最外层是系统的整体优化，即确定性空间内的多学科设计优化，负责搜索系统的整体最优解（仅具有理论意义上的最优解）；中间层是多学科可靠性分析循环，主要用于计算出各概率约束的 MPP 点，并验证其是否满足可靠性设计要求；最内层为确定性多学科设计优化和多学科可靠性分析均需调用的多学科系统分析，而每次多学科系统分析又包含大量的学科分析，故总学科分析次数非常大，尤其是大规模且有耦合时该问题尤为凸显，计算效率非常低。

随着多学科系统复杂程度的增加，实际工程设计中的不确定性种类也日益增多，因此，考虑多源不确定性的多学科可靠性设计优化流程变得极为复杂，RBMDO 流程将由三层嵌套变为四层嵌套循环优化（见图 9.2），计算成本与效率问题已成为实现 RBMDO 工程应用的最大障碍。

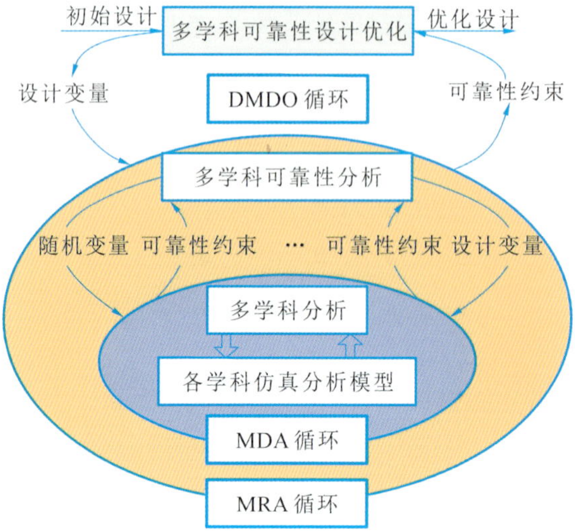

图 9.1　随机不确定性条件下的 RBMDO 流程示意图

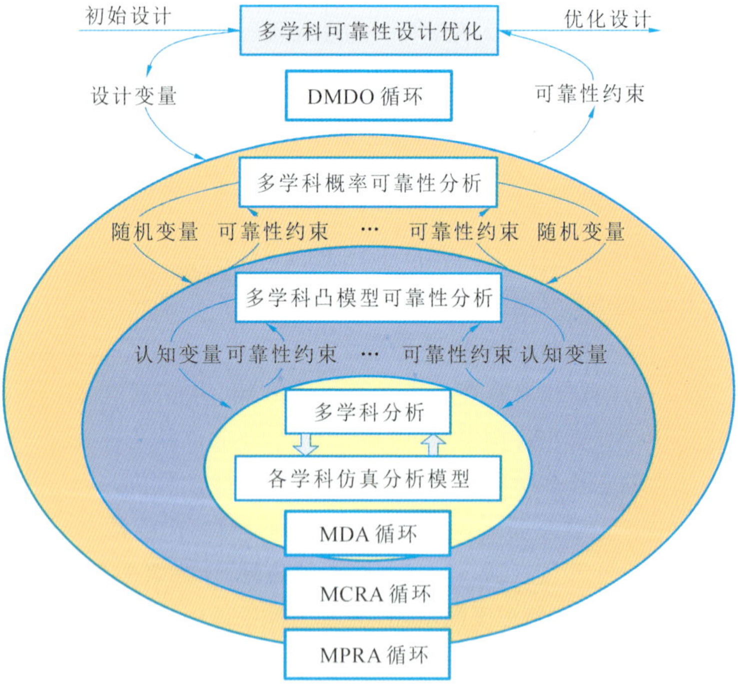

图 9.2　随机-认知不确定性下的 AEMDO 流程示意图

直接对式(9.1)所示RBMDO模型进行求解涉及一个三层嵌套循环优化的问题。为此,研究者主要从以下两方面开展了相关研究工作。

(1) 优化流程的解耦策略　美国西北大学的Du等人[4]为了提高RBMDO的计算效率,基于序列化思想提出了序列优化与可靠性评估(SORA)策略,该方法将确定性多学科设计优化与多学科可靠性分析进行解耦,组成一个序列优化循环,在每次优化循环中,首先执行确定性优化循环,然后在确定性最优设计点处,对概率约束条件进行可靠性分析,可靠性分析为确定性多学科设计优化模型的重新构建提供信息,如此反复优化,直至收敛。此方法中多学科可靠性分析的次数等于优化循环迭代的次数,由于该方法收敛速度比较快,一般只需要少量的优化循环迭代次数。因此,该方法的计算效率比传统的将可靠性分析与多学科设计优化直接集成的方法要高得多。

(2) KKT等效替换策略　Agarwal等人[5]通过采用KKT条件替代概率约束条件,提出了Uni-level可靠性设计优化策略。该策略下处于内层的多学科可靠性分析循环被外层的一致性约束所替代,可避免计算费用昂贵的可靠性分析,进而形成一个类似确定性多学科设计优化问题。但是,KKT等效替换方法额外增加的设计变量的个数对计算效率具有较大影响,特别是设计变量和设计约束大量存在时其影响尤为明显。为提升计算效率和算法的稳健性,Liang等人[6]对该方法进行了改进,提出了单循环法(SLA),然而该单循环法在处理非线性或不确定性程度大的极限状态函数时会造成不收敛的情况。

综上所述,基于KKT等效替换策略的RBMDO优化存在着额外增加大量设计变量造成的计算效率低、收敛困难以及采用近似方法而造成的不稳定等问题,这些问题极大地限制了该方法在大规模、多耦合、高度非线性的复杂工程系统中的应用。研究表明:解耦策略在计算效率、稳健性、对不确定性的敏感性以及处理非线性极限状态函数的能力方面更胜一筹。就序列近似规划(SAP)算法和SORA方法而言,由于SAP算法是在当前设计点采用一阶线性泰勒展开对可靠度指标做近似,其稳健性较差,而且严重依赖于对起始点的选取,而目前的复杂工程系统大多是非线性的,因此,SAP算法适合于处理简单的结构可靠性设计优化,并不适合于处理复杂工程系统的多学科可靠性设计优化问题。而采用SORA方法可以有效解决RBMDO问题。

本章将对SORA方法从以下两方面进行改进:

(1) 基于SORA思想对RBMDO进行层次化解耦,即在上层将RBMDO解耦为DMDO和多学科可靠性分析,形成一个单层递归循环优化过程;在下层集成 3.2 节提出的 GASA-ACO 算法和序列化多学科可靠性分析方法(SMRA 和 MU-SMRA),提高局部模块的计算效率。

(2) 基于凸线性近似技术并结合上一次循环优化过程获得的灵敏度信息和 MPP 值对重构后的确定性约束做近似,避免在 DMDO 的每次优化过程中都需对重新构建的约束进行额外的评估与分析,从而提高 SORA 方法的整体计算效率。

9.2 序列优化与可靠性评估策略及其应用

9.2.1 序列优化与可靠性评估策略

序列优化与可靠性评估(SORA)方法[7]是 Du 等人提出的一种可以高效求解可靠性设计优化问题的解耦方法。与传统方法相比,SORA 方法基于解耦思想将传统嵌套循环的可靠性设计优化过程序列化,形成确定性设计优化和可靠性分析顺序执行,组成一个递归优化循环,如图 9.3 所示。SORA 方法的主要思想是采用当量约束的方式将 RBMDO 问题转化成近似的多学科设计优化问题,然后使用确定性多学科设计优化的方法对其进行求解。SORA 方法可以使当量约束逐渐朝着概率约束的方向"偏移",迅速得到最优解。

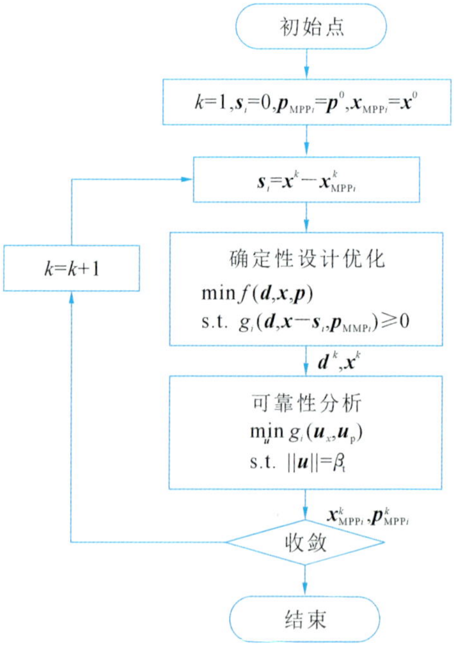

图 9.3 SORA 方法流程图

SORA 方法应用单循环策略进行连续的确定性优化循环和可靠性分析，每次循环中，优化和可靠性分析互不干涉，可靠性分析在优化结束后用来验证概率约束可行性。这个方法的关键是用可靠性分析得到的结果不断地修正优化中的约束条件，使之不断靠近期望的概率约束，尽可能快地实现最优设计，减少优化次数，进而减少可靠性分析次数。

9.2.2 基于 SORA 和 CSSO 的多学科可靠性设计优化

9.2.2.1 数学模型

为了提高 RBMDO 方法的优化效率以及处理大规模、多耦合优化问题的能力，我们提出了一种在 SORA 策略下基于 CSSO 的 RBMDO 方法[8]。为便于讨论，假设 RBMDO 问题包含三个学科，学科之间的耦合关系如图 9.4 所示。

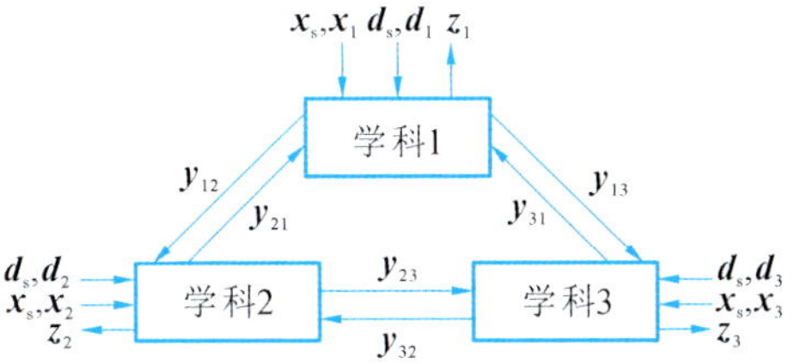

图 9.4 包含随机设计变量的多学科系统

基于 CSSO 的 RBMDO 数学模型为

$$\begin{cases}\min\ f(\boldsymbol{d}_s,\boldsymbol{d}_i,\boldsymbol{x}_s,\boldsymbol{x}_i,\boldsymbol{p})\\ \text{s.t.}\ \Pr\{g_i(\boldsymbol{d}_s,\boldsymbol{d}_i,\boldsymbol{x}_s,\boldsymbol{x}_i,\boldsymbol{p},\boldsymbol{y}_{\cdot i})\geqslant 0\}\geqslant R_i\\ \qquad g_i(\boldsymbol{d}_s,\boldsymbol{d}_i)\geqslant 0\\ \qquad \boldsymbol{d}_s^{\mathrm{L}}\leqslant\boldsymbol{d}_s\leqslant\boldsymbol{d}_s^{\mathrm{U}},\boldsymbol{d}_i^{\mathrm{L}}\leqslant\boldsymbol{d}_i\leqslant\boldsymbol{d}_i^{\mathrm{U}}\\ \qquad \boldsymbol{x}_s^{\mathrm{L}}\leqslant\boldsymbol{x}_s\leqslant\boldsymbol{x}_s^{\mathrm{U}},\boldsymbol{x}_i^{\mathrm{L}}\leqslant\boldsymbol{x}_i\leqslant\boldsymbol{x}_i^{\mathrm{U}}\\ \qquad i=1,2,3\end{cases}\tag{9.3}$$

式中：$\boldsymbol{d}_s$ 是共享确定性设计变量，即各个学科共有的确定性设计变量，$\boldsymbol{d}_s^{\mathrm{U}}$ 和 $\boldsymbol{d}_s^{\mathrm{L}}$ 分别为 $\boldsymbol{d}_s$ 的上、下限；$\boldsymbol{d}_i$ 为学科 i 的局部确定性设计变量，$\boldsymbol{d}_i^{\mathrm{U}}$ 和 $\boldsymbol{d}_i^{\mathrm{L}}$ 分别为 $\boldsymbol{d}_i$ 的上、下限；$\boldsymbol{x}_s$ 为所有学科共享的随机输入设计变量，$\boldsymbol{x}_s^{\mathrm{U}}$ 和 $\boldsymbol{x}_s^{\mathrm{L}}$ 分别为 $\boldsymbol{x}_s$ 的上、下限；$\boldsymbol{x}_i$ 为学科 i 的局部随机设计变量，$\boldsymbol{x}_i^{\mathrm{U}}$ 和 $\boldsymbol{x}_i^{\mathrm{L}}$ 分别为 $\boldsymbol{x}_i$ 的上、下限；R_i 为学科 i 要满足的可靠度；g_i 为每个学科的确定性设计约束条件；$\boldsymbol{y}_{\cdot i}$ 为学科 i 的输入状态变量，可表示为

$$\boldsymbol{y}_{\cdot i}=\boldsymbol{y}_{ji}(\boldsymbol{d}_s,\boldsymbol{d}_i,\boldsymbol{x}_s,\boldsymbol{x}_i,\boldsymbol{y}_{ij})\quad(i,j=1,2,3,i\neq j)\tag{9.4}$$

式中：$\boldsymbol{y}_{ij}$ 表示学科 i 输出到学科 j 的状态变量。

9.2.2.2 方法原理

基于 CSSO 的 RBMDO 方法主要采用了以下三种优化策略来提高计算效率。

1. 并行子空间优化策略

与单级优化策略相比，CSSO 算法的优化过程可以减少系统分析系数，降低计算成本[9]。允许系统进行有效分解，支持分别采用专业的灵敏度分析方法和优化算法进行灵敏度分析和子空间并行优化；同时，通过全局灵敏度方程和最优灵敏度方法对系统进行近似并协调优化，考虑各子空间的相互影响，保持原系统的耦合性。此外，还允许在优化过程中人为干预进行调节，便于组织和协调系统优化设计。

并行子空间优化策略主要有以下几大特点：支持分解策略，可将大问题分解为小问题；支持并行分析与优化，可提高效率；采用近似技术，在保持精度的情况下，可提高系统优化效率。

相对于其他多级优化策略，CSSO 算法基于近似技术，采用学科精确模型与近似模型相结合的方式，在保持优化精度的同时可减少学科分析迭代次数。支持系统分解及学科级并行优化的特点可大大提高各个学科的自治性。基于系统分析信息和全局灵敏度信息构建的系统级协调策略对原函数近似效果较好，能保证系统的收敛性能。

使用基于响应面的 CSSO 算法执行优化时，首先选择一组基准设计点，然后对这些基准设计点分别进行系统分析，求出系统的状态变量、目标函数和约束函数的值，把这些信息存入响应面的数据库中，构造出系统的初始响应面，利用初始响应面为子空间进行并行优化服务。由于构造响应面的过程比较烦琐，因此采用基于响应面的 CSSO 算法不利于本章所提出的 RBMDO 方法流程的自动实现。

该 RBMDO 方法采用 Wujek 等人[10]提出的基于全局灵敏度方程的并行子空间优化策略，它对已有的 CSSO 算法进行了改进，允许学科之间存在共享设计变量，解决了原来的 CSSO 算法不能处理共享设计变量的问题。该 CSSO 算法首先执行系统分析，求出耦合状态变量，根据获得的状态变量和设计变量的初始值计算目标函数和系统约束；其次，执行系统灵敏度分析，利用全局灵敏度方程求出目标函数、状态变量和约束条件关于设计变量的梯度信息，实现解耦更新过程，将系统分析和灵敏度分析获得的设计信息都增加到设计数据库中；再次，开始子空间并行优化，优化获得的设计信息同样存入设计数据库中；最后，执行系统级协调优化，更新设计变量，更新的设计变量作为下次循环迭代的初始值。如此反复执行，直至获得满意的设计解为止。该策略允许子空间并行优化，并行计算可以提高优化效率。子空间 1 的优化模型为

$$
\begin{cases}
\min\ f(\boldsymbol{x}_s,\boldsymbol{x}_1,(\boldsymbol{x}_2^0,\boldsymbol{x}_3^0),(\boldsymbol{y}_1,\boldsymbol{y}_2,\boldsymbol{y}_3),\boldsymbol{p}) \\
\text{s. t.}\ \ g_1(\boldsymbol{x}_s,\boldsymbol{x}_1,(\boldsymbol{y}_2,\boldsymbol{y}_3)) \geqslant 0 \\
\qquad g_2 \geqslant 0 \\
\qquad g_3 \geqslant 0 \\
\qquad (1-\mathrm{ml})\ \boldsymbol{x}_s^0 \leqslant \boldsymbol{x}_s \leqslant (1+\mathrm{ml})\ \boldsymbol{x}_s^0 \\
\qquad (1-\mathrm{ml})\ \boldsymbol{x}_1^0 \leqslant \boldsymbol{x}_1 \leqslant (1+\mathrm{ml})\ \boldsymbol{x}_1^0
\end{cases}
\tag{9.5}
$$

式中：ml 是本地移动限制（$0\leqslant \mathrm{ml}\leqslant 1$），用于保持约束近似的精度；$\boldsymbol{x}_2^0$、$\boldsymbol{x}_3^0$ 是每次循环迭代中学科 2 和学科 3 设计变量的初始值，在对学科 1 单独进行优化时，作为固定的值保持不变。

学科 1 的本地状态变量可以通过下式计算：

$$
\boldsymbol{y}_1 \approx \boldsymbol{y}_1(\boldsymbol{x}_s,\boldsymbol{x}_1,\boldsymbol{x}_2^0,\boldsymbol{x}_3^0,\boldsymbol{y}_2,\boldsymbol{y}_3) \tag{9.6}
$$

学科 1 的非本地状态变量 $\boldsymbol{y}_i(i=2,3)$，可以用 $\boldsymbol{y}_i$ 对设计变量 $\boldsymbol{x}_s$、$\boldsymbol{x}_1$ 的一阶灵敏度近似来求得：

$$
\boldsymbol{y}_i \approx \boldsymbol{y}_i^0 + \left(\frac{\mathrm{d}\boldsymbol{y}_i}{\mathrm{d}\boldsymbol{x}_s}\right)^{\mathrm{T}}(\Delta\boldsymbol{x}_s) + \left(\frac{\mathrm{d}\boldsymbol{y}_i}{\mathrm{d}\boldsymbol{x}_1}\right)^{\mathrm{T}}(\Delta\boldsymbol{x}_1) \quad (i=2,3) \tag{9.7}
$$

式中的导数信息 $\frac{\mathrm{d}\boldsymbol{y}_i}{\mathrm{d}\boldsymbol{x}_s}$、$\frac{\mathrm{d}\boldsymbol{y}_i}{\mathrm{d}\boldsymbol{x}_1}$ 可以通过全局灵敏度方程求得。

非本地约束条件 $g_i(i=2,3)$ 也可通过对设计变量 $\boldsymbol{x}_s$、$\boldsymbol{x}_1$ 的一阶灵敏度近似来求得：

$$
g_i \approx g_i^0 + \left(\frac{\mathrm{d}g_i}{\mathrm{d}\boldsymbol{x}_s}\right)^{\mathrm{T}}(\Delta\boldsymbol{x}_s) + \left(\frac{\mathrm{d}g_i}{\mathrm{d}\boldsymbol{x}_1}\right)^{\mathrm{T}}(\Delta\boldsymbol{x}_1) \quad (i=2,3) \tag{9.8}
$$

式中的本地约束条件 g_i 对设计变量 $\boldsymbol{x}_s$、$\boldsymbol{x}_1$ 的导数信息 $\frac{\mathrm{d}g_i}{\mathrm{d}\boldsymbol{x}_s}$、$\frac{\mathrm{d}g_i}{\mathrm{d}\boldsymbol{x}_1}$ 同样通过全局灵敏度方程求得。

子空间并行优化之后，把所获得的设计信息如设计变量、状态变量、目标函数等的值直接存入设计数据库中。在系统分析中获得的设计变量、状态变量、目标函数、约束函数等信息，以及由全局灵敏度方程获得的灵敏度信息都已存入设计数据库中。这些信息在设计数据库中逐渐积累下来，利用这些信息，可以在系统级协调优化中构造出越来越精确的近似系统。

在系统级协调优化中，Wujek 等人采用累积近似的方法对目标函数和约束函数做近似，来构建近似系统。对于第 k 次迭代，函数 $F(\boldsymbol{x})$ 在第 k 个设计点的

累积近似函数为

$$P_k(\boldsymbol{x}) = \frac{L_k(\boldsymbol{x})\prod_{p=1}^{k-1}[1-\varphi_p(\boldsymbol{x})]+[1-\varphi_k(\boldsymbol{x})]\sum_{p=1}^{k-1}[\varphi_p(\boldsymbol{x})F(\boldsymbol{x}_p)]}{\prod_{p=1}^{k-1}[1-\varphi_p(\boldsymbol{x})]+[1-\varphi_k(\boldsymbol{x})]\sum_{p=1}^{k-1}\varphi_p(\boldsymbol{x})} \tag{9.9}$$

式中：$L_k(\boldsymbol{x})$是函数$F(\boldsymbol{x})$在第k个设计点的二阶基函数，可以利用设计数据库中的信息通过二次多项式近似策略来构建；$\boldsymbol{x}_p$是前$k-1$个设计点中的第p个；$F(\boldsymbol{x}_p)$是函数$F(\boldsymbol{x})$在设计点$\boldsymbol{x}_p$处的值；$\varphi_p(\boldsymbol{x})$是影响函数，用来平滑基函数$L_k(\boldsymbol{x})$和$F(\boldsymbol{x}_p)$，可表示为

$$\varphi_p(\boldsymbol{x}) = \exp\left(-\frac{\|\boldsymbol{x}-\boldsymbol{x}_p\|^2}{\alpha\|\boldsymbol{x}_k-\boldsymbol{x}_p\|^2}\right) \tag{9.10}$$

式中α是一个经验常数。

完成近似系统的构建之后，执行系统级协调优化，更新设计变量，将其存入设计数据库中，并作为下次循环迭代的初始值。

2.序列化多学科可靠性分析方法

在基于SORA和CSSO的RBMDO方法中，可靠性分析采用的是第7章提出的序列化多学科可靠性分析方法。

与现存的多学科可靠性分析方法相比，序列化多学科可靠性分析方法具有以下优点：把可靠性分析与系统分析进行解耦，即把系统分析、系统灵敏度分析和可靠性分析顺序地组成一个单层的优化循环；可以使用高效的基于极限状态函数值和梯度信息的MPP搜索算法进行可靠性分析，例如改良的先进均值法(MAMV)，系统分析和系统灵敏度分析为MAMV方法的更新提供极限状态函数的值和梯度信息，系统分析和系统灵敏度分析成为MAMV方法的组成部分，不需要重复地对优化模型进行完整的优化计算；使用全局灵敏度方程可以并行执行子空间灵敏度分析，从而可进一步提高计算效率。这种方法与单纯的基于CSSO的多学科可靠性分析方法相比，消除了并行子空间优化和系统级协调优化，可减少整个优化过程的函数迭代次数，具有更高的计算效率，可以说它实质上是对基于CSSO的多学科可靠性分析方法的一种改进。

9.2.2.3 计算流程与步骤

基于SORA和CSSO的RBMDO方法基本流程如图9.5所示，该方法的基本步骤如下。

步骤1：执行确定性多学科设计优化。如果是第一次RBMDO循环迭代，不考虑任何不确定因素，使用CSSO算法进行确定性设计优化，否则，利用前一

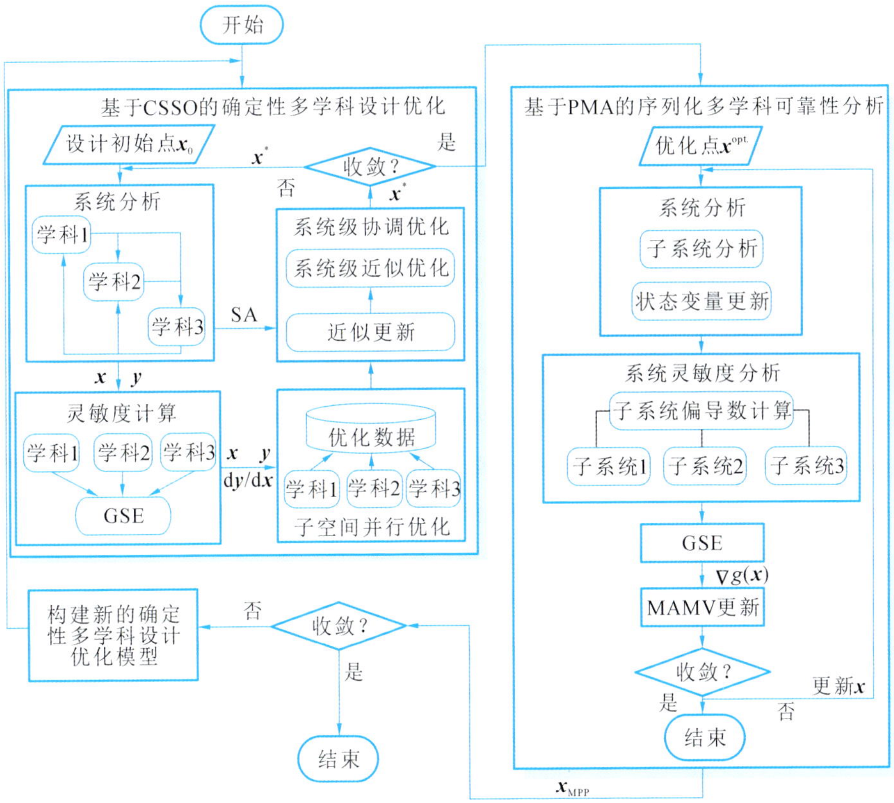

图 9.5　基于 SORA 和 CSSO 的多学科可靠性设计优化

次 RBMDO 循环迭代构建的确定性优化模型，使用 CSSO 算法进行确定性设计优化，求出最优设计点。

步骤 2：执行多学科可靠性分析。在最优设计点处对每个概率约束使用序列化多学科可靠性分析方法进行可靠性分析，求出概率约束极限状态函数的值和 MPP 点。

步骤 3：检查是否收敛。如果确定性多学科设计优化收敛，而且所有的概率约束条件满足给定的可靠度要求，结束 RBMDO 流程，否则，转步骤 4。

步骤 4：利用确定性设计优化得到的最优设计点与概率约束条件可靠性分析获得的 MPP 点来确定约束条件的移动向量，再结合与参数随机变量相对应的 MPP 点，构建新的确定性多学科设计优化模型，然后转步骤 1。

在第 k 次 RBMDO 循环迭代中采用 CSSO 算法的 RBMDO 模型可以构建为

$$\begin{cases}\min\ f(\boldsymbol{d}_{\mathrm{s}},\boldsymbol{d}_i,\boldsymbol{x}_{\mathrm{s}},\boldsymbol{x}_i,\boldsymbol{p})\\ \mathrm{s.t.}\ \ g_i(\boldsymbol{d}_{\mathrm{s}},\boldsymbol{d}_i,\boldsymbol{x}_{\mathrm{s}}-\boldsymbol{s}_{\mathrm{s}}^{k-1},\boldsymbol{x}_i-\boldsymbol{s}_i^{k-1},\boldsymbol{p}_{\mathrm{MPP}}^{k-1},\boldsymbol{y}_{\cdot i}^{*,k-1})\geqslant 0\\ \qquad g_i(\boldsymbol{d}_{\mathrm{s}},\boldsymbol{d}_i)\geqslant 0\\ \qquad \boldsymbol{d}_{\mathrm{s}}^{\mathrm{L}}\leqslant\boldsymbol{d}_{\mathrm{s}}\leqslant\boldsymbol{d}_{\mathrm{s}}^{\mathrm{U}},\boldsymbol{d}_i^{\mathrm{L}}\leqslant\boldsymbol{d}_i\leqslant\boldsymbol{d}_i^{\mathrm{U}}\\ \qquad \boldsymbol{x}_{\mathrm{s}}^{\mathrm{L}}\leqslant\boldsymbol{x}_{\mathrm{s}}\leqslant\boldsymbol{x}_{\mathrm{s}}^{\mathrm{U}},\boldsymbol{x}_i^{\mathrm{L}}\leqslant\boldsymbol{x}_i\leqslant\boldsymbol{x}_i^{\mathrm{U}}\\ \qquad i=1,2,3\end{cases}\tag{9.11}$$

式中：$\boldsymbol{p}_{\mathrm{MPP}}^{k-1}$是在第 $k-1$ 次循环迭代中随机参数 $\boldsymbol{p}$ 由可靠性分析所获得的 MPP 点；$\boldsymbol{s}_{\mathrm{s}}^{k-1}$、$\boldsymbol{s}_i^{k-1}$ 分别是在第 $k-1$ 次循环迭代中与学科 i 中的设计变量 $\boldsymbol{x}_{\mathrm{s}}$、$\boldsymbol{x}_i$ 相对应的移动向量，移动向量的表达式为

$$\begin{aligned}\boldsymbol{s}_{\mathrm{s}}^{k-1}&=\boldsymbol{x}_{\mathrm{s}}^{k-1}-\boldsymbol{x}_{\mathrm{MPPs}}^{k-1}\\ \boldsymbol{s}_i^{k-1}&=\boldsymbol{x}_i^{k-1}-\boldsymbol{x}_{\mathrm{MPP}i}^{k-1}\end{aligned}\tag{9.12}$$

式中：$\boldsymbol{x}_{\mathrm{s}}^{k-1}$、$\boldsymbol{x}_{\mathrm{MPPs}}^{k-1}$分别是在第 $k-1$ 次循环迭代中与共享设计变量 $\boldsymbol{x}_{\mathrm{s}}$ 相对应的确定性优化设计点和由可靠性分析获得的 MPP 点；$\boldsymbol{x}_i^{k-1}$、$\boldsymbol{x}_{\mathrm{MPP}i}^{k-1}$分别是在第 $k-1$ 次循环迭代中与局部设计变量 $\boldsymbol{x}_i$ 相对应的确定性优化设计点和由可靠性分析获得的 MPP 点。

式(9.11)中的 $\boldsymbol{y}_{\cdot i}^{*,k-1}$可以表示为

$$\boldsymbol{y}_{\cdot i}^{*,k-1}=\boldsymbol{y}_{ji}^{*,k-1}(\boldsymbol{d}_{\mathrm{s}},\boldsymbol{d}_j,\boldsymbol{x}_{\mathrm{s}}-\boldsymbol{s}_{\mathrm{s}}^{k-1},\boldsymbol{x}_j-\boldsymbol{s}_j^{k-1},\boldsymbol{y}_{\cdot j}^{*,k-1})\quad(i,j=1,2,3,i\neq j)\tag{9.13}$$

式中：$\boldsymbol{s}_j^{k-1}$ 是在第 $k-1$ 次循环迭代中与局部设计变量 $\boldsymbol{x}_j$ 相对应的移动向量。

在第 k 次循环迭代中多学科可靠性分析的数学模型为

$$\begin{cases}\min\ g_i(\boldsymbol{d}_{\mathrm{s}},\boldsymbol{d}_i,\boldsymbol{u}_{\mathrm{s}},\boldsymbol{u}_i,\boldsymbol{u}_p,\boldsymbol{y}_{\cdot i})\\ \mathrm{s.t.}\ \ \|\boldsymbol{u}\|=\beta_{\mathrm{t}}\\ \qquad i=1,2,3\end{cases}\tag{9.14}$$

式中：标准正态空间中的 $\boldsymbol{u}_{\mathrm{s}}$、$\boldsymbol{u}_i$、$\boldsymbol{u}_p$ 分别为对应 X 空间中的共享随机设计变量 $\boldsymbol{x}_{\mathrm{s}}$，学科 i 的局部随机设计变量 $\boldsymbol{x}_i$ 和随机参数 $\boldsymbol{p}$；$\boldsymbol{u}=(\boldsymbol{u}_1,\boldsymbol{u}_2,\boldsymbol{u}_3)$包含所有的随机设计变量。

基于 SORA 和 CSSO 的 RBMDO 方法将确定性多学科设计优化与多学科可靠性分析进行解耦，并组成一个序列化的单层优化循环来提高计算效率。除此之外，该方法还采用了其他技术来进一步提高计算效率：首先，在进行可靠性分析时，只需要对那些不满足可靠度要求的概率约束执行可靠性分析，对已满足可靠度要求的概率约束则不需执行可靠性分析，因为对那些可靠度很高（接近于1)的概率约束进行可靠性分析往往非常耗时，很可能占用整个RBMDO过

程的大部分计算时间；其次，在每次 RBMDO 循环迭代中，可靠性分析使用的初始值是前次 RBMDO 循环迭代中所获得的 MPP 点的坐标值，在两次相邻的 RBMDO 循环迭代中，对同一个概率约束进行可靠性分析所获得的 MPP 点非常接近，前次 RBMDO 循环迭代所获得的 MPP 点的坐标值可以作为下次 RBMDO循环迭代中可靠性分析很好的初始值；最后，在每次 RBMDO 循环迭代中，确定性设计优化的初始值使用的是前次 RBMDO 循环迭代中确定性设计优化所获得的最优设计点的坐标值。

9.2.3 基于 SORA 和 CO 的 RBMDO

9.2.3.1 优化模型

为便于表达，以具有两个学科（相互耦合）的系统为例建立集成 CO 算法和功能测度法（PMA），的多学科可靠性设计优化模型：

$$\begin{cases} \min\limits_{(\boldsymbol{d}_s,\boldsymbol{d}_i,\boldsymbol{x}_s,\boldsymbol{x}_i)} f(\boldsymbol{d}_s,\boldsymbol{d}_i,\boldsymbol{x}_s,\boldsymbol{x}_i) \\ \text{s.t.}\ \ J_1(\boldsymbol{d}_s,\boldsymbol{d}_i,\boldsymbol{x}_s,\boldsymbol{x}_i) \leqslant \varepsilon \\ \qquad J_2(\boldsymbol{d}_s,\boldsymbol{d}_i,\boldsymbol{x}_s,\boldsymbol{x}_i) \leqslant \varepsilon \\ \qquad \Pr\{g_i(\boldsymbol{d}_s,\boldsymbol{d}_i,\boldsymbol{x}_s,\boldsymbol{x}_i) \leqslant 0\} \geqslant R_i \\ \qquad \boldsymbol{d}_s^{\mathrm{L}} \leqslant \boldsymbol{d}_s \leqslant \boldsymbol{d}_s^{\mathrm{U}},\boldsymbol{d}_i^{\mathrm{L}} \leqslant \boldsymbol{d}_i \leqslant \boldsymbol{d}_i^{\mathrm{U}} \\ \qquad \boldsymbol{x}_s^{\mathrm{L}} \leqslant \boldsymbol{x}_s \leqslant \boldsymbol{x}_s^{\mathrm{U}},\boldsymbol{x}_i^{\mathrm{L}} \leqslant \boldsymbol{x}_i \leqslant \boldsymbol{x}_i^{\mathrm{U}} \\ \qquad i=1,2 \end{cases} \tag{9.15}$$

式中：$\boldsymbol{d}_s$ 和 $\boldsymbol{x}_s$ 分别表示系统共享设计变量和随机输入变量，即各个学科共有的变量；$\boldsymbol{d}_i$ 为学科 i 的局部设计变量；$\boldsymbol{x}_i$ 为学科 i 的局部随机变量；J_1 和 J_2 分别表示子系统 1 和子系统 2 的松弛约束条件；Pr{ • }为每个学科约束条件的失效概率；g_i 和 R_i 分别为学科 i 的可靠性约束条件和允许可靠度；ε 为一动态变化的非常小的正数。这里采用一致性约束松弛的方法提高 CO 算法的收敛性能。

9.2.3.2 优化流程与步骤

本方法将多学科可靠性分析从传统 RBMDO 的三层嵌套循环中解耦出来，从而将确定性多学科设计优化和多学科可靠性分析进行序列化，进而形成一个单层递归循环的优化流程，多学科可靠性分析在确定性多学科设计优化之后执行，不需在每次确定性多学科设计优化的迭代后都调用 MRA 循环对所有概率约束进行可靠性分析，可大大减少系统分析及可靠性分析次数，提高 RBMDO 的计算效率，其流程如图 9.6 所示。具体步骤如下。

步骤 1:基于 CO 算法的确定性多学科设计优化求解。该步骤的第一个循环

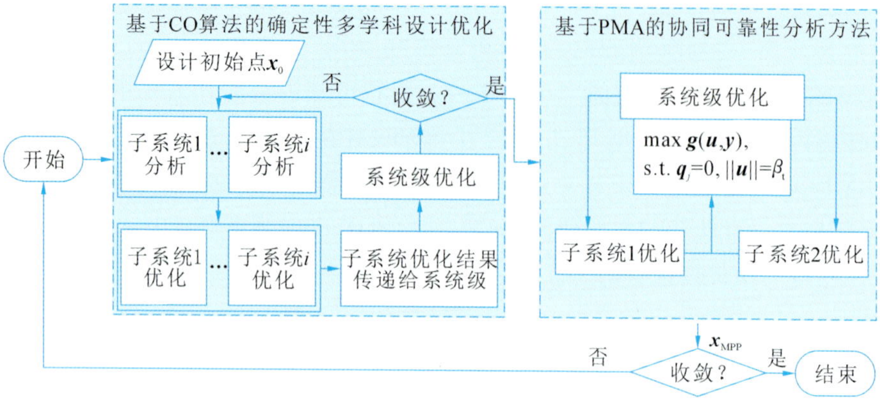

图 9.6　集成 CO 算法与 PMA 的多学科可靠性设计优化流程

中，多学科设计优化方法并不考虑不确定性因素对优化的影响，即所有随机变量由其均值表征，采用传统的多学科设计优化方法得到仅在数学意义上最优的系统最优解。该优化结果将作为多学科可靠性分析的初始数据；考虑到 CO 的一致性约束条件可能造成的收敛困难或收敛速度慢等问题，这里对 CO 算法进行了改进，根据学科间的差异信息构建自适应松弛约束，克服了 CO 算法内部定义缺陷所造成的收敛困难问题。此外，为提高 CO 算法的优化效率以及扩展解决多学科设计优化问题的范围，这里采用遗传算法作为 CO 算法系统级的优化器。为了验证所提优化策略对各类算法的适应性。

步骤 2：基于 PMA 的多学科协同可靠性分析。针对步骤 1 获得的优化点，采用基于 PMA 的多学科协同可靠性分析方法对所有概率约束进行可靠性分析，即搜索每个概率约束的 MPP 点，最后验证概率约束是否满足可靠性设计要求。具体流程如下。

步骤 2.1：设计变量和状态变量的分配。系统级将相应的设计变量和状态变量传递到各子系统，在优化过程中将其固化。

步骤 2.2：子系统并行优化。各子系统以协同方式进行并行优化，获得各自最优解，用最优解替换系统级传递给各子系统的初始值，更新系统级的约束条件，以便于维护学科间的一致性约束。

步骤 2.3：系统级优化。基于各子系统的优化结果，系统级自动执行优化，获得最优解，并将其作为新的目标值分配给各子系统作为下一次循环迭代优化的目标函数。

步骤 2.4：收敛性检验。依次循环迭代优化，系统级根据收敛准则和约束条件验证算法是否收敛，如收敛即结束计算，否则利用得到的分析结果更新步骤 1 的初始值，重新进行分析。

步骤 3:收敛性验证。如果所有可靠度要求得到满足且系统目标优化函数趋于稳定,整个优化流程结束,否则,转向步骤 4。

步骤 4:重构确定性多学科设计优化模型。采用移动策略,基于步骤 3 获得的 MPP 点信息重构确定性多学科设计优化模型。如果概率约束条件不满足可靠度要求,利用该概率条件的可靠性分析结果(MPP 点信息),求出 MPP 点到确定性优化点的移动向量 $\boldsymbol{s}$,然后把概率约束条件沿着向量 $\boldsymbol{s}$ 向安全域方向移动,经过移动后产生一个新的确定性约束条件,以此来构建新的确定性多学科设计优化模型。在可靠性设计优化循环过程中,通过多次“移动—优化”的过程完全可以将所有概率约束的 MPP 点移动到可靠区域。

9.2.4 基于 SORA 和 BLISCO 的 RBMDO

9.2.4.1 基于 BLISCO 的确定性多学科设计优化

基于 BLISCO 算法[11]进行确定性多学科设计优化,其核心思想是在保留协同机制的同时,采用两级一体合成(BLISS)算法将设计变量分为系统级设计变量和子系统级设计变量,并用子系统耦合输出响应的加权和代替一致性约束作为子系统优化的目标函数。系统级优化负责协调子系统间的差异,子系统级优化负责最小化其耦合状态变量对系统目标函数的综合影响。

BLISCO 算法集成了 BLISS 算法和 CO 算法的优点,包括:BLISCO 算法彻底摒弃了 CO 算法子系统中的一致性约束,以子系统对系统级目标函数的综合影响作为子系统的目标函数,提高了收敛性能;集成了 CO 算法的协同机制,系统将优化目标传递给子系统后,可实现子系统分布并行自主设计,适合目前大规模、复杂耦合系统工程设计的组织形式;集成了 BLISS 算法将设计变量分为系统级和子系统级设计变量的优点,子系统在优化过程中将系统级设计变量视为常量,降低了子系统优化规模;将子系统级优化内嵌于系统级优化,摒弃了 BLISS 算法繁杂的系统迭代过程,不需 BLISS-98 的复杂系统分析以及 BLISS-2000 的近似建模,可在很大程度上减少优化算法的复杂性和多学科设计优化的计算费用。

基于 BLISCO 的系统级多学科设计优化数学模型为

$$
\begin{cases}
\min f(\boldsymbol{z}_\mathrm{s},\boldsymbol{z}_y) = f(\boldsymbol{z}_\mathrm{s},\boldsymbol{z}_y,\boldsymbol{y}^*(\boldsymbol{z}_\mathrm{s},\boldsymbol{z}_y)) \\
\mathrm{s.t.}\ C = (\boldsymbol{z}_y - \boldsymbol{y}^*)^2 \leqslant \varepsilon \\
\qquad g_\mathrm{s}(\boldsymbol{z}_\mathrm{s},\boldsymbol{z}_y,\boldsymbol{y}^*(\boldsymbol{z}_\mathrm{s},\boldsymbol{z}_y)) \leqslant 0 \\
\qquad h_\mathrm{s}(\boldsymbol{z}_\mathrm{s},\boldsymbol{z}_y,\boldsymbol{y}^*(\boldsymbol{z}_\mathrm{s},\boldsymbol{z}_y)) = 0 \\
\qquad \boldsymbol{z}_\mathrm{s}^\mathrm{L} \leqslant \boldsymbol{z}_\mathrm{s} \leqslant \boldsymbol{z}_\mathrm{s}^\mathrm{U},\boldsymbol{z}_y^\mathrm{L} \leqslant \boldsymbol{z}_y \leqslant \boldsymbol{z}_y^\mathrm{U}
\end{cases}
\tag{9.16}
$$

式中：$(\boldsymbol{z}_s,\boldsymbol{z}_y)$为系统级设计变量；$\boldsymbol{y}^*$为子系统优化后的系统级耦合设计变量；$\boldsymbol{z}_y$为子系统级耦合状态变量；$C$为耦合设计变量和耦合状态变量之间的一致性约束，为提高算法的收敛性能，在一致性约束内引入了松弛因子ε(ε是很小的正数)；g_s和h_s分别为系统级的不等式约束和等式约束；$\boldsymbol{z}_s^U$和$\boldsymbol{z}_s^L$分别为$\boldsymbol{z}_s$的上、下限；$\boldsymbol{z}_y^U$和$\boldsymbol{z}_y^L$分别为$\boldsymbol{z}_y$的上、下限。

为不失一般性，将基于 BLISCO 的子系统i优化模型表示为

$$\begin{cases}\min J_i = \sum_j D(f,\boldsymbol{z}_{\boldsymbol{y}_{i,j}}^0)\boldsymbol{y}_{i,j} \\ \text{s.t. } g_i = (\boldsymbol{x}_i,\boldsymbol{z}_i,\boldsymbol{y}_i(\boldsymbol{x}_i,\boldsymbol{z}_i)) \leqslant 0 \\ \qquad h_i = (\boldsymbol{x}_i,\boldsymbol{z}_i,\boldsymbol{y}_i(\boldsymbol{x}_i,\boldsymbol{z}_i)) = 0 \\ \qquad j = 1,2,\cdots,m\end{cases} \tag{9.17}$$

式中：$D(\cdot)$表示函数f对$\boldsymbol{z}_{\boldsymbol{y}_{i,j}}^0$的导数信息；$\boldsymbol{z}_i=(\boldsymbol{z}_{s,i},\boldsymbol{z}_{y,i})$为系统级传递给第$i$个子系统的系统级设计变量的目标值；$\boldsymbol{x}_i$和$\boldsymbol{y}_i$为对应于共享设计变量$\boldsymbol{z}_{s,i}$和耦合设计变量$\boldsymbol{z}_{y,i}$的子系统级设计变量和状态变量；$g_i$和$h_i$分别为第$i$个子系统的不等式约束和等式约束。

9.2.4.2 基于 SORA 和 BLISCO 的 RBMDO 优化流程

基于序列化思想将三层嵌套循环优化的 RBMDO 优化流程进行解耦，形成基于 BLISCO 的确定性多学科优化和基于 PMA 的多学科可靠性分析顺序执行的单循环优化流程[12]，具体如图 9.7 所示。

步骤 1：对确定性设计参变量和随机设计参变量进行初始化，基于 BLISCO 执行确定性多学科优化。第一次循环迭代优化中的确定性多学科优化不考虑不确定性因素的影响，即所有随机变量均由其均值表征，耦合状态变量用其标准值表示，采用 BLISCO 算法进行确定性优化，获得理论最优解，优化结果将作为 SMRA 的初始数据。

步骤 2：采用 SMRA 进行多学科可靠性分析。对步骤 1 获得的理论最优解，基于 SMRA 法进行系统分析和系统灵敏度分析，采用基于角度更新策略的 PMA 方法对所有概率约束进行可靠性分析，搜索出所有概率约束的 MPP 点，验证概率约束是否满足可靠性设计要求。

步骤 3：收敛性验证。如果所有可靠性要求得到满足且系统目标优化函数趋于稳定，整个优化流程结束，否则转向步骤 4。

步骤 4：基于步骤 3 获得的 MPP 点重构确定性多学科优化模型，继续整个流程优化。采用移动策略重新构建移动向量。

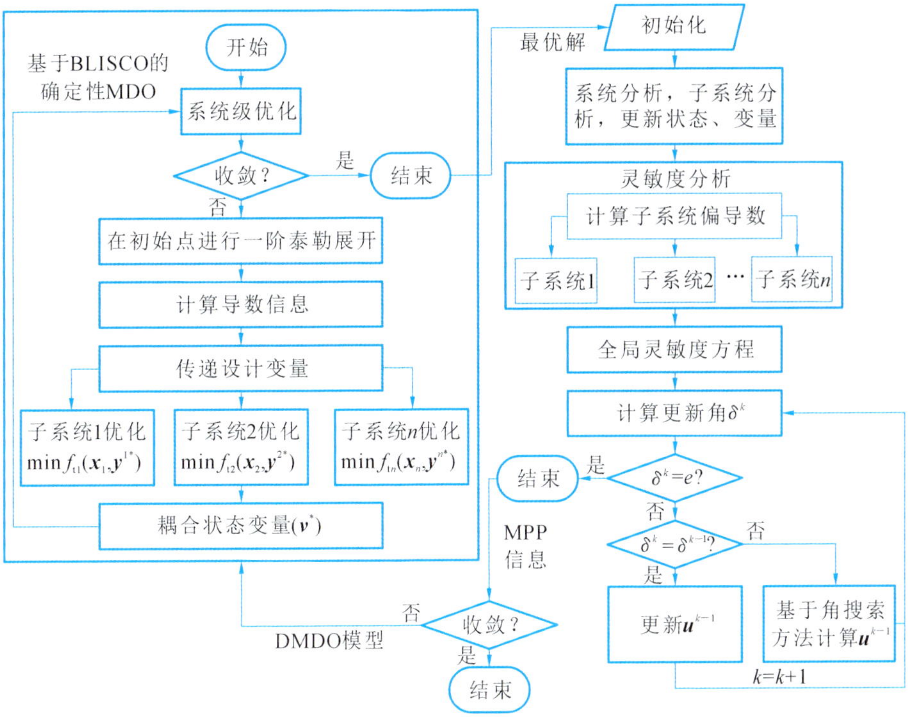

图 9.7　基于 SORA 和 BLISCO 的 RBMDO 优化流程示意图

$$
\begin{cases}
\boldsymbol{s}_s^{(i)} = \boldsymbol{x}_s^{\mathrm{M},k-1} - \boldsymbol{x}_{\mathrm{MPPs}}^{i,k-1} \\
\boldsymbol{s}_i^{(i)} = \boldsymbol{x}_i^{\mathrm{M},k-1} - \boldsymbol{x}_{\mathrm{MPP}i}^{i,k-1} \\
i = 1,2,\cdots,n
\end{cases}
\tag{9.18}
$$

式中：$\boldsymbol{s}_s^{(i)}$ 和 $\boldsymbol{s}_i^{(i)}$ 分别为共享设计变量 $\boldsymbol{x}_s$ 和学科设计变量 $\boldsymbol{x}_i$ 的移动向量；$\boldsymbol{x}_{\mathrm{MPPs}}^{i,k-1}$ 和 $\boldsymbol{x}_{\mathrm{MPP}i}^{i,k-1}$ 分别为共享设计变量 $\boldsymbol{x}_s$ 和学科设计变量 $\boldsymbol{x}_i$ 的第 $k-1$ 次循环迭代优化的最可能失效点。将式(9.18)代入式(9.17)即可重构新的确定性多学科设计优化模型。

9.3　混合层次多学科可靠性设计优化策略 HSORA

9.3.1　HSORA 思想

目前的复杂工程系统不仅涉及多个学科，而且优化问题的规模庞大，对其开展多学科可靠性设计优化研究是一项十分艰巨的任务，这主要是由其优化过程所致。RBMDO优化过程不仅涉及确定性多学科设计优化、多学科概率可靠性分析、多学科非概率可靠性分析和多学科分析四部分，而且还包括确定性多学科设计优化的并、串行执行与多学科可靠性分析的并、串行执行等问题。

以下对HSORA策略的层次性、混合性以及凸线性近似技术分别进行解析。

9.3.1.1 层次性

在该策略中，将多学科可靠性设计优化整体流程分为上、下两层。在上层，基于解耦思想将多学科可靠性分析从RBMDO中解耦出来，形成一个确定性多学科设计优化和多学科可靠性分析顺序执行的递归循环优化流程，避免在每次确定性多学科设计优化循环过程中都需对整个多学科可靠性分析模型进行调用，从而在总体上提高RBMDO的计算效率。在下层，针对大规模、多耦合的确定性多学科设计优化问题采用多级并行多学科设计优化算法(GASA-ACO)进行确定性优化，实现各个学科并行分析与优化，提高确定性多学科设计优化的计算效率；针对多源不确定性因素并存的情况，多学科可靠性分析已变为严重嵌套的三层循环，采用第7章提出的序列化多学科可靠性分析方法对所有可靠性约束进行分析，避免每次可靠性分析迭代过程中都需对整个可靠性模型进行计算的烦琐过程。

9.3.1.2 混合性

该策略的混合性主要体现在如下三方面：①基于并行优化算法GASA-ACO进行确定性多学科设计优化；②采用序列化的多学科可靠性分析方法进行多学科可靠性分析；③采用序列化思想使RBMDO形成一个确定性多学科优化和序列化多学科可靠性分析顺序执行的优化流程。由此可见，在RBMDO的整体流程中，既有用于解决确定性多学科优化问题的并行优化策略，亦有用于解决多层嵌套多学科可靠性分析的序列化多学科可靠性分析方法，同时，整体RBMDO也是一个序列化的执行过程。因此，RBMDO具有典型的混合性。

9.3.1.3 凸线性化

研究表明[13-15]：凸线性化函数具有优良的数学特性，可增大搜寻到最优解的概率。因此，采用凸线性化近似技术对SORA的优化机制进行改进。凸线性化近似函数的构建原理与过程如下。

给定函数 $f(\boldsymbol{x})$，则在第 k 次循环中优化点 $\boldsymbol{x}^k$ 附近的凸线性化函数可表

示为

$$f(\boldsymbol{x}) \approx \bar{f}(\boldsymbol{x}) = f(\boldsymbol{x}^k) + \sum_{+} \frac{\partial f}{\partial x_i}\bigg|_{\boldsymbol{x}^k} (x_i - x_i^k) + \sum_{-} \frac{\partial f}{\partial x_i}\bigg|_{\boldsymbol{x}^k} \frac{x_i^k}{x_i} (x_i - x_i^k) \tag{9.19}$$

式中：$\sum_{-} \frac{\partial f}{\partial x_i}\bigg|_{\boldsymbol{x}^k} \frac{x_i^k}{x_i}(x_i - x_i^k)$是将非凸函数转化成凸线性函数，以增加寻优的可能性；$\sum_{+}$和$\sum_{-}$分别表示正的一阶导数和负的一阶导数之和。凸线性化函数的海塞矩阵如下：

$$\frac{\partial^2 \bar{f}(\boldsymbol{x})}{\partial x_i \partial x_j} = \begin{cases} 0 & \left(i \neq j \text{ 或 } i = j \text{ 且} \frac{\partial f}{\partial x_i}\bigg|_{\boldsymbol{x}^k} \geqslant 0\right) \\ \frac{\partial f}{\partial x_i}\bigg|_{\boldsymbol{x}^k} \left(-2\frac{(x_i^k)}{x_i^3}\right) > 0 & \left(i = j \text{ 且} \frac{\partial f}{\partial x_i}\bigg|_{\boldsymbol{x}^k} < 0, x_i > 0\right) \end{cases} \tag{9.20}$$

式(9.20)表明：当设计变量取值为正时，凸线性化函数的海塞矩阵为半正定矩阵，可较容易地求出其最优值。而当设计变量为负值时，则可对其进行等价转化处理[16]。

假设 g_i 为某学科的第 i 个约束条件，结合 SORA 方法的移动策略中构建的移动向量，则在 $\boldsymbol{x}^{k-1}$处重新构建的约束条件可表示为

$$g_i(\boldsymbol{x} - \boldsymbol{s}_i^{k-1})\big|_{\boldsymbol{x}=\boldsymbol{x}^{k-1}} = g_i(\boldsymbol{x} - (\boldsymbol{x}^{k-1} - \boldsymbol{x}_{\mathrm{MPP}i}^{k-1}))\big|_{\boldsymbol{x}=\boldsymbol{x}^{k-1}} = g_i(\boldsymbol{x}_{\mathrm{MPP}i}^{k-1}) \tag{9.21}$$

这里基于凸线性化近似技术在 MPP 点附近构建的确定性多学科设计优化的约束条件可表示为

$$\begin{aligned} g_i(\boldsymbol{x} - \boldsymbol{s}_i^{k-1})\big|_{\boldsymbol{x}\approx\boldsymbol{x}^{k-1}} &\approx \tilde{g}_i(\boldsymbol{x} - \boldsymbol{s}_i^{k-1})\big|_{\boldsymbol{x}\approx\boldsymbol{x}^{k-1}} \\ &= \tilde{g}_i(\boldsymbol{x}_{\mathrm{MPP}i}^{k-1})\big|_{\boldsymbol{x}_{\mathrm{MPP}i} = \boldsymbol{x}_{\mathrm{MPP}i}^{k-1}} \\ &= g_i(\boldsymbol{x}_{\mathrm{MPP}i}^{k-1}) + \sum_{+} \frac{\partial g_i}{\partial x_i}\bigg|_{\boldsymbol{x}_{\mathrm{MPP}i} = \boldsymbol{x}_{\mathrm{MPP}i}^{k-1}} (x_i - x_i^{k-1}) \\ &\quad + \sum_{-} \frac{\partial g_i}{\partial x_i}\bigg|_{\boldsymbol{x}_{\mathrm{MPP}i} = \boldsymbol{x}_{\mathrm{MPP}i}^{k-1}} \frac{x_i^{k-1}}{x_i}(x_i - x_i^{k-1}) \end{aligned} \tag{9.22}$$

式中：$g_i(\boldsymbol{x}_{\mathrm{MPP}i}^{k-1})$和$\frac{\partial g_i}{\partial x_i}\bigg|_{\boldsymbol{x}_{\mathrm{MPP}i} = \boldsymbol{x}_{\mathrm{MPP}i}^{k-1}}$分别为第 i 个概率约束在 MPP 点处的函数值和灵敏度信息，对于具有隐式表达式的概率约束可采用有限差分法获得。改进后的 SORA 流程如图 9.8 所示。

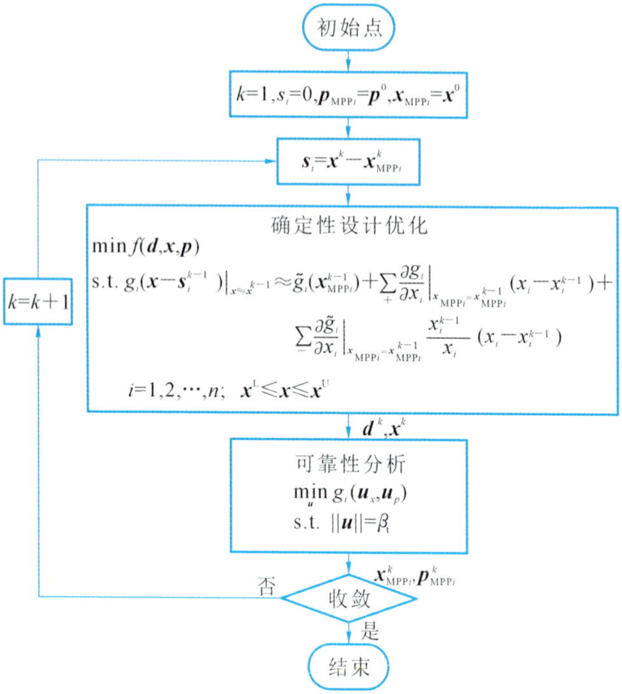

图 9.8　基于凸线性近似法的改进的 SORA 方法流程图

9.3.2　HSORA 流程

图 9.9 为所提出的混合层次 RBMDO 优化策略 HSORA 的流程图。图中上层主要基于解耦思想将多层嵌套的 RBMDO 流程进行序列化，形成一个由确定性多学科设计优化、多学科可靠性分析（包括多学科概率可靠性分析、多学科凸集模型可靠性分析）、收敛性验证、移动向量构建、确定性多学科设计优化（DMDO）模型重构等五个环节构成的单循环优化流程。下层主要集成了本书 3.2 节提出的基于 GASA 的自适应协同优化（GASA-ACO）算法和第 7 章提出的同时考虑随机不确定性和认知不确定性的序列化多学科可靠性分析方法（MU-SMRA）。当然，当所处理的多学科系统中不含有认知不确定性时，MU-SMRA 就退化为 SMRA。此外，混合层次优化策略 HSORA 的可扩展性好，可以很容易地集成其他多学科设计优化策略和多学科可靠性分析方法。

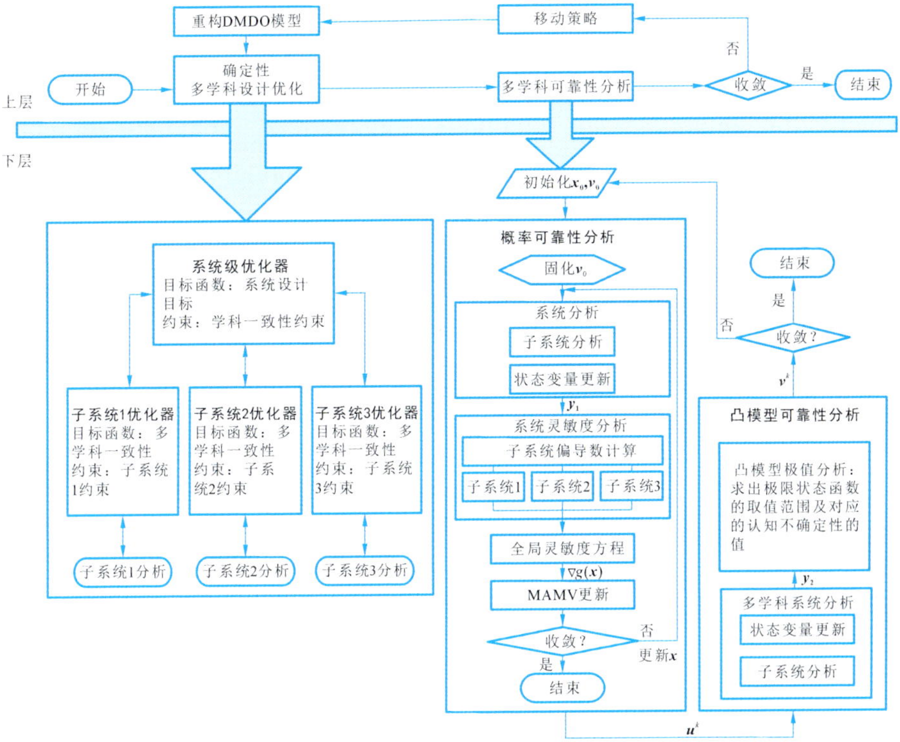

图 9.9　HSORA 流程图

9.3.3　HSORA 方法步骤

HSORA 方法的执行步骤如下。

步骤 1：设置设计变量的初始值 $\boldsymbol{d}_s^0$，$\boldsymbol{d}^0$，$\boldsymbol{x}_s^{M,0}$，$\boldsymbol{x}^{M,0}$，$\boldsymbol{v}_s^{M,0}$，$\boldsymbol{v}^{M,0}$，$k=1$。

步骤 2：执行确定性多学科设计优化（DMDO），采用 3.2 节所提出的 GA-SA-ACO 策略实现并行分析与优化，获得理论最优解（$\boldsymbol{d}_s^k$，$\boldsymbol{d}^k$，$\boldsymbol{x}_s^{M,k}$，$\boldsymbol{x}^{M,k}$，$\boldsymbol{v}_s^{M,k}$，$\boldsymbol{v}^{M,k}$）。在首次循环优化中并不进行可靠性分析，因此，将各极限状态函数的 MPP 值分别设为 $\boldsymbol{x}_s^{M,0}$、$\boldsymbol{x}_i^{M,0}$、$\boldsymbol{p}^M$。从第二次循环开始，基于移动策略和前一次循环的可靠性分析信息重构确定性多学科设计优化的确定性约束，以便进行下一次循环的确定性多学科设计优化。

步骤 3：执行多学科可靠性分析。对于仅包含随机不确定性的情况，采用所提的 SMRA 方法进行多学科可靠性分析，各极限状态函数的 MPP 值分别设为 $\boldsymbol{x}_{\mathrm{MPPs}}^j$、$\boldsymbol{x}_{\mathrm{MPP}}^j$、$\boldsymbol{p}_{\mathrm{MPP}}^j$；而对于同时包含随机不确定性和认知不确定性的情况，采用 MU-SMRA 方法进行多学科可靠性分析，各极限状态函数的 MPP 值设为

$\boldsymbol{x}_{\mathrm{MPPs}}^{l}$、$\boldsymbol{x}_{\mathrm{MPP}}^{l}$、$\boldsymbol{v}_{\mathrm{MPPs}}^{l}$、$\boldsymbol{v}_{\mathrm{MPP}}^{l}$、$\boldsymbol{p}_{\mathrm{MPP}}^{l}$，其中 j 和 l 分别表示 SMRA 和 MU-SMRA 循环中的第 j 次和第 l 次迭代。

步骤 4：收敛性验证。经过多学科可靠性分析之后，如果所有可靠性约束条件均满足可靠性要求并且目标函数值收敛（$g_i^k \leqslant 0, i=1,2,\cdots,n$；$|f(k)-f(k-1)| \leqslant \varepsilon$，$\varepsilon$ 为一任意小的正常数），转至步骤 6，否则 $k=k+1$，转至步骤 5。

步骤 5：重构确定性多学科设计优化模型，重复步骤 2 至步骤 4。

步骤 6：结束。

9.4 随机不确定性条件下的 HSORA

本节研究基于 HSORA 策略仅考虑随机不确定性的 RBMDO 问题。以下将详细讨论 HSORA-RBMDO 策略、步骤与数学模型。

9.4.1 HSORA-RBMDO 策略

为有效求解 RBMDO 问题，在 HSORA-RBMDO 中采用以下三种方法。

（1）GASA-ACO　在确定性多学科设计优化中，采用第 4 章提出的 GASA-ACO算法进行优化，以提高多学科设计优化问题的计算效率和收敛性能。

（2）PMA　在多学科可靠性分析过程中，往往涉及大量的非线性极限状态函数，因此采用计算效率和稳健性较好的 PMA 方法对所有可靠性约束进行可靠性分析，提高其计算效率[17-19]。

（3）HSORA　采用 HSORA 的主要思想，将整体 RBMDO 分为两层，在上层基于 SORA 思想将多学科可靠性分析从 RBMDO 中解耦出来，将 RBMDO 的三层嵌套循环转换为序列化的确定性多学科设计优化与多学科可靠性分析。在下层，采用 3.2 节提出的 GASA-ACO 算法进行确定性多学科设计优化，并采用 SMRA 进行多学科可靠性分析。最后，利用上一次循环的可靠性分析信息（MPP 点信息），基于移动策略修改本次循环中的确定性约束以提高设计点的可行性，并基于凸线性近似技术对重构的约束条件进行近似，避免在每次优化循环中对重构的约束条件进行额外的分析与评估，从而可提高计算效率。

9.4.2 HSORA-RBMDO 步骤

HSORA-RBMDO 包括以下步骤。

步骤 1:设置设计变量的初始值 $\boldsymbol{d}_{\mathrm{s}}^{0}$,$\boldsymbol{d}^{0}$,$\boldsymbol{x}_{\mathrm{s}}^{\mathrm{M},0}$,$\boldsymbol{x}_{i}^{\mathrm{M},0}$,$k=1$。

步骤 2:执行确定性多学科设计优化,获得设计优化点($\boldsymbol{d}_{\mathrm{s}}^{k}$,$\boldsymbol{d}^{k}$,$\boldsymbol{x}_{\mathrm{s}}^{\mathrm{M},k}$,$\boldsymbol{x}^{\mathrm{M},k}$)。在首次循环中由于尚未进行可靠性分析,因此将各极限状态函数的 MPP 点分别设为 $\boldsymbol{x}_{\mathrm{s}}^{\mathrm{M},0}$,$\boldsymbol{x}_{i}^{\mathrm{M},0}$,$\boldsymbol{p}^{\mathrm{M}}$;从第二次循环起,确定性设计优化中的确定性约束均采用前一次循环的可靠性信息(MPP 点信息)基于移动策略构造而成。

步骤 3:执行多学科可靠性分析。在进行分析之前,采用式(6.12)将所有随机设计变量和设计参数转化为标准空间内的随机设计参变量。基于 7.2 节提出的 SMRA 方法进行多学科可靠性分析,求出所有极限状态函数的 MPP 点及其函数值。

步骤 4:收敛性验证。如果所有可靠性约束均满足设计要求且目标函数收敛($g_i^k\leqslant 0,i=1,2,\cdots,n$;$|f(k)-f(k-1)|\leqslant\varepsilon$($\varepsilon$ 为任意小正数)),转至步骤 6,否则 $k=k+1$,转至步骤 5。

步骤 5:基于移动策略和第 k 次循环获得的 MPP 信息将原优化问题中的可靠性约束重构为确定性约束;基于式(8.6)对转换后的确定性约束条件进行凸线性化近似,重构确定性多学科设计优化模型,重复步骤 2 至步骤 4。

步骤 6:结束。

下面详细介绍步骤 2 和步骤 3 中的确定性多学科设计优化模型与多学科可靠性分析模型。

9.4.3 HSORA-RBMDO 中的数学模型

9.4.3.1 第 k 次循环中的确定性多学科设计优化模型

这里所有的确定性多学科设计优化均采用 3.2.2 小节提出的 GASA-ACO 算法进行优化,由此建立第 k 次循环中的确定性多学科设计优化数学模型。

GASA-ACO 算法的系统级优化模型为

$$\begin{cases}\min f\ (\boldsymbol{z}^k,\mu^k,\gamma^k)=f(\boldsymbol{z}^k)-\mu^k\displaystyle\sum_{i=1}^{n}\ln[-\hat{g}_i(\boldsymbol{z}^k)]+\gamma^k\sum_{i=1}^{m}|J_i^{x}(\boldsymbol{z}^k)|\\ \text{s.t. } \boldsymbol{z}^{\mathrm{L}}\leqslant z_i\leqslant\boldsymbol{z}^{\mathrm{U}},\mu^k\times\gamma^k=1,\boldsymbol{z}=\{\boldsymbol{d},\boldsymbol{x}_{\mathrm{MPPs}},\boldsymbol{y},\boldsymbol{p}\}\end{cases} \tag{9.23}$$

式中:上标“k”表示第 k 次循环优化;$f(\boldsymbol{z})$是原目标函数,$f(\boldsymbol{z}^k,\mu^k,\gamma^k)$是应用混

合罚函数转化后在第 k 次循环中的目标函数；μ^k、γ^k 分别是第 k 次循环中的内、外点惩罚因子，可随迭代次数 k 的增大而进行自适应调整。式(9.23)中的设计变量约束条件 $\widehat{g}_i(\boldsymbol{z}^k)$ 包括 RBMDO 模型中的确定性约束 $g_i(\cdot)$ 和经过移动策略将可靠性约束转换后重新构建的确定性约束 $G_i(\cdot)$ 两部分，$g_i(\cdot)$ 和 $G_i(\cdot)$ 可分别表示为

$$g^i(\boldsymbol{d}_s^k, \boldsymbol{d}_i^k, \boldsymbol{x}_s^{M,k}, \boldsymbol{x}_i^{M,k}, \boldsymbol{p}_i^M, \boldsymbol{y}_{\cdot i}^{M,k})$$

$$G^i(\boldsymbol{d}_s^k, \boldsymbol{d}_i^k, \boldsymbol{x}_s^{M,k} - \boldsymbol{s}_s^{i,k}, \boldsymbol{x}_i^{M,k} - \boldsymbol{s}_i^{i,k}, \boldsymbol{p}_i^{*,i,k-1}, \boldsymbol{y}_{\cdot i}^{*,i})$$

其中：$\boldsymbol{y}^{*,i}$ 为耦合变量在 MPP 点处的值；$\boldsymbol{s}_s^{i,k}$、$\boldsymbol{s}_i^{i,k}$ 分别为学科 i 在第 k 次循环中对应于 $\boldsymbol{x}_s$、$\boldsymbol{x}_i$ 的移动向量；$\boldsymbol{p}_i^{*,i,k-1}$ 是学科 i 在第 $k-1$ 次循环中获得的参数 $\boldsymbol{p}_i$ 的 MPP 值。

GASA-ACO 算法子系统级优化模型为

$$\begin{cases}\min J_i^{*,k}(\boldsymbol{z}^k) = \sum\limits_{j=1}^{p} \left| \boldsymbol{d}_i^k - \boldsymbol{d}_{ij}^k \right|^2 \\ \qquad\qquad + \sum\limits_{j=1}^{q} \left| \boldsymbol{x}_i^{M,k} - \boldsymbol{x}_{ij}^{M,k} \right|^2 + \sum\limits_{j=1}^{t} \left| \boldsymbol{y}_{\cdot i}^{M,k} - \boldsymbol{y}_{\cdot ij}^{M,k} \right|^2 \\ \text{s.t.}\ \ \widehat{g}_i(\widehat{\boldsymbol{z}^k}) \leqslant 0 \\ \qquad \widehat{h}_i(\widehat{\boldsymbol{z}^k}) = 0 \\ \qquad \boldsymbol{d}_{ij}^L \leqslant \boldsymbol{d}_{ij} \leqslant \boldsymbol{d}_{ij}^U \\ \qquad \boldsymbol{x}_{ij}^{M,L} \leqslant \boldsymbol{x}_{ij}^M \leqslant \boldsymbol{x}_{ij}^{M,U} \\ \qquad \boldsymbol{y}_{ij}^L \leqslant \boldsymbol{y}_{ij} \leqslant \boldsymbol{y}_{ij}^U \\ \qquad i = 1,2,\cdots,n; m = 1,2,\cdots,t \end{cases} \tag{9.24}$$

式中：$J_i^{*,k}(\boldsymbol{z}^k)$ 为子系统 i 的第 k 次优化的目标函数；d_i^k、$x_i^{M,k}$，$y_{\cdot i}^{M,k}$ 分别是在第 k 次优化中由系统级分配给学科 i 的确定性设计变量、随机设计变量(以其均值表征)和耦合状态变量的期望目标值，$\widehat{g}_i(\widehat{\boldsymbol{z}^k})$ 和 $\widehat{h}_i(\widehat{\boldsymbol{z}^k})$ 分别为子系统 i 的不等式约束和等式约束。在每一次子系统优化中，GASA-ACO 算法的每个子系统可以暂时不考虑其他学科或者系统级的影响，只需满足自身内部的约束条件即可；学科级优化的目标是使学科设计优化方案与系统级优化提供的优化变量期望值的差异最小。

9.4.3.2 第 k 次循环中的 SMRA 模型

由 7.2 节的 SMRA 流程可知，在获得设计点 $\boldsymbol{d}_s^k$、$\boldsymbol{d}_i^k$、$\boldsymbol{x}_s^{M,k}$、$\boldsymbol{x}_i^{M,k}$ 后，应先将随机设计参变量 $\boldsymbol{x}_s$、$\boldsymbol{x}_i$、$\boldsymbol{p}$ 分别转化为标准正态变量和参数 $\boldsymbol{u}_s$、$\boldsymbol{u}_i$、$\boldsymbol{u}_p$，在标准正态 U 空间内对所有可靠性约束条件进行可靠性分析。第 k 次循环中的序列化

多学科可靠性分析模型为

$$\begin{cases}\min\limits_{\mathrm{DV}} g_i(\boldsymbol{d}_s^k, \boldsymbol{d}_i^k, \boldsymbol{u}_s^{i,k}, \boldsymbol{u}_i^{i,k}, \boldsymbol{u}_p^{i,k}, \boldsymbol{y}_{\cdot i}^i) \\ \text{s.t.} \ \| (\boldsymbol{u}_s^{i,k} \ \boldsymbol{u}_i^{i,k} \ \boldsymbol{u}_p^{i,k} \ \boldsymbol{y}_{\cdot i}^i) \| = \beta_t \\ \qquad \mathrm{DV} = \{\boldsymbol{u}_s^{i,k}, \boldsymbol{u}_i^{i,k}, \boldsymbol{u}_p^{i,k}, \boldsymbol{y}^i\} \\ \qquad i = 1, 2, \cdots, n \end{cases} \tag{9.25}$$

式中：$\boldsymbol{d}_s^k$、$\boldsymbol{d}_i^k$ 分别为在第 k 次循环中求解确定性多学科设计优化模型后获得的 $\boldsymbol{d}_s$、$\boldsymbol{d}_i$ 的理论值；$\boldsymbol{y}^i$ 为学科间耦合状态变量在 MPP 点处的值。

经过第 k 次的多学科可靠性分析之后，即可获得本次循环所有可靠性约束条件的最可能失效值，包括 $\boldsymbol{u}_s^{*,i,k}$、$\boldsymbol{u}_i^{*,i,k}$、$\boldsymbol{u}_p^{*,i,k}$，耦合状态变量值 $\boldsymbol{y}^{*,i}$ 以及极限状态函数在所获取的 MPP 点处的函数值 g_i^k。当然，通过 Rosenblatt 转化法则即可获得 X 空间中对应的 MPP 点（$\boldsymbol{x}_s^{*,i,k}$、$\boldsymbol{x}_i^{*,i,k}$、$\boldsymbol{p}_i^{*,i,k}$）。如果函数值 $g_i^k \geqslant 0$，说明在该次循环的设计点处系统满足可靠性约束条件 $\Pr(g_i(\cdot) \geqslant 0) \geqslant R_i$，该设计点为可行点；否则不满足可靠性约束条件，该设计点为不可行点。如果所有可靠性约束条件未全部得到满足，并且目标函数不收敛，通过 SMRA 获得的 MPP 点可被用于移动策略，构建新的确定性多学科设计优化模型中的设计约束，以进行第 $k+1$ 次优化循环，其中设计约束的移动向量可通过下式构建：

$$\begin{aligned} \boldsymbol{s}_s^k &= \boldsymbol{x}_s^k - \boldsymbol{x}_{\mathrm{MPPs}}^k \\ \boldsymbol{s}_i^k &= \boldsymbol{x}_i^k - \boldsymbol{x}_{\mathrm{MPP}i}^k \end{aligned} \tag{9.26}$$

式中：$\boldsymbol{x}_s^k$、$\boldsymbol{x}_{\mathrm{MPPs}}^k$ 分别是在第 k 次循环迭代中与设计变量 $\boldsymbol{x}_s$ 相对应的确定性优化设计点以及由可靠性分析获得的 MPP 点；$\boldsymbol{x}_i^k$、$\boldsymbol{x}_{\mathrm{MPP}i}^k$ 分别是在第 k 次循环迭代中与学科级设计变量 $\boldsymbol{x}_i$ 相对应的确定性优化设计点和由可靠性分析获得的 MPP 点。

9.5 随机-认知不确定性条件下的 AEMDO

本节讨论基于 HSORA 策略，同时考虑随机不确定性和认知不确定性的 RBMDO 问题（简称为 HSORA-AEMDO 问题）。以下主要讨论 HSORA-AEMDO 采用的策略、操作步骤和优化过程中的数学模型。

9.5.1 HSORA-AEMDO 策略

为有效求解 AEMDO 问题，在 HSORA-AEMDO 中采用以下三种策略。

(1) GASA-ACO　在确定性多学科设计优化中，采用第 3 章提出的 GASA-ACO算法进行优化，提高多学科设计优化问题的计算效率和收敛性能。

(2) MU-SMRA　在多学科可靠性分析过程中，采用基于 PMA 的 MU-SMRA 方法，该方法在整体上将多学科概率可靠性分析和多学科凸集模型分析进行序列化，可避免因双层嵌套引起的计算效率低的问题。同时，在多学科概率可靠性分析中将多学科分析、多学科灵敏度分析、可靠性分析进行解耦，形成了一个序列化的单循环优化，可避免每次分析过程中都需对整个可靠性模型进行完整分析的弊端，从而提高计算效率。此外，多学科凸集模型分析采用 KKT 条件替代计算昂贵的极值分析，在一定程度上也能提高计算效率。最后，整个多学科可靠性分析模型基于计算效率和稳健性较好的 PMA 方法，算例表明所提 MU-SMRA 方法在处理多源不确定性条件下的多学科可靠性分析问题方面具有较高的计算效率。

(3) HSORA　采用 HSORA 的主要思想，将整体 RBMDO 分为两层，在上层基于 SORA 思想将多学科可靠性分析从 RBMDO 中解耦出来，将 RBMDO 的三层嵌套循环转换为序列化的确定性多学科设计优化与多学科可靠性分析。在下层，采用 3.2 节提出的 GASA-ACO 算法策略进行确定性多学科设计优化，并采用 MU-SMRA 进行多学科可靠性分析。最后，利用上一次循环的可靠性分析信息(MPP 信息)，基于移动策略修改本次循环中的确定性设计约束以提高设计点的可行性，并基于凸线性近似技术对重构的约束条件进行近似，避免在每次循环优化过程中对重构的约束条件进行额外分析与评估，从而提高计算效率。

9.5.2　HSORA-AEMDO 步骤

HSORA-AEMDO 包括以下步骤。

步骤 1:设置设计变量的初始值 $\boldsymbol{d}_{\mathrm{s}}^{0}$,$\boldsymbol{d}^{0}$,$\boldsymbol{x}_{\mathrm{s}}^{\mathrm{M},0}$,$\boldsymbol{x}_{i}^{\mathrm{M},0}$,$\boldsymbol{w}_{\mathrm{s}}^{\mathrm{M},0}$,$\boldsymbol{w}_{i}^{\mathrm{M},0}$,并令 $k=1$。

步骤 2:执行确定性多学科设计优化。采用 GASA-ACO 算法进行确定性多学科设计优化，以获得理论上的最优设计点($\boldsymbol{d}_{\mathrm{s}}^{k}$,$\boldsymbol{d}^{k}$,$\boldsymbol{x}_{\mathrm{s}}^{\mathrm{M},k}$,$\boldsymbol{x}^{\mathrm{M},k}$,$\boldsymbol{w}_{\mathrm{s}}^{\mathrm{M},k}$,$\boldsymbol{w}^{\mathrm{M},k}$)。实际上，在首次循环中并未进行多学科可靠性分析，因此各极限状态函数的 MPP 点可分别设为 $\boldsymbol{x}_{\mathrm{s}}^{\mathrm{M},0}$、$\boldsymbol{x}_{i}^{\mathrm{M},0}$、$\boldsymbol{p}^{\mathrm{M}}$;从第二次循环起，原 RBMDO 中的所有可靠性约束均采用上一次循环的多学科可靠性分析的信息(MPP 点信息)，利用移动策略将其改造成确定性约束，以便于进行下一次优化。

步骤 3:执行多学科可靠性分析。由于同时考虑随机不确定和认知不确定性，该步骤包括多学科概率可靠性分析和多学科凸集模型分析两步。在进行分析之前，先将所有随机不确定性设计参变量和认知不确定性设计参变量转化为标准 $\boldsymbol{u}$ 空间的服从标准正态分布且独立的随机不确定设计参变量和单位 $\boldsymbol{v}$ 空间（椭球空间）的认知不确定性设计参变量。

步骤 3.1：基于 SMRA 进行多学科概率可靠性分析。在进行分析之前，采用上一次优化得到的认知不确定性设计参变量的值将这些认知不确定性参变量固化，即有 $(\boldsymbol{w}_{\mathrm{s}}^{k},\boldsymbol{w}^{k},\boldsymbol{p}_{\mathrm{e}}^{k})=(\boldsymbol{w}_{\mathrm{s}}^{k-1},\boldsymbol{w}^{k-1},\boldsymbol{p}_{\mathrm{e}}^{k-1})$，此时，多源不确定性条件下的多学科可靠性分析问题退化为传统的仅考虑随机不确定性的多学科可靠性分析。然后采用 7.3 节提出的 SMRA 方法进行多学科可靠性分析，求出所有极限状态函数的 MPP 点 $(\boldsymbol{x}_{\mathrm{s,MPP}}^{k},\boldsymbol{x}_{i,\mathrm{MPP}}^{k},\boldsymbol{p}_{\mathrm{r,MPP}}^{k})$ 及其函数值 (g_i^k)。

步骤 3.2：执行多学科凸集模型可靠性分析。在进行多学科凸集模型可靠性分析之前，采用步骤 3.1 获得的随机设计参变量的 MPP 值将这些随机不确定性参变量固化，即有 $(\boldsymbol{x}_{\mathrm{s}}^{k},\boldsymbol{x}_{i}^{k},\boldsymbol{p}_{\mathrm{r}}^{k})=(\boldsymbol{x}_{\mathrm{s,MPP}}^{k},\boldsymbol{x}_{i,\mathrm{MPP}}^{k},\boldsymbol{p}_{\mathrm{r,MPP}}^{k})$。此时，多源不确定性条件下的多学科可靠性分析问题退化为在认知不确定性设计参变量取值范围的约束下对极限状态函数求最小值 $(g_{i\min}^{k})$，并获得认知不确定性设计参变量的对应值的问题。如果 $g_{i\min}^{k}\geqslant 0$，则认为系统满足可靠度要求，结束循环，否则进入下一次循环。可见，采用极限状态函数的最小值衡量系统是否满足可靠度要求，追求的是一种在最坏情况下也可靠的设计方法，能很好地满足复杂工程系统的高可靠度要求。

步骤 4：收敛性验证。如果所有可靠性约束均满足设计要求并且优化目标函数收敛（$g_i^k\leqslant 0, i=1,2,\cdots,n$；$|f(k)-f(k-1)|\leqslant\varepsilon$（$\varepsilon$ 为任意小正数），转至步骤 6，否则 $k=k+1$，转至步骤 5。

步骤 5：基于移动策略和第 k 次循环获得的 MPP 信息将原优化问题中的可靠性约束重构为确定性约束条件，基于式(9.22)对转换后的确定性约束条件进行凸线性化近似，重构确定性多学科设计优化模型，重复步骤 2 至步骤 4。

步骤 6：结束。

9.5.3 HSORA-AEMDO 中的数学模型

本节讨论 9.5.2 节 HSORA-AEMDO 步骤中提到的确定性多学科优化与多学科可靠性分析的数学模型。

9.5.3.1 第 k 次循环中的确定性多学科优化模型

这里所有的确定性多学科优化模型均采用 3.2 节提出的 GASA-ACO 算法进行

优化，由此建立第 k 次循环中的确定性多学科优化数学模型。

GASA-ACO 算法的系统级优化模型如下：

$$\begin{cases} \min f(\boldsymbol{z}^k,\mu^k,\gamma^k)=f(\boldsymbol{z}^k)-\mu^k\sum_{i=1}^{n}\ln[-\hat{g}_i(\boldsymbol{z}^k)]+\gamma^k\sum_{i=1}^{m}\left|J_i^*(\boldsymbol{z}^k)\right| \\ \text{s. t. } \boldsymbol{z}^{\mathrm{L}}\leqslant \boldsymbol{z}_i\leqslant \boldsymbol{z}^{\mathrm{U}} \\ \qquad \mu^k\times\gamma^k=1 \\ \qquad \boldsymbol{z}=\{\boldsymbol{d},\boldsymbol{x}_{\mathrm{s}}^{\mathrm{M}},\boldsymbol{w}_{\mathrm{s}}^{\mathrm{M}},\boldsymbol{p},\boldsymbol{y}\} \end{cases} \tag{9.27}$$

式中：上标“k”表示第 k 次循环，$f(\boldsymbol{z})$是原目标函数；$f(\boldsymbol{z}^k,\mu^k,\gamma^k)$是应用混合罚函数转化后在第 k 次循环中的目标函数；μ^k、γ^k 分别是第 k 次优化中的内、外点惩罚因子，可随迭代次数 k 的增大而进行自适应调整；$\boldsymbol{d}$ 为系统级确定性设计变量；$\boldsymbol{x}_{\mathrm{s}}^{\mathrm{M}}$ 为具有随机不确定性的系统级设计变量；$\boldsymbol{w}_{\mathrm{s}}^{\mathrm{M}}$ 为具有认知不确定性的系统级设计变量；$\boldsymbol{y}$ 是耦合状态变量；$\boldsymbol{p}$ 为设计参数，包括随机不确定性参数和认知不确定性参数。式(9.27)中的设计变量约束条件$\hat{g}_i(\boldsymbol{z}^{(k)})$包括 RBMDO 模型中的确定性约束 $g_i(\cdot)$和经过移动策略将可靠性约束转换后重新构建的确定性约束 $G_i(\cdot)$两部分，$g_i(\cdot)$和 $G_i(\cdot)$可分别表示为

$$g_i(\boldsymbol{d}_{\mathrm{s}}^k,\boldsymbol{d}_i^k,\boldsymbol{x}_{\mathrm{s}}^{\mathrm{M},k},\boldsymbol{x}_i^{\mathrm{M},k},\boldsymbol{w}_{\mathrm{s}}^{\mathrm{M},k},\boldsymbol{w}_i^{\mathrm{M},k},\boldsymbol{p}_i^{\mathrm{M}},\boldsymbol{y}_{\cdot i}^{\mathrm{M},k})$$

$$G_i(\boldsymbol{d}_{\mathrm{s}}^k,\boldsymbol{d}_i^k,\boldsymbol{x}_{\mathrm{s}}^{\mathrm{M},k}-\boldsymbol{s}_{\mathrm{s}}^{i,k},\boldsymbol{x}_i^{\mathrm{M},k}-\boldsymbol{s}_i^{i,k},\boldsymbol{w}_{\mathrm{s}}^{\mathrm{M},k-1},\boldsymbol{w}_i^{\mathrm{M},k-1},\boldsymbol{p}_i^{*,i,k-1},\boldsymbol{y}_{\cdot i}^{*,i})$$

式中：$\boldsymbol{y}^{*,i}$为耦合状态变量在 MPP 点处的值；$\boldsymbol{s}_{\mathrm{s}}^{i,k}$、$\boldsymbol{s}_i^{i,k}$分别为学科 i 在第 k 次循环中对应于$\boldsymbol{x}_{\mathrm{s}}$、$\boldsymbol{x}_i$ 的移动向量；$\boldsymbol{w}_{\mathrm{s}}^{\mathrm{M},k-1}$ 为系统级在第 $k-1$ 次循环中获得的最优值；$\boldsymbol{w}_i^{\mathrm{M},k-1}$ 为学科级在第 $k-1$ 次循环中获得的最优值；$\boldsymbol{p}_i^{*,i,k-1}$是学科 i 在第 $k-1$次循环中获得的参数 $\boldsymbol{p}_i$ 的 MPP 点的值。

GASA-ACO 算法子系统级优化模型如式(9.28)所示：

$$\begin{cases} \min J_i^{*,k}(\boldsymbol{z}^k)=\sum_{j=1}^{p}\left|\boldsymbol{d}_i^k-\boldsymbol{d}_{ij}^k\right|^2+\sum_{j=1}^{q}\left|\boldsymbol{x}_i^{\mathrm{M},k}-\boldsymbol{x}_{ij}^{\mathrm{M},k}\right|^2 \\ \qquad +\sum_{j=1}^{l}\left|\boldsymbol{w}_i^{\mathrm{M},k}-\boldsymbol{w}_{ij}^{\mathrm{M},k}\right|^2+\sum_{j=1}^{t}\left|\boldsymbol{y}_{\cdot i}^{\mathrm{M},k}-\boldsymbol{y}_{ij}^{\mathrm{M},k}\right|^2 \\ \text{s. t. } \hat{g}_i(\widehat{\boldsymbol{z}^k})\leqslant 0 \\ \qquad \hat{h}_i(\widehat{\boldsymbol{z}^k})=0 \\ \qquad \boldsymbol{d}_{ij}^{\mathrm{L}}\leqslant \boldsymbol{d}_{ij}\leqslant \boldsymbol{d}_{ij}^{\mathrm{U}}\quad (i=1,2,\cdots,n;j=1,2,\cdots,p) \\ \qquad \boldsymbol{x}_{ij}^{\mathrm{M,L}}\leqslant \boldsymbol{x}_{ij}^{\mathrm{M}}\leqslant \boldsymbol{x}_{ij}^{\mathrm{M,U}}\quad (i=1,2,\cdots,n;j=1,2,\cdots,q) \\ \qquad \boldsymbol{w}_{ij}^{\mathrm{M,L}}\leqslant \boldsymbol{w}_{ij}^{\mathrm{M}}\leqslant \boldsymbol{w}_{ij}^{\mathrm{M,U}}\quad (i=1,2,\cdots,n;j=1,2,\cdots,l) \\ \qquad \boldsymbol{y}_{ij}^{\mathrm{L}}\leqslant \boldsymbol{y}_{ij}\leqslant \boldsymbol{y}_{ij}^{\mathrm{U}}\quad (i=1,2,\cdots,n;m=1,2,\cdots,t) \end{cases} \tag{9.28}$$

式中：$J_i^{*,(k)}(\boldsymbol{z}^k)$为子系统 i 的第 k 次优化目标函数，$\boldsymbol{d}_i^k$、$\boldsymbol{x}_i^{M,k}$、$\boldsymbol{w}_i^{M,k}$、$\boldsymbol{y}_{\cdot i}^{M,k}$分别是在第 k 次优化中由系统级分配给学科 i 的确定性设计变量、随机设计变量（以其均值表征）、认知不确定性设计变量（以其均值表征）和耦合状态变量的期望目标值，$\widehat{g}_i(\widehat{\boldsymbol{z}^k})$和$\widehat{h}_i(\widehat{\boldsymbol{z}^k})$分别为子系统 i 的不等式约束和等式约束。在每一次优化时，GASA-ACO 算法的每个子系统可以暂时不考虑其他学科或者系统级的影响，只需满足自身内部的约束条件即可；学科级优化的目标是使学科设计优化方案与系统级优化提供的优化变量期望值的差异最小化。

9.5.3.2 第 k 次循环中的 MU-SMRA 模型

由 7.1 节的 MRA 流程可知，在获得设计点 $\boldsymbol{d}_s^k,\boldsymbol{d}_i^k,\boldsymbol{x}_s^{M,k},\boldsymbol{x}_i^{M,k},\boldsymbol{w}_s^{M,k},\boldsymbol{w}_i^{M,k}$ 以后，首先应将随机设计参变量（$\boldsymbol{x}_s$、$\boldsymbol{x}_i$、$\boldsymbol{p}_r$）和认知不确定性设计参变量（$\boldsymbol{w}_s$、$\boldsymbol{w}_i$、$\boldsymbol{p}_e$）分别转化为标准正态参变量和参数（$\boldsymbol{u}_s$、$\boldsymbol{u}_i$、$\boldsymbol{u}_{pr}$）和标准单位球空间内的认知不确定性参变量（$\boldsymbol{v}_s$、$\boldsymbol{v}_i$、$\boldsymbol{v}_{pe}$），在标准正态 $\boldsymbol{u}$ 空间和单位球空间内对所有可靠性约束进行可靠性分析。第 k 次循环中的序列化多学科可靠性分析模型为

$$\begin{cases}\min\limits_{DV} g_i(\boldsymbol{d}_s^k,\boldsymbol{d}_i^k,\boldsymbol{u}_s^{i,k},\boldsymbol{u}_i^{i,k},\boldsymbol{v}_s^{i,k},\boldsymbol{v}_i^{i,k},\boldsymbol{u}_{pri}^{i,k},\boldsymbol{u}_{pei}^{i,k},\boldsymbol{y}_{\cdot i}^{i}) \\ \text{s. t. } (\boldsymbol{u}_s^{i,k},\boldsymbol{u}_i^{i,k},\boldsymbol{u}_{pi}^{i,k},\boldsymbol{y}_{\cdot i}^{i}) = \beta_t \\ \qquad (\boldsymbol{v}_{N_E}^{i,k})^{T}\boldsymbol{v}_{N_E}^{i,k} \leqslant 1 \\ \qquad DV = \{\boldsymbol{u}_s^{i,k},\boldsymbol{u}_i^{i,k},\boldsymbol{v}_s^{i,k},\boldsymbol{v}_i^{i,k},\boldsymbol{u}_{pri}^{i,k},\boldsymbol{u}_{pei}^{i,k},\boldsymbol{y}^{i}\} \\ \qquad i=1,2,\cdots,n,N_E=1,2,\cdots,n \end{cases} \tag{9.29}$$

式中：$\boldsymbol{d}_s^k$、$\boldsymbol{d}_i^k$ 分别为在第 k 次循环中求解确定性多学科设计优化模型后获得的 $\boldsymbol{d}_s$、$\boldsymbol{d}_i$ 理论值；$\boldsymbol{y}^i$ 为学科间耦合状态变量在 MPP 点处的值。

经过第 k 次的多学科可靠性分析之后，即可获得本次循环所有可靠性约束的最可能失效值（$\boldsymbol{u}_s^{*,i,k}$、$\boldsymbol{u}_i^{*,i,k}$、$\boldsymbol{u}_{pri}^{*,i,k}$）、认知不确定性参变量最优值和极限状态函数的函数值（$\boldsymbol{v}_s^{*,i,k}$、$\boldsymbol{v}_i^{*,i,k}$、$\boldsymbol{v}_{pei}^{*,i,k}$）、耦合状态变量值 $\boldsymbol{y}^{*,\cdot i}$ 以及极限状态函数值 g_i^k。当然，通过 Rosenblatt 转化法则和凸集模型转换逆过程可获得 X 空间中对应的 MPP 点（$\boldsymbol{x}_s^{*,i,k},\boldsymbol{x}_i^{*,i,k},\boldsymbol{p}_{ri}^{*,i,k}$）和认知不确定性参变量最优值 $\boldsymbol{w}_s^{*,i,k}$、$\boldsymbol{w}_i^{*,i,k}$、$\boldsymbol{p}_{ei}^{*,i,k}$。如果极限状态函数 $g_i^k \geqslant 0$，说明在本次循环的设计点处系统满足可靠性约束 $\Pr(g_i(\cdot)\geqslant 0)\geqslant R_i$，优化点为可行点，否则不满足可靠性约束，该设计点为不可行点。如果所有可靠性约束条件未全满足要求并且目标函数不收敛，通过 SMRA 获得的 MPP 点可被用于移动策略，用来构建新的确定性多学科设计优化中的设计约束，以进行第 $k+1$ 次优化循环，其中设计约束的移动向量可通过下式构建：

$$\begin{cases} \boldsymbol{s}_{\mathrm{s}}^{k} = \boldsymbol{x}_{\mathrm{s}}^{k} - \boldsymbol{x}_{\mathrm{MPPs}}^{k} \\ \boldsymbol{s}_{i}^{k} = \boldsymbol{x}_{i}^{k} - \boldsymbol{x}_{\mathrm{MPP}i}^{k} \end{cases} \tag{9.30}$$

式中：$\boldsymbol{x}_{\mathrm{s}}^{k}$、$\boldsymbol{x}_{\mathrm{MPPs}}^{k}$分别是在第 k 次循环迭代中与设计变量 $\boldsymbol{x}_{\mathrm{s}}$ 相对应的确定性优化设计点以及由可靠性分析获得的 MPP 点；$\boldsymbol{x}_{i}^{k}$、$\boldsymbol{x}_{\mathrm{MPP}i}^{k}$分别是在第 k 次循环迭代中与学科级设计变量 $\boldsymbol{x}_{i}$ 相对应的确定性优化设计点和由可靠性分析获得的 MPP 点。

9.5.4 算例测试

该数值算例包含三个子系统，两个耦合状态变量（y_1、y_2），两个确定性设计变量（d_1、d_2，其中 d_1 为所有子系统均可用的共享设计变量，d_2 为子系统 2 的局部设计变量），两个随机设计变量（x_1，x_2）。图 9.10 为该数值算例的关联耦合图。

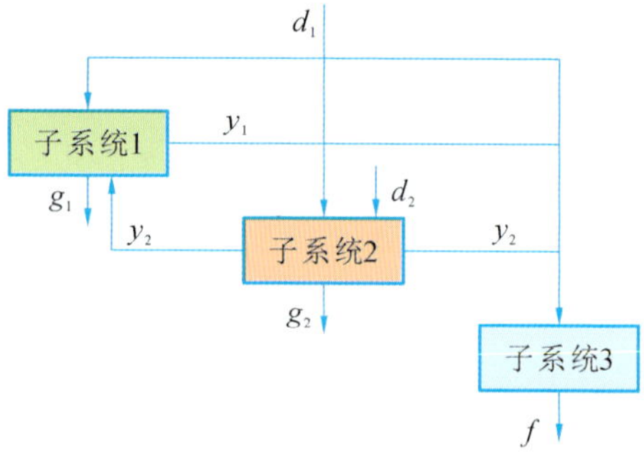

图 9.10　数值算例关联耦合图

数值算例的数学模型为

$$\begin{cases} \min f = -(d_1-6)^3 + y_1^2 - \mathrm{e}^{(-y_1/y_2)} \\ \text{s. t. } \Pr\{g_1(x_1, y_2) \geqslant 0\} \geqslant \Phi(\beta_{\mathrm{t}}) \\ \qquad \Pr\{g_2(x_1, x_2, y_1) \geqslant 0\} \geqslant \Phi(\beta_{\mathrm{t}}) \end{cases} \tag{9.31}$$

$$d_1 = \mu_{x_1}, \quad d_2 = \mu_{x_2}$$

子系统 1 模型为

$$y_1 = x_1^2 + y_2/2$$

$$g_1 = y_2 - \mathrm{e}^{y_1/y_2} - 2.2x_1 \tag{9.32}$$

子系统 2 模型为

$$y_2 = x_1 + x_2 + 3x_1x_2/y_1$$

$$g_2 = y_1 - y_2 + (x_1+1)^2 + (x_2-4)^3 \tag{9.33}$$

针对该数值算例进行仅考虑随机不确定性的多学科可靠性设计优化

(HSORA-RBMDO,记为 Case1)和同时考虑随机和认知不确定性的多学科可靠性设计优化(HSORA-AEMDO,记为 Case2),参数设置如下。

Case1:假设随机设计变量 x_1、x_2 服从正态分布,方差均为 0.02,并且要求所有概率约束条件的可靠度大于或者等于 99.87%,即 $\beta_t=3.0$。

Case2:假设 x_1 为随机设计变量,服从正态分布,方差均为 0.02;x_2 为认知不确定性设计变量,其凸集模型可描述为 $\boldsymbol{x}\in E=\{\boldsymbol{x}|(\boldsymbol{x}-\bar{\boldsymbol{x}})^{\mathrm{T}}W(\boldsymbol{x}-\bar{\boldsymbol{x}})\leqslant\varepsilon^2\}$,其名义值 $\bar{\boldsymbol{x}}=(x_2)^{\mathrm{T}}=(2.46)^{\mathrm{T}}$,特征矩阵 $\boldsymbol{W}_x=(4)$,给定其可靠度指标为 $\beta_C^L=3.0$。

首先仅考虑随机不确定性因素,在 SORA 策略下分别采用 MDF+SMRA 方法、IDF+SMRA 方法和 CO+SMRA 方法,在 HSORA 策略下分别采用 GASA-ACO 算法和 SMRA 方法对本数值算例进行多学科可靠性设计优化,优化结果如表 9.1 所示,在该表中将以上四种方法分别用 SORA-MDF(MDF+SMRA)、SORA-IDF(IDF+SMRA)、SORA-CO(CO+SMRA)和 HSORA-ACO(GASA-ACO+SMRA)表示。

表 9.1 数值算例优化结果(1)

优化方法	x_1	x_2	f	g_1	g_2	n_1	n_2	k
SORA-MDF	1.467	2.460	120.22	0.201	1.022	619	619	3
SORA-IDF	1.442	2.460	120.61	0.186	1.107	562	562	3
SORA-CO	1.455	2.483	119.95	0.232	1.206	496	496	3
HSORA-ACO	1.487	2.430	118.90	0.224	1.128	391	391	2

注:n_1、n_2 表示子系统 1 和子系统 2 的分析次数。

其次,同时考虑设计过程中的随机和认知不确定性因素,在 HSORA 策略下针对具有不同程度认知不确定性的数值算例进行多学科可靠性设计优化。其中,RBMDO 表示在 HSORA 策略下进行仅考虑随机不确定性的多学科可靠性设计优化,AEMDO 表示在 HSORA 策略下进行同时考虑随机不确定性和认知不确定性的多学科可靠性设计优化,优化结果如表 9.2 所示。

表 9.2 数值算例优化结果(2)

优化方法		x_1	x_2	f	g_1	g_2	n_1	n_2	k
HSORA-RBMDO($\beta_t=3.0$)		1.455	2.483	119.95	0.232	1.206	496	496	3
HSORA-AEMDO	$\varepsilon=0.1$	1.526	2.556	125.38	0.289	1.333	652	652	4
	$\varepsilon=0.06$	1.509	2.524	125.06	0.256	1.328	649	649	4
	$\varepsilon=0.02$	1.482	2.470	123.55	0.239	1.307	650	650	4

表 9.1 的优化结果表明，在采用相同的多学科可靠性分析方法（SMRA 方法）的基础上，采用 SORA-MDF、SORA-IDF、SORA-CO 和 HSORA-ACO 四种算法均能使得该算例收敛，两个可靠性约束的函数值均大于零，满足可靠性设计要求，学科分析次数分别为 619、562、496、391。显然，所提出的 GASA-ACO 算法所需学科分析次数最少，计算效率最高。另外，从整个优化循环次数上也可看出所提出的 HSORA 方法仅需两次循环即收敛，得到满意结果，验证了该 HSORA 方法的有效性与高效性。

其他三种方法的计算效率相对较低的原因如下。

(1) SORA-MDF 方法的整个优化过程中需要大量的函数迭代次数，总的函数迭代次数等于优化循环的次数、多学科分析迭代的次数和多学科的个数三者的乘积。此外，每次优化循环迭代都要对数学模型进行一次完整的优化计算。

(2) SORA-IDF 方法因增加了额外的辅助设计变量（辅助设计变量的个数等于状态变量的个数）和协调性约束（协调性约束条件的个数同样等于状态变量的个数），使得优化问题的规模增大，整个优化过程在同一优化器中执行，大大增加了计算量和收敛难度。

(3) SORA-CO 算法因 CO 策略本身的缺陷，存在计算困难和收敛性能不稳定的不足，特别是在处理规模较大或多耦合的多学科优化问题时更是如此。

表 9.2 的计算结果表明：在 HSORA 策略下进行 RBMDO 和 AEMDO，都获得了理想的优化结果。从优化的目标函数值可以看出，当 HSORA-AEMDO 与 HSORA-RBMDO 的可靠度要求相同（$1-\Phi(\beta_t)=1-\Phi(3)=0.0013=\alpha_t$）时，HSORA-AEMDO 的最优解较 HSORA-RBMDO 的最优解更为保守，而且随着认知不确定性程度增大，其保守程度也随之增大。这是因为：在 HSORA-AEMDO 中缺乏足够的信息和数据，导致部分设计参变量为认知不确定性参变量，即设计参变量由随机不确定性参变量和认知不确定性参变量组成；而在 HSORA-RBMDO 中，所有的设计参变量都具有充足的数据和信息，均为随机不确定性设计参变量。同时，表 9.2 还表明，最优解的保守程度与已知参变量的信息和数据的充足程度息息相关并且相对应。就计算效率而言，RBMDO 和 AEMDO 采用相同的优化策略，其子系统分析次数属于同一数量级。极限状态函数在 MPP 处的函数值（均大于或等于或近似等于零）表明，基于 HSORA 策略进行的单源/多源不确定性条件下的 RBMDO 均获得了满足给定可靠度的设计优化结果。

9.6 随机-模糊-区间不确定性下的 SOMUA

相对于仅考虑随机不确定性的多学科可靠性设计优化，混合不确定性下的 RBMDO 耦合严重，计算成本高。对于考虑随机-模糊-区间不确定性的多学科可靠性设计优化(RFIMDO)模型，如果直接采用传统的 RBMDO 策略，其求解过程将变成一个五层嵌套循环过程，计算成本会令人难以接受。提高确定性多学科优化和多学科可靠性分析的计算效率虽能一定程度上减轻 RFIMDO 的计算量，但如果整体计算流程本身就处于低效的状态下，则难以实现 RFIMDO 模型的高效求解。如何对 RFIMDO 整体优化过程进行合理解耦，从整体计算流程上提高计算效率，就成为随机-模糊-区间不确定性下的一个关键问题。

由 RFIMDO 模型表达式可知，RFIMDO 同样属于 PlBMDO 的一种，只是含有随机-模糊-区间混合不确定性。现有 PlBMDO 的整体优化解耦是建立在单学科的序列优化与混合不确定性分析(sequential optimization and mixed uncertainty analysis，SOMUA)[20] 的基础之上，即将整体优化过程解耦成确定性多学科优化和混合不确定性评估顺序执行的过程。对于 RFIMDO 问题同样可以采用 SOMUA 的思想进行解耦，但由于 SOMUA 方法的特点以及不确定性种类的增多，这种解耦面临新的有挑战性的问题。这些问题包括：①每次循环中，受证据参数的焦元影响，确定性优化环节需求解多个优化模型，随着焦元的增加，计算花费变得十分可观；②解耦后的混合不确定性分析环节，由于模糊变量的加入，计算量进一步加大；③需要重新建立确定性优化与不确定性分析的关系。

本节将对 SOMUA 策略进行改进，基于并行思想和近似计算，提出并行计算的 SOMUA(PCSOMUA)策略。在此基础上，针对 RFIMDO 整体计算流程耦合严重的问题，将 RFIMDO 解耦成多学科确定性优化与多学科可靠性分析顺序执行的过程，并使各焦元之间的求解并行完成，同时将前述章节提出的基于 LAF 策略的 CLA-CO 算法和不确定性分析的 IS-MDPMA 算法集成，提出基于并行计算的多学科序列优化与混合不确定性分析(RFIMDO-PCSOMUA)方法。

9.6.1 单学科的 SOMUA 介绍

SOMUA 是针对随机-区间混合不确定性下的单学科可靠性设计优化的解

耦计算框架，其核心思想是 SORA 方法，即将可靠性设计优化解耦成确定性优化与不确定性评估的序列化过程。随机-区间不确定性下的可靠性设计优化问题的数学模型为

$$\begin{cases} \text{find } \boldsymbol{\mu}_{\boldsymbol{X}_\mathrm{r}} \\ \min \ \bar{f} \\ \text{s.t. } \mathrm{Pl}(f(\boldsymbol{X}_\mathrm{r},\boldsymbol{P}_\mathrm{r},\boldsymbol{P}_\mathrm{e}) > \bar{f}) \leqslant \mathrm{Pl}_{\text{t-obj}} \\ \qquad \mathrm{Pl}(g_l(\boldsymbol{X}_\mathrm{r},\boldsymbol{P}_\mathrm{r},\boldsymbol{P}_\mathrm{e}) < 0) \leqslant \mathrm{Pl}_{\text{t-}g_l} (l = 1,2,\cdots,N_g) \\ \qquad \boldsymbol{\mu}_{\boldsymbol{X}_\mathrm{r}}^\mathrm{L} \leqslant \boldsymbol{\mu}_{\boldsymbol{X}_\mathrm{r}} \leqslant \boldsymbol{\mu}_{\boldsymbol{X}_\mathrm{r}}^\mathrm{U} \end{cases} \tag{9.34}$$

式中：下角标 l 表示第 l 个约束函数；N_g 为约束函数的总个数；$\mathrm{Pl}_{\text{t-obj}}$ 为目标函数的目标似真度；$\mathrm{Pl}_{\text{t-}g_l}$ 为第 l 个约束函数的目标似真度。

上述优化问题的优化变量为随机变量 $\boldsymbol{X}_\mathrm{r}$ 的均值 $\boldsymbol{\mu}_{\boldsymbol{X}_\mathrm{r}}$，优化目标为最小化目标函数的失效域 $\bar{f}$。可采用 SOMUA 方法，将上述优化问题解耦为确定性优化与混合不确定性评估的序列优化问题。SOMUA 方法的计算流程如图 9.11 所示。

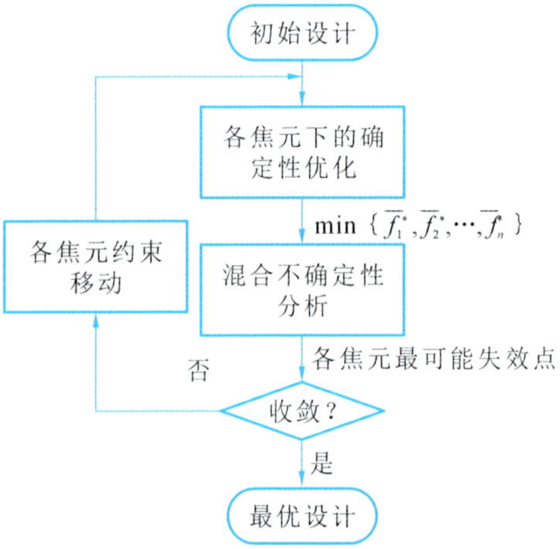

图 9.11 SOMUA **方法计算流程简图**

SOMUA 虽然在整体计算流程上类似于 SORA，即也是确定性优化和不确定性评估顺序执行，但在计算流程的具体环节上，SOMUA 有着自己独有的特点。

(1) 受证据参数的焦元影响，确定性优化环节要解决的是一个求解多个优化模型的最优问题。以含有 N_C 个焦元证据参数的第 $k+1$ 次循环为例，其确定性优化模型为

$$\begin{cases}\text{find } \boldsymbol{\mu}_{\boldsymbol{X}_{\mathrm{r}}}^{k+1} \\ \min \bar{f}^{k+1}=\max\limits_{1 \leqslant z \leqslant N_{\mathrm{C}}} f_z^{k+1}\left(\boldsymbol{\mu}_{\boldsymbol{X}_{\mathrm{r}}}^{k+1}-\boldsymbol{s}_{z\text{-obj}}^{k+1}, \boldsymbol{P}_{\mathrm{r}z\text{-iMPPP-obj}}^{k*}, \boldsymbol{P}_{\mathrm{e}z\text{-iMPPP-obj}}^{k*}\right) \\ \text{s. t. } g_z^{k+1}\left(\boldsymbol{\mu}_{\boldsymbol{X}_{\mathrm{r}}}^{k+1}-\boldsymbol{s}_{z\text{-con}}^{k+1}, \boldsymbol{P}_{\mathrm{r}z\text{-iMPPP-con}}^{k*}, \boldsymbol{P}_{\mathrm{e}z\text{-iMPPP-con}}^{k*}\right) \geqslant 0 \\ \qquad \boldsymbol{s}_{z\text{-obj}}^{k+1}=\boldsymbol{\mu}_{\boldsymbol{X}_{\mathrm{r}}}^{k*}-\boldsymbol{X}_{\mathrm{r}z\text{-iMPPP-obj}}^{k*} \\ \qquad \boldsymbol{s}_{z\text{-con}}^{k+1}=\boldsymbol{\mu}_{\boldsymbol{X}_{\mathrm{r}}}^{k*}-\boldsymbol{X}_{\mathrm{r}z\text{-iMPPP-con}}^{k*} \\ \qquad z=1,2,\cdots,N_{\mathrm{C}} \\ \qquad \boldsymbol{\mu}_{\boldsymbol{X}_{\mathrm{r}}}^{\mathrm{L}} \leqslant \boldsymbol{\mu}_{\boldsymbol{X}_{\mathrm{r}}} \leqslant \boldsymbol{\mu}_{\boldsymbol{X}_{\mathrm{r}}}^{\mathrm{U}}\end{cases} \tag{9.35}$$

式中：z 代表第 z 个焦元；$\boldsymbol{s}_{z\text{-obj}}^{k+1}$、$\boldsymbol{s}_{z\text{-con}}^{k+1}$ 分别是目标函数和约束函数的移动向量；$\boldsymbol{P}_{\mathrm{r}z\text{-iMPPP-obj}}^{k*}$、$\boldsymbol{P}_{\mathrm{e}z\text{-iMPPP-obj}}^{k*}$ 分别为目标函数的随机参数和证据参数在第 z 个焦元的 iMPPP 点的值；$\boldsymbol{P}_{\mathrm{r}z\text{-iMPPP-con}}^{k*}$、$\boldsymbol{P}_{\mathrm{e}z\text{-iMPPP-con}}^{k*}$ 分别为约束函数的随机参数和证据参数在第 z 个焦元 iMPPP 点的值；g_z^{k+1} 表示第 $k+1$ 次循环的第 z 个焦元的约束函数。从该式不难看出，要获得满足目标函数似真约束的最小值，需要求解各焦元目标函数在所有约束下的多个优化模型。换言之，设计参数中的证据参数含有的焦元越多，每次确定性优化要求解的优化模型也就越多（第一次确定性优化除外，第一次进行确定性优化时还没有提供不确定性信息，因此第一次确定性优化只含有一个优化模型的求解）。

（2）各焦元下的可靠性分析同时包括正可靠性分析和逆可靠性分析。与仅含有随机变量的可靠性设计优化不同，由于证据参数的存在，每个焦元下指定的目标子似真度是通过当前焦元下的子似真度与总目标失效差值 $\Delta \mathrm{Pl}^{k+1}$ 的运算获得的，因此为了求解当前焦元下的子似真度以及当前总目标失效差值，需要正向的可靠性分析。当前焦元 z 指定的目标子似真度 $\mathrm{Pl}_{z\mathrm{t}}$ 的求解公式为

$$\Delta \mathrm{Pl}^{k+1}=\mathrm{Pl}^{k+1}-\mathrm{Pl}_{\mathrm{t}} \tag{9.36}$$

$$\mathrm{Pl}_{z\mathrm{t}}=\mathrm{Pl}_z^{k+1}-\Delta \mathrm{Pl}^{k+1} \tag{9.37}$$

式中：Pl_{t} 为目标总似真度，它既可以是目标函数约束的目标总似真度，也可以是约束条件的目标总似真度；$\mathrm{Pl}_{z\mathrm{t}}$ 为当前焦元 z 指定的目标子似真度；Pl_z^{k+1} 为正可靠性分析求解的第 z 个焦元的子似真度。Pl^{k+1} 为正可靠性分析求解得到的失效概率的总似真度，计算公式为

$$\mathrm{Pl}^{k+1}=\sum_{z=1}^{N_{\mathrm{C}}} m\left(\boldsymbol{C}_z\right) \mathrm{Pl}_z^{k+1} \tag{9.38}$$

在获得当前焦元指定的目标子似真度后，还需要进行逆可靠性分析，求解 iMPPP 点以确定下次循环的移动向量。不难看出，SOMUA 的可靠性分析环节

中单个焦元下的计算量也较大。

(3) 受证据参数的焦元影响，在混合不确定性分析环节中需对各焦元进行可靠性分析，求解各焦元下的 iMPPP 点。从随机和区间不确定性下的可靠性设计优化问题的数学模型可知，目标函数和约束函数的似真约束必须满足指定的似真度。由于证据参数的存在，这种似真约束是否满足指定的似真度需要通过对每个焦元下的目标函数和约束函数进行不确定性评估来判断，因此，在 SOMUA 每一次迭代的混合不确定性分析环节中都需要进行大量的可靠性分析。

9.6.2 并行计算的 SOMUA 方法

9.6.2.1 PCSOMUA 基本思想

由 SOMUA 方法的特点可知，在 SOMUA 的每一次迭代中会存在多个焦元下的确定性优化和不确定性评估，且不确定性评估有着不小的计算量，使得 SOMUA 总计算量大。为了能够减轻 SOMUA 的计算量，本节基于并行计算(parallel computing)和近似的思想，提出 PCSOMUA(SOMUA based on parallel computing)。

PCSOMUA 的基本思想主要包括两个方面：①并行的确定性优化与并行的不确定性分析；②达到一定收敛精度后，确定性优化模型被近似成一个标准的二次规划问题。

PCSOMUA 中的并行主要是指在每次迭代中，确定性优化时各焦元下的优化模型并行求解，不确定性评估时各焦元下的评估模型并行进行。考虑到 SOMUA 的确定性优化和不确定性评估环节中，对多个焦元下优化模型的求解可以视为各焦元独立执行的过程，它们之间并不相互影响。这与并行计算的思想是一致的。并行计算是同时使用多种计算资源解决计算问题的过程，是提高计算机系统计算速度和处理能力的一种有效手段，它的基本思想是用多个处理器来协同求解同一问题，即将被求解的问题分解成若干个部分，各部分均由一个独立的处理机来执行计算。因此，可以将确定性优化中的多个优化模型分配给不同的求解单元，每个求解单元具有一定的自主性，可以自主地选择优化方法。对于不确定性评估环节，类似于确定性优化环节，同样将多个分析模型分配给不同的求解单元。在每次迭代过程中，确定性优化与不确定性评估环节均采用上述并行的计算模式，这样可以提高这两个环节的计算效率，从而减轻整个求解过程的计算花费。

PCSOMUA 中的近似主要是采用近似手段对确定性优化模型进行处理，将目标函数用二阶泰勒多项式近似替代，约束函数用一阶泰勒多项式近似替代，使确定性优化模型成为一个二次规划问题。由于二次规划形式简单，便于求解，如可以采用直接消去法、拉格朗日法等方法直接求解，因此可以进一步减少确定性优化环节的计算量。在 PCSOMUA 中采用这种近似是可行的，其原因为：PCSOMUA 是一个确定性优化和不确定性评估顺序执行的过程，最后收敛的准则是确定性优化环节前后迭代获得的最优值的差别满足收敛精度要求，同时最优值满足不确定性评估环节的可靠性要求。在迭代过程中，确定性优化是一个朝着收敛方向不断靠近的过程。采用近似手段，其实质是将确定性优化模型转化为二次规划问题，随着 PCSOMUA 迭代过程的进行，一系列的确定性优化被转化为一系列的二次规划求解过程，不断地朝着收敛方向靠近。但是考虑到对于高度非线性的目标函数和约束函数，如果从第一次迭代就开始采用近似手段，可能会导致求解出现较大偏差，为此所提出的 PCSOMUA 方法将整个寻优过程分成了两个阶段。阶段 1 中的确定性优化环节将不采用近似手段，从而保证对高度非线性问题求解的精度；阶段 2 中将确定性优化环节的优化模型用二次规划模型替代。阶段 2 的收敛条件为最终收敛准则，即满足设定的收敛精度 ε。阶段 1 的收敛条件是通过设定一个大于 ε 的值来确定的。

由上述对 PCSOMUA 基本思想的介绍可知，PCSOMUA 是在对 SOMUA 方法特点分析的基础上，将并行思想和近似计算应用于迭代循环中，从而达到减轻 SOMUA 计算量的目的的。

9.6.2.2　PCSOMUA 计算流程

基于并行思想和近似计算的 PCSOMUA 分为两个循环优化迭代过程，两个过程最大的不同在于并行的确定性优化步骤，其中阶段 2 中的并行确定性优化采用了近似模型。PCSOMUA 计算流程如图 9.12 所示。

PCSOMUA 方法的主要步骤如下。

步骤 1：初始条件设置。设初始循环次数 $k=k_1=k_2=1$，其中 k 为整体循环次数，k_1 为阶段 1 的循环次数，k_2 为阶段 2 的循环次数。阶段 1 的收敛精度为 $\xi\varepsilon$（其中 ξ 是一个大于 1 的数），阶段 2 的收敛精度为 ε。取第一次循环的随机参数 $\boldsymbol{P}_{\mathrm{r}}$ 的初值为 $\boldsymbol{P}_{\mathrm{r}}=\boldsymbol{\mu}_{\boldsymbol{P}_{\mathrm{r}}}$、证据参数 $\boldsymbol{P}_{\mathrm{e}}$ 的初值为全集的中点或顶点值。

步骤 2：阶段 1 优化循环。

步骤 2.1：并行确定性优化。将形成的确定性优化模型以焦元为单位分配给各求解器，各求解器各自独立地求解确定性优化模型，它们的求解是并行进行的。值得说明的是，第一次确定性优化由于没有任何不确定性信息提供，所以仅含有一个确定性优化模型。在阶段 1 中，整体循环次数 $k=k_1$。

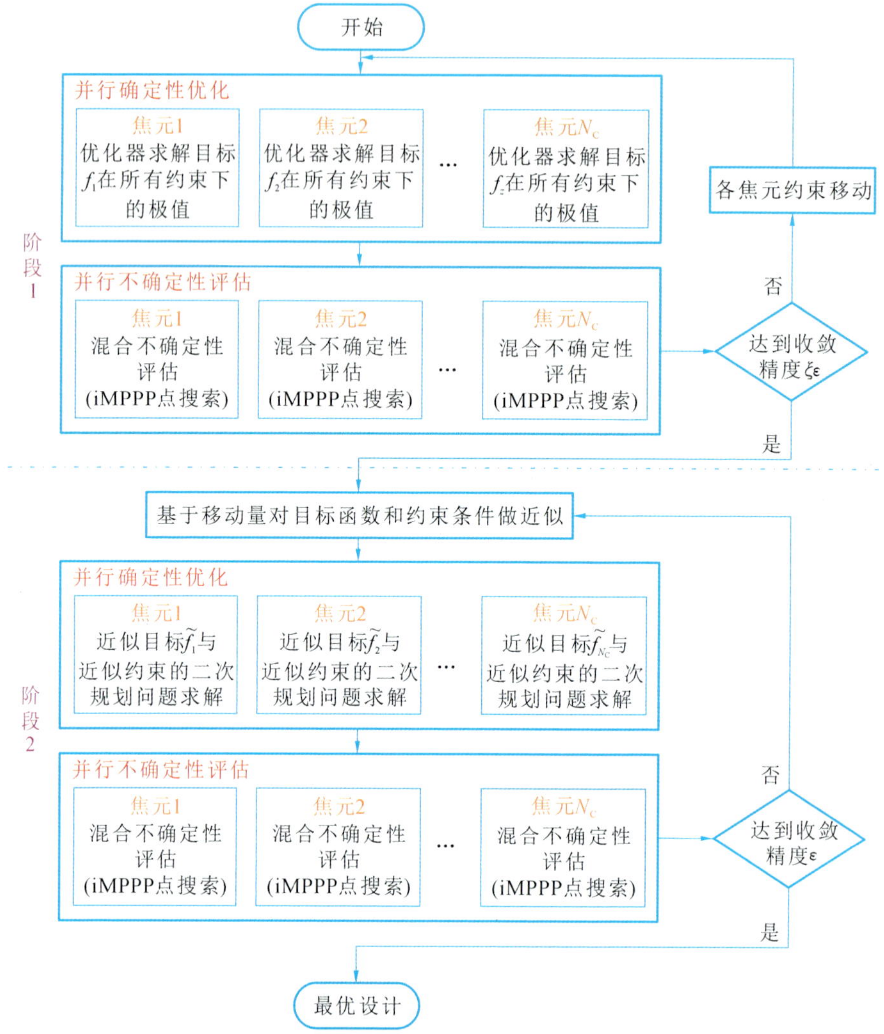

图 9.12　PCSOMUA 计算流程图

步骤 2.2：确定各焦元中最大的优化值。将并行确定性优化步骤的结果中最优目标函数值最大的作为确定性优化的结果，记为 $\boldsymbol{\mu}_{\boldsymbol{X}_{\mathrm{r}}}^{k_1,*}$，对应的最优目标函数值为 $\bar{f}^{k_1*}$。

步骤 2.3：进行基于正可靠性分析方法的并行不确定性评估。首先将不确定性评估模型以焦元为单位分配给各求解单元，各求解单元并行求解 $\mathrm{Pl}_z^{k_1}$ 的值，求解算法可以采用 FORM-UUA[21]或其他算法。然后采用式(9.38)求解当前设计点($\boldsymbol{\mu}_{\boldsymbol{X}_{\mathrm{r}}}^{k_1,*}$，$\boldsymbol{P}_{\mathrm{r}}$，$\boldsymbol{P}_{\mathrm{e}}$)对应的总目标失效概率的似真度，以及对应的正可靠性分析的 MPPP 点($\boldsymbol{X}_{\mathrm{r\text{-}MPPP}}^{k_1,*}$，$\boldsymbol{P}_{\mathrm{r\text{-}MPPP}}^{k_1,*}$，$\boldsymbol{P}_{\mathrm{e\text{-}MPPP}}^{k_1,*}$)。如果求解的所有似真度都满足要

求，跳转到步骤2.6，否则跳转到步骤2.4。

步骤2.4：求解总目标失效差值 $\Delta\mathrm{Pl}^{k_1}$。利用式(9.36)以及步骤2.3中求解的总目标似真度计算差值 $\Delta\mathrm{Pl}^{k_1}$。

步骤2.5：进行基于逆可靠性分析方法的并行不确定性评估。首先利用式(9.37)计算当前焦元指定的目标子似真度 Pl_{zt}，然后建立各焦元的逆可靠性评估模型，并将不确定性评估模型以焦元为单位分配给各求解器，随后各焦元并行地进行逆可靠性评估。依据SOMUA法，若 $\mathrm{Pl}_{zt}\leqslant 0$，则令当前焦元的iMPPP值等于正可靠性分析的MPPP值，即$(\boldsymbol{X}^{k_1,*}_{rz\text{-}iMPPP},\boldsymbol{P}^{k_1,*}_{rz\text{-}iMPPP},\boldsymbol{P}^{k_1,*}_{ez\text{-}iMPPP})=(\boldsymbol{X}^{k_1,*}_{rz\text{-}MPPP},\boldsymbol{P}^{k_1,*}_{rz\text{-}MPPP},\boldsymbol{P}^{k_1,*}_{ez\text{-}MPPP})$，否则可以采用PMA-PE方法[22]求解iMPPP点。

步骤2.6：收敛性判断。判断确定性优化获得的最优值是否满足收敛条件。若满足收敛条件则跳转到步骤3，进行阶段2的循环过程；若不满足收敛条件则跳转到步骤2.7，并令 $k_1=k_1+1$，继续进行阶段1的循环优化求解。其收敛条件为

$$\frac{\|\boldsymbol{\mu}^{k_1,*}_{\boldsymbol{X}_r}-\boldsymbol{\mu}^{k_1-1,*}_{\boldsymbol{X}_r}\|}{\|\boldsymbol{\mu}^{k_1-1,*}_{\boldsymbol{X}_r}\|}\leqslant\xi\varepsilon \tag{9.39}$$

步骤2.7：移动各焦元的约束，形成新的确定性优化模型。利用步骤2.5中获得的iMPPP点计算各约束的移动向量 $\boldsymbol{s}$，通过移动向量形成如式(9.39)所示的新确定性优化模型，并跳转到步骤2.1。

步骤3：阶段2优化循环。

步骤3.1：基于移动向量 $\boldsymbol{s}$ 对目标函数和约束函数进行近似。取阶段1最后一次迭代中形成的iMPPP点计算各约束移动向量 $\boldsymbol{s}$，并利用 $\boldsymbol{s}$ 形成目标函数的二阶泰勒多项式近似，以及约束函数的一阶泰勒多项式近似。在阶段2中，整体循环次数 $k=k_1+k_2$。

步骤3.2：并行确定性优化。将形成的近似形式的确定性优化模型以焦元为单位分配给各求解器，各求解器并行地执行确定性优化。

步骤3.3：确定各焦元中最大的优化值。将并行确定性优化结果中最优目标函数值最大的作为确定性优化的结果。

步骤3.4：基于正可靠性分析方法的并行不确定性评估。如果求解的所有似真度都满足要求，跳转到步骤3.7，否则跳转到步骤3.5。

步骤3.5：求解总目标失效差值 $\Delta\mathrm{Pl}^{k_2}$。

步骤3.6：基于逆可靠性分析方法的并行不确定性评估。

步骤3.7：收敛性判断。判断确定性优化获得的最优值是否满足收敛条件

和所有约束条件。若满足则跳转到步骤 4;若不满足则转到步骤 3.1,并令 $k_2=k_2+1$,继续进行阶段 2 的循环优化求解。其收敛条件为

$$\frac{\|\boldsymbol{\mu}_{X_r}^{k_2,*}-\boldsymbol{\mu}_{X_r}^{k_2-1,*}\|}{\|\boldsymbol{\mu}_{X_r}^{k_2-1,*}\|}\leqslant\varepsilon \tag{9.40}$$

步骤 4:获得最优设计方案。

9.6.2.3 PCSOMUA 中的相关数学模型

在 PCSOMUA 中,由于阶段 1 和阶段 2 优化循环中的不确定评估模型形式相同,因此 PCSOMUA 中的数学模型主要包括阶段 1 中的并行确定性优化模型、基于正可靠性分析方法的并行不确定性评估模型、基于逆可靠性分析方法的并行不确定性评估模型,以及阶段 2 中基于移动向量 $\boldsymbol{s}$ 对目标函数和约束函数的近似模型。以下将给出这些数学模型的具体形式。

1. 阶段 1 中的并行确定性优化模型

在阶段 1 的并行确定性优化中,第 z 个焦元的确定性优化模型为

$$\begin{cases}\text{find } \boldsymbol{\mu}_{X_r}^{k_1+1}\\ \min\ f_z^{k_1+1}(\boldsymbol{\mu}_{X_r}^{k_1+1}-\boldsymbol{s}_{z\text{-obj}}^{k_1+1},\boldsymbol{P}_{\text{r}z\text{-iMPPP-obj}}^{k_1,*},\boldsymbol{P}_{\text{e}z\text{-iMPPP-obj}}^{k_1,*})\\ \text{s.t. } g_z^{k_1+1}(\boldsymbol{\mu}_{X_r}^{k_1+1}-\boldsymbol{s}_{z\text{-con}}^{k_1+1},\boldsymbol{P}_{\text{r}z\text{-iMPPP-con}}^{k_1,*},\boldsymbol{P}_{\text{e}z\text{-iMPPP-con}}^{k_1,*})\geqslant 0\ (z=1,2,\cdots,N_{\text{C}})\\ \qquad \boldsymbol{s}_{z\text{-obj}}^{k_1+1}=\boldsymbol{\mu}_{X_r}^{k_1,*}-\boldsymbol{X}_{\text{r}z\text{-iMPPP-obj}}^{k_1,*},\boldsymbol{s}_{z\text{-con}}^{k_1+1}=\boldsymbol{\mu}_{X_r}^{k_1,*}-\boldsymbol{X}_{\text{r}z\text{-iMPPP-con}}^{k_1,*}\\ \qquad \boldsymbol{\mu}_{X_r}^{\text{L}}\leqslant\boldsymbol{\mu}_{X_r}\leqslant\boldsymbol{\mu}_{X_r}^{\text{U}}\end{cases} \tag{9.41}$$

从式(9.41)可以看出,第 z 个焦元的约束条件包含所有焦元的约束,因此阶段 1 并行确定性优化中的约束条件信息是共享的,即所有优化模型有着一致的确定性约束条件。

2. 基于正可靠性分析方法的并行不确定性评估模型

由于基于 FORM-UUA 的可靠性分析有着较高的计算效率,为此选用 FORM-UUA 计算模型。基于 FORM-UUA 的第 z 个焦元的不确定性评估模型为

$$\begin{cases}\text{find } \boldsymbol{u}^{k+1}=[\boldsymbol{u}_{X_r}^{k+1},\boldsymbol{u}_{P_r}^{k+1}]\\ \min\ \|\boldsymbol{u}^{k+1}\|\\ \text{s.t. } g_z^{k+1}(\boldsymbol{u}^{k+1},\bar{\boldsymbol{P}}_{\text{e}})=0\\ \qquad \bar{\boldsymbol{P}}_{\text{e}}=\arg\min\limits_{\boldsymbol{P}_{\text{e}}\in C_z} g_z^{k+1}(\boldsymbol{u}^{k+1},\boldsymbol{P}_{\text{e}})\end{cases} \tag{9.42a}$$

式中：$\boldsymbol{C}_z$ 代表第 z 个焦元；向量 $\boldsymbol{u}^{k+1}$ 是第 $k+1$ 次整体循环中的 U 空间变量，即 X 空间随机变量 $\boldsymbol{X}_r$ 和随机参数 $\boldsymbol{P}_r$ 向 U 空间转化后的变量；g_z^{k+1} 是第 $k+1$ 次整体循环中 U 空间的功能函数。

似真度的评估模型为

$$\mathrm{Pl}_z^{k+1} \approx \Phi(- \| \boldsymbol{u}_z^{k+1,*} \|) \tag{9.42b}$$

对第 z 个焦元的计算，首先是求解式(9.42a)所示的优化模型，然后通过式(9.42b)来近似计算第 z 个焦元的目标子似真度。值得说明的是，式(9.42a)所表示的优化模型可以采用不同的算法求解，由于各焦元的可靠性评估是相互独立地并行进行的，为此采用何种求解方法可以自主选取。

3.基于逆可靠性分析方法的并行不确定性评估模型

同时含有随机变量和证据参数的逆可靠性分析是基于 PMA-PE 方法进行的，它的求解模型形式上与正可靠性分析模型刚好“相反”。基于 PMA-PE 方法的第 z 个焦元的不确定性评估模型为

$$\begin{cases} \text{find } \boldsymbol{u}^{k+1} = [\boldsymbol{u}_{\boldsymbol{X}_r}^{k+1}, \boldsymbol{u}_{\boldsymbol{P}_r}^{k+1}] \\ \min\ g_z^{k+1}(\boldsymbol{u}^{k+1}) = g_z^{k+1}(\boldsymbol{u}^{k+1}, \bar{\boldsymbol{P}}_e) \\ \qquad \bar{\boldsymbol{P}}_e = \arg \min\limits_{\boldsymbol{P}_e \in \boldsymbol{C}_z} g_z^{k+1}(\boldsymbol{u}^{k+1}, \boldsymbol{P}_e) \\ \text{s.t. } \| \boldsymbol{u}^{k+1} \| = -\Phi^{-1}(\mathrm{Pl}_{zt}) \end{cases} \tag{9.43}$$

式中：Φ^{-1} 代表标准正态变量累积分布函数的逆运算；Pl_{zt} 为第 z 个焦元当前的目标子似真度，可通过求解式(9.37)获得。需要指出的是，在求解出 Pl_{zt} 后，Pl_{zt} 既会被用来求解当前循环的 iMPPP 点，也会被用来作为下次循环中第 z 个焦元的不确定性约束条件。

求解式(9.43)可以获得当前循环的 iMPPP 点，iMPPP 点在整个 PCSO-MUA 中有着重要的作用，因为确定性约束与不确定性约束关系的建立就是通过逆可靠性分析的 iMPPP 点获得的。当 z 变化时可以得到各焦元的逆可靠性分析模型，这些模型被分配到各求解单元中。在同一次循环中，这些单元独立并行地执行各自的优化，各单元可以自主选择求解算法。

4.阶段 2 并行确定性优化中的近似模型

在阶段 2 中需要对目标函数和约束函数分别做泰勒多项式近似，其中目标函数采用二阶泰勒多项式近似的形式，约束函数则采用一阶泰勒多项式近似。对目标函数和约束函数的近似建立在移动向量 $\boldsymbol{s}$ 的基础上，即对二者的近似也是在约束移动后进行的。以阶段 2 第 k_2 次循环的并行确定性优化为例，其目标函数与约束函数的近似具体如下。

依据泰勒展开公式，第 z 个焦元的目标函数的二级泰勒多项式近似为

$$
\begin{aligned}
&\tilde{f}_z^{k_2}\left(\boldsymbol{\mu}_{X_r}^{k_2}-\boldsymbol{s}_{z\text{-obj}}^{k_2},\boldsymbol{P}_{rz\text{-iMPPP-obj}}^{k_2-1,*},\boldsymbol{P}_{ez\text{-iMPPP-obj}}^{k_2-1,*}\right)\\
&=f_z^{k_2}(\boldsymbol{l}_{obj})+\sum_{i=1}^{n}\left(\frac{\partial f_z^{k_2}}{\partial \mu_{X_{ri}}^{k_2}}\right)_{l_{obj}}\left(\boldsymbol{\mu}_{X_{ri}}^{k_2}-\boldsymbol{s}_{iz\text{-obj}}^{k_2}-\boldsymbol{\mu}_{X_{ri}}^{k_2-1,*}\right)\\
&\quad+\frac{1}{2}\sum_{i,j=1}^{n}\left(\frac{\partial^2 f_z^{k_2}}{\partial \boldsymbol{\mu}_{X_{ri}}^{k_2}\partial \boldsymbol{\mu}_{X_{rj}}^{k_2}}\right)_{l_{obj}}\left(\boldsymbol{\mu}_{X_{ri}}^{k_2}-\boldsymbol{s}_{iz\text{-obj}}^{k_2}-\boldsymbol{\mu}_{X_{ri}}^{k_2-1,*}\right)\left(\boldsymbol{\mu}_{X_{rj}}^{k_2}-\boldsymbol{s}_{jz\text{-obj}}^{k_2}-\boldsymbol{\mu}_{x_{rj}}^{k_2-1,*}\right)
\end{aligned}
\tag{9.44}
$$

式中：$\boldsymbol{l}_{obj}=(\boldsymbol{\mu}_{X_r}^{k_2-1,*},\boldsymbol{P}_{rz\text{-iMPPP-obj}}^{k_2-1,*},\boldsymbol{P}_{ez\text{-iMPPP-obj}}^{k_2-1,*})$是目标函数的当前泰勒展开点；$\boldsymbol{s}_{iz\text{-obj}}^{k_2}$和 $\boldsymbol{s}_{jz\text{-obj}}^{k_2}$分别为变量 $\boldsymbol{\mu}_{x_{ri}}^{k_2}$ 和变量 $\boldsymbol{\mu}_{x_{rj}}^{k_2}$ 对应目标函数的移动向量。当 $k_2=1$ 时，$\boldsymbol{P}_{rz\text{-iMPPP-obj}}^{k_2-1,*}$、$\boldsymbol{P}_{ez\text{-iMPPP-obj}}^{k_2-1,*}$、$\boldsymbol{s}_{z\text{-obj}}^{k_2}$分别为阶段 1 最后一次循环求解获得的随机参数和证据参数的 iMPPP 点的值以及随机变量的移动向量。

依据泰勒展开公式，第 z 个焦元的约束函数的二级泰勒多项式近似为

$$
\begin{aligned}
&\tilde{g}_z^{k_2}\left(\boldsymbol{\mu}_{X_r}^{k_2}-\boldsymbol{s}_{z\text{-con}}^{k_2},\boldsymbol{P}_{rz\text{-iMPPP-con}}^{k_2-1,*},\boldsymbol{P}_{ez\text{-iMPPP-con}}^{k_2-1,*}\right)\\
&=g_z^{k_2}(\boldsymbol{l}_{con})+\sum_{i=1}^{n}\left(\frac{\partial g_z^{k_2}}{\partial \boldsymbol{\mu}_{X_{ri}}^{k_2}}\right)_{l_{con}}\left(\boldsymbol{\mu}_{X_{ri}}^{k_2}-\boldsymbol{s}_{iz\text{-con}}^{k_2}-\boldsymbol{\mu}_{X_{ri}}^{k_2-1,*}\right)\\
&\quad+\frac{1}{2}\sum_{i,j=1}^{n}\left(\frac{\partial^2 g_z^{k_2}}{\partial \boldsymbol{\mu}_{X_{ri}}^{k_2}\partial \boldsymbol{\mu}_{X_{rj}}^{k_2}}\right)_{l_{con}}\left(\boldsymbol{\mu}_{X_{ri}}^{k_2}-\boldsymbol{s}_{iz\text{-con}}^{k_2}-\boldsymbol{\mu}_{X_{ri}}^{k_2-1,*}\right)\left(\boldsymbol{\mu}_{X_{rj}}^{k_2}-\boldsymbol{s}_{jz\text{-con}}^{k_2}-\boldsymbol{\mu}_{X_{rj}}^{k_2-1,*}\right)
\end{aligned}
\tag{9.45}
$$

式中：$\boldsymbol{l}_{con}=(\boldsymbol{\mu}_{X_r}^{k_2-1,*},\boldsymbol{P}_{rz\text{-iMPPP-con}}^{k_2-1,*},\boldsymbol{P}_{ez\text{-iMPPP-con}}^{k_2-1,*})$为约束函数在当前点处的泰勒展开点；$\boldsymbol{s}_{iz\text{-con}}^{k_2}$和 $\boldsymbol{s}_{jz-\text{con}}^{k_2}$分别为变量 $\boldsymbol{\mu}_{X_{ri}}^{k_2}$ 和变量 $\boldsymbol{\mu}_{X_{rj}}^{k_2}$ 对应约束函数的移动向量。当 $k_2=1$ 时，$\boldsymbol{P}_{rz\text{-iMPPP-con}}^{k_2-1,*}$、$\boldsymbol{P}_{ez\text{-iMPPP-con}}^{k_2-1,*}$、$\boldsymbol{s}_{z\text{-con}}^{k_2}$分别为阶段 1 最后一次循环求解获得的约束函数的随机参数和证据参数的 iMPPP 点的值以及随机变量的移动向量。

结合第 z 个焦元的目标函数和约束函数的近似表达式，可得阶段 2 并行确定性优化中第 z 个焦元的确定性优化模型为

$$
\begin{cases}
\text{find } \boldsymbol{\mu}_{X_r}^{k_2}\\
\min\ \tilde{f}_z^{k_2}\left(\boldsymbol{\mu}_{X_r}^{k_2}-\boldsymbol{s}_{z\text{-obj}}^{k_2},\boldsymbol{P}_{rz\text{-iMPPP-obj}}^{k_2-1,*},\boldsymbol{P}_{ez\text{-iMPPP-obj}}^{k_2-1,*}\right)\\
\text{s.t. } \tilde{g}_z^{k_2}\left(\boldsymbol{\mu}_{X_r}^{k_2}-\boldsymbol{s}_{z\text{-obj}}^{k_2},\boldsymbol{P}_{rz\text{-iMPPP-obj}}^{k_2-1,*},\boldsymbol{P}_{ez\text{-iMPPP-obj}}^{k_2-1,*}\right)\geqslant 0,z=1,2,\cdots,N_C\\
\qquad \boldsymbol{\mu}_{X_r}^{L}\leqslant \boldsymbol{\mu}_{X_r}\leqslant \boldsymbol{\mu}_{X_r}^{U}
\end{cases}
\tag{9.46}
$$

9.6.2.4 PCSOMUA 方法验证

该算例来源于文献[23]，其数学优化模型为

$$\begin{cases}\text{find } \mu_{x_r} \\ \min \bar{f} \\ \text{s.t. } \mathrm{Pl}(f(x_r,p_r,p_e) > \bar{f}) \leqslant 0.1 \\ \quad f(x_r,p_r,p_e) = (x_r+2.5)^2 + p_r + p_e \\ \quad \mathrm{Pl}(g(x_r,p_r,p_e) < 0) \leqslant 0.01 \\ \quad g(x_r,p_r,p_e) = -x_r + p_r + (p_e - 0.7) \\ \quad -3 \leqslant \mu_{x_r} \leqslant 2 \end{cases} \tag{9.47}$$

式中:优化变量为随机设计变量 x_r,服从正态分布 $N(\mu_{x_r},1)$;随机参数 p_r 服从正态分布 $N(2,1)$;证据参数 p_e 的不确定分布如表 9.3 所示。

表 9.3　PCSOMUA 方法验证时证据参数的不确定性分布

证据参数	区　间	基本概率分配
p_e	[7.5,8]	0.5
	[8,8.5]	0.5

分别采用 PCSOMUA 和 SOMUA 对式(9.47)进行分析,其结果如表 9.4 所示。

表 9.4　PCSOMUA 方法优化结果对比

参　数	PCSOMUA	SOMUA
x_r	−2.60065	−2.60076
$\bar{f}$	4.93898	4.93895
Pl_{obj}	0.09994	0.09994
Pl_g	0.00998	0.00998
函数评估次数	1982	2275
计算时长	687.9 s	2171.3 s

由表 9.4 可知,采用 PCSOMUA 方法的计算结果与采用 SOMUA 方法的求解结果非常接近,可见采用 PCSOMUA 方法的计算结果是有效的。此外,采用 PCSOMUA 方法的函数评估次数为 1982,而采用 SOMUA 方法的函数评估次数为 2275,PCSOMUA 方法的函数评估次数略小于 SOMUA 方法。但是由于采用了并行计算,PCSOMUA 方法的计算时长远小于 SOMUA 方法。由此可见,采用 PCSOMUA 方法可在保证计算精度的前提下有效地提高计算效率。

下面讨论一种集成了 PCSOMUA、IS-MDPMA 以及基于 LAF 策略的

CLA-CO 算法，基于并行计算的多学科序列优化与混合不确定性评估方法，简称 RFIMDO-PCSOMUA 方法。

9.6.3 RFIMDO-PCSOMUA 方法与流程

RFIMDO-PCSOMUA 方法是在 PCSOMUA 方法的基础上加入多学科思想的一种随机-模糊-区间不确定性下的多学科可靠性设计优化方法。RFIMDO-PCSOMUA 方法与 PCSOMUA 方法的过程类似，同样由两个阶段组成，阶段 1 为目标和约束函数未近似时的随机-模糊-区间不确定性下的多学科可靠性设计优化，阶段 2 为采用近似策略的随机-模糊-区间不确定性下的多学科可靠性设计优化。阶段 1 和阶段 2 均采用并行的多学科确定性优化和并行的多学科不确定性分析的顺序执行过程。

RFIMDO-PCSOMUA 方法与 PCSOMUA 方法的差别在于：

(1) 加入模糊不确定性，使得确定性优化的设计变量和不确定性评估条件发生了变化。确定性优化的设计变量为随机设计变量的均值 $\boldsymbol{\mu}_{\boldsymbol{X}_\mathrm{r}}$ 和模糊设计变量的最大隶属度点 $\boldsymbol{X}_\mathrm{f}^\mathrm{M}$。给定的不确定性评估条件为目标函数在指定的可能度 $\alpha_{\mathrm{t\text{-}obj}}$ 下的目标似真度 $\mathrm{Pl}_{\mathrm{t\text{-}obj}}^{\alpha_\mathrm{t}}$ 以及约束条件在指定的可能度 $\alpha_{\mathrm{t\text{-}g}_l}$ 下的目标子似真度 $\mathrm{Pl}_{\mathrm{t\text{-}g}_l}^{\alpha_\mathrm{t}}$ ($l=1,2,\cdots,N_{\mathrm{con}}$，$N_{\mathrm{con}}$ 为约束函数的个数)。此外，由于增加了模糊不确定性，正、逆可靠性分析的 MPP 点变为随机-模糊-区间不确定性下的 MPPPP 点和 iMPPPP 点。

(2) 增加模糊设计变量，使得收敛条件和更新多学科确定性优化时的移动策略发生了变化。收敛条件同时包括随机变量和模糊变量的要求。在更新多学科确定性优化模型时，要同时对随机设计变量的均值和模糊设计变量的最大隶属度点进行移动。

(3) 加入多个学科，使得各焦元的确定性优化和不确定性分析过程都发生了变化。

RFIMDO-PCSOMUA 方法的计算流程如图 9.13 所示。

RFIMDO-PCSOMUA 方法的具体计算步骤如下。

步骤 1：初始化设置。

设初始循环次数 $k=k_1=k_2=1$，其中 k 为整体循环次数，k_1 为阶段 1 的循环次数，k_2 为阶段 2 的循环次数。设定阶段 1 的收敛精度 $\xi\varepsilon$(其中 ξ 是一个大于 1 的数)、阶段 2 的收敛精度 ε。对所有的不确定性参数进行初始化：固定随机变量的值为其均值，即 $\boldsymbol{P}_\mathrm{r}=\boldsymbol{\mu}_{\boldsymbol{P}_\mathrm{r}}$；固定模糊变量的值为其最大隶属度，即 $\boldsymbol{P}_\mathrm{f}=\boldsymbol{P}_\mathrm{f}^\mathrm{M}$；固定证据变量的值为其全集的中间值或顶点值，即 $\boldsymbol{P}_\mathrm{e}=\boldsymbol{P}_\mathrm{e}^\mathrm{1}$。

步骤 2：阶段 1 优化循环。

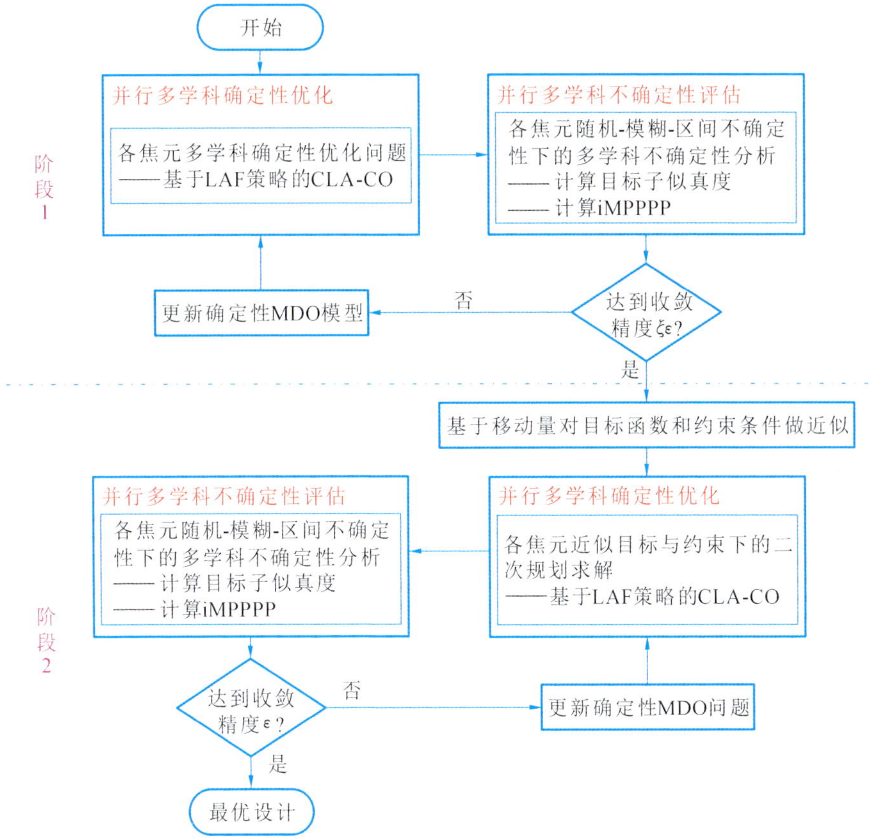

图 9.13 RFIMDO-PCSOMUA 方法的计算流程

阶段 1 的优化循环是一个目标和约束函数未近似的并行多学科确定性优化和并行不确定性分析的顺序执行过程。在并行的多学科确定性优化过程中，采用基于 LAF 策略的 CLA-CO 算法进行求解。由于第一次求解时忽略所有的不确定性因素，因此第一次循环仅含有一个多学科确定性优化模型。并行的多学科不确定性分析对各焦元的可靠性评估包含随机-模糊-区间不确定性下的目标子似真度的求解和 iMPPP 点的求解两个过程，其求解可采用 IS-MDPMA 方法。阶段 1 的收敛条件同时包括随机和模糊设计变量的要求，即

$$\begin{cases} \dfrac{\| \boldsymbol{\mu}_{\boldsymbol{X}_r}^{k_1,*} - \boldsymbol{\mu}_{\boldsymbol{X}_r}^{k_1-1,*} \|}{\| \boldsymbol{\mu}_{\boldsymbol{X}_r}^{k_1-1,*} \|} \leqslant \xi\varepsilon \\ \dfrac{\| \boldsymbol{X}_f^{M,k_1,*} - \boldsymbol{X}_f^{M,k_1-1,*} \|}{\| \boldsymbol{X}_f^{M,k_1-1,*} \|} \leqslant \xi\varepsilon \end{cases} \tag{9.48}$$

若满足收敛条件则跳转到步骤3，进行阶段2的循环过程；若不满足收敛条件则移动各焦元的约束，形成新的多学科确定性优化模型，继续进行阶段1的循环求解。

步骤3：阶段2优化循环。

取由阶段1获得的iMPPPP点对目标函数进行二阶泰勒多项式近似，并对约束函数进行一阶泰勒多项式近似，构建近似的多学科确定性优化模型，同样采用基于LAF策略的CLA-CO算法进行求解。之后的多学科可靠性评估过程与阶段1的多学科可靠性评估过程相同。阶段2的收敛条件也同时包括随机和模糊设计变量的要求：

$$\begin{cases}\dfrac{\left\|\boldsymbol{\mu}_{X_r}^{k_2,*}-\boldsymbol{\mu}_{X_r}^{k_2-1,*}\right\|}{\left\|\boldsymbol{\mu}_{X_r}^{k_2-1,*}\right\|}\leqslant\varepsilon\\[2ex]\dfrac{\left\|\boldsymbol{X}_f^{M,k_2,*}-\boldsymbol{X}_f^{M,k_2-1,*}\right\|}{\left\|\boldsymbol{X}_f^{M,k_2-1,*}\right\|}\leqslant\varepsilon\end{cases}\tag{9.49}$$

若满足收敛条件则跳转到步骤4，若不满足收敛条件则继续阶段2的循环求解。

步骤4：获得最优设计方案。

9.6.4 RFIMDO-PCSOMUA过程中的移动向量

由于增加了模糊设计变量，因此在更新多学科确定性优化时的移动策略发生了变化，要同时对随机设计变量的均值和模糊设计变量的最大隶属度点进行移动。虽然阶段1和阶段2的多学科确定性优化公式不同，但是其移动策略是相同的。基于SOMUA思想建立阶段1和阶段2的移动向量，目标函数的移动向量为

$$\begin{cases}\boldsymbol{s}_{rz\text{-}obj}^{k+1}=\boldsymbol{\mu}_{X_{rz\text{-}obj}}^{k,*}-\boldsymbol{X}_{rz\text{-}iMPPPP\text{-}obj}^{k,*}\\ \boldsymbol{s}_{fz\text{-}obj}^{k+1}=\boldsymbol{X}_{fz\text{-}obj}^{M,k,*}-\boldsymbol{X}_{fz\text{-}iMPPPP\text{-}obj}^{k,*}\end{cases}\tag{9.50}$$

约束函数的移动向量为

$$\begin{cases}\boldsymbol{s}_{rz\text{-}con}^{k+1}=\boldsymbol{\mu}_{X_{rz\text{-}con}}^{k,*}-\boldsymbol{X}_{rz\text{-}iMPPPP\text{-}con}^{k,*}\\ \boldsymbol{s}_{fz\text{-}con}^{k+1}=\boldsymbol{X}_{fz\text{-}con}^{M,k,*}-\boldsymbol{X}_{fz\text{-}iMPPPP\text{-}con}^{k,*}\end{cases}\tag{9.51}$$

式(9.50)和式(9.51)中，$\boldsymbol{s}_{rz\text{-}obj}^{k+1}$、$\boldsymbol{s}_{fz\text{-}obj}^{k+1}$分别表示目标函数在第$k+1$次循环中第$z$个焦元的随机变量和模糊变量的移动向量，包括共享和局部变量；$\boldsymbol{\mu}_{X_{rz\text{-}obj}}^{k,*}$、$\boldsymbol{X}_{fz\text{-}obj}^{M,k,*}$分别表示目标函数在第$k$次循环的第$z$个焦元的随机变量的均值向量和模糊变量的最大隶属度点向量；$\boldsymbol{X}_{rz\text{-}iMPPPP\text{-}obj}^{k,*}$、$\boldsymbol{X}_{fz\text{-}iMPPPP\text{-}obj}^{k,*}$分别表示目标函数在第$k$次循环中第$z$个焦元的随机变量和模糊变量的iMPPPP点；$\boldsymbol{s}_{rz\text{-}con}^{k+1}$、$\boldsymbol{s}_{fz\text{-}con}^{k+1}$分别表示约束函数在第$k+1$次循环中第$z$个焦元的随机变量和模糊变量的移动向

量，包括共享和局部变量；$\boldsymbol{\mu}_{\boldsymbol{X}_{rz\text{-}con}}^{k,*}$、$\boldsymbol{X}_{fz\text{-}con}^{M,k,*}$ 分别表示约束函数在第 k 次循环中的第 z 个焦元的随机变量的均值和模糊变量的最大隶属度点；$\boldsymbol{X}_{rz\text{-}iMPPPP\text{-}con}^{k,*}$、$\boldsymbol{X}_{fz\text{-}iMPPPP\text{-}con}^{k,*}$ 分别表示约束函数在第 k 次循环中第 z 个焦元的随机变量和模糊变量的 iMPPPP 点。

9.6.5 RFIMDO-PCSOMUA 中的相关数学模型

阶段 1 和阶段 2 的多学科不确定性评估模型相同。因此，本节主要给出 RFIMDO-PCSOMUA 的相关数学模型，包括：第一次循环中的多学科确定性优化模型、阶段 1 的并行多学科确定性优化模型和阶段 2 的并行多学科确定性优化近似模型。

1. 第一次循环中的多学科确定性优化模型

第一次循环时，忽略所有的不确定性，直接求解多学科确定性优化模型：

$$
\begin{cases}
\text{find } \boldsymbol{d}_s^1, \boldsymbol{d}_l^1, \boldsymbol{\mu}_{\boldsymbol{X}_{rs}}^1, \boldsymbol{\mu}_{\boldsymbol{X}_{rl}}^1, \boldsymbol{X}_{fs}^{M,1}, \boldsymbol{X}_{fl}^{M,1} \\
\min\ f^1(\boldsymbol{d}_s^1, \boldsymbol{d}_l^1, \boldsymbol{\mu}_{\boldsymbol{X}_{rs}}^1, \boldsymbol{\mu}_{\boldsymbol{X}_{rl}}^1, \boldsymbol{X}_{fs}^{M,1}, \boldsymbol{X}_{fl}^{M,1}, \boldsymbol{\mu}_{\boldsymbol{P}_r}, \boldsymbol{P}_f^M, \boldsymbol{P}_e^1, \boldsymbol{y}) \\
\text{s.t. } g_i(\boldsymbol{d}_s^1, \boldsymbol{d}_i^1, \boldsymbol{\mu}_{\boldsymbol{X}_{rs}}^1, \boldsymbol{\mu}_{\boldsymbol{X}_{ri}}^1, \boldsymbol{X}_{fs}^{M,1}, \boldsymbol{X}_{fi}^{M,1}, \boldsymbol{\mu}_{\boldsymbol{P}_r}, \boldsymbol{P}_f^M, \boldsymbol{P}_e^1, \boldsymbol{y}_{\cdot g_i}) \geqslant 0\ (i = 1,2,\cdots,n) \\
\qquad \boldsymbol{d}_s^L \leqslant \boldsymbol{d}_s \leqslant \boldsymbol{d}_s^U, \boldsymbol{d}_l^L \leqslant \boldsymbol{d}_l \leqslant \boldsymbol{d}_l^U \\
\qquad \boldsymbol{\mu}_{\boldsymbol{X}_{rs}}^L \leqslant \boldsymbol{\mu}_{\boldsymbol{X}_{rs}} \leqslant \boldsymbol{\mu}_{\boldsymbol{X}_{rs}}^U, \boldsymbol{\mu}_{\boldsymbol{X}_{rl}}^L \leqslant \boldsymbol{\mu}_{\boldsymbol{X}_{rl}} \leqslant \boldsymbol{\mu}_{\boldsymbol{X}_{rl}}^U \\
\qquad \boldsymbol{X}_{fs}^{M,L} \leqslant \boldsymbol{X}_{fs}^M \leqslant \boldsymbol{X}_{fs}^{M,U}, \boldsymbol{X}_{fl}^{M,L} \leqslant \boldsymbol{X}_{fl}^M \leqslant \boldsymbol{X}_{fl}^{M,U}
\end{cases}
\tag{9.52}
$$

2. 阶段 1 的并行多学科确定性优化模型

在阶段 1 并行多学科确定性优化中，第 z 个焦元的多学科确定性优化模型为

$$
\begin{cases}
\text{find } \boldsymbol{d}_s^{k_1+1}, \boldsymbol{d}_l^{k_1+1}, \boldsymbol{\mu}_{\boldsymbol{X}_{rs}}^{k_1+1}, \boldsymbol{\mu}_{\boldsymbol{X}_{rl}}^{k_1+1}, X_{fs}^{M,k_1+1}, X_{fl}^{M,k_1+1} \\
\min\ f_z^{k_1+1}(\boldsymbol{d}_s^{k_1+1}, \boldsymbol{d}_l^{k_1+1}, \boldsymbol{\mu}_{\boldsymbol{X}_{rs}}^{k_1+1} - \boldsymbol{s}_{rsz\text{-}obj}^{k_1+1}, \boldsymbol{\mu}_{\boldsymbol{X}_{rl}}^{k_1+1} - \boldsymbol{s}_{rlz\text{-}obj}^{k_1+1}, \boldsymbol{X}_{fs}^{M,k_1+1} - \boldsymbol{s}_{fsz\text{-}obj}^{k_1+1}, \\
\qquad \boldsymbol{X}_{fl}^{M,k_1+1} - \boldsymbol{s}_{flz\text{-}obj}^{k_1+1}, \boldsymbol{P}_{rz\text{-}iMPPPP\text{-}obj}^{k_1,*}, \boldsymbol{P}_{fz\text{-}iMPPPP\text{-}obj}^{M,k_1,*}, \boldsymbol{P}_{ez\text{-}iMPPPP\text{-}obj}^{k_1,*}, \boldsymbol{y}) \\
\text{s.t. } g_{iz}^{k+1}(\boldsymbol{d}_s^{k_1+1}, \boldsymbol{d}_i^{k_1+1}, \boldsymbol{\mu}_{\boldsymbol{X}_{rs}}^{k_1+1} - \boldsymbol{s}_{rsz\text{-}g_i}^{k_1+1}, \boldsymbol{\mu}_{\boldsymbol{X}_{ri}}^{k_1+1} - \boldsymbol{s}_{riz\text{-}g_i}^{k_1+1}, \boldsymbol{X}_{fs}^{M,k_1+1} - \boldsymbol{s}_{fsz\text{-}g_i}^{k_1+1} \\
\qquad \boldsymbol{X}_{fi}^{M,k_1+1} - \boldsymbol{s}_{fiz\text{-}g_i}^{k_1+1}, \boldsymbol{P}_{rz\text{-}iMPPPP\text{-}g_i}^{k_1,*}, \boldsymbol{P}_{fz\text{-}iMPPPP\text{-}g_i}^{M,k_1,*}, \boldsymbol{P}_{ez\text{-}iMPPPP\ g_i}^{k_1,*}, \boldsymbol{y}_{\cdot g_i}) \geqslant 0 \\
\qquad i = 1,2,\cdots,n; z = 1,2,\cdots,N_C \\
\qquad \boldsymbol{d}_s^L \leqslant \boldsymbol{d}_s \leqslant \boldsymbol{d}_s^U, \boldsymbol{d}_l^L \leqslant \boldsymbol{d}_l \leqslant \boldsymbol{d}_l^U \\
\qquad \boldsymbol{\mu}_{\boldsymbol{X}_{rs}}^L \leqslant \boldsymbol{\mu}_{\boldsymbol{X}_{rs}} \leqslant \boldsymbol{\mu}_{\boldsymbol{X}_{rs}}^U, \boldsymbol{\mu}_{\boldsymbol{X}_{rl}}^L \leqslant \boldsymbol{\mu}_{\boldsymbol{X}_{rl}} \leqslant \boldsymbol{\mu}_{\boldsymbol{X}_{rl}}^U \\
\qquad \boldsymbol{X}_{fs}^{M,L} \leqslant \boldsymbol{X}_{fs}^M \leqslant \boldsymbol{X}_{fs}^{M,U}, \boldsymbol{X}_{fl}^{M,L} \leqslant \boldsymbol{X}_{fl}^M \leqslant \boldsymbol{X}_{fl}^{M,U}
\end{cases}
\tag{9.53}
$$

式中：$\boldsymbol{s}_{\mathrm{rsz}\text{-}g_i}^{k_1+1}$、$\boldsymbol{s}_{\mathrm{riz}\text{-}g_i}^{k_1+1}$、$\boldsymbol{s}_{\mathrm{fsz}\text{-}g_i}^{k_1+1}$、$\boldsymbol{s}_{\mathrm{fiz}\text{-}g_i}^{k_1+1}$分别为学科 i 的约束函数在第 k_1+1 次循环的第 z 个焦元的共享随机变量、局部随机变量、共享模糊变量和局部模糊变量的移动向量，其具体求解方法见式(9.50)和式(9.51)；$\boldsymbol{P}_{\mathrm{rz\text{-}iMPPPP}\text{-}g_i}^{k_1,*}$、$\boldsymbol{P}_{\mathrm{fz\text{-}iMPPPP}\text{-}g_i}^{\mathrm{M},k_1,*}$、$\boldsymbol{P}_{\mathrm{ez\text{-}iMPPPP}\text{-}g_i}^{k_1,*}$分别为学科 i 的约束函数在第 k_1 次循环中第 z 个焦元的随机参数、模糊参数和证据参数的 iMPPPP 点的值。

3.阶段 2 的并行多学科确定性优化近似模型

在阶段 2 的并行多学科确定性优化中，第 z 个焦元的目标函数的二阶泰勒多项式近似为

$$
\begin{aligned}
&\tilde{f}_z^{k_2}(\boldsymbol{d}^{k_2},\boldsymbol{\mu}_{\boldsymbol{X}_\mathrm{r}}^{k_2}-\boldsymbol{s}_{\mathrm{rz\text{-}obj}}^{k_2},\boldsymbol{X}_\mathrm{f}^{\mathrm{M},k_2}-\boldsymbol{s}_{\mathrm{fz\text{-}obj}}^{k_2},\boldsymbol{P}_{\mathrm{rz\text{-}iMPPPP\text{-}obj}}^{k_2-1,*},\boldsymbol{P}_{\mathrm{fz\text{-}iMPPPP\text{-}obj}}^{\mathrm{M},k_2-1,*},\boldsymbol{P}_{\mathrm{ez\text{-}iMPPPP\text{-}obj}}^{k_2-1,*},\boldsymbol{y})\\
&=f_z^{k_2}(\boldsymbol{\zeta}_{\mathrm{obj}})+\left(\frac{\partial f_z^{k_2}}{\partial \boldsymbol{X}_v^{k_2}}\right)_{\zeta_{\mathrm{obj}}}(\boldsymbol{X}_v^{k_2}-\boldsymbol{s}_{vz\text{-}\mathrm{obj}}^{k_2}-\boldsymbol{X}_v^{k_2-1,*})^\mathrm{T}\\
&\quad+\frac{1}{2}\sum_{i,j=1}^{N_v}\left(\frac{\partial^2 f_z^{k_2}}{\partial \boldsymbol{X}_{vi}^{k_2}\partial \boldsymbol{X}_{vj}^{k_2}}\right)_{\zeta_{\mathrm{obj}}}(\boldsymbol{X}_{vi}^{k_2}-\boldsymbol{s}_{viz\text{-}\mathrm{obj}}^{k_2}-\boldsymbol{X}_{vi}^{k_2-1,*})(\boldsymbol{X}_{vj}^{k_2}-\boldsymbol{s}_{vjz\text{-}\mathrm{obj}}^{k_2}-\boldsymbol{X}_{vj}^{k_2-1,*})
\end{aligned}
\tag{9.54}
$$

式中：确定性设计变量、随机设计变量、模糊设计变量均包括共享设计变量和所有学科的局部设计变量，即 $\boldsymbol{d}^{k_2}=(\boldsymbol{d}_\mathrm{s}^{k_2},\boldsymbol{d}_\mathrm{l}^{k_2})$、$\boldsymbol{\mu}_{\boldsymbol{X}_\mathrm{r}}^{k_2}=(\boldsymbol{\mu}_{\boldsymbol{X}_\mathrm{rs}}^{k_2},\boldsymbol{\mu}_{\boldsymbol{X}_\mathrm{rl}}^{k_2})$、$\boldsymbol{X}_\mathrm{f}^{\mathrm{M},k_2}=(\boldsymbol{X}_\mathrm{fs}^{\mathrm{M},k_2},\boldsymbol{X}_\mathrm{fl}^{\mathrm{M},k_2})$；$\boldsymbol{\zeta}_{\mathrm{obj}}=(\boldsymbol{d}^{k_2-1,*},\boldsymbol{\mu}_{\boldsymbol{X}_\mathrm{r}}^{k_2-1,*},\boldsymbol{X}_\mathrm{f}^{\mathrm{M},k_2-1,*},\boldsymbol{P}_{\mathrm{rz\text{-}iMPPPP\text{-}obj}}^{k_2-1,*},\boldsymbol{P}_{\mathrm{fz\text{-}iMPPPP\text{-}obj}}^{\mathrm{M},k_2-1,*},\boldsymbol{P}_{\mathrm{ez\text{-}iMPPPP\text{-}obj}}^{k_2-1,*},\boldsymbol{y})$；$\boldsymbol{X}_v^{k_2}$ 包括所有的设计变量，即 $\boldsymbol{X}_v^{k_2}=(\boldsymbol{d}^{k_2},\boldsymbol{\mu}_{\boldsymbol{X}_\mathrm{r}}^{k_2},\boldsymbol{X}_\mathrm{f}^{\mathrm{M},k_2})=(x_{v1}^{k_2},x_{v1}^{k_2},\cdots,x_{vN_v}^{k_2})$，$N_v$ 为所有设计变量的个数；$\boldsymbol{s}_{vz\text{-}\mathrm{obj}}^{k_2}$为目标函数在第 k_2 次循环中第 z 个焦元的所有设计变量的移动向量，对于确定性变量 $\boldsymbol{d}^{k_2}$，移动向量为 $\boldsymbol{0}$；$\boldsymbol{X}_v^{k_2-1,*}$ 为所有设计变量在第 k_2-1 次循环中的优化值；$\boldsymbol{P}_{\mathrm{rz\text{-}iMPPPP\text{-}obj}}^{k_2-1,*}$、$\boldsymbol{P}_{\mathrm{fz\text{-}iMPPPP\text{-}obj}}^{k_2-1,*}$、$\boldsymbol{P}_{\mathrm{ez\text{-}iMPPPP\text{-}obj}}^{k_2-1,*}$分别为目标函数在第 k_2-1 次循环中第 z 个焦元的随机参数、模糊参数、证据参数的 iMPPPP 点的值；$\boldsymbol{s}_{\mathrm{rz\text{-}obj}}^{k_2}$、$\boldsymbol{s}_{\mathrm{fz\text{-}obj}}^{k_2}$分别为目标函数在第 k_2 次循环中第 z 个焦元的随机变量和模糊变量的移动向量。当 $k_2=1$ 时，$\boldsymbol{P}_{\mathrm{rz\text{-}iMPPPP\text{-}obj}}^{k_2-1,*}$、$\boldsymbol{P}_{\mathrm{fz\text{-}iMPPPP\text{-}obj}}^{k_2-1,*}$、$\boldsymbol{P}_{\mathrm{ez\text{-}iMPPPP\text{-}obj}}^{k_2-1,*}$、$\boldsymbol{s}_{\mathrm{rz\text{-}obj}}^{k_2}$、$\boldsymbol{s}_{\mathrm{fz\text{-}obj}}^{k_2}$分别为阶段 1 最后一次循环求解获得的 iMPPPP 点的值和移动向量。

各学科的约束函数的泰勒多项式近似公式相同。依据泰勒展开公式，第 z 个焦元的学科 i 的约束函数的二阶泰勒多项式近似为

$$
\begin{aligned}
&\tilde{g}_{iz}^{k_2}(\boldsymbol{d}_{vi}^{k_2},\boldsymbol{\mu}_{\boldsymbol{X}_{\mathrm{r}vi}}^{k_2}-\boldsymbol{s}_{\mathrm{r}viz\text{-}g_i}^{k_2},\boldsymbol{X}_{\mathrm{f}vi}^{\mathrm{M},k_2}-\boldsymbol{s}_{\mathrm{f}viz\text{-}g_i}^{k_2},\boldsymbol{P}_{\mathrm{rz\text{-}iMPPPP}\text{-}g_i}^{k_2-1,*},\boldsymbol{P}_{\mathrm{fz\text{-}iMPPPP}\text{-}g_i}^{\mathrm{M},k_2-1,*},\boldsymbol{P}_{\mathrm{ez\text{-}iMPPPP}\text{-}g_i}^{k_2-1,*},\boldsymbol{y}_{\cdot g_i})\\
&=g_{iz}^{k_2}(\boldsymbol{\zeta}_{g_i})+\left(\frac{\partial g_{iz}^{k_2}}{\partial \boldsymbol{X}_{vi}^{k_2}}\right)_{\zeta_{g_i}}(\boldsymbol{X}_{vi}^{k_2}-\boldsymbol{s}_{viz\text{-}g_i}^{k_2}-\boldsymbol{X}_{vi}^{k_2-1,*})^\mathrm{T}
\end{aligned}
$$

$$+\frac{1}{2}\sum_{q,m=1}^{N_v}\left(\frac{\partial^2 f_z^{k_2}}{\partial \boldsymbol{X}_{viq}^{k_2}\partial \boldsymbol{X}_{vim}^{k_2}}\right)_{\zeta_{g_i}}(\boldsymbol{X}_{viq}^{k_2}-\boldsymbol{s}_{viqz\text{-}g_i}^{k_2}-\boldsymbol{X}_{viq}^{k_2-1,*})(\boldsymbol{X}_{vim}^{k_2}-\boldsymbol{s}_{vimz\text{-}g_i}^{k_2}-\boldsymbol{X}_{vim}^{k_2-1,*}) \tag{9.55}$$

式中：确定性设计变量、随机设计变量、模糊设计变量均包括共享设计变量和学科 i 的局部设计变量，即 $\boldsymbol{d}_{vi}^{k_2}=(\boldsymbol{d}_s^{k_2},\boldsymbol{d}_i^{k_2})$、$\boldsymbol{\mu}_{\boldsymbol{X}_{rvi}}^{k_2}=(\boldsymbol{\mu}_{\boldsymbol{X}_{rs}}^{k_2},\boldsymbol{\mu}_{\boldsymbol{X}_{ri}}^{k_2})$、$\boldsymbol{X}_{fvi}^{M,k_2}=(\boldsymbol{X}_{fs}^{M,k_2},\boldsymbol{X}_{fi}^{M,k_2})$；$\boldsymbol{\zeta}_{obj}=(\boldsymbol{d}_{vi}^{k_2-1,*},\boldsymbol{\mu}_{\boldsymbol{X}_{rvi}}^{k_2-1,*},\boldsymbol{X}_{fvi}^{M,k_2-1,*},\boldsymbol{P}_{rz\text{-iMPPPP-}g_i}^{k_2-1,*},\boldsymbol{P}_{fz\text{-iMPPPP-}g_i}^{M,k_2-1,*},\boldsymbol{P}_{ez\text{-iMPPPP-}g_i}^{k_2-1,*},\boldsymbol{y}_{\cdot g_i})$；$\boldsymbol{X}_{vi}^{k_2}$ 包括学科 i 的所有设计变量，即 $\boldsymbol{X}_v^{k_2}=(\boldsymbol{d}_{vi}^{k_2},\boldsymbol{\mu}_{\boldsymbol{X}_{rvi}}^{k_2},\boldsymbol{X}_{fvi}^{M,k_2})=(x_{vi1}^{k_2},x_{vi1}^{k_2},\cdots,x_{viN_{vi}}^{k_2})$，$N_{vi}$ 为学科 i 所有的设计变量个数；$\boldsymbol{s}_{viz-g_i}^{k_2}$ 为在第 k_2 次循环中第 z 个焦元的学科 i 的约束函数的所有设计变量的移动向量，对于确定性变量 $\boldsymbol{d}_{vi}^{k_2}$，移动向量为 $\boldsymbol{0}$；$\boldsymbol{X}_{vi}^{k_2-1,*}$ 为学科 i 的所有设计变量在第 k_2-1 次循环中的优化值；$\boldsymbol{P}_{rz\text{-iMPPPP-}g_i}^{k_2-1,*}$、$\boldsymbol{P}_{fz\text{-iMPPPP-}g_i}^{k_2-1,*}$、$\boldsymbol{P}_{ez\text{-iMPPPP-}g_i}^{k_2-1,*}$ 分别为在第 k_2-1 次循环中第 z 个焦元的学科 i 的约束函数的随机参数、模糊参数、证据参数的 iMPPPP 点的值；$\boldsymbol{s}_{rviz\text{-}g_i}^{k_2}$、$\boldsymbol{s}_{fviz\text{-}g_i}^{k_2}$ 分别为第 k_2 次循环中第 z 个焦元的学科 i 的约束函数的随机变量和模糊变量的移动向量。当 $k_2=1$ 时，$\boldsymbol{P}_{rz\text{-iMPPPP-}g_i}^{k_2-1,*}$、$\boldsymbol{P}_{fz\text{-iMPPPP-}g_i}^{k_2-1,*}$、$\boldsymbol{P}_{ez\text{-iMPPPP-}g_i}^{k_2-1,*}$ 分别为阶段 1 最后一次循环求解获得的 iMPPPP 点的值，$\boldsymbol{s}_{rviz\text{-}g_i}^{k_2}$、$\boldsymbol{s}_{fviz\text{-}g_i}^{k_2}$ 分别为阶段 1 最后一次循环解获得的移动向量。

结合第 z 个焦元的目标函数和约束函数的近似表达式，可得阶段 2 并行多学科确定性优化中第 z 个焦元的确定性优化模型为

$$\begin{cases}\text{find } \boldsymbol{d}_s^{k_2},\boldsymbol{d}_1^{k_2},\boldsymbol{\mu}_{\boldsymbol{X}_{rs}}^{k_2},\boldsymbol{\mu}_{\boldsymbol{X}_{rl}}^{k_2},\boldsymbol{X}_{fs}^{M,k_2},\boldsymbol{X}_{fl}^{M,k_2}\\ \min\ \tilde{f}_z^{k_2}(\boldsymbol{d}^{k_2},\boldsymbol{\mu}_{\boldsymbol{X}_r}^{k_2}-\boldsymbol{s}_{rz\text{-obj}}^{k_2},\boldsymbol{X}_f^{M,k_2}-\boldsymbol{s}_{fz\text{-obj}}^{k_2},\boldsymbol{P}_{rz\text{-iMPPPP-obj}}^{k_2-1,*},\boldsymbol{P}_{fz\text{-iMPPPP-obj}}^{M,k_2-1,*},\boldsymbol{P}_{ez\text{-iMPPPP-obj}}^{k_2-1,*},\boldsymbol{y})\\ \text{s. t. } \tilde{g}_{iz}^{k_2}(\boldsymbol{d}_{vi}^{k_2},\boldsymbol{\mu}_{\boldsymbol{X}_{rvi}}^{k_2}-\boldsymbol{s}_{rviz\text{-}g_i}^{k_2},\boldsymbol{X}_{fvi}^{M,k_2}-\boldsymbol{s}_{fviz\text{-}g_i}^{k_2},\boldsymbol{P}_{rz\text{-iMPPPP-}g_i}^{k_2-1,*},\boldsymbol{P}_{fz\text{-iMPPPP-}g_i}^{M,k_2-1,*},\boldsymbol{P}_{ez\text{-iMPPPP-}g_i}^{k_2-1,*},\boldsymbol{y}_{\cdot g_i})\geqslant 0\\ \qquad i=1,2,\cdots,n;z=1,2,\cdots,N_C\\ \qquad \boldsymbol{d}_s^L\leqslant\boldsymbol{d}_s\leqslant\boldsymbol{d}_s^U,\boldsymbol{d}_l^L\leqslant\boldsymbol{d}_l\leqslant\boldsymbol{d}_l^U,\boldsymbol{\mu}_{\boldsymbol{X}_{rs}}^L\leqslant\boldsymbol{\mu}_{\boldsymbol{X}_{rs}}\leqslant\boldsymbol{\mu}_{\boldsymbol{X}_{rs}}^U,\boldsymbol{\mu}_{\boldsymbol{X}_{rl}}^L\leqslant\boldsymbol{\mu}_{\boldsymbol{X}_{rl}}\leqslant\boldsymbol{\mu}_{\boldsymbol{X}_{rl}}^U\\ \qquad \boldsymbol{X}_{fs}^{M,L}\leqslant\boldsymbol{X}_{fs}^M\leqslant\boldsymbol{X}_{fs}^{M,U},\boldsymbol{X}_{fl}^{M,L}\leqslant\boldsymbol{X}_{fl}^M\leqslant\boldsymbol{X}_{fl}^{M,U}\end{cases} \tag{9.56}$$

9.6.6 数值算例验证

该多学科问题算例由两个子系统组成，两个子系统中均同时含有随机变量、模糊变量和空间变量三种不确定性变量，其耦合关系如图 9.14 所示。

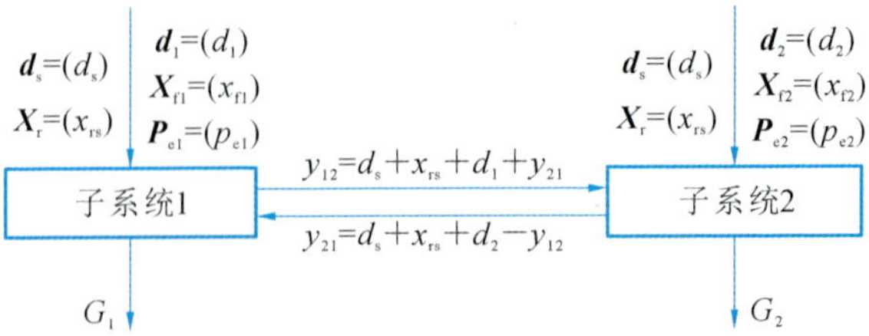

图 9.14　验证 RFIMDO-PCSOMUA 方法的数值算例耦合关系图

该算例属于多种不确定性下的 RBMDO 问题，它包括三个确定性设计变量($\boldsymbol{d}=(d_s,d_1,d_2)$)、一个共享随机设计变量($\boldsymbol{X}_r=(x_{rs})$)、两个独立模糊设计变量($\boldsymbol{X}_f=(x_{f1},x_{f2})$)和两个证据参数($\boldsymbol{P}_e=(p_{e1},p_{e2})$)。该数值算例的数学优化模型为

$$\begin{cases} \text{find }(\boldsymbol{d},\boldsymbol{\mu}_{\boldsymbol{X}_r},\boldsymbol{X}_f^M)=(d_s,d_1,d_2,\mu_{x_{rs}},x_{f1}^M,x_{f2}^M) \\ \min\ \bar{f} \\ \text{s.t. } \text{Pl}^{0.1}(f>\bar{f})\leqslant 0.1 \\ \qquad f=(d_s+x_{rs})^2+d_1^2+d_2^2 \\ \qquad \text{Pl}^{0.1}(g_i>0)\leqslant 0.01(i=1,2) \\ \qquad g_1=x_{f1}-(d_s+x_{rs}+(p_{e1}+1)d_1+2y_{21}) \\ \qquad g_2=5d_s+5x_{rs}+(p_{e2}+2)d_2-4y_{12}-x_{f2} \\ \qquad y_{12}=d_s+x_{rs}+d_1+y_{21} \\ \qquad y_{21}=d_s+x_{rs}+d_2-y_{12} \\ \qquad 0\leqslant d_s,d_1,d_2\leqslant 5,-0.5\leqslant \mu_{x_{rs}}\leqslant 0.5 \\ \qquad 4.5\leqslant x_{f1}^M\leqslant 5.5,0.5\leqslant x_{f2}^M\leqslant 1.5 \end{cases} \tag{9.57}$$

式中：随机设计变量 x_{rs} 服从正态分布 $N(\mu_{x_{rs}},0.3)$；模糊设计变量 x_{f1}、x_{f2} 服从三角隶属函数分布，其 0 截集时的偏差分别为 1.5 和 0.3；证据参数的不确定性分布如表 9.5 所示。

表 9.5　验证 RFIMDO-PCSOMUA 方法时证据参数的不确定性分布

证据参数	区　间	基本概率分布
p_{e1}	[0.95,1]	0.4
	(1,1.05]	0.6
p_{e2}	[0.5,1]	0.3
	(1,1.5]	0.7

采用 RFIMDO-PCSOMUA 方法和传统的嵌套 RFIMDO 求解方法对上述不确定性设计优化问题进行求解，并将其结果与确定性优化结果(即在不考虑

不确定性因素影响的情况下求得的结果）进行对比，如表 9.6 所示。采用 RFIMDO-PCSOMUA 方法的优化迭代过程如图 9.15 所示。

表 9.6　数值算例优化结果对比

参　　数	RFIMDO-PCSOMUA	传统的嵌套 RFIMDO	确定性优化
$(d_s, d_1, d_2, \mu_{x_{rs}}, x_{f1}^M, x_{f2}^M)$	(1.2397,1.8554,1.8554,0.2312,4.5,1.4701)	(1.2392,1.8567,1.8567,0.2303,4.5,1.47)	(1.4022,1.5,1.5,0.0978,4.5,0.6341)
$\bar{f}$	10.3271	10.3296	6.75
$\mathrm{Pl}^{0.1}(f>\bar{f})$	0.1	0.1	0.5
$\mathrm{Pl}^{0.1}(g_1>0)$	0.01	0.01	2.4456×10^{-6}
$\mathrm{Pl}^{0.1}(g_2>0)$	9.996×10^{-3}	9.987×10^{-3}	0.1031
函数评估次数	3982	16765	
迭代次数	8	46	

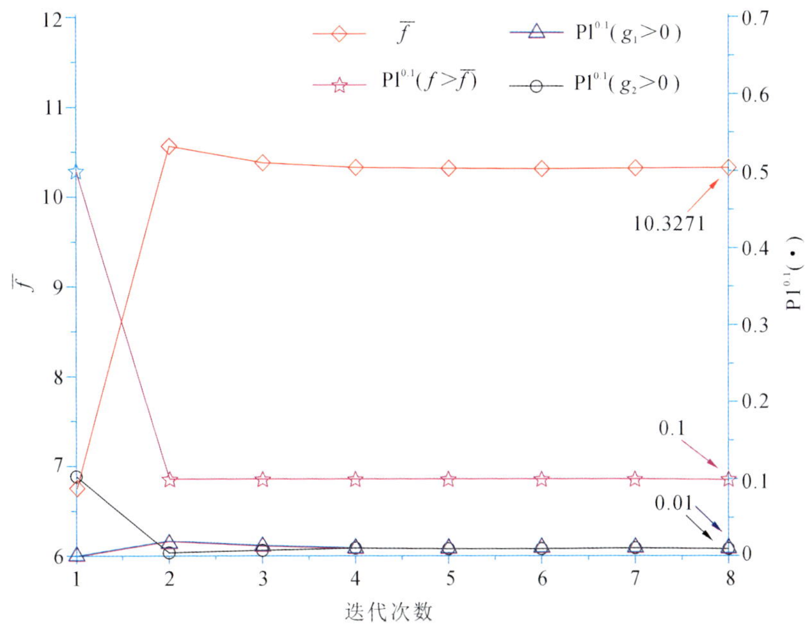

图 9.15　数值算例 RFIMDO-PCSOMUA 方法优化过程迭代图

由表 9.5 可知，在不考虑不确定性因素的影响时，目标函数的失效值 $\bar{f}=6.75$，虽然此数值比考虑随机-模糊-区间不确定性时求得的值要小，但此时的目标函数的失效概率的似真度为 0.5，约束函数 g_2 的失效概率的似真度为

0.1031，而目标函数和约束函数允许的失效概率的似真度分别为 0.1 和 0.01，不满足要求。这说明在考虑随机-模糊-区间不确定性时的设计优化结果比确定性设计优化的结果更安全可靠。此外，采用所提出的 RFIMDO-PCSOMUA 方法求得的结果与传统的嵌套方法的求解结果非常接近，但是其迭代次数和函数评估次数却比传统的嵌套方法要少很多。

为了进一步对比不同混合不确定性情况对优化结果的影响，将含有随机-模糊-区间不确定性的情况与含有随机-模糊不确定性的情况进行对比分析。Case 1：取失效概率的似真度与允许的可能度相等（$\alpha_t = \mathrm{Pl}_t^{\alpha_t} = 1-\Phi(\beta_t) = 1-\Phi(3) = 0.0013$）时，在随机-模糊-区间不确定性下对式(9.57)进行优化求解。Case 2：将证据参数 p_{e1}、p_{e2} 视为服从三角隶属函数的模糊参数 p_{f1}、p_{f2}，其最大隶属度值均为 1，偏差分别为 0.05、0.5，在随机-模糊不确定性下对式(9.57)进行优化求解。上述数值算例在含有不同不确定性情况下的优化结果如表 9.7 所示。

表 9.7　数值算例含有不同不确定性的优化结果对比

不确定性情况	$(d_s, d_1, d_2, \mu_{x_{rs}}, \mu_{x_{r1}}, \mu_{x_{r2}})$	$\bar{f}$	$\mathrm{Pl}(f>\bar{f}, g_1, g_2)$
Case 1	(1.1023,2.3452,2.4512,0.4164,4.5,1.4853)	18.9950	(0.0013,0.0012999,0.0013)
Case 2	(1.1315,2.3233,2.4456,0.4106,4.5,1.4814)	17.3593	(0.0013,0.0013,0.0013)

由表 9.7 可知，随机-模糊-区间不确定性下的多学科可靠性优化结果比随机-模糊不确定性下的优化结果更保守，这是由于区间参数比模糊参数包含的不确定性程度更大。因此，需要充分考虑数据信息量的多少，对各种不确定性进行正确建模，否则就有可能会造成设计的产品不满足可靠度要求。此外，由表 9.6 与表 9.7 对比可知，在随机-模糊-区间不确定下的多学科可靠性优化结果中，允许的可能度和似真度越小，优化的结果越保守。

9.7　工程算例验证

为了更好地证明本书所提出方法的有效性，这里应用两个工程算例进行验证。其中使用 SORA 方法和本章所提出的 HSORA 方法对航空齿轮传动系统算例进行优化分析。分别使用随机不确定性下的 RBMDO 方法、随机-区间不确定性下的 RBMDO 和随机-模糊-区间不确定性下的 RBMDO 对概念船算例进行优化分析。

9.7.1 航空齿轮传动系统算例

9.7.1.1 算例简介

此实例是由 Golinski[22] 提供的一种齿轮减速器的设计，是一个应用于飞机上发动机与螺旋推进器之间的传动装置，其目的是使发动机和螺旋推进器处于最佳旋转速度。航空齿轮传动系统优化设计的目标是在满足齿轮和轴的约束条件下，使航空齿轮传动系统的重量最轻。Golinski 首先用单学科优化方法对此问题进行了研究。其后，此问题被 Renaud 等人[23] 修改成为一个多学科设计优化问题，目前是 NASA 公布的检验多学科设计优化算法的十大标准算例之一。前文已介绍，航空齿轮传动系统原始优化模型的目标函数为

$$
\begin{aligned}
\min f(x) = & 0.7854 x_1 x_2^2 (3.333 x_3^2 + 14.9334 x_3 - 43.0934) \\
& - 1.508 x_1 (x_6^2 + x_7^2) + 7.477 (x_6^3 + x_7^3) \\
& + 0.7854 (x_4 x_6^2 + x_5 x_7^2)
\end{aligned}
$$

设计变量和约束函数分别如表 9.8 和表 3.3 所示。

表 9.8 航空齿轮传动系统设计变量

设计变量	变量说明	变量下限	变量上限
x_1	齿面宽度/cm	2.6	3.6
x_2	齿轮模数/cm	0.7	0.8
x_3	小齿轮齿数	17	28
x_4	小齿轮轴轴承间距/cm	7.3	8.3
x_5	大齿轮轴轴承间距/cm	7.3	8.3
x_6	小齿轮轴直径/cm	2.9	3.9
x_7	大齿轮轴直径/cm	5.0	5.5

在该优化问题中航空齿轮传动系统可以分为两个子系统：齿轮子系统和轴承子系统，如图 9.16 所示。设计变量 x_1、x_2、x_3 和约束条件 g_1、g_2、g_3、g_4、g_5 属于齿轮子系统，设计变量 x_4、x_5、x_6、x_7 和约束条件 g_6、g_7、g_8、g_9、g_{10}、g_{11} 属于轴承了系统。

一般情况下，确定的多学科设计优化方法对该设计问题进行优化得到的解往往落在各个约束的临界区域，对轴承的间隙、支承轴的加工误差、安装误差以及润滑和磨损等各种不确定性因素非常敏感，容易造成产品功能丧失。而多学科可靠性设计优化充分考虑多种不确定性因素，将优化结果推向概率约束的可

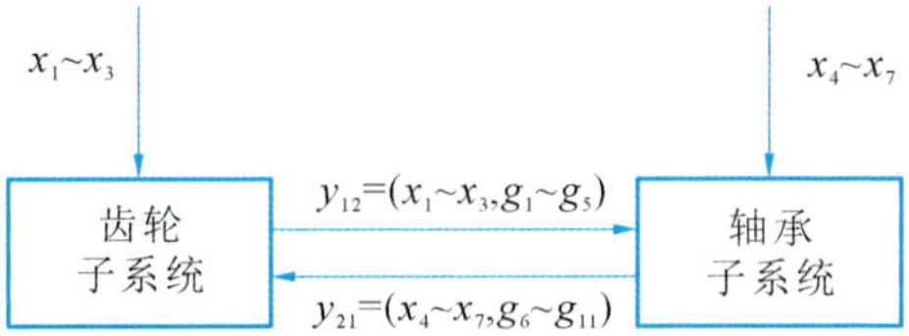

图 9.16　航空齿轮传动系统的系统结构

靠区域，提高了系统的整体可靠度。

9.7.1.2　SORA 方法验证

为了验证随机不确定性下的 SORA 方法的可行性，这里对这个算例的变量做如下规定：齿轮模数 x_2 和小齿轮齿数 x_3 是确定性设计变量，其余的设计变量均为随机变量且服从正态分布，标准差均为 0.025，各个约束条件必须满足给定的可靠度 $\Phi(3)=0.9987$。这里使用由作者团队开发的基于 Matlab 的多学科可靠性设计优化原型系统对算例进行计算验证。

如图 9.17 所示，首先使用 CSSO 算法对航空齿轮传动系统进行确定性多学科设计优化，输出优化结果。

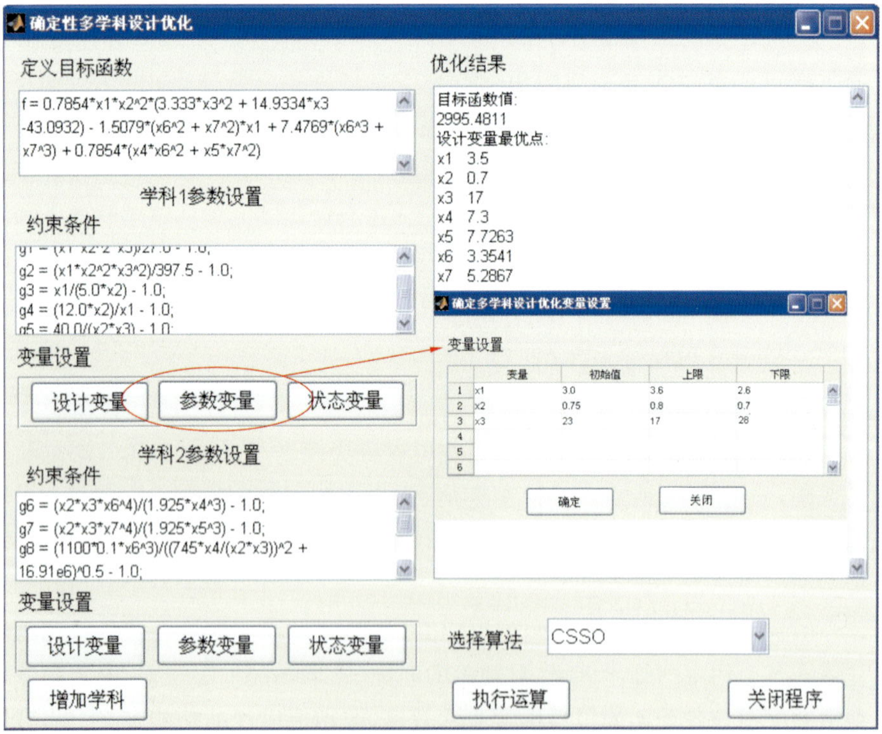

图 9.17　航空齿轮传动系统确定性多学科设计优化主界面

其次，以约束条件 g_{11} 为例，使用 MAMV 方法在确定性优化结果处对 g_{11} 进行可靠性分析，如图 9.18 所示，极限状态值为 −0.012932（小于零），说明确定性优化结果不满足给定的可靠度要求。

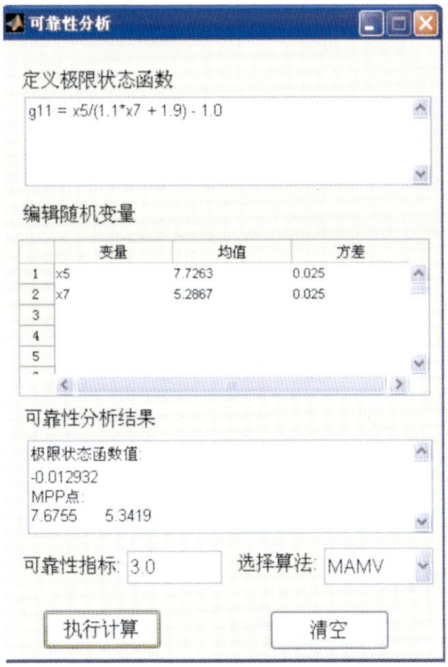

图 9.18　可靠性分析界面

最后，对航空齿轮传动系统进行可靠性设计优化，如图 9.19 所示。从图中可以看出，该主界面的变量设置与确定性多学科设计优化的主界面有明显的不同，需要对确定性变量、随机变量和参数随机变量这三种设计变量进行设置。

航空齿轮传动系统的确定性多学科设计优化结果和可靠性设计优化结果分别如表 9.9 和表 9.10 所示。

表 9.9　航空齿轮传动系统确定性多学科设计优化结果

优化策略	优化结果								
	x_1/cm	x_2/cm	x_3	x_4/cm	x_5/cm	x_6/cm	x_7/cm	f/cm^3	n
D-CSSO	3.500	0.700	17.00	7.300	7.726	3.354	5.287	2995.5	128
SORA-MDF	3.577	0.700	17.00	7.300	7.913	3.427	5.363	3097.0	2635
SORA-IDF	3.577	0.700	17.00	7.300	7.913	3.427	5.363	3097.0	2635
SORA-CSSO	3.575	0.700	17.00	7.300	7.909	3.426	5.362	3095.9	1732

注：n 是在整个优化过程中函数的迭代次数。

表 9.10 航空齿轮传动系统可靠性设计优化结果

优化方法	各概率约束条件在最可能失效点处的值										
	g_1	g_2	g_3	g_4	g_5	g_6	g_7	g_8	g_9	g_{10}	g_{11}
D-CSSO	0.057	0.220	−0.021	1.350	2.361	0.820	8.862	−0.063	−0.042	0.033	−0.013
SORA-CSSO	0.080	0.247	0	1.301	2.361	0.992	8.694	0	0	0.018	0

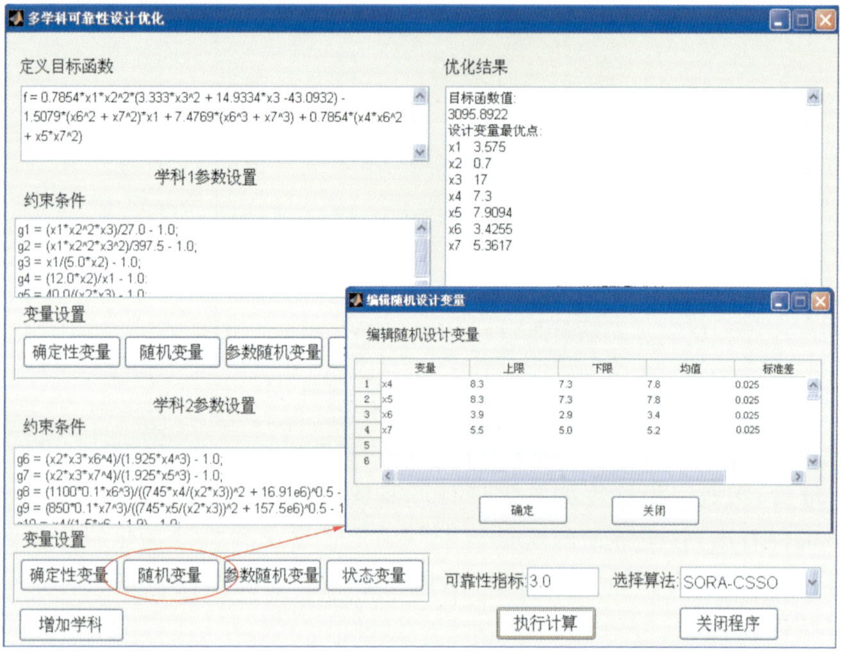

图 9.19 航空齿轮传动系统多学科可靠性设计优化主界面

由于该工程实例没有耦合状态变量，IDF 方法退化成 MDF 方法，因此，从表9.10中可以看出 SORA-MDF 方法和 SORA-IDF 方法的优化结果相同，与 SORA-CSSO 算法的优化结果相近，但是 SORA-CSSO 算法仅需要 1732 次函数迭代，效率最高。当认为所有的设计变量都是确定性变量时，航空齿轮传动系统经过确定性优化之后，体积为 2995.5 cm^3。考虑设计中的不确定因素时，航空齿轮传动系统经过 SORA-CSSO 算法优化后的体积为 3095.9 cm^3，体积增加 100.4 cm^3，而且设计变量 x_1、x_5、x_6、x_7 与其对应的确定性优化结果相比，也有不同程度的增加，同时，考虑不确定性因素的多学科设计优化成本大于确定性设计优化的成本。

表 9.10 所示的优化结果表明：在确定性优化最优点处执行可靠性分析，约束条件 g_3、g_8、g_9、g_{11} 在各自 MPP 点处的值都小于零，说明这四个概率约束条件不满足给定的可靠度要求。而利用 SORA-CSSO 算法进行可靠性设计优化后，对每个概率约束条件在最优点处执行可靠性分析，其极限状态函数的值均大于或等于零，说明可靠性设计优化已将优化结果推向约束的安全域，提高了系统的整体可靠度。

9.7.1.3　HSORA 方法验证

同样，为了验证随机和区间不确定下的 HSORA 方法的可行性，这里利用第 3 章提到的 GASA-ACO 算法等进行航空齿轮传动系统的多学科可靠性设计优化求解，并对算例中的设计变量做如下改造：令齿轮模数 x_2 和小齿轮齿数 x_3 是确定性设计变量，x_1、x_3、和 x_4 为随机不确定性设计变量，其中，x_1 和 x_3 服从正态分布，x_4 服从指数分布，x_5、x_6、x_7 为认知不确定性设计变量。此外，该例中所有概率可靠性约束条件必须满足给定的可靠度 $\Phi(3)=0.9987$。图 9.20 为包含一个随机变量和三个认知不确定性变量的量化图。

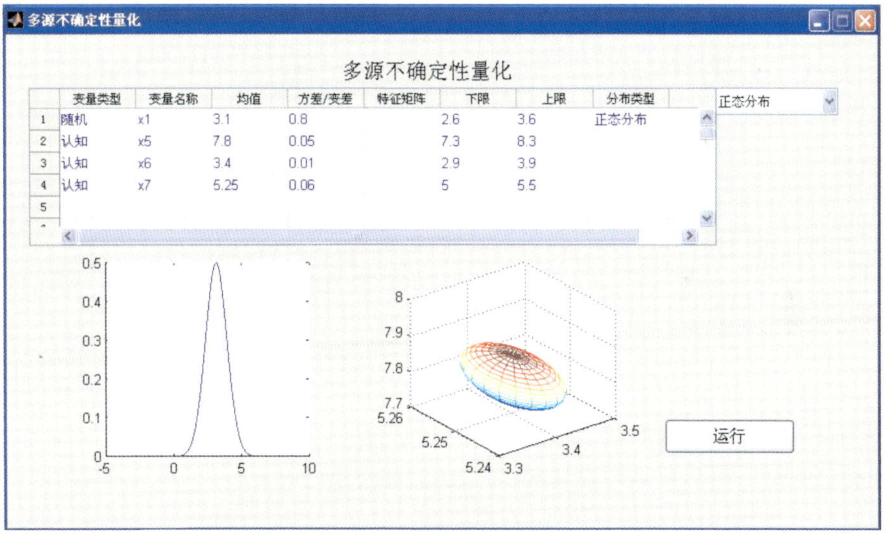

图 9.20　多源不确定性量化界面

首先，使用 GASA-ACO 算法对航空齿轮传动系统进行确定性多学科设计优化，如图 9.21 所示，输出优化结果。

其次，对航空齿轮传动系统进行多学科可靠性设计优化。航空齿轮传动系统的确定性多学科设计优化结果和可靠性设计优化结果分别如表 9.11 和表 9.12所示。

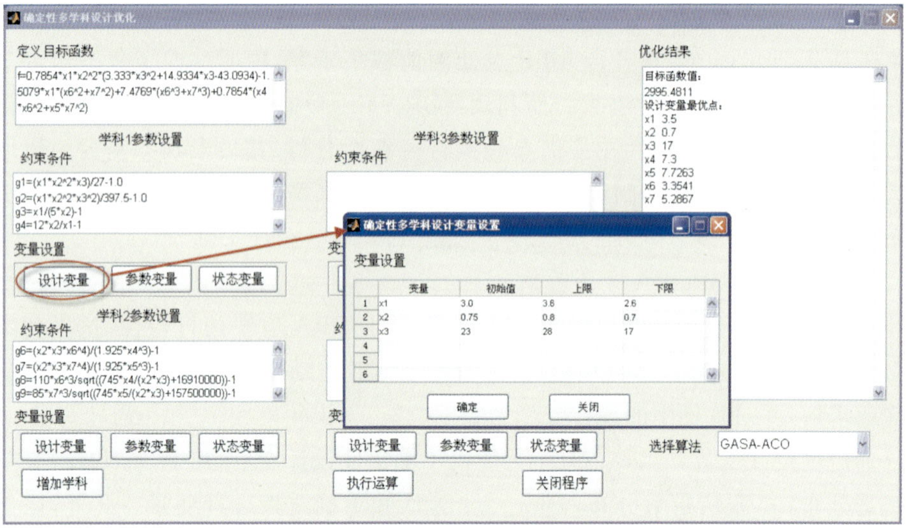

图 9.21　航空齿轮传动系统的确定性多学科优化界面

表 9.11　航空齿轮传动系统确定性多学科设计优化结果

优化策略	优化结果								
	x_1/cm	x_2/cm	x_3/个	x_4/cm	x_5/cm	x_6/cm	x_7/cm	f/cm^3	n
GASA-ACO	3.500	0.700	17.00	7.300	7.726	3.354	5.287	2995.5	128
SORA-MDF	3.577	0.700	17.00	7.300	7.913	3.427	5.363	3097.9	2635
SORA-IDF	3.577	0.700	17.00	7.300	7.913	3.427	5.363	3097.9	2635
HSORA-ACO	3.575	0.700	17.00	7.300	7.909	3.426	5.362	3095.9	1502

注：n 是在整个优化过程中函数的迭代次数。

从表 9.11 可以看出，SORA-MDF 方法和 SORA-IDF 方法与 HSORA-ACO 算法的优化结果相近，但是 HSORA-ACO 算法仅需要 1502 次函数迭代，效率最高。当认为所有的设计变量都是确定性变量时，基于 GASA-ACO 算法对航空齿轮传动系统进行确定性优化后的体积为 2995.5 cm^3。在考虑设计中的不确定因素时，航空齿轮传动系统经过 HSORA-ACO 算法优化后的体积为 3095.9 cm^3，体积增加 100.4 cm^3，而且设计变量 x_1、x_5、x_6、x_7 与其对应的确定性优化结果相比，也有不同程度的增加，这是因为考虑设计中不确定性的同时保持高可靠度会导致设计成本提高。此外，多学科可靠性设计优化的计算效率也明显低于确定性多学科设计优化，这是由于在优化过程中对大量的可靠性约束进行分析而造成的。因此，可以说，多学科可靠性设计优化结果是设计成本（设计结果与计算效率）与产品质量之间的一种折中解。

表 9.12　航空齿轮传动系统可靠性设计优化结果

优化方法	各概率约束条件在 MPP 点处的值										
	g_1	g_2	g_3	g_4	g_5	g_6	g_7	g_8	g_9	g_{10}	g_{11}
GASA-ACO	0.055	0.2199	−0.009	1.226	1.305	0.750	5.560	−0.102	−0.022	0.056	−0.023
HSORA-ACO	0.082	0.291	0.055	1.672	2.604	0.110	6.341	0	0	0.009	0.088

此外，表 9.12 所示的优化结果表明：在确定性优化最优点处执行可靠性分析，约束条件 g_3、g_8、g_9、g_{10}、g_{11} 在各自 MPP 点处的值都小于零，说明这四个概率约束条件不满足给定的可靠度要求。而利用 HSORA-ACO 算法进行可靠性设计优化后，对每个概率约束条件在最优点处执行可靠性分析，其极限状态函数的值均大于或等于零，说明可靠性设计优化已将优化结果推向约束的安全域，提高了航空齿轮传动系统的整体可靠度。

9.7.2　概念船设计算例

9.7.2.1　算例简介

本节采用概念船设计[19,24]作为不确定性条件下的 RBMDO 算例。该算例包含六个设计变量：船长（length，L）、船宽（ship beam，B）、船深（depth，D）、吃水（draft，T）、填充系数（block coefficient，C_B）和节速（speed in knots，V_k）。同时，包含三个优化目标：最小化运输费用（transportation cost，C_T）、最大化年货运量（annual cargo，AC）和最小化空船重量（lightship weight，W_L）。这里将该算例分为货运（cargo）和费用（cost）两个学科，使其成为多学科设计优化问题，如图 9.22所示。

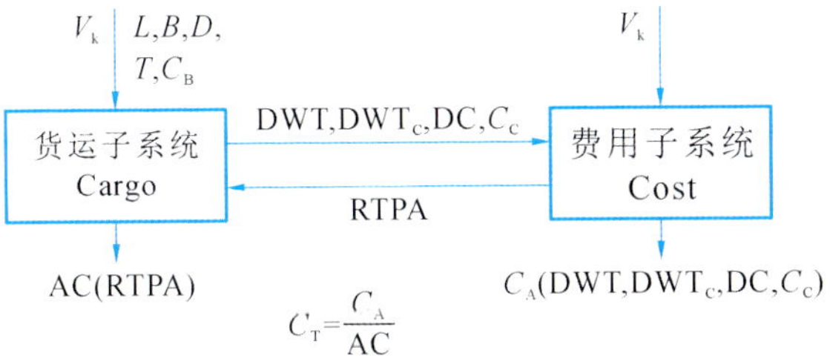

图 9.22　概念船多学科设计优化问题

图 9.22 中，DWT、DWT_C、DC 和 C_C 分别代表载重量（deadweight）、载货吨位（cargo deadweight）、日耗量（daily consumption）和成本（capital costs），是货运学科传递给费用学科的耦合变量；RTPY 为年往返航次（round trips per annum)，是费用学科传递给货运学科的耦合状态变量。该模型详细信息如表9.13和表9.14所示，其中表9.14中的9个约束为概念船设计的物理约束，其余12个约束为6个设计变量的取值范围约束。

表9.13　概念船模型定义

参　数	方程/定义	参　数	方程/定义
船体自重(W_S)	$0.03L^{1.7}B^{0.7}D^{0.4}C_B^{0.5}$	燃料价格(FP)/(英镑/t)	100
舾装重量(W_O)	$1.0L^{0.8}B^{0.6}D^{0.3}C_B^{0.5}$	燃料成本(C_F)	$1.05\mathrm{DC}\cdot D_S\cdot\mathrm{FP}$
海军系数(A)	$4977.06C_B^2-8105.61C_B+4456.51$	港口费用(C_p)	$6.3\mathrm{DWT}^{0.8}$
海军系数(B^*)	$-10847.2C_B^2+12817C_B-6960.32$	载油量(FC)	$\mathrm{DC}(D_S+5)$
满载排水量(Δ)	$1.025LT\cdot B\cdot C_B$	混合重量($\mathrm{DWT_M}$)	$2.0\mathrm{DWT}^{0.5}$
弗劳德数(Fr)	$0.5144V_k/\sqrt{9.8065L}$	载货吨位($\mathrm{DWT_C}$)	$\mathrm{DWT}-\mathrm{FC}-\mathrm{DWT_M}$
船舶动力设备功率(P)	$\dfrac{\sqrt[3]{\Delta^2}V_k^3}{(a+bF_n)}$	处理率(HR)/(t/a)	8000
轮机重量(W_M)	$0.17P^{0.9}$	停泊天数(D_P)	$2(\mathrm{DWT_C}/\mathrm{HR}+0.5)$
船舶成本(C_S)	$1.3(2000W_S^{0.85}+3500W_o+2400P^{0.8}$	年往返航次(RTPY)	$350/(D_S+D_P)$
资本成本(C_C)	$0.2C_S$	航次成本(C_V)	$(C_F+C_P)\cdot\mathrm{RTPA}$
空船重量(W_{LS})	$W_S+W_O+W_M$	年度费用(C_A)	$C_C+C_R+C_V$
载重(DWT)	$\Delta-W_{LS}$	年货运量(AC)	$\mathrm{DWT_C}\cdot\mathrm{RTPA}$
营运成本(C_R)	$40000\mathrm{DWT}^{0.3}$	运输成本(C_T)	C_A/AC
日耗油量(DC)	$(0.19\times24\times P)/1000+0.2$	浮心高度KB	$0.53T$
往返里程(RTM)/n mile	5000	船舶弯矩$\mathrm{BM_T}$	$\dfrac{(0.085C_B-0.002)SB^2}{TC_B}$
单次航行天数(D_S)	RTM/V_k	重心高度KG	$1.0+0.52D$

表9.14　概念船模型约束条件

约　束	方程/定义	具体含义
$g(1)$	$6-L/B\leqslant0$	长宽比约束
$g(2)$	$L/D-15\leqslant0$	长深比约束

续表

约　　束	方程/定义	具 体 含 义
$g(3)$	$L/T-19\leqslant 0$	长牵伸比的约束
$g(4)$	$T-0.45\mathrm{DWT}^{0.31}\leqslant 0$	T 与 DWT 关系的经验约束
$g(5)$	$T-0.7D+0.7\leqslant 0$	T 与 D 关系的经验约束
$g(6)$	$\mathrm{DWT}-500000\leqslant 0$	DWT 上限约束
$g(7)$	$25000-\mathrm{DWT}\leqslant 0$	DWT 下限约束
$g(8)$	$Fr-0.32\leqslant 0$	弗劳德数的上限约束(FN)
$g(9)$	$0.07B-\mathrm{KB}-\mathrm{BM_T}+\mathrm{KG}\leqslant 0$	关系的经验约束
$g(10,11)$	$150\leqslant L\leqslant 274.32$	船长上下界
$g(12,13)$	$20\leqslant B\leqslant 32.31$	船宽上下界
$g(14,15)$	$13\leqslant D\leqslant 25$	船深上下界
$g(16,17)$	$10\leqslant T\leqslant 11.71$	吃水上下界
$g(18,19)$	$0.63\leqslant C_B\leqslant 0.75$	填充系数上下界
$g(20,21)$	$11\leqslant V_k\leqslant 20$	节速的上下界

针对该算例进行随机不确定性条件下的 RBMDO(HSORA-RBMDO,记为 Case1)、随机-区间不确定性条件下的 RBMDO(HSORA-AEMDO,记为 Case2),以及随机-模糊-区间不确定性下的 RBMDO,记为 Case3。所采用的方法分别为 9.4 节、9.5 节、9.6 节所提方法。算例结果在以下章节做详细介绍。

9.7.2.2　只含随机不确定性变量的 RBMDO

概念船的确定性多学科优化方法获得的设计方案通常会将设计结果推向性能约束的边缘。概念船设计涉及多方面的领域知识,设计过程中要考虑多方面的影响,如船在制造时的加工误差和安装误差、试验条件受限、试验数据带有人为模糊性,以及设计师知识受限等不确定性因素的影响,忽略这些不确定性因素会使得设计结果很敏感,容易导致产品失效。

Case1 里的设计变量 L、B、D、T、C_B、V_k 均为随机设计变量,其不确定性描述如表 9.15 所示,并要求所有可靠性约束条件的可靠度大于或者等于 99.87%,即 $\beta_t=3.0$。这里使用 HSORA-ACO 算法进行优化验证,获得优化结果。

表 9.15 概念船 RBMDO 问题中随机变量不确定性分布

随机变量	标准差	分布类型	下界	上界
L	0.5	标准正态分布	151.5	272.82
B	0.15	标准正态分布	20.45	31.86
D	0.075	标准正态分布	13.225	24.775
T	0.05	标准正态分布	10.15	11.56
C_B	0.0105	标准正态分布	0.6615	0.7185
V_k	0.225	标准正态分布	11.675	19.325

利用 9.4 节提出 HSORA-ACO 算法以及 SORA 方法进行设计优化，获得的优化结果如表 9.16 所示。

表 9.16 概念船多学科可靠性设计优化结果

优化方法	L	B	D	T	C_B	V_k	C_T	k
SORA-RBMDO	194.1740	31.6500	15.9500	11.5579	0.7042	13.7645	8.4477	—
HSORA-RBMDO	200.0764	31.7000	16.5162	11.5097	0.7371	11.8917	8.3951	4

9.7.2.3 随机和区间不确定性下的 RBMDO

在设计初期，由于部分设计变量的数据和信息不足，C_B、V_k 为认知不确定性设计变量，其余设计变量 L、B、D、T 为随机设计变量，随机设计变量的不确定性描述如表 9.17 所示，并要求所有可靠性约束条件的可靠度大于或者等于 99.87%，即$\beta_t=3.0$。在本章概念船 RBMDO 问题中，可靠性约束包括以下两部分：表 9.14 中的设计约束（9 个设计约束）和 $\Pr(g(10)=500000-AC>0)\leqslant\alpha_t$ 和$\Pr(g(11)=AC-5000000>0)\leqslant\alpha_t$ 所对应的 11 个可靠性约束。

表 9.17 概念船 AEMDO 问题中随机设计变量与认知设计参变量的不确定性情况

随机变量	标准差	分布类型	下界	上界
L	0.5	标准正态分布	151.5	272.82
B	0.15	标准正态分布	20.45	31.86
D	0.075	标准正态分布	13.225	24.775
T	0.05	标准正态分布	10.15	11.56
区间变量	变差	特征矩阵	下界	上界
C_B	0.04	$\begin{pmatrix}16 & 0\\0 & 9\end{pmatrix}$	0.63	0.75
V_k	0.04	$\begin{pmatrix}4 & 0\\0 & 1\end{pmatrix}$	11.0	20.0

利用第 9 章提出 HSORA-AEMDO 方法进行设计优化，所获得的优化结果如表 9.18 所示。

表 9.18　概念船多学科可靠性设计优化结果

优化方法	L	B	D	T	C_B	V_k	C_T	k
HSORA-AEMDO	203.1575	31.8600	16.5371	11.4066	0.7512	11.6048	8.3459	7

9.7.2.4　随机-模糊-区间不确定性下的 RBMDO

在考虑混合不确定性的多学科可靠性设计优化中，能够综合考虑随机不确定性、模糊不确定性和区间不确定性的影响，使得设计方案在满足可靠度要求的同时获得产品的最优设计。结合本实例对 9.6 节所提确定性多学科优化设计方法（基于 LAF 策略的 CLA-CO 算法）、多学科可靠性分析方法 IS-MDPMA、基于可靠性的多学科设计优化方法 RFIMDO-PCSOMUA 进行应用验证。

图 9.23 所示为该实例的确定性多学科优化设计界面。使用基于 LAF 策略的 CLA-CO 算法对概念船进行确定性多学科设计优化，目标函数和各个学科的约束条件可以直接在界面上的文本框内输入。设定相应的学科和设计变量后，可以获得算例的确定性优化结果。

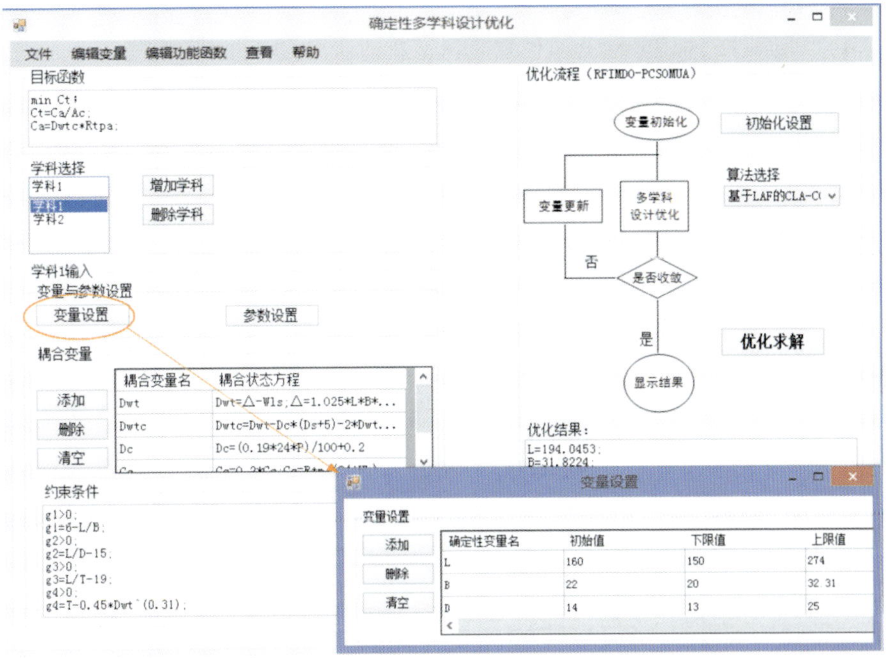

图 9.23　概念船设计的确定性多学科优化设计界面

综合考虑概念船设计中可能涉及的各种不确定性，概念船的加工、装配相关设计变量被建模成了随机变量，而与试验条件和设计认知相关的填充系数、节速及往返航程等变量与参量被建模成了模糊变量和证据参数。各设计变量的不确定性类型和分布如表 9.19 所示，证据参数及其区间分布与基本概率分配如表9.20所示。

表 9.19 概念船可靠性设计优化变量及不确定性分布

变　量	变量类型	分布类型	分布参数
船长 L/m	随机变量	正态分布	$(\mu_L, 0.5)$
船宽 B/m	随机变量	正态分布	$(\mu_B, 0.15)$
船深 D/m	随机变量	正态分布	$(\mu_D, 0.075)$
吃水 T/m	随机变量	正态分布	$(\mu_T, 0.05)$
填充系数 C_B	模糊变量	三角隶属函数	$(x_{C_B}^M, 0.0105)$
节速 V_k	模糊变量	三角隶属函数	$(x_{V_k}^M, 0.225)$

注：随机变量的分布参数含义为(均值，标准差)；模糊变量的分布参数含义为(最大隶属度点，偏差)，偏差为 0 截集时偏离最大隶属度点的距离。

表 9.20 概念船可靠性设计优化证据参数不确定性分布

证据参数	区间分布	BPA
往返里程 RTM/(n mile)	[4950,5000]	0.5
	[5000,5050]	0.5
燃料价格 FP/(英镑/t)	[90,100]	0.5
	[100,110]	0.5
处理率 HR/(t/a)	[7900,8000]	0.5
	[8000,8100]	0.5

以约束条件 g_4 为例，可靠性约束条件必须满足失效条件 $\mathrm{Pl}^{0.1}(g_4>0)\leqslant 0.01$。使用 IS-MDPMA 方法在确定性优化结果处对 g_4 进行多学科可靠性逆分析，如图 9.24 所示，8 个焦元下的极限状态值分别为 $g_4^1=-0.8563$、$g_4^2=-0.4352$、$g_4^3=-0.6571$、$g_4^4=-0.3432$、$g_4^5=-0.0098$、$g_4^6=0.3279$、$g_4^7=-0.0011$、$g_4^8=0.5236$，其中的焦元 6 和 8 下的极限状态值均大于零，说明确定性优化结果并不满足给定的可靠度要求。

当同时考虑设计中的随机不确定性、模糊不确定性和区间不确定性时，概念船的设计优化目标和约束条件均具有可靠性约束。在本实例中对概念船设计优化目标函数的可靠性约束为 $\mathrm{Pl}^{0.1}(C_T>\bar{f})\leqslant 0.1$，对约束条件的可靠性约

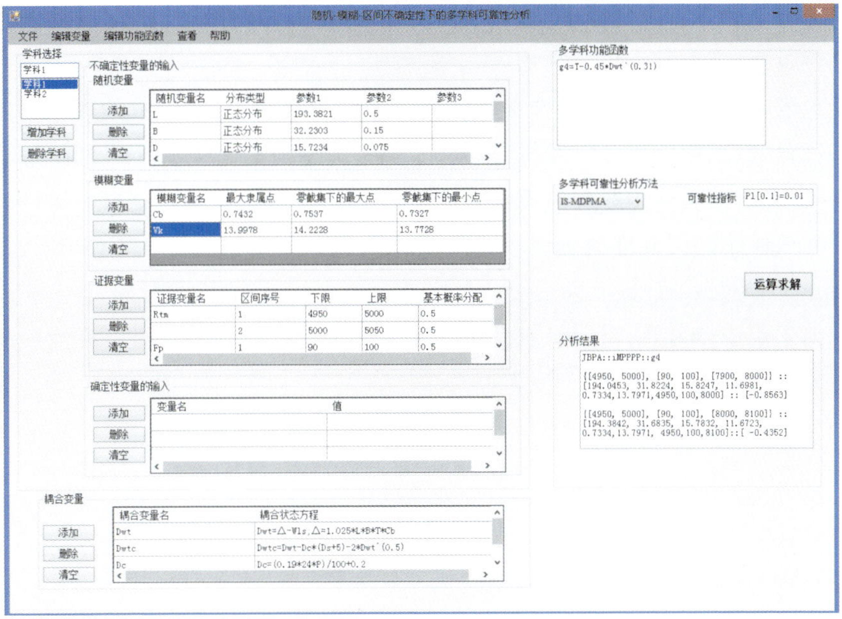

图 9.24　概念船设计的多学科可靠性分析界面

束为 $Pl^{0.1}(g_l>0)\leqslant 0.01(l=1,2,\cdots,9)$。使用 RFIMDO-PCSOMUA 方法对其进行多学科可靠性设计优化，如图 9.25 所示。

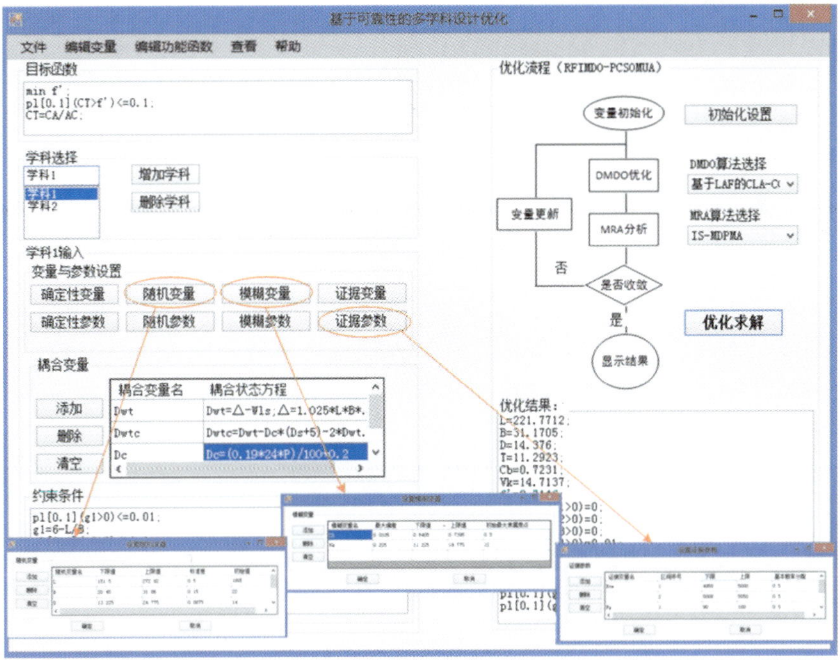

图 9.25　概念船设计的多学科可靠性设计优化

对概念船进行确定性多学科设计优化、多学科可靠性设计优化以及多学科可靠性分析，其求解结果分别如表 9.21 所示。

由表 9.21 可知，在不考虑不确定性因素的影响时，目标函数的失效值 $\bar{f}=8.3972$，虽然此数值比考虑随机-模糊-区间混合不确定性时求得的目标失效值要小，但此时的目标函数的失效概率的似真度为 0.5，约束函数 $g_l(l=3,4,5,6,7)$ 的失效概率的似真度为 0.5，大于允许的失效概率的似真度 0.1 和 0.01。这说明在考虑随机-模糊-区间混合不确定性下的设计优化结果比确定性设计优化的结果更安全可靠，采用可靠性设计优化的方案可以使概念船面对各种不确定性影响时具有足够的安全性和可靠性。

表 9.21　概念船的多学科可靠性设计优化与确定性设计优化结果

参　　数	RFIMDO-PCSOMUA	确定性优化(起始点)
(L,B,D,T,C_B,V_k)	(221.7712,31.1705,14.3761,11.2923,0.7231,14.7137)	(193.3821,32.2303,15.7234,11.7083,0.7432,13.9978)
$\bar{f}$	8.7146	8.3972
$\text{Pl}^{0.1}(f>\bar{f})$	0.1	0.5
$\text{Pl}^{0.1}(g_l>0),l=1,2,8,9$	0	0
$\text{Pl}^{0.1}(g_l>0),l=3,4,5,7$	0.01	0.5
$\text{Pl}^{0.1}(g_l>0),l=6$	9.943×10^{-3}	0.5
函数评估次数	319876	—
迭代次数	64	—

9.8　本章小结

本章针对传统 RBMDO 整体计算流程耦合严重的问题进行了研究。在研究传统的多学科可靠性设计优化的基础上，基于解耦理论、分层思想和凸线性近似技术对 SORA 方法进行了改进，提出了一种层次混合序列化多学科可靠性设计优化策略——HSORA。在此基础上，研究了随机和认知不确定性条件下的多学科可靠性设计优化问题，提出了随机不确定性条件下的 HSORA-RBMDO 策略以及随机-区间不确定性条件下的 HSORA-AEMDO 策略以及随机-模糊-区间混合不确定性下的 RFIMDO-PCSOMUA 方法，建立了当设计变量与参数同时含有随机不确定性和认知不确定性时 RBMDO 运行过程中的确定性多学科设计优化模型和多学科可靠性分析模型。算例优化结果验证了 HSORA-RBMDO、HSORA-AEMDO 策略和 RFIMDO-PCSOMUA 方法的有效性和高效性。

参考文献

[1] SIMPSON T W, MARTINS J R R A. Multidisciplinary design optimization for complex engineered systems: report from a national science foundation workshop[J]. Journal of Mechanical Design, 2011, 133(10): 1490-1495.

[2] DU X, GUO J, BEERAM H. Sequential optimization and reliability assessment for multidisciplinary systems design[J]. Structural and Multidisciplinary Optimization, 2008, 35(2): 117-130.

[3] DU X, CHEN W. Collaborative reliability analysis under the framework of multidisciplinary systems design[J]. Optimization and Engineering, 2005, 6(1): 63-84.

[4] DU X, SUDJIANTO A, CHEN W. An integrated framework for optimization under uncertainty using inverse reliability strategy[J]. Journal of Mechanical Design, 2004, 126(4): 562-570.

[5] AGARWAL H, RENAUD J E. A unilevel method for reliability based design optimization[DB/OL]. [2017-2-28]. https://doi.org/10.2514/6.2004-2029.

[6] LIANG J, MOURELATOS Z P, NIKOLAIDIS E. A single loop approach for system reliability-based design optimization[J]. Journal of Mechanical Design, 2007, 129(12): 1093-1104.

[7] DU X, CHEN W. Sequential optimization and reliability assessment method for efficient probabilistic design[J]. Journal of Mechanical Design, 2004, 126(2): 871-880.

[8] LI L S, LIU J H, LIU S. An efficient strategy for multidisciplinary reliability design and optimization based on CSSO and PMA in SORA framework[J]. Structural and Multidisciplinary Optimization, 2014, 49(2): 239-252.

[9] SOBIESZCZANSKI-SOBIESKI, JAROSLAW. Optimization by decomposi-

tion:a step from hierarchic to non-hierarchic systems[R]. Washington,D. C. :NASA Longley Research Center,1988.

[10] WUJEK B A,RENAUD J E,BATILL S M,et al. Concurrent subspace optimization using design variable sharing in a distributed computing environment[J]. Concurrent Engineering Research and Applications,1996,4(4):361-377.

[11] ZHAO M,CUI W. On the development of bi-level integrated system collaborative optimization[J]. Structural and Multidisciplinary Optimization,2011,43(1):73-84.

[12] 刘成武,靳晓雄,刘云平,刘继红. 集成 BLISCO 和 iPMA 的多学科可靠性设计优化[J]. 航空学报,2014,35(11):3054-3063.

[13] CHO T M,LEE B C. Reliability-based design optimization using convex linearization and sequential optimization and reliability assessment method[J]. Journal of Mechanical Science and Technology, 2010, 24(1):279-283.

[14] FLEURY C,BRAIBANT V . Structural optimization:a new dual method using mixed variables[J]. International Journal for Numerical Methods in Engineering,1986,23(3):409-428.

[15] ZHANG W H, FLEURY C. A modification of convex approximation methods for structural optimization[J]. Computers & Structures,1997,64(1-4):89-95.

[16] ZHOU M J. A design optimization method using evidence theory [J]. Journal of Mechanical Design,2005,128(4):1153-1161.

[17] TU J,CHOI K K,PARK Y H. A new study on reliability-based design optimization[J]. Journal of Mechanical Design,1999,121(4):557-564.

[18] YOUN B D,CHOI K K,DU L,Enriched performance measure approach for reliability-based design optimization [J]. AIAA Journal,2005,43(4):874-884.

[19] LEE I,CHOI K K,LIU D,Inverse analysis method using MPP-based dimension reduction for reliability-based design optimization of nonlinear and multi-dimensional systems[J]. Computer Methods in Applied Mechanics and Engineering,2008,198(1):14-27.

[20] YAO W,CHEN X,HUANG Y,et al. Sequential optimization and mixed uncertainty analysis method for reliability-based optimization [J]. AIAA Journal,2013,51(51):2266-2277.

[21] DU X,Unified uncertainty analysis by the first order reliability method [J]. Journal of Mechanical Design,2008,130(9):1404.

[22] GOLINSKI J. An adaptive optimization system applied to machine synthesis[J]. Mechanism and Machine Theory,1973,8(4):419-436.

[23] RENAUD J E,GABRIELE G. Improved coordination in non-hierarchic system optimization[J]. AIAA Journal,1993,31(12):2367-2373.

[24] HART C G,DAVID L,SINGER J,Multidisciplinary design optimization of complex engineering systems for cost assessment under uncertainty [M]. Ann Arbor:ProQuest Dissertations & Theses,2011.

第 10 章 RBMDO 发展展望

作为多学科设计优化理论的发展与延伸，基于可靠性的多学科设计优化(RBMDO)理论已经历了近 20 年的发展历程，在不确定性量化、可靠度评价体系、可靠性建模、多学科可靠性分析以及 RBMDO 策略等方面均取得了长足的发展，工程应用领域更加广泛。然而 RBMDO 的理论体系还不是十分完善，还需要更加广泛和深入的研究。因此本章主要从 RBMDO 技术本身的发展、多学科设计优化建模技术、多学科设计优化环境以及基于多学科设计优化的 3D 打印技术几个方面展望未来多学科可靠性设计优化的发展前景。

10.1 RBMDO 技术

10.1.1 构建精确的 RBMDO 模型

构建 RBMDO 模型是开展多学科可靠性设计优化的基础，模型的准确程度直接影响优化结果的可信性，模型的细化程度决定了整个 RBMDO 的计算效率，模型的时效特性反映了外界环境对产品可靠度变化的影响规律。

1. 综合考虑模型不确定性与人为决策不确定性

目前学术领域在可靠性分析的研究过程中考虑了多种多源不确定性，随机不确定性和认知不确定性同时存在时的可靠性分析也得到了很大的发展，但是由于人类知识有限，还有很多影响可靠性分析结果却不为人知的不确定性需要设计者去发现和处理。例如模型不确定性和决策不确定性研究就是一个尚待开发的领域。在建模时，将实际工程系统的物理模型转换为数学模型的过程中，并非所有物理模型中的非线性特性都能被精确地转换为数学方程；在数学模型到计算机模型的转换过程中，存在多种保真度不同的模型可用于计算分析，即这些数学方程可用多种技术进行求解，并且这些不同的方法计算出的结果会略有差异。此外，在设计过程中还存在由于多目标等因素造成的人为不确定性。研究考虑这些不确定性的多学科可靠性设计优化有助于提高复杂工程系统的可靠性与质量。

2. 考虑变量相关以及失效模式相关时混合不确定性下的 RBMDO

目前多源不确定性下的多学科设计优化方法一般都是建立在各不确定性变量相互独立且多失效模式独立的前提下的,而在实际工程中,结构和系统涉及的变量之间可能有相关性,而复杂产品在全生命周期内的多种失效模式由于具有共享变量也具有相关性,这些相关性的存在对结构的可靠性有着重要影响,对有些设计情况忽略这些相关性很可能带来较大的误差,为此发展考虑变量相关性和多失效模式相关性的多学科可靠性设计优化方法十分必要。考虑变量相关性的可靠性分析方法的发展主要面临着两个难题:一是不同类型不确定性变量间的相关性如何测度;二是如何提高考虑相关性的多学科可靠性分析的效率。多学科可靠性分析是多学科可靠性设计优化的重要环节,占据着优化过程中较多的时间,将相关性考虑到多学科可靠性分析环节,会进一步加大计算量,为此如何提高分析计算效率也是必须要解决的问题。

3. 考虑时间因素的 RBMDO

在实际工程中,影响复杂产品功能的设计变量和参数往往会随着时间变化,产品的失效模型也和时间相关。在对复杂产品进行可靠性分析和设计优化时,不仅需要进行某一刻产品的安全性评价,还需要预测产品在使用周期内不同时间段的可靠性,这对于延长产品寿命、提高产品质量具有十分重要的意义。而考虑时间因素的产品可靠性分析模型及其高效的求解方法还有待于深入的研究[1,2]。下面介绍几个可靠性分析中可能与时间相关的因素。

(1) 多学科优化设计评价体系的时变性。在设计的不同阶段优化设计的侧重点会发生变化,将全生命周期理念引入复杂产品的方案设计过程中,在复杂产品方案不同设计阶段考虑产品整个使用周期内关于制造、装配、物流等多方面的需求,制定考虑时间的多学科优化方案设计的各项评价指标和可实施性方法,并将评价结果以某种计算机可识别的方式反馈回产品的设计循环中,增强方案设计结果的可信性和准确性,对于促进多学科设计优化的应用十分必要。

(2) 参数不确定性的时变性。机械产品中的许多不确定性因素会随着时间而改变,如材料性能会随时间而退化,磨损程度和不确定性信息的完备程度会随时间而增加。动态不确定性即考虑时间因素的不确定性变化研究,主要考虑两种情况:一是同种不确定性在不断变化的环境中需要进行模型的重建和校准;一是不同的不确定性类型随着数据完备程度和设计人员认知的改变可能会发生相互转化。因此有必要讨论时间对不确定性因素的影响,进一步研究考虑动态不确定性的多学科优化设计方法。

(3) 可靠性分析模型的时变性。在实际的工程中,作用于产品的载荷多是随时间变化的,现有的 RBMDO 方法主要围绕着随机与认知不确定性在某一时刻点进行机械系统可靠性设计的理论探索与工程应用研究。工程中机械系统的性能退化、外加载荷等都是随时间变化的。为了保证机械系统在每个时间段内的可靠性,有必要将时变可靠性分析方法引入可靠性优化方法。如何在 RBMDO 中应用相应的时变可靠性分析方法以及混合不确定性分析方法,建立有效的混合不确定性下基于时变可靠性约束的 RBMDO 模型,是一个具有重要实际意义的研究课题。

(4) 基于现场数据和实验数据的可靠性分析方法。在基于物理的可靠性分析方面存在以下问题:失效模式机理未知,无法建立失效模型,所以不能包含所有的失效情况;不是所有的计算模型都是可行的。因此可以利用基于现场数据和实验数据的可靠性优化设计方法进行补充。对于一些产品,性能函数不能充分表示产品的失效机理。如果只采用仿真模型方法得到的可靠度进行可靠性优化设计,可能会产生较大的误差。在产品设计进行到一定的阶段时候,可以利用一些现场数据或者试验数据来降低可靠性评估带来的误差,建立一种基于现场数据和物理模型的可靠性优化设计模型,将基于统计的可靠性分析方法与基于物理的可靠性分析方法进行有效连接。

10.1.2 高效的 RBMDO 求解技术

1. 多学科可靠性分析

多学科可靠性分析是 RBMDO 的重要组成部分,也是影响 RBMDO 效率的关键环节,因此需要充分考虑 RBMDO 模型不确定性以及离散、连续的设计参变量不确定性。为提高多学科可靠性分析的计算效率和求解问题的阈度,将近似技术、人工智能技术与高效可靠性分析方法(如鞍点逼近法)进行有效集成,提出了高效、高精度并能同时处理多源不确定性的多学科可靠性分析方法,这是提高 RBMDO 效率的重要手段。此外,还应研究高效单学科可靠性分析方法与新型高效的多学科设计优化策略的有效集成,并针对不同类型的优化问题遴选适合的多学科可靠性分析方法,提高整体计算效率,便于工程应用。

2. 高效的确定性多学科设计优化方法

多学科设计优化技术发展至今,人们已经提出了多种多学科设计优化方法，如 IDF、MDF、CSSO、CO、BLISS 等。但是不同的多学科设计优化方法均有优缺点，对不同的特定问题的适应程度均不相同。还没有一种完美的多学科设计优化方法，能在各项评价指标上均表现优异。在大规模、多耦合的复杂工程系统模型中，不仅包含连续设计变量，还可能包含离散设计变量，传统的多学科设计优化方法因其自身各种缺陷会存在计算效率低和收敛困难的问题。因此，急需将人工智能技术、计算复杂性理论与传统的多学科设计优化方法进行集成，提出收敛速度快、不需导数信息、学科分析少的高效多学科设计优化方法。

3. 多学科可靠性多层嵌套优化的解耦

以航空航天产品为代表的复杂工程系统的多学科可靠性设计优化是典型的多层嵌套循环优化问题。为此可从以下两方面开展相关研究。

（1）高效的 RBMDO 整体流程解耦策略。当多学科设计优化问题涉及离散不确定性、连续不确定性及多源不确定性时，其优化将是一个严重的多层嵌套循环优化过程，为提高计算效率和工程实用性，集成解耦理论、近似技术、KKT 等效条件及相关计算复杂性理论，提出高效的多学科可靠性设计优化策略，以处理多学科、多目标、多变量、多约束、多耦合、多不确定性和高度非线性的 RBMDO 问题。

（2）分布式架构解耦。对多学科问题而言，分布式的架构能增加设计的自主性，为此有必要借助目前的分布式架构的多学科设计优化建立多种不确定性下多学科可靠性设计优化的分布式架构解耦，从而实现多学科可靠性设计优化的学科自主化，进一步提高多学科可靠性设计优化的工程适用性。

10.2　多学科设计优化建模

为了有效支持复杂产品系统的设计，需要发展优化建模技术，包括近似建模技术、精确建模技术、多学科设计优化建模技术、模型验证技术以及不确定性建模技术。而多学科设计优化建模主要用于解决以下几个问题：模型的来源问题、模型的构建问题、模型的验证问题以及模型的可计算问题。

多领域多系统建模是进行多学科设计、分析和优化的必要步骤。目前多学科设计优化建模还是采用传统的建模方式，依靠人工设定参数、目标函数以及约束条件。但随着产品复杂程度的提高，传统的建模方式不仅表现出效率低、模型重用度低的缺陷，而且不能很好地支持多学科设计与优化。

10.2.1 传统多学科设计优化建模存在的问题

目前多学科设计优化建模大多靠人工完成，随着产品复杂程度的提高，其低效率问题愈加凸显。目前的多学科设计优化建模存在以下问题。

(1) 不符合传统设计人员的设计习惯。传统设计人员进行产品设计时，在成本等约束下往往只关注产品的性能、功能、质量等问题。而多学科设计优化是一种数学规划问题，通常需要设计人员提炼出精确的数学模型，以便采用合适的方法进行分析优化。实际上还要考虑所建立的数学模型是否有益于计算机处理，对设计人员来说这种工作难度较大。

(2) 优化模型中各性能函数的物理含义模糊。由于多学科设计优化性能函数抽象出来的数学模型只是一些参数化的模型，即使是同一个学科的设计人员可能也不能很好地理解他人所建立的优化模型，这不仅会降低优化模型改进的可能性，也会影响设计小组之间的协同设计。

(3) 模型重用困难。在整个设计的概念设计、初步设计、详细设计阶段都可以应用多学科设计优化技术，复杂产品概念设计的重点是根据产品系统设计需求，采用通用分析工具，建立起简单的几何分析模型，同时对产品总体特征进行系统级基本优化。初步设计的核心是通过性能分析对多学科解耦，重点是对各功能子系统进行稳健性设计分析，对产品几何结构进行足够精确的仿真建模。经过此阶段，产品各学科分析的结构主模型即被锁定。详细设计主要集中在制造和装配的实际细节设计阶段，包括对学科子系统进行细化改进、评估系统总体性能。这个过程会多次用到多学科优化，其模型也是逐渐细化的。这个过程的多学科设计优化模型是一个递阶设计模型，建立可以重复利用的多学科设计优化模型十分必要。

(4) 不能有力地支持整个系统工程。基于模型的系统工程为复杂产品的系统层设计提供了有力支持，而目前复杂产品的多学科设计优化模型与系统优化过程是割裂的，操作困难且不能自动进行优化，且二者需要在不同的软件或者平台中实现，涉及复杂的数据转换过程。而应用多学科优化的思想对系统进行优化验证时往往需要对优化对象重新进行建模，费时费力且容错性极差。为此，这里简单讨论解决以上问题的方法。

其实以上问题归根结底需要解决的就是多学科设计优化模型从哪里来的问题，这里提供解决这个问题的两条思路。

(1) 多学科设计优化是产品设计的一个过程和手段，设计者在针对一个复杂产品进行设计之初也应该将多学科设计优化考虑进去，即多学科设计优化也应该是面向全生命周期的。

(2) 系统工程是一种自上而下地集成、开发和运行真实系统的迭代过程，能以接近于最优的方式满足系统的全部需求[3]。系统工程要解决的就是大型复杂产品的设计规划等问题，在构建系统模型伊始，考虑多学科设计优化的建模问题符合设计的习惯。

下面讨论基于 MBSE(基于模型的系统工程)和多领域统一物理模型的多学科设计优化建模问题。

10.2.2 基于 MBSE 的多学科设计优化建模

复杂产品的研发设计是一个复杂的系统工程问题，涉及多种学科领域，受多个利益相关者目标的约束，参与人员及其所学专业众多，设计团队分散，设计信息庞杂，系统各部分耦合关联、难以协调。传统的复杂产品设计采用基于文档的系统工程方法，随着研发设计过程的复杂性不断提高，文档的数量和版本也大量增加，这使得文档管理和信息查找、更改变得异常困难，而且难以保证设计信息在不同文档中的一致性。因此 MBSE 概念应运而生，这是系统工程领域的一个重要发展方向。模型具有直观、无歧义、模块可重用等优点，是传统基于文档的系统工程理论和实践的发展[4]。随着计算机技术的不断发展，通过图形化建模语言描述系统变得更加容易，计算机可处理模型在系统开发中的作用越来越大，这也是 MBSE 方法带来的巨大优势。MBSE 方法论是在“基于模型”背景下用来支持系统工程学科的相关流程、方法和工具。该方法的基础就是建模方法的应用，采用建模语言与建模工具构建模型，通过仿真验证模型，从而实现设计开发的闭环。从需求阶段开始即通过模型(而非文档)的不断演化、迭代递增实现产品的系统设计，通过模型的结构化定义清晰地表达产品设计初期各方面的需求，在设计初期可以通过仿真发现大量不合理的设计方案。同时，由于模型的唯一性，可为不同研发参与者提供一个统一的、无二义性的设计信息交流工具。总体来说，MBSE 使设计过程实现了从传统的基于文档到基于模型的转变，且 MBSE 贯穿产品研制的全生命周期。

多学科设计优化实际上也是从系统级的角度进行优化设计，这与系统工程的思想不谋而合。使用 MBSE 方法进行多学科设计优化建模，使设计者只需专注于系统功能行为模型的建立，而系统模型可以自动转换生成多学科优化模型，这将有利于提高优化验证的效率，减轻设计人员的编程负担。MBSE 支持各个模型的集成，各领域的详细设计过程可以与抽象的系统层进行关联。因此在复杂产品的系统设计过程中就将优化信息融入设计信息，以便构建正式的优化模型，从而实现系统的自动优化。此外多学科设计优化实际上可以应用在产品设计的各个阶段，系统模型可以定义学科接口、数据流、策略流程信息，并建立抽象化的设计参数信息。基于 MBSE 建立多学科设计优化模型不仅有利于优化模型的提取，也可以在设计的迭代过程中重复利用已经建立的多学科设计优化模型，以便进行递阶设计。

随着 MBSE 技术的进步，未来基于 MBSE 的多学科设计优化将进一步发展，而 MBSE 体系下的多学科设计优化不仅是现有多学科设计优化技术的应用，也会促进多学科设计优化的基础理论的创新。基于 MBSE 的多学科设计优化可以表述为：为了更加高效客观地对复杂系统进行多学科设计优化，借助 MBSE 的技术特点（包括：模型化，即系统设计全过程、全对象、全参数；复杂系统设计的自动化，即在不同建模部分实现模型驱动与映射）和内涵，从需求分析开始，建立并求解复杂系统的多学科设计优化模型。实现系统优化的原始创新和自动化。

这种基于 MBSE 思想的多学科设计优化有以下优点。

（1）多学科设计优化建模更客观、更符合设计习惯，如从需求分析开始，建立需求-功能-结构间的映射，扩展到更细的功能分解、结构分解等设计过程。

（2）参数、模型变动自动传递、更新，主要体现：① MBSE 利用 SysML 等统一建模语言，可以消除不同学科间的模型异构问题，从而大大简化多学科设计优化建模过程中学科间的参数传递问题；② MBSE 强调学科间的紧密关联，这也符合多学科设计优化中多学科耦合关系表达的特性。MBSE 的这些特性不仅可以简化多学科设计优化的建模过程，也会推动多学科设计优化模型的重用和传递更新。

（3）随着 MBSE 技术的进步，能便于多学科设计优化的自动化进行。需求-功能-结构的自动映射和分解等是 MBSE 研究里的一个重要问题，可以预见的是，随着这些技术的发展成熟，基于 MBSE 的多学科设计优化也会向着半自动化、自动化方向发展进步。

10.2.3 基于 Modelica 的多学科设计优化建模方法

10.2.3.1 Modelica 建模特点

Modelica 语言是一种面向对象的物理建模语言，采用类、实例和继承等概念来描述物理对象，符合人们认识事物的思维习惯。同时 Modelica 语言是一种基于方程的物理建模语言，采用数学方程而不是赋值语句来定义类的行为，Modelica 语言因而具有非因果陈述性建模的特点。Modelica 语言具有强大的组件连接机制，借用连接建立不同领域模型之间的耦合关系，因而具有多领域统一建模的特点[5]。

1. 非因果陈述性建模

如前所述，Modelica 语言采用方程而不是赋值语句来定义类的行为。方程具有非因果特性，也就是声明方程时没有限定方程的求解方向，因而方程具有比赋值语句更大的灵活性和更强的功能。方程这一特性大大提升了Modelica 模型的重用性。同时方程的求解方向最终由数值求解器根据方程系统的数据流环境自动确定，不需建模时转化为因果赋值形式，可极大地减轻建模工作量，也可使模型更加稳健。而陈述式设计思想支持根据实际系统的物理拓扑结构组织构建仿真模型，使构建的物理模型具有与实际系统类似的层次结构。

2. 多领域统一建模

Modelica 语言对任意领域组件的行为统一采用数学方程进行描述，将组件与外界的通信接口统一定义为连接器。连接器通常由匹配的势变量与流变量组成。基于连接器建立的组件连接机制为利用 Modelica 语言实现多领域统一建模奠定了理论基础。同一领域内的组件借助同领域之间的连接器实现通信。

3. 自顶向下建模

自顶向下建模是指从整体开始设计，确定各部分的组成，通过使用模型库组件完成系统模型的建模方法。由于 Modelica 语言采用面向对象的思想描述模型，采用连接建立组件之间的耦合关系，特别适合分层次的自顶向下建模。自顶向下建模主要包括如下三个步骤：将系统分解为子系统；确定各子系统间的联系；通过连接模型库组件模型完成各子系统的模型设计。

10.2.3.2 基于统一物理模型的多学科设计优化建模优势

根据以上论述的 Modelica 语言的特征以及目前多学科设计优化存在的诸多问题可知，基于 Modelica 的多学科设计优化建模方法可以弥补当前多学科设计优化方法存在的不足，这是因为其具备以下几个特点。

(1) 有利于优化模型的提取。Modelica 等统一物理建模语言支持基于方程的建模机制，有利于提取具有物理含义的多学科设计优化数学模型，从而避免凭人的经验建立的模型存在的信息丢失问题。

(2) 支持仿真优化迭代。通过统一物理建模仿真环境，可以进行多学科设计优化模型的敏感性分析，删除那些对性能函数影响低的设计参数，从而有效地确定合理的设计变量和性能函数。

(3) 能更合理地定义多学科间的耦合关系。从物理含义上划分的系统学科比人为划分的系统更利于设计人员理解，基于物理模型建立的多学科设计优化模型间的耦合关系的获得是通过连接器的方式，更简单也更自然。

(4) 支持模型知识的重用和继承。统一物理建模语言支持领域库的开发，可以将相关领域的经验知识封装，支持多学科设计优化模型知识的重用和继承。

10.3 多学科设计优化环境

开发易于进行工程设计的应用软件是多学科设计优化面向工程应用的关键和难点。采用先进本体、流程关系、网络服务等技术构建面向工程应用、具备多场耦合分析等功能的 RBMDO 软件，是未来多学科设计优化研究的一个重要方向[6]。

10.3.1 多学科设计优化策略的功能需求

目前，产品研发越来越复杂，包含多个学科和设计阶段，需要更多的参与者、CAD/CAE 工具以及协同设计，是一个耗时、计算成本高昂和需要反复迭代的过程。传统的设计方法只应用于特定的领域中，缺少与其他学科的数据共享和交流，因此不适用于复杂产品的设计与开发。作为多学科设计优化的关键技术，试验设计(DOE)、近似方法、系统分解理论、人工智能算法、灵敏度分析以及优化策略也取得了丰硕的研究成果，但是仍然面临计算和组织复杂性的挑战。因此，多学科设计优化策略需要具有如下功能：能够处理大规模计算；支持高效协同；能够良好地组织多学科设计优化过程；能够整合来自于不同平台、不同语言的设计资源；允许分散在不同地理位置的参与者有效地协同工作等。

多学科设计优化是一个复杂的多学科协同的设计过程，相关的工程师可能来自不同的领域，具有不同的专业知识背景。如何组织和整合设计资源、共享设计数据与信息并提供一个方便的协同工作环境已经成为多学科设计优化在工程中应用时亟待解决的问题。本节将从功能的角度谈论多学科设计优化策略的一些基本要求。

1. 集成化

这里的集成是一种广泛意义上的集成，包括数据集成、工具集成以及过程集成。数据集成提供了一个通用框架，可以用来整合所有的设计文档、设计数据、系统和子系统数据。众所周知，在过去，大部分计算例行程序在每个学科执行的过程中作为经验和知识被积累了起来，并通过 FORTRAN 或 C/C++予以编码，这对进一步进行工程设计具有非常大的作用。另外，在多学科设计优化的过程中会用到不同的 CAD 软件和学科分析工具。多学科设计优化框架应当为这些代码和商业软件提供接口。第三种集成是设计过程的集成。多学科设计优化过程由多学科设计、多学科分析、多学科优化以及性能分析组成，具有多进程和迭代频繁的特点，因此将设计过程之间进行无缝集成对多学科设计优化的实现具有重大意义。

2. 智能化

由于多学科设计优化具有复杂设计过程和耦合关系，因此多学科设计优化框架的智能化需求可以分为以下两类：一类是使用智能设计流程图来处理各种工程设计，实现工作流驱动的设计；另一类是采用试验设计、近似方法和智能优化算法（如遗传算法、粒子群算法以及蚁群优化算法等）组成智能设计技术库。试验设计和近似方法都可以通过建立代理模型替代高精度模型。智能优化算法用来实现更复杂的优化功能，在不损失计算精度的条件下提高计算效率。当然，理想的多学科设计优化框架则可以根据实际的多学科设计优化问题为用户选择最合适的算法。

3. 分布式工作环境

复杂工程系统的设计是由不同的设计组构成的多学科设计，这些设计组分散在不同地理位置、使用异构的平台进行。例如，飞机的气动设计是由高性能计算工作站完成的，而结构设计则在个人计算机上进行。因此，跨平台、异构操作是多学科设计优化框架应具备的重要需求。此外，多学科设计优化框架还应提供一个协同环境以允许设计者、管理者以及决策者协同工作。与此同时，应当保证不同群体之间的数据和信息传输，以及设计阶段和不同模型的每个工作流和树节点的及时更新。

4. 定制化

复杂工程设计的多学科设计优化过程涉及多学科协同设计和多学科设计团队的协作。由于不同学科间的差别，各学科也需要各自的工作环境。因此，多学科设计优化框架应当根据不同学科的特殊设计要求提供定制的工作环境。

5. 并行计算

多学科设计优化的一个目标是通过对所有学科进行并行计算和设计，缩短复杂产品开发的交货时间。随着复杂性的增强，越来越多的学科参与到多学科设计优化问题中，需要更多的设计组同时进行研发。因此，大规模多学科设计优化问题可以分解为局部优化问题并在不同的计算机上同时求解。此外，代理模型的输入/输出采样数据可以通过并行计算获取，以减少反复构建代理模型的时间。显然，并行计算不仅可提高计算效率，而且可解决大规模多学科设计优化问题。因此，在分布式工作环境中每个学科的并行计算是多学科设计优化框架的一个需求。

6. 数据管理

多学科设计优化过程包含系统和学科的设计目标、约束以及设计变量等大量设计与过程数据。此外，分析和优化迭代的过程数据、用来构建代理模型的试验设计数据以及耦合学科的关系数据管理需求均阻碍了多学科设计优化在实际工程设计中的应用。因此，数据的存储、描述和传输是多学科设计优化得以实现工程应用的关键。在网络环境中如何描述、管理、集成和共享这些数据对于参与者的协同显得尤为重要。

7. 不确定性分析

不确定性普遍存在于工程设计的各个学科、阶段，它来源于设计变量、模型转换、数学公式近似以及设计决策的有限认知等。伴随着设计变量、优化策略数量和类别的增加，多学科设计优化的最优结果对不确定性越来越敏感。然而，传统的多学科设计优化并未考虑不确定性，所获得的确定性优化设计结果往往落在设计约束的边界，大大限制了减少系统输入、建模与仿真中不确定性因素的余地。因为，为了达到提高产品质量的目的，多学科设计优化框架应该考虑所有类型的不确定性并提供适合的量化方法，并具备多种可靠性分析方法以及稳健设计方法。

8. 可视化与监测

多学科设计优化的可视化与监测在复杂产品研发过程中扮演着越来越重要的角色。多学科设计优化过程的复杂性、学科的多样性、设计变量、约束以及不确定性的可视化和设计过程的动态监测是必不可少的，可以促进设计师介入多学科设计优化流程或修改新一次优化的设定参数或数学模型。多学科设计优化的可视化主要包含以下三个方面：① 近似模型的可视化，可以帮助设计师在保证所需精度的条件下选择合适的近似技术；② 搜索算法的可视化，可以引导设计师确定关键设计变量的变化趋势；③ 先前设计和优化结果的可视化。

10.3.2 基于 Web 服务的多学科设计优化框架

为了满足上述功能需求，本节提出一种基于 Web 服务的多学科设计优化框架。如图 10.1 所示，所提框架由客户层、Web 服务层、代理层和数据库层组成。客户层是一个使每个人都能参与多学科设计优化项目的门户，通过 Web 浏览器与服务器端加载的程序实现交互。在这一层中实现所有的 Web 服务请求，Web 服务注册，多学科设计优化相关服务。Web 服务层负责处理客户层的请求，包括服务请求、服务发现、服务绑定，然后将响应结果返回给客户层。此外，Web 服务层由多学科设计优化问题管理、安全管理、数据管理、资源管理和工作流管理等服务组成。客户层和 Web 服务层的交互是基于框架的支杆，这是一个模型-视图-控制器的框架，并由支杆动作、动作形式、Java 服务端网页、配置方法组成。在注册通用描述、发现与集成服务后，通过 Web 服务的简单对象访问协议发送或接收消息。

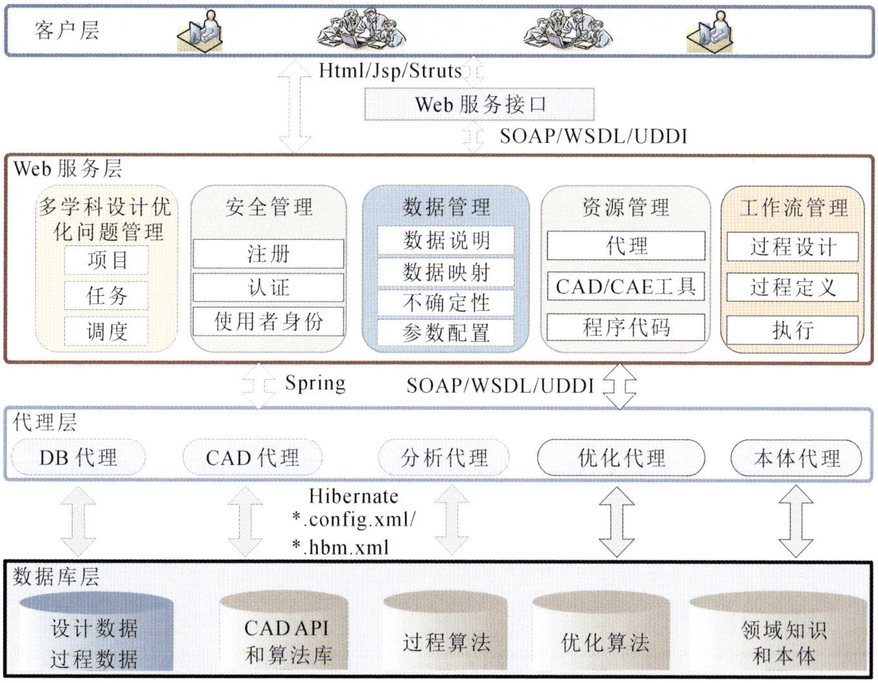

图 10.1 基于 Web 服务的多学科设计优化框架架构

在代理层，设计数据和过程数据、CAD API 和算法库、分析算法、优化算法、领域知识和本体作为代理以一种统一的格式被封装，然后处理来自远程客户端的相关计算请求。采用 Spring 技术来响应来自客户端的 Web 服务请求并寻找相应的 Web 服务。在该框架中提供的领域知识和本体资源支持基于推理机制的工作流协调，这保证了多学科设计优化工作流程被动态而灵活地执行。实际上，每个代理都是一个 Java 类，因此代理层可以与带有 Hibernate 和 XML 映射属性的数据库层相互作用。Hibernate 是一个对象/关系映射框架，提供从 Java 类到数据表的映射，支持数据查询和恢复机制。

1. 多学科设计优化代理

代理是软件工程中的一个高层次的抽象概念[7]。基于代理的方法通过使用消息传递通信范式，削弱分布式对象的高度耦合关系。我们利用代理技术的固有优势，提出了数据库代理、计算机辅助设计代理、分析（包括不确定性分析）代理、优化代理和多学科设计优化的本体代理并将其应用到基于 Web 服务的多学科设计优化框架中。基于本体的推理由本体代理实现，为用户提供匹配服务。另外，多学科设计优化代理可以根据实际的工程设计要求扩展为包含许多其他设计资源的代理。其他设计资源也可以同时由相应的代理来实现，从而提高多学科设计优化的计算效率。

然而，每个设计资源可能是地理上分散的，并且需要在异构计算平台上进行处理。因此，有必要对设计资源进行分析和封装，并将简单对象访问协议消息转换成统一的格式。简单对象访问协议和 XML 技术被用来描述和传输设计数据。代理可以通过一个合适的解析器提取这些数据，并且这些数据以可理解的形式（简单对象访问协议消息）封装，通过内、外网进行共享。因此，这些代理提供了一种灵活的、可重构的、协调的机制，这使得基于 Web 服务的多学科设计优化能以一种自动化的、有机的和动态的方式进行。

2. 工作流管理系统

多学科设计优化过程是一个探索性质的迭代优化过程。人工组织多学科设计优化过程不仅费时费力，而且极易出现错误的决策。此外，多学科设计优化的执行过程经常会出现需要修改、添加或删除操作的情况，以及一些不可预见的冲突。因此，需要一个可以定义设计任务优先级、确定不同业务管理的逻辑关系的工作流来解决这些问题，工作流的研究内容包括其计算机表示和软件实现[8]。基于 Web 服务的多学科设计优化框架包括一个三层的工作流管理系统。可是这个静态的工作流管理系统严格按照预定义的程序执行，不能处理多学科优化设计过程中业务关系的逻辑冲突，即使设计师知道优化过程的问题出现在哪里也不能修改既定的工作流。为此，这里提出了一个动态、灵活的基于本体的 Web 服务工作流模型[9]。

如图 10.2 所示，工作流管理系统由过程规划、工作流引擎、工作流客户端和设计资源组成。过程规划包括过程设计、过程定义和 BPEL 封装器。过程设计和定义是一种视觉辅助工具，可以方便、直观地描述用户选择的多学科设计优化策略或设计过程。BPEL 封装器负责将过程定义以 BPEL 格式封装，从而便于在互联网上传输。BPEL 是一种基于 XML 的工作流语言，它提供了业务流程的规范化表达，是最合适数据传输的格式，便于在基于 Web 服务的多学科设计优化环境中传输和共享数据。

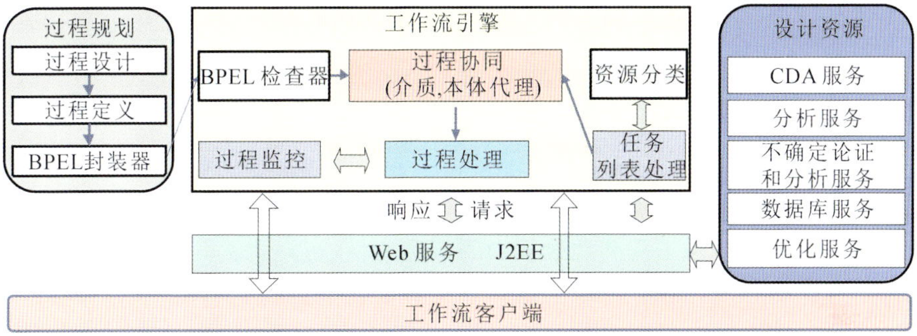

图 10.2　工作流管理

工作流引擎由 BPEL 检查器、过程协同、过程处理、任务列表处理、资源分类和过程监控几个部分组成。BPEL 检查器负责检查定义的多学科设计优化策略能否在工作流引擎上实现。这里提出了一种基于本体的过程协同方法来管理与调解任务和资源。过程协调中使用的基于 OWL 语言的本体技术可以描述特定的任务、资源、领域知识、关系和属性。OWL 是一种 Web 本体语言，可以被描述为类(概念)、属性和关系。工作流本体定义使用和 OWL 相同的语法。和多学科设计优化过程相关的任务被定义为类，这些类之间的关系被描述为 OWL 的对象属性。为了提高工作流的灵活性，过程的逻辑关系被定义为 BPEL 顶层的抽象类来支持过程推理，以构建一个灵活、动态的工作流管理系统。

10.3.3　未来的多学科设计优化环境

目前，影响多学科设计优化技术工程应用的瓶颈除了计算复杂性外，还有组织复杂性。而组织复杂性问题的解决实际上依赖的就是多学科设计优化软件环境。未来的多学科设计优化环境应该考虑多学科设计优化中的几个“多”。首先是多学科(multi-disciplinarity)，多学科设计优化中的多学科问题主要与单学科设计优化相区别，实际就是如何组织复杂产品设计中涉及的多个学科(子系统)，在允许学科自治并行设计的同时，充分探索学科(子系统)之间相互作用。第二个“多”就是多目标(multi-objective),多目标或者多准则优化问题,是工程实际的设计优化中最常见的问题,工程实际的优化过程往往有多个优化目标,且这些优化目标间往往还有冲突,如何在实际优化中考虑各个优化目标的最优设计也非常有意义。第三个“多”就是多精度(multi-fidelity),主要包括建模过程的多精度(例如优化建模过程可以采用校核和数值有限元法),以及优化过程的多精度(例如为了简化优化模型,使用响应面法和有限元分析法等代理优化模型中的性能函数)。多精度优化是设计产品的复杂性日益提高的今天非常有效和必要的一种提高多学科设计优化效率的优化技术。还有一个“多”就是多策略(multi-strategy),这里说的多策略主要包括两个:一个是多学科设计优化中的多种优化策略的选择,比如前面章节介绍的 BLISS、CO、IDF 等优化策略;另一个就是整个优化过程是否考虑可以优化外形及结构的拓扑优化技术。最后一个“多”就是多源不确定性(multi-source of uncertainty),也是这本书主要讲述的内容。考虑工程问题过程中的不确定性,可以提高设计的稳健性和可靠性。在工业产品的设计过程中往往是先设计产品,然后进行可靠性校核。研究表明,在产品的设计阶段就考虑不确定性不仅可以提高产品的设计效率,还能提高产品的质量。

10.4 多学科设计优化与先进技术的结合

10.4.1 基于多学科设计优化的 3D 打印设计技术

增材制造技术,又名 3D 打印制造技术,被西方媒体广泛誉为带来第三次工业革命的代表性技术。3D 打印技术的优势之一就是可以打印任意复杂形状的产品,这使得得到采用传统加工方式难以制造或无法制造的产品成为可能。3D 打印的这项优势也将极大地解放产品设计师,设计师在设计时不用再考虑传统制造的约束,有了更大的设计空间。3D 打印为设计带来的上述改变,不仅令更多新型功能产品的诞生成为可能,更为通过优化设计来实现轻质、高性能产品提供了重要手段[10]。

现代产品多为涉及电、光、磁等多个学科的复杂产品,3D 打印为这些产品的生产制造带来了新的技术手段,而多学科设计优化是保证复杂产品性能、降低其成本的有效方法,二者的结合将为复杂产品的设计带来新的前景。从产品设计的概念设计到详细设计的过程来看,基于多学科设计优化的 3D 打印设计技术主要有以下三个重要发展方向。

1. 面向 3D 打印的多学科拓扑优化设计（概念设计阶段）

拓扑优化是一种载荷驱动的结构设计方法，它旨在帮助设计人员在结构设计的初始阶段找出满足一定载荷条件和约束条件的最佳材料布局。拓扑设计的结果对结构的最终性能有着至关重要的影响，它作为最敏感的初步设计，对实现 3D 打印的设计质量提高而言有着巨大的潜力。

传统的拓扑优化方法多与结构的力学特性相关，随着声、光、电、磁、热等计算技术的发展，以及多功能复杂产品的发展需求，拓扑设计优化开始更多地考虑多个学科的影响。在 3D 打印技术的支撑下，与结构的声、光、电、磁、热等功能特性相关的多学科拓扑优化设计方法将成为面向 3D 打印设计的前沿技术问题。其发展中面临的主要技术困难有：宏、微观角度下的多学科解耦方法；如何实现高效的全局灵敏度方程求解；如何将现有的多学科设计优化算法有效地集成到多学科拓扑优化过程中；等等。

2. 集成拓扑优化的多学科设计优化技术（概念—详细设计阶段）

传统的多学科设计优化主要是对产品尺寸大小的优化，属于详细设计阶段的优化。而拓扑优化主要是对产品内部拓扑结构、布局的优化，属于概念设计阶段的优化技术。实现拓扑优化到多学科设计优化的集成能够有效地提高设计的自动化程度。以往受制于制造技术的限制，拓扑设计优化结果多数情况下是不能直接用于制造的，即通常由拓扑优化生成的设计优化结果仍需进一步处理，以满足传统加工制造工艺的需求。3D 打印技术的发展极大地减少了这种限制，发展集成拓扑优化的多学科设计优化技术也势必将成为面向 3D 打印设计的热点问题。

集成拓扑优化的多学科设计优化技术并非简单地将拓扑优化与多学科设计优化两个阶段按顺序先后执行，它是一个既存在各阶段不断迭代寻优，也存在整体上两个阶段反复迭代的过程，其中不仅需要考虑基于拓扑优化的概念设计能否进行打印、如何实现拓扑设计结果与详细阶段的多学科设计的优化衔接，还需要考虑如何减轻计算量的问题。

3. 基于多学科的 3D 打印一体化设计优化技术

3D 打印是一种与传统的材料加工方法截然相反，基于三维 CAD 模型数据，通过增加材料逐层制造的方式来制造产品的方法。3D 打印技术涉及 CAD 建模、接口软件、数控、激光、材料等多个学科，属于多学科集成的高新技术。多个学科的集成使得 3D 打印技术在产品制造（打印）过程中仍具有不同方面的约束,如对材料类型、制造温度等的要求。因此,不难看出面向 3D 打印的设计在制造工艺上仍需满足一定的约束条件。

基于多学科的 3D 打印一体化设计优化是要将对产品性能的要求和对 3D 打印工艺的要求共同纳入设计模型,利用多学科设计的手段实现设计即制造的目标。仅具有不同学科性能约束的多学科设计优化问题本身就具有较强的挑战性,3D 打印工艺约束的加入,使得基于多学科的 3D 打印一体化设计优化技术更加复杂、困难,其面临的主要难点包括各性能学科与 3D 工艺学科的耦合分析、高效的含工艺约束的全局灵敏度方程求解以及基于分布式多学科设计优化的一体化设计优化。

10.4.2 基于数据挖掘和大数据的多学科设计优化

数据挖掘(data mining)是指从大量的数据中通过算法搜索隐藏于其中的信息的过程[11]。多学科优化本身即数值的迭代计算,因此优化过程中会产生大量没有明显规律的数据。而这些数据之间又具有松散或紧密的联系,如何从这些数据之间找到我们需要的信息以支持优化十分必要,而数据挖掘提供了这样的功能。数据挖掘在多学科优化中的应用主要表现在三个方面:优化建模过程、优化计算过程、多目标优化方案决策过程。

1. 优化建模过程中的数据挖掘

多学科设计优化建模主要是将需要优化的系统物理模型转换成可以进行数值计算的数学模型。多学科设计优化建模过程如图 10.3 所示。

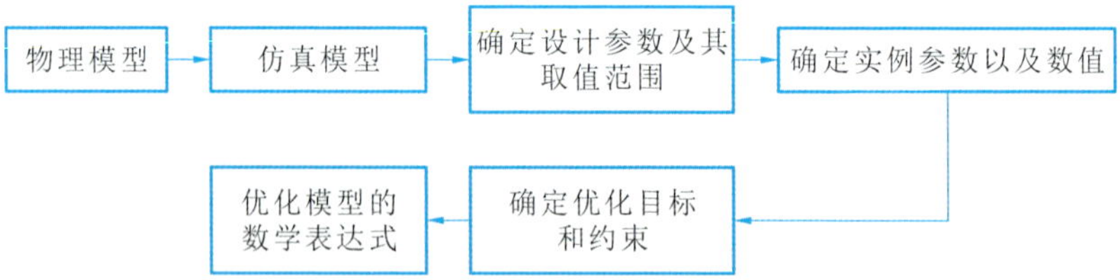

图 10.3 多学科设计优化建模过程

由仿真模型确定设计参数及其取值范围的过程主要是对已有或者试验设计的数据进行统计,再利用专家知识确定设计参数。这个过程必然涉及大量的数据,利用数据挖掘技术进行设计参数确定将是一种有效的途径。物理模型转化成数值模型的技术称为模型确认和校准技术,模型确认和模型校准都属于试验方法的范畴,利用试验产生的数据校准和确定系统的数值模型。对复杂模型而言,数据挖掘技术提供的有效信息十分必要。而近年来研究较热、发展较快的大数据技术也将为多学科设计优化中的数据挖掘提供很多帮助。

2. 优化计算过程中的数据挖掘

多学科优化的过程实际上就是数值迭代获得收敛解的过程，由于模型的复杂性和现有的迭代方法的限制，优化过程往往非常曲折，迭代次数较多，甚至无法收敛。如图 10.4 所示，利用数据挖掘技术寻找最优优化路径、判断最优解的大致范围，并结合专家经验来解决多学科设计优化中的寻优等问题，将为多学科设计优化提供一种新的有效的技术手段。

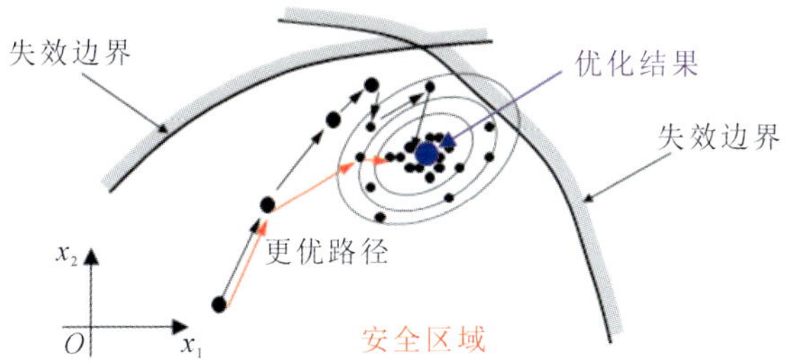

图 10.4　基于数据挖掘的优化路径选择

3. 多目标优化方案决策过程中的数据挖掘

多目标优化的结果往往是一组帕累托解集而不是单一解，如何从这组解集里获得最优解是多目标优化的一个重要研究内容。传统的方法是假定各个目标的权重值，将多目标优化问题转化成单目标优化问题来处理。然而这并不符合实际情况，也不能适应不同的设计情景。而数据挖掘为多目标优化的方案决策提供了可能，还能在以往的数据和专家知识之间求解多目标优化的最终结果。

10.5　本章小结

本章在前 9 章有关 RBMDO 理论与技术研究的基础上，对 RBMDO 发展方向进行了展望。首先，从 RBMDO 技术本身考虑，本章提出还需要构建考虑时间特性、不确定性变量相关性等特点，符合实际工程条件的更精确的 RBMDO 模型，并且需要开发更加高效实用的 RBMDO 求解算法，以解决 RBMDO 计算成本高昂、工程实际应用困难等瓶颈问题。其次，在多学科设计优化建模问题上，为了解决传统多学科设计优化建模中存在的问题，需要结合较为先进的系统建模和系统设计技术，减少多学科设计优化建模过程中的盲目性和复杂性，因此本章简单阐述了基于 MBSE 以及基于 Modelica 的多学科设计优化建模思想。再次，为了扩展多学科设计优化技术在工程实际中的推广应用，介绍了有关多学科设计优化环境构建方面的一些想法和认识。最后，讨论了多学科设计优化与目前进步较快的热点技术的结合问题，主要介绍了基于多学科设计优化的3D打印技术和基于数据挖掘和大数据的多学科设计优化技术。

参考文献

[1] ZHANG J,DU X. Time-dependent reliability analysis for function generator mechanisms[J]. Journal of Mechanical Design,2011,133(3):31005.

[2] WANG Z Q,Wang P F. A nested extreme response surface approach for time-dependent reliability-based design optimization[J]. Journal of Mechanical Design,2012,134(12):121007.

[3] INCOSE. System engineering handbook[M]. 4th ed. Hoboken:WILEY. 2015.

[4] RAMOS A L,FERREIRA J V,BARCELÓ J. Model-based systems engineering:an emerging approach for modern systems[J]. IEEE Transactions on Systems,Man, and Cybernetics,Part C:Applications and Reviews,2012,42(1):101-111.

[5] 吴义忠，陈立平. 多领域物理系统的仿真优化方法[M]. 北京：科学出版社，2011.

[6] LI L S,LIU J H. An efficient and flexible web services-based multidisciplinary design optimisation framework for complex engineering systems[J]. Enterprise Information Systems,2012,6(3):345-371.

[7] HAO Q,SHEN W,ZHANG Z. An autonomous agent development environment for engineering applications. [J]. Advanced Engineering Informatics,2005,19(2):123-134.

[8] LEE H J,LEE J W,LEE J O. Development of Web services-based multidisciplinary design optimization framework[J]. Advances in Engineering Software,2009,40(3):176-183.

[9] WANG S,SHEN W,HAO Q. An agent-based Web service workflow model for inter-enterprise collaboration[J]. Expert Systems with Applications, 2006,31(4):787-799.

[10] GIBSON I,ROSEN D,STUCKER B. Additive manufacturing technologies[M]. Heidelberg:Springer,2015.

[11] STACKOWIAK R,LICHT A,MANTHA V,et al. Big data and the internet of things[M]. Heidelberg: Springer,2015.